U0948939

世博轴及地下综合体
工程建设与管理

世博轴及地下综合体工程项目管理部　主编

上海科学技术出版社

图书在版编目(CIP)数据

世博轴及地下综合体工程建设与管理 / 世博轴及地下综合体工程项目管理部主编. —上海：上海科学技术出版社，2011.1
ISBN 978-7-5478-0469-8

Ⅰ.①世… Ⅱ.①世… Ⅲ.①博览会—建筑工程—概况—上海市—2010 Ⅳ.①TU242.5

中国版本图书馆CIP数据核字(2010)第209087号

上海世纪出版股份有限公司
上 海 科 学 技 术 出 版 社 出版、发行
(上海钦州南路71号 邮政编码200235)
新华书店上海发行所经销
上海书刊印刷有限公司印刷
开本：889×1194 1/16 印张：24 插页：4
字数：700千字
2011年1月第1版 2011年1月第1次印刷
ISBN 978-7-5478-0469-8/TU·85
定价：200.00元

内容提要

世博轴作为中国2010年上海世博会的主入口、主轴线和标志性建筑，是世博精神、世博理念和世博主题的承载体。

本书共分4篇，分别为规划设计、工程管理、施工技术和运营管理，全景式地展现了世博轴及地下综合体工程建设的全过程，阐述了世博轴及地下综合体工程的设计特点、施工及管理方法，包括世界最大规模的张拉索膜结构——世博轴索膜结构和国际领先的复杂单层网壳钢结构——阳光谷。本书总结了世博轴建设的经验与教训，可为以后建设类似的工程提供借鉴。

本书可供从事工程设计、监理、施工单位的管理和技术人员、大专院校相关专业师生参考和借鉴。

《世博轴及地下综合体工程建设与管理》

编　委　会

总编顾问委员会

主　任：丁　浩

委　员：林桂祥　席群峰　房庆强　秦　云　汪大绥　沈　迪　涂　强　周　军
何锡兴　范庆国　吴欣之　李迪菲　刘志伟　姚志勇

总编委员会

主　任：赵克平

副主任：徐　军　高　超　张云鹤　张安安

委　员：赵长义　黄秋平　包旭范　赵志强　顾国平　王美华　范力大　郝晨钧
苏寿梁　曹建忠

编写人员

绪　论

张安安(负责人)　杨　惠　朱　辉

第1篇　规划设计

高　超(负责人)　叶大法　孙　峻　方　卫　吴玲红　梁　韬　梁葆春　虞晴芳
王恒栋　葛　潇　陈　沛　王　浩　韩英姿　孙　瑛　刘澄波　莫汉军　朱雪明
倪　丹

第2篇　工程管理

赵志强

第3篇　施工技术

徐　军(负责人)　胡　敏　黄　伟　李　勇　金　懿　梁吉峰　阴佳兴　邵俊华
汪宇峰　薄峥辉　方　彦　沈炳范　姚　青　王洪兴　金　新　孙晓伟　盛林峰
张宗早　谷　凯　宋海丰　余　纯　乔培华　陈　新　林俊良　顾华明　马丁顺
吴建军　苏建国　沈　健　陈燕民　王吉标　张文秀　韩彩云　王德林　何建兵
庄美玉　叶江良　李仕文　李日生　顾凤根　邹建社　何　辛　周云凤　刘　洋
杨　勇　孙显东

第4篇　运营管理

唐林华　陆建军　黄贤惠　金小纲　康　邓　章耀卿　吴红燕　邱素珍　柴　昀
何耀文　盛　杰　谢　炜

序

上海世博会是举全中国之力、积全球之智慧举办的一次世界盛会。自2010年5月1日开幕到2010年10月31日闭幕，上海世博会集中展示了中华民族的灿烂文明，展示了新中国60年，特别是改革开放30多年的成就，展示了中国为实现小康目标而团结奋斗的精神风貌。

在党中央、国务院的有力领导下，在全国人民的大力支持下，在各地区各部门各单位的鼎力相助下，围绕“城市，让生活更美好”这一主题，在上海世博会这个大舞台上，各国展馆千姿百态，各地展品争奇斗艳。世博会闭幕后，有“一轴四馆”之称的世博轴、中国馆、主题馆、世博中心和世博文化中心将作为永久性展馆设施保留下来，成为上海国际大都市的有机部分，推动经济社会和谐发展。

世博轴是上海世博会的主入口、主轴线和标志性建筑，是世博精神、世博理念和世博主题的载体。作为上海世博会筹建工作的重要内容，世博轴凝结了中外设计师的智慧与心血，凝聚了广大建造者的辛苦与汗水，受到了社会各界的广泛关注。世博轴贯彻生态和谐、节能环保的设计思路，采用国际领先的新材料、新技术，运用先进的组织管理方法，世博轴的建设全过程是“绿色世博、节约世博、科技世博”理念的最佳实践，为我国城市化建设积累了宝贵的经验。本书详尽介绍了世博轴及地下综合体工程的规划设计、工程管理、施工技术与运营管理等各方面内容，图文并茂地记录了工程建设的节点与难点，汇集了全球绿色科技成果，总结了设计、施工、物业管理的经验与教训，承载了工程建设者美好而难忘的记忆。

希望本书能够帮助读者全面了解世博轴的建设方案和建造细节，为今后建造类似大型项目提供参考和借鉴。

丁　浩

2010年10月

CONTENTS 目录

绪　论

第1篇　规划设计

第2篇 工 程 管 理

第3篇 施 工 技 术

第4篇 运 营 管 理

绪论

世博会是集中展示人类文明进步的一个大舞台，在我国改革开放三十多年取得辉煌成就的年代，2002 年 12 月 3 日，中国上海成功获得了 2010 年世博会的主办权，中国人的百年梦想终于实现。2010 中国上海世博会的主题是"城市，让生活更美好"，为此，上海世博会把办博的整个过程看作是一个主题演绎的过程，主题演绎首先和世博园区的建设密切相关，需要建造一个大型的现代化展示建筑园区，满足现代博览会的需求。中国 2010 年上海世博会会场位于上海市南浦大桥和卢浦大桥之间的黄浦江畔，沿着江两岸布局，世博园区总规划用地约 5.28 km^2，其中浦东为 3.93 km^2。其规划总平面图如下图所示。

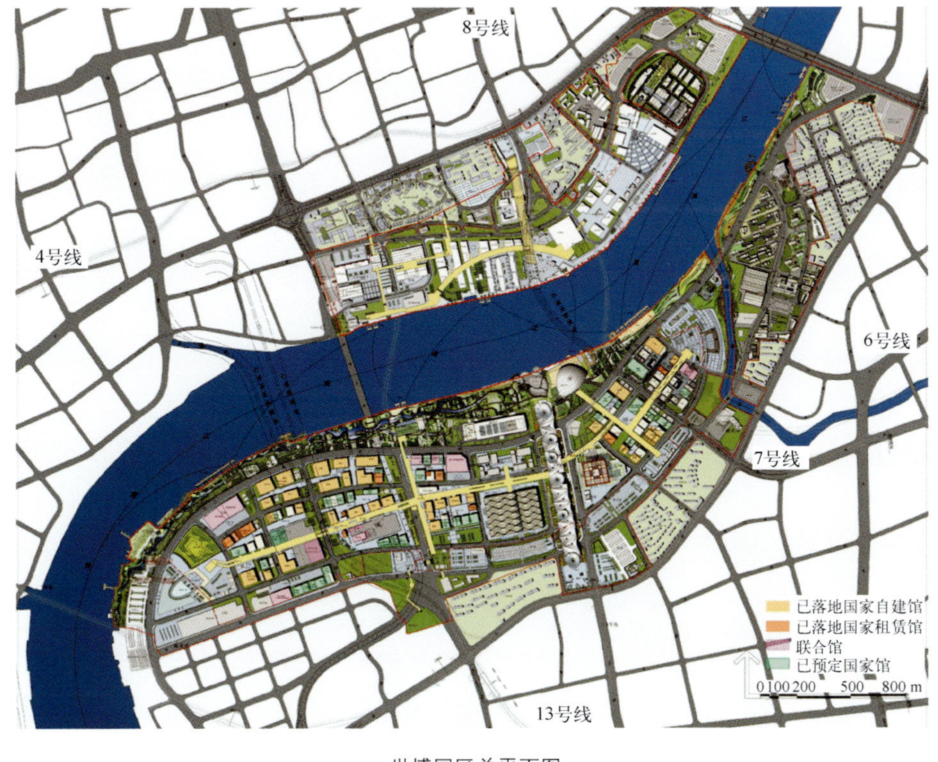

世博园区总平面图

1 工程概况

1.1 世博轴的功能

中国 2010 年上海世博会世博轴及地下综合体工程(简称世博轴)，位于世博园区浦东核心区内。地上、地下各二层，局部地下三层。建筑南北长 1 045 m，东西宽为地下 99.5～110.5 m、地上 80 m；建筑面积 25.1 万 m^2，占地面积 13.2 万 m^2。

世博会期间，世博轴作为园区主入口和交通主轴，贯穿南北，功能上联系主出入口、轨道交通站点和四大主场馆及其他馆区，满足大量人流安全、舒适地从地上地下出入园区的需要，实现基本的等候、安检、票检功能的同时，世博轴还设置了观景、会友、休憩、餐饮、旅游购物等功能，同时提供相应的后勤服务办公空间。

世博会后，世博轴作为中国 2010 年上海世博会的标志性建筑之一，将与中国馆、主题馆、世博中心、世博文化中心构成上海未来以国际商贸、文化、科技交流为特色的市级商贸中心。

世博轴作为中国 2010 年上海世博会的主入口、主轴线和标志性建筑，是世博精神、世博理念和世博主题的承载体。在"城市，让生活更美好"的主题下，围绕"人、城市、自然、交流"的核心主题，通过自身的功能组织和独特的建筑语言表现了人与人之间，人与城市、城市环境及自然环境之间，通过交流而形成的和谐关系，并以这种人、城市、自然间的和谐交融，构成了更美好的城市生活空间。

世博轴在设计上注重生态和可持续发展，采用新材料、新技术，贯彻生态和谐、节能环保的理念，综合考虑资源的有效利用，减少废弃。设计方案适应世博期间和世博会后的不同功能，具有前瞻性及可操作性。

世博会期间，世博轴的功能设置和交通组织满足世博会总体规划要求。作为世博会的主要人流通道，在日间其地下二层和平台层由南向北为检票进场区和人流集散区，地面层为 VIP 入场区，在晚间闭园时，上述三层均成为人流出园区。

2 世博轴工程的特点

2.1 亮点一：膜屋面——世界最大规模的张拉索膜结构

世博轴索膜结构是世界上规模最大的连续张拉索膜结构。索膜结构张拉的自由飘逸和阳光谷轻盈又不失雄健的形态来源于对人流来往聚散和自然界水流、气流漩涡的联想，体现了现代建筑艺术与结构科学天衣无缝的结合。通过力的自然传递规律的真正掌握，找到富有张力的体型，实现了力与美的完美统一。其所使用的 PTFE(聚四氟乙烯)膜材料具有不燃性、防紫外线、抗风化、自洁性和高反射性等特点。通过各种专业技术手段确保了索膜结构在恶劣气候条件下的结构安全，同时还可实施早期预警。

展开面积：77 224 m^2

最大长度：840 m

最大跨度：97 m

钢索总长：21 046 m

钢索总数：817 根

桅杆数量：外桅杆 31 根，内桅杆 19 根

2.2 亮点二：阳光谷——复杂单层网壳钢结构

阳光谷为大悬挑单层网壳钢结构，是当今最先进的建筑结构技术的代表。其设计与建造采用国际领先的数字化仿真技术，在国内土建工程领域首次实现从建筑设计、结构分析、深化设计到加工制作的全数字化流程。6 个贯穿各层建筑平面的阳光谷使整个建筑在视觉上气势恢宏而又不失轻盈，同时兼具生态功能，将阳光、绿化和自然空气引入建筑内部和地下空间。阳光谷内的庭院景观象征了人类同自然资源的依存关系，并以昂扬向上的形态欢迎来自世界各地的友人。

基部尺寸：15～22 m

顶部尺寸：60～90 m

总表面积：31 791 m^2

建筑高度：41.5 m

总用钢量：3 377 t

节点数量：10 580 个
杆件总长：58 280 m
杆件总数：30 742 根
玻璃数量：20 378 块

2.3 亮点三：建筑技术——生态节能减排技术的综合应用

世博轴的生态理念是在确保低成本的前提下达到能源和水资源的节约和有效利用，主要体现在以下几个方面：结合建筑结构和景观的雨水收集利用系统、结合土壤和黄浦江水的地源热泵和江水源热泵空调系统、结合建筑空间环境的自然通风系统。

(1) 利用世博轴两侧的景观绿坡、膜结构屋面和阳光谷来收集雨水，经简单净化后用于卫生间冲洗和景观灌溉等，既节约了水资源，又大大减少了建筑自身和园区排水泵站的建设投资与运营能耗，真正实现了建筑与自然的平衡和谐。

(2) 根据主体建筑结构构件巨大、混凝土比热容大的特点，利用开敞的楼层促进空气与结构之间的热交换，保证建筑的冬暖夏凉。

(3) 阳光谷在将阳光引入建筑内部的同时，利用热空气拔风效应促成建筑内的自然通风。

(4) 利用世博轴建筑占地大且毗邻黄浦江的特点，采用了地源热泵和江水源热泵的空调系统，是世博园区内唯一一个空调冷热源同时采用这两项技术的工程。

(5) 室内环境大量运用清水混凝土技术，充分体现了世博轴雄壮、简洁、环保的特点。

2.4 亮点四：建筑环境——通透流动的建筑空间

世博轴作为世博会期间承载大量人流进出的立体交通综合体，是一个超大尺度的单体建筑，巨大的尺度使其在很多方面突破了一般意义上的建筑概念。通过对人性化和高品质城市空间的关注，运用各种手段打破了传统的地上地下概念，将阳光和新鲜空气引入地下和建筑内部等一些环境品质较差的空间，将世博轴塑造成空间立体的几条各具特色的街道，创造了崭新的地下空间综合开发模式。

3 世博轴工程主要节点

世博轴工程从 2007 年 12 月开工，2009 年 12 月竣工，建设期间，党和国家领导人胡锦涛、温家宝等多次亲临现场视察；上海市俞正声、韩正、杨雄等领导多次亲自指导工作，并做出重要批示；领导的关心与支持对世博轴的建设起到了关键的作用。

(1) 世博轴工程规划国际方案征集评审：2006 年 4 月，组织开展国际方案征集，共有来自美国、德国、法国、英国和日本的 5 家国际著名设计机构参加此次国际方案征集。2006 年 8 月，德国 SBA 公司递交的世博轴规划设计方案被由 9 名专家组成的专家组评选为第一名。

(2) 世博轴规划设计方案确定：2006 年 9 月，德国 SBA 公司的世博轴规划设计方案被确定为实施方案。

(3) 世博轴工程桩基及围护工程开工：2006 年 12 月 28 日。

(4) 世博轴屋顶建筑形式调整方案确定：2007 年 6 月 8 日，德国 SBA 公司设计的世博轴屋顶建筑形式调整方案被确定为实施方案。

(5) 世博轴工程北段基坑开挖：2007 年 7 月 20 日。

(6) 世博轴工程南段基坑开挖：2007 年 10 月 20 日。

(7) 世博轴工程北段地下 2 层底板完成：2008 年 10 月 25 日。

(8) 世博轴工程北段地下 2 层结构完成回筑至 ±0.00：2008 年 11 月 29 日。

(9) 世博轴工程南段地下 3 层底板完成：2009 年 1 月 10 日。

(10) 世博轴工程 10 m 平台结构完工：2009 年 1 月 15 日。

(11) 南段地下 3 层结构完成回筑至 ±0.00：2009 年 5 月 31 日。

(12) 阳光谷钢结构开始吊装：2008 年 9 月 26 日。
(13) 顶棚索膜结构首张膜开始安装：2009 年 4 月 15 日。
(14) 世博轴工程 35 kV 变电站受电：2009 年 7 月 19 日。
(15) 阳光谷安装完成：2009 年 8 月 30 日。
(16) 顶棚索膜结构吊装完成：2009 年 8 月 30 日。
(17) 精装修工程完成：2009 年 11 月 30 日。
(18) 世博轴工程竣工：2010 年 3 月 20 日。

4 世博轴工程主要参与方

建设单位：
上海世博土地控股有限公司

项目管理单位：
上海建科建设监理咨询有限公司

设计单位：
德国 SBA 公司
华东建筑设计研究院有限公司
上海市政工程设计研究总院

施工单位：
上海建工(集团)总公司
上海市第二市政工程有限公司
中交第三航务工程局有限公司

监理单位：
上海建科建设监理咨询有限公司

第 1 篇

规划设计

1 概述

世博轴及地下综合体工程作为世博园区最大的一个单体工程，也是世博园区最大的出入口，位于浦东世博园区中心地带的主轴线上，南起耀华路，跨雪野路、国展路、博成路及世博大道，直至黄浦江边的庆典广场。工程南北长 1 045 m，东西为地下 99.5～110.5 m，地面以上宽 80 m。由−6.5 m、−1.0 m、4.20 m 和 10.00 m 标高的平面及膜结构顶组成，膜结构檐口至地面高度为 12.5～30.5 m，基地面积 130 699 m^2，总建筑面积 251 144 m^2。世博轴总体鸟瞰图、远眺图及南广场实景图如图 1-1-1～图 1-1-3 所示。

图 1-1-1 世博轴总体鸟瞰

图 1-1-2 世博轴远眺

图 1-1-3　世博轴南广场雄姿

世博轴作为上南路出入口，是世博会的主要出入口，承担了园区 23% 的人流，按规划人流规模来测算，世博轴平均日承担 9.2 万人次，一般高峰日承担 13.8 万人次，极限高峰日承担 18.5 万人次。

世博轴南段为入口广场，地下二层连接轨道交通 7 号线、8 号线耀华路站至各层，南段地面层布置 20 个应急人流安检闸机及工作人员入口；中段世博之心东连中国馆、西接主题馆，地下连通轨道交通 8 号线周家渡站，中段 10 m 平台设 80 个安检口，−6.5 m 标高设 50 个安检口；北段连接公共活动中心、世博文化中心及庆典广场。

世博轴是世博园区空间景观和人流交通的综合体。世博轴采用了简洁生动的建筑形态，生态设计理念，通过阳光谷及草坡把绿色和阳光引入各层空间，同时还采用江水源地源热泵、雨水利用等生态环保节能技术，引领节能技术方向。

2 建筑专业设计特点

2.1 规划要求

2.1.1 规划范围

世博会规划区范围用地面积约 6.68 km^2，其中浦东约 4.72 km^2，浦西约 1.96 km^2(不包括黄浦江水域面积)。规划范围包括世博会红线范围和规划协调区范围两部分。红线范围面积约 5.28 km^2(浦东 3.93 km^2，浦西 1.35 km^2)，其中围栏区面积约 3.28 km^2(浦东 2.39 km^2，浦西 0.89 km^2)，配套区面积约 2.0 km^2。规划协调区面积约 1.40 km^2。

世博轴南起耀华路，跨越雪野路、南环路、北环路、浦明路，至北端庆典 广场，东侧为上南路，西侧为园三路。基地东侧由南向北各地块分别是社会停车场、公交总站及轨道交通 7 号线、8 号线耀华路站、磁浮预留线路区间，中国馆及轨道交通 8 号线周家渡站(世博期间不停)、世博文化中心，西侧依次是保留建筑上南花城，VIP 停车场及预留磁浮线路区间、主题馆、地下商业街、世博中心。世博轴以南环路为界，以南为园区围栏外，以北为园区围栏内，即世博园区。图 1-2-1 即为世博轴总平面图。

图 1-2-1 世博轴总平面

2.1.2 规划规模

世博会预计有 7 000 万总人次、平均日 40 万人次，一般高峰日 60 万人次，极端高峰日 80 万人次的公共活动需求。高峰时段园区人数 42 万人次/高峰小时，高峰小时进入园区的人数为 20 万人次/h。

世博园区设置 8 个常规人行出入口、520 个检票闸口，陆上出入口的客流占整个园区客流的 95%，见表 1-2-1～表 1-2-2。

表 1-2-1 世博园区地面人行入口通行能力

	浦东出入口			浦西出入口					合计
	上南路	高科西路	长清路	世博大道(南)	世博大道(北)	西藏南路	鲁班路	半淞园路	
安检闸机口数(个)	120	65	65	60	40	80	45	45	520
安检闸机容量口(人次/h)	42 720	23 140	23 140	21 360	14 240	28 480	16 020	16 020	185 120

表 1-2-2 世博园区各入口高峰小时到达客流规模

	浦东出入口			浦西出入口					合计
	上南路	高科西路	长清路	世博大道(南)	世博大道(北)	西藏南路	鲁班路	半淞园路	
轨道交通	3.375	1.27	0.875	0.525	—	2.5	0.8	0.7	10.0
公共交通	1.0	0.4	1.0	0.8	0.8	0.3	0.6	0.6	5.5
其 他	0.3	0.4	0.3	0.8	0.6	0.5	0.3	0.3	3.5
水 门									1.0
合 计	4.675	2.070	2.175	2.125	1.4	3.3	1.7	1.6	20.0

注：本表以世博会一般高峰日入园规模为分析基础。

从上表闸机配置比分析可知：世博轴作为上南路出入口，是世博会的主要出入口，承担了园区 23%的人流，按规划人流规模来测算，世博轴平均日承担 9.2 万人次，一般高峰日承担 13.8 万人次，极限高峰日承担 18.5 万人次。

从世博轴各种工况分析可知，世博轴在一般高峰日的高峰小时入园人数达到 4.675 万人次，约占世博轴全天入园人数(13.8 万人次)的 33.9%，一般高峰日的全天入园分布很不均匀，由于世博轴是整个世博园区最大的陆上出入口，初步设计分析并不局限于一般高峰日，还要对极端高峰日等工况做出分析，即整个园区高峰时段园区人数 42 万人次/高峰小时，高峰小时进入园区的人数为 20 万人次/h。园区的服务、交通等设施是按上述指标来布置的，所以可以判断，在世博轴的高峰入园人数不应过多超出"4.675 万人次/h"这一数值，否则，整个园区的各入口过高的小时到达人数必然会超出各入口乃至整个园区的接待和服务能力，为了避免混乱，对极端高峰日的全天入园人数分布分析中必须对高峰小时到达人数和高峰小时持续时间上做出平衡，以确保整个世博会的有序运行。

8 个常规人行出入口，配合出入口客流集散，分别设置一定规模的城市广场，总用地面积约 28.0 hm^2。

现有的设计中，世博轴各等候区域为：地面层(+4.5 m 标高)入口集散广场及东侧自由等候广场面积为 3.95 hm^2，+10 m 平台等候区域为 1.75 hm^2，−6.5 m 下沉广场和地下通道等候区域为 2.67 hm^2，合计入园等候区域面积为 8.37 hm^2，大于规划要求的 7.4 hm^2 等候广场面积，见表 1-2-3。

表 1-2-3 世博会规划区出入口广场一览

出入口		广场面积(hm^2)	可容量人数(万人)
浦 东	上南路	7.4	6
	高科西路	3.0	2.5
	浦明路(南)	6.7	5
	长清路	2.6	2
	世博大道(北)	2.2	1.5

内容提要

世博轴作为中国2010年上海世博会的主入口、主轴线和标志性建筑，是世博精神、世博理念和世博主题的承载体。

本书共分4篇，分别为规划设计、工程管理、施工技术和运营管理，全景式地展现了世博轴及地下综合体工程建设的全过程，阐述了世博轴及地下综合体工程的设计特点、施工及管理方法，包括世界最大规模的张拉索膜结构——世博轴索膜结构和国际领先的复杂单层网壳钢结构——阳光谷。本书总结了世博轴建设的经验与教训，可为以后建设类似的工程提供借鉴。

本书可供从事工程设计、监理、施工单位的管理和技术人员、大专院校相关专业师生参考和借鉴。

（续表）

出　入　口		广场面积(hm²)	可容量人数(万人)
浦　西	西藏南路	3.0	2.5
	鲁班路	1.5	1.2
	半淞园路	1.6	1.3
合　计		28.0	22.0

2.2 方案创意

2.2.1 室内外、地上地下建筑跨界设计

世博轴的一大主要设计特点就是打破传统设计概念中室内、室外和地上、地下空间的对立状态，在世博轴这样一个集交通、服务为一体的建筑中，通过地面向地下一层延伸的绿坡、贯通地上地下各层的中庭以及阳光谷、各层服务用房之外侧向开敞的通廊，这些都是连通室内、室外和地上、地下空间的跨界设计手法。

其中，世博轴地下一层东西两侧设计了大尺度的斜面绿地，构成绿坡(图 1-2-2)，成为室外景观的一大特色，除了确保世博轴充足的绿化面积，更为地下一层直接提供了采光、通风，对改善地下的室内空间起到了重要作用。

图 1-2-2　地下室侧面敞廊、绿坡

阳光谷和贯通各层的楼板开洞也打破了一直以来人们对地下室黑暗、沉闷的印象，世博轴的地下室处处明亮，使人们身处其中，宛如行走在地面空间(图 1-2-3～图 1-2-4)。

2.2.2 阳光谷、膜结构、绿坡的生态利用

阳光谷、膜结构由于采用了大体量、新颖的结构形式，成为世博轴的一大设计亮点，然而采用这样的结构形式的设计初衷就是为了体现生态利用的设计理念，是服从于建筑功能的载体。

阳光谷、膜结构的一大功能就是雨水再收集，通过专门的排水管，将雨水收集到建筑底板下的雨水渠中，就可以将宝贵的水资源再利用。

围绕阳光谷的各层开洞，结合建筑侧面开敞，尤其是地下一层的绿坡，形成一个自然的空气流动路线，改善室内空气品质(图 1-2-5～图 1-2-6)。

2.2.3 大面积的高架顶棚创造舒适通行空间

二层平台上的膜结构顶棚由于采用了低透度的膜材，共有 6 万多平方米，基本覆盖了二层平台，且膜结构距离

图 1-2-3　阳光谷将阳光和室外空气引入地下二层

图 1-2-4　地下二层安检区入口阳光明媚

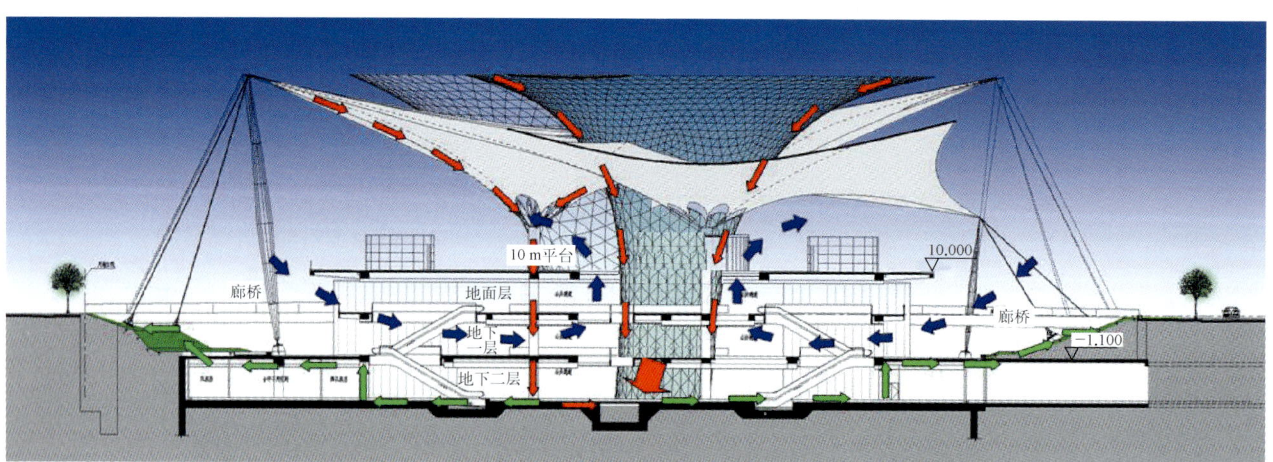

图 1-2-5　建筑空间生态利用原理

图 1-2-6　贯通地下室的阳光谷集改善室内景观、收集雨水、引导空气的功能于一身

平台达 20 多米，空间高大宽敞，在世博会开园的炎热季节，为游客提供了舒适的通行空间，在多雨季节，也可为游客挡风避雨，完全可以为平台上的游客提供全天候的舒适的通行条件(图 1－2－7)。

图 1－2－7 二层平台的舒适通行

2.3 建筑设计特点

2.3.1 总体交通组织

1. 车流组织

耀华路、雪野路，作为园区外城市道路，承担机动车通行功能，机动车可分别从耀华路、雪野路、洪山路进入停车场及公共总站，VIP 车流从雪野路进入，但上南路的耀华路与雪野路区间禁止机动车通行(图 1－2－8)。园区

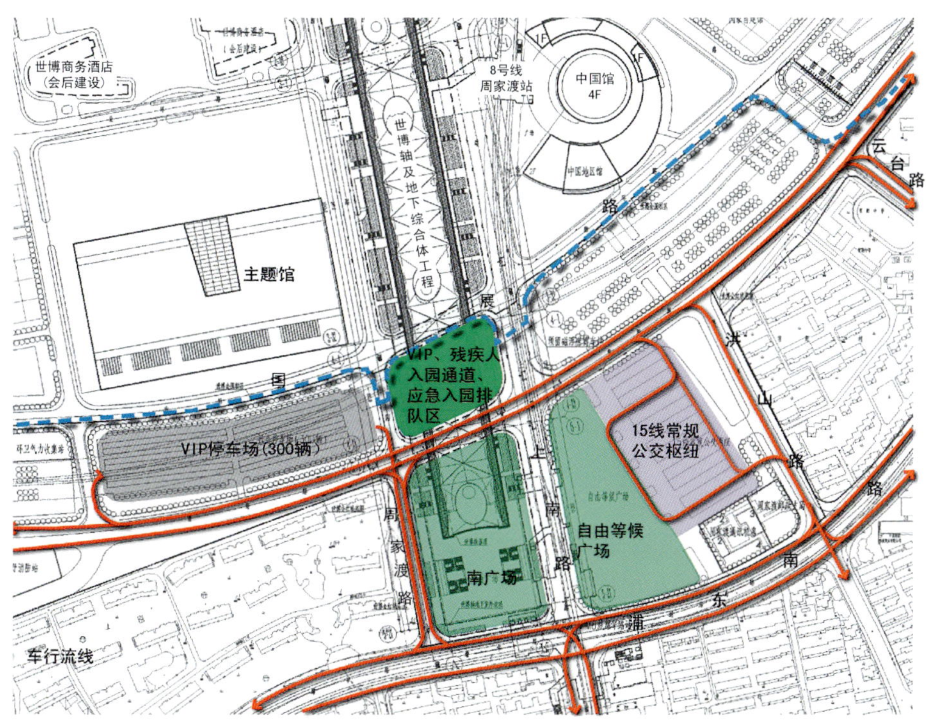

图 1－2－8 世博轴周边园区车流组织

内机动车以地面交通为主，社会车辆不准入园，因而本工程世博期间不设机动车库。园区内机动车主要是园内的穿梭接驳巴士及晚间货运机动车。

2. 人流组织

根据世博轴周边的交通设施可以得知，世博轴的入园人群分别为轨道交通 7 号线、8 号线上南路站出站入园人群、上南路常规公交枢纽(15 条线路)出站入园人群、雪野路园三路 VIP 停车场入园人群和浦东南路、耀华路沿线公交入园人流(图 1－2－9)，根据《世博园区八个入口交通专项规划(2007. 08)》中计算的世博园高峰小时到达客流规模可知，轨道交通的客流量为 3. 375 万人/高峰小时，公共交通的客流量为 1. 0 万人/高峰小时，其他客流量为 0. 4 万人/高峰小时。

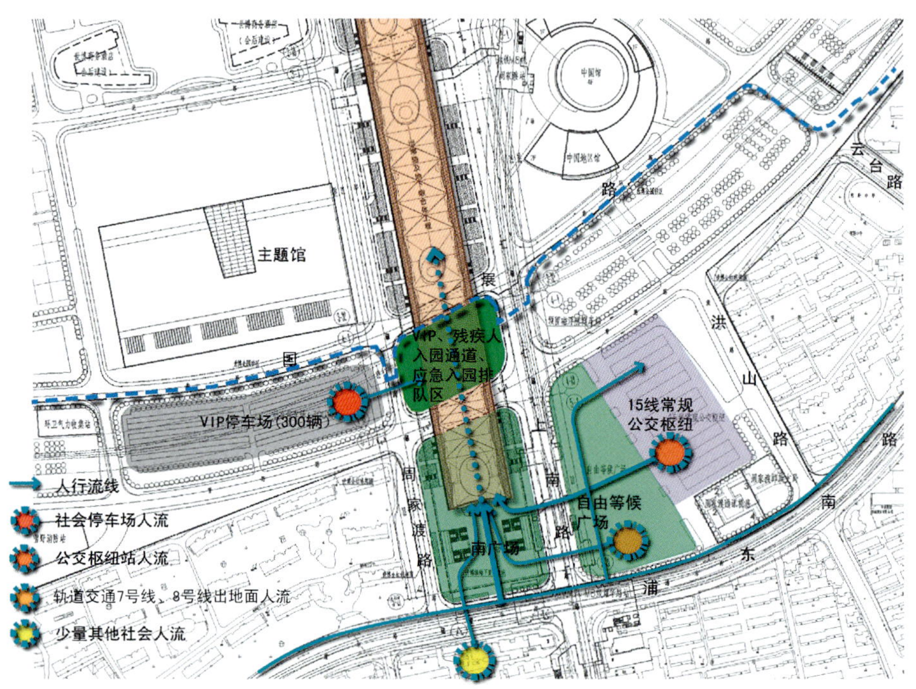

图 1－2－9　世博轴园区外人流组织

2. 3. 2　庞大的功能体系与合理的内部交通组织

世博轴作为园区的主要入口，其功能主要为交通通行功能，而且，由于为了配合规划和日常使用要求，在世博轴内还布置了安检、票检口世博参观者服务用房(问讯、援助、无障碍服务、儿童中心、医疗急救)、功能用房(银行、电信、室内休息)、餐饮商业用房、世博各部门管理用房(安保、信息化、交通管理、环卫、物流)、职工后勤用房(职工餐厅、更衣、淋浴)，这样庞大的功能，汇聚在世博轴各层平面中，做到了内外有别、通行有序、各取所需。

地下二层(－6. 500 m 标高)主要功能为排队等候、安检、检票、各类运营、管理及服务设施，以及各部门的管理用房，是连接地下轨道交通及各大场馆的地下主要通道(图 1－2－10)。

地下一层(－1. 000 m 标高)被市政道路自然分割成五个区段，南侧两个区段在世博围栏区外，北侧三个区段在围栏区内。地下一层主要功能为餐饮、商业用房及一些部门的管理用房，并且留出大量空间面积供入园人流休息(图 1－2－11)。地下一层东西两侧设草坡绿化从城市道路坡向－1. 00 m 标高，为地下空间创造了自然采光通风。中心通道设中庭阳光谷、自动扶梯和楼梯连通上下层。

一层地面层(4. 500 m 标高)被市政道路自然分割成五个区段，南广场主要接纳东侧公交枢纽人流及地下二层地铁分流人流，南广场为自由等待区，由此分流向 10. 00 m 安检平台，广场上设必要临时服务设施(图 1－2－12)。雪野路南环路地块为应急安检口和工作人员入口，以及一处专用出园口，其他几个地块均为世博餐饮、商业用房及一些部门的管理用房。

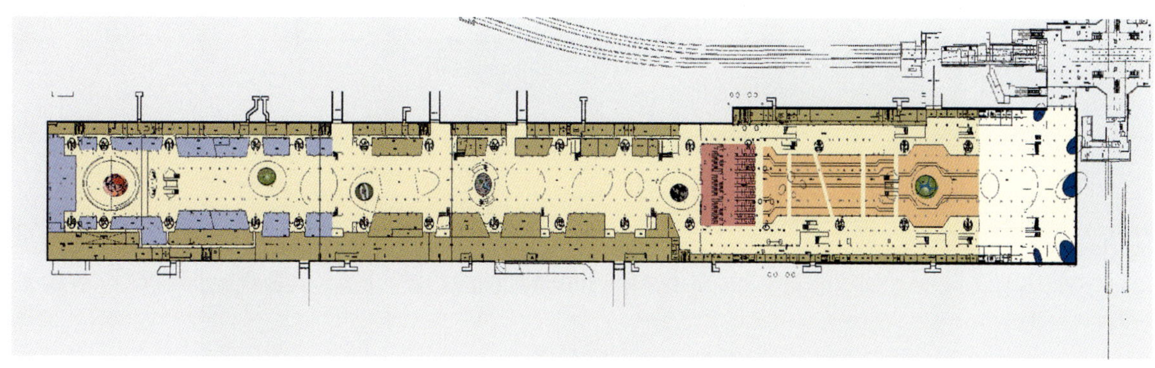

图 1-2-10 世博轴地下二层平面

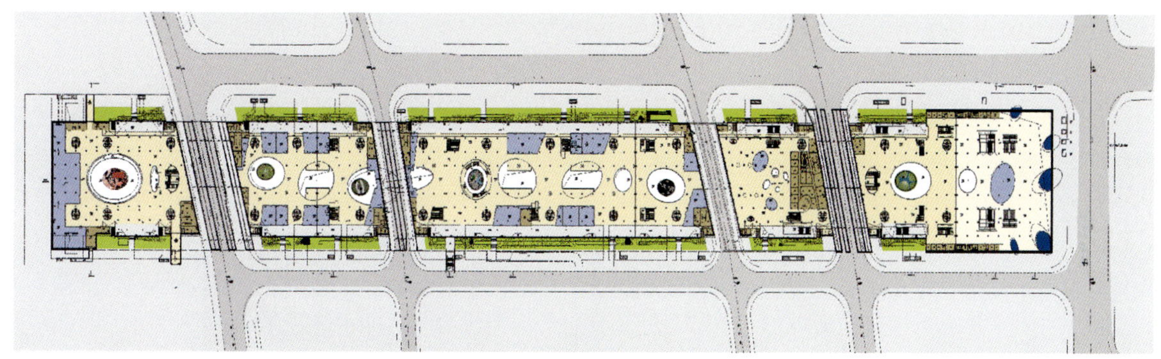

图 1-2-11 世博轴地下一层平面

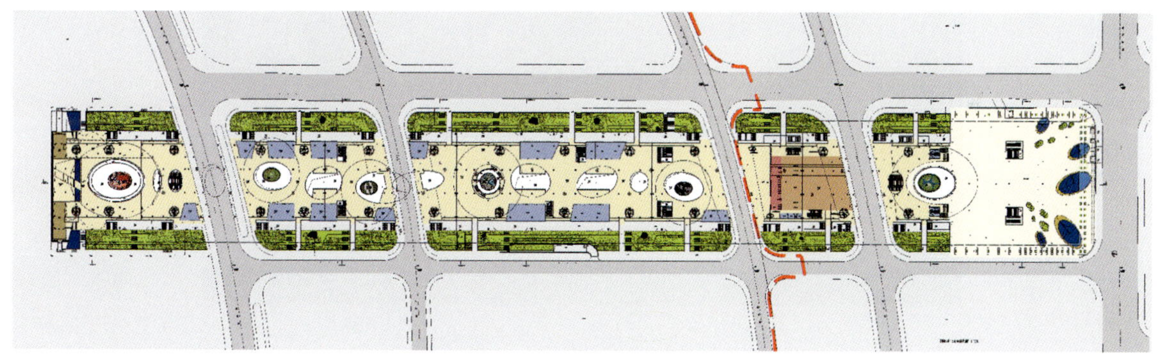

图 1-2-12 世博轴一层平面

二层主要功能为排队安检通行，与园区高架步行系统连通，通向各场馆，10 m 平台还布置了部分参观者服务用房和商业用房，10 m 平台以上为膜结构顶篷，为排队安检人流提供遮阳、挡雨的全天候入园条件(图 1-2-13～图 1-2-23)。

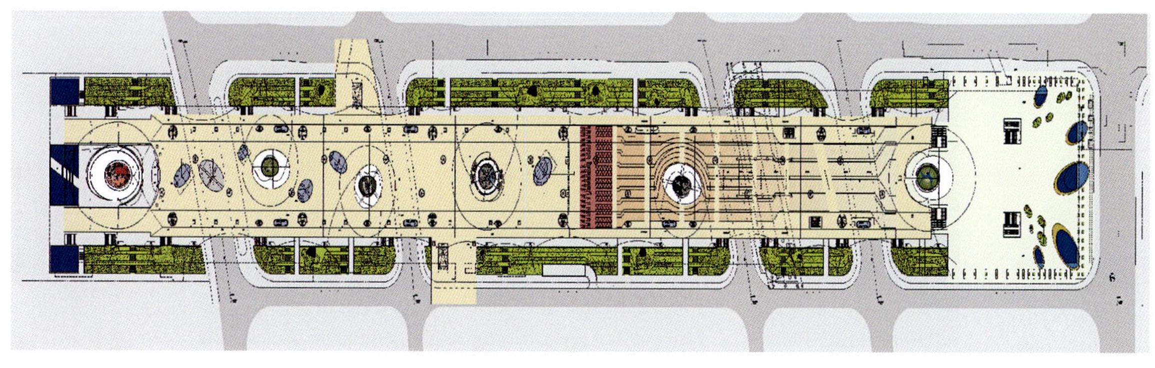

图 1-2-13 世博轴二层平面

图 1-2-14　问讯用房

图 1-2-15　童趣化的走失儿童服务用房

图 1-2-16　无障碍用房

图 1－2－17 商业餐饮内街

图 1－2－18 中国电信多媒体服务亭

图 1－2－19 交通银行 ATM 机

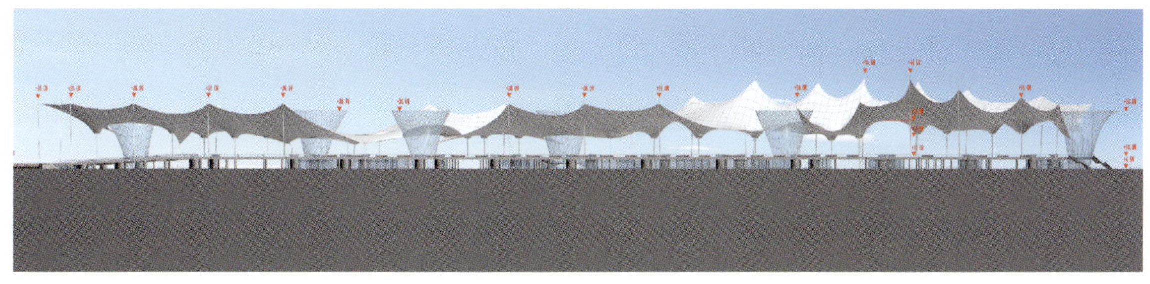

图 1－2－20 世博轴立面

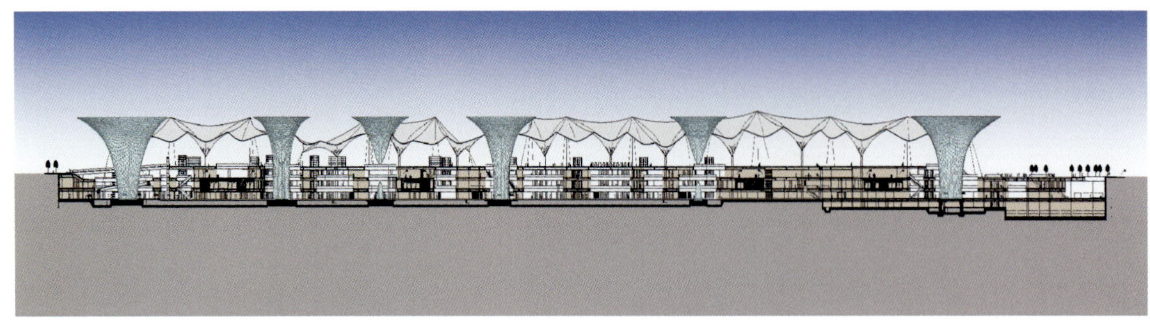

图 1-2-21　世博轴纵剖面

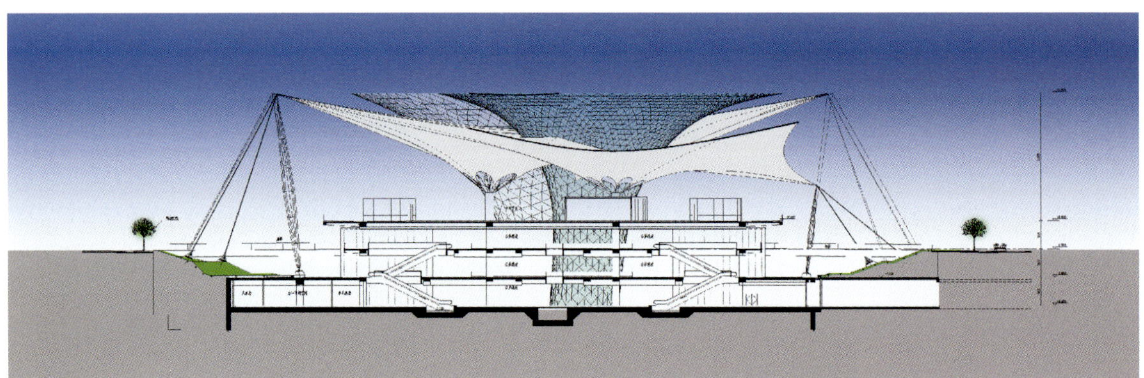

图 1-2-22　世博轴横剖面

图 1-2-23　世博轴夜景

2.3.3　大空间大流量多流向的交通组织设计

根据世博轴周边的交通设施规划，世博轴的入园人群分别为：轨道交通 7 号线、8 号线上南路站出站入园人群；上南路常规公交枢纽(15 条线路)出站入园人群；雪野路周家渡路 VIP 停车场(300 辆)入园人群；浦东南路、耀华路沿线公交入园人流；少量其他方式到达的地面入园人流，如图 1-2-24 所示。

根据《世博园区八个入口交通专项规划(2007.08)》中计算的世博园轴高峰小时到达客流规模可知，轨道交通的客流量为 3.375 万人/高峰小时，公共交通的客流量为 1.0 万人/高峰小时，其他客流量为 0.4 万人/高峰小时。

面对如此大的人流量，世博轴的交通设计采用了以下几项措施：

（1）分地上、地下人流分别通行：地上到达的人流通过南广场大台阶上10 m平台，向北延伸至黄浦江边庆典广场，中间与园区东西向高架步道相连，地下到达的人流通过地下二层通廊一直延伸至浦明路以北，中间通过楼梯、电梯上10 m平台，这样就可以满足在有限的基地宽度条件下容纳大人流通行，又可以避免人流与地面车行道的交叉。

（2）充足的垂直交通体系：在世博轴各层平面中设置了各种垂直交通，包括楼梯、台阶、自动扶梯、缓坡道，来满足人流上下通行的需要，这些垂直交通分布均匀，极大地改善了分层人流的上下联络。

（3）大尺度的通行宽度：世博轴地上二层、地下二层这两层贯通南北的通道是世博轴的交通命脉，要满足极端高峰日的特大人流通行，建筑设计在这两个层面设计了巨大的通行宽度，其中，地下二层主通廊的宽度达到40 m，长约1 000 m，而二层10 m平台的总宽度达到80 m，可供人员通行的宽度约60 m（去除核芯筒、中庭洞口的影响），长约700 m，这样的通行宽度，是与2010上海世博会这样的盛会，与世博轴作为园区最大的入口相匹配的（图1－2－25）。

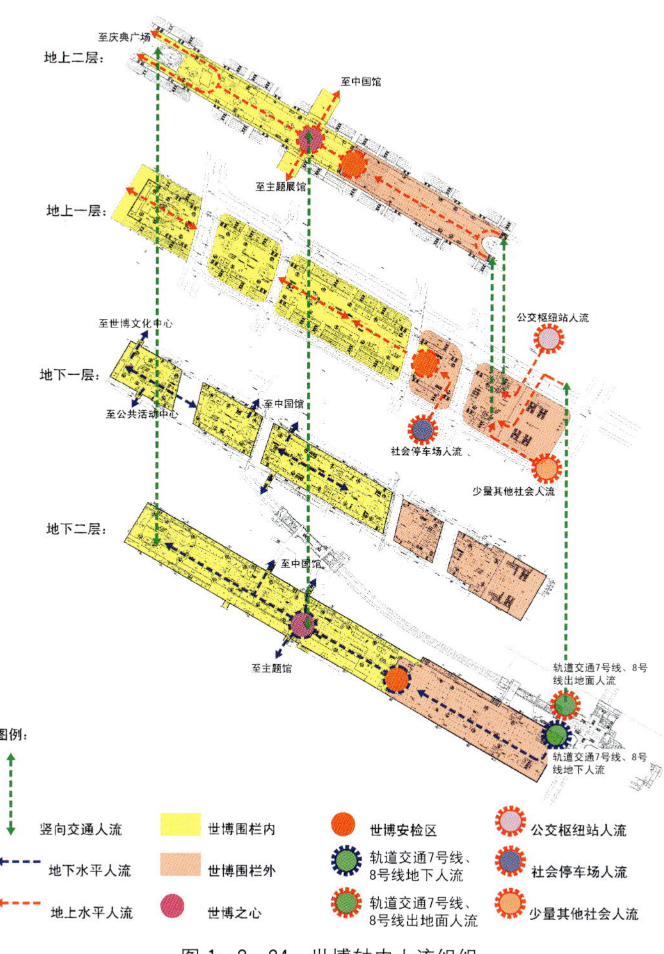

图1－2－24　世博轴内人流组织

图1－2－25　二层平台提供了宽敞的通行条件

2.3.4　大体量地下空间消防设计

由于本工程超大的地下空间需求与现行防火设计规范不完全适用，针对世博轴地下二层消防设计，在消防主管部门的指导下，以及消防性能化分析单位的配合下，提出了以下措施，有些措施还是前无先例的，尚属首创：

（1）对地下二层的顶部大量开孔，使地下空间与上部室外空气连通，改善排烟条件（图1－2－26～图1－2－27）。

图 1－2－26　地下二层安检大厅上空的开敞洞口

图 1－2－27　美景与功能相结合的开敞洞口

(2) 结合顶部开孔，界定出下沉式广场，将地下二层分割为三个防火分隔区，又能确保整个层面的通行功能(图 1－2－28)。

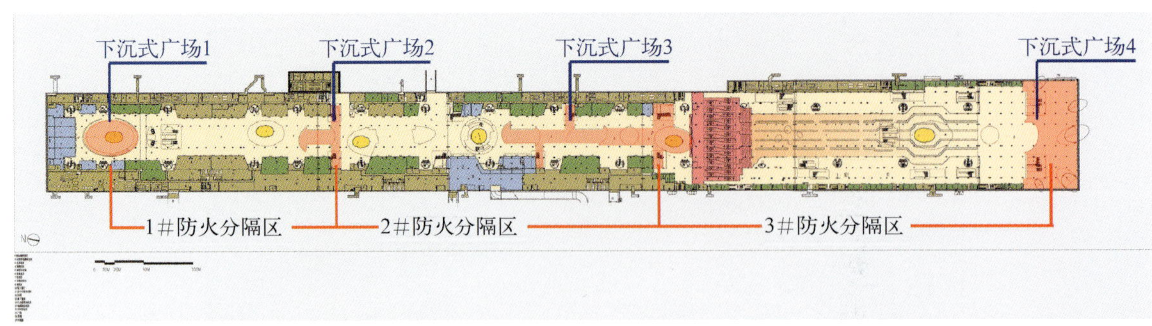

图 1－2－28　地下二层防火分区

(3) 介入消防性能化分析，以动态模拟的方式，提供专业分析结果。根据图 1－2－29、图 1－2－30 和表 1－2－4 可知：2#防火分隔区在一处疏散口故障的情况下，将所有人员(3 400 人)疏散完毕，用时 296 s，小于安全疏散时间 360 s。正是由于多种消防性能化分析手段的介入，使许多消防设计变得更直观，更有说服力。

(4) 以消防性能化分析结果为依据，配备充足的疏散条件。

(5) 根据消防部门的要求，在地下室的人员疏散口之外，单独设计消防专用通道，专供消防员扑救，避免与逃生人员冲突。

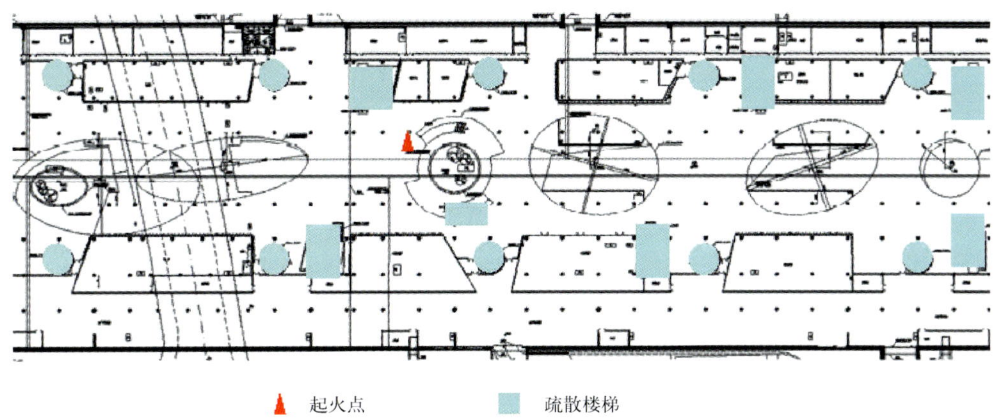

图 1-2-29 2#防火分隔区的疏散口配置

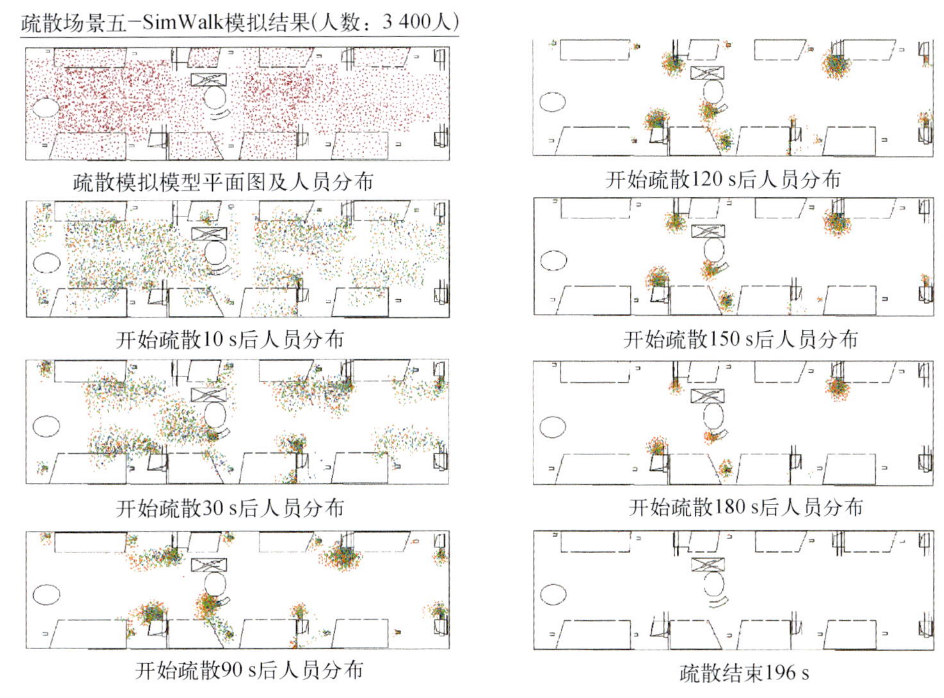

图 1-2-30 2#防火分隔区的疏散动态模拟

表 1-2-4 2#防火分隔区的疏散时间

疏散场景	疏散人数	报警时间 T_{dst}	响应时间 T_{pce}	行动时间 T_{travel}	总疏散时间 REST
通廊区防火分隔区二	3 400	40 s	60 s	196 s	296 s

2.3.5 大规模安检口的设计

由于世博轴的主要功能为交通功能，对大人流安检通行的分析研究是建筑设计的一个重点工作，主要从以下几个方面开展了工作：掌握充分的规划数据，按世博轴的人流量、安检口数量，建立平常日、一般高峰日、极端高峰日的人员通行分析研究(图 1-2-31 和图 1-2-32)。自 2010 年 5 月 1 日至 10 月 31 日，共计 184 d，初步预测，平时周一至周五为平均日；双休日为一般高峰日；五一、十一长假、闭园前一周为极端高峰日。预计会出现的平均日为 115 d，约占总天数的 64.7%，一般高峰日为 48 d，约占总天数的 26.1%；极端高峰日为 17 d，约占总天数的 9.2%。

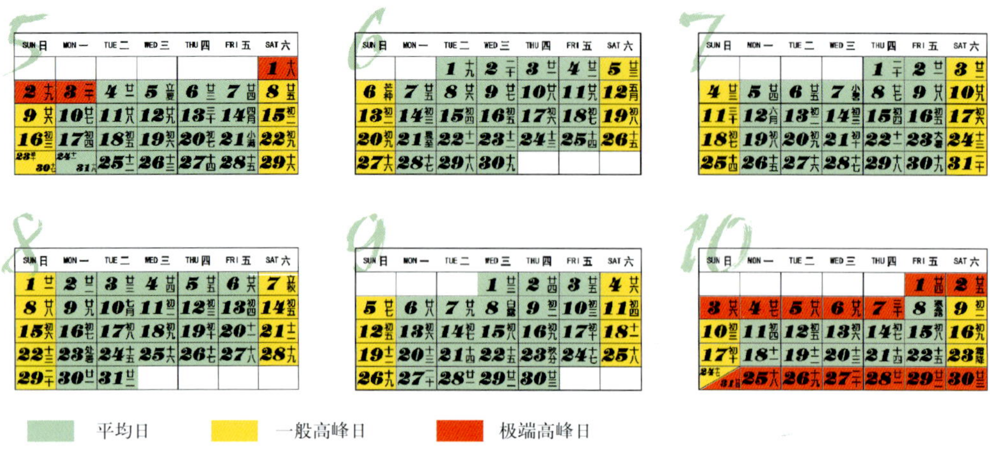

图 1-2-31　世博会各工况日程分布

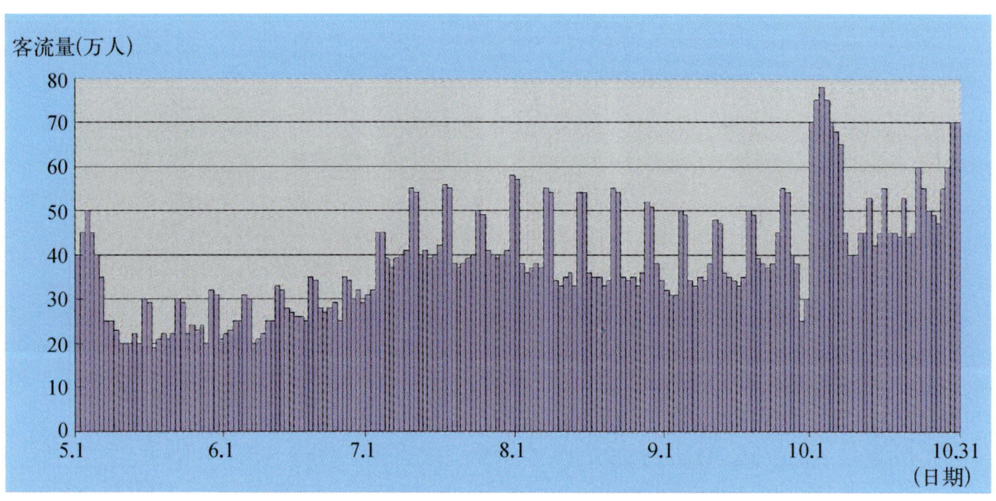

图 1-2-32　世博会参观人数全程分布预测

注：本图引自《世博园区八个入口交通专项规划(2007.08)》。

1. 世博轴工况划分

世博轴按规划客流规模来测算，共有三种工况(表 1-2-5)。

工况一：平均日，承担 9.2 万人次；

工况二：一般高峰日，承担 13.8 万人次；

工况三：极端高峰日，承担 18.5 万人次。

表 1-2-5　世博轴极端高峰日进出园人流全日分布预测

时　间　段	入园人数(人)	排队人数(人)	排队时间(min)	出园人数(人)
7:00～8:00	2 000			—
8:00～9:00	10 000			—
9:00～10:00	36 000			100
10:00～11:00	50 000	0～160	0～1	200
11:00～12:00	36 000			500
12:00～13:00	20 000			1 200
13:00～14:00	10 000			2 500

（续表）

时　间　段	入园人数(人)	排队人数(人)	排队时间(min)	出园人数(人)
14:00～15:00	6 000			4 500
15:00～16:00	4 000			14 000
16:00～17:00	3 500			18 000
17:00～18:00	3 000			14 000
18:00～19:00	2 500			12 000
19:00～20:00	2 000			14 000
20:00～21:00	—			16 000
21:00～22:00	—			24 000
22:00～23:00	—			40 000
23:00～24:00	—			24 000
全天进出园人数	185 000			

注：人流分布和入园状况以世博控规提出的外围交通人流量和安检时间为依据。

2. 交通通行功能设计

世博轴设计的核心内容就是交通通行功能，尤其是安检通行，在有限的基地宽度内，要布置下 100 多个安检口，在一个层面内是无法满足的，于是在设计中，分层设置安检口，各有侧重，互为补充，实现了在世博运营期间的安全有序通行条件。

根据世博轴的平面功能设计，安检区分为 3 个层面，共有 144 个安检口，其中地下二层安检区(图 1－2－33)有 50 个安检口 40 个票检口，主要接纳轨道交通 7 号线、8 号线的入园人员；一层安检区(图 1－2－34)有 18 个普通安检口、4 个无障碍安检口、4 个工作人员安检口和 15 个票检口，主要接纳应急疏导的地面入园人流、残疾人士和工

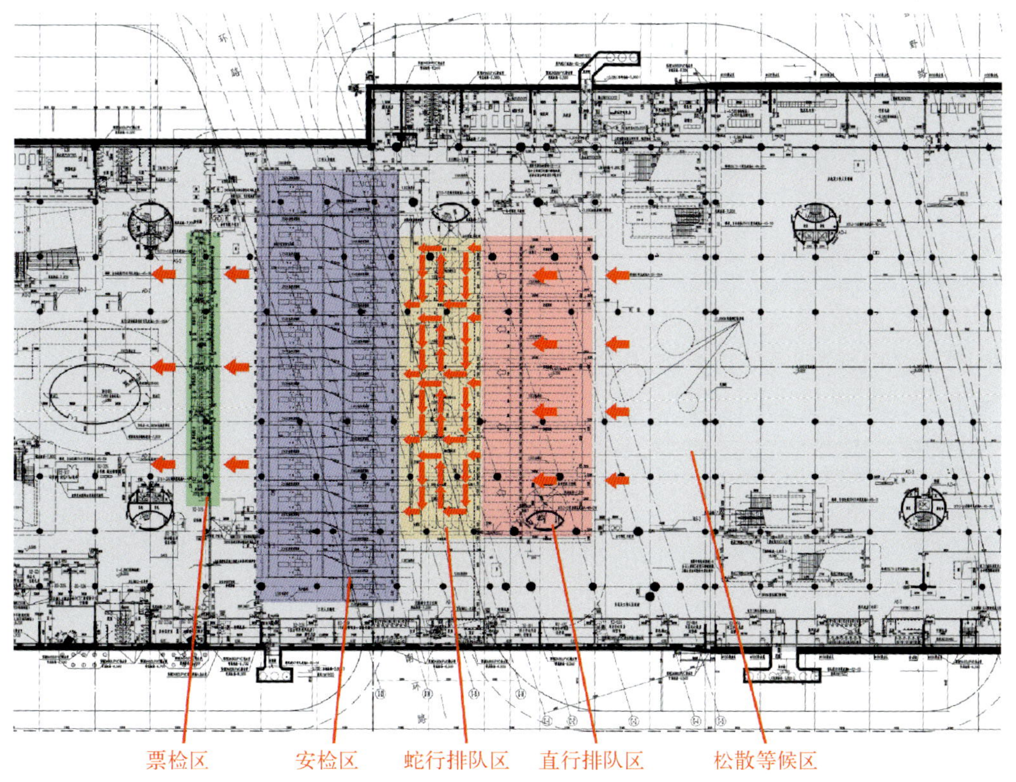

图 1－2－33　地下二层安检区平面

作人员入园，另外，一层安检区的东侧还设置了一个专用出园口，设有 14 个出园闸口；二层安检区（图 1－2－35）有 64 个安检口 50 个票检口，主要接纳地面公交枢纽的入园人流和部分轨道交通人流。

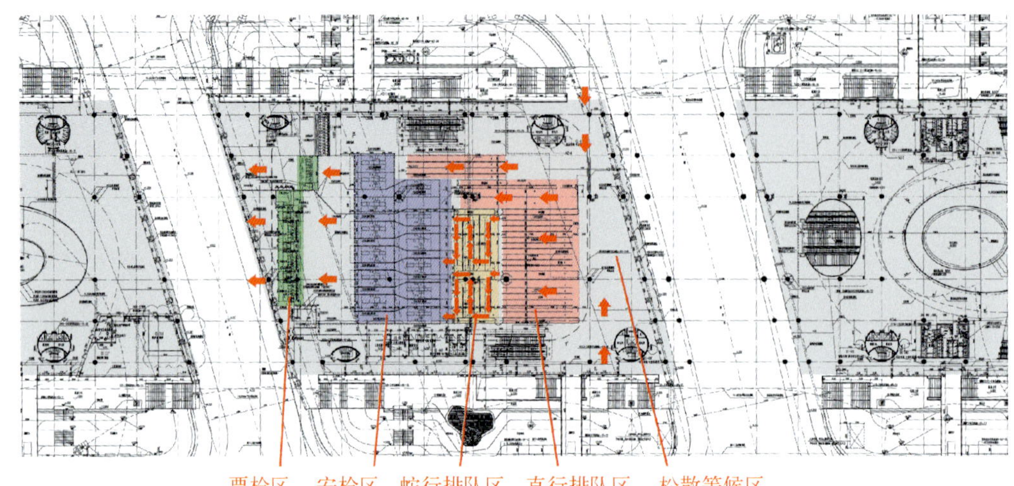

图 1－2－34　一层安检区平面

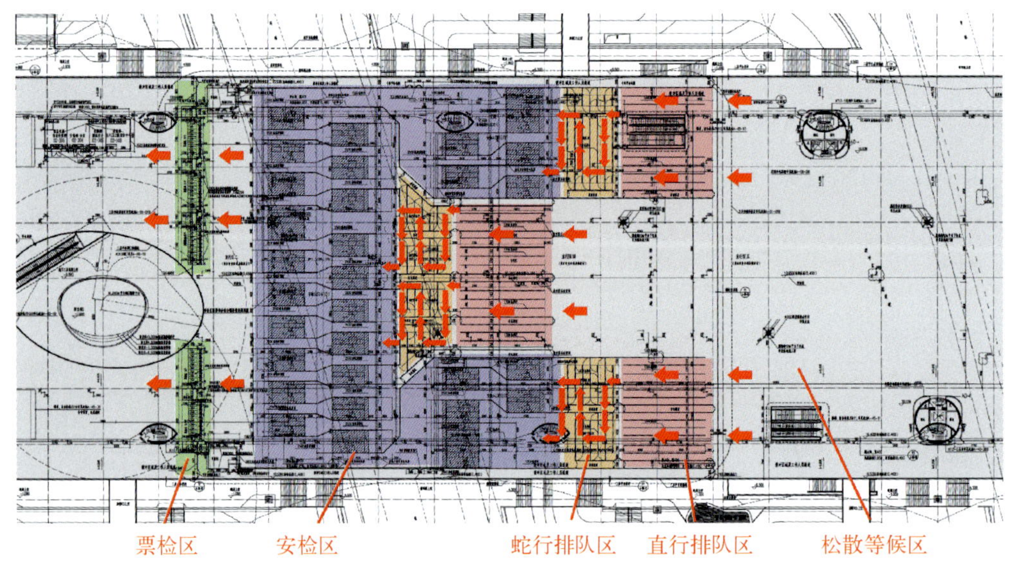

图 1－2－35　二层安检区平面

每个层面安检区按人员通行特点及管理需求，划分安检区的不同区块、队列，即确保人员安全有序地通行，又便于安保管理。

安检区前利用固定式栏杆分别设置了直行排队区和蛇形排队区，入园高峰时段，人员通过蛇形排队区可以使队列有序引导，非常便于管理，而考虑到非高峰时段的人员通行便利性，设计中还提出了蛇形通道栏杆利用活门进行转换，变为直行通行方式，避免了人员在非高峰时段入园的绕行（图 1－2－36～图 1－2－40）。

3. *应急设计*

由于世博会是举世瞩目的一场盛会，安全问题是所有设计首要考虑的方面，世博轴安检区是整个项目乃至整个园区人员最密集的区域，在世博轴设计的初期，就在各方面的参与下，确定应急保障分析和设计，安检区的设计针对应急状况进行分析，对于不同的应急状况，均提出有效的措施，并在建筑设计中得到体现（图 1－2－41）。

根据消防性能化分析的结果，地下二层安检区同时在场人数达到 11 000 人时，即呈饱和状态，这时必须通过管理手段关闭所有通向地下二层的人员进入口，直至地下二层安检区人数适当降低之后再放行人员进入地下二

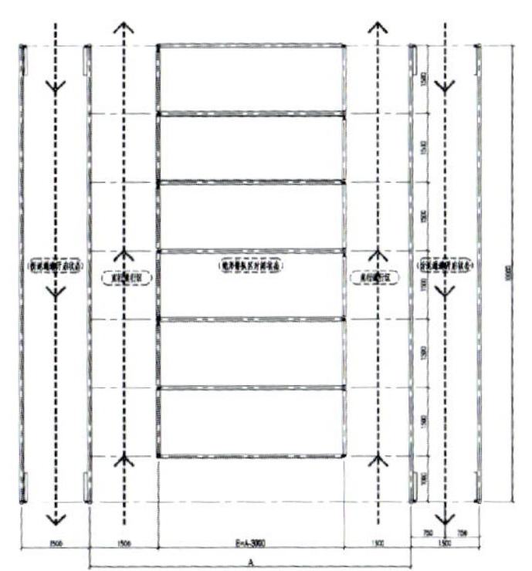

安检蛇形排队区标准段栏杆布置平面图(高峰时段)　　安检蛇形排队区标准段栏杆布置平面图(平时时段)

图 1-2-36　蛇形排队区的转换模式

图 1-2-37　安检通行口井然有序

图 1-2-38　全天候的安检口单元

图 1-2-39　二层票检口

图 1-2-40　工作人员安检入口

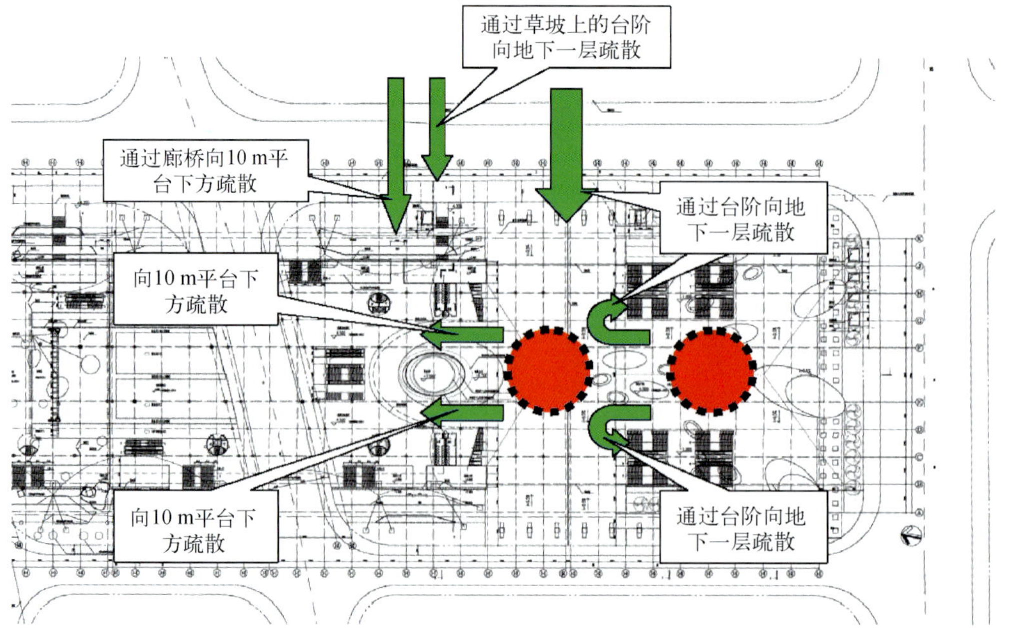

图 1-2-41　南广场应急状态下的人员转移分析

层安检区。这样，地下二层安检区既能启动应急预案，容纳地面转移下来的入园人员，又能确保自身的安全运作(图 1-2-42)。

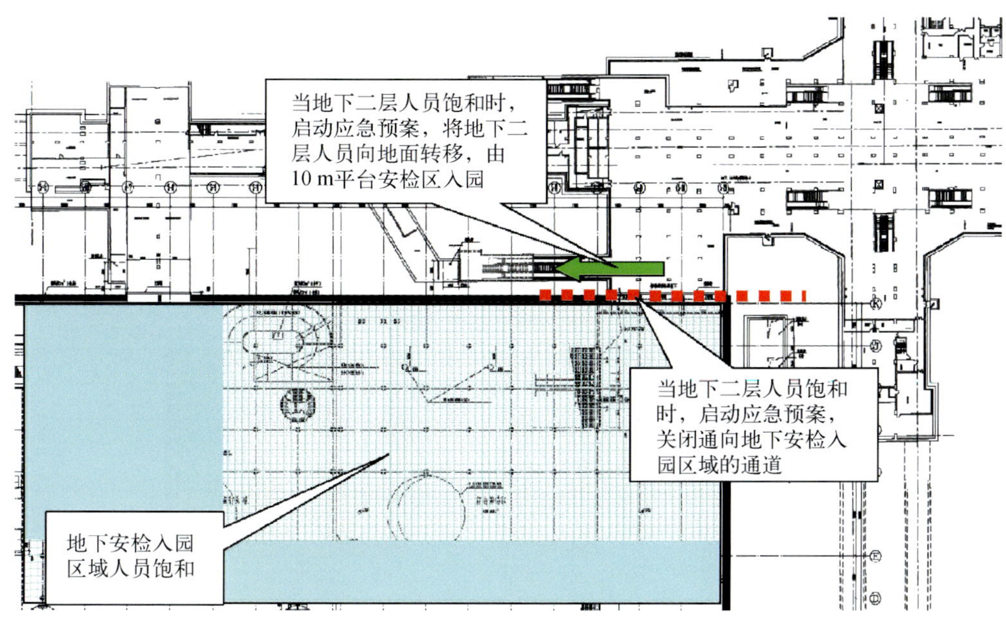

图 1-2-42 地下二层安检区的应急预案

二层平台安检区在突发雷暴雨、狂风等气象状况时，要确保地面入园人员的有序入园，二层(10 m)安检区仍可能启动应急预案，要接纳更多的地面人员到二层平台避雨安检入园，在人员饱和状态情况下，必须通过管理手段关闭所有通向二层(10 m)安检区的人员进入口，直至二层(10 m)安检区人数适当降低之后再放行人员进入。这样，二层(10 m)安检区既能启动应急预案，容纳地面转移来的入园人员，又能确保自身的安全运作(图 1-2-43)。

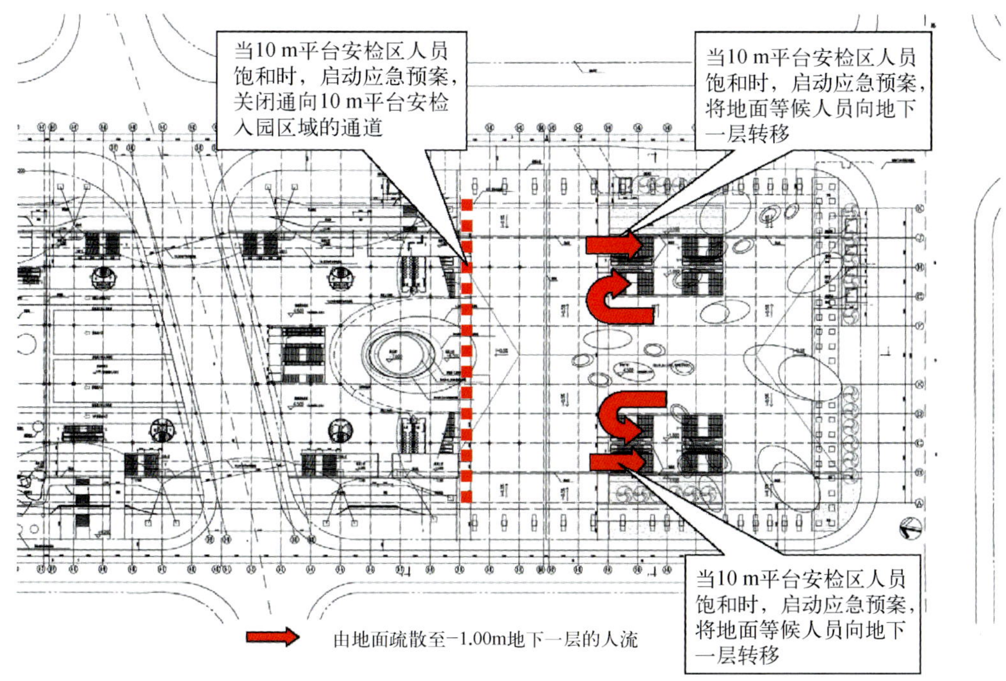

图 1-2-43 二层(10 m 平台)安检区的应急预案

世博轴南广场的地下一层作为世博围栏外的半地下空间，具有良好的挡风遮雨条件，在突发雷暴雨、狂风等气象状况时，可以作为临时等候场所，吸纳地面人员暂时过渡，如果风雨持续时间较长，地下一层半敞廊容纳人员过多,可以引导部分人员通过大台阶、自动扶梯、坡道从地下二层安检区入园,也可以引导部分人员通过北侧大台阶、自动扶梯出地面过雪野路至一层应急安检口入园(图 1-2-44)。

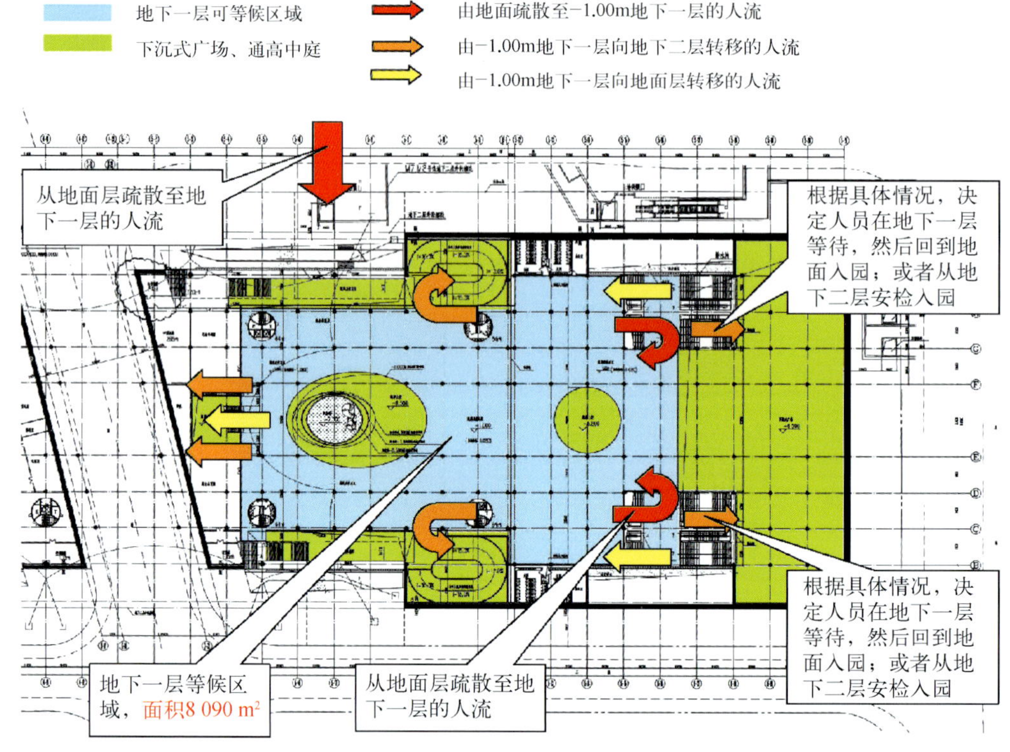

图 1-2-44　地下一层人员缓冲区的应急预案

2.3.6　造型独特的转播舱设计

在世博轴二层平台的北侧,有一处造型独特的单体建筑,这就是由上海文广集团委托华东建筑设计研究院有限公司(简称“华东院”)设计的电视转播专用建筑,由于华东院的原创设计立意独特,造型新颖,外形酷似一个太空舱,故该单体被称为“转播舱”,转播舱功能上完全满足电视直播全方位取景转播的需求,直径约 11 m,呈椭球体造型,并且能在底部电机的配合下,做到 300°旋转,成为一个动态建筑,可以分别以中国馆、世博文化中心、世博中心为背景做转播,同时其本身标新立异的惊艳造型,也成为世博轴乃至园区内的一抹亮色(图 1-2-45～图 1-2-46)。

图 1-2-45　电视转播舱正面

图 1-2-46 电视转播舱背面

2.3.7 美轮美奂的建筑造型和细节设计

世博轴是一个大型工程，以丰富的线条构成优美的身姿，也通过许多建筑细节的精雕细琢，构成一个完美的建筑整体。

1. 阳光谷的细节设计

阳光谷的刚毅和膜结构的柔美，通过节点的推敲，组合在一起，在阳光照耀下，显得美轮美奂。清水混凝土梁板、玻璃栏板也与简洁明快的建筑风格相协调(图 1-2-47)。

建筑设计中将美感和结构紧密结合，在建筑专业的细节推敲下，以前期充分的考虑，来减少后期装饰，直接由结构一体化施工完成，体现出力与美的结合，毫无笨拙之感。大跨度的梁桥采用梯形截面，侧面极薄，视觉上显得轻盈，减少了桥下通道的压抑感(图 1-2-48)。

图 1-2-47 阳光谷和膜结构美妙的光影效果

图 1-2-48 多层次的空间和简朴的建筑风格

许多建筑细节都实践了“少就是多”的至理名言(图 1-2-49～图 1-2-50)。

2. 幕墙设计

世博轴立面设计中运用了多种幕墙材料，使建筑丰富多彩，又各自体现作用。

平台服务用房的屋顶绿化与幕墙相结合，极好地改善了室内热环境和室外景观(图 1-2-51)。

图 1-2-49　钢桅杆和索、膜的张力宛如张弓搭箭，直射云天

图 1-2-50　廊桥的轻盈身姿

图 1-2-51　二层服务用房的屋顶绿化建筑节点

其他层面的服务用房以虚实交错的幕墙材料（图 1-2-52），改善节能条件，不同的实体幕墙使这样一个超大型建筑不显单调。

北端的观光电梯采用全透明玻璃井道和轿厢，使人们可以全方位地浏览世博美景（图 1-2-53～图 1-2-54）。

3. 平台膜的细节设计

建筑专业对多专业参与的节点设计中，通过造型分析，将建筑美感和工艺功能、结构布置有机地结合在一起，平台膜结构下拉点就是一个实例，膜结构的倒锥形拉索和锥盘形灯光反射盘、锥盘形座凳有机地结合，浑然一体（图 1-2-55）。

图 1 - 2 - 52 木纹板、玻璃组合幕墙

图 1 - 2 - 53 钛锌板、玻璃组合幕墙

图 1 - 2 - 54 观光电梯玲珑剔透

图 1 - 2 - 55 膜结构的下拉点与灯光盘和座凳和谐一体

3 混凝土结构专业设计特点

3.1 工程地质条件

3.1.1 场地条件

世博轴及地下综合体工程位于上海市浦东新区，属滨海平原地貌类型。场地南部为荒地，北部为拆迁后的居民住宅区，其余则为拆迁后的厂区。周边场地地势平坦，地面标高在 3.62～5.99 m 之间(吴淞标高系)。

场地内各土层从顶到底依次为：第①1 层为杂填土；第①2 层浜填土，仅部分钻孔揭露；第②$_1$ 层褐黄—灰黄色黏土；第③层灰色淤泥质粉质黏土；第③夹层灰色黏质粉土；第④层灰色淤泥质黏土；第⑤$_1$ 层灰色黏土；第⑤$_{2-1}$ 层灰色砂质粉土；第⑤$_{2-2}$层灰色粉砂；第⑤$_{2-3}$层灰色粉质黏土夹砂质粉土；第⑤$_3$ 层灰色粉质黏土；第⑤$_4$ 层灰绿色粉质黏土；第⑦$_2$ 层灰色粉细砂；第⑦$_3$ 层灰色粉砂夹薄层黏性土；第⑨层灰色粉细砂。拟建场地第⑧层黏性土缺失，第⑦层与第⑨层直接连通(表 1-3-1)。

表 1-3-1 地质设计参数

土层编号	土 层 名 称	层厚(m)	层底标高(m)	重度(kN/m³)	ϕ(°)	C(kPa)
①	杂填土	2.3	2.63	18	25	0
②	褐黄—灰黄色黏土	1.4	1.90	18.4	17.0	18.0
③	灰色淤泥质粉质黏土	1.3	1.11	17.3	17.0	11.0
④	灰色黏质粉土	0.7	−1.05	18.5	27.0	5.0
⑤	灰色淤泥质粉质黏土	2.4	−11.64	17.3	17.0	11.0
⑥	灰色淤泥质黏土	6.7	−15.40	16.5	11.0	13.0
⑦	灰色黏土	2.7	−23.01	17.4	14.0	13.0
⑧	灰色砂质粉土	24.8	−43.34	18.0	28.0	1.0

3.1.2 不良地质条件

场地不良地质现象，主要有以下几个方面：

(1) 厚层填土：场地特别在厂区内，涉及厚层杂填土，这些杂填土表层为混凝土地坪，其下或为长期以来多次铺筑的呈层状道路路基，或为曾加固处理过的地坪，其间夹杂有碎石、砖块。

(2) 暗浜：个别地方有暗浜存在，暗浜切割深度约为 3.5 m。

(3) 地下障碍物：拟建场地局部原为工厂及附近居民棚户区，在厂区内分布有较大面积且多层的旧地坪，厚度在 20～50 cm 不等，系在老地坪基础上层层铺设形成。另外还有弃用的人防地下工程。

3.1.3 地下水

根据提供的地质报告反映，整个场地存在三个承压水含水层。其中第⑤$_2$ 层为微承压含水层；第⑦层第一承压含水层虽埋深较深，但局部与⑤$_2$层连通，该土层赋存地下水水量丰富，为上海地区第一承压含水层；第⑦层之下为第⑨层，同样为承压水含水层。根据上海地区区域性水文地质资料，微承压水及承压水水头埋深一般约为地面以下3～11 m，随季节呈周期性变化。

因本工程涉及深基坑，故浅部的潜水、第⑤$_2$层为微承压含水层，均与工程建设密切相关。第⑦层第一承压含水层虽埋深较深，但局部与⑤$_2$层连通，该土层赋存地下水水量丰富，降水施工时应考虑其影响因素。

潜水一般分布于浅部土层中，补给来源主要有大气降水入渗及地表水径流侧向补给，其排泄方式以蒸发消耗为主。浅部土层中的潜水位埋深，一般离地表面0.3～1.5 m，年平均地下水水位埋深离地表面0.5～0.7 m。由于潜水与大气降水和地表水的关系十分密切，故水位呈季节性波动。

在勘探期间第⑤$_{2-1}$层为微承压含水层的水头埋深约5.2 m，第⑤$_{2-2}$层为微承压含水层的水头埋深约7.7 m，第⑦层为承压含水层的水头埋深约8.7 m。

3.2 基坑工程

本工程结构地面层标高为+4.2 m，地下一层标高−1.08 m，地下二层为−6.8 m，地下三层为−10.7 m(南端预留高层部分为−14.3 m)。以南环路为界，世博轴地下空间可分为南北两段。南段为国展路以南的两个地块，地下三层；基坑开挖深度在上南路入口广场节点基坑深约17.0 m，预留会后拟建高层部分基坑深约21.5 m。北段为国展路以北的三个地块，地下二层；基坑开挖深度主要为12.2 m，靠近黄浦江地块为11.2 m。

世博轴地下综合体工程基坑周边环境条件相对较为宽松，周边无重要管线通过，场地南部原为荒地，北部为拆迁后的居民住宅区，其余则为厂区，均已基本拆迁完毕；场地东侧为上南路，周边各条道路(含上南路)基本全路需根据规划重新建设；场地东侧上南路以东有已建成但尚未投入使用的轨道交通8号线周家渡站、耀华路站及区间隧道，周家渡站及耀华路站为地下二层车站，区间隧道顶埋深大于8.0 m。场地南端为拟建轨道交通7号线上南路站。

基坑开挖地下两层区段东侧为轨道交通8号线周家渡站及区间隧道，其中区间隧道与围护结构最小间距为43 m，除此以外无其他现有或在建的重要构筑物。

基坑开挖地下浅三层区段东侧靠近轨道交通8号线区间隧道及耀华路车站，其中区间隧道与围护结构最小间距为33 m，车站距基坑最近点22 m。除此以外无其他现有或在建的重要构筑物。

基坑开挖地下深三层区段东侧距轨道交通8号线耀华路车站约29 m，南侧距拟建轨道交通7号线上南路站主体结构约28 m。轨道交通站点底板板底埋深耀华路站标准段约15 m、端头井约17 m，上南路站标准段约24 m、端头井约26 m。

3.2.1 基坑工程设计

3.2.1.1 北段地下二层基坑设计

场地东侧为轨道交通8号线周家渡站及区间隧道，其中区间隧道与围护结构最小间距为43 m，除此以外无其他现有或在建的重要构筑物。

根据总平面图及现场踏勘周围环境情况，按照经济、合理、安全和因地制宜的原则，经综合分析，确定本段基坑控制变形保护等级为三级。基坑变形的监测指标和监测控制值见表1-3-2。

表1-3-2 基坑变形的监测指标和监测控制值

墙体最大水平位移监控指标	地面最大沉降监控指标
0.7%H	0.5%H

注：H为基坑深。

地下二层基坑开挖深度大部为11.2～12.2 m，基坑围护结构采用重力式挡土墙、放坡，结合地下连续墙的混合型围护形式。基坑围护利用重力式挡土墙与放坡，开挖至地下一层标高(挖深约5.3 m)，先期施工周边两跨地下一层楼板形成水平支撑体系，在基坑内侧设置留土平台，采用“盆式开挖结合部分逆作”开挖至坑底并浇筑底板结构并设置斜抛撑，最后挖除土台浇筑剩余内部结构。

1. 围护主要步骤

(1) 基坑开挖深度主要为 12.2 m，靠近黄浦江地块为 11.2 m。采用重力式挡土墙及放坡，结合地下连续墙的混合型围护形式。

(2) 围护墙选用 800 mm 厚地下连续墙，连续墙墙段采用锁口管柔性接头，钢支撑采用 ϕ609×16 钢管支撑。基坑开挖完毕后，连续墙兼作主体结构侧墙。西侧不再另设内衬，墙幅接缝处设置壁柱；东侧靠近轨道交通区段，均设 350 mm 厚内衬墙。

(3) 施工钻孔灌注桩、钢格构柱、地下连续墙及坑底坑外搅拌桩加固、放坡等，并提前 28 天进行基坑降水，其后开挖基坑。

(4) 视场地及周边环境情况，利用重力式挡土墙与放坡，开挖至地下一层标高(挖深约 5.9 m)。重力式挡土墙宽 4.7 m，深 12 m(局部加至 15 m)；放坡坡度控制在 1∶2.5。

(5) 施工部分地下一层楼板，在开洞过大处增加钢支撑角撑及对撑等，形成支撑体系。

(6) 利用地下连续墙围护，采用“盆式开挖结合部分逆作”，沿基坑周边 1∶2.5 放坡至开挖面，挖除基坑中部土体；施工中部底板并在板边制作钢筋混凝土牛腿。待中间部分底板与钢筋混凝土牛腿均达到设计强度后掏槽安装钢支撑。

(7) 开挖坑边钢支撑下的土体至坑底，施工边跨底板，与先施工的中间部分楼板连接成为一体。

(8) 待底板达到设计强度 70%后可拆除钢支撑。

2. 计算工况及计算结果

围护结构内力计算：围护阶段沿世博轴地下综合体工程基坑围护结构取单位长度按弹性地基梁进行计算，地层对墙体的作用采用一系列弹簧进行模拟，计算时充分考虑基坑开挖过程中挖土及支撑的“时空效应”，计入结构的先期位移以及支撑的变形，按“先变形，后支撑”的原则进行结构分析。地下二层部分选取开挖深度为 12.2 m 的断面进行计算分析，具体计算工况和计算成果如下。

(1) 计算工况：

工况一：开挖至－1.0 m 楼板底(－1.68 m)，浇筑基坑边临近两跨－1.0 m 楼板；

工况二：待先浇楼板达到设计强度后，开挖、留坡(坡顶标高－5.0 m)，浇筑先期开挖到坑底部分底板；

工况三：待先浇底板达到设计强度后，设置斜抛撑并开挖留坡至坑底(－8.0 m)，浇筑剩余部分底板；

工况四：待后浇部分底板达到设计强度后拆除斜抛撑。

(2) 计算成果：

① 稳定性计算：如图 1－3－1～图 1－3－4 所示。

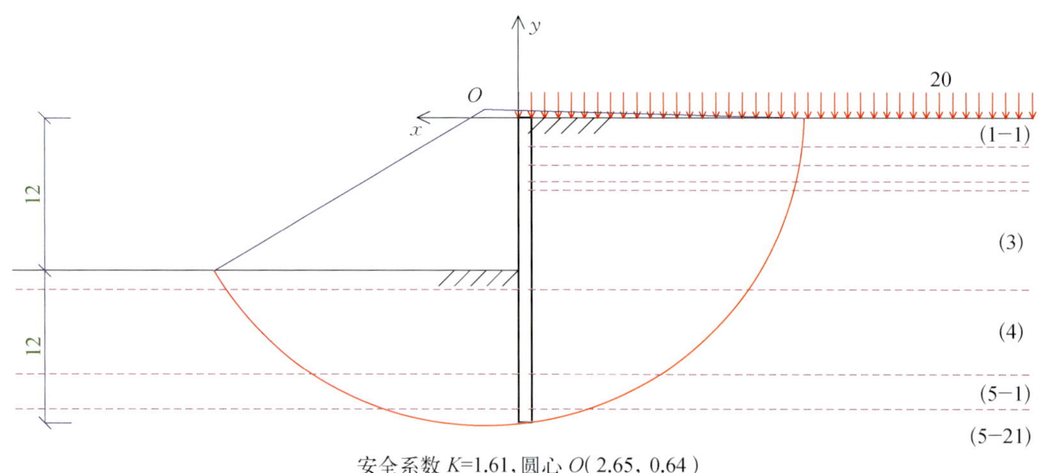

图 1－3－1　整体稳定验算

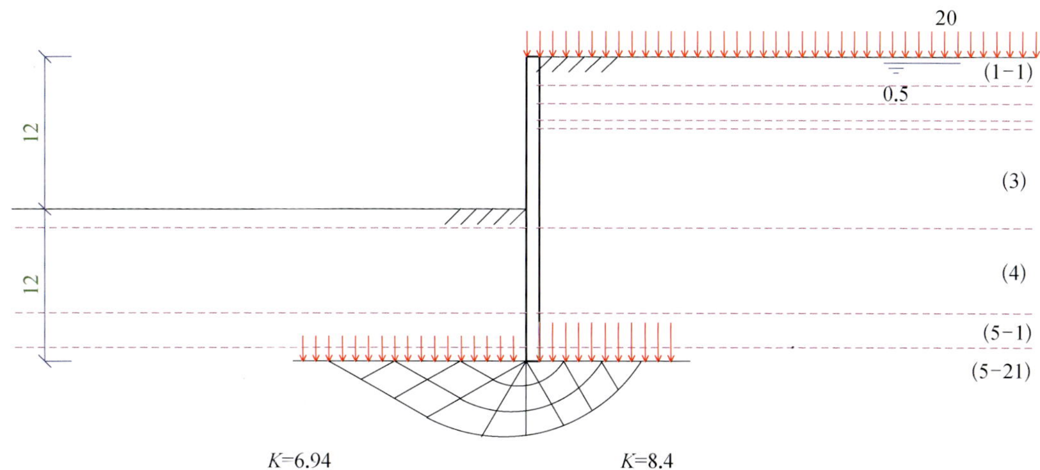

图 1-3-2 墙底抗隆起验算

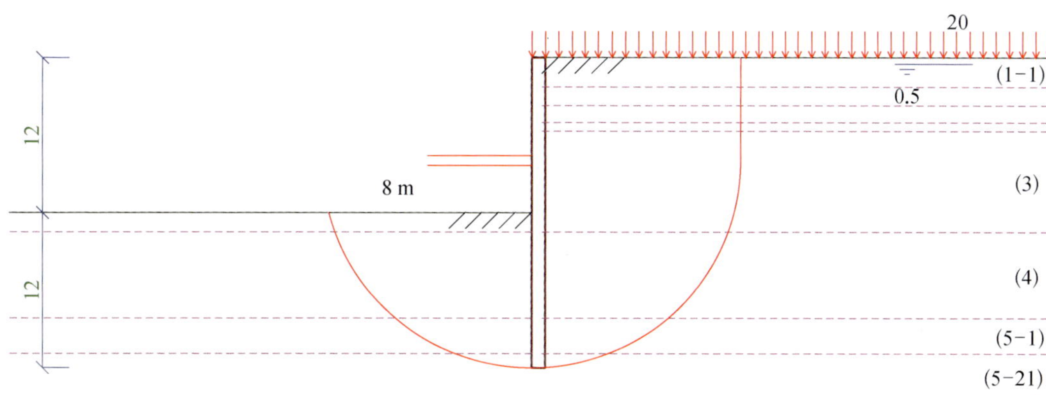

图 1-3-3 坑底抗隆起验算($K=2.19$)

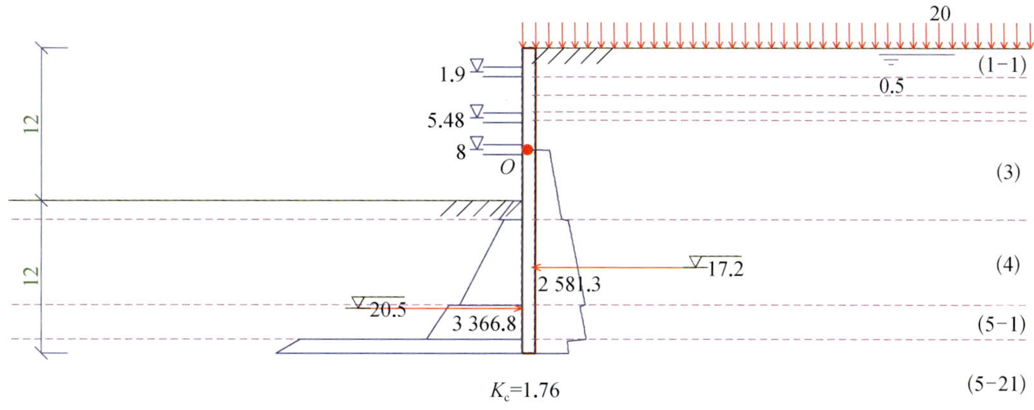

图 1-3-4 抗倾覆验算(水土合算)

抗管涌验算:

按砂土,安全系数 $K=1.448$;

按黏土,安全系数 $K=2.142$。

② 内力位移计算:如图 1-3-5～图 1-3-8 所示。

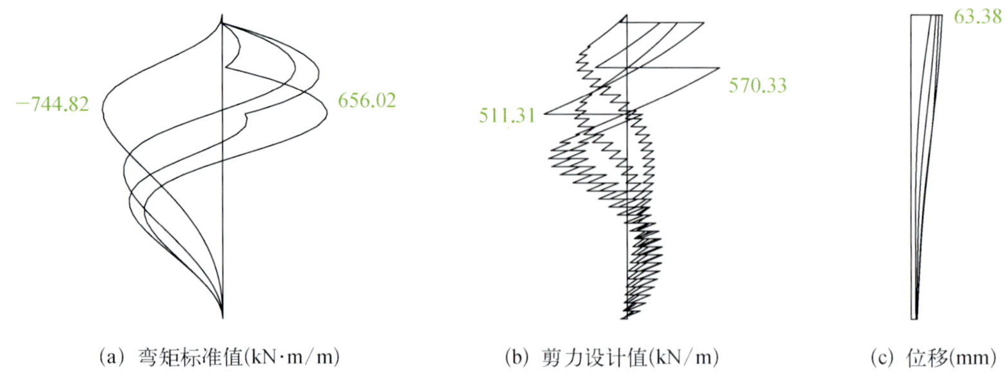

图 1-3-5　围护结构内力及位移包络

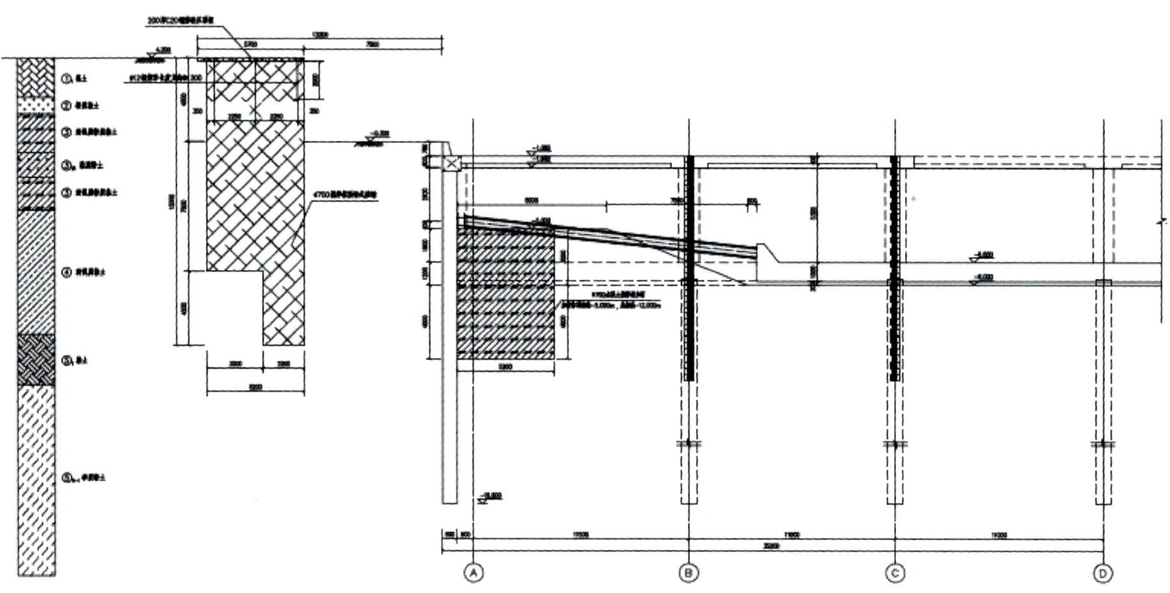

图 1-3-6　二层区域围护剖面(局部)

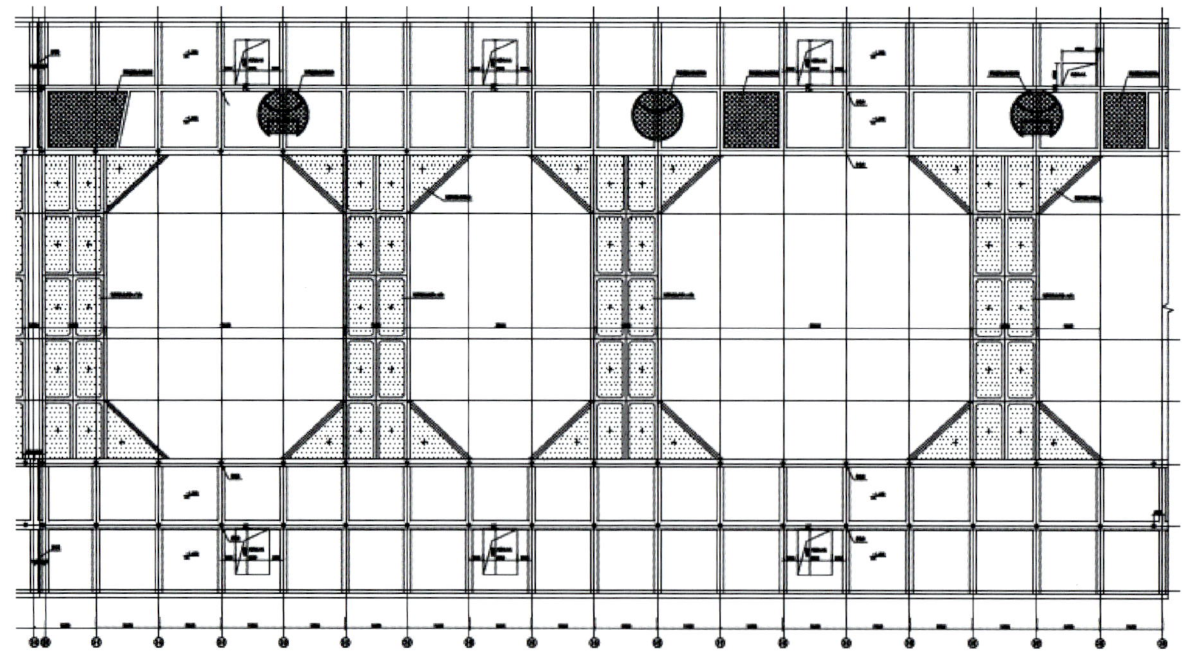

图 1-3-7　二层区域−1.0 m 板支撑平面布置(局部)

图 1-3-8 二层区域基坑施工期照片(局部)

3.2.1.2 南段地下浅三层基坑设计

基坑开挖地下浅三层区段东侧靠近轨道交通 8 号线区间隧道及耀华路车站,其中区间隧道与围护结构最小间距为 33 m,车站距基坑最近点 22 m。除此以外无其他现有或在建的重要构筑物。

根据总平面图及现场踏勘周围环境情况,按照经济、合理、安全和因地制宜的原则,经综合分析,确定本基坑控制变形保护等级为三级。基坑变形的监测指标和监测控制值见表 1-3-3。

表 1-3-3 基坑变形的监测指标和监测控制值

墙体最大水平位移监控指标	地面最大沉降监控指标
0.7% H	0.5% H

注: H 为基坑深。

地下浅三层基坑开挖深度约为 17 m。与地下二层开挖方案类似,利用重力式挡土墙与放坡,开挖至地下一层标高(挖深约 5.9 m)后,施工部分地下一层楼板,形成支撑体系,采用"盆式开挖结合部分逆作"开挖至地下二层标高,施工完地下二层楼板后,以同样方法开挖至坑底并逆作施工底板结构。围护墙选用 1 000 mm 厚地下连续墙,连续墙墙段采用锁口管柔性接头。基坑开挖完毕后连续墙兼作主体结构侧墙,并设 400 mm 厚内衬墙。

1. 围护主要步骤

(1) 基坑开挖深度 17 m。

(2) 与地下二层开挖方案类似,利用重力式挡土墙与放坡,开挖至地下一层标高(挖深约 5.9 m);其后施工部分地下一层楼板,形成支撑体系;利用地下连续墙围护,采用"盆式开挖结合部分逆作"开挖至地下二层标高;施工完地下二层楼板后,以同样方法开挖至坑底标高。

(3) 选用 1 000 mm 厚地下连续墙,连续墙墙段采用锁口管柔性接头。基坑开挖完毕后连续墙兼作主体结构侧墙,并设 400 mm 厚内衬墙。

2. 计算工况及计算结果

(1) 计算工况:

工况一:开挖至−1.0 m 楼板底(−1.68 m),浇筑基坑边临近两跨−1.0 m 楼板;

工况二:待先浇楼板达到设计强度后,开挖、留坡(坡顶标高−4.68 m),盆式开挖到中心部分−6.5 m 楼板底,浇筑中心部分楼板;

工况三:待先浇−6.5 m 楼板达到设计强度后,设置斜抛撑并开挖留坡至坑底(−7.18 m),浇筑剩余部分−6.5 m 楼板;

工况四:待后浇部分−6.5 m 楼板达到设计强度后拆除斜抛撑;

工况五:开挖、留坡(坡顶标高−9.8 m),盆式开挖到坑底(−12.800 m),浇筑中心部分底板;

工况六：待先浇部分底板达到设计强度后设置斜抛撑并挖除留坡，浇筑剩余部分底板；

工况七：待后浇部分底板达到设计强度后拆除斜抛撑。

(2) 计算成果：

① 稳定性计算：如图 1-3-9～图 1-3-12 所示。

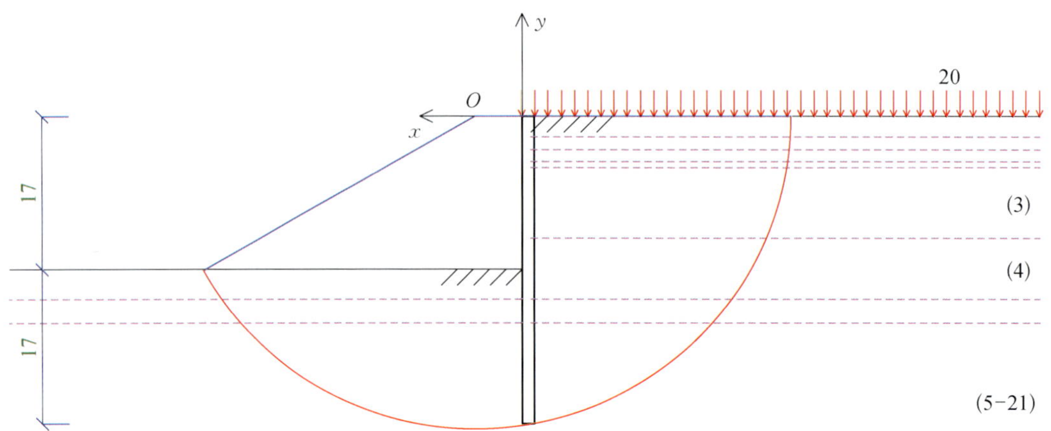

安全系数 K=2.02，圆心 O(5.13，0)

图 1-3-9　整体稳定验算

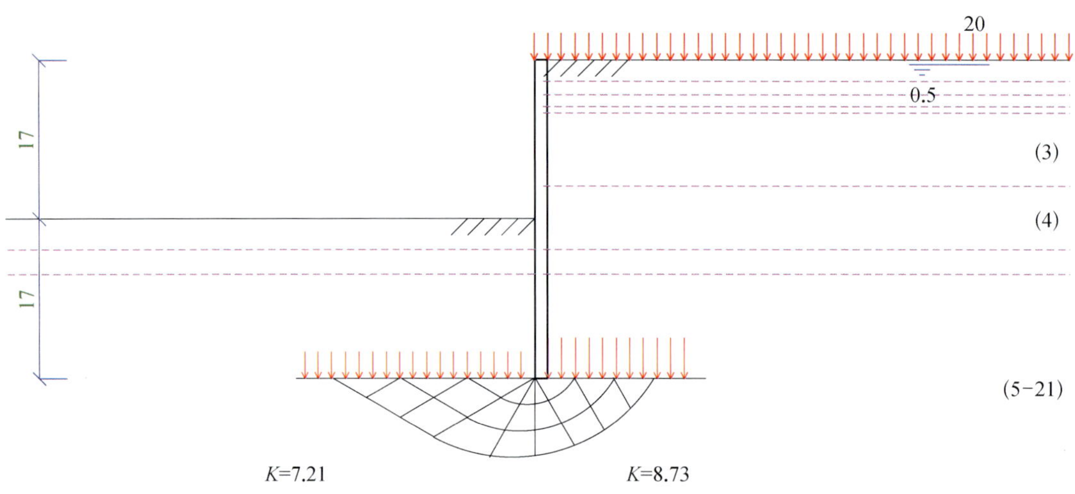

图 1-3-10　墙底抗隆起验算

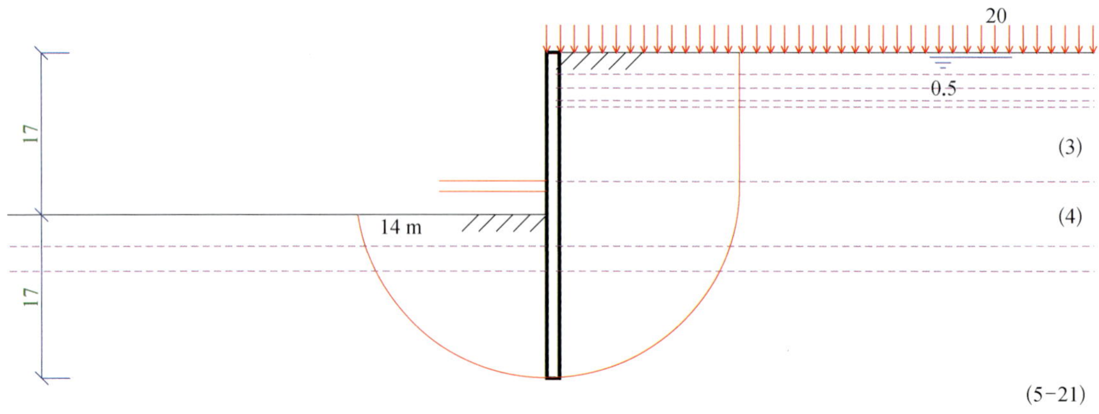

图 1-3-11　坑底抗隆起验算(K=2.76)

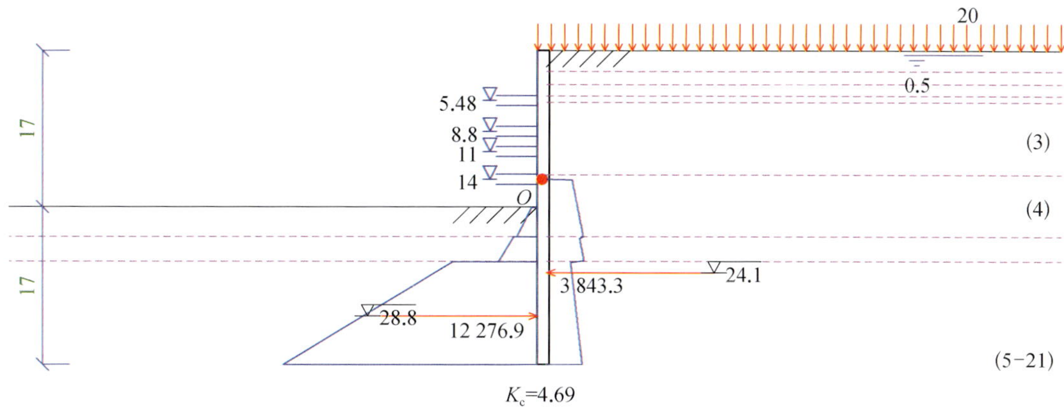

图 1-3-12 抗倾覆验算(水土合算)

抗管涌验算:

按砂土,安全系数 $K=1.571$;

按黏土,安全系数 $K=2.333$。

② 内力位移计算:如图 1-3-13~图 1-3-14 所示。

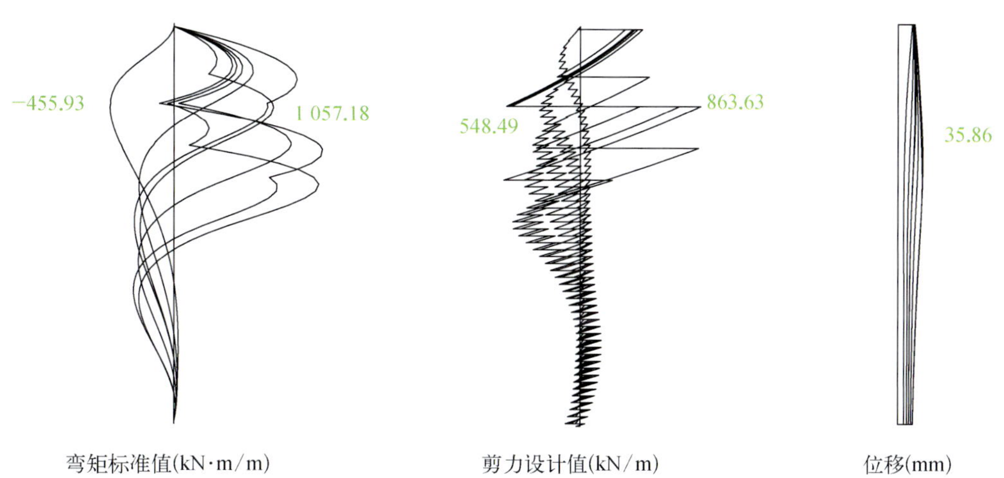

图 1-3-13 围护结构内力及位移包络

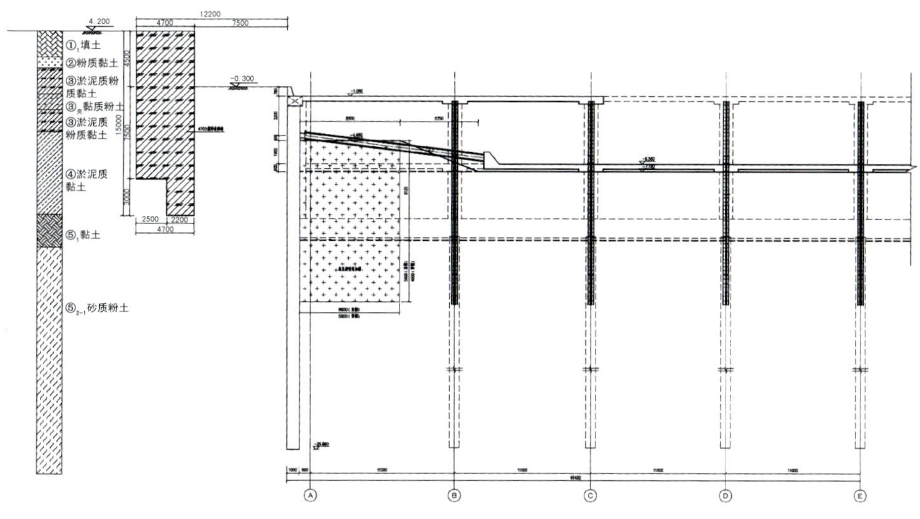

图 1-3-14 浅三层区域围护剖面

3.2.1.3　南段地下深三层基坑设计

基坑开挖地下深三层区段东侧距轨道交通 8 号线耀华车站约 29 m，南侧距轨道交通 7 号线上南路站主体结构约 28 m。轨道交通站点底板板底埋深耀华路站标准段约 15 m、端头井约 17 m，上南路站标准段约 24 m、端头井约 26 m。除此以外无其他现有或在建的重要构筑物。

根据总平面图及现场踏勘周围环境情况，按照经济、合理、安全和因地制宜的原则，经综合分析，确定本基坑控制变形保护等级为二级。基坑变形的监测指标和监测控制值见表 1－3－4：

表 1－3－4　基坑变形的监测指标和监测控制值

墙体最大水平位移监控指标	地面最大沉降监控指标
0.2% H	0.3% H

注：H 为基坑深。

地下深三层基坑开挖深度约为 21.5 m，基坑开挖、回筑采用全逆作方案；基坑围护结构利用地面层(＋4.2 m)、地下一层(－1.0 m)、地下二层(－6.5 m)楼板形成水平的支撑体系，并在地下二层(－6.5 m)楼板到坑底之间(－17.3 m)设置 2 道钢筋混凝土支撑。

1. 围护主要步骤

(1) 基坑开挖深度深 21.5 m(坑底标高－17.3 m)；采用 1 000 mm 厚地下连续墙结合全逆作方案。

(2) 首先施工钻孔灌注桩、钢格构柱、地下连续墙及坑内旋喷桩加固等。

(3) 施工地面层(＋4.2 m)板形成第一道支撑体系。

(4) 开挖至－1.68 m 标高后施工地下一层(－1.0 m)板，在南端头建筑开洞处，局部增设混凝土支撑，形成可靠的支撑体系。

(5) 沿基坑周边 1∶2.5 放坡至－7.18 m 标高，挖除基坑中部土体；施工中部－6.5 m 板，并在板边制作钢筋混凝土牛腿。待中间部分底板与钢筋混凝土牛腿均达到设计强度后掏槽安装钢支撑。开挖坑边钢支撑下的土体至开挖面，施工边跨－6.5 m 板，与先施工的中间部分楼板连接成为一体。

(6) 开挖至－12.0 m 标高后施工第一道混凝土支撑。

(7) 开挖至－14.9 m 标高后施工第二道混凝土支撑。

(8) 其后开挖至坑底标高－17.3 m。

(9) 待－6.5 板达到设计强度后可拆除钢支撑，待内衬施工完毕后可拆除混凝土支撑。

2. 计算工况及计算结果

(1) 计算工况：

工况一：开挖至 4.2 m 楼板底(3.670 m)，浇筑 4.2 m 楼板；

工况二：待 4.2 m 楼板达到设计强度后，开挖至－1.0 m 楼板底(－1.680 m)，浇筑－1.0 m 楼板；

工况三：待－1.0 m 楼板达到设计强度后，开挖、留坡(坡顶标高－4.68 m)，盆式开挖到中心部分－6.5 m 楼板底，浇筑中心部分楼板；

工况四：待先浇中心部分楼板达到设计强度后，设置斜抛撑并开挖留坡，浇筑剩余部分－6.5 m 楼板；

工况五：待后浇部分－6.5 m 楼板达到设计强度后拆除斜抛撑；

工况六：开挖至第三道钢筋混凝土支撑底(－12.0 m)，浇筑支撑；

工况七：待第三道钢筋混凝土支撑达到设计强度后，开挖至第四道钢筋混凝土支撑底(－14.9 m)，浇筑支撑；

工况八：待第四道钢筋混凝土支撑达到设计强度后，浇筑底板。

(2) 计算成果：

① 稳定性计算：如图 1－3－15～图 1－3－18 所示。

抗管涌验算：

按砂土，安全系数 $K=1.63$；

按黏土，安全系数 $K=2.426$。

② 内力位移计算：如图 1－3－19～图 1－3－21 所示。

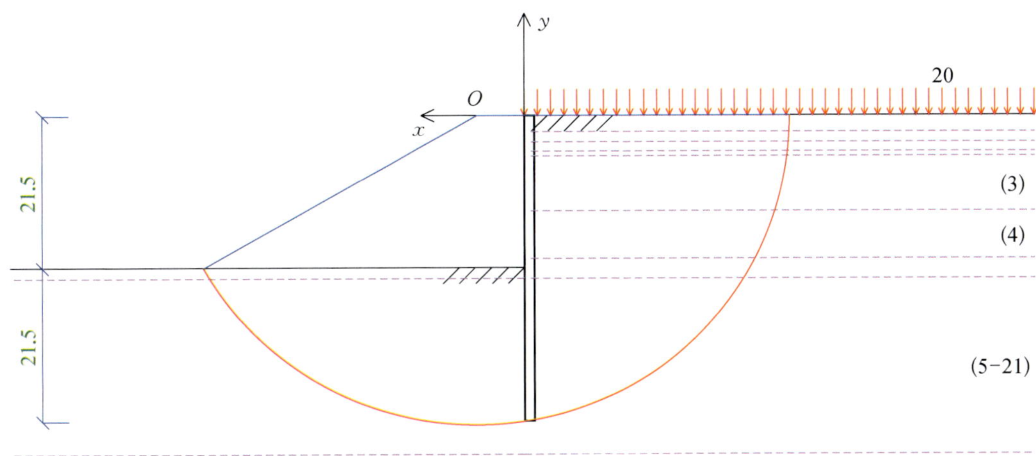

安全系数 K=2.06，圆心 O(6.6，0)

图 1-3-15 整体稳定验算

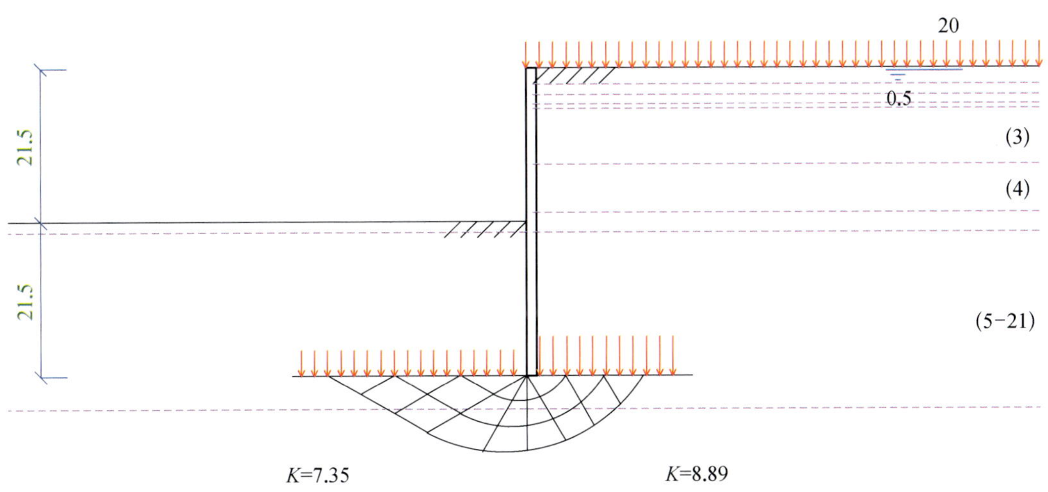

图 1-3-16 墙底抗隆起验算

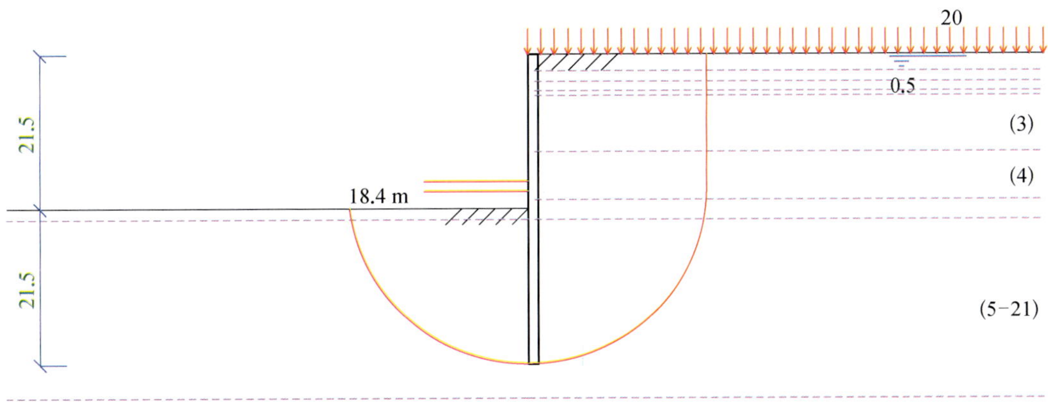

图 1-3-17 坑底抗隆起验算(K=2.81)

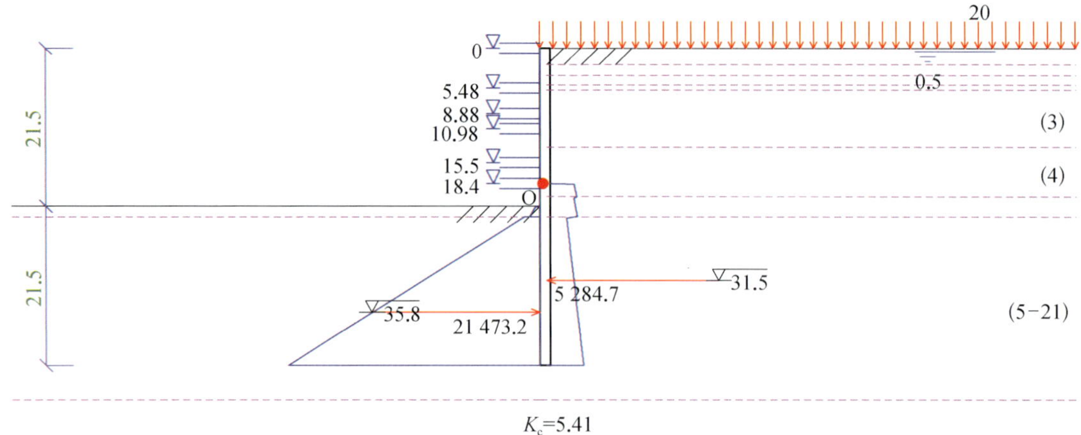

图 1-3-18　抗倾覆验算(水土合算)

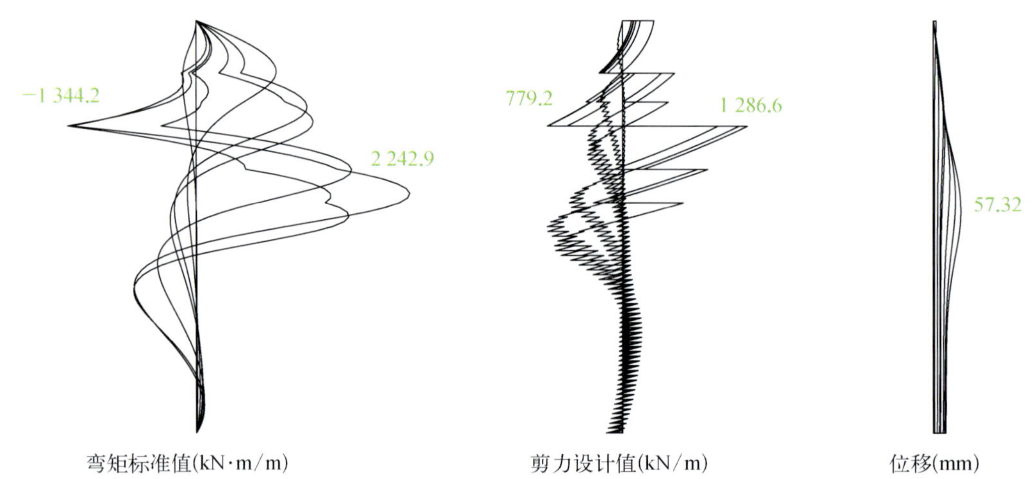

图 1-3-19　围护结构内力及位移包络

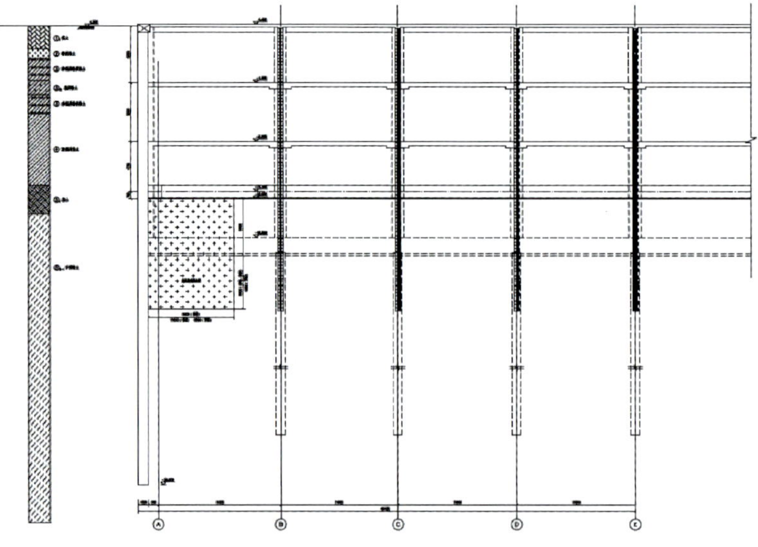

图 1-3-20　深三层区域围护剖面

图 1-3-21 深三层全逆作基坑施工期照片

3.2.1.4 土体加固

基坑坑底及周边加固采用 ϕ700 水泥土搅拌桩格栅式加固；地下三层部分坑内采用旋喷桩加固；此外靠近轨道交通部分，地墙接缝处亦采用旋喷加固。

对需加固提高强度的土体，水泥土搅拌桩建议水泥掺量为≥13%，28 d 龄期无侧限抗压强度 q_u≥1.0 MPa。

对不要求加固但施工扰动的土体，建议水泥掺量≥7%，以保证其强度不小于原状土强度。

水泥土搅拌桩加固体与地墙之间的空隙需采用注浆填实，土体注浆加固后 P_s 值应≥1.0 MPa。

3.2.1.5 坑内土方开挖及留土、放坡

土方开挖坡度要求 1∶2.5。基坑开挖要充分利用“时空效应”作用，分层、分段、沿周边均匀、对称挖土，尽可能减少基坑在无支撑情况下的暴露时间。掏槽施工钢支撑时应严格控制开挖量，在尽可能少挖土的情况下完成钢支撑安装。间隔蛙跳开挖预留土体至设计标高，及时分块分区施工相关内部结构。设计坑底标高以上 30 cm 的土方，要用人工开挖修平。土方开挖时，弃土堆应远离坑基顶边线，并尽快运走。

3.2.1.6 逆作部分钢立柱及钻孔灌注桩

逆作区域桩基拟采用一柱一桩形式，作为永久结构的钢立柱采用型钢格构柱 4L160×16，截面为 460 mm×460 mm，采用 Q345B 钢。除诱导缝处及中间立柱后期需割除外，正常使用期间其余钢立柱外包混凝土，主体设计时计算型钢含钢量、适当减小立柱另配钢筋量。一柱一桩的立柱桩全部采用 ϕ800 的钻孔灌注桩，桩底采用后注浆施工工艺，桩长 40.0 m，根据地层分布情况沿纵向分布桩底分别进入第⑤$_{2-2}$层和第⑦$_2$ 层。桩身混凝土标号 C30。当内部结构立柱需与钢立柱合而为一时，板柱节点处均采取可靠抗剪措施。格构柱在穿越底板处需加焊止水片。

3.2.2 基坑降水与排水

3.2.2.1 坑内降水

基坑开挖前 20 天进行真空深井降水，使水位位于坑底 3.0 m 以下。降水后，坑外观测水位比原地下水位下降值不宜大于 0.5 m。施工底板时在井点管位置设置底板泄水孔，待结构架空层楼板完成后才可封孔。

3.2.2.2 基坑内外排水与坡面保护

由于世博轴地下综合体工程基坑面积庞大，相应形成较大集雨面积，基坑内设置由明沟、集水井点构成的排水体系，确保能将雨水及时排出坑外。基坑外卸土土坡需在坡顶附近设置截水明沟，确保将坡外水截于开挖坡面之外，同时需在坡脚设置排水盲沟，沿盲沟长度每 15.0 m 需设置 ϕ400 简易集水井，以备及时抽取。为减少坑外坡面渗流量，在坡顶设置水泥土搅拌桩防渗墙。在挖土过程中凡需长时期暴露的开挖坡面，均需采取保护措施，坑内的留土平台及坡面为在需保护面铺设 ϕ16@200×200 钢筋网，并上覆 50 mm 厚细石混凝土，坑外卸土坡面先在坡面上铺设一层无纺土工布，然后铺设 ϕ16@200×200 钢筋网，并上覆 50 mm 厚细石混凝土，坡面留泄水孔。

3.2.2.3　承压水的处理

对⑤$_2$ 层的微承压水考虑采用抽取减压的方法确保基坑抗突涌稳定性。为确保基坑开挖过程中的抗承压水稳定性，首先，在基坑周边设置承压水位观测井，对承压水的水位进行密切监测；其次，根据有关部门提供的承压水水文特性，通过现场抽水试验及验算确定设置承压水抽水井的口数、抽水时间及抽水量，掌握"适时、适量抽取"的原则，避免由于过度抽取带来的对周边环境的不利影响。

3.2.3　基坑监测

世博轴地下综合体工程基坑周边情况较为单一，场地东侧为上海市轨道交通 8 号线周家渡站及区间隧道，其中区间隧道与围护结构最小间距为 32 m，为了指导施工，确保工程的顺利进行和周围现有建筑物的安全，应加强施工监测，实行信息化施工，随时预报，及时处理，防患于未然，主要监测内容如下：

(1) 水平、竖直位移观测。主要用于观测地下连续墙顶、立柱顶端、地下管线及邻近建筑物的水平位移及沉降。

(2) 测斜。主要用于观测地下连续墙墙身及土体位移。

(3) 地下水位观测。用于观测基坑内外地下水位和微承压水水位的变化情况。

(4) 支撑轴力。

(5) 地面沉降。

(6) 基坑周围建筑物沉降和倾斜。

(7) 基坑周围地下管线垂直和水平位移。

(8) 基坑坑底隆起。

3.3　基础工程

世博轴及地下综合体工程的基础采用桩基加筏板的基础形式。筏板板厚取 1 000～1 500 mm。北部地下二层部分底板厚 1 000 mm，分别采用 ϕ600、ϕ700 钻孔灌注桩，其中 ϕ600 桩径为扩底钻孔灌注桩，桩端持力层为第⑤$_2$ 层粉砂，桩长 25 m，单桩抗拔承载力设计值约为 960 kN，ϕ700 桩径钻孔灌注桩为直桩，桩端持力层为第⑦$_2$ 层粉细砂，桩长 40 m，单桩抗压承载力设计值约为 2 080 kN，单桩抗拔承载力设计值约为 1 440 kN。地下浅三层部分底板厚度 1 500 mm，采用 ϕ700 钻孔灌注桩，桩端持力层为第⑦$_2$ 层粉细砂，桩长 40 m。地下深三层(即南部高层)部分在世博会会期内先施作部分底板厚度 1 500 mm，采用 ϕ850 的钻孔灌注桩，桩端持力层为第⑨层粉细砂，沿结构周边的三列桩桩长 47 m，单桩抗压承载力设计值约为 7 100 kN，其余桩长 52 m，单桩抗压承载力设计值约为 7 900 kN。承压灌注桩施工时采用桩端后注浆技术，以保证成桩的可靠性，减小桩端沉渣，有效控制桩端沉降。基础设计布桩时综合考虑了抗压工况和抗拔工况(表 1-3-5～表 1-3-8)。

表 1-3-5　桩基设计参数

层序	土　名	静探参数 Ps 值 (MPa)	预制桩		钻孔灌注桩		抗拔承载力系数 λ
			f_s(kPa)	f_p(kPa)	f_s(kPa)	f_p(kPa)	
②$_1$	粉质黏土	0.79	15		15		0.6
③夹	黏质粉土	1.39	15		15		0.6
③	淤泥质粉质黏土	0.47	6 m 以上 15 6 m 以下 30	6 m 以上 15 6 m 以下 25	0.6		
④	淤泥质黏土	0.51	25		20		0.6
⑤$_1$	黏土	0.76	35		25		0.6
⑤$_{2-1}$	砂质粉土	4.27	55	3 000	45		0.6
⑤$_{2-2}$	粉砂	8.05	85	5 000	65	1 500	0.6
⑤$_{2-3}$	粉质黏土夹砂质粉土	3.90	50		40		0.6
⑤$_3$	粉质黏土	1.85	60		45		0.6

（续表）

层序	土名	静探参数 Ps 值(MPa)	预制桩		钻孔灌注桩		抗拔承载力系数 λ
			f_s(kPa)	f_p(kPa)	f_s(kPa)	f_p(kPa)	
⑤4-1	粉质黏土	2.54	65		50		0.6
⑤4-2	砂质粉土	6.99	70	4 000	60		0.6
⑦2	粉细砂	15.62	110	7 000	85	2 500	0.5
⑦3	粉砂夹薄层黏性土	11.03			80	2 000	0.5
⑨	粉细砂	21.65			100	3 000	0.5

注：上表各土层的 f_s、f_p 值除以安全系数 2 即为相应的特征值。

表 1-3-6　地下二层区域桩承载力分析结果统计(ABCD 单元)

编号	桩型	抗压极限(kN)		抗拔极限(kN)		取用特征值(kN)		取用设计值(kN)	
		计算值	实测值	计算值	实测值	抗压	抗拔	抗压	抗拔
1	25 m 长 ϕ600 扩底桩	3 913		1 555～2 026	2 600	1 957	1 300	2 642	1 755
2	23 m 长 ϕ600 扩底桩	3 743		1 453～1 890		1 872	1 200	2 527	1 620
3	40 m 长 ϕ700 直桩	5 209		2 665～3 462		2 604	1 523	3 515	2 056
4	42.5 m 长 ϕ700 直桩	5 456		2 860～3 716		2 728	1 644	3 683	2 220
5	42.5 m 长 ϕ800 直桩	5 950				2 975		4 016	

表 1-3-7　地下浅三层区域桩承载力分析结果统计(E 单元)

编号	桩型	抗压极限(kN)		抗拔极限(kN)		取用特征值(kN)		取用设计值(kN)	
		计算值	实测值	计算值	实测值	抗压	抗拔	抗压	抗拔
1	40 m 长 ϕ700 直桩	5 050	5 222	2 646～3 451	3 299	2 525	1 650	3 410	2 228
2	42 m 长 ϕ800 直桩	5 928		3 076～3 996		2 964		4 000	

表 1-3-8　地下浅三层区域桩承载力分析结果统计(E 单元)

编号	桩型	抗压极限(kN)		抗拔极限(kN)		取用特征值(kN)		取用设计值(kN)	
		计算值	实测值	计算值	实测值	抗压	抗拔	抗压	抗拔
1	52 m 长 ϕ850 直桩			5 322	不小于 3 400		1 700		2 295
4	47 m 长 ϕ850 直桩			4 613					

考虑世博轴柱荷载差异比较大的情况，采用弹性板进行计算分析。以等刚度弹簧模拟桩的作用，考虑桩与底板的共同作用。

底板大部分采用平板式筏板，过路段采用梁板式筏板。板厚满足抗冲切要求，不满足时采用局部加板厚方法。

3.3.1　B 单元分析计算结果

B 单元的底板分析结果如图 1-3-22 所示。

3.3.2　阳光谷底板分析结果(以 SV3 为例)

阳光谷底板弯矩主要受风荷载影响。计算分析了侧向风(垂直世博轴纵向)和纵向风荷载组合下的底板弯矩，如图 1-3-23 所示。

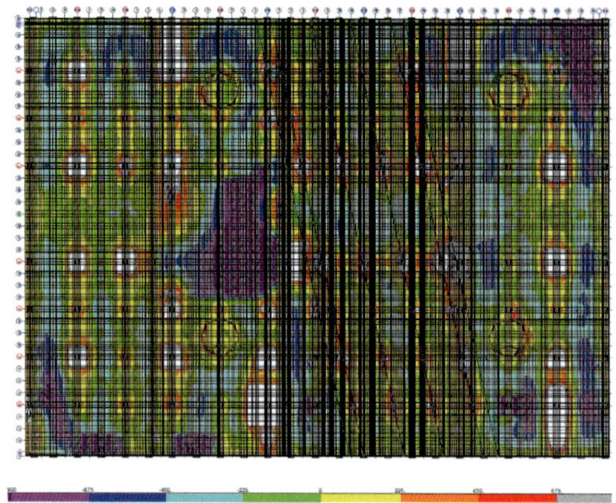

(a) 板弯矩—M_x

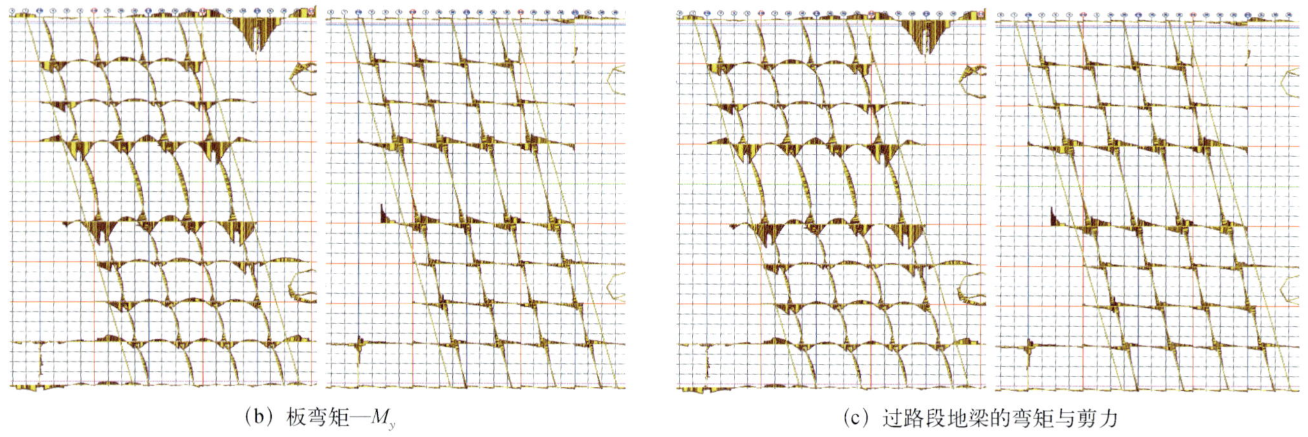

(b) 板弯矩—M_y

(c) 过路段地梁的弯矩与剪力

图 1-3-22 B 单元的底板分析结果

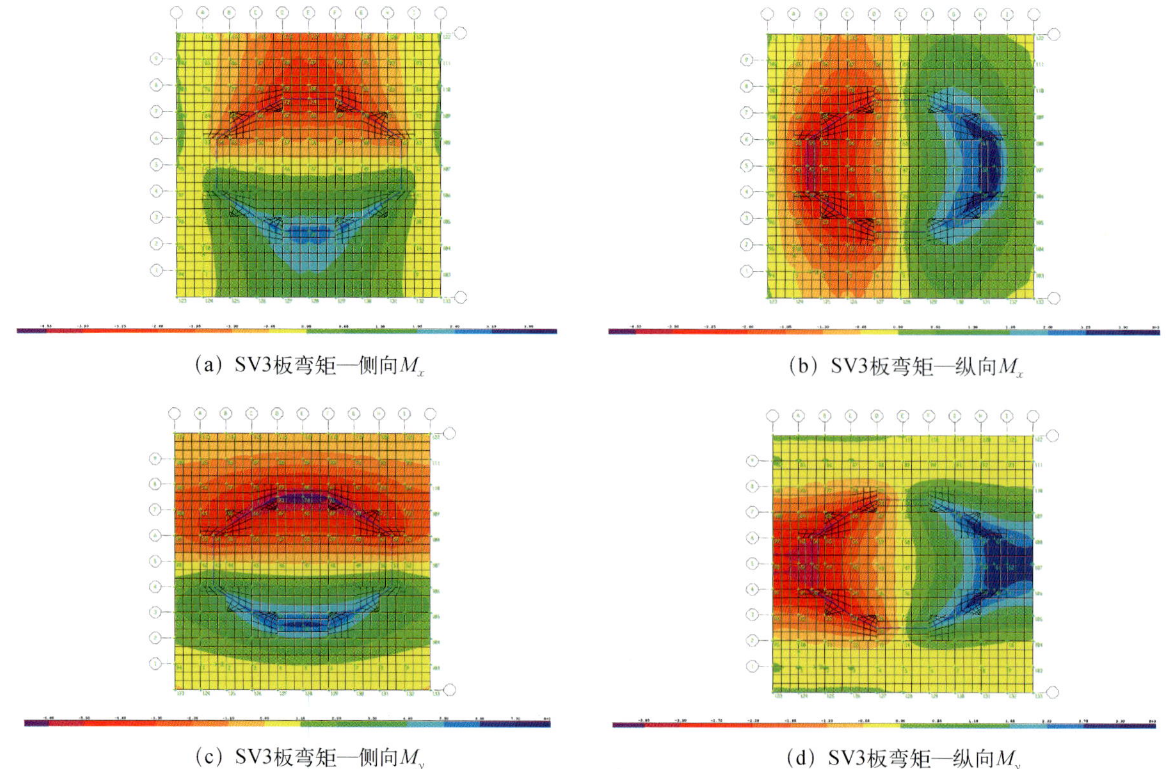

(a) SV3板弯矩—侧向M_x

(b) SV3板弯矩—纵向M_x

(c) SV3板弯矩—侧向M_y

(d) SV3板弯矩—纵向M_y

图 1-3-23 阳光谷底板分析结果

3.4 主体结构工程

3.4.1 结构材料

3.4.1.1 混凝土强度等级

世博轴及地下综合体工程各单元建筑的梁、板、基础的混凝土强度等级为C30。柱的混凝土强度等级为C40，地下二层区段及地下浅三层区段－1.0 m楼板、底板和侧墙混凝土抗渗等级为S8，地下深三层区段底板及侧墙抗渗等级为S10。

3.4.1.2 钢材

钢筋(国产)材料应符合中国国家规范GB 1499及GB 50010、GB 50017－2003。

HPB235级钢筋	$f_{yk}=235\ N/mm^2$
HRB335级钢筋	$f_{yk}=335\ N/mm^2$
HRB400级钢筋	$f_{yk}=400\ N/mm^2$
钢绞线	$f_{ptk}=1\ 860\ N/mm^2$
钢板、型钢	Q235B，Q345B，Q420B
钢棒	$F_y>550$ MPa

3.4.1.3 填充墙

间隔墙采用轻质材料，容重≤8 kN/m³。

3.4.2 荷载取值

基本风压	0.55 kN/m²(50年)，0.60 kN/m²(100年)
楼面均布活荷载	
人群通道	4.00 kN/m²
配电间、设备层	5.00 kN/m²
消防疏散楼梯	3.50 kN/m²
小汽车通道及车库	4.00 kN/m²

3.4.3 基本结构体系

世博轴及地下综合体工程为地下二层(局部地下三层)、地上二层的建筑物，沿纵向根据其地下室结构层数和底板埋深可分为地下二层区段(1－0轴～4－7轴)、地下浅三层区段(4－7轴～5－12轴)和地下深三层区段(5－12轴～5－21轴)。结构基坑围护阶段采用地下连续墙作为围护墙，在使用期利用地墙并结合内衬墙、壁柱结构作为地下部分结构的侧墙，其中地下二层区段地墙厚度为800 mm，东侧和北端墙段设置350 mm厚内衬墙，西侧部分采用壁柱结构，地下浅三层和深三层区段均采用1 000 mm地墙，浅三层区段内衬墙厚度500 mm，深三层区段内衬墙厚600 mm。世博轴及地下综合体工程的各个单元在建筑标高4.5 m以下均采用钢筋混凝土框架核心筒结构体系，部分采用钢管混凝土柱及型钢混凝土梁。10 m平台采用钢结构和压型钢板与混凝土组合楼盖体系。由于该建筑物超长，沿长度方向用三条诱导缝和两条变形缝(缝宽10 mm)把建筑物分为六个单元。

各单元分块示意如图1－3－24所示。

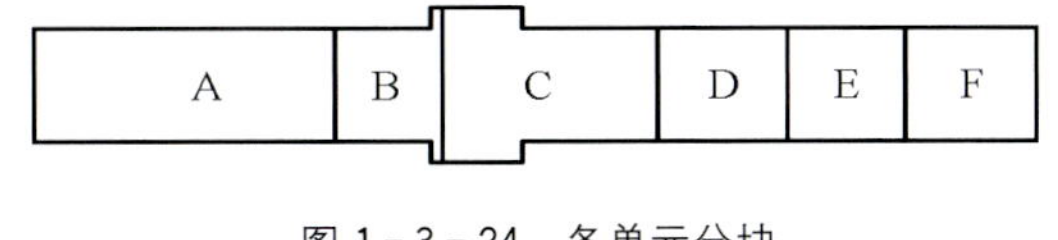

图1－3－24 各单元分块

世博轴及地下综合体工程各层楼板结构具体如下：

1. 10 m 平台层

10 m 平台层采用井字梁结构体系，板厚 $h=160$ mm。标准段 22.0 m×22.0 m 柱网区域框架梁 $b\times h=$ 1 200 mm×1 500 mm，次梁 $b\times h=400$ mm×1 050 mm。

10 m 平台层框架梁和次梁采用预应力技术以满足梁的强度和刚度要求。框架梁采用有黏结预应力技术，次梁采用无黏结预应力技术。预应力梁混凝土设计强度等级均为 C35，预应力张拉锚具封头混凝土采用设计强度等级不低于 C35 微膨胀细石混凝土。预应力筋采用 1860 级(国标 GB/T5224－2003)高强低松弛钢绞线。钢绞线抗拉强度标准值 $f_{ptk}=1\,860$ MPa，弹性模量 $Es=1.95\times10^5$ MPa，直径 $d=15.2$ mm，单根截面面积为 140 mm^2。预应力钢绞线按四段抛物线布置。

张拉端及固定端锚具规格为 15－X、15P－X。预应力筋张拉控制应力 $\sigma_{con}=0.75f_{ptk}$，预应力筋张拉时张拉构件混凝土立方体抗压强度不得低于设计混凝土等级值的 80%，同时预应力梁的底模及其支撑必须在预应力筋张拉完成，孔道灌浆后方可拆除。预应力张拉采用张拉力控制为主，伸长值校核的方法，实测伸长值与理论计算值的偏差应在－6%～＋6%范围之内。超过时应停止张拉，待查明原因后再进行张拉。预应力张拉顺序：在同一柱网单元内，先张拉次梁，后张拉框架主梁，且采取对称、循序张拉的原则，确保张拉过程中不出现对结构不利的应力状态。对每根梁来说，采用逐束(有黏结)或逐根(无黏结)张拉方式，且采取对称、循序张拉的原则，确保张拉过程中不出现对梁本身不利的应力状态。

有黏结预应力筋孔道采用塑料波纹管成型，孔道灌浆用不低于 42.5 级普通硅酸盐水泥，水灰比为 0.4～0.45，灌浆用水泥浆的抗压强度不应小于 30 N/mm^2，且不得掺入含氯化物等对预应力筋有腐蚀作用的外加剂。孔道灌浆必须密实。在预应力筋孔道的每个峰顶处设置泌水管或排气孔，泌水管伸出梁面高度不宜小于 0.50 m。泌水管也可兼作灌浆管用。

2. 4.5 m 楼层(地面层)

除深三层 F 区域外，4.5 m 层楼面采用井字梁结构体系，板厚 $h=150$ mm。11.0 m×11.0 m 柱网区域框架梁 $b\times h=900$ mm×800 mm，次梁 $b\times h=400$ mm×650 mm；11.0 m×22.0 m 柱网区域 22.0 m 跨度框架梁 $b\times h=$ 1 200 mm×1 200 mm，次梁 $b\times h=600$ mm×800 mm。为了确保楼层的使用净空和在竖向荷载作用下的刚度、裂缝要求，在井字梁中采用有黏结预应力技术。预应力设计与 10 m 平台层类似。

深三层 F 区域采用全逆作施工，4.5 m 层楼面采用主次梁结构体系，板厚 $h=300$ mm。11.0 m×11.0 m 柱网区域主要框架梁 $b\times h=800$ mm×1 200 mm，次梁 $b\times h=600$ mm×1 000 mm。

3. －1.0 m 楼层和地下三层部分的－6.5 m 楼层

除深三层 F 区域外，－1.0 m 楼层在施工期边上两跨作为基坑围护的支撑体系，考虑到面内受力，－1.0 m 采用框架结合中厚板结构体系。标准段板厚 $h=400$ mm，11.0 m×11.0 m 柱网区域框架梁 $b\times h=1\,200$ mm×800 mm；11.0 m×22.0 m 柱网区域 22.0 m 跨度框架梁 $b\times h=1\,200$ mm×1 200 mm，次梁 $b\times h=600$ mm×800 mm。

为控制温度及混凝土收缩产生的拉应力，－1.0 m 板部分梁、板采用无黏结预应力技术，无黏结预应力筋均居构件断面正中布置；无黏结预应力筋张拉控制应力 $\sigma_{con}=0.70f_{ptk}$。为控制混凝土的早期裂缝，当楼板和次梁的混凝土强度等级达到设计强度等级的 70%且龄期达到 7 天时，先张拉楼板及次梁的无黏结预应力筋。

深三层 F 区域采用全逆作施工，－1.0 层楼面同样采用主次梁结构体系，板厚 $h=300$ mm。11.0 m×11.0 m 柱网区域主要框架梁 $b\times h=800$ mm×1 000 mm，次梁 $b\times h=600$ mm×800 mm。

浅三层 E 区域－6.5 m 楼层采用框架结构体系，主要板厚 $h=400$ mm。11.0 m×11.0 m 柱网主要框架梁 $b\times h=1\,200$ mm×1 000 mm。

深三层 F 区域－6.5 m 楼层采用主次梁结构体系，主要板厚 $h=300$ mm。11.0 m×11.0 m 柱网主要框架梁 $b\times h=1\,200$ mm×1 000 mm，次梁 $b\times h=1\,000$ mm×800 mm。

世博轴及地下综合体工程标高－1.0 m 楼板由于施工方法和建筑功能等要求在楼板的中部开设有大洞，在基坑的逆作法施工过程中，标高－1.0 m 板首先浇筑边上两跨，形成上下两条纵向板带，在两条板带中间浇筑钢筋混凝土梁板结构支撑，承受施工期的水平土侧压力，这样就在楼板的中间形成一个很大的孔洞。取其中一个典型区块进行受力分析，建立有限元结构分析模型如图 1－3－25 所示。－1.0 m 板在使用期由于建筑功能要求在中部开设了较大的孔洞，这时楼板不仅要承受垂直板面的恒载和活载，还要同时承受水平侧向压力以及屋顶下拉桅杆基础的侧向推力，有限元计算模型如图 1－3－26 所示。在计算模型中，楼板四边均为自由边，通过 ϕ1 200 mm 框架圆柱支承。11 m×11 m 跨度框架梁截面为 1 200 mm×800 mm，中间 22 m 跨度梁截面为 1 200 mm×1 200 mm，用梁单元模拟框架梁。结构板厚 400 mm，用壳单元模拟。板面垂直向面荷载为结构自重 12 kN/m²，均布活荷载 4.0 kN/m²，板上下两侧承受水平侧向压力为 350 kN/m，上下两侧中心节点承受屋顶下拉桅杆基础的侧向推力为 8 600 kN。

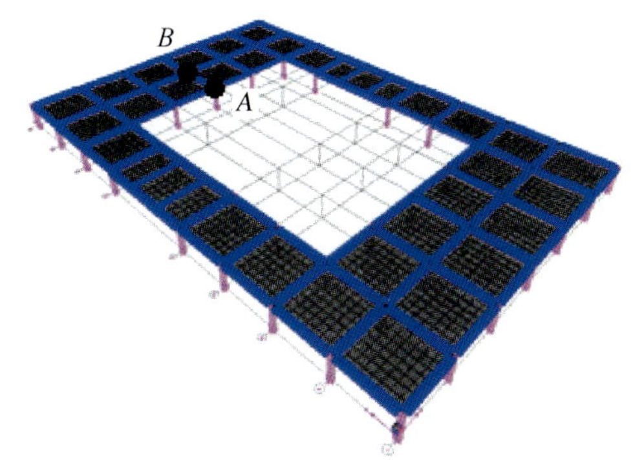

图 1－3－25 施工期计算模型

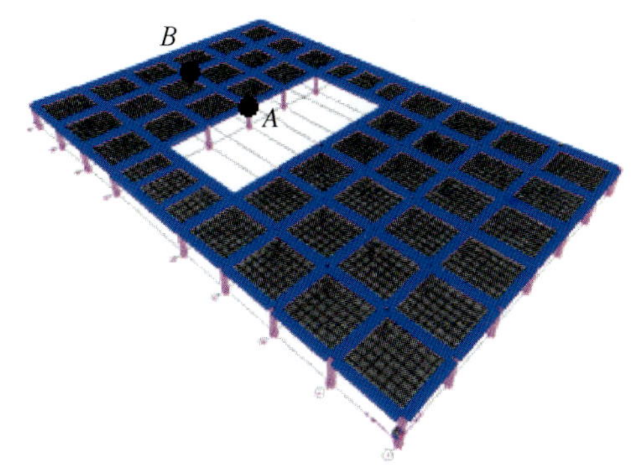

图 1－3－26 使用期计算模型

为了评估板带在组合荷载作用下的水平变形，考察每条板带洞边中心节点处的位移，即图中的 A 点位移。由计算结果云图可知，在实际组合荷载作用下，板面的最大负弯矩出现在板带中间轴线附近，即图 1－3－25 和图 1－3－26 中 B 点处。计算结果见表 1－3－9。

表 1－3－9 计算结果

计算工况	A 点水平位移(mm)	B 点板面弯矩(kN·m)		板洞边最大应力(kN/m²)		板洞边最大拉力(kN)	洞边横梁最大轴力(kN)
		绕 x 轴	绕 y 轴	x 向	y 向		
施工期	12.1	−142	−185	5 632	4 818	1 030	2 453
使用期	6.5	−175	−193	5 022	4 651	517	1 250

从表中可以看出，在水平荷载作用下，洞边产生了板平面内的水平位移，且由于施工期洞口较大，板带相对比较窄长，其水平位移达 12.1 mm。在水平和垂直板面荷载的共同作用下，楼板为三向应力状态。平面内水平荷载对开大洞板影响，使得洞边的板和洞边横梁出现了较大的拉力，特别在施工期，由于洞口较大，洞边板带和洞边横梁的最大拉力分别达到 1 030 kN 和 2 453 kN，因此在结构的梁板设计过程中对该处应作加强处理。

为了进一步探讨水平荷载对开大洞楼板的影响情况，对世博轴项目中没有开设大洞以及不受水平荷载作用的楼板分别建模进行静力计算和分析，并将计算结果与上述水平荷载作用下的开大洞楼板计算结果进行比较分析。由于水平荷载对 x 方向的楼板内力分布影响较大，比较三种不同情况下的平面内 x 方向(短边)板的内力分布云图，如图 1－3－27 所示，并比较从板上边中心到洞口上边中心的内力值，如图 1－3－28 所示。

无开洞楼板在水平和垂直向荷载的共同作用下，板面虽然处于三向应力状态，且平面内楼板为受压状态，但由于没有开洞，水平荷载仅在板边产生较大压力且通过楼板面内传递相互抵消，因此除了板边外其余板面 x 向的内力分布均匀，压力分布值为−20～−40 kN，如图 1－3－27(a)和图 1－3－28 所示。当楼板只承受垂直板面方向的荷载时，楼板处于平面外的受力状态，楼板开洞对板平面内的内力分布基本没有影响，平面内 x 向均匀分布很小的压力，在−10～−20 kN 之间，如图 1－3－27(b)和图 1－3－28 所示。

综合考虑水平荷载和垂直荷载共同作用下的开大洞楼板中，由于水平荷载的存在，在承受水平力的边上出现了较大的压力，约为−580 kN，而在洞口边出现了较大的水平拉力，最大值约为 510 kN。压力和拉力之间的板内力均匀变化过渡，如图 1－3－27(c)及图 1－3－28 中的曲线变化所示。因此开大洞使得楼板的平面内内力分布发生了很大变化，在三向应力状态下，板在平面内出现了明显的弯曲效应，使得楼板的洞边产生很大的水平拉力和水平位移，计算的结果值表明结构构件的设计必须考虑这种平面内的效应影响。

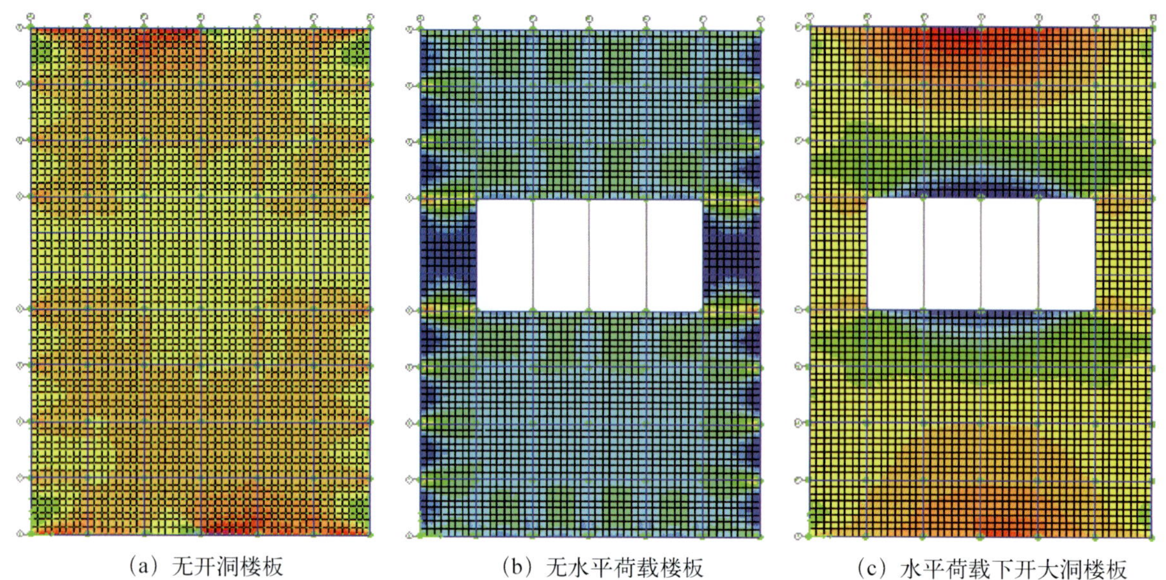

图 1-3-27　楼板平面内 x 向内力分布云图比较

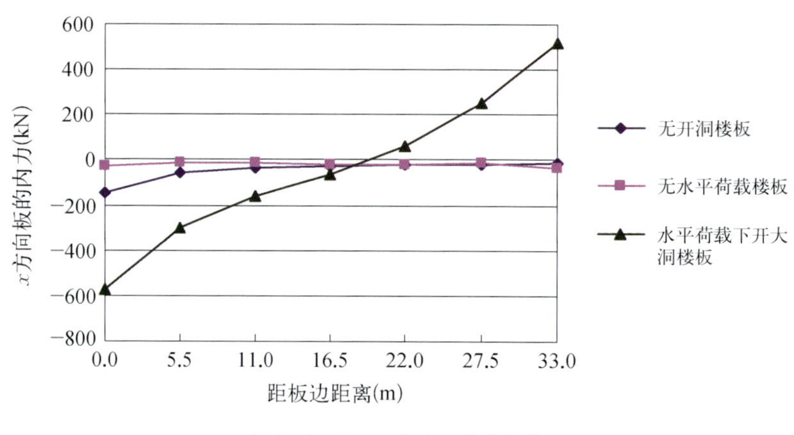

图 1-3-28　x 向内力曲线比较

3.5　抗震设计

3.5.1　场地地震效应

场地土类型为软弱场地土，场地为Ⅳ类建筑场地，抗震设防烈度为 7 度，特征周期为 0.9 s，设计基本地震加速度为 0.10g，水平地震影响系数最大值为 $\alpha_{max}=0.08$。所属的设计地震分组为第一组。

3.5.2　场地液化判别

场地在深度 20.0 m 范围内有第⑤$_{2-1}$层饱和的砂质粉土，用静力触探的方法判别该土层不液化。本场地在抗震设防烈度为 7 度时，可不考虑地基土地震液化影响。

3.5.3　抗震设防标准

本工程的各单元均为乙类建筑，抗震设防烈度 7 度，结构阻尼比为 0.05，周期折减系数为 0.85，结构采用现浇钢筋混凝土框架剪力墙结构，框架的抗震等级为二级，剪力墙的抗震等级为一级。10 m 平台的 7 m 长悬臂构件应考虑竖向地震的作用。

3.5.4 抗震结构计算

抗震计算采用中国建筑科学研究院 CAD 工程部分析软件 SATWE－8 Ver2005.08 进行抗震分析，从底板开始至屋顶共有 2～4 个结构层，计算模型质点数同楼层数；地震作用均采用耦联分析，振型数取 9；地震作用计算时，程序均考虑了偶然偏心或双向地震作用。

计算结果（表 1－3－10～表 1－3－14）显示，程序的自振周期比较接近，第一振型均以平动为主，最大的扭转振型为第二或三振型。累计的有效质量系数均大于 90%，所选取的振型数满足要求。最大层间位移均满足 1/800 要求，楼层最大位移与平均位移之比均小于 1.5。结构基底剪力与总重量之比大于 1.6%，满足规范要求，且在合理范围之内。

表 1－3－10　A 单元抗震分析参数

		SATWE－8		
周期		周期（s）	平动系数	扭转系数
	T_1	0.329 7	0.68	0.32
	T_2	0.321 4	0.81	0.19
	T_3	0.312 6	0.22	0.78
$T_{扭}/T_{平}$		0.948		
总质量（t）		173 549		
最大层间位移		x	1/3 086	
		y	1/1 895	
楼层最大位移与平均位移比		x	1.21	
		y	1.35	
基底剪重比		x	6.69%	
		y	5.40%	
有效质量系数		x	99.52%	
		y	99.50%	
最大轴压比		0.85		

表 1－3－11　B 单元抗震分析参数

		SATWE－8		
周期		周期（s）	平动系数	扭转系数
	T_1	0.402 9	0.87	0.13
	T_2	0.358 4	0.99	0.01
	T_3	0.316 2	0.49	0.51
$T_{扭}/T_{平}$		0.78		
总质量（t）		95 038		
最大层间位移		x	1/2 928	
		y	1/1 931	
楼层最大位移与平均位移比		x	1.07	
		y	1.42	
基底剪重比		x	7.06%	
		y	6.12%	
有效质量系数		x	99.66%	
		y	99.50%	
最大轴压比		0.7		

表 1-3-12　C 单元抗震分析参数

周期		SATWE-8		
		周 期 (s)	平 动 系 数	扭 转 系 数
	T_1	0.702 0	0.78	0.22
	T_2	0.683 2	1.00	0
	T_3	0.628 8	0.22	0.78
$T_{扭}/T_{平}$		0.895		
总质量(t)		33 292		
最大层间位移		x	1/1 753	
		y	1/1 730	
楼层最大位移与平均位移比		x	1.10	
		y	1.18	
基底剪重比		x	6.48%	
		y	5.94%	
有效质量系数		x	100%	
		y	100%	
最大轴压比		0.79		

表 1-3-13　D 单元抗震分析参数

周期		SATWE-8		
		周 期 (s)	平 动 系 数	扭 转 系 数
	T_1	0.449 1	0.81	0.19
	T_2	0.419 4	0.20	0.80
	T_3	0.379 1	0.1	0
$T_{扭}/T_{平}$		0.933		
总质量(t)		83 790		
最大层间位移		x	1/2 685	
		y	1/1 292	
楼层最大位移与平均位移比		x	1.04	
		y	1.23	
基底剪重比		x	7.10%	
		y	6.53%	
有效质量系数		x	99.50%	
		y	99.99%	
最大轴压比		0.75		

表 1-3-14　E 单元抗震分析参数

周期		SATWE-8		
		周 期 (s)	平 动 系 数	扭 转 系 数
	T_1	0.338 7	0.92	0.08
	T_2	0.328 8	0.87	0.13
	T_3	0.322 4	0.29	0.71
$T_{扭}/T_{平}$		0.95		

（续表）

总质量(t)	184 418	
最大层间位移	x	1/3 392
	y	1/2 665
楼层最大位移与平均位移比	x	1.09
	y	1.33
基底剪重比	x	7.05%
	y	7.81%
有效质量系数	x	97.52%
	y	99.50%
最大轴压比	0.85	

F单元为地下三层单元，单元的三侧均为地下连续墙，故无抗震指标，柱的最大轴压比为0.66。

3.5.5 抗震综合评价和超限对策

各单元经沉降缝和诱导缝分隔后，部分单元的平面尺寸仍大于规范允许的限值。对于基础底板和楼层板的超长和平面超大，施工时将设置多条施工后浇带，要求采用跳仓施工方式施作，通过适当提高纵向钢筋配筋率、施加部分预应力、添加高效补偿收缩混凝土外加剂、混凝土中掺入抗裂纤维等措施加以改善，并辅以适当的外防水材料提高其防水能力，以减小温度变化对结构的不利影响。

3.6 旋转坡道

上海世博轴阳光谷悬吊坡道的建筑构想是一个通透性好、与周围环境协调一致的钢结构坡道(图1-3-29)。该坡道环绕阳光谷螺旋而上，是地下两层的竖向连接通道。坡道水平投影为椭圆环，坡道中心线为椭圆，其长轴26.1 m，短轴17.9 m，坡道宽3.0 m，外圈总长约164 m，内圈总长约144 m，中心线长度约154 m(图1-3-30)。坡道中间设平台(标高－0.500 m)。旋转坡道采用钢结构，截面采用箱型截面，两端支承在钢筋混凝土结构上，并在坡道离椭圆中心外侧与混凝土环梁之间每隔一定间距设置钢拉杆，平台坡道外侧与混凝土环梁之间设置三个可承受压力、沿坡道向可动的支座，当拉杆受压时亦改为可承受压力、沿坡道向可动的支座。坡道从底板(－6.000 m标高)绕阳光谷螺旋式上升至－0.500 m标高休息平台，然后再上升至上一层楼板(＋3.600 m标高)，整个坡道由休息平台分为上半圈和下半圈，下、上两坡道高度分别为5.5 m、4.1 m，中心线长度分别约为81 m和61 m。整个坡道不设柱，除坡道上下两端支座(－6.000 m、＋3.600 m标高)外，坡道大部分重量由坡道外侧的拉

图1-3-29 旋转坡道效果图

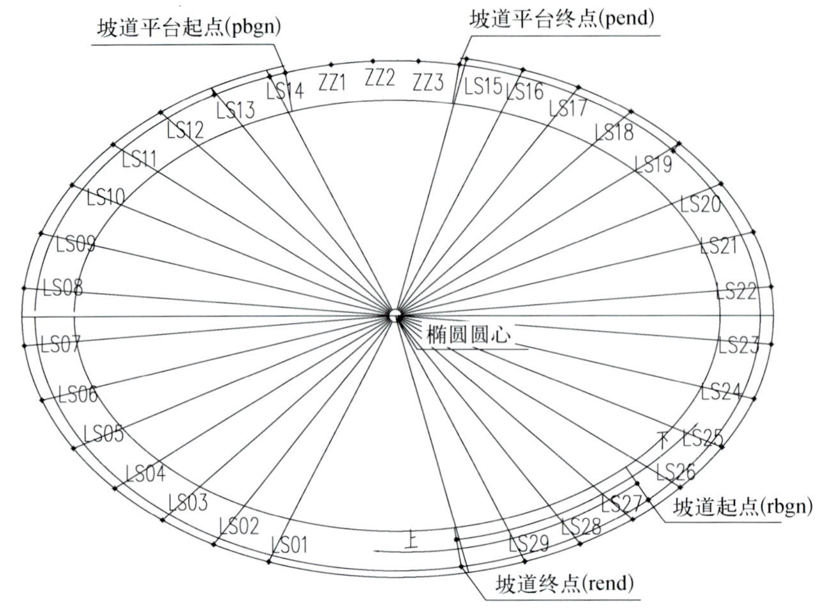

图 1-3-30　坡道平面

杆传至混凝土环梁。坡道的总用钢量约为 186 t。采用 ABAQUS 和 ANSYS 程序为主设计计算程序。

3.6.1　设计原则与标准

1. 变形控制标准

旋转坡道挠度值：由永久和可变荷载标准组合引起的竖向挠度应≤$L/400$；在人群荷载作用下旋转坡道内外侧的相对挠度应不大于坡道宽度的 1/150。

2. 自振频率控制标准

旋转坡道的第一阶竖向自振频率应>3 Hz。

3. 设计计算与应力分析

旋转坡道的计算可通过建立有限元整体模型对结构进行非线性内力分析。内力分析时应计入结构及装饰层自重、人群、温度及地震力等荷载的作用。由于旋转坡道结构较为复杂，需对坡道结构的特征点选取不同工况进行复杂应力状态下的强度验算。

4. 抗震标准

同前述工程结构整体抗震标准。

5. 稳定性验算

鉴于旋转坡道结构形式复杂，局部稳定性验算除按照 GB 50017-2003《钢结构设计规范》中的有关规定进行验算并采取相应构造措施外，对应力条件复杂部位根据以往的设计、施工经验设置相应的构造措施。对于较不利的工况组合，计算相应的结构整体稳定特征值。

3.6.2　分析假定、计算模型和参数

根据该大跨度悬吊坡道的建筑要求，采用箱型坡道结构设计方案。坡道结构为钢制空箱结构，由厚度为 16 mm 的钢板围接而成，中间设有 12 mm 的纵向隔板和横向隔板。螺旋坡道主截面为倒梯形，如图 1-3-31 所示。值得注意的是，限于建筑要求，坡道采用单侧拉杆悬吊，导致结构体系扭转效应较大。因此整个截面设计为斜梯形，使得坡道横断面上的重心向外侧偏置。坡道两端分别置于−6.3 m 楼层和 3.6 m 楼层的支点作为坡道支座，中间平台处设置撑杆支座。

计数分析采用整体坐标系：选取竖直向上为 z 轴正向，x 轴为坡道平面椭圆长轴方向，y 轴为坡道平面椭圆短轴方向；局部坐标系：选取 X 轴为坡道纵向延伸(椭圆切线)方向，Y 轴为坡道宽度法线方向，坡道上方向为 Z 轴正向(图 1-3-32～图 1-3-33)。

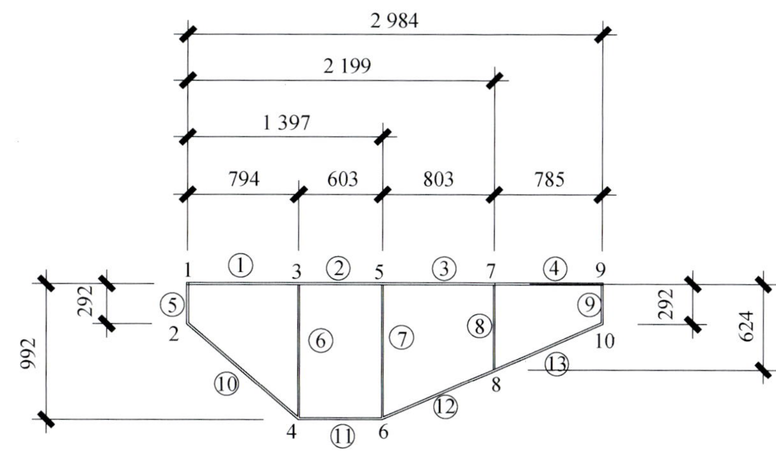

图 1-3-31 螺旋坡道主截面(中心线尺寸)

图 1-3-32 坡道三维视图

图 1-3-33 坡道立面

荷载方向：作用于坡道板的恒、活荷载方向为竖直向下。

活载分布：取四种人群活荷载不利分布情况来分别计算，即活载全分布于坡道内半宽(靠近椭圆中心侧)与活载全分布于坡道外半宽(拉杆侧)以及坡道的下半段活载全分布和平台及坡道的上半段活载全分布。

坡道起始端支座的平动与转动 6 个自由度约束，即起始端支座为固定支座；中间平台支座为铰支座；坡道终端为铰支座；钢拉杆拉在楼板环梁上的端部视为固定铰支座(三向位移约束)；拉杆为轴力构件，不承受弯矩。坡道上端混凝土悬挑梁的刚度为：kz_1 为 360 kN/mm(坡道外侧)，kz_2 为 36 kN/mm(坡道内侧)。

经分析发现，该结构存在如下特点：结构的一阶频率小于 2 Hz，相应振型以结构局部平动为主；结构以竖向振动为主的最小频率大于 3 Hz。由于吊杆与坡道面垂直，此种情况下吊杆对顺坡道向的位移没有约束，因此结构的一阶频率(整体平动)较低，且吊杆与坡道延伸向夹角对结构的平动频率影响很大，夹角越小，结构的一阶平动频率越低。由于吊杆约束坡道横向的位移，因此较短的吊杆(同时也是与坡道面夹角较小的吊杆)对温度变化的影响特别敏感，因此施工过程中要严格控制施工精度。

3.7　周边土坡护坡及架空廊桥设计

世博轴采用绿化斜坡和架空廊桥与周边地面连接。其中绿化斜坡与－1.00 m 楼板连接。为确保绿化斜坡的设置不引起周边地下水位的显著下降，在绿化斜坡种植土底部适当部位设置隔水土工材料，强化隔水层与世博轴结构的连接节点，利用种植土自重确保坑外抗渗体抗浮稳定性。连接世博轴及地下综合体 4.50 m 平台与室外地坪的是架空廊桥。廊桥的跨度为 30～36 m，廊桥的宽度为 7～11 m 不等。建筑的横截面为鱼腹形，结构采用实腹钢梁及压型钢板。所有的钢结构外面均需作防锈处理和防火处理。

3.8　屋面结构体系设计

世博轴的屋盖长约 1 000 m，宽约 80 m，由 6 个阳光谷和膜结构屋盖两部分组成。其中 6 个阳光谷采用钢结构骨架，外覆玻璃幕墙。阳光谷谷顶外圈钢环梁与膜结构相连，两者融为一体。膜结构屋盖横向柱间距为 66 m，纵向间距为 44 m，立柱与 10 m 平台板立柱贯通，主体钢柱—支撑、横向交叉桁架—上拉索和外拉索组成支撑屋盖的刚性结构受力体系，纵向柱间则采用鱼腹式桁架和外拉索受力系统，拉索采用独立锚碇结构。

3.9　结构防水

世博轴及地下综合体工程地下部分防水设计以结构自防水为主，采用高性能补偿收缩防水混凝土进行结构自防水，结构地下二层区段及地下浅三层区段－1.0 m 楼板、底板和侧墙混凝土抗渗等级为 S8，地下深三层区段底板及侧墙抗渗等级为 S10，同时保证补偿收缩防水混凝土的低干缩率和高耐久性，提高结构的抗渗性能。避免混凝土裂缝宽度大于 0.2 mm，不允许出现贯穿裂缝。

各层板露天部分或有填土部分的外侧同时采用水泥基渗透结晶型刚性防水层与卷材或涂料柔性防水层相结合的附加防水层加强防水。外防水层铺设完毕后，应及时施做防水层的保护层。地墙内侧面均设置水泥基渗透结晶型刚性防水层。地下二层、浅三层及深三层区段底板底设置水泥基渗透结晶型防水层或自粘式防水卷材柔性防水层。

诱导缝部位采用中埋式止水带沿结构环向形成一道封闭的防水带。同时，底板底及内衬侧墙与连续墙间再设置一道外贴式止水带。底板、侧墙及有防水要求的楼层板施工缝须设置止水带(止水条)等止水措施。

3.10　耐久性设计

世博轴及地下综合体主体结构设计使用年限为 50 年，为此结构设计采取下列措施确保结构具有足够的耐久性：

(1) 结构混凝土标号选用≥C30。

(2) 钢筋混凝土结构具有整体密实、防水性、抗腐蚀性，使用阶段钢筋混凝土结构没有渗水裂缝。

(3) 结构混凝土(含保护层)达到规定的密实度等要求。

(4) 拆模以后的混凝土表面采取封闭措施进行养护。

(5) 选用优质钢筋。

(6) 加强使用阶段的监测、保护，定期对结构物的保养、维修。

4 阳光谷钢结构设计特点

4.1 结构体系

阳光谷钢结构采用的是“自由形状”的构形技术。其结构体系是由三角形网格组成的单层空间曲面钢结构组成，类似于单层网壳结构，结构构件能在最小受弯情况下高效地通过膜内应力来承担其荷载。三角形网格的构成对于玻璃面内外变形均为有利。

6 个阳光谷(SV1～SV6)上下端开口的长轴长度分别约为 90 m 和 18 m、60 m 和 18 m、60 m 和 18 m、70 m 和 16 m、60 m 和 18 m、90 m 和 21 m，短轴长度分别约为 70 m 和 12 m、57 m 和 12 m、57 m 和 12 m、70 m 和 16 m、57 m 和 12 m、70 m 和 15 m。其中 SV4 底部杆件布置的形状为正圆形，其余阳光谷则为椭圆形，6 个阳光谷的上端均为近似椭圆形的“喇叭口”，高度一般从－7.00 m 至 35.00 m，共 42.00 m 高。网格体系的形状复杂，悬挑跨度大，由 21 m 至 40 m 不等。图 1-4-1～图 1-4-6 为 SV1～SV6 的平、立面图。图 1-4-7 为阳光谷的立面照片，图 1-4-8 为阳光谷的俯视照片。

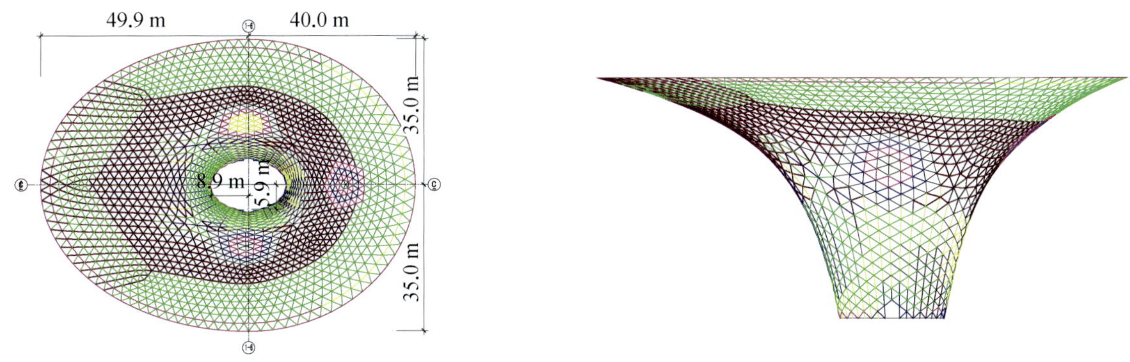

图 1-4-1　SV1 阳光谷平、立面

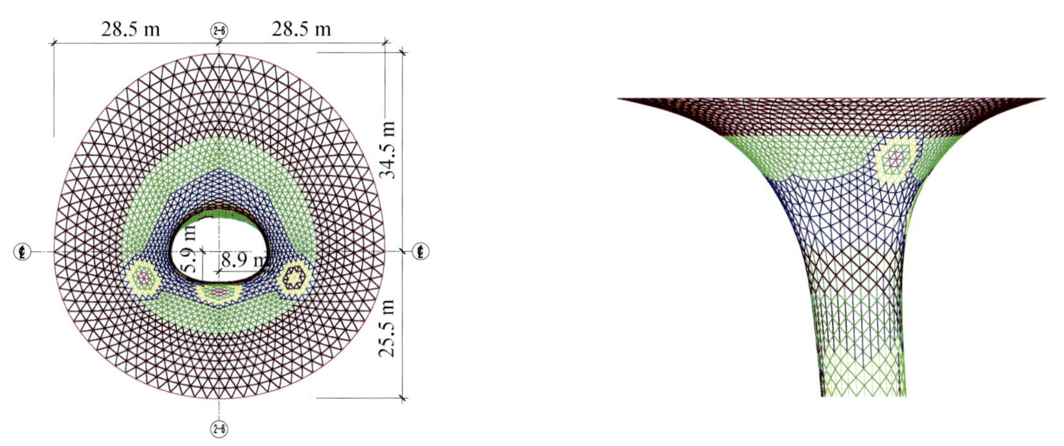

图 1-4-2　SV2 阳光谷平、立面

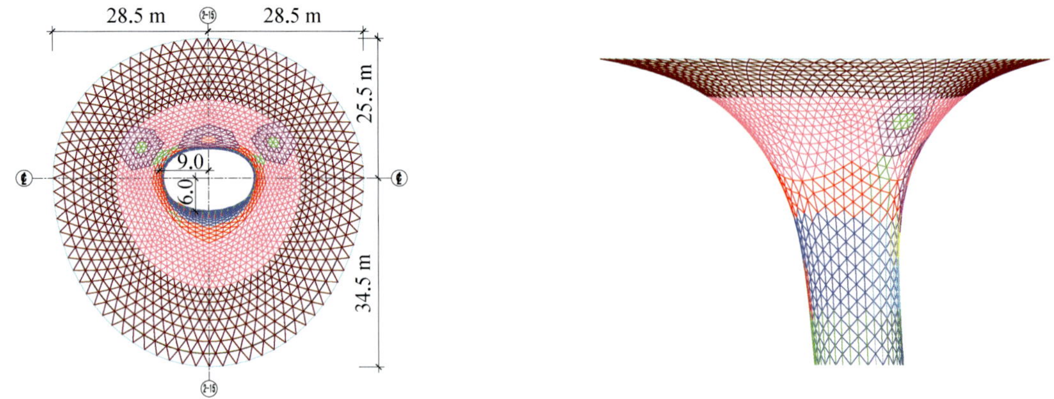

图 1－4－3　SV3 阳光谷平、立面

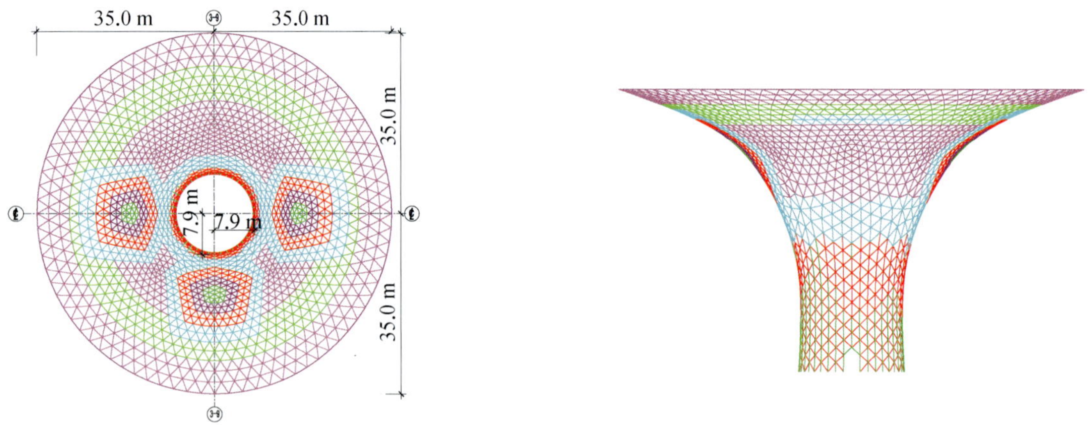

图 1－4－4　SV4 阳光谷平、立面

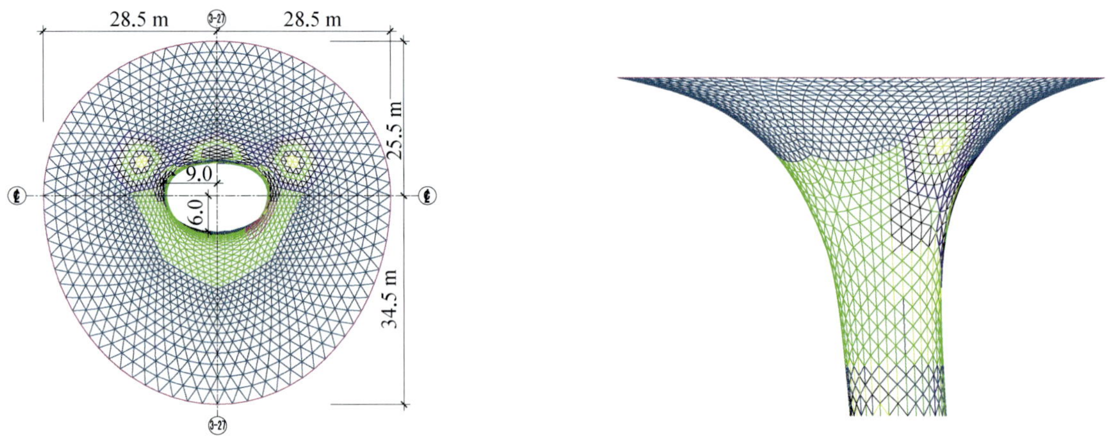

图 1－4－5　SV5 阳光谷平、立面

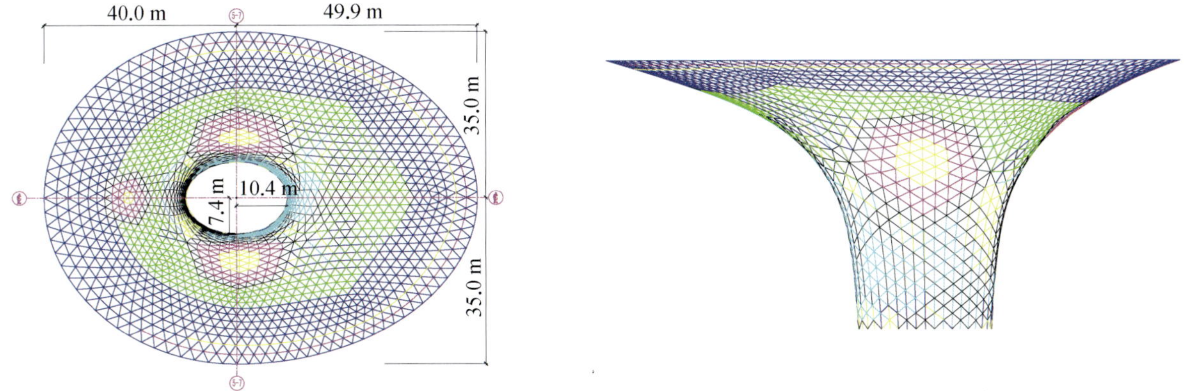

图 1-4-6　SV6 阳光谷平、立面

图 1-4-7　SV1 阳光谷立面照片

图 1-4-8　SV1 阳光谷俯视照片

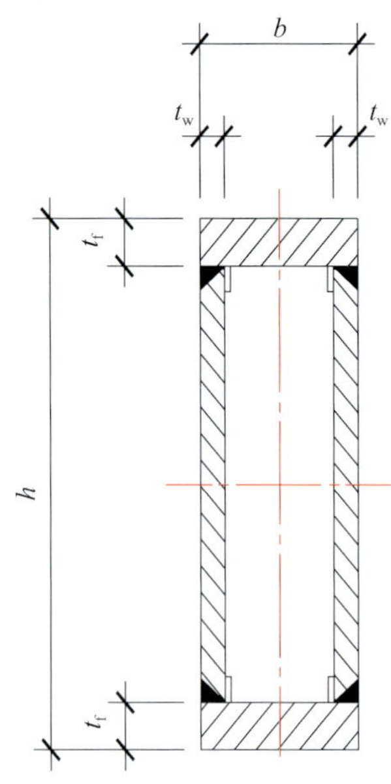

图 1-4-9 阳光谷截面尺寸定义构件

在钢结构网格内侧的一面覆盖玻璃，形状为三角形的单元体系，使覆盖的玻璃平面可以为单一的二维平面形状，同时又保证了结构在受力后其平面内单元体形状的相对稳定。钢结构杆件大多采用矩形截面的空心焊接钢管，杆件长度 1.50～3.50 m 不等，截面宽度 65～120 mm 不等，截面高度 180～500 mm 不等，多数截面为 65 mm×180 mm，材料为 Q345B 钢。在结构的顶端最外圈，为了加强整个结构的环箍作用，采用了矩形截面的实心杆件；在钢索拉点附近、柱脚节点也采用了实心杆件，材料为 G20Mn5 铸钢。

一般构件截面(以 1 号阳光谷 SV1 为例，图 1-4-9)：

底部杆件：240×120×34×30，180×120×full(门洞处，full 表示实心杆件)，180×80×30×20；

一般斜杆：180×80×25×16，180×80×16×16，180×80×16×10，180×65×16×6，180×65×10×6；

索拉点处杆件：500×140×40×30，500×100×40×20，400×120×40×20，365×120×40×20；

顶部杆件：180×65×full；

总杆件数：5 033。

4.1.1 自由曲面找形优化与杆件智能布置

阳光谷的设计手法来自国际设计界流行的“Free form modelling”，即自由形建模理念，这是一种突破传统建筑设计模式、充分利用计算机数字仿真技术完成建筑设计的方法。阳光谷自由曲面基于 NURBS(Non-Uniform Rational B Spline)方法，通过拓扑分析将曲面转化为三角形网格系统，多次调整并最终成型。阳光谷没有两根一样的杆件，也没有两块一样的玻璃。

世博轴屋顶沿南北方向设置了 6 个阳光谷，大跨度玻璃—钢薄壳结构，是当今最先进建筑结构技术的代表，在视觉上气势恢宏却不失轻盈。总高度 41.5 m、共有 10 600 个节点、杆件总长 58 280 m、表面积 31 791 m^2、总用钢量 3 377 t，10 600 个节点空间位置各不相同，而每个节点伸出 6 根杆件，且每根杆件的空间位置也各不相同，精度上的严格要求，使得从设计到加工制作的“CAD 到 CAM”成为必然，整个过程采用了国际领先的设计软件、强大的计算分析技术、专用算法的批量计算、并结合具有完全自主知识产权的五自由度混联机器人的运用，具有设计参数自动采集、设计与加工制作过程实现可视化复核、专用机器人数控切割技术、专用数控精确加工技术特点，在国内首次实现了精细钢结构从建筑设计、结构计算、深化设计到加工工作的无纸化成套技术工艺。

4.1.2 阳光谷找形

从力学角度出发，以控制点坐标位置为设计变量，以结构应变能最小为目标函数，通过反复调整控制点的坐标位置，如图 1-4-10 所示，使曲面结构体逐步演变成合理的喇叭状形态，该形态既实现了建筑意图，同时又保证了结构的合理性。

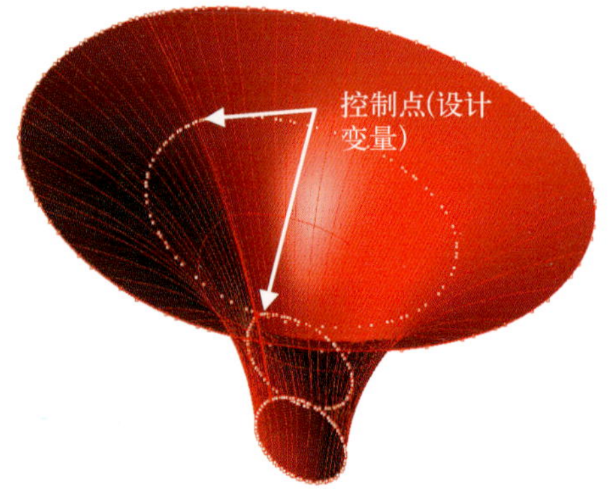

图 1-4-10 设计变量的定义

以自由曲面单层网格结构概念设计方案为对象，以整体结构的应变能最小作为自由曲面优化选型的目标函数，对初始造型进行优化设计，使得到的曲面结构基本以薄膜应力为主，保证曲面达到“薄”而“刚”的最优建筑造型方案。利用该方法不但可以通过调整设计参数(约束条件，空间条件)得到多种合理曲面形态；同时，还可以对建筑意图所设定的初始形状进行修改，求得近似合理的结构几何形状。

(1) 在实际工程中，可利用建筑设计所提供的初始曲面形状进行合理的参数定义，在此基础上通过若干次优化修正，改善结构的力学性能。

(2) NURBS 特有的技术优势能满足当今绝大多数建筑复杂曲面造

型的要求；控制点、权值等概念又为曲面参数化设计提供了基础。

(3) “控制点调整法”所得到的自由曲面结构形态能最大限度地抑制弯矩的产生，并以面内薄膜应力的方式抵抗荷载。

(4) CAD 软件和 FEM 软件的协同分析，充分发挥各自建模与有限元计算的优势，通过编写接口程序，实现两者自动运行，提高找形效率。

4.1.3 阳光谷自由曲面网格智能布置

以 NURBS 方法创建的自由曲面找形为基础，采用基于网格形状和单元长度的网格质量衡量标准，对初始拓扑网格进行智能调整和优化设计，进而保证杆件大小均匀、网格分布美观流畅的效果。

曲面找形结束后，下一步工作是在曲面上布置杆件。具体操作时，可先在平面(曲面的参考域)上布置杆件，为后续将平面网格映射回三维曲面提供方便。

由于阳光谷顶部边缘线和底部边缘线的几何形状和网格划分是建筑师预先确定的，因此，转成平面问题后这两个关键部位的网格数量必须保持不变。结合世博轴 1 号阳光谷，顶部边缘将划分 95 段网格，网格长度约 2 m；底部边缘将划分 40 段网格，网格长度约 1.7 m。具体操作时可以先划分大网格(例如网格长度取 10 m)。

首先，按 10 m 间隔得到阳光谷的等高线，见图 1-4-11(a)，其中，最上一圈分 19 段，最下一圈分 8 段，中间的等高线根据各自的长度分若干段，中间等高线的分段精度要求不高，仅需满足对称要求，见图 1-4-11(b)。其次，按图 1-4-12(a)所示的方式进行连线，连线的准则是：对称、不相交。然后，根据建筑师特别指定的拓扑要求对个别连线进行修改，图 1-4-12(b)。最后，在每个大网格中间填补小网格，本例中为每个大网格中填补 25 个小网格，如图 1-4-12(c)所示。

(a) 曲面上的等高线

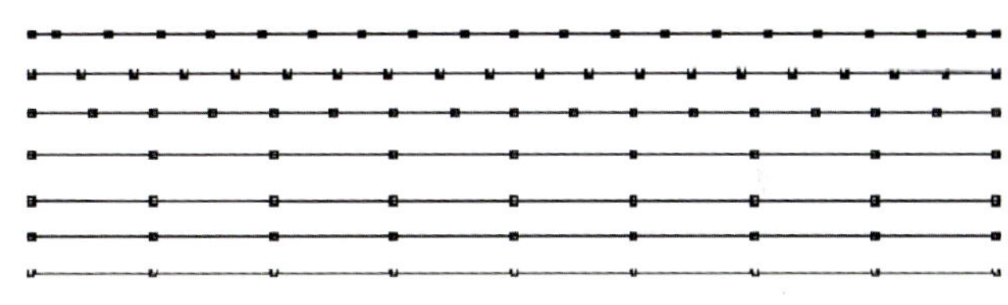

(b) 等高线的分段

图 1-4-11 转成平面问题的等高线与分段

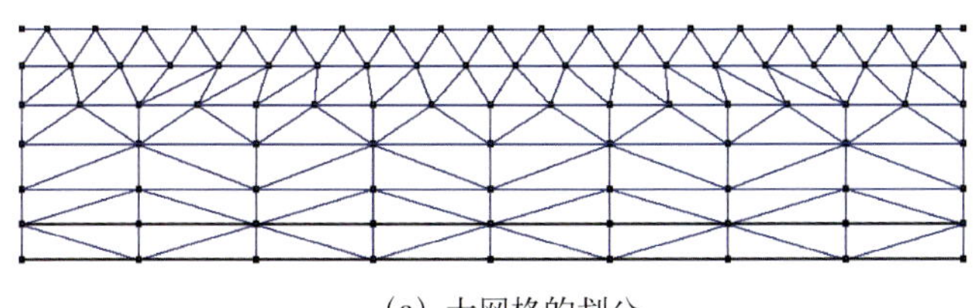

(a) 大网格的划分

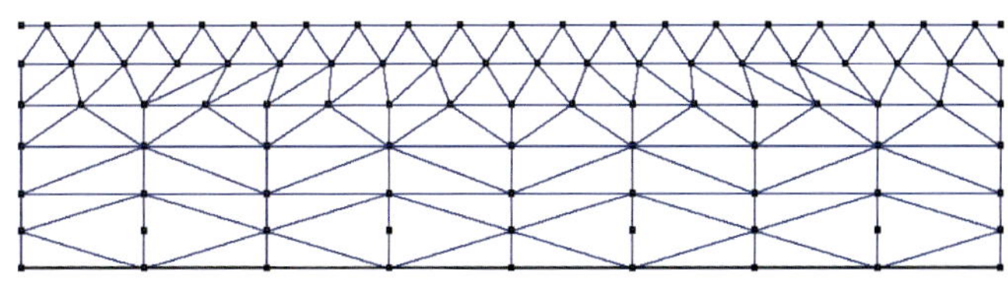

(b) 大网格的修改

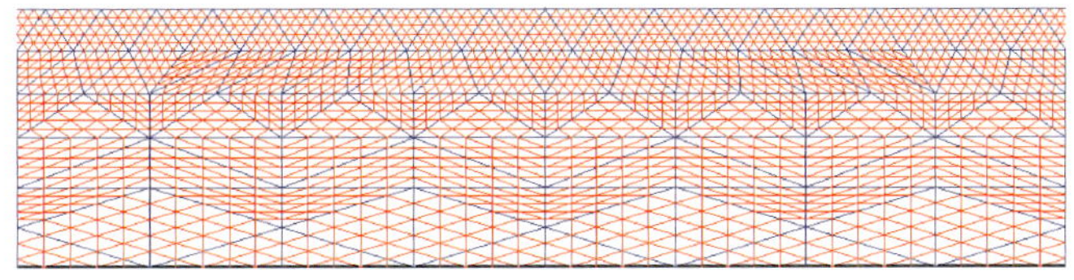

(c) 小网格的填补

图 1-4-12 平面网格布置

4.1.4　网格映射

采用映射法，把一个参考网格通过一个映射方程从参数域映射到实际的曲面上，如图 1－4－13 所示。

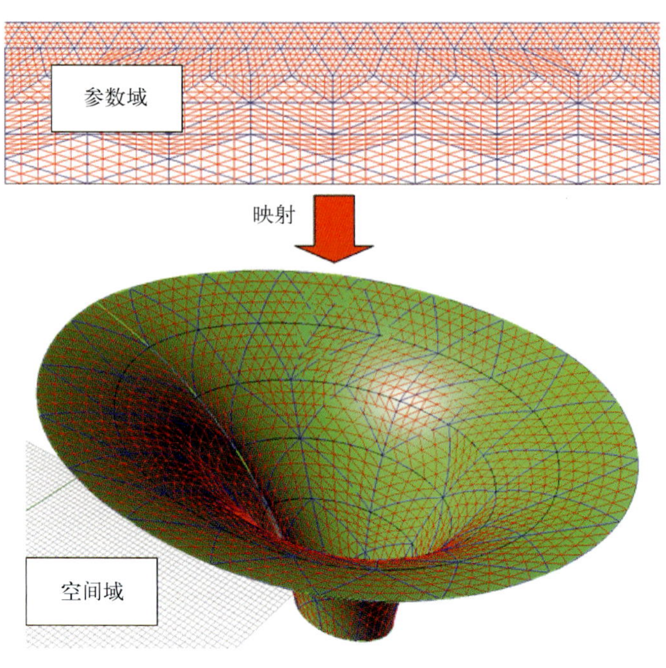

图 1－4－13　空间网格的映射

4.1.5　网格长度的智能修正

映射回曲面的杆件尺寸仍然大小不一，网格在视觉上带有明显的层次感，没有满足建筑师的要求。因此需要通过编制优化程序，经过若干次迭代，使得杆件尺寸达到过渡均匀，线条流畅的要求。优化程序编制的方法有很多，其最终的原则是根据每根杆件的当前长度或三角形的形状，朝着目标长度或形状进行修正。因此，每次迭代计算结束后，都需要对网格的整体质量进行一次评估，以决定是否需要进行下一次迭代。

如何衡量一套网格的整体质量优劣，不同的学科有着不同的标准。有限元理论中对网格的形状以及网格密度有所要求；而对空间网格结构来说，考虑到结构的美观性、经济性及力学性能，通常是希望划分后的网格形状尽量规则，如等边三角形和正方形被认为是最理想的网格形状，同时也希望构成网格的杆件单元种类尽量少，且网格尺寸、单元长度为所期望的设计值。因此，建议根据网格形状与杆件单元的长度来衡量网格质量的优劣。

图 1－4－14 为修正前与修正后的网格效果图。从图中可以看出，通过修正网格达到了建筑师预期的效果。

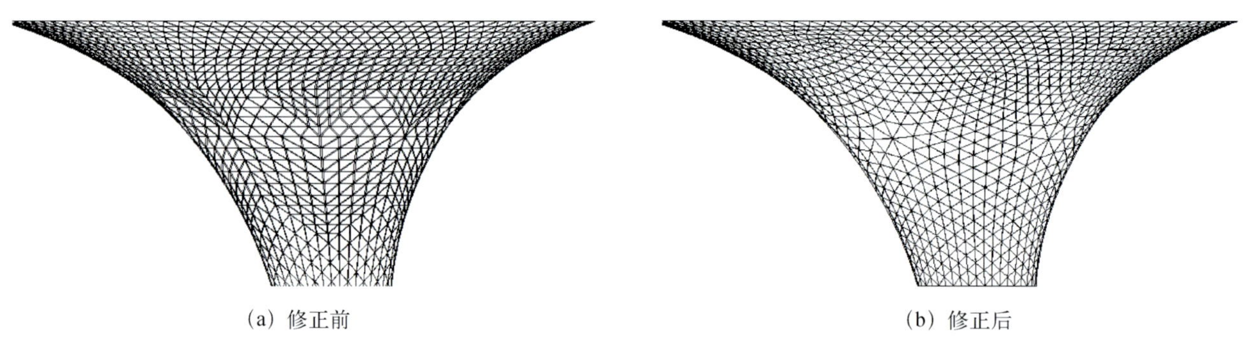

(a) 修正前　　(b) 修正后

图 1－4－14　网格修正前后的比较

4.2　阳光谷计算与分析

4.2.1　结构模型与建筑模型的关系

由于杆件截面高度为 180～500 mm，而覆玻璃幕墙的一面，杆件面必须保持连续和光滑，因此阳光谷的结构模型应为杆件表面中心线模型，而不是传统的杆件轴心中心线模型，所以模型应有一个建筑找形的过程。

建筑模型的具体找形过程是：根据德方 Knippers Helbig 事务所提供的结构计算模型中 6 根相交杆件轴心中心线的交点，按 6 个面的法线合成矢量方向向外向上平移 90 mm，找到杆件表面中心线的交点，并将新的交点相连，形成杆件表面中心线，得到杆件表面中心线的建筑表面模型。

根据建筑表面中心线模型，以及每根杆件的截面高度，确定每根杆件轴线的空间位置；再通过刚性单元将同一节点上未相交的杆件连接起来，即可得到考虑构件偏心的结构模型。对该模型重新进行计算分析，根据计算结果调整构件截面。

4.2.2 计算软件和计算模型

阳光谷整体计算分析主要采用 ANSYS 程序，用 SAP2000 程序进行复核。

计算模型基本假定：

(1) 阳光谷底部的竖向构件支承于−7.000 m(或−6.500 m)混凝土底板上，沿径向和环向为弹性约束，竖向铰支连接。其中环向的弹簧系数为 1.0×10^{7} kN/m，径向的弹簧系数为 2.5×10^{6} kN/m。

(2) 阳光谷杆件为梁单元。

(3) 不考虑阳光谷上覆玻璃幕墙的刚度，仅作为荷载作用于杆件上。

(4) 弹性计算时地震影响系数最大值为 0.08，阻尼比为 0.02。

(5) 阳光谷杆件的单杆计算长度 L_0 的取值按《网壳结构技术规程》，单层网壳杆件的曲面内计算长度为 1.0 L，曲面外计算长度为 1.6 L(L 为杆件长度)。

4.2.3 结构弹性计算结果

阳光谷是由底部向上向外延伸的三角形网格组成的单层曲面钢结构壳体，杆件的受力以轴力为主。作为膜结构支撑点的拉索点位置附近，由于结构在平面外承受较大的集中力，其附近局部构件强轴弯矩较大。恒载作用下杆件轴力最大出现在阳光谷底部，杆件以压力为主，靠近阳光谷顶部环向的杆件以拉力为主。分析表明，由于本结构自重较轻，迎风面积较大，风荷载工况下的杆件内力远大于多遇地震下的杆件内力，风荷载为主要控制工况。

1. 结构的动力特征分析

结构以局部的竖向振型为主，结构的悬挑边的约束作用较小，相邻区域间隔的上下运动，振型密集，SV1、SV6 第 1 周期较其他阳光谷的周期长，说明其顶部刚度更弱。

2. 结构的位移分析

表 1-4-1 为计算模型的最大组合位移及位移角，图 1-4-15 为 SV1 的最大组合位移云图。从表中可见，结构悬挑边的竖向位移满足悬挑长度 1/125 的控制要求，结构的水平位移满足高度 1/300 的控制要求。

表 1-4-1 计算模型的最大组合位移及位移角

	U_x (1/H)	U_y (1/H)	U_z (1/L)
SV1	93.7 (1/438)	140.6 (1/292)	−276.9 (1/149)
SV2	69.7 (1/595)	−64.6 (1/642)	−204.7 (1/151)
SV3	−77.7 (1/534)	85.7 (1/484)	−194.2 (1/149)
SV4	−75.5 (1/550)	75.4 (1/550)	−222.0 (1/158)
SV5	69.7 (1/595)	−64.6 (1/642)	−133.1 (1/192)
SV6	99.2 (1/418)	117.7 (1/353)	−306.6 (1/127)

3. SV1 在各工况下内力、应力比分析

(1) 恒载作用下的内力分析。杆件轴力最大出现在约束较强的阳光谷底部，最大拉力 N_{max}=485.62 kN，最大压力 N_{min}=−613.94 kN。靠近阳光谷底部径向的杆件以压力为主，靠近阳光谷顶部环向的杆件以拉力为主。杆件的强轴(曲面的平面外)弯矩值仅在索膜拉点处较大，M_{max}=−91.529 kN·m，一般位置在−12.949 kN·m

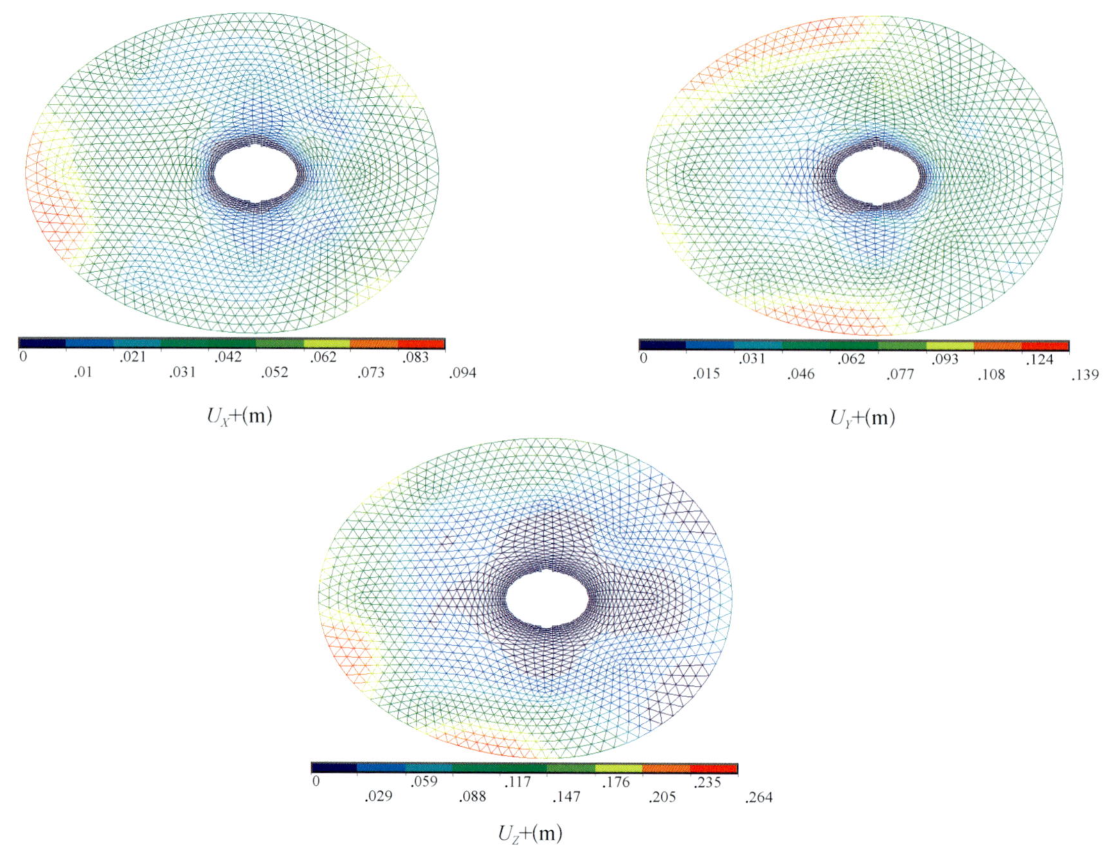

图 1-4-15　SV1 的最大组合位移(m)

和 9.502 kN·m 之间。杆件的弱轴弯矩值、剪力值和扭矩值均较小。

(2) 活载作用下的内力分析。对活载进行了不利组合，最大的拉力出现在顶部二圈的环向杆件上，N_{max} = 142.3 kN，约为恒载下拉力的 29.2%。最大的压力出现在底部的杆件，N_{min} = −175.76 kN，约为恒载下压力的 28.6%。

(3) 风载作用下的内力分析。SV1～SV6 风荷载均按会中和会后计算分析，计算结果表示 SV1～SV5 由会中控制、SV6 由会后控制(会后在 SV6 前将建造两栋超高层建筑)。

风载作用下的内力和位移计算，采用了同济大学风洞试验室提供的风压时程计算结果的峰值响应，再与其余荷载工况的计算结果直接进行荷载组合。

风载引起的最大轴力值为 315°风荷载作用下，N_{max} = 1 183 kN(拉)，N_{min} = −1 441 kN(压)，为迎风面或是迎风面两侧的底部竖杆，约为恒载下的 178%(拉)和 159%(压)。

(4) 温度作用下的内力分析。温度效应考虑为升温 40℃，降温 20℃，杆件轴力最大出现在约束较强的阳光谷底部，最大拉力 N_{max} = 369.72 kN，最大压力 N_{min} = −406.09 kN，约为恒载下轴力的 76%(拉)和 66%(压)。在约束较弱的阳光谷顶部，杆件轴力都非常小。

(5) 地震作用下的内力分析。抗震设防烈度为 7 度，设计基本地震加速度为 0.1g，特征周期按上海规范取 0.9 s，设计地震分组为第一组，建筑场地土类别按Ⅳ类。地震效应，考虑 X、Y、Z 向地震作用。

杆件轴力最大出现在阳光谷底部，为 Y 向地震作用引起，N_{max} = 377.84 kN，约为恒载下拉力的 77.9%。地震作用引起的杆件轴力相比风荷载作用引起的要小，大约为风荷载作用引起的 20%～35%。

X 方向剪重比：5.2%，Y 方向剪重比：4.5%。

(6) 最大包络组合的内力分析。阳光谷是由底部向外延伸的三角形网格组成的单层钢结构壳体，杆件的受力以轴力为主，强轴(曲面的平面外)弯矩主要是由于索膜拉力引起的，杆件的弱轴弯矩值和扭矩值均较小。

(7) SV1 应力比。最大应力比为 0.784，位于阳光谷底部竖向杆件。

4.2.4 罕遇地震作用下地震反应谱方法计算的受力性能分析

根据上海市工程建设规范《建筑抗震设计规程》，罕遇地震时Ⅲ、Ⅳ类场地的设计特征周期取 1.1 s；水平地震影响系数最大值，罕遇地震时 7 度地区为 0.45。钢结构在罕遇地震分析时，阻尼比采用 0.05。

罕遇地震参与的荷载组合作用下，SV1 至 SV6 单杆稳定应力没有超过钢材强度标准值，不会发生屈服。原因是结构的控制荷载为风荷载作用。

以 SV1 为例，在多遇地震作用下，X 方向剪重比为 5.2%，Y 方向剪重比为 4.5%；在罕遇地震作用下 X 方向剪重比为 22.7%，Y 方向剪重比为 22.3%。

SV1 在罕遇地震作用下的最大应力为 260 MPa，对应的最大应力比为 0.787，位于底部第一、二圈的竖向杆件。

4.2.5 罕遇地震下的弹塑性时程分析

大震下的弹塑性时程分析采用 ANSYS+ABAQUS 软件。以 SV1 为例，可以发现：

(1) 在罕遇地震波作用下，所有杆件均无塑性发展，达到了大震弹性的抗震能力。

(2) SV1 杆件最大应力达到 218 MPa(受压)。

(3) 阳光谷弹塑性水平位移 1/231，满足规范 1/50 的要求。

1. 考虑杆件偏心距的阳光谷计算分析

整体计算分析了杆件偏心距的影响，以 SV4 在考虑恒载、活载、270°风荷载作用的情况下应力比，发现考虑杆件偏心后，杆件的最大内力大约增加 5%～8%。SV4 的应力比最大到 0.91，为门洞两侧竖杆，其余最大为 0.792。

阳光谷钢结构稳定性分析：阳光谷钢结构为复杂曲面形状的单层网格结构，悬挑跨度大，因此，结构的整体稳定性是整个设计中必须考虑的关键问题。目前国内的规范对于类似阳光谷这样的结构没有针对性的设计依据，设计者综合了现有的单层网壳的规范，对阳光谷钢结构的整体稳定性进行系统分析，包括特征值屈曲分析、考虑几何非线性的整体稳定性分析、考虑几何材料双重非线性的整体稳定性分析，并且还深入研究几何初始缺陷的合理形式及其对结构整体稳定性的影响，以及考察单杆稳定强度失效后对结构整体稳定性的影响，确保结构的安全可靠。

2. 几何非线性分析

对 6 个阳光谷钢结构进行仅考虑几何非线性效应的稳定性分析。初始几何缺陷按一阶弹性屈曲模态分布，缺陷幅值取 0 cm(即不考虑初始缺陷)、20 cm、40 cm 三种情况。根据计算结果可对阳光谷钢结构的几何非线性稳定性能做以下分析讨论：

(1) 在所分析的各种荷载组合工况作用下，6 个阳光谷钢结构的几何非线性稳定分析屈曲临界荷载系数均大于我国网壳规程所要求的 5.0，因此阳光谷钢结构的几何非线性稳定性满足要求。总体而言，SV2～SV5 四个阳光谷的稳定承载力比较高，SV1、SV6 阳光谷的稳定承载力相对较低，这与特征值屈曲分析结果一致。

(2) 初始几何缺陷通常导致阳光谷钢结构的非线性稳定承载力有所降低，并且随着初始缺陷幅值的增大，稳定承载力也随之下降。与不考虑初始缺陷的情形相比，当缺陷幅值分别为 20 cm、40 cm 时，各阳光谷钢结构在所有荷载工况下的临界荷载系数分别平均下降 10%、15%，最大降低幅度则分别为 16%、23%。总体而言，初始缺陷并没有导致结构稳定承载力的大幅下降，阳光谷钢结构的几何非线性稳定性对初始缺陷并不敏感。

(3) 不考虑索拉力的 3 组荷载工况下，幅值 20 cm、40 cm 的初始缺陷导致临界荷载系数平均下降 11%、17%，而考虑索拉力时，相应的平均下降幅度分别为 8%、10%。因此，索拉力的存在可进一步降低结构的初始缺陷敏感性。

(4) 阳光谷上由膜结构传来的索拉力对结构稳定承载力的影响可能是不利的，也可能是有利的，但总体而言影响并不显著。

3. 几何、材料双重非线性分析

进一步对 6 个阳光谷钢结构进行考虑几何、材料双重非线性效应的稳定性分析。钢材屈服强度取 310 MPa，采用双线性等向强化模型，强化模量取弹性模量的 1%。根据计算结果可对阳光谷钢结构的弹塑性非线性稳定性能做以下分析讨论：

(1) 在所分析的各种荷载组合工况作用下，SV1～SV6 阳光谷钢结构的弹塑性屈曲临界荷载系数均大于我国《空间网格结构技术规程》(报批稿)所要求的 2.0，整体稳定性满足要求。与特征值屈曲分析、几何非线性分析结果一致，SV2～SV5 四个阳光谷的弹塑性稳定承载力较高，SV1、SV6 阳光谷的稳定承载力相对较低。

(2) 考虑材料弹塑性使阳光谷钢结构的整体稳定承载力进一步降低，降低幅度与阳光谷类型、荷载条件有关，根据 6 个阳光谷的分析结果，考虑双重非线性的结构稳定承载力比仅考虑几何非线性时平均降低约 30%。

(3) 初始缺陷通常会降低阳光谷钢结构的弹塑性稳定承载力，且随着缺陷幅值的增大稳定承载力也随之下降。与不考虑初始缺陷的情形相比，当缺陷幅值分别为 20 cm、40 cm 时，各阳光谷钢结构在所有荷载工况下的弹塑性临界荷载系数分别平均下降 13%、22%，最大降低幅度则分别为 24%、34%。比仅考虑几何非线性时下降幅度有所增大，但总体而言阳光谷钢结构的稳定性对初始缺陷并不敏感。

(4) 不考虑索拉力的 3 组荷载工况下，幅值 20 cm、40 cm 的初始缺陷导致临界荷载系数平均下降 14%、24%，而考虑索拉力时，相应的平均下降幅度分别为 9%、17%。因此，索拉力的存在可进一步降低结构的初始缺陷敏感性。

(5) 在几何非线性分析和双重非线性分析结果中，都出现了初始缺陷反而导致结构稳定承载力提高的个别现象，这进一步表明阳光谷钢结构为缺陷不敏感结构。

4. 杆件偏心的影响

阳光谷钢结构共有 30 多种杆件截面类型，截面高度为 180～500 mm。前面的有限元分析模型中，均假定所有杆件的轴线位于阳光谷的几何曲面上，而由于安装玻璃的需要，工程中的实际情况是杆件外表面的中心线位于阳光谷的几何曲面上，这样不同截面高度的杆件之间实际上存在一定的偏心距。因此有必要考察杆件偏心对结构整体稳定性的影响。有限元建模时对杆件截面进行偏移使之符合实际情况。对 SV3 和 SV6 阳光谷进行弹塑性非线性稳定性分析。结果表明，杆件偏心对结构的稳定承载力几乎没有影响。这是由于阳光谷钢结构的大部分杆件具有相同的截面高度(180 mm)，截面高度改变的杆件主要集中于索拉点附近的局部区域，这些局部杆件的偏心对整体结构的受力性能并不会产生明显影响。

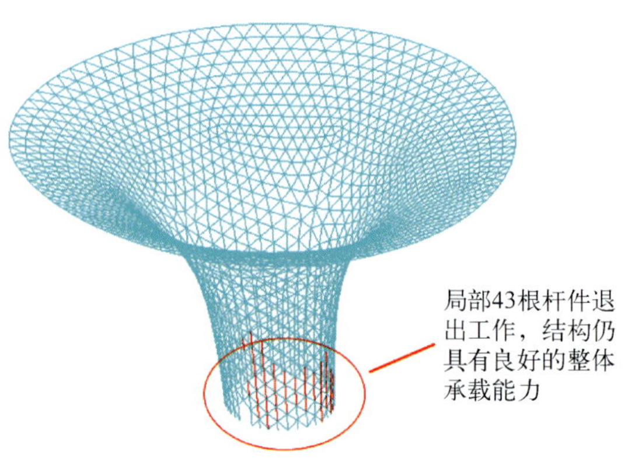

图 1-4-16　单根杆件失稳分析

5. 考虑单杆失稳的结构极限承载力

目前我国规范将构件的承载力和结构的整体稳定性各自进行校核，并不考虑构件和结构之间的耦合关系。本设计尝试采用“杀死”失稳杆件的方法来考虑单杆失稳对结构极限承载力的影响。即对加载过程中发生失稳的杆件用 ANSYS 中的“EKILL”命令将其杀死，完全不考虑其刚度贡献，应该说这样处理并不准确，但偏于安全。

图 1-4-16 为首先退出工作的杆件分布图。结果表明，个别杆件的失稳并不会导致结构整体承载力的迅速下降，整体结构具有良好的承载性能；部分杆件的退出工作仅影响这些杆件附近区域的局部变形，并没有导致结构总体破坏模态的改变。

4.3　节点设计

阳光谷建筑体形尺寸大，采用的是“自由形状”的构形技术，表现为复杂的空间曲面，悬挑尺度大。其结构体系是由三角形网格组成的单层空间曲面钢结构，结构悬挑跨度为 21～40 m 不等。钢结构杆件大多采用矩形截面的空心焊接钢管，截面宽度 65～120 mm 不等，截面高度 180～500 mm 不等，少数构件为实心杆件。钢结构节点处有多根杆件汇交。

阳光谷钢结构主要包括三类节点，即单层结构多向矩形钢管相贯连接节点、柱脚节点、大跨度张拉索膜结构的拉索与阳光谷结构的连接节点等。其中多向矩形钢管相贯连接节点正在申请实用新型发明专利(专利受理号：201020033398.6)。

4.3.1 多向矩形钢管相贯连接节点

阳光谷结构采用了“自由形状”的空间曲面钢结构体系，这类建筑物近年来国际上逐渐流行，国内还处于初期开发研究阶段，对于这种复杂的大型单层空间曲面钢结构杆件的无痕连接节点，国内还处于空白。

阳光谷结构节点众多，6 个阳光谷总节点数达到一万多个(表 1－4－2)，每个节点与 5～8 根空间布置的构件相连，各杆件表面互不共面，甚至无法使用数学模型描述杆件之间的相互关系。考虑到截面不同后，几乎没有两个节点完全相同。

表 1－4－2 阳光谷节点数

阳光谷编号	总节点数	实心节点数
SV1	1 743	117
SV2	1 774	82
SV3	1 775	85
SV4	1 783	84
SV5	1 775	85
SV6	1 743	120
合计	10 593	573

传统结构中，与多构件相连的异形钢节点，主要有如下三种节点形式：

(1) 球形节点。传统的网壳钢结构中应用较多，技术成熟。但该类型的节点在杆件与杆件的连接处有一个个明显突出的球点，不能达到杆件与节点之间的光滑无痕过渡，无法满足本工程建筑外观要求。

(2) 栓接节点。应用工程如新米兰贸易展览中心屋顶结构等(图 1－4－17)。相比于焊接连接，栓接节点克服了全焊接节点现场焊接工作量大、焊接变形难控制等缺点；但是其刚度特征为半刚性，力学性能相比于焊接节点更复杂。采用栓接节点的网壳结构，其结构计算和设计模型是一种半刚性连接的杆件系统，国内外目前尚无成熟的分析和设计方法，基本上依靠数值模拟结合模型试验，且其节点加工精度要求极高，完全无法满足本工程的工程进度要求。

图 1－4－17 栓接节点实例

(3) 铸钢节点。铸钢节点能够很好地满足建筑复杂节点外观要求及结构传力要求，技术成熟，在大型复杂钢结构工程中已得到广泛应用。然而，铸钢节点制作费用高、工期长，大量使用铸钢节点同样无法满足本工程经济及进度要求。

为此，本工程提出了多向矩形钢管相贯连接节点，该节点形式建筑外观完美，杆件与节点过渡无痕，更重要的是，焊接节点为全刚度节点，可保证计算模型与结构整体相吻合。

根据计算结果，少数节点需设计为实心节点，实心节点则采用了铸钢件，各个阳光谷中使用的实心节点数见表 1－4－2。

4.3.2 节点构造设计

图 1－4－18 为阳光谷多向矩形钢管相贯连接节点示意图。节点构造包括如下几个特点：

(1) 节点区域所有杆件的上下翼缘钢板连续贯通，构件与节点上下翼缘钢板采用对接全融透焊缝等强焊接。

(2) 在节点区中央设置一块加劲钢板，与上下翼缘钢板通过角焊缝连接。每个节点中，将传力最大的两根杆件的腹板与加劲钢板焊接连接，即认为该两根杆件为一根可连续传力的贯通杆件。

(3) 相邻杆件的腹板采用相贯焊接连接。可见，除贯通杆件外，其他构件在节点区构件腹板不连续，其内力通过节点上下翼缘钢板传递，因此，需对每个节点逐一进行应力分析。在本工程中，当节点的上下翼缘板应力大于钢板材料的设计强度时，则改变节点的形式，采用实心节点。实际计算结果表明，仅极少数节点需采用实心节点形式(表 1－4－2)。

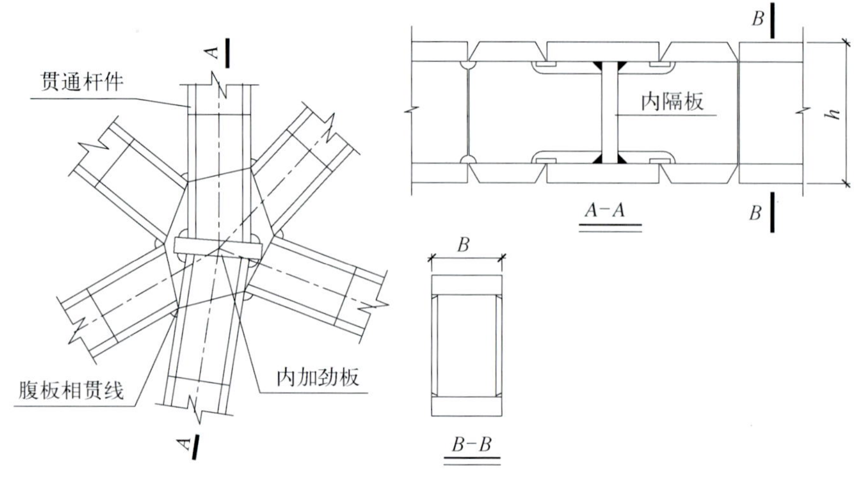

图 1－4－18　节点

1. 节点有限元分析

对于节点区的形式，设计初步时考虑了三种形式，并分别进行了有限元分析比较。

形式一：节点区构件上下翼缘板贯通、所有构件的腹板均不连续。有限元分析结果表明：节点上下翼缘板角部有明显的应力集中现象，材料的屈服区域范围约为翼缘板宽度的 1/6 左右(图 1－4－19)。

形式二：节点区构件上下翼缘板贯通、内力大的构件腹板连续(即保证内力较大的构件在节点区连续贯通)、中央设置一块加劲板，加劲板与上下翼缘板及贯通构件的腹板焊接连接。有限元分析结果表明：杆件的应力集中现象有明显改善，大多数区域在弹性范围内，只有个别角部位置的钢材进入屈服状态(图 1－4－20)。

形式三：节点区构件上下翼缘板贯通、腹板连续。有限元分析结果表明：杆件应力基本在弹性范围内，未出现材料屈服区域(图 1－4－21)。

经过计算分析，并结合考虑了试验研究结果、加工制作工艺等因素，最后选定形式二作为本工程的实施方案。

2. 加工制作与质量控制

阳光谷 SV2～SV6 采用了上述相贯连接节点形式。借助同济大学的 BIMTS 空间钢结构建筑信息模型软件，精确模拟结构施工图中的所有构件信息后，由专门的数据接口直接传送至钢结构加工数控中心，全过程实现了机对机(CAD TO CAM)自动数控技术，大大提高了钢结构加工制作效率。

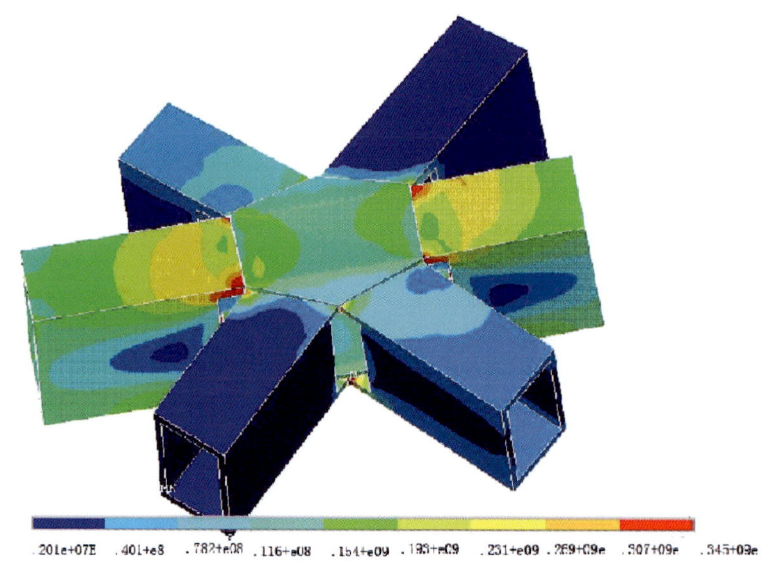

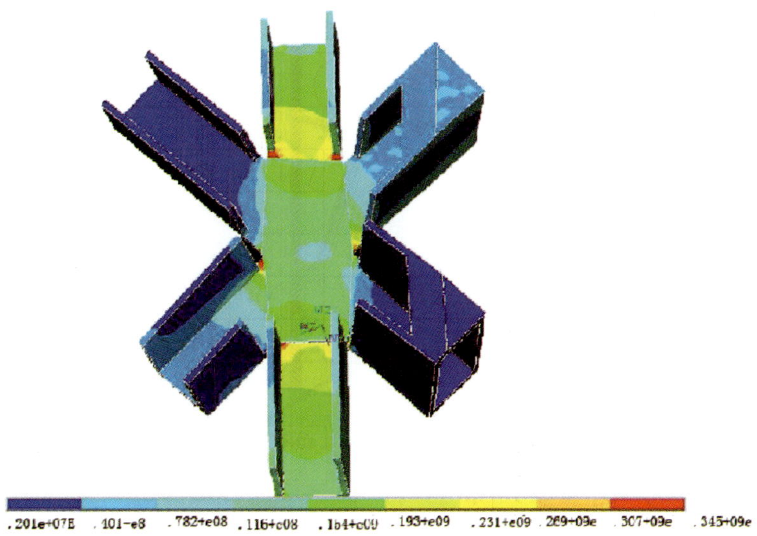

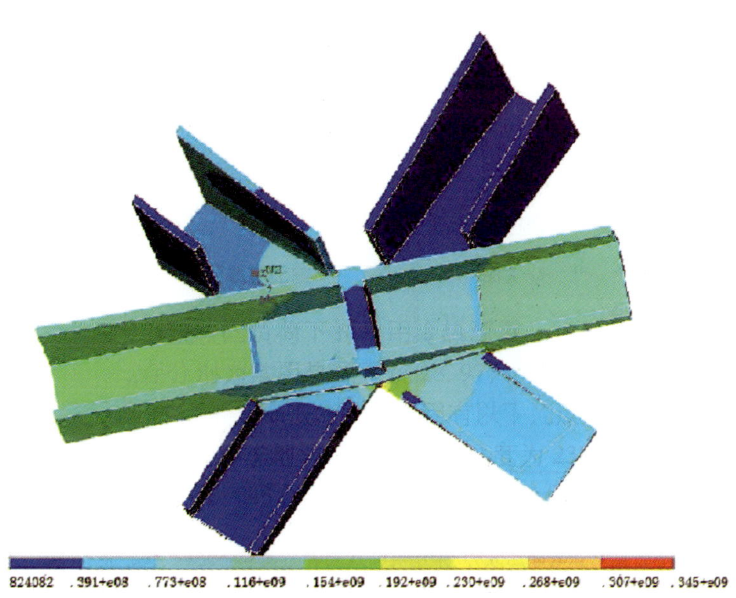

图 1-4-19 形式一的应力分布

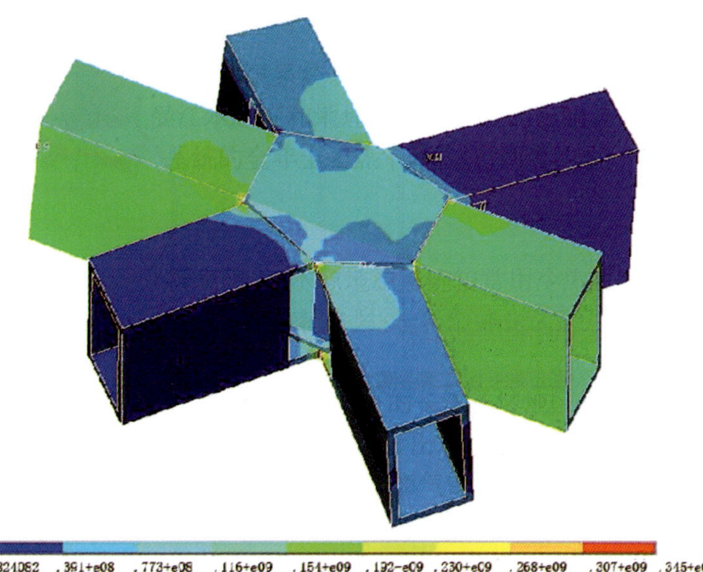

图 1-4-20 形式二的应力分布

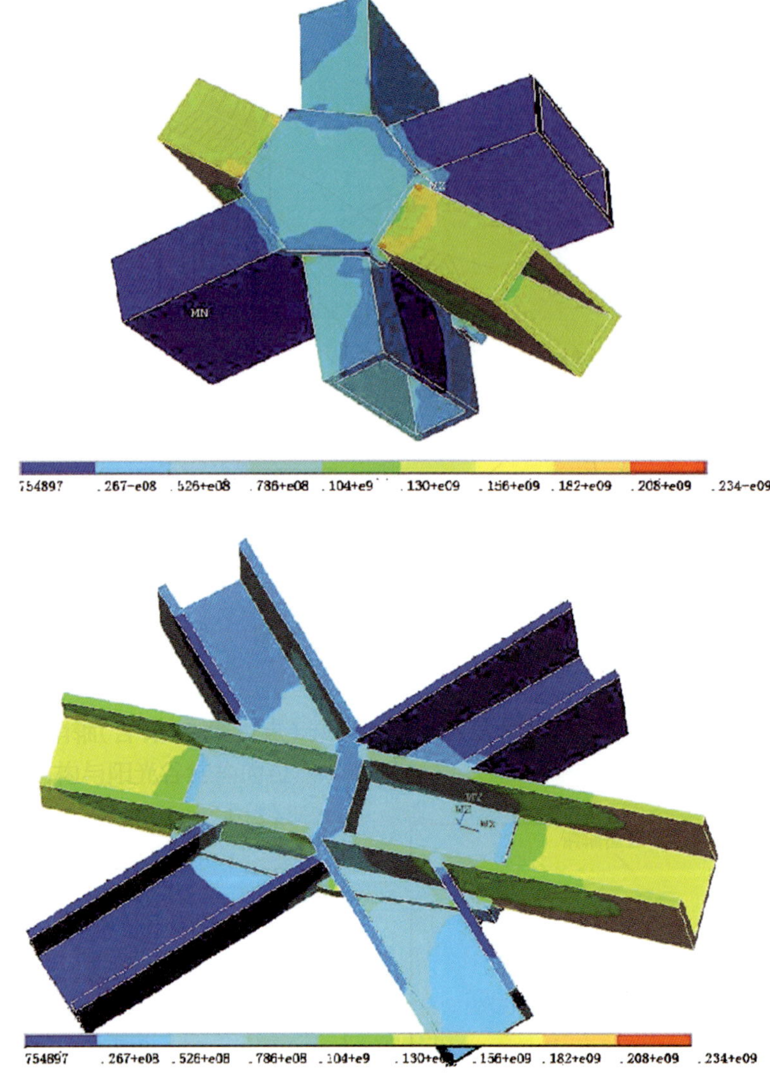

图 1-4-21　形式三的应力分布

阳光谷 SV1 在实际节点制作中采用了另一种工艺：在节点区中心设置一根实心钢管(图 1-4-22)，运用等离子切割技术，将矩形杆件与中心实心钢管进行相贯切割，最后对接焊接。节点加工制作采用了机对机(CAD TO CAM)全自动数控技术。

图 1-4-22　阳光谷 SV1 实心钢管节点

阳光谷节点形状复杂，焊接量大，同时结构整体对节点加工精度要求非常高。因此必须对节点成品的质量进行严格测评。普通的二维测评技术无法满足本工程节点测评要求。本工程采用了先进的三坐标检测仪检测节点的控制点坐标，形成真实产品的三维虚拟模型，并与相应的设计模型进行比较，根据两者偏差来描述产品的加工精度。

3. 节点试验

阳光谷钢结构的节点形式新颖独特，且需通过大量焊接制作而成，焊接残余应力、初始缺陷等的影响难以在数值模型中充分考虑，试验研究则是最可靠的验证手段。因此，各个阳光谷选取了 3～6 个具有代表性的节点，按照实际加工工艺制作了足尺节点，在浙江大学空间结构研究中心进行了足尺试验研究。

4.3.3 柱脚节点设计

阳光谷结构柱脚通过埋件与下部混凝土底板连接。

根据阳光谷网格形式，阳光谷柱脚可分为大柱脚和小柱脚：每个大柱脚与三根构件连接，包括一根竖向构件及其两侧各一根斜向构件；每个小柱脚仅与一根竖向构件连接。大、小柱脚间隔布置。计算结果表明，大柱脚承受较大的水平及竖向反力，与其连接的埋件尺寸较大；小柱脚的水平及竖向反力则较小，与之连接的埋件尺寸较小。图 1－4－23 为阳光谷 SV1 的大小埋件的平面布置示意图。

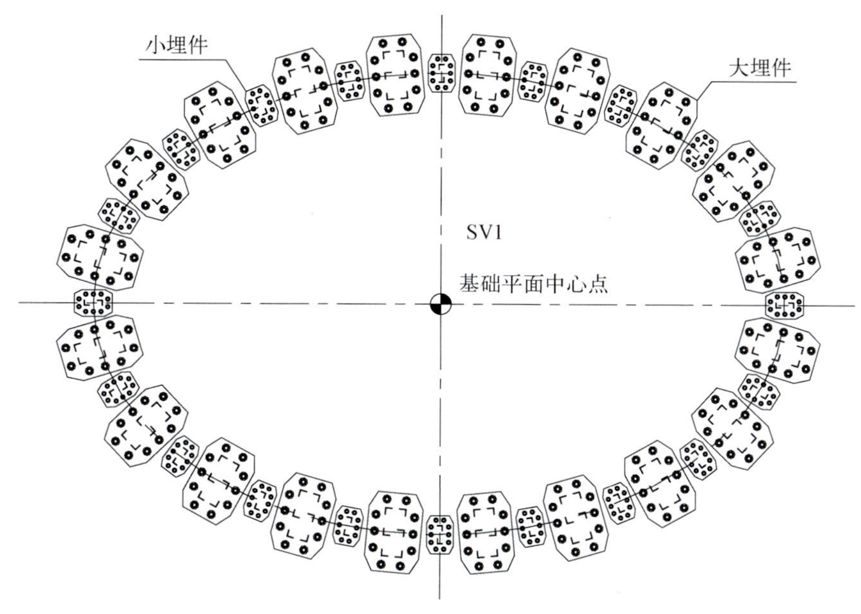

图 1－4－23 阳光谷 SV1 埋件平面布置

由于阳光谷整体呈杯状，结构具有良好的整体性，单个柱脚与基础采用铰接连接。对于铰接节点，常见形式包括接近理想铰接的栓铰（单向铰）节点、球铰（多向铰）节点等形式。对于阳光谷结构，上述传统节点一方面外形难以满足建筑外观要求，另一方面其构造要求高，对柱脚数量众多的阳光谷结构而言，代价过高。基于此，本工程柱脚设计应用了板铰的节点形式，将柱脚设计成正常使用荷载极限状态下处于弹性工作状态的钢板，图 1－4－24 为大柱脚、小柱脚的节点详图。该柱脚具有一定的弯曲、剪切变形刚度，在整体计算及基础设计中，考虑该刚度的影响。柱脚节点采用了 G20Mn5 铸钢构件。

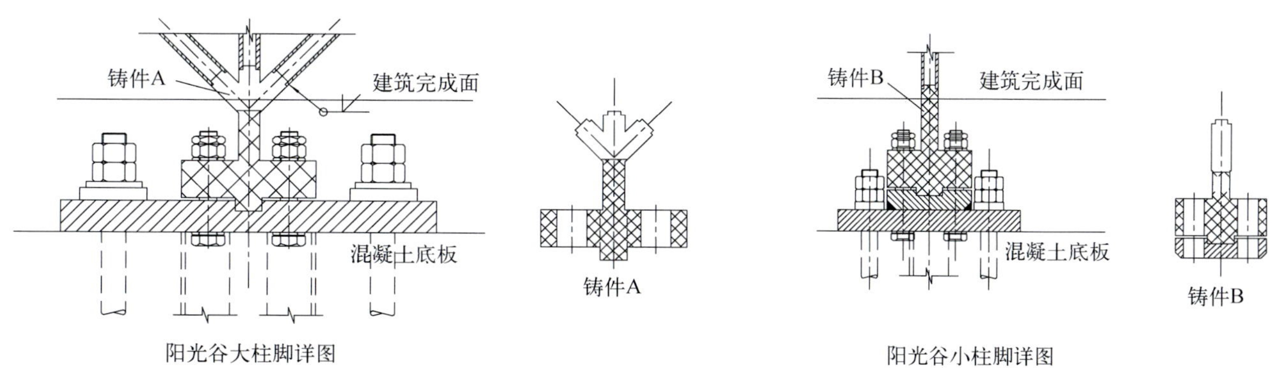

图 1－4－24 阳光谷大、小柱脚节点详图

4.3.4 拉索节点设计

世博轴顶棚包括阳光谷结构及大跨度张拉索膜结构。阳光谷除了承受作用于自身的各类荷载外，还作为索膜结构的支撑点，承受拉索荷载。6 个阳光谷为索膜结构供提供 18 个支撑点。为了在极限风荷载作用下，阳光谷

结构能够提供足够的支撑承载力，经计算，阳光谷在单个支撑点处承受的最大拉力达 1 000 kN。

为了减小垂直于阳光谷表面的荷载分量，降低索拉力对阳光谷结构的影响，并充分利用阳光谷结构的整体刚度，所有拉索方向与阳光谷弧形表面夹角尽量小。拉索节点由耳板及栓接插耳组成，耳板直接与阳光谷构件焊接连接。根据建筑要求，所有耳板截面的高度方向均设置为竖直方向。当拉索变形主要为竖直方向的变形时，设置单个沿竖直转动的插耳，如图 1－4－25(a)所示；当拉索同时存在较大的水平变形时，则设置一组两个相互垂直的插耳，如图 1－4－25(b)所示。

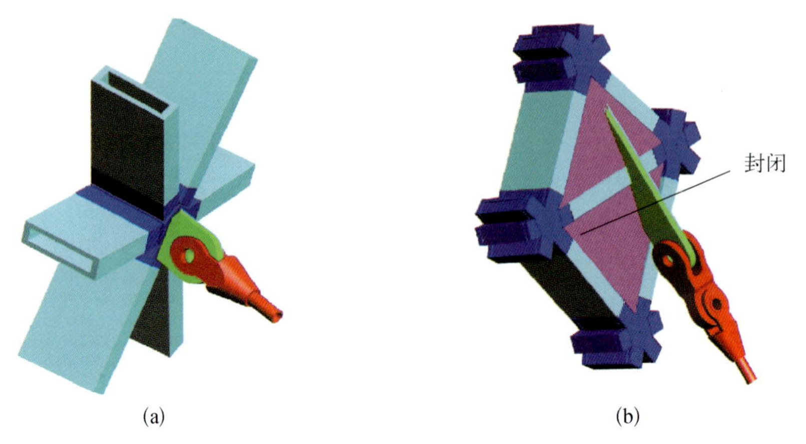

图 1－4－25　阳光谷与索连接节点

为了便于构造连接，根据实放需要，将局部三角形区隔采用钢板封闭后与耳板相贯连接，封闭区隔内部设置加劲板，保证索力传递。耳板的方向为拉索切线方向，以保证传力方向与计算模型吻合。

4.4　超大跨度索膜结构设计

4.4.1　索膜结构体系

世博轴索膜顶棚采用的是连续张拉式的柔性结构体系，总长度约 840 m，最大跨度约 97 m，膜面总投影面积约 61 000 m^2，展开总面积约 65 000 m^2，单块膜最大展开面积约 1 800 m^2。膜面基本单元一般呈三角形，由一根边索、两根脊索和膜形成了三角形为顶面的倒锥台状，膜面为双向曲面，膜焊缝主要沿经向放射形布置。边索和脊索支承于外桅杆，同时，每个三角形单元中分别设有一个内桅杆，膜面中有三根谷索与之相连，一个个连续的膜面单元形成了整个顶棚膜面(图 1－4－26 和图 1－4－27)。

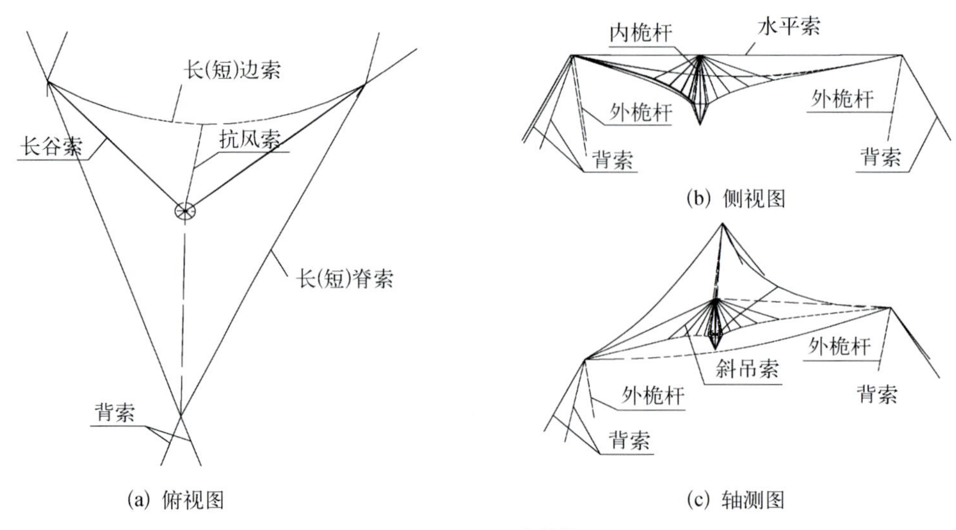

图 1－4－26　索结构

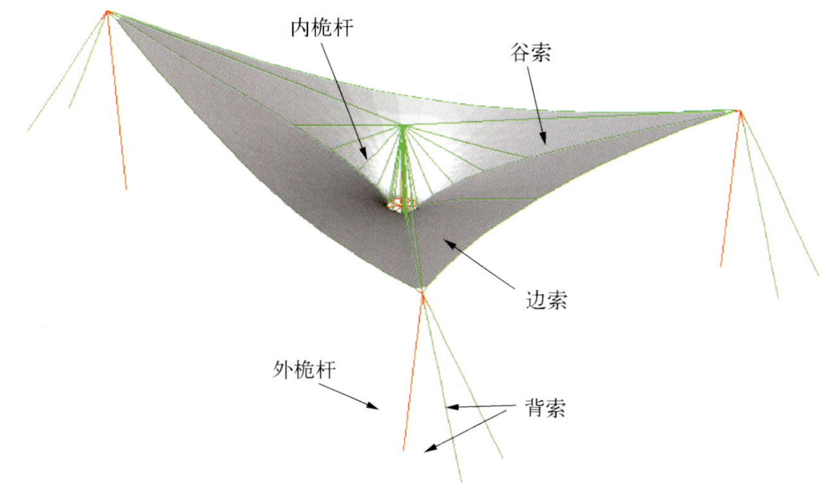

图 1－4－27 索膜结构基本单元

索膜结构的最高点由 26 组外桅杆和背索、部分阳光谷的连接点构成，最低点由 19 组内桅杆下拉点、5 组外桅杆和背索、部分阳光谷的连接点构成。外桅杆一般顶标高为 35 m(高)，紧邻中间四个阳光谷均有 1 根高度为 17 m 的外桅杆(低)，阳光谷 SV5、SV6 之间外桅杆高度较高，为 38 m。下拉点处，膜在 18 m 或 21 m 标高处固定在下拉钢环上(钢环直径 5 m)，钢环支承于内桅杆。

内桅杆的增设，主要控制了风荷载下膜下拉处的水平位移及向下位移。内桅杆与外桅杆顶部由水平索连接，水平索的增设，协调了内外桅杆的水平位移，由背索、外桅杆、水平索、内桅杆、水平索、外桅杆、背索形成了稳定的结构体系。内桅杆顶部设斜吊索与谷索相连，以控制膜的向下位移。

索膜顶棚两端 4 片膜为四边形，每片膜对角线附有 1 根抗风索。支于边索的膜片上附有 1 根抗风的短谷索。外桅杆后背索最粗，为 ϕ155，脊索为 ϕ110，边索为 ϕ70，谷索为 ϕ65。

本索膜结构具有跨度大、位移大、几何非线性特征较强等特点，国内外没有先例，无论分析方法、设计软件还是验收标准，许多方面国内外尚无规范可循。本项目探讨了多国索膜结构设计规范，研究了膜材安全系数的取值、风致效应、膜面位移控制的取值方法等问题，对其计算理论和设计方法进行分析比较，为世博轴超大规模索膜结构的分析设计提供科学依据与理论保障，确保结构的安全可靠。

4.4.2 设计依据和参数

1. 设计依据

按现行国家结构设计有关规范及标准(表 1－4－3)，并且参考国外相关标准。

表 1－4－3 现行国家及上海结构设计有关规范及标准

《膜结构技术规程》	CECS 158：2004
《膜结构技术规程》(上海)	DGJ08－97－2002
《膜结构检测技术规程》(上海)	DG/TJ08－2019－2007
《建筑结构用索应用技术规程》	DG/TJ08－019－2005

国外相关标准：

《欧洲张力薄膜结构设计指南》，杨庆山等译，机械工业出版社，2006. 10。

《膜構造の建築物・膜材料等の技術基準及び同解説》(日本标准)。

2. 风荷载

场地类别：本工程周边环境见图 1－4－28。从图中可见，本工程周边分布了较为密集的多、高层建筑物。根据《建筑结构荷载规范》第 7. 1. 1 条，本工程地面粗糙类别取 C 类。

在膜结构风荷载效应的计算中，通过风洞试验得到了膜结构物理模型的风压分布与时程，并根据场馆周边情

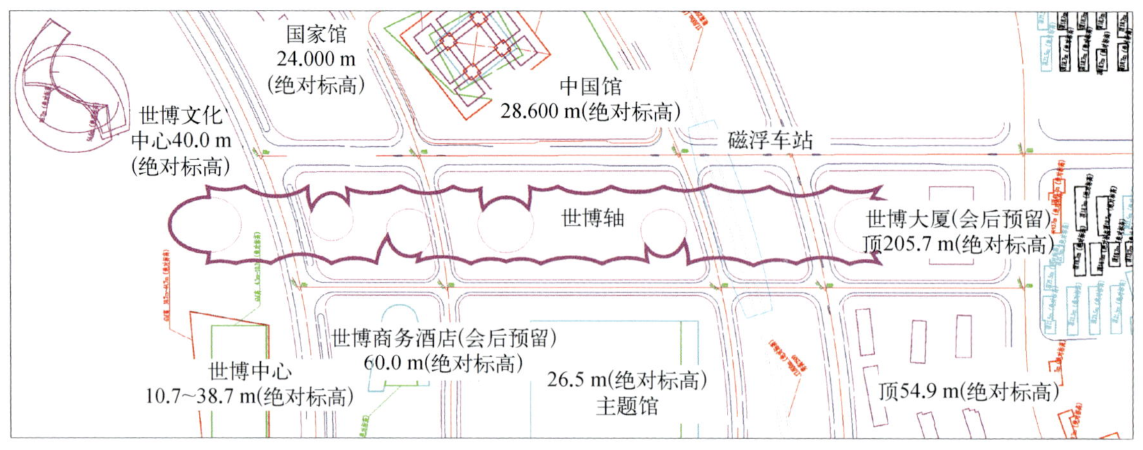

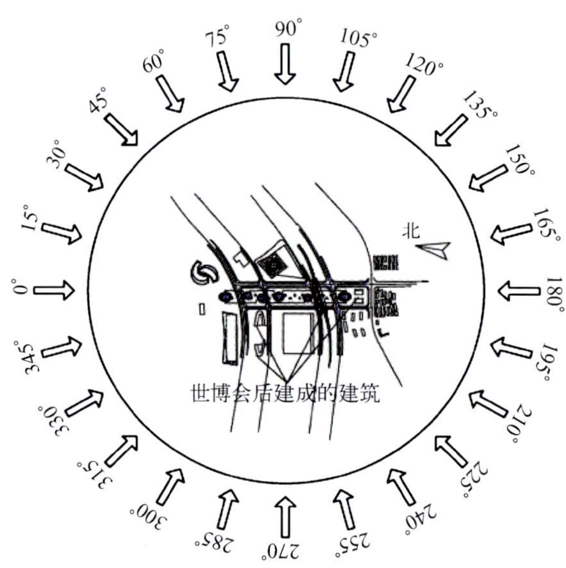

图 1－4－28　场地总体平面

况的变化分别考虑了世博会中和世博会后两种情况；将风压施加在 ANSYS 模型上(同时施加预应力、恒荷载及雪荷载)，进行时程分析，得到索、膜的内力时程；根据分析所得到的索、膜内力进行强度复核。

为了进行多个程序(EASY、ANSYS 等)的计算比较，以结构的内力为主要目标，取不同的风振系数进行静力 ANSYS 不同风向角度、短期荷载不同组合的试算，按内力最大值相近、内力分布趋势相仿为原则，与风时程的计算结果比较，最终确定多程序计算时的风振系数为 1.5。

3. 雪荷载

雪荷载取 0.3 kN/m^2。

依据《欧洲张力薄膜结构设计指南》第 7.5.4 条中规定：必须设计清除积雪的方法，通过切实可行的除雪方法使积雪不超过其限值是降低雪荷载唯一有效的方法。

在本工程膜结构维护和保养手册中，将对排雪作出相应的应急措施要求，如在极端条件下的大雪天气，组织专业人员清扫积雪，防止屋面积雪结冰。

4. 地震作用

根据《膜结构技术规程》(CECS 158：2004)第 5.1.5 条中规定：对膜结构中的索、膜构件，可不考虑地震作用的影响；支承结构的抗震设计，应按照国家有关标准的规定执行。

由于膜结构的自重很小，在地震作用下不会产生较大的惯性力，不会对膜结构造成危害。但结构中的桅杆和连接等重型构件在地震作用下将会产生较大的加速度。

在索膜结构计算中，未考虑索膜结构的地震作用，但考虑了内外桅杆柱脚等节点的抗震构造设计。

5. 荷载组合

(1) 单一安全系数设计方法。由于本工程膜结构的几何非线性表现强烈，采用了单一安全系数法进行设计，表达式如下：

$$K(S_{Gk}+S_{Qk})\leqslant R_k \tag{4.1}$$

膜材安全系数在施工图设计阶段，通过对各国设计标准的研究，短期荷载组合下取4.0，长期荷载组合下取8.0；材料强度标准值符合95%的保证率。索的安全系数取2.5。

(2) 荷载组合。膜结构整体计算过程中，几何非线性使荷载的效应不能进行组合，因此考虑了如下几类荷载组合，见表1-4-4。

表1-4-4 荷载组合工况

组合类别	描述
长期组合 (第一类)	恒荷载(G)+预张力(P)
	恒荷载(G)+预张力(P)+雪荷载(S)
短期组合 (第二类)	恒荷载(G)+预张力(P)+风荷载(W)
	恒荷载(G)+预张力(P)+雪荷载(S)+0.7风荷载(W)

6. 膜材料

膜材采用的基材为玻璃纤维、涂层为聚四氟乙烯PTFE的A级膜材，膜材力学性能见表1-4-5。

表1-4-5 膜材力学性能 (kN/m)

抗拉强度	经向	173.3
	纬向	156.7
第一类荷载组合(长期荷载组合) 强度设计值	经向	21.67
	纬向	19.58
第二类荷载组合(短期荷载组合) 强度设计值	经向	43.33
	纬向	39.17
弹性模量	经向	1 362
	纬向	976

4.4.3 索膜结构的计算分析

1. 索膜结构位移控制的标准

本索膜结构的膜面位移控制主要依据日本标准，控制膜面位移扣除相关索的位移后小于支点之间距离的1/10。这个控制标准，主要是尽量减小风荷载引起膜面抖动、大变形以及人的心理感受等方面考虑。膜面位移为相对于常时状态[恒荷载(G)+预张力(P)工况]膜面上的同一点变形前后的距离：

$\dfrac{\Delta_M-\Delta_C}{\frac{2}{3}\cdot\min(l_1,\ l_2,\ l_3)}\leqslant\dfrac{1}{10}$，式中符号示意图详见图1-4-29。

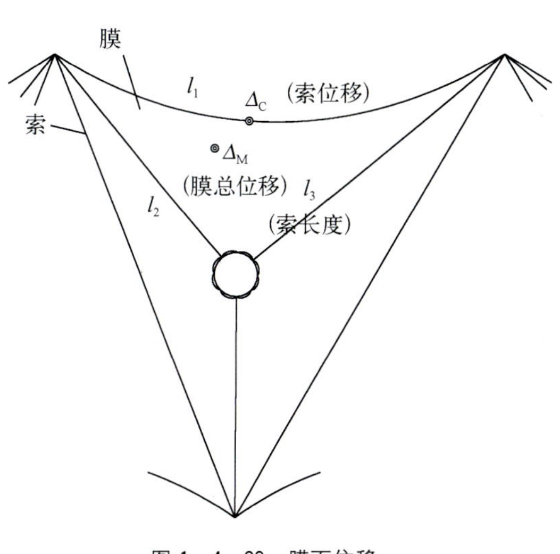

图1-4-29 膜面位移

膜面最大向上位移：4.16 m，扣除索引起的位移后，约为跨度的1/18；

膜面最大向下位移：3.78 m，扣除索引起的位移后，约为跨度的1/18。

本索膜结构的内外桅杆相对位移不作控制，其绝对最大位移分别是0.370 m和0.129 m，认为在可以接受的范围内。

三角形膜单元在风荷载作用下变形图见图 1－4－30。

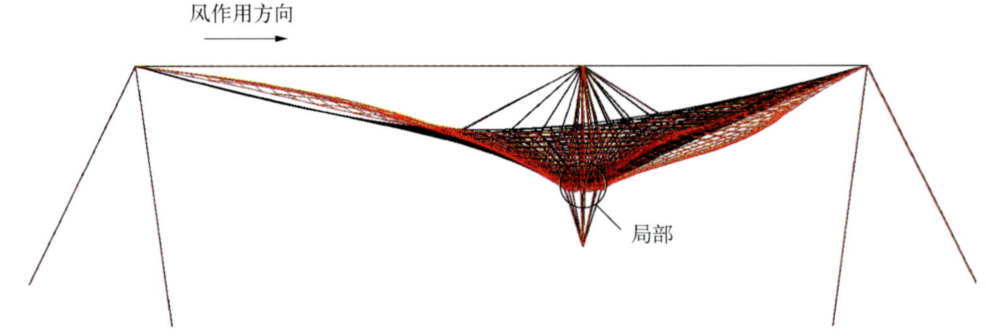

图 1－4－30　膜面变形立面

2. 膜面应力

(1) 膜面最小应力。《膜结构技术规程》(CECS 158：2004)第 5.3.5 条要求：在第一类荷载效应组合(长期荷载组合)下，膜面不得出现松弛，膜面最小折算应力不小于初始张拉力的 25%；在第二类荷载效应组合(短期荷载组合)下，膜面松弛引起的褶皱面积不得大于膜面面积的 10%。

本工程中膜面经向褶皱面积最大比例为 9%，膜面纬向褶皱面积最大比例为 2%，都满足规范要求。

(2) 膜面最大应力。膜面经向应力较大区域主要集中在拉到内桅杆上的下拉环附近；而在下压风作用时，离下拉环一定距离处膜面产生"环箍"效应以抵抗下压风，故在该处产生了膜面环向应力的增大。膜面经向最大应力为 74.8 kN/m，膜面纬向最大应力为 55.7 kN/m，均出现在下拉点。在三角单元的膜面内，由下拉环向外扩散，在每根谷索上布置了 3～4 处吊索，由于吊索约束了膜面的向下位移，在吊点处有应力集中现象，因此对以上区域采用了双层膜加强(图 1－4－31～图 1－4－33)。

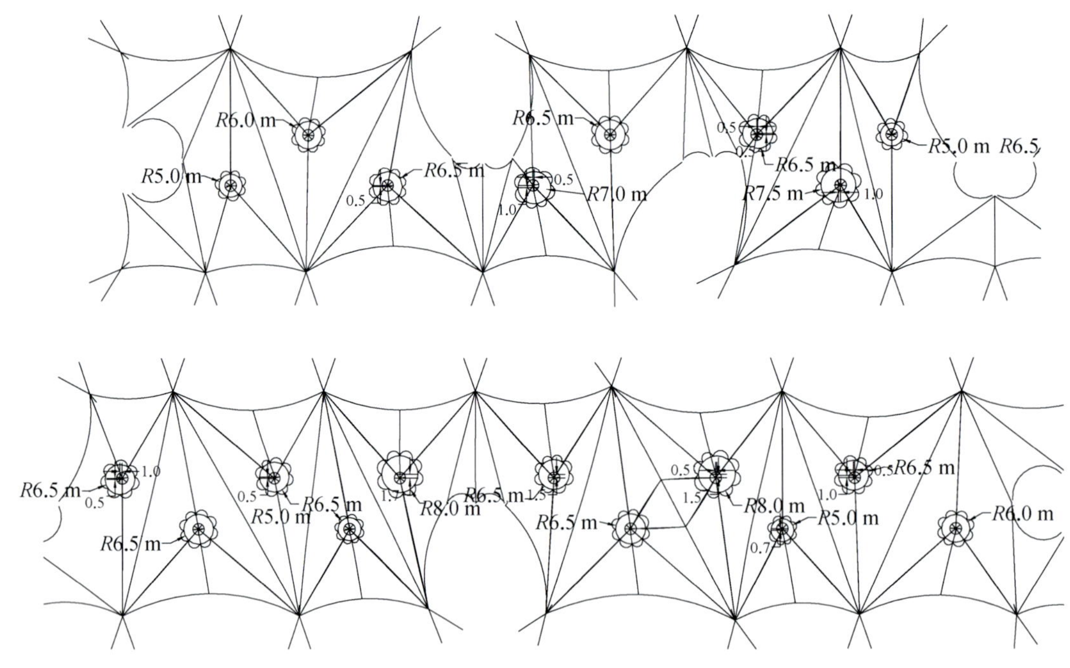

图 1－4－31　下拉点膜面加强范围(m)

3. 小风下的膜面位移分析

根据上海气象局 1956～1990 年的风频率资料，在统计的 35 年内，上海地区 5～7 级风平均每年出现 14.5 次，8 级风平均每年出现 1～2 次，9 级以上的大风出现几率较小。极端风荷载一般发生在夏季台风来临时，此时的风向混乱。结构虽然在极端风荷载作用下的位移较大，但极端风发生的几率较小。由此，需要了解几率发生较多情况时风荷载作用下的膜面位移情况，这样的位移对平台上人群的安全感是否会有影响。小风分析考虑了 6 级风和 8 级风。

图 1-4-32 下拉点膜面焊接加强

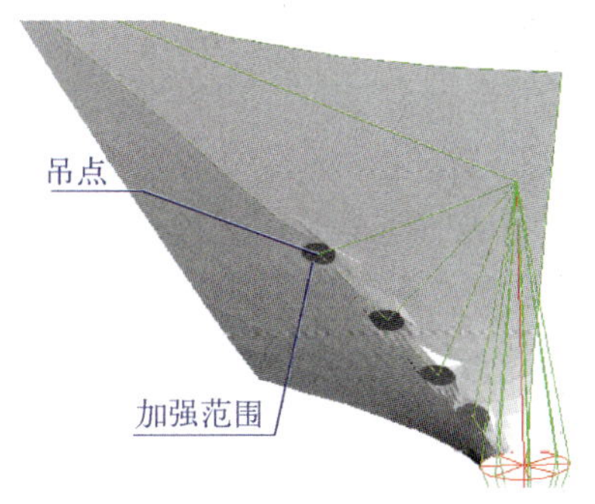

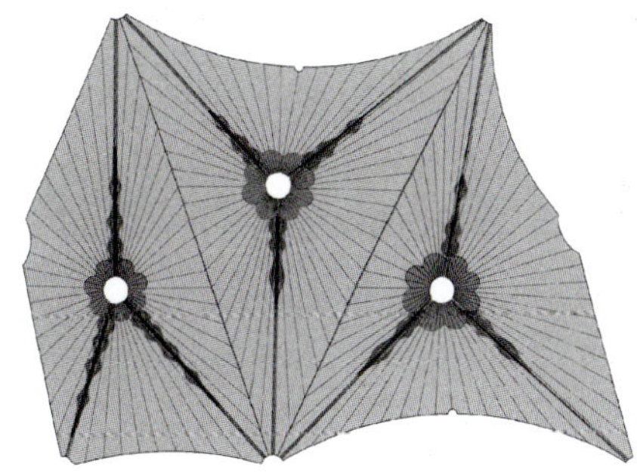

图 1-4-33 吊索点处膜加强

表 1-4-6 为风荷载取值表。

表 1-4-6 风荷载取值

风 级	6 级	8 级	11 级
风速(m/s)	10.8～13.8	17.2～20.7	28.5～32.6
风压(kN/m²)	0.072 9～0.119	0.184 9～0.207 8	0.507 7～0.664 2

计算得到多风向短期荷载组合下位移向上、向下的包络值。6 级风作用下，膜面最大向上位移 1.229 m，最大向下位移为 0.96 m(图 1-4-34)；8 级风作用下，膜面最大向上位移 2.286 m，最大向下位移为 1.995 m(图 1-4-35)。相对建筑尺寸而言，小风下的膜面位移较小，这样的位移值，在平时发生，还是可以接受的。同时分析结果表明，结构表现出较强的几何非线性，荷载的减小并未使结构产生的位移线性的减小。

4. 张拉式索膜结构局部倒塌分析

张拉式索膜结构设计中应避免连续倒塌，《欧洲张力薄膜结构设计指南》中将其考虑为一种附加荷载工况，对结构局部失效而发生连续倒塌进行分析。因此，研究了索膜结构的防倒塌性能：在局部两根背索破坏，相应的一根外桅杆失效，一片或两片附近膜片失效的情况下，计算分析了整体结构在恒载+预拉力+风荷载(90°风向角)工况下的膜面和索的应力及变形。

由图 1-4-36～图 1-4-41 可见，1 号节点(桅杆)处 2 根背索破坏后，与该点处的膜相连的索内力有较大变化，其中以与之相连的短谷索内力变化最为强烈，由 139 kN 增加到 527 kN；相邻的桅杆背索内力变化也较大(由 2 774 kN 增加到 4 010 kN，但都未达到索的破断力。48 号节点(桅杆)处 2 根外桅杆背索破坏后，与之相邻的索内

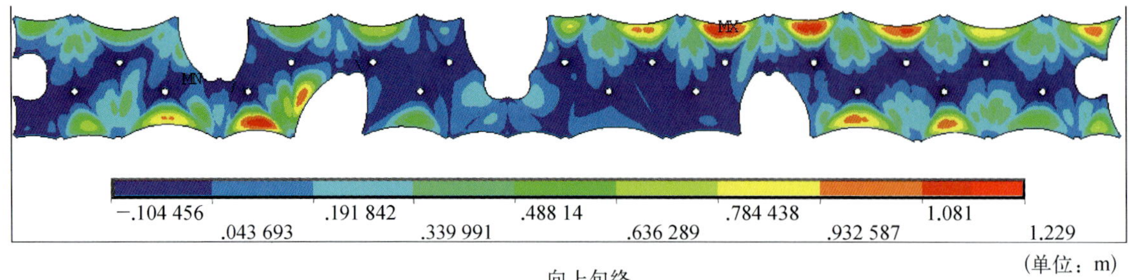

向上包络

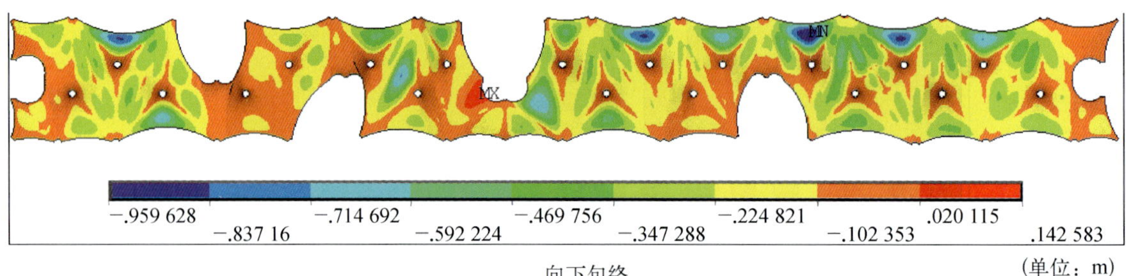

向下包络

图 1－4－34　6 级风作用下膜面位移包络

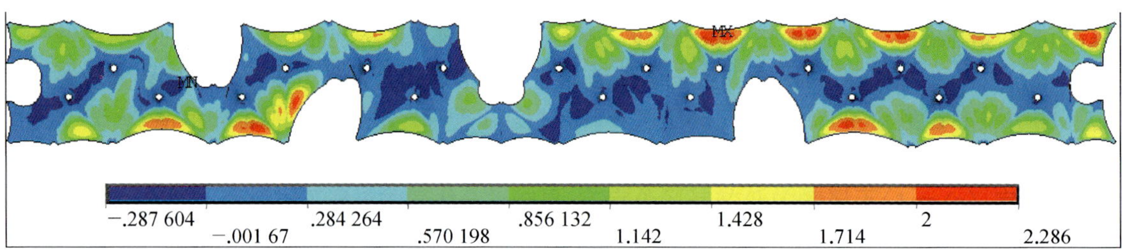

向上包络

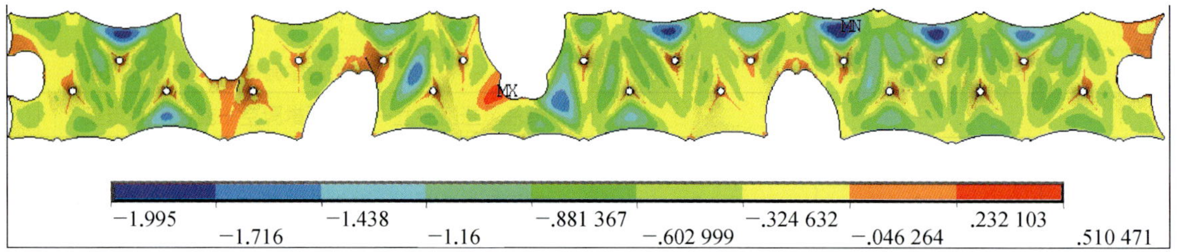

向下包络

图 1－4－35　8 级风作用下膜面位移包络(m)

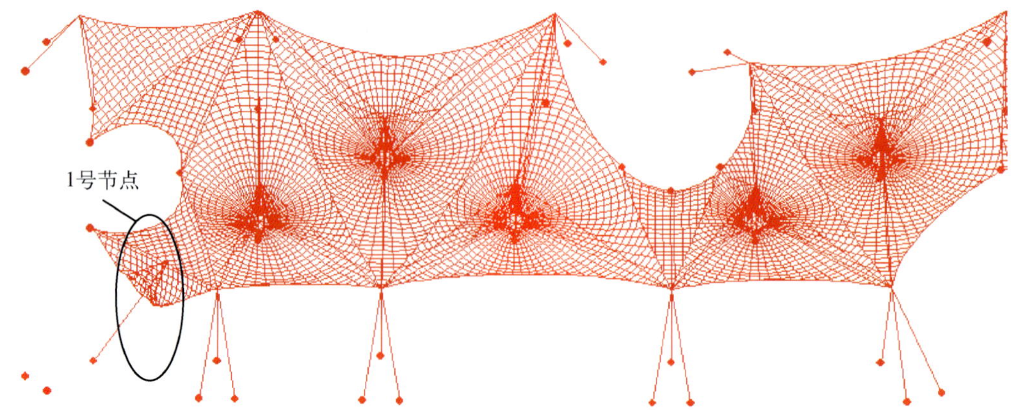

图 1－4－36　1 号节点处背索破坏后膜变形

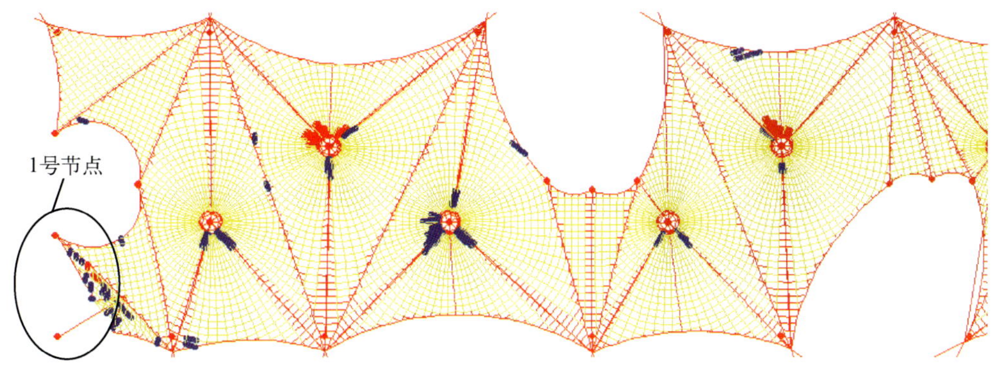

红色表示应力>45.7 kN/m的区域，蓝色表示应力<0.01 kN/m的区域

图 1-4-37　1 号节点处背索破坏后膜面应力

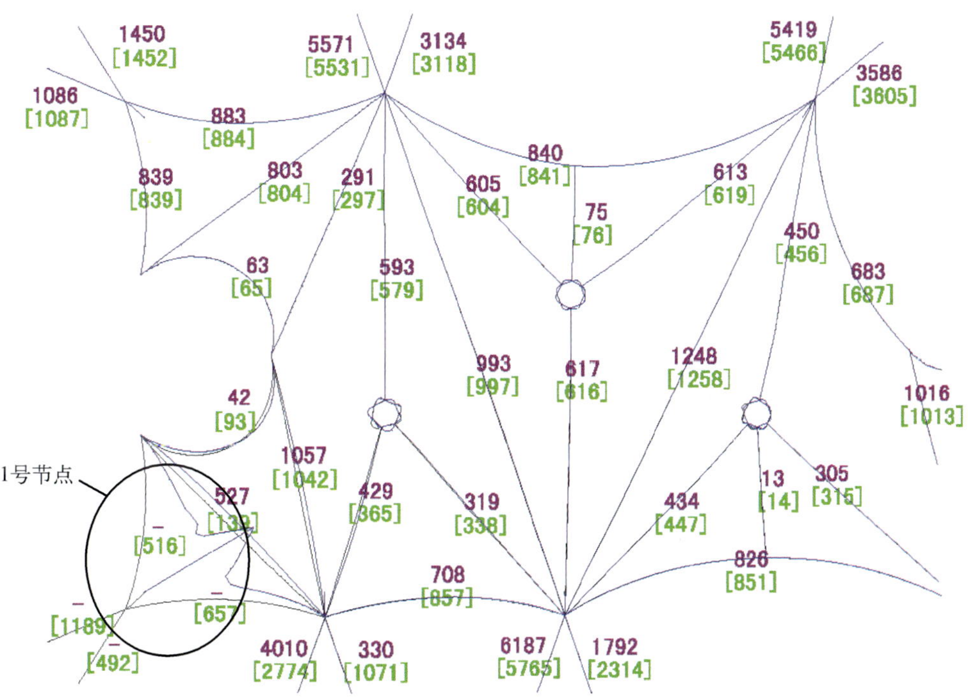

图中数值为索破坏后的索内力值，[　]内的数值为索破坏前的内力值，“—”表示该处索松弛

图 1-4-38　1 号节点处背索破坏后索内力分析

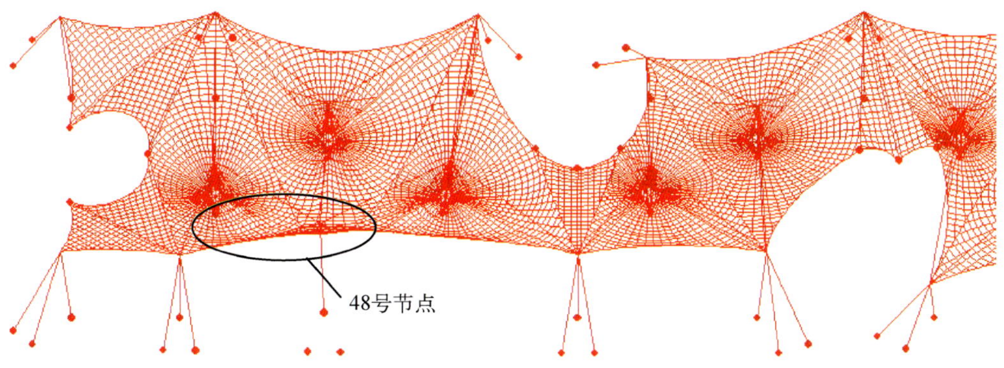

图 1-4-39　48 号节点处背索破坏后膜变形

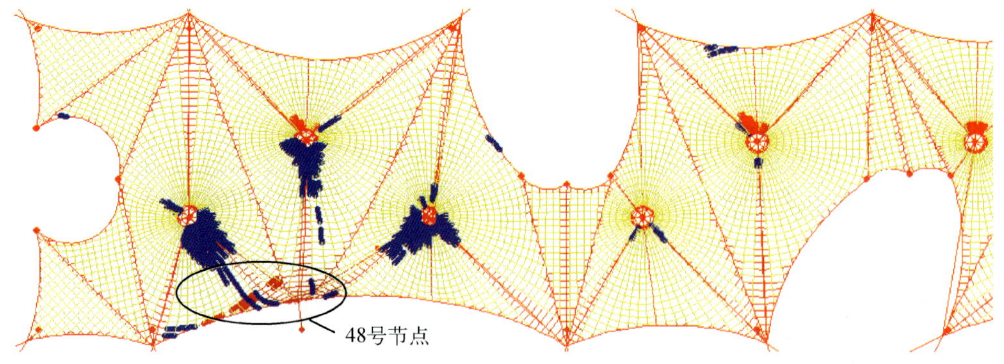

红色表示应力>45.7 kN/m的区域，蓝色表示应力<0.01 kN/m的区域

图 1－4－40　48 号节点处背索破坏后膜面应力

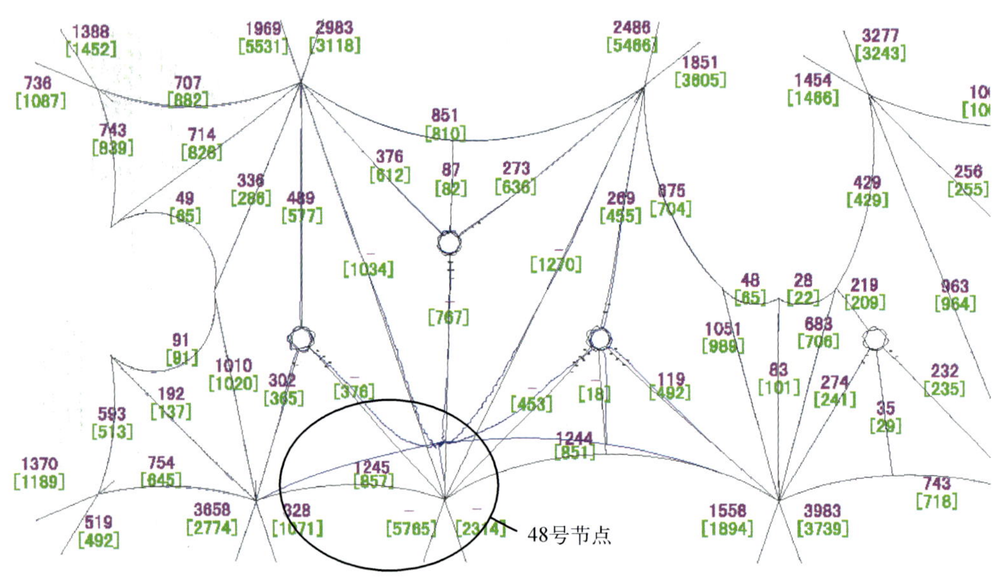

图中数值为索破坏后的索内力值，[　]内的数值为索破坏前的内力值，“－”表示该处索松弛

图 1－4－41　48 号节点处背索破坏后索内力分析

力有较大变化，其中边索内力由 857 kN 增加到 1 245 kN，但都未达到索的破断力；其他部分索都有松弛现象，内力大幅减小。索膜结构在上述两种情况下均未发生连续失效。临近失效区域的膜面发生松弛，相邻的部分膜面应力则会增大，但未超过膜材的极限强度；与破坏背索相连索的内力会增大，部分索内力会有较大幅度的增加，但由于索的设计保证有一定的安全度，使得破坏后索的内力未超过其破断强度。

5. 带阳光谷的膜结构整体分析

顶棚结构包括阳光谷钢结构和索膜结构，阳光谷为索膜结构提供 18 个支撑点，将两者结合在一起。理论上两者应放在一起分析，为简化计算，实际分析时考虑分开建立计算模型，将阳光谷模拟为索膜结构的弹簧支座。为验证阳光谷作为弹簧支座其刚度系数取值的正确性，分析时取一种荷载工况，将估算的支座刚度带入单独的索膜结构计算模型进行分析，与两者一起建模协同分析的计算结果进行比较。

图 1－4－42 和图 1－4－43 为初步设计阶段带入阳光谷的整体模型和阳光谷作为索膜结构的弹簧支座的单独模型在工况 3 下的膜面经、纬向应力计算结果的比较。两种情况下的膜面最大应力非常接近、应力分布趋势一致，可见弹簧支座刚度的取值是合理的，将两者分开分析的方法也是可行的。

4.4.4　索膜结构关键构件、节点设计

4.4.4.1　外桅杆设计

1. 外桅杆描述

外桅杆作为索膜结构的支撑体系，是结构体系中重要构件之一。其支座底大部分位于地下一层结构楼面上，

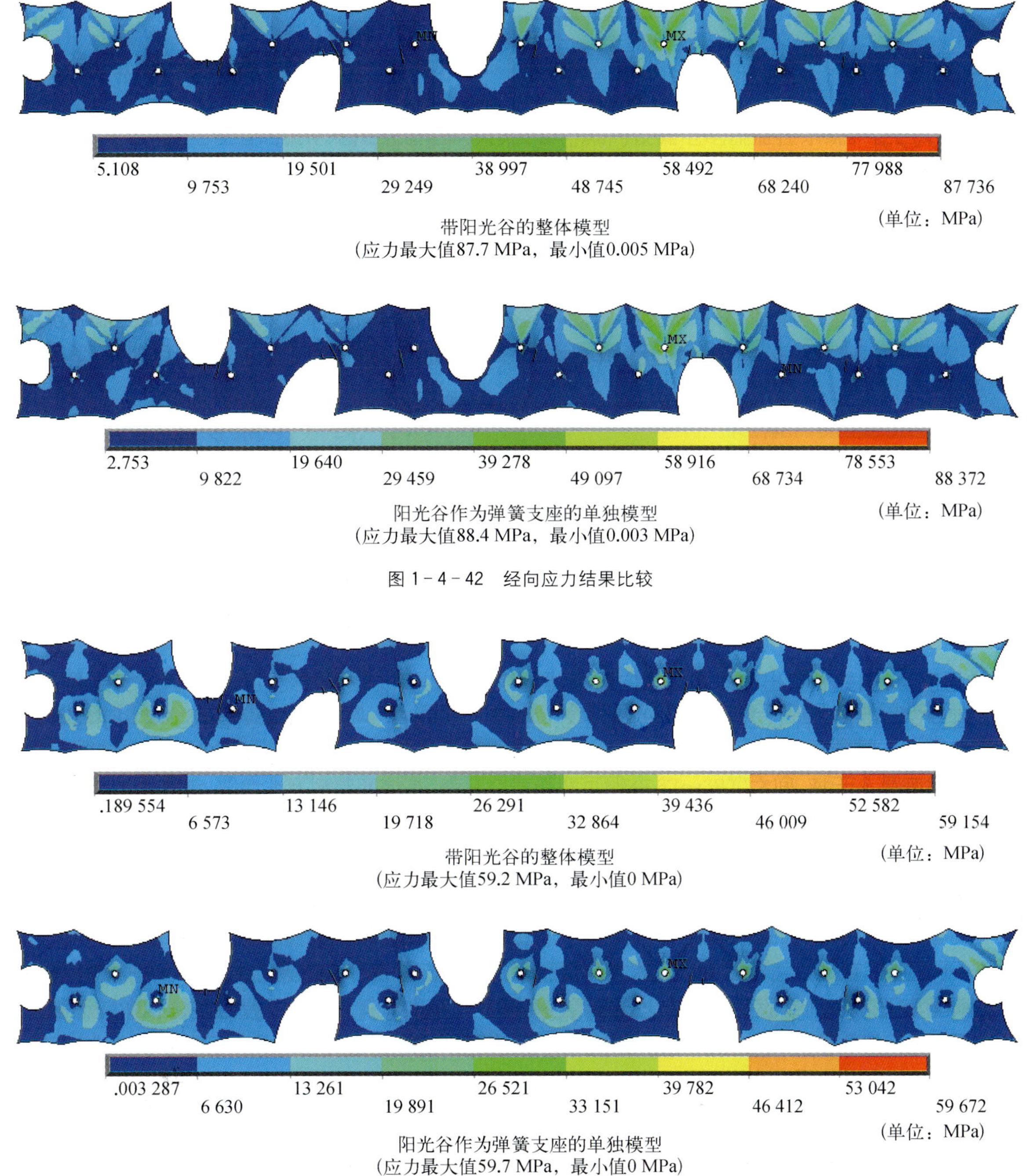

图 1-4-42　经向应力结果比较

图 1-4-43　纬向应力结果比较

绝对标高为−1 m，顶点绝对标高分三种：17 m、35 m、38 m。根据长度，外桅杆主要分为长桅杆与短桅杆两种，约17 m长的短桅杆主要布置于阳光谷附近，约38 m长的长桅杆主要布置于磁浮段，其余大部分为约35 m长的桅杆。图1-4-44为两种桅杆的结构示意图。

外桅杆柱顶及柱底都采用整体铸钢件。柱脚采用球形铰接节点，可提供一定转动角度，柱顶通过不同厚度耳板与各种拉索铰接连接，其受力主要受轴向力，因此根据其受力特点，设计方案采用了三根弧形钢管组成的梭形格构柱，钢管之间采用横向钢板连接。

2. 外桅杆试验

由于外桅杆采用的截面形式较为新颖，其计算分析目前还没有相应规范可以参考，为了获得合理的构件截面，进行了试验论证。短桅杆为足尺比例，长桅杆为1∶2的缩尺比例。图1-4-45为桅杆现场试验照片。

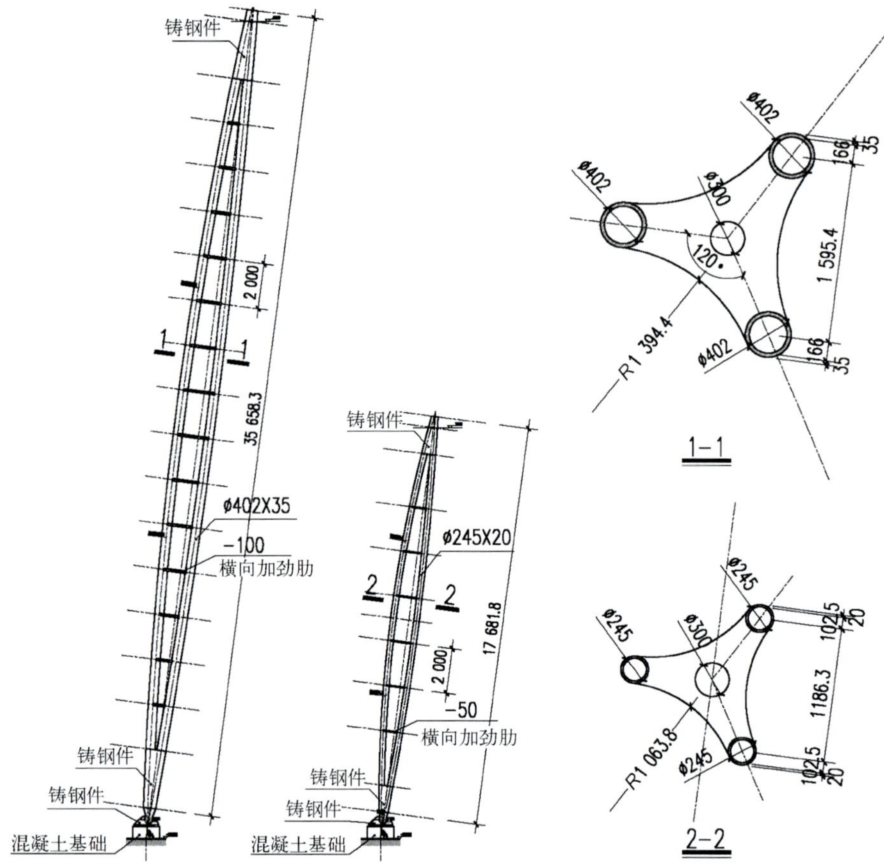

图 1-4-44　外桅杆结构

(a) 西侧面视角

(b) 东侧面视角

图 1-4-45　17 m 桅杆足尺试验破坏时的外观特征

综合理论计算和试验结果分析，目前外桅杆的尺寸和构造是满足结构安全和建筑美观的。

3. 外桅杆柱脚

在各工况作用下，外桅杆最大转角不足1°，而根据施工安装需要，外桅杆最大安装转角为7°。为了使外桅杆柱脚可以提供任意方向7°的转角能力，将支座设计为球形支座。球铰直径分别为350 mm(17 m和35 m桅杆)和400 mm(38 m桅杆)，球铰采用调制高强度铸钢G20Mn5。为实现理想球铰计算模型，球铰一端采用磨光处理，下部铸钢底座及上部铸钢盖与球铰接触面采用5 mm厚聚四氟乙烯纤维板同时加硅脂处理，减少摩擦力。外桅杆在各工况作用下主要承受压力，但为了满足抗震构造要求，支座被设计成能够承受约2 000 kN的上拉力抗拔支座，其构造尺寸如图1－4－46所示。

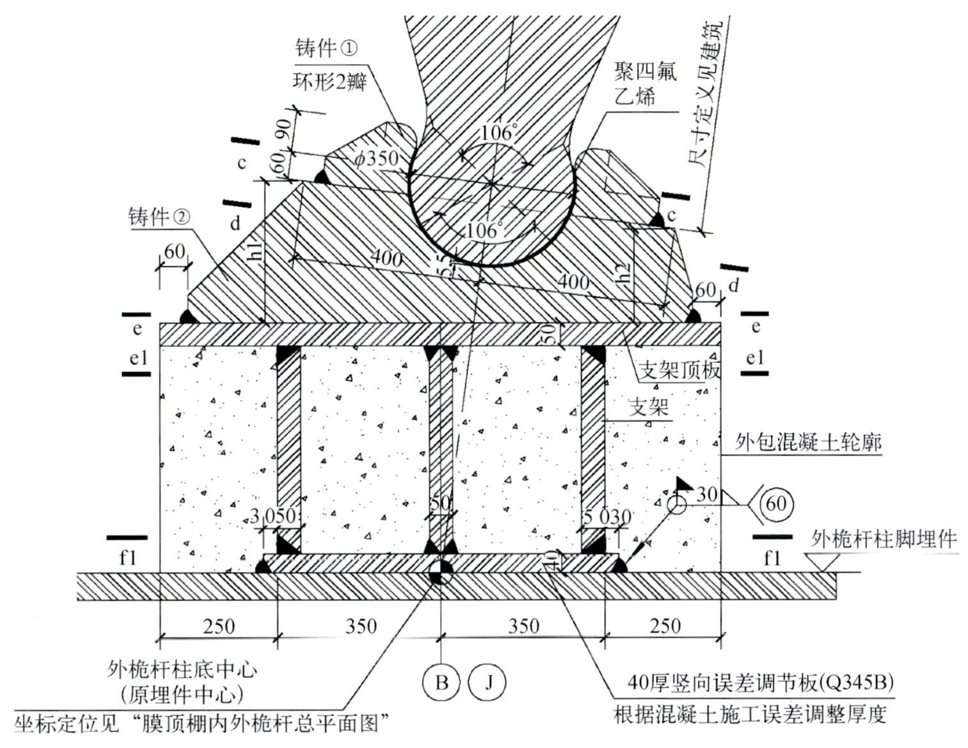

图1－4－46　外桅杆柱脚

4. 外桅杆柱头

外桅杆柱头连带耳板为一个整体铸钢件，材料采用正火处理普通铸钢G20Mn5。在最不利工况——“恒荷载＋预拉力＋90°风”工况的索力作用下，受力最大的第W13号外桅杆及耳板都未屈服，满足设计要求，如图1－4－47所示。计算模型中采用理想弹塑性材料，单元采用Solid45实体单元。

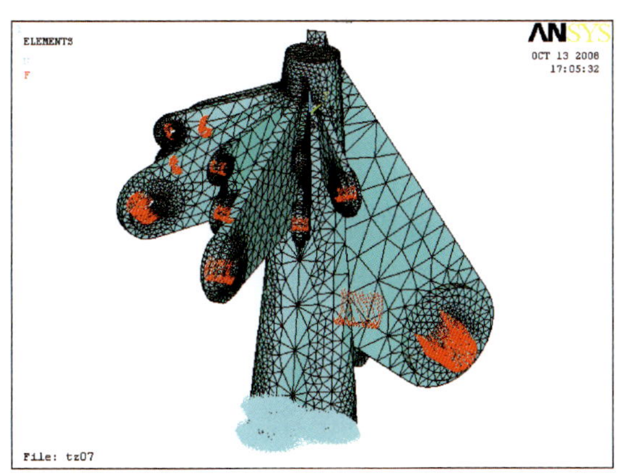

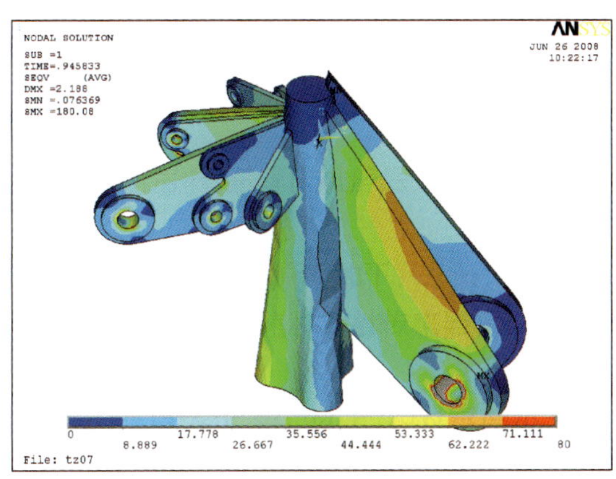

图1－4－47　外桅杆W13柱头计算模型及应力计算结果(恒荷载＋预拉力＋90°风)

4.4.4.2　内桅杆设计

1. 内桅杆描述

内桅杆作为索膜结构的支撑体系，是结构体系中重要构件之一。其支座底位于地上二层结构楼面上，绝对标高为 10.5 m，顶点绝对标高分四种：31.5 m、33.5 m、35 m、38 m，大部分为约 35 m 长的桅杆。内桅杆与外桅杆顶部由水平索连接，内桅杆顶部设斜吊索与谷索相连。

内桅杆为一个由圆钢管(压杆)、直径 5 m 的下拉环、撑杆(压杆)和内桅杆上下拉索组成的体系，图 1-4-48 为内桅杆的结构示意图。内桅杆的增设，主要控制了风荷载下膜的向下位移及膜下拉点处的水平位移。内桅杆柱顶及柱底球铰都采用整体铸钢件。内桅杆受力主要受轴向力及腰部各拉索不平衡力形成的剪力，属于典型的压弯构件。内桅杆为三角形膜面单元中间下拉点提供支承，既起到张紧膜面的作用，又是膜面雨水收集口。根据其受力特点及建筑功能，内桅杆被设计成圆钢管，下拉环以下局部采用部分圆钢管中间加十字加劲板过渡。

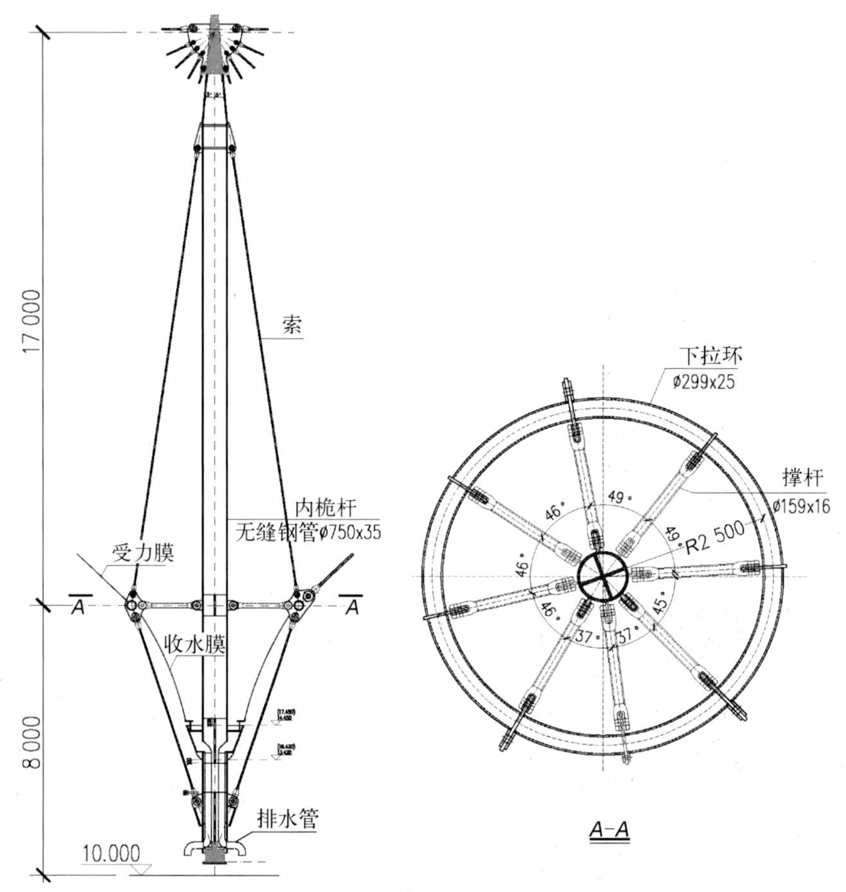

图 1-4-48　内桅杆

2. 内桅杆柱脚

在各工况作用下，外桅杆最大转角不足 1°，而根据施工安装需要，内桅杆最大安装转角为 10°。为了使内桅杆柱脚可以提供任意方向 10°的转角能力，将支座设计为球形支座。由于内桅杆柱脚在正常使用状态下承受拉力荷载，故将柱脚设计为上下两块铸件，如图 1-4-49 所示。球铰直径分别为 320 mm。球铰、下部铸钢底座及上部铸钢盖均采用正火处理普通铸钢 G20Mn5。为实现理想球铰计算模型，球铰一端采用镀铬处理，厚度 80 μm，上下两块铸件与球铰的接触面采用 2 mm 厚聚四氟乙烯纤维板处理，减少摩擦力。

在外荷载作用下，内桅杆支座反力既有压力也有拉力，同时还有剪力。由于受拉对于结构更不利，本文对球形铰支座进行了受拉承载力实体有限元分析。从应力计算结果发现，上铸件和球铰颈部接触处有少部分进入塑性(图 1-4-50 和图 1-4-51)，大部分区域都属于低应力区，因此，此构造能保证在设计荷载作用下内桅杆球铰能正常工作，满足设计要求。

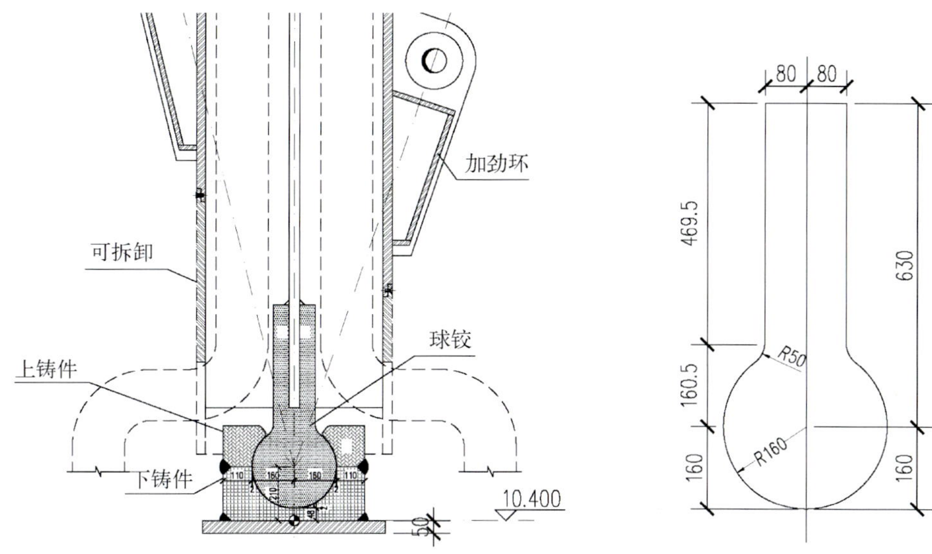

图 1-4-49　内桅杆球型柱脚

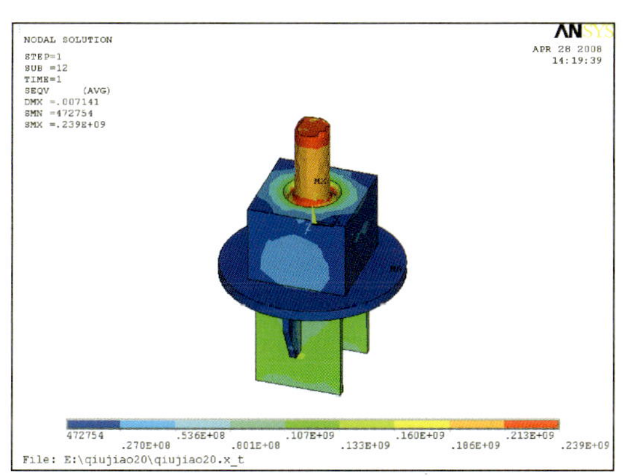
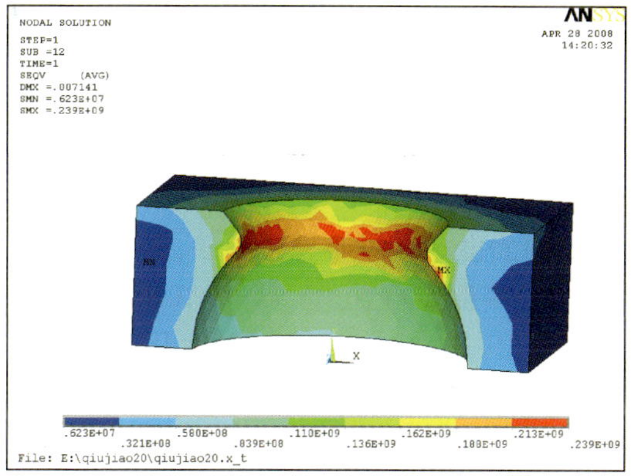

图 1-4-50　内桅杆球形柱脚应力计算结果一(红色部分进入塑性状态)

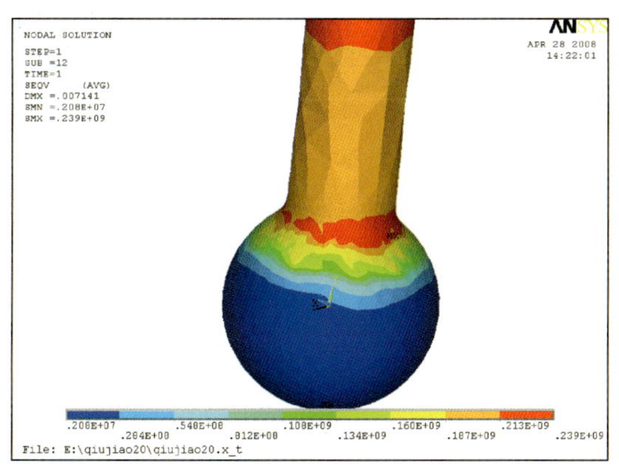
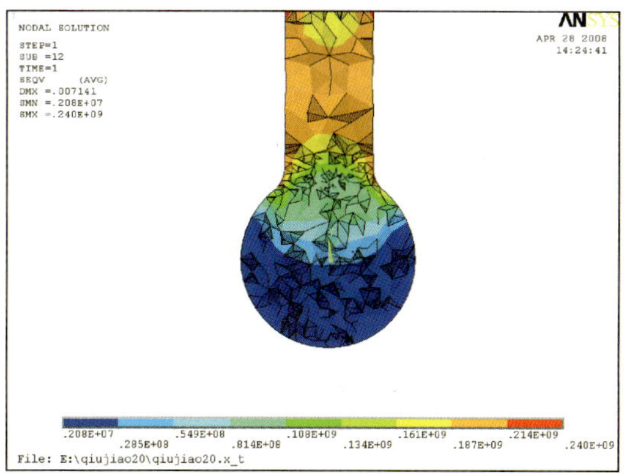

图 1-4-51　内桅杆球形柱脚应力计算结果二(红色部分进入塑性状态)

4.4.5　基础及膜节点设计

1. 作用于地墙外侧的背索支点

通过钢筋混凝土及钢骨混凝土支架将背索荷载传递至承台，承台通过水平厚板将水平荷载传递给混凝土底板，竖向荷载由抗拔桩和承压桩承担。图 1-4-52 为钢骨混凝土支架示意图。

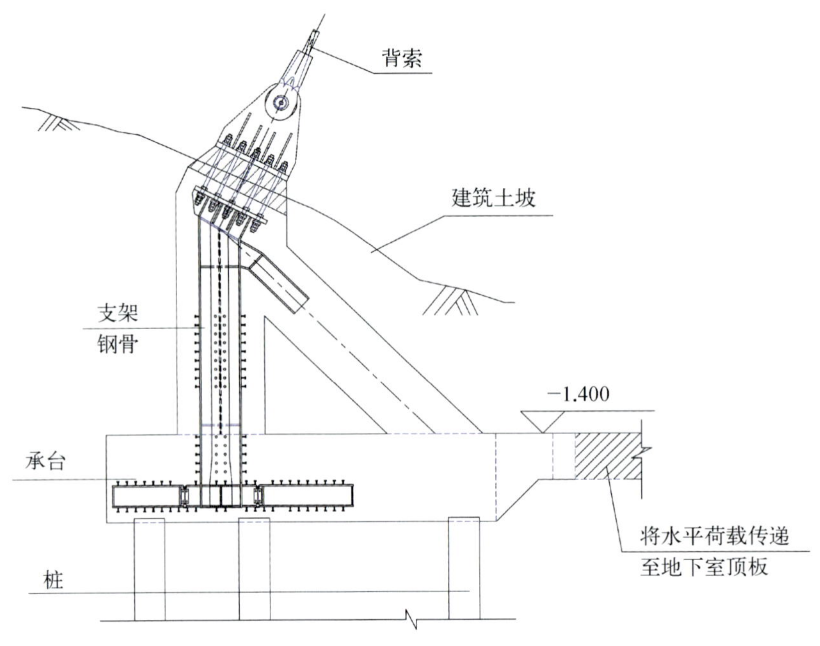

图 1－4－52　钢骨混凝土支架

2. 阳光谷上的索拉点

索膜顶棚通过钢板及销轴(合计 52 处拉点)与 6 个阳光谷结构相连接,阳光谷结构承受部分水平及竖向荷载。图 1－4－53 为索膜结构与阳光谷结构的拉点示意图。

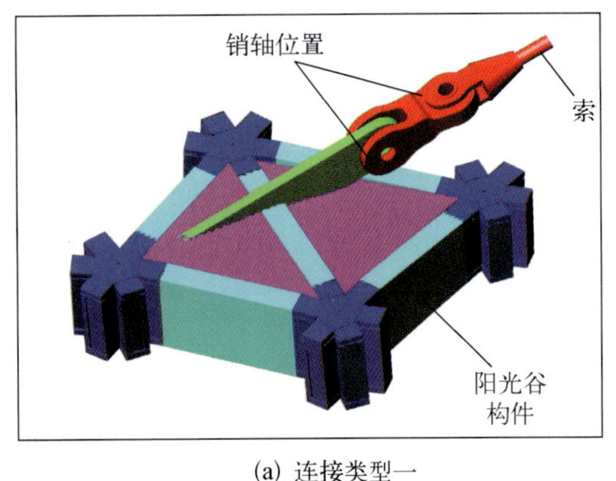

(a) 连接类型一

销轴位置
索

(b) 连接类型二

图 1－4－53　索与阳光谷连接

3. 膜结构节点

紧邻中间四个阳光谷等部位,膜面形状部分平坦,当发生特大暴雨时可能会有膜面积水的情况,通过膜面预加积水荷载后找出积水点,在相应位置增加雨水溢流口。图 1－4－54 为典型的膜结构节点图。

4. 结构试验

世博轴屋顶结构采用了全张拉式的索膜结构体系,结构尺度大、张拉点多,对于如此超大跨度、超大规模的张拉式索膜结构,国内外尚无先例。无论是整体理论计算、风荷载作用分析、结构设计,还是施工张拉次序和方法、最终形态控制等方面都需要进行研究和探索。为此,进行了风洞试验、索膜结构的 1∶40 模型试验、主要受力构件——外桅杆试验、膜材和焊缝及其连接的试验、建筑物的健康监测及实际结构的试验研究、单层和双层大片膜的荷载对比试验、膜材材性系数试验等结构试验和测试,从计算分析、设计构造、膜材性能、施工过程等方面进行了对比研究。

4.4.6　风洞试验

世博轴的索膜顶棚结构,风荷载是控制结构设计的主要荷载。为获得符合实际结构的风致效应,委托同济大

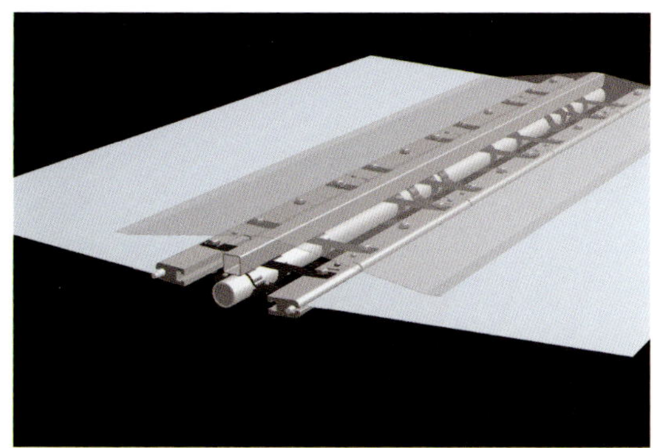

(a) 谷索与膜连接节点

(b) 边索、抗风索与膜连接节点

(c) 外桅杆与索膜连接节点

(d) 溢流口示意图

图 1-4-54　膜结构节点

学土木工程防灾国家重点实验室结构风效应研究室，对世博轴刚性模型进行了风洞试验(图 1-4-55)。测量了模型表面的平均压力和脉动压力，得到了膜结构物理模型的风压分布与时程；将风压施加在 ANSYS 模型上(同时施加预应力、恒载及活载)，进行时程分析，得到索、膜的内力时程。

图 1-4-55　风洞试验照片

1. 索膜结构 1∶40 模型试验

为了验证建筑形状设计的合理性，分析施工的可行性，以及分析整体结构的防连续倒塌的性能，委托同济大学进行了 1∶40 几何比例制作了缩尺模型，进行施工及破坏试验(图 1-4-56)。

(a) 整体模型

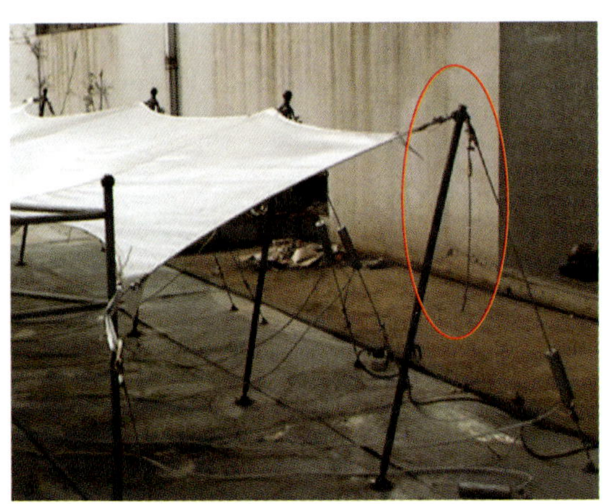

(b) 一根索破坏，桅杆不倒塌，内力重分布(端部桅杆处)

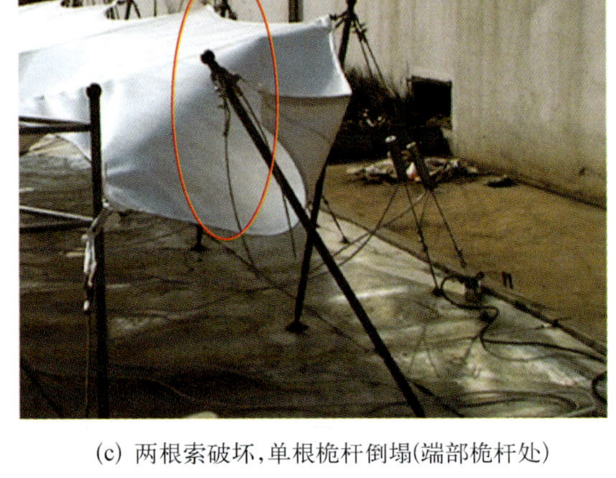

(c) 两根索破坏，单根桅杆倒塌(端部桅杆处)

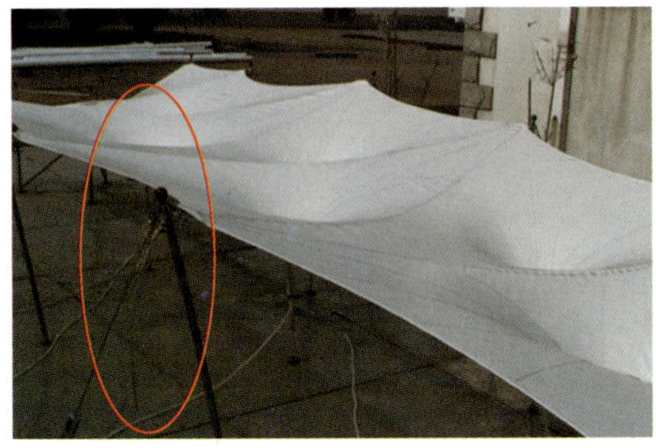

(d) 一根索破坏，桅杆不倒塌，内力重分布(边桅杆处)

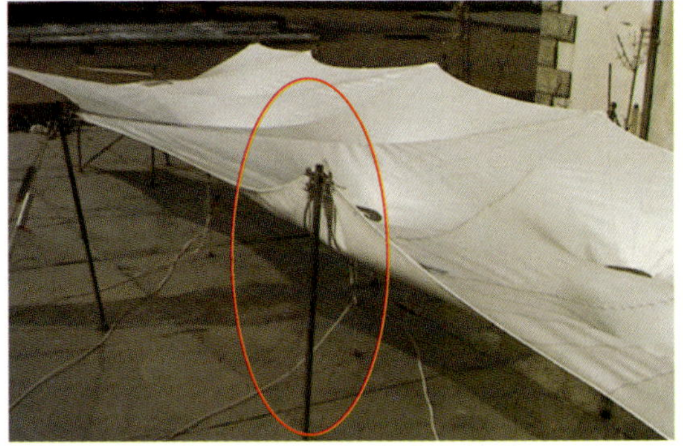

(e) 两根索破坏，单根桅杆倒塌(边桅杆处)

图 1－4－56　模型试验

试验结果表明：建筑形状小部分平坦，需在相应位置增加雨水溢流口；施工可行；本结构为超静定结构，局部背索破坏不会引起结构连续性倒塌，仅在破坏位置附近产生较明显的内力重分布，远处构件受影响较小。

2. 膜材及其焊缝和连接的试验

世博轴顶棚结构所采用膜的基材为玻璃纤维，涂层为聚四氟乙烯 PTFE，级别为 A 级。膜材的焊缝宽度为 75 mm。膜与索通过铝合金夹具板、U 形扣连接。由结构计算表明，在结构的下拉点区域需设置直径约 10～16 m 的双层膜以满足强度要求，双层膜的叠和方式需同时满足协同变形、共同受力的建筑和结构要求。为此，建设方委托同济建设工程质量检测站及新型结构研究室对膜材及其焊缝和连接进行了检测和试验(图 1－4－57)。检测结果表明：膜材的强度达到设计要求；夹具板开口后端必须有足够的刚度，避免膜边绳从开口处拉出；双层膜强度试验表明，双层膜极限强度为单层的 1.8 倍以上。

图 1－4－57　膜材单向拉伸试验

3. 健康监测、实际结构的试验研究

由于索膜结构是一种特殊的柔性结构，其材料属性有较大的变异性、设计条件和实际结构可能存在有较大的差异、索膜理论计算与实际可能会有一定偏差、风荷载及其效应的复杂性，并且，世博轴顶棚这种超大跨度、超大规模的张拉式索膜结构，国内外尚无先例。为此，委托同济大学新型结构研究室进行建筑物的健康监测、实际结构的试验研究。内容包括：拉索索力的测量和实时监控；局部膜面的预应力的测量；阳光谷钢结构应力的测量；桅杆顶端的几何变形的监测；索膜结构下拉点区域钢拉杆拉力的测量和实时监控；一片膜面的结构风效应即膜面风压、膜面风振的实时监测（图 1－4－58）；视频监控。

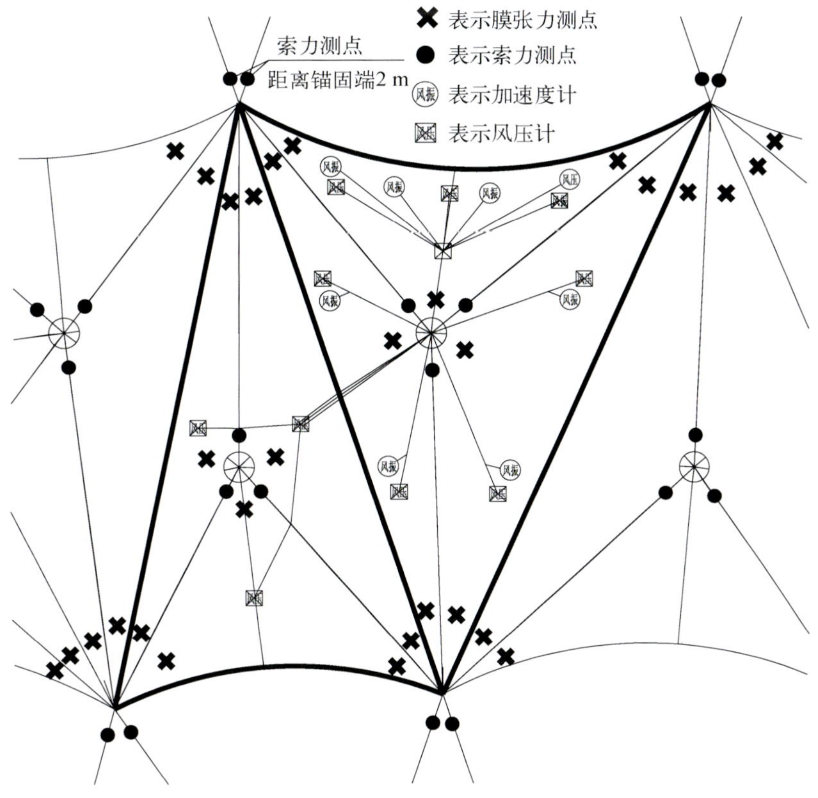

图 1－4－58　健康监测测点布置

通过索力、桅杆顶端的变形、钢拉杆拉力、风效应、视频等的实时测量和监控，了解并研究膜结构的受力、运动方式，对比设计计算结果，确保结构的安全。通过膜面预应力的测量，一旦结构出现严重的预应力松弛现象，即对结构进行二次张拉。同时结合顶棚结构的长期、常规检查和维护，避免膜面裂口的发展，通过目测将其检验出来并予以修补。

4.4.7　结论

世博轴索膜顶棚采用了连续张拉式结构体系，具有跨度大、位移大、几何非线性特征较强等特点。根据这些结构特点，研究了膜材安全系数的取值、风致效应、膜面位移控制的取值方法等问题，进行了膜面的应力分析、膜结构在极端风和小风下的位移分析、索膜结构局部倒塌分析、带阳光谷的膜结构整体分析及关键构件和节点的计算分析等工作。结构的控制荷载主要为风荷载，在极端风荷载作用下不仅结构的强度能满足设计要求，其产生的较大位移也不会影响建筑的使用功能；当桅杆局部发生倒塌时，不会发生膜结构的连续破坏；关键构件和节点的构造满足设计要求，重型构件的支座满足抗震要求。通过一系列结构试验和测试，论证了索膜结构的整体建筑形状、结构受力分析、风荷载作用方式、受力构件选取、膜材及其焊缝和连接方式等方面的设计是合理可靠安全的。

5 暖通工程设计

世博轴及地下综合体工程南北长约 1 000 m；东西宽 80～110 m；地下地上各二层(局部地下三层)。建筑膜顶标高约 12.5～33.5 m；基地面积 132 200 m²，总建筑面积 251 100 m²，是 2010 年上海世博会主要的入园通道，具备交通、集散、商业和旅游等功能。

世博轴建筑形态特殊，如图 1－5－1 所示，地下二层为顶部大面积开启的半敞开空间；地下一层和地上一层为四周通透，顶部和底部部分敞开的平台；地上二层为带膜顶且四周通透的平台；各层都有一些有围护结构的室内房间。大量的半敞开的室内空间使空调通风系统也比较特别。

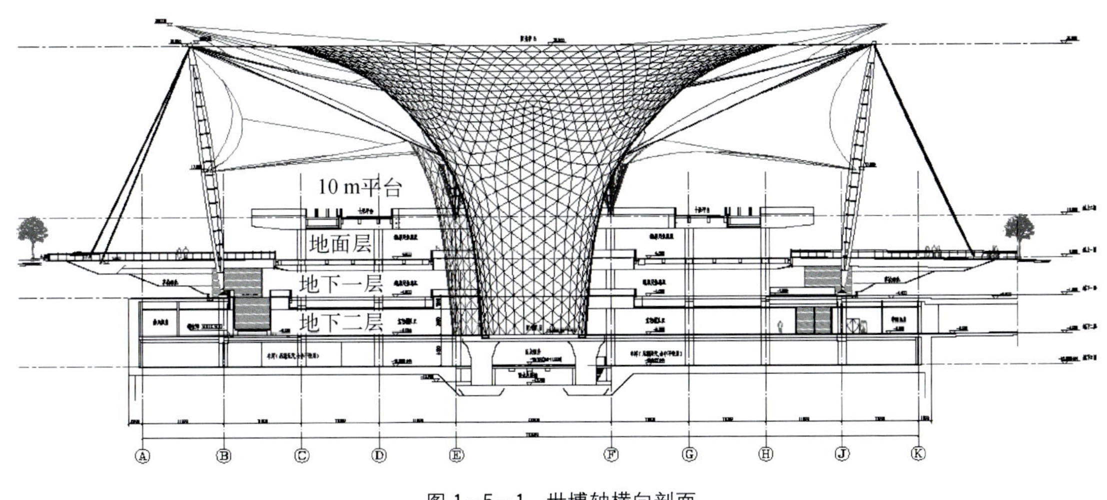

图 1－5－1　世博轴横向剖面

世博轴除了采用常规的定风量空调系统、风机盘管加新风系统、通风系统、消防防排烟系统外，还因地制宜地采用了很多创新的节能环保技术。譬如，依托紧邻江边、基地开阔等地域条件，采用江水源和地源热泵系统；利用阳光谷等建筑外形，进行春秋季自然通风降温；针对大量闲置的地下空间，实施地下蓄热体新风降温；应对膜下开放空间安检区需要，考虑高压喷雾降温等。

5.1　空调通风系统

5.1.1　空调负荷计算

世博轴在世博会会中是主要的入园通道，承担着十分重要的安检及交通功能；会后将二次改造，转为以商业为主的功能。空调负荷按照会中和会后的建筑平面及功能分别进行计算(表 1－5－1)。

会中地下二层安检区和会后地下二层交通通廊为半开放区域，由于内热负荷较大，为保证人员基本舒适度，设置空调降温系统。空调负荷先按照封闭空间计算(表 1－5－2)。由 5.1.3“地下二层半开放空间空调通风方式”分析可见，由于室外空气侵入的不可预见性，区域的温湿度会有很大变化，表 1－5－1 中的温湿度仅为计算值。

表1-5-1 世博会中和会后室内设计参数

	房间名称	夏季		冬季		人员密度 (m²/人)	新风量 [m³/(h·p)]	允许噪声 dB(A)
		温度 (℃)	相对湿度 (%)	温度 (℃)	相对湿度 (%)			
会中	餐饮	26	55	—	—	2	20	55
	商业	26	55	—	—	2	20	55
	服务设施	26	55	—	—	2	20	55
	办公	25	50	—	—	6	30	45
	地下二层安检区	27	65	—	—	3	20	60
会后	餐饮	26	55	20	40	2	20	55
	商业	26	55	18	40	2	20	55
	办公	25	50	20	30	6	30	45
	影院	25	60	18	40	1	20	40
	地下二层交通通廊	27	65	—	—	10	20	60

表1-5-2 世博会中会后分区负荷

		北区	中区	南区	总计
会中	空调冷负荷(kW)	6 936	4 994	6 029	17 959
	单位面积空调冷负荷(W/m²)	245	204	182	209
会后	夏季空调冷负荷(kW)	10 527	6 921	7 013	24 461
	冬季空调热负荷(kW)	6 977	4 284	5 174	16 435

5.1.2 一般空调通风系统

世博轴地下二层商业、餐饮等较大空间，采用低速全空气空调系统，合理设计气流组织，并结合新风设置排风系统。

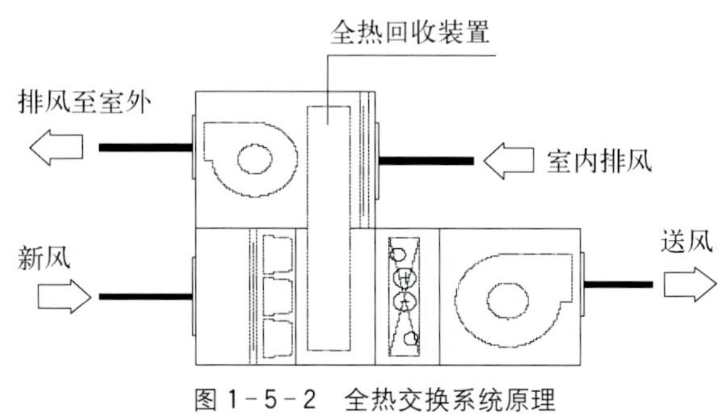

图1-5-2 全热交换系统原理

地下一层、地面层、10 m平台层的商业、餐饮等空调房间采用风机盘管加独立新风系统。除餐饮外，地下一层、地面层及10 m平台层的新风空调系统均采用全热回收技术，排风经与新风全热交换后排放(图1-5-2)。空调机组就近设置在本层或相邻层的空调机房内，以减小管道输送距离。弱电机房等有24小时空调要求的房间，设单元式空调机组。

变电间、高低压配电间、水泵房、柴油发电机房等设备用房，均设置机械通风系统，根据设备发热量或要求的换气次数计算通风量。柴油发电机房保持房间正压；各公共厕所按换气次数10次/h设排风机；各公共场所结合空调系统设机械排风系统；厨房设送排风系统，排风系统又分炉罩排风和厨房全室排风，炉罩排风设置静电型油雾净化器，使油烟气达到环保排放标准；送风系统夏季冷却到28℃，冬季加热至10℃，总送风量为排风量的90%，以保护房间负压。

空调和通风系统全面采用楼宇设备自动控制系统(BAS)。所有空调设备(一般房间的风机盘管、排气扇除外)均配以必要的自动控制，实现中央监控智能化管理。空调机组回水管上设电动调节阀，根据回风温度比例调节水量；风机盘管设带三速开关的壁式温控器及二通启闭阀控制室温。

地下二层封闭空间设置机械排烟系统。根据消防性能化分析及评审结果，地下二层入园通道和安检区等半敞开空间，如安检区域、入园通道北端区域等也设置机械排烟系统。机械排烟系统均由敞开区域自然补风。除北端外的入园通道和南端下沉式广场外，地下一层、地面层、10 m平台层上的室内封闭空间以及封闭楼梯间均采取自然排烟方式。

5.1.3 地下二层半开放空间空调通风方式

世博轴的地下二层空间通过阳光谷及楼板上的开口部与地下一层连通，而地下一层东、西两侧无外墙，直接连通室外，因此地下二层空间形态特殊，并非常规的封闭空间，是一种顶部部分敞开的半开放空间。

世博会期间世博轴地下二层承担着十分重要的安检及交通功能，将有大量人流从此进入世博园区，该区域虽然建筑负荷不大，但有大量的人员和灯光等室内冷负荷，尤其在安检等候区域人员还会长时间滞留。

半开放空间加上较大的室内负荷使得世博轴地下二层空调通风系统设计极具挑战性。

5.1.3.1 夏季空调降温

当室外气温较高时，室内较大的发热量和室外热风的侵入会使室内环境温度很高，导致人员不适，以至于中暑。前期研究发现，当室外气温较高时，室内温度会接近于室外温度，不能满足基本舒适度，需采取降温措施。

对于非常规的半封闭空间，无法运用常规的方法进行准确的空调负荷计算。而且由于室外空气侵入的不可预见性，该区域的温湿度其实不能保证。如何实现基本保证、投资恰当、尽量节能的设计理念，是一个非常规的难题。

为此，首先按照封闭空间计算负荷并设置空调降温系统；然后用CFD模拟的手段对地下二层室内温度场和速度场进行初步分析。其次，研究建筑上如何阻止阳光谷及其他开口部对半开放空间的导流作用；空调上如何调整适合半开放空间的降温措施，在满足基本舒适度的前提下，尽量减少能耗；最后用CFD模拟的手段进行验证。

1. 建立模型

数值模拟分析应用Rhino软件建立世博轴及地下综合体整体的CFD模型，并采用STAR-CD和Fluent模拟软件进行计算机流体力学分析，图1-5-3为整体模型。

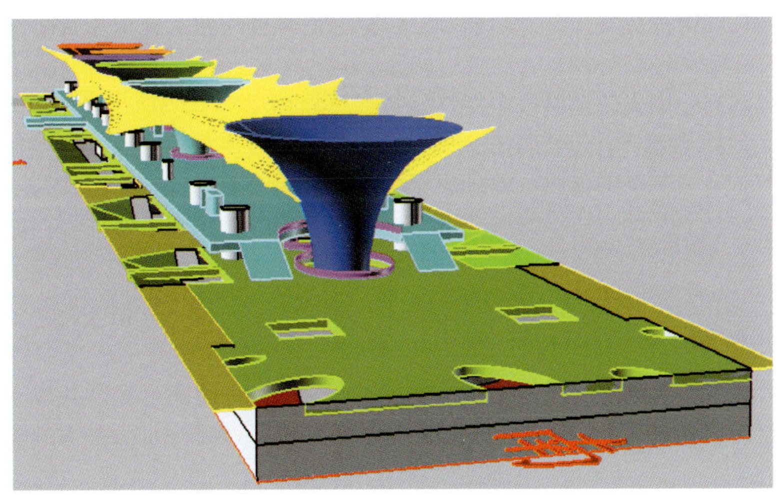

图1-5-3 整体模型

2. 边界条件

安检区人员密度按照实际人数输入，总人数为15 394人；通廊区按照3 m^2/人计；人员发热量按轻度劳动计算；照明负荷为15 W/m^2；风口布置按照平面图输入。

根据全年气象数据，统计典型气象气温与风速的概率，模拟室外边界条件取风速为4 m/s，温度为34℃，西南风向。

3. 初始CFD模拟结果及分析

图1-5-4为初始模拟分析结果，由图可知，室内大部分区域(约92%面积)温度高于30℃。在世博会期间该区域会有大量的人流进入，且会较长时间地滞留，为提高等候人员的基本热舒适性，有必要采取相应的措施进行优化。

4. 优化改进措施及CFD模拟及分析

根据CFD模拟的初步分析，影响空调温度场的主要原因是室外空气在阳光谷的引导下灌入地下二层，并且形成南北方向的穿堂风。因此，要有效地设法阻挡室外空气进入。结合工程的实际情况，在建筑设计上采取了一些优化改进措施，如：安检通道和楼梯旁增加玻璃隔板、安检通道增加临时门、南端增加树屏等。空调设计方面

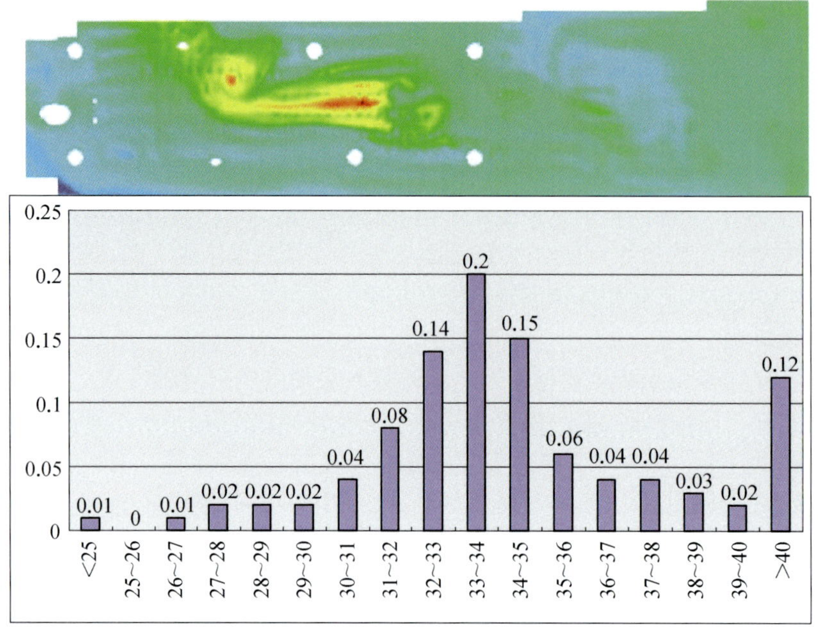

图 1-5-4　安检区离地 1.5 m 温度场

也采取了一些措施：加密排队区域的送风口、降低送风温度、增加送风立柱系统等。根据模拟分析结果，上述优化及改进措施对改善地下二层安检排队区的环境舒适度均起到了一定的作用。

按照表 1-5-3 所示的各种工况，图 1-5-5 和图 1-5-6 为工况 2 和工况 3 的温度分布规律图。根据工况 2 的模拟分析结果，在室外风速较大的情况下(4 m/s)，若仅采取加密排队区的风口及降低送风温度的措施，室内温度≤27℃的面积为 48%。而根据工况 3 的模拟分析结果，在室外风速较低的情况下(1 m/s)，室内温度≤27℃的面积达 84%，基本能满足起码的人体舒适性要求。可见室外灌入热气流是影响室内温度最主要的因素。

表 1-5-3　优化后的模拟工况

工 况	优 化 措 施	室外温度(℃)	室外风速(m/s)	备　注
1	建筑优化措施+空调增强措施	34	4	
2	建筑优化措施+空调增强措施+立柱侧送风系统	34	4	
3	建筑优化措施+空调增强措施	34	1	室外低风速工况
4	建筑优化措施+空调增强措施+立柱侧送风系统	34	3.1	标准设计工况
5	楼梯入口设玻璃房	34	4	
6	阳光谷下设排风口	34	4	

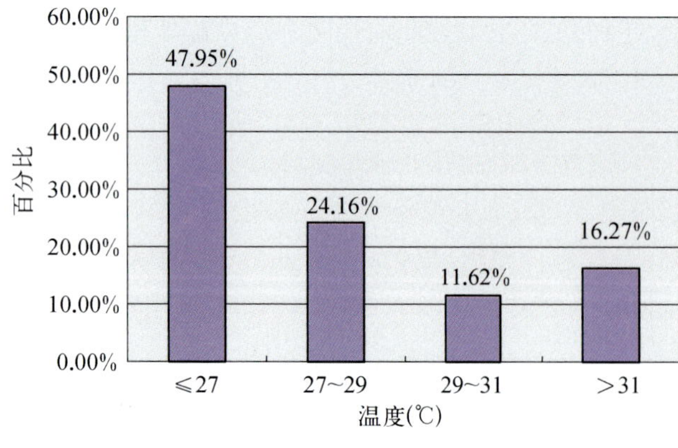

图 1-5-5　工况 2 温度分布规律

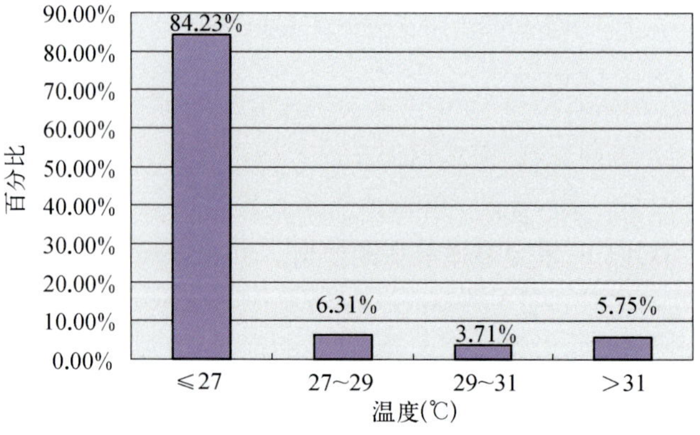

图 1-5-6　工况 3 温度分布规律

在安检排队区,通过空调优化措施(增加送风量、降低送风温度)和增加立柱送风系统等方式改善室内环境的舒适度,达到了一定的效果,但空调系统的总冷量有所增加。

综合了能耗及工程的具体情况,实际工程中采用了一些建筑措施,如:安检通道和楼梯旁增加玻璃隔板、安检通道增加临时门以及南端增加树屏等;也采取了一些空调措施,如:排队区域加密送风口、降低送风温度,即按照表1-5-3的工况1,模拟效果如图1-5-7及图1-5-8所示。可见室内温度≤29℃的基本舒适区面积达到总面积的48%。

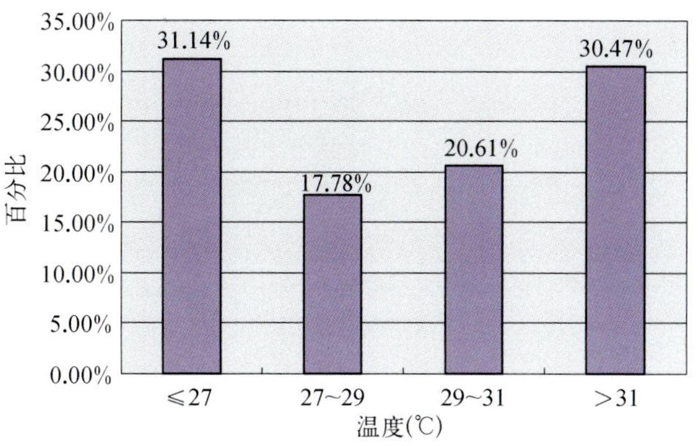

图1-5-7 工况1温度分布规律

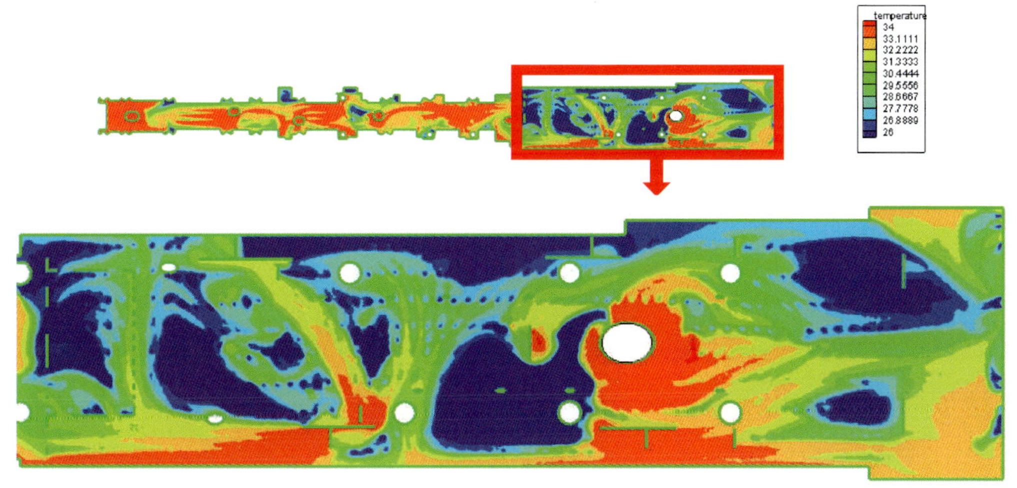

图1-5-8 地下二层工况1室内温度场

5.1.3.2 春秋季自然通风

世博轴特殊的建筑外形有利于将室外的新鲜空气引入地下二层,春秋季节能利用六只阳光谷及顶部的各种开口部进行自然通风,既可以带走室内的热量,有效地节约通风空调能耗,又能提高室内空气品质。

与夏季分析类似,利用计算机模拟的方法,可以分析不同室外条件下地下二层的温度分布情况;对自然通风有效时间进行统计,计算自然通风所替代的全新风空调工况和人工冷源空调工况的能耗,即自然通风节能分析。

由于在非空调环境中,人们可接受的气流速度远高于稳态空调环境;可接受的环境温度也高于稳态空调环境,世博轴地下二层人员有一定的活动量,故室内控制温度取28℃。

室内通风的效果取决于室外风速、风温、风向等多种因素,还和建筑物的形态、敞开面积及位置等有着直接的关系。在定义分析工况前期,根据上海市全年温度及风速、风向的资料统计,结合室内的内热源情况等,进行预分析。对各种设定的室外温度和风速条件进行多次模拟,得出了5组满足室内大部分区域温度不大于28℃的室外温度和风速,即室外气象条件工况。由这5组工况,可以绘制出依靠自然通风能使地下二层大部分区域室内温度低于28℃的室外气象条件曲线(图1-5-9)。在图中阴影区域的气候条件下,利用自然通风室内温度都可以达到28℃以下,满足基本舒适的要求。

本项目设计中,地下二层设置了送风降温机组及新风机组,总设计风量为664 765 m^3/h。根据设计风量和室内显热负荷,可计算出通风温差为8.6℃。故当室外温度低于或等于19.4℃时,全新风空调可以带走室内余热,使室内温度不大于28℃,此时自然通风可以节省全新风空调工况的风机能耗。当室外温度大于等于20℃时,全新风空调工况不能使地下二层室内达到舒适性要求,需要采取人工冷源空调方式来满足室内温度要求,此时自然通风可以节省人工冷源空调工况能耗(风机能耗加空调制冷能耗)。

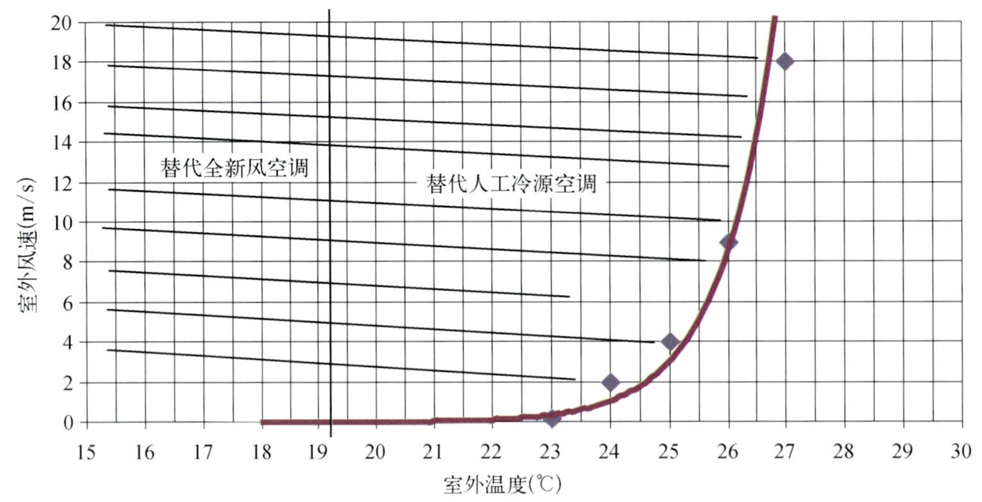

图 1-5-9　自然通风室外气象条件曲线

根据上海地区全年气象数据以及自然通风室外气象条件曲线，进行自然通风有效时间统计（即上图中阴影部分区域对应的温度和风速的小时数）。统计时间为世博会期间，5 月 1 日～10 月 31 日；工作时间为 8:00～21:00，每天 13 小时；统计最低温度为 12℃，最高温度为 27℃；风速为整数，最低要求风速保守地取为 1 m/s；温度按照整数区间统计（1℃范围），计算时取上限值。

根据上述统计及计算，世博轴地下二层利用特殊建筑形态采用自然通风，全年通过自然通风能满足室内温度要求的小时数共 1 543 h，节能 523 714 kW · h，折合二氧化碳减排量为 523. 714 t。

5.1.4　地下蓄热体新风降温系统

地下蓄热体新风降温技术是利用地下空间周围的低温土壤间接冷却室外新风后送至建筑物内的一项专门的节能技术。它具有如下特点：

(1) 地层体积庞大，具有很大的吸热、放热和蓄热能力，而且土壤中的低位热能是一种可再生的能源。

(2) 地下蓄热体新风降温技术系统简单、造价低廉。

世博轴大底板下的土壤可再生能源资源可以分为地下二层、地下浅三层和地下深三层三个区域。其中，地下二层和地下浅三层区域地下灌注桩内均设有地源热泵系统的埋管换热器，浅层地下土壤内的可再生能源资源已被利用。地下深三层区域地下灌注桩内未设地源热泵埋管换热器，可以利用该区域土壤中自然积蓄的“冷量”作为天然冷源对空气作降温处理。深三层层高 9. 1 m，长和宽分别为 110 m 和 99 m，整个深三层区域的体积约为 99 000 m^3，可利用换热面积（与土壤接触的面积）约为 13 790 m^2。

为了判断本工程地下蓄热体新风降温技术的可行性，并且确定能效比最高的地下蓄热体新风降温方式，工程采用数值模拟的方法对地下深三层区域采用地下蓄热体新风的温降及冷却能力进行计算和分析，并对地下深三层区域各种类型的地下蓄热体新风降温方式进行能效对比分析。

根据数据分析可得，世博轴地下深三层区域可以采用地下蓄热体新风降温技术，新风冷却能力随风量变化。虽然风量越大，得到的冷量也越多，但是全新风降温系统情况下，当送风量在 100 000 m^3/h 和 80 000 m^3/h 时，单位功率的产冷量均低于常规电制冷加全新风系统。送风量只有在 60 000 m^3/h 及以下时，效率才高于常规电制冷加全新风系统。而在部分新风降温系统中，处理新风量无论多大，单位功率的产冷量均高于常规电制冷下的定风量系统新风部分的总能效比。在实际运行中，利用地下蓄热体处理新风时仅有显热部分。而电制冷系统在降低新风温度的同时也降低了新风的含湿量，即系统提供的冷量包含了显热和潜热。

基于以上的计算和分析，世博轴地下蓄热体新风降温的利用方式采用部分新风的方式。根据工程的实际需要，利用地下蓄热体降温的新风总风量约为 65 000 m^2/h，系统方式如图 1-5-10 所示。

按世博期间制冷期 150 天，每天运行时间 12 h 计算，采用地下蓄热体部分新风降温系统比电制冷中效率最高的离心式冷水机组方式节电：

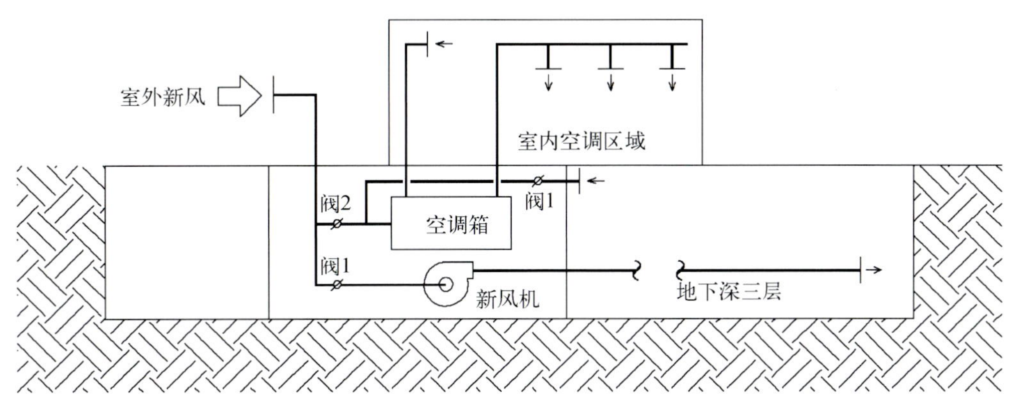

图 1-5-10 地下蓄热体部分新风降温系统

$$52.41\times(1/4.75-1/6.275)\times150\times12=4\,826(\mathrm{kW\cdot h})$$

折合减少二氧化碳排放量：4 826 kg。

地下蓄热体常年温度较为稳定，所含能量巨大，是一种可再生的绿色能源。利用地下蓄热体对空调新风进行冷却处理是一种造价低廉的节能措施，世博轴更是利用了现有的构筑物进行新风冷却处理，节省了新建地道的费用，尤为经济。

5.2 高压喷雾降温系统

世博轴及地下综合体的地上二层 10.0 m 标高平台是一个带索膜顶棚的敞开空间，顶棚材料为 PTFE——A 级膜。由于平台是入园主要通道，尤其在安检排队的等候区域，大量入园人员会长时间滞留。世博会期间(5～10 月)将渡过盛夏高温季节，平台上环境温度很高，盛夏空气温度可能在 37～38℃之间，对于人员密集的安检区极有可能造成人员中暑，必须考虑采取适当措施改善人员的热舒适性。

室外降温措施主要有遮阳、绿化、自然通风、水体喷雾降温等。在膜顶有效遮阳前提下，设计考虑在地上二层 10.0 m 标高平台安检区域约 22 000 m^{2}的范围内设置高压喷雾降温系统。

国内对有人员活动的广场高压喷雾降温系统研究甚少，已有的若干喷雾厂商也仅有工业喷雾和景观喷雾的经验。与景观喷雾不同，人员密集的广场高压喷雾降温系统要求对人员的头发、化妆、服装和地面不被濡湿；对人员餐饮和呼吸健康不影响。为了保证世博期间高压喷雾降温系统安全、有效，工程专门对高压喷雾降温系统的喷雾气象条件、上海世博期间气象及水质情况进行了研究，特别是在世博轴 10.0 m 标高平台上，进行了高压喷雾降温技术验证性实地试验。通过试验优化世博轴喷雾降温系统设计，以达到最佳的喷雾降温效果。

5.2.1 喷雾气象条件

高压喷雾降温系统利用水雾蒸发吸收热量的原理达到降温效果，其关键技术是要制造出超细微水雾粒子，使喷雾区域人员的头发、衣服、化妆以及周围地面不被濡湿。根据技术原理分析，温度越高，相对湿度越低，喷雾的降温潜力就越大。日本学者对于室外降温技术进行了大量的研究和实验，提出：在温度>30℃，相对湿度<70% 的条件下(以下简称为喷雾气象条件)，喷雾降温效果明显，通常可以达到 2～3℃以上的降温效果。

5.2.2 上海世博会期间气象分析

上海世博会开放时间为 5 月 1 日至 10 月 31 日，总计 184 天，按每天 8:00～18:00 计算，共计 2 024 h。采用上海地区典型气象年和气温极高年气象参数进行分析。由于室外气温在 30℃以下，一般不需要喷雾降温。人们关心的是室外气温大于 30℃时喷雾降温的有效性。图 1-5-11 所示直方图为温度大于 30℃的时刻总数。当温度大于 30℃时，环境炎热，需要对室外环境采取降温措施。在这些时刻里，图 1-5-11(a)的数据统计显示，有 66%的比例是相对湿度小于 70%，用散点折线表示。图 1-5-11(b)为气温极高年的数据统计，共计有 531 h

温度大于 30℃，其中低于 70%的小时数为 426 h，占温度大于 30℃时刻百分比为 80.2%。两组数据说明，在高于 30℃需要降温的情况下，有 66%～80.2%的时间都可以有效地使用喷雾降温技术。总体评价世博轴 10 m 平台适宜采用喷雾降温系统。

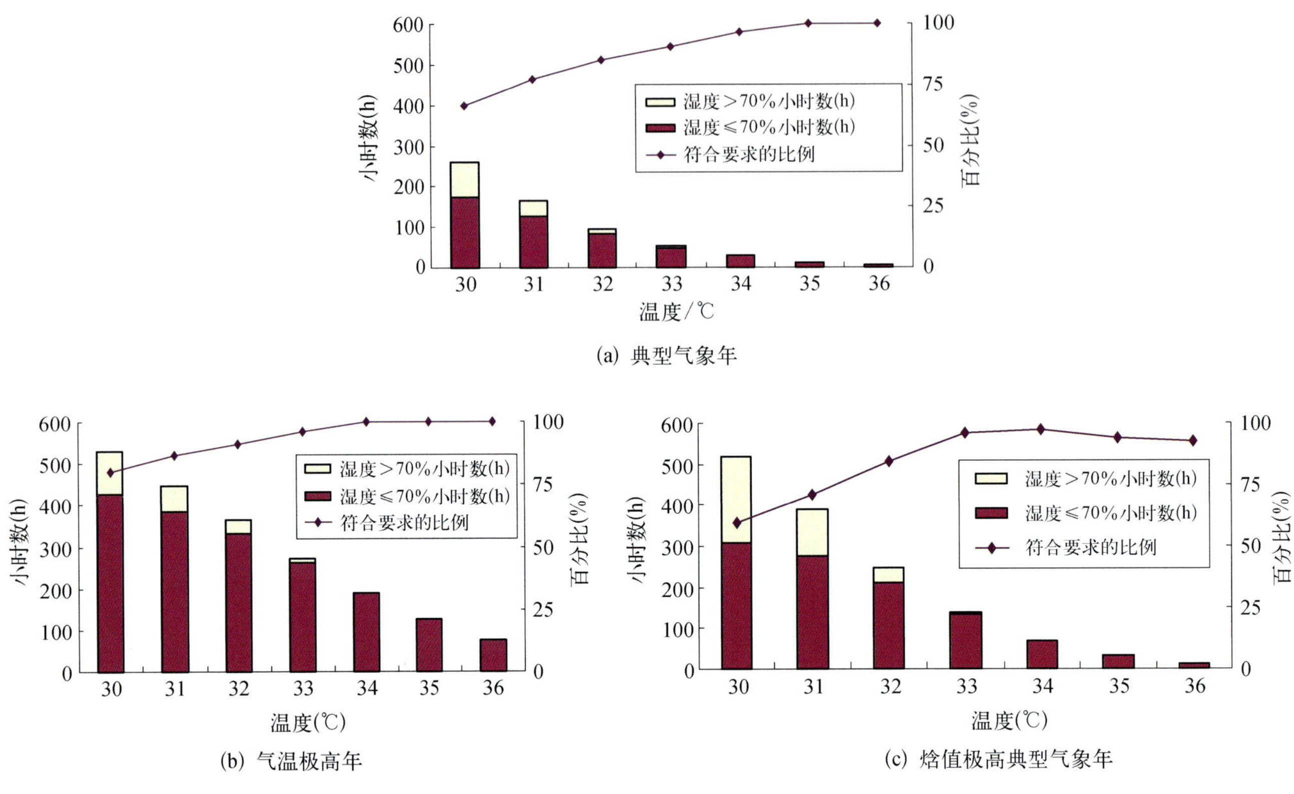

图 1-5-11　各气象参数在世博期间的时间数及时间频率

5.2.3　试验项目与结论

针对世博轴高压喷雾降温系统设计存在的问题，进行了一系列试验研究，见表 1-5-4。

表 1-5-4　试验研究项目与结论汇总

存在问题	试验研究项目	研究结论	设计优化
喷雾压力	(1) 喷雾压力对喷雾量的影响 (2) 喷雾压力对濡湿感的影响 (3) 喷雾压力对降温效果的影响	(1) 单支喷嘴的喷雾量随着压力增加而升高，在额定工作压力 5～6 MPa 时，单支喷嘴喷雾量约 25～30 mL/min，和设计值 50 mL/min 有一定差距 (2) 当喷雾压力小于等于 3 MPa 时，可以感觉到濡湿，当压力为 5 MPa、7 MPa 时基本无濡湿现象 (3) 喷雾区的降温值随着喷雾压力的增加而增加，为达到一定的喷雾量和降温值，避免濡湿现象，维持 6 MPa 以上的工作压力是需要的	(1) 喷雾工作压力采用 6 MPa (2) 调整喷嘴型号，满足设计值 50 mL/min
喷头布置	(1) 喷头数量对喷雾降温效果影响 (2) 喷头高度对喷雾降温效果影响 (3) 喷雾柱间距对喷雾降温效果影响	(1) 喷雾区温降随喷头数增加而增大，由于测试现场环境风速、风向影响较大，温降存在波动 (2) 喷头安装高度为 1.7 m 的喷头降温效果好于 2.0 m，但对整体降温效果影响不大 (3) 喷雾区温降随着喷雾柱间距增大而减小，立柱距离增加，弱化了叠加效果，从而使得温降减小 (4) 在不发生濡湿的前提下，增加喷雾密度有利于提高降温效果。现有设计单组雾化立柱的有效降温面积约为 30～50 m^2，有效覆盖面积为 50%，单组雾化立柱的总喷雾量约 840 mL/min；折合单位面积喷雾量 16.8 mL/(min · m^2)	(1) 应景观设计要求采用单杆喷雾立柱，立柱最小间距 11 m×11 m (2) 单杆立柱喷头数 36 个 (3) 最低喷头安装高度 1.7 m

（续表）

存在问题	试验研究项目	研究结论	设计优化
舒适性	(1) 世博轴膜顶遮阳效果实测与分析 (2) 喷雾降温对人体感受效果影响 (3) 喷雾距离对降温值的影响	(1) 世博轴膜的遮挡阳光作用明显，具有较好的遮挡太阳光直射能力，对太阳能散射影响较小 (2) 喷雾区的黑球温度变化随着喷雾的开启而变化，黑球温度下降值最大为 4.6℃左右。高温下喷雾系统适宜在有遮阳的室外场合下运用 (3) 在无遮阳的日射作用下，黑球温度高达 40℃以上，极端时刻甚至接近 50℃。如此高温下喷雾系统降温 1～2℃是无足轻重的，所以一般不推荐在无遮阳场合运用喷雾降温系统 (4) 雾化区温度的下降值随着与喷雾柱距离的增加而降低，测点湿度也是随着距离的增加而降低	仅在有膜顶遮阳的安检区采用喷雾降温系统
水质与能耗	(1) 喷头堵塞分析及水质标准 (2) 系统耐久性试验 (3) 系统运行能耗分析	(1) 由于试验需要经常拆装，雾化喷头容易堵塞 (2) 系统连续运行 500 h 以上无故障，具有良好的可靠性。直接采用上水喷雾，喷头无堵塞现象，表明上海水质不会使喷头堵塞 (3) 高压喷雾降温系统具有很高的吸热系数，是一种节能的室外降温措施，特别适用于高温低湿地区 (4) 单组喷头数量 24、28、36 个的吸热系数 COP 分别为 48、56、73	(1) 考虑到雾化水会被人体吸入及上海自来水尚不可饮用，喷雾水仍经过净化处理，达到饮用标准 (2) 设计考虑备用部分喷头

5.2.4 喷雾降温系统设计

本工程在 10.0 m 平台安检区域约 22 000 m^2的范围内（直行排队区及蛇行排队区）设置了喷雾降温系统。根据平面布置及系统流量计算分为三个系统，设置了 73 个喷雾立柱，每个喷雾立柱上设 34 个喷头，共 2 482 个喷头。选用 4 台高压柱塞泵，3 用 1 备，流量 2～2.6 m^3/h，扬程 6～7 MPa。喷嘴工作压力为 5～6 MPa，流量为 50 cm^3/min，喷雾雾径达到 16 μm，以满足不湿润地面和头发，达到即时蒸发的干喷雾效果。管道及配件为不锈钢材质，承压 10 MPa。喷雾降温系统的水质应满足水泵、喷头和对人体的卫生要求，经处理后接入本系统，喷雾系统原理见图 1－5－12。

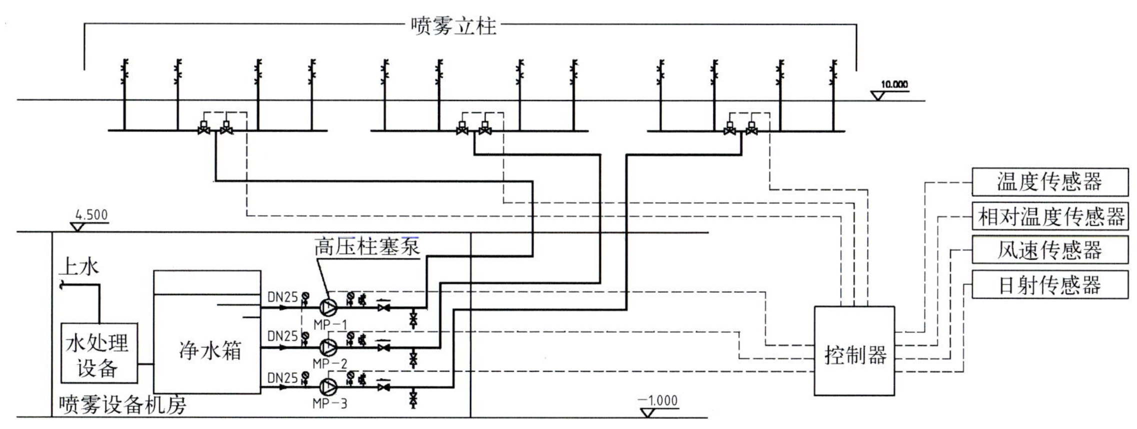

图 1－5－12 喷雾系统原理

三个喷雾降温系统的水泵及水处理装置设置在地下一层的喷雾机房内，总管出机房后穿越 4.5 m 楼板，水平干管设于一层平顶内，经 10.0 m 标高楼板预留洞接至各喷雾立柱。

另外，从有效喷雾、避免濡湿和节水考虑，系统配置了必要的自动控制，控制原理如下：

(1) 喷雾降温系统应配置一套自动控制系统，设置室外温度、相对湿度、风速和日射传感器，可根据室外温湿度、风速、晴雨等状况，控制启停水泵。

(2) 根据对上海典型气象年的数据分析，世博会 5～10 月期间，气温大于 30℃以上、相对湿度小于 70%的情况进行喷雾降温。

(3) 每一系统设置若干相对独立支路，每一支路均设有电动阀门，可控制支路是否喷雾，电动阀门的性能应满足系统的压力压差要求。

(4) 高压柱塞泵要求实现恒压变流量控制。

(5) 高压喷雾降温系统的工作状态受 BA 系统监视，故障时报警。

5.3　冷热源系统

世博轴邻江而建、基地开阔，空调冷热源有条件采用江水源热泵系统(部分为冷水机组)加地源热泵系统，充分体现了绿色环保的世博理念。

5.3.1　江水源热泵系统

5.3.1.1　直接式江水源热泵系统关键技术

水源热泵系统是向地表水或地下水等自然水体中排放或从它们中提取热量用于空调供冷或供热系统。

根据江水进入热泵机组的方式，水源侧水系统可分为直接式系统和间接式系统。直接式系统无换热温度损失，能效比高，相比间接式系统有较大的优势。但大型电动热泵(冷水)机组需要解决腐蚀、过滤和清洗等问题。为此在分析黄浦江水的水质参数的基础上进行了江水源热泵系统综合试验，本工程在解决了下列关键技术问题后采用直接式江水源热泵系统。

(1) 大型电动热泵机组江水侧换热管有铜管、铜镍合金管和钛合金管。三种管材耐腐蚀性递增，但机组效率递减。黄浦江水水质分析和综合试验结果表明，铜镍合金管基本能满足机组耐腐蚀的要求，但是机组效率比普通铜管低 5%～10%。

(2) 虽然取水口的水质在大部分时段内能满足系统要求，但悬浮物和浊度指标较难保证。因此系统采取了以下措施：在进水管路上设除污格网井，过滤大块垃圾；在江水泵的出水管上设置自动反冲洗过滤器。

(3) 为防止换热管内结垢，需要在热泵机组和单冷型冷水机组的江水侧换热器上设置胶球或刷子清洁系统，对换热管进行定期清洗。

(4) 系统还设置全自动控制在线检测加药装置，在系统停运时，对机房内江水侧水路系统进行闭式循环处理，污水由下水道排出。

5.3.1.2　系统设计

江水源热泵机房设在建筑物近江的最北端(西侧)，以减小江水输送距离。根据冬夏季负荷情况及地源热泵所能提供的冷热量，合理配置江水源冷水机组和热泵机组。按照世博会中及世博会后计算负荷的较大值，减去地源热泵系统所能提供的冷量及热量进行选型。供冷量不足部分另外配置能效比更高的单冷型离心式冷水机组承担(表 1-5-5)。江水侧进出水温度额定工况：夏季为 30/35℃，冬季最不利工况为 7/4℃，为防止江水低温冻结，要求热泵机组设置江水出水低温限制控制(不低于 4℃)。

表 1-5-5　江水源热泵机房主要设备技术性能

序号	名　　称	主要规格与参数	台数	备　注
1	江水源螺杆式热泵机组	制冷量 1 200 kW，输入功率 286 kW 制热量 1 100 kW，输入功率 314 kW	5	
2	江水源离心式冷水机组	制冷量 3 800 kW，输入功率 705 kW	3	
3	热泵机组一次水泵	流量 256 m^3/h，扬程 26 m，输入功率 30 kW	6	5 用 1 备
4	冷水机组一次水泵	流量 599 m^3/h，扬程 24 m，输入功率 55 kW	4	3 用 1 备
5	北区空调二次水泵	流量 665 m^3/h，扬程 38 m，输入功率 90 kW	3	2 用 1 备，变频
6	中区空调二次水泵	流量 372 m^3/h，扬程 41 m，输入功率 75 kW	3	2 用 1 备，变频
7	南区空调二次水泵	流量 308 m^3/h，扬程 43 m，输入功率 55 kW	3	2 用 1 备，变频

江水源空调水系统设计为二管制，分北区、中区、南区三套二级泵变流量水系统。根据用户侧供回水总管压差，变频调节二级泵转速。三组地源热泵系统设计为一级泵定流量水系统，供回水管就近接入北区、中区、南区的

总供回水管，使地源、江水源空调用户侧水系统合二为一。空调冷热水进/出水温分别为12/6℃和40/45℃。联合冷热源系统原理图如图1-5-13所示。

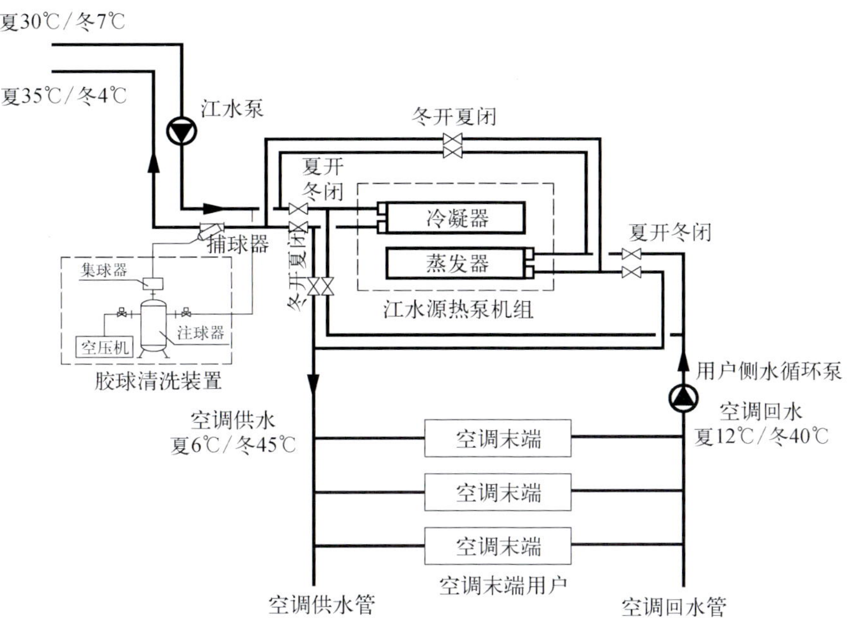

图1-5-13 江水源热泵原理

5.3.1.3 取水技术论证

江水源热泵系统作为一种节能的空调冷热源系统在国内应用的工程实例并不多，在上海还没有实际使用黄浦江水的江水源热泵系统的应用，可以说工程经验很少，工程专门列题研究解决一系列问题。

1. *黄浦江温排放问题*

通过数值模拟计算方法，研究对黄浦江的三类温排放问题：

江水源热泵系统退水的温排放问题，直接关系到对黄浦江水体热污染的控制和对水环境的影响，也是江水源热泵系统取水取得政府水务部门批准的关键。研究表明：世博轴及地下综合体工程温排水对黄浦江水体温升的影响甚微。

沿江电厂冷却水温排放引起的江水温升问题，直接关系到江水源热泵系统的可行性和运行效率。黄浦江的温升主要是由沿江电厂温排水的排放造成的，对本工程江段影响明显。全潮平均的计算区域内黄浦江表层温升，大潮、中潮和小潮期间分别为2.085℃、1.886℃和2.133℃。根据松浦大桥、黄浦公园8月实测资料的平均值(图1-5-14)和电厂温排水的影响，计算给出的温度初始场：仅考虑沿江电厂时为28℃，因此，推算取水口夏季实际水温约为30.0～30.8℃。

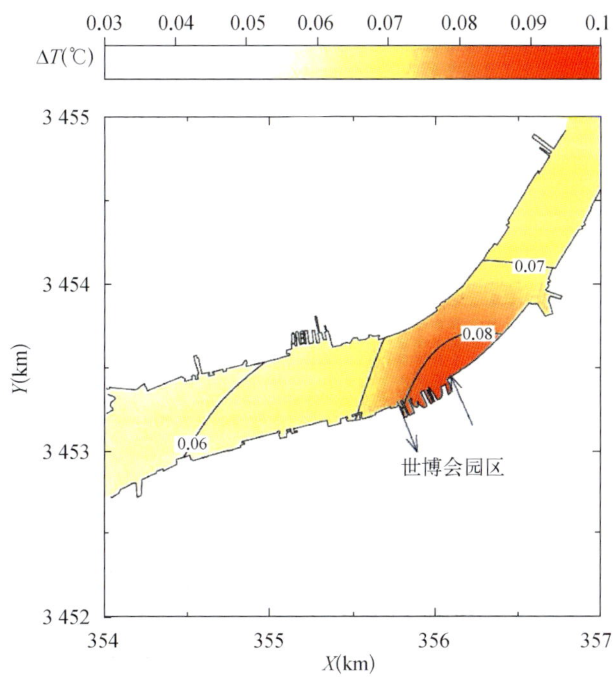

图1-5-14 在仅考虑世博会园区工程温排水的情况下夏季中潮全潮平均工程附近河段温升分布

受潮汐影响，黄浦江是两向流，江水源热泵系统退水的温排放对自身取水也有影响。需要研究确定取、退水间可以接受的最小距离。由于表层温升达到0.2℃的面积小于0.02 km^2，则以排水口为中心，半径约113 m，因此，取退水口距离需考虑200 m以上。

2. *水资源论证*

(1) 水量。江水源热泵系统最大时取用水量为12 000 m^3/h，见表1-5-6。取水地点位于黄浦江董家渡弯道上游、南浦大桥与卢浦大桥之间，近世博轴及地下综合体工程江段。该江段河势比较稳定，过境水量充沛。工程取水口所在的黄浦江多年平均水资源总量为533.2×10^8 m^3，频率 P=97%的水资源量为478.8×10^8 m^3，本工程在黄浦江的年取水总量约4 000×10^4 m^3，仅占黄浦江该江段多年平均水资源量的0.07%，占黄浦江枯水年(保证率为97%)水资源量的0.08%，取水在数量上的保证条件是非常优越的。取用水在进行热交换后，再行排入黄浦江，基本不消耗其水量，对该区域水资源及其他用水户几乎没有影响。

表1-5-6　江水源热泵取用水水量要求

项　　目	世博轴	世博中心	演艺中心
冷却水量(m^3/h)	6 000	3 500	2 500
夏季温差 Δt(℃)	5	5	5

(2) 水质。根据黄浦江南市水厂水质监测点的水质监测数据，分析世博轴取水口水域的水质现状，发现大部分水质指标的年平均值在Ⅲ～Ⅳ类水之间，其中对江水源热泵系统影响较大的取水口水质指标如下：pH平均值为7.3，其中最大值为7.6，最小值为7.0，水体呈中性；化学需氧量平均值为23 mg/L，其中最大值为43 mg/L，最小值为15 mg/L；总硬度平均值为245 mg/L，实测最大值为299 mg/L，最小值为169 mg/L；浊度平均值为180度，实测最大值为371度，最小值为63度；经与本工程取水主要水质要求(表1-5-7)相比较，除浊度外，基本可以满足要求。

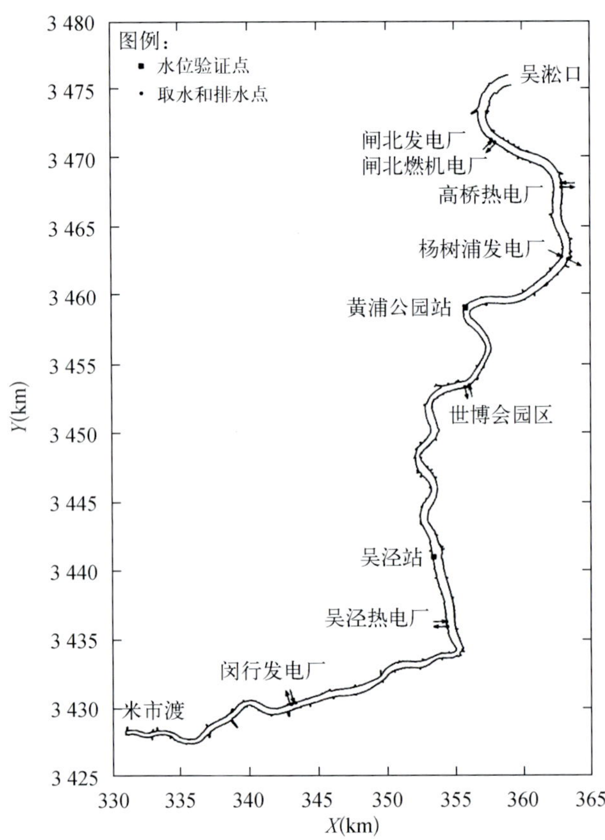

图1-5-15　世博轴及地下综合体工程和沿江电厂位置

表1-5-7　水源热泵取用水水质要求

指　　标	单　位	基准值
pH值(25℃)		7.0～8.5
电导率(25℃)	μs/cm	<2 500
总硬度(以 $CaCO_3$ 计)	mg/L	<800
总溶固	mg/L	<2 000
细菌总数	个/ml	<10^5
铜离子	mg/L	<0.1
铁离子	mg/L	<1.0
二氧化硅	mg/L	<50
浊　度	度(NTU)	<40

水质处理仅对原水的大颗粒悬浮物设拦污设备进行截留，将黄浦江原水输送至热泵前水处理设备，经适当过滤后进热泵机组，保证系统不堵塞，使之正常运行。

(3) 取退水口选址。根据黄浦江流向及总体布局，在庆典广场西侧江岸附近设置取水口，在庆典广场东侧江岸设置排水口(图1-5-15)。根据工程所在地实际情况，取水头部采用箱式，其设置位置有两个选择：一是将箱体取水口紧邻规划线设置(距驳岸30 m)；二是为获得较好的取水条件，将取水头部伸入辅航道内约10～15 m。前者为满足取水条件，取水口附近须进行开挖和砌水下护坡等作业。同时，由于该处水深较浅，水流速度较慢，容易淤积，取水口建成后，将需要定期清淤。将取水头部伸入航道内水深较深处，可以较大程度上减轻取水口附近的淤积现象，取得较干净的河水，但取水口的设置可能影响到航运安全。在进行相关论证及获得航道管理部门批准后，采用取水口距驳岸35 m的实施方案，如图1-5-16所示。

5.3.1.4　取水工程设计

江水源取水工程的工程范围为：取水头部、自流进水管、拦污格栅井、取水泵房、压力输水管至江水源热泵机房前；温升废水排水管、溢流排放井、排放口。流程示意图如图1-5-17所示：

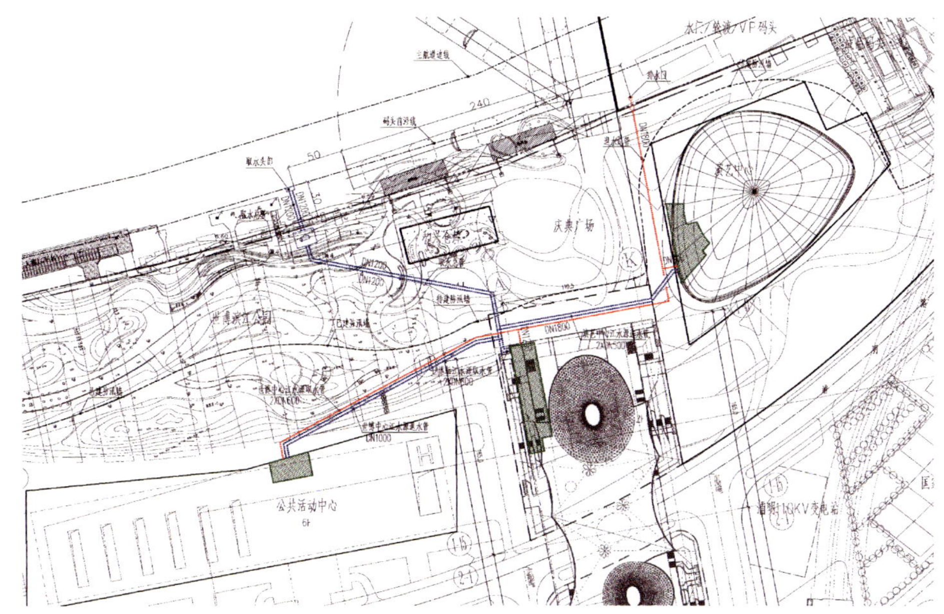

图 1-5-16　取退水口选址

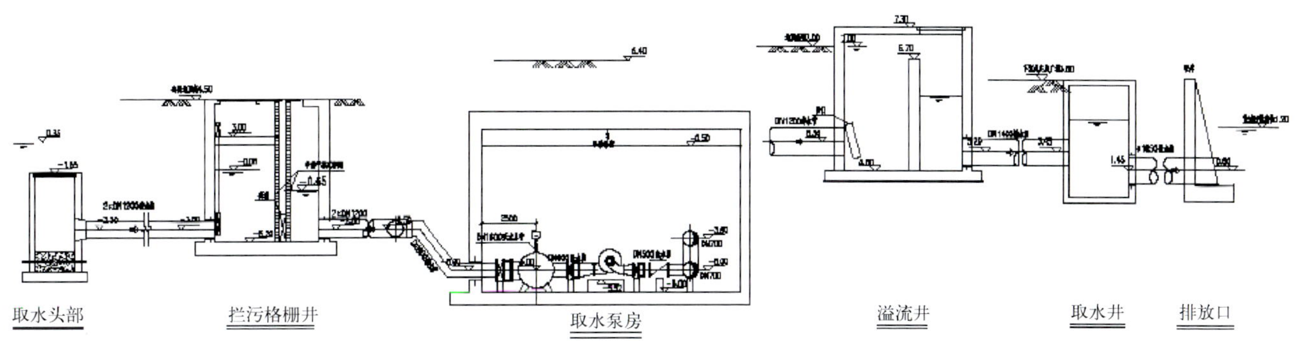

图 1-5-17　取水工程流程

1. 取水头部

取水头部距离岸线 35 m,河床较低,水位较深,采用河床式取水方式。取水口采用顶面进水,分为独立的两格。为保证在最低设计水位 0. 35 m 时能安全进水,取水头部顶标高确定为−1. 65 m。进水口加格栅条以防止大的杂物及鱼类进入。栅间距取 80 mm,栅条宽度取 10 mm。进水流速取 0. 3 m/s。

2. 自流引水管

自流引水管采用 2 根钢管,管径 DN1200,当通过 12 000 m^3/h 流量时,管内最大流速为 1. 47 m/s;当通过 6 000 m^3/h 流量时,管内流速为 0. 74 m/s。当流量小于 2 440 m^3/h 时(管内流速为 0. 5 m/s),关闭其中 1 根管道,采用单根管道进水,以保证管道内的流速。进水管道为重力自流管,起端管中心−3. 50 m。

3. 拦污格栅井

为减小后续处理设备(过滤器等)的负荷,减少自流管道淤塞的可能性,在距离取水头部约 50 m 处,黄浦江驳岸世博公园内设两道 10 mm×10 mm 拦污格网。为不影响世博公园整体景观,该格网设为地下式,采用手动清淤方式维护。

4. 取水泵房

世博轴取水泵房设计规模为 6 000 m^3/h,设在地下二层(−6. 50 m)北端。黄浦江设计低水位为 0. 35 m。

江水泵共设 5 台,3 大 2 小,预留 1 台大泵的安装位置。大泵: $Q=1\,600\ m^3/h$, $H=32\ m$, $N=220\ kW$;小泵: $Q=600\ m^3/h$, $H=32\ m$, $N=75\ kW$,水泵全部采用变频调速的运行方式。

5. 水处理装置

除黄浦江取水头部 80 mm×80 mm 格栅和拦污格栅内 10 mm×10 mm 两道滤网过滤外,再经过机房内自动反冲洗过滤器过滤掉 1 mm 直径以上的颗粒状物质。

经过过滤后的黄浦江水中仍有一些悬浮污垢，系统持续运行后会积聚在热泵机组换热管的内表面，影响传热和机组效率，严重时还会导致停机。为此，热泵机组还配置了胶球自动清洗装置和刷子自动清洗装置，自动对换热管的内表面进行清洗。

6. 溢流井

经热泵机组后，水温略有升高，且带有一定的余压，排出泵房后，可以利用升温水的余压排入室外溢流井中，再以重力自流方式排至黄浦江中，此退水方式有利于黄浦江防汛安全。

7. 退水管

综合考虑安全性、造价等方面的因素，一轴两馆（世博轴、世博中心、世博文化中心）的总退水管采用 1 根 ϕ1 650 管道排放至黄浦江，当排出流量达到 12 000 m^3/h 时，管内流速为 1.4 m/s。世博轴排水管道的管径为 ϕ1 200，汇集世博中心的水量后，采用 ϕ1 350 的排水管道，汇集演艺中心的水量后，管径增加至 ϕ1 650。

8. 排放口

升温水排入黄浦江后，为避免对取水口处造成水温污染，影响取水水温，排放口位于取水口下游约 290 m 处（根据水资源论证报告，该距离对取水水温的影响可以忽略不计）。确定排水口标高时，要求当黄浦江位于低潮位时，温升废水排出时，不应有大的水位落差。黄浦江平均低潮位为 1.20 m，排水口据此水位设计。排水口采用门字形。

5.3.2　地源热泵系统

5.3.2.1　系统设计

地源热泵系统是利用热泵机组在土壤中提取或蓄存热量，制取空调冷热水，又称土壤源热泵。其原理如图 1-5-18 所示。

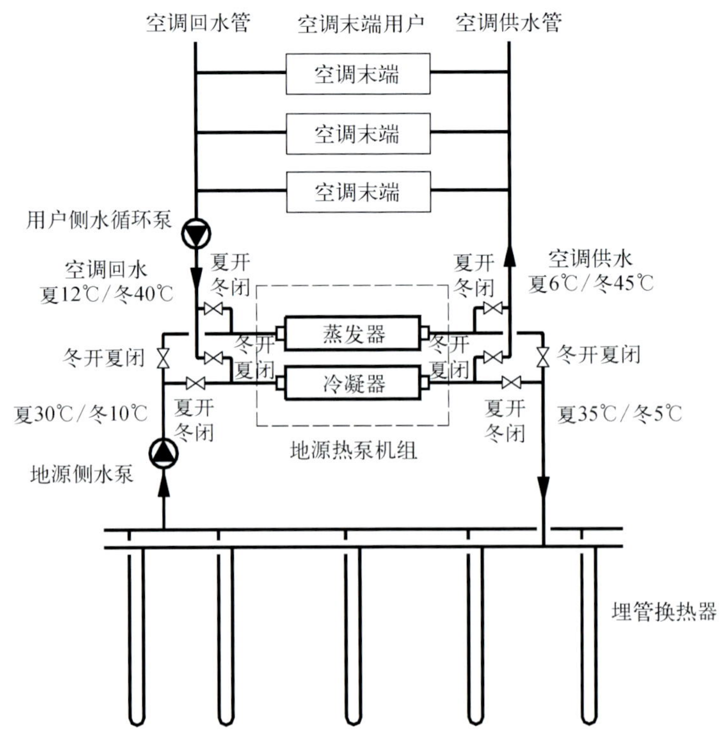

图 1-5-18　地源热泵原理

目前，工程用地源热泵垂直埋管换热器分为两类：钻孔埋管和灌注桩埋管。灌注桩埋管（亦称桩基埋管）结合建筑的结构桩基，将埋管放置于灌注桩内，传热系数较高、投资较省，但施工配合工艺较复杂，埋管深度较小。

考虑到本工程基坑面积大,开挖后再行钻孔埋管工期长,特别是雨季,基坑有滑移、塌方和积水等危险;钻孔埋管深 100～120 m,还可能受将来地下开发的影响。因此,采用了灌注桩埋管方式,有效埋深 25～40 m;桩基埋管总数 5 000 多根,埋管最小间距 3.89 m(图 1－5－19～图 1－5－20)。

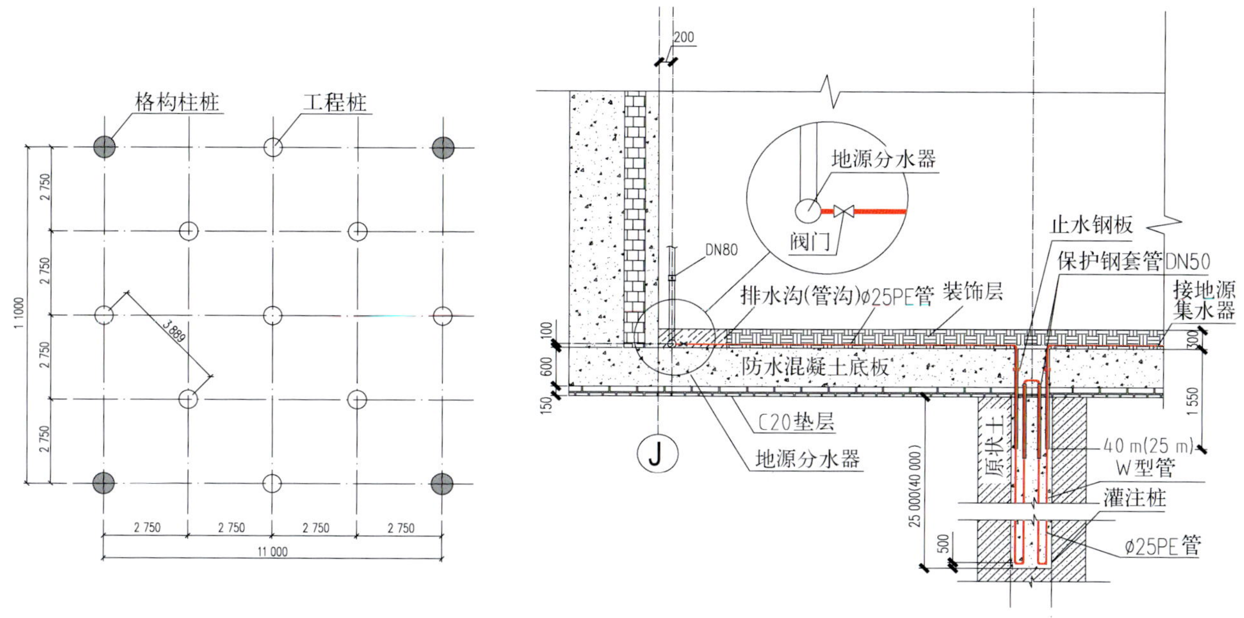

图 1－5－19　典型桩位布置

图 1－5－20　灌注桩式地埋管换热器

由于桩基埋管有效埋深比较浅,为保证一定的水流程,换热器型式选用双 U 串联型(W 型),满足了地源侧水系统的设计温差取 5℃的要求,减小了水泵流量,节约了系统能耗。埋管采用 DN25 高密度聚乙烯管(HDPE100)。

每根桩基埋管单独设置防水套管,穿越底板。虽然穿越点多,但是防水施工工艺简单,质量易于保证,而且大底板施工时不会踩坏水平连接管。缺点是由于水平管设于底板上 300 mm 的面层内下部,面层上施工要比较小心,以免损坏水平连接管。为了保证桩基埋管间的水量平衡,水平连接管采用同程方式布置。每 3 个桩基埋管并联到 1 根水平管,约 30 根水平管并联到送(回)水的分(集)水器(图 1－5－21)。

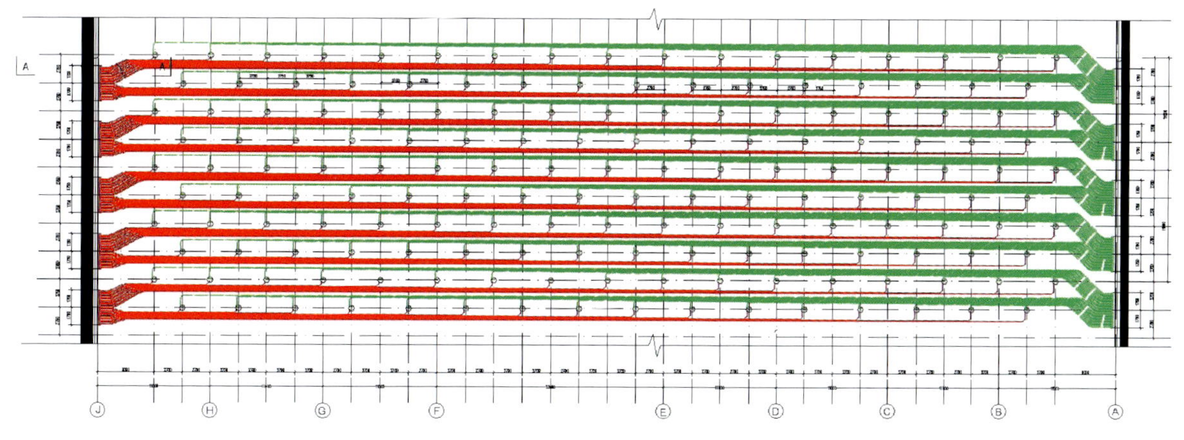

图 1－5－21　水平连接埋管布置

为使地埋管换热器就近接至热泵机组,整个世博轴共设北、中、南 3 个地源热泵系统,沿南北方向均布 3 个机房,每个机房内主机设备、水泵等按照北、中、南各区内的桩基埋管所能提供的冷热交换量进行设备选型及机房设计(表 1－5－8～表 1－5－9)。地源侧进出水温度额定工况:夏季为 30℃/35℃,冬季为 10℃/5℃。

表 1-5-8　北区、中区地源热泵机房主要设备技术性能

序号	名　　称	主要规格与参数	台数	备　注
1	螺杆式地源热泵机组	制冷量 1 100 kW,输入功率 244 kW; 制热量 1 200 kW,输入功率 300 kW	各 3	供冷 730 kW
2	地源热泵空调侧水泵	卧式单级离心泵,流量 228 m^3/h, 扬程 32 m,功率 30 kW	各 4	3 用 1 备,变频
3	地源热泵地源侧水泵	卧式单级离心泵,流量 248 m^3/h, 扬程 35.5 m,功率 37 kW	4	3 用 1 备,变频

表 1-5-9　南区地源热泵机房主要设备技术性能

序号	名　　称	主要规格与参数	台数	备　注
1	螺杆式地源热泵机组	制冷量 1 200 kW,输入功率 267 kW; 制热量 1 250 kW,输入功率 313 kW	4	供冷 780 kW
2	地源热泵空调侧水泵	卧式单级离心泵,流量 237 m^3/h, 扬程 33 m,功率 30 kW	5	4 用 1 备,手动变频
3	地源热泵地源侧水泵	卧式单级离心泵,流量 267 m^3/h, 扬程 36.5 m,功率 37 kW	5	4 用 1 备

5.3.2.2　土壤热响应实验

1. 热响应测试目的

地源热泵埋管换热器的换热能力是系统设计的基本参数,与当地土壤条件以及埋管形式有关。为此,进行了土壤热响应实验,以获得世博轴建设地区地下土壤的初始温度分布;同时,获得单 U、串联双 U(W 型)、并联双 U 和并联三 U 四种不同埋管形式灌注桩地埋管的放热特性,并对比单 U、串联双 U、并联双 U 和并联三 U 四种不同埋管形式(图 1-5-22)的换热效果。

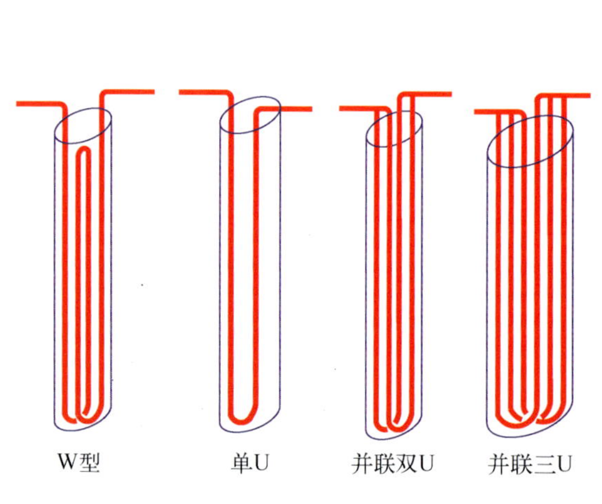

图 1-5-22　四种垂直地埋管

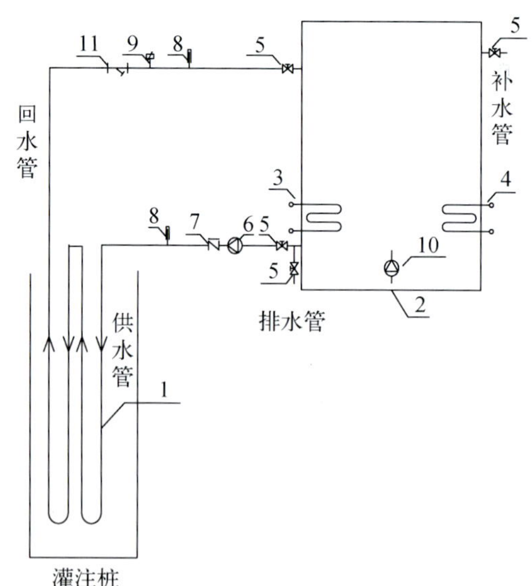

图 1-5-23　土壤换热器实验原理

1—串联双 U 型地埋管;2—恒温水箱;3—电加热器 1;4—电加热器 2;5—球阀;6—水泵;7—止回阀;8—铂电阻温度计;9—涡轮流量计;10—潜水泵;11—Y 型过滤器

2. 热响应测试原理(图 1-5-23)

对于特定的地埋管换热器而言,初始时刻送入一定温度的热水,通过地埋管换热系统向地下放热,经过一段时间,回水温度达到恒定(供回水温差达到恒定),即地埋管换热器放热量恒定。通过测试测得此放热量,然后除以井深,即可得单位井深的放热量 q。

放热量的计算公式如下：

$$Q=\rho c_p G(t_g-t_h)=q\times L \tag{1}$$

从而可得

$$q=Q/L=\rho c_p G(t_g-t_h)/L \tag{2}$$

测试时，ρ 取 1 000 kg/m³，c_p 取 4.186 8 kJ/(kg·℃)。

3. 实验结果

图 1-5-24 为土壤初始地温测试结果，实验得出地下换热器埋深范围内土壤的初始平均温度为 18.2℃。图 1-5-25 为四种埋管形式的传热性能，以进水温度为 35℃的标准工况对比四种不同埋管形式桩基的传热性能(表 1-5-10)。W 型和单 U 型的水流量约为 0.34 m³/h，其对应的流速为 0.30 m/s。并联双 U 型的流量约为 0.68 m³/h，每根 U 型管内的流速均为 0.30 m/s。并联三 U 型的流量约为 1.02 m³/h，每根 U 型管内的流速均为 0.30 m/s。综合传热性能、水系统水力平衡、水泵功耗和冷凝器换热面积等四方面考虑，W 型桩基最优。

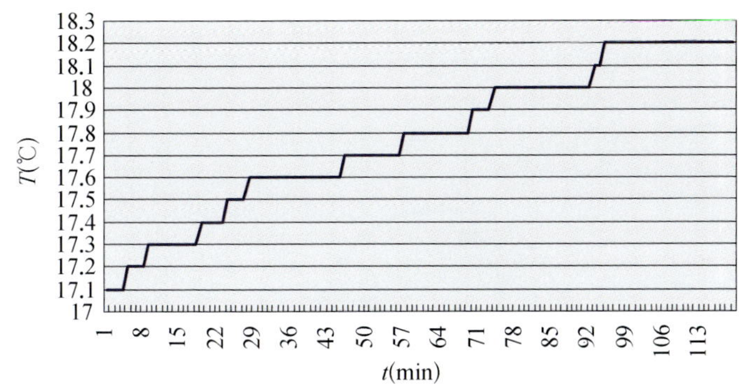

图 1-5-24 土壤初始温度测试结果

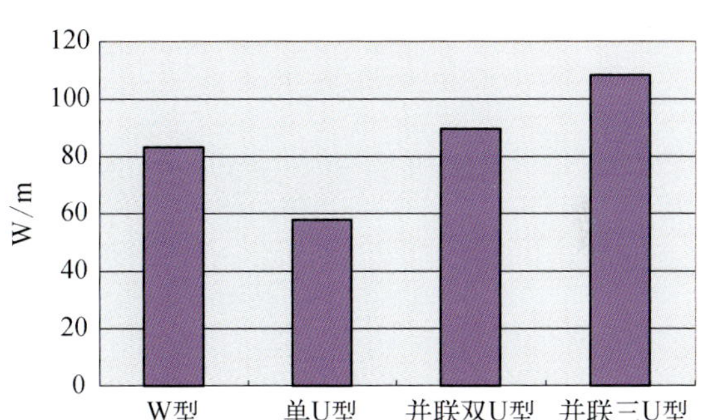

图 1-5-25 四种埋管形式的实测结果

表 1-5-10 四种埋管形式的传热性能汇总

埋管形式	进水温度(℃)	出水温度(℃)	温差(℃)	流量(m³/h)	放热量 q(W/m)	传热系数[W/(m·℃)]	取热量 q_1(W/m)
W 型	35.02	29.88	5.14	0.342	83.05	5.84	62.49
W 型 2 倍流量	34.79	31.88	2.91	0.684	94.25	6.23	66.64
单 U 型	35.13	31.56	3.57	0.343	57.84	3.819	40.87
并联双 U 型	35.08	32.3	2.78	0.681	89.53	5.78	61.84
并联三 U 型	34.88	32.63	2.25	1.016	108.07	6.947	74.33

5.3.2.3 桩基埋管数值模拟研究

单桩模拟对象如图 1-5-22 所示，采用流—固耦合的 PE 管—土壤三维温度场的非稳态数值模拟，计算对象为此四种埋管形式下的单桩。

1. 模拟相关参数说明

模拟计算中相关材料的参数及热物性见表 1-5-11。

表 1-5-11 相关材料参数及热物性

	导热系数[W/(m·K)]	比热[J/(kg·K)]	密度(kg/m³)	桩基直径(mm)	型号规格	初始温度(℃)
土壤	1.3	1 847	1 200			
钢筋混凝土	1.628	837	2 500	600		
PE 管	0.42	1 465	1 100		PE25	18.2

三维流—固耦合矩形区域内非稳态传热数学模型包括管内流体流动换热(对流与导热)以及管外土壤导热换热两部分，并通过流—固界面的参数连接实现流—固耦合。采用工程流体问题中应用最为广泛的标准 $k-\varepsilon$

双方程加标准壁面函数的方法。流体区域压力—速度耦合采用 SIMPLEC 算法,各变量的离散格式均为二阶精度迎风格式。

2. 初始及边界条件

模拟计算采用的初始条件为初始土壤温度 18.2℃。

边界条件如下:

PE 管入口:速度 $u_z=-0.30$ m/s(半流量为-0.15 m/s,双倍流量为-0.60 m/s);

温度为进水温度 t_{in};湍流强度 0.01,水力直径 0.02 m。

PE 管出口:单向流出口。土壤垂直边界:周期性导热边界条件。土壤底部边界:温度设定为 18.2℃。地面边界:假定绝热。

3. 网格划分

计算区域三维网格划分采用非结构的四面体网格单元,实施从管内流体→钢筋混凝土桩基→土壤由密到疏的三级模式,以保证计算的准确性和经济性,另外,管内流动加载了必要的边界层渐变细化网格,以保证无因次近壁第一节点距满足标准壁面函数的对数率范围。网格划分结果如图 1-5-26 所示(以三 U 并联为例)。

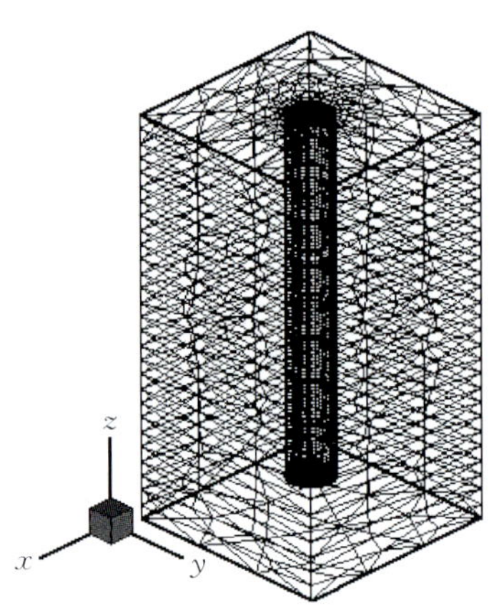

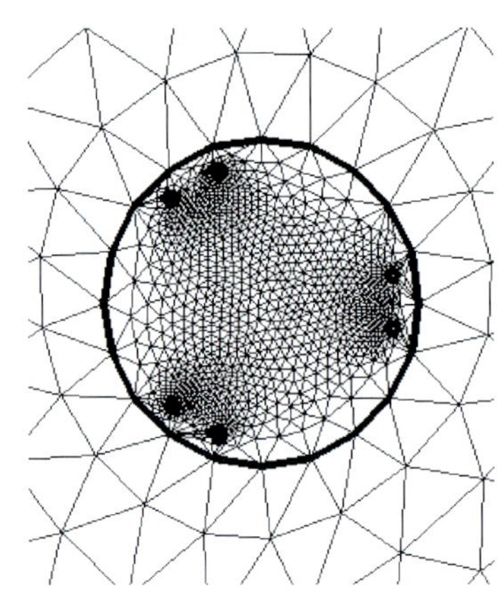

图 1-5-26　模型网格

4. 模拟结果及分析

模拟 PE 管出口温度和沿程中心温降,模拟得到稳定时的换热性能参数,将其与实验结果进行对比和验证,图 1-5-27 为单桩换热性能模拟结果与实验结果的比较。从图中可以看出,数值模拟结果和实验测试值两者吻合较好,说明数值模拟的准确性。

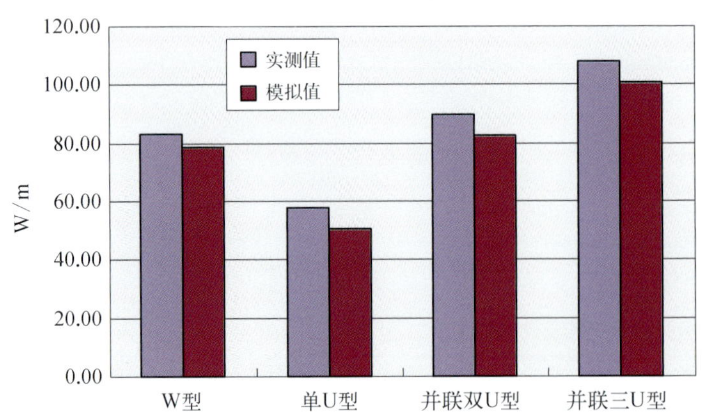

图 1-5-27　单桩换热性能模拟结果与实验结果的比较

5. 典型区域运行 5 年土壤温度变化模拟研究

根据桩基布置图,取定其中的 10 组×10 组(约 800 个桩基;该计算区域的中心部位与整个桩基群的中心部位的物理特性基本一致,大致呈现传热学的周期性规律,因而不必额外计算实际桩基群的中心区域),进行 W 型桩基的土壤温度场数值模拟(图 1-5-28)。

热泵在 8:00 启动,20:00 关闭;空调运行季为:7 月 1 日~9 月 30 日,每个月地源热泵分别承担 80%、70%、60%负荷(3 个月,计 92 天),供暖运行季为:12 月 1 日~3 月 15 日,地源热泵承担全部负荷(三个半月,计 105 天),其余月份为土壤温度恢复期(图 1-5-29)。

图 1-5-30 为一年中土壤平均温度月变化曲线。在空调季,土壤每一个月温升是不同的,逐渐降低;3 个月运行期满后,土壤平均温度升高了约 3.3℃,地下换热器的传热效率会随着土壤温升而降低。

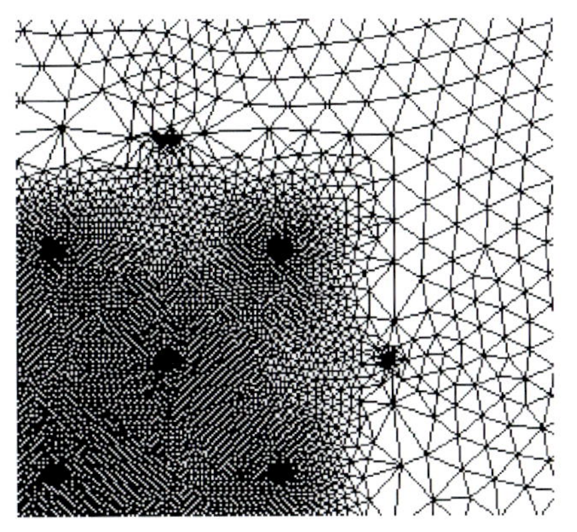
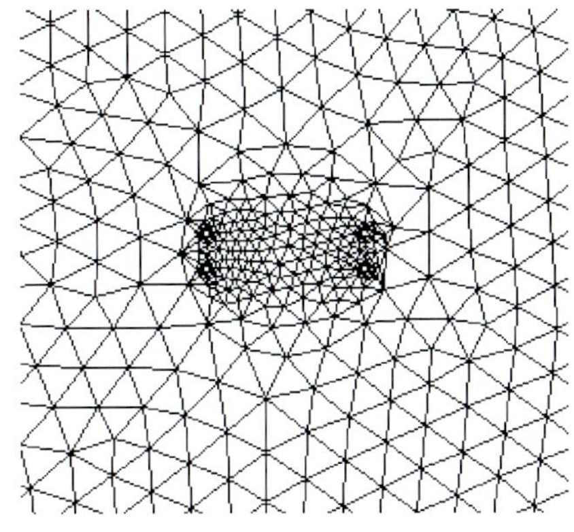

图 1-5-28 桩群模拟采用的计算网格

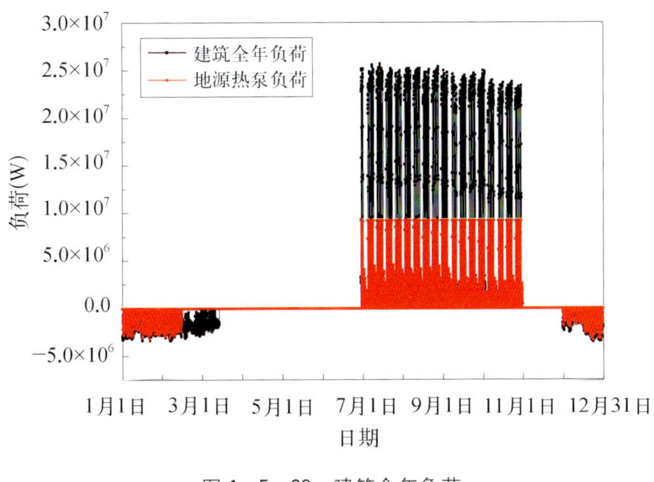

图 1-5-29 建筑全年负荷

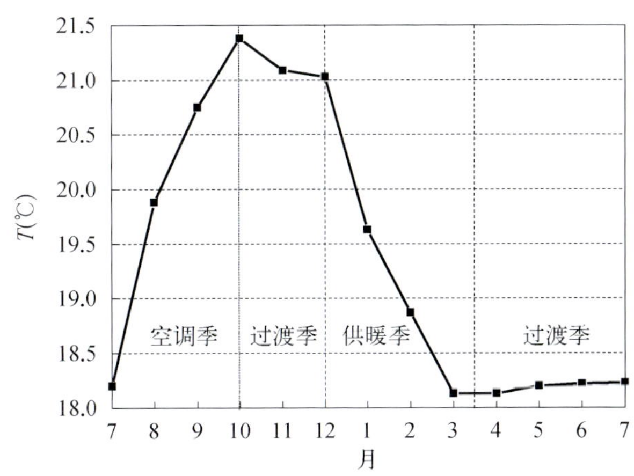

图 1-5-30 一年中土壤平均温度变化情况

地源热泵长期运行的稳定性主要取决于冬夏季运行负荷的匹配情况以及桩基群布置密度下热屏障带的潜在危害。下面的 5 年期数值模拟主要分析在动态计算建筑全年负荷下，土壤温度场逐年的变化情况。

图 1-5-31 给出的每年土壤平均温度变化曲线表明：监测冬季之后的恢复季末的土壤温度，5 年土壤总温升约为 0.33℃，并且温升逐年减少；在计算的 5 年中，每年温度上升缓慢有利于保障夏季热泵系统的稳定运行，图 1-5-32 为土壤每年温升，从图中可以看出，第 3 年后，土壤温升呈现出递减趋势，因此有望在 5 年以后的相当长一段时期继续稳定运行下去。

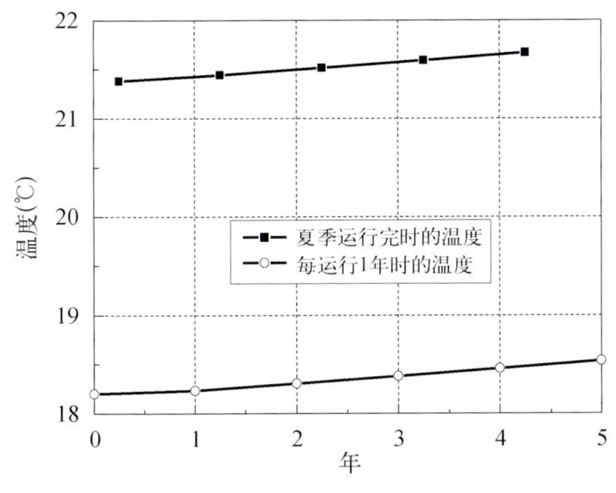

图 1-5-31 土壤平均温度随时间变化情况

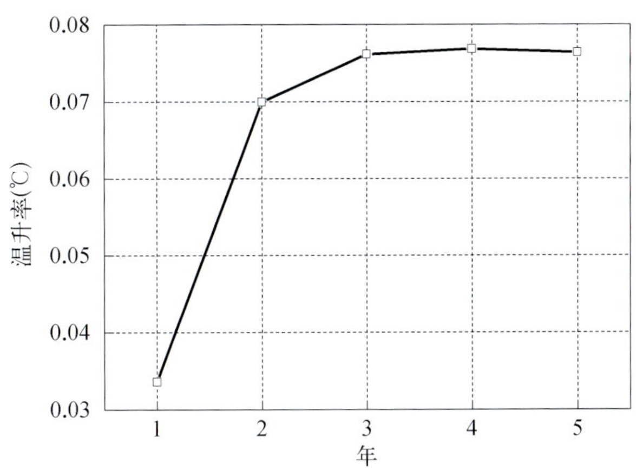

图 1-5-32 土壤逐年温升

6. 地埋管出水温度计算

地埋管出水温度直接影响到地源热泵机组的能效比，因此，根据土壤温度、地埋管内进出口水温计算地埋管的出水温度，具体公式如下：

$$q=(\bar{t}_{PE}-t_{hole})/R \tag{1}$$

$$q=C_p m\Delta t \tag{2}$$

式(1)为土壤和地埋管内水的热平衡公式，当 $\bar{t}_{PE}<t_{hole}$ 时，地埋管内水吸热，反之放热；式(2)为地埋管内水经过地埋管后向土壤散热(夏季)或吸热(冬季)。

式中：q 为管壁热流密度(W/m^2)。

$R=R_{conv}+R_{cond}+R_{mater}+R_{hole}$，单位 $m^2\cdot K/W$。R_{conv} 为对流热阻(0.002 517 $m^2\cdot K/W$)，R_{cond} 为管壁导热热阻(0.046 796 $m^2\cdot K/W$)，R_{mater} 为回填材料热阻(0.080 704 $m^2\cdot K/W$)，R_{hole} 为钻孔内总热阻(0.130 018 $m^2\cdot K/W$)。其中 R_{conv}、R_{cond}、R_{mater} 远小于 R_{hole} 可忽略不计，因此总热阻为 0.13 $m^2\cdot K/W$。

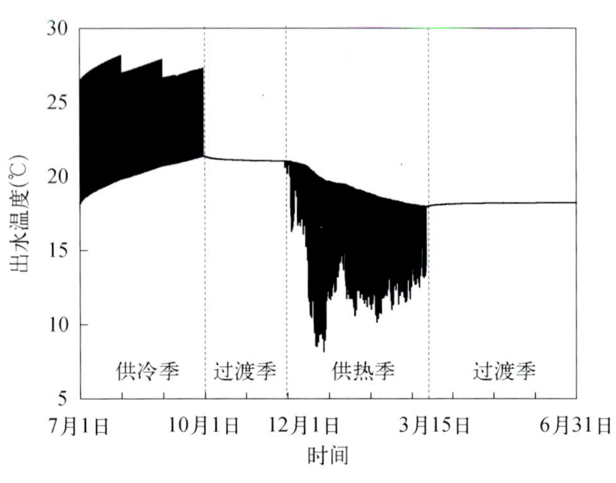

图 1-5-33　地埋管出水温度

t_{hole} 为土壤温度(℃)，$\bar{t}_{PE}$ 为 PE 管内平均水温(℃)，C_p 为水的比热($J/kg\cdot K$)，m 为流量($kg/m^2\cdot s$)，Δt 为地埋管进出口温差(℃)。

地埋管出水温度根据下式计算：

$$t_{ex}=\bar{t}_{PE}+\Delta t/2$$

图 1-5-33 为地埋管全年出水温度，在供冷季地埋管出水温度最高为 28.3℃，低于常规冷却塔的出水温度；在供热季地埋管出水温度最低为 7.53℃，高于同期江水温度。

5.3.3　江水源地源热泵集成系统

5.3.3.1　系统集成与自动控制

为使世博轴两种冷热源能够互为备用，考虑地源热泵系统的全年土壤热平衡以及提高两种冷热源的全年综合热效率，江水源和地源热泵必须组成集成系统。由于江水和地源水的温度、水质差异太大，只能采取空调水侧集成的方式。江水源热泵机房在北端近黄浦江，分北、中、南区共三套二级泵系统。地源热泵也分设北、中、南区三套一级泵系统，就近设置机房。全部空调冷热源通过各区的江水源热泵二级泵水系统与地源热泵一级泵水系统集成起来(图 1-5-34～图 1-5-36)。

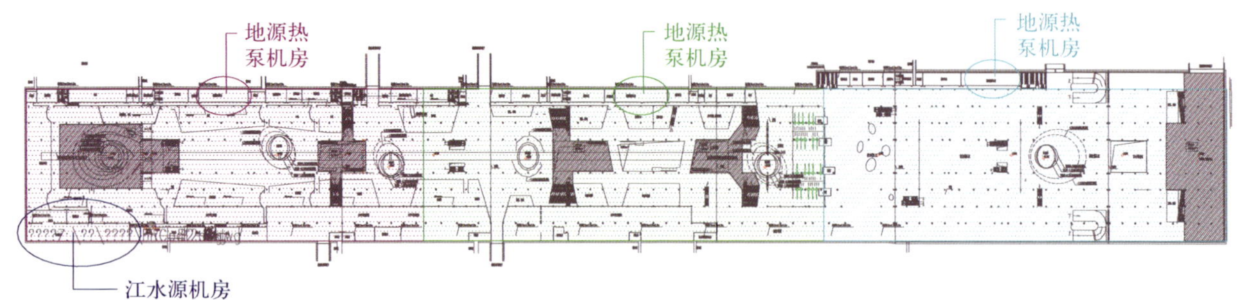

图 1-5-34　江水源地源热泵集成系统

各区地源热泵系统根据运行策略和地温场监测，人工确定地源热泵机组的启停。各区的江水源热泵二级泵水系统根据其与地源热泵一级泵水系统结合处的压差，变频控制二级泵转速。江水源热泵和冷水机组根据系统的负荷和流量需求进行运行台数控制。

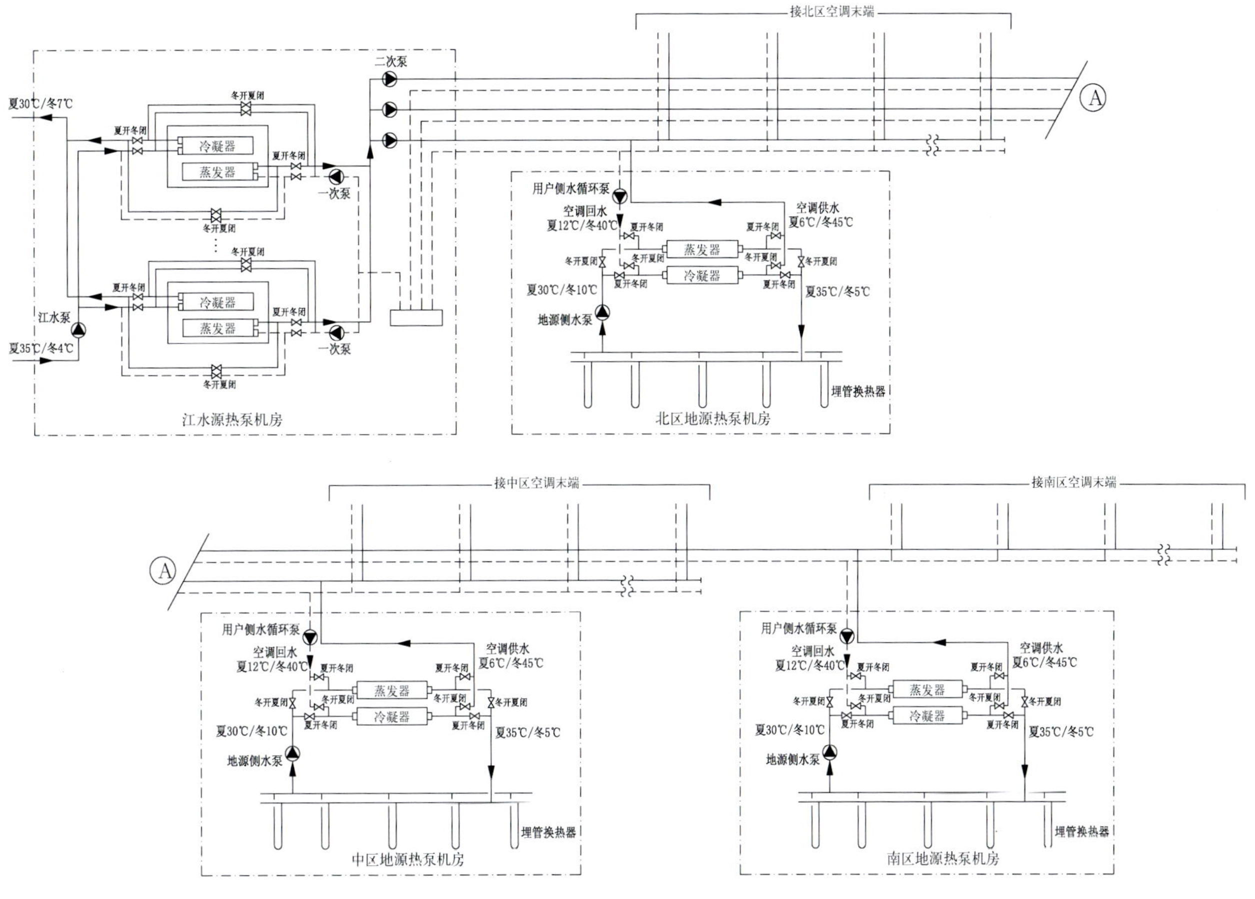

图 1-5-35　江水源地源热泵集成系统原理

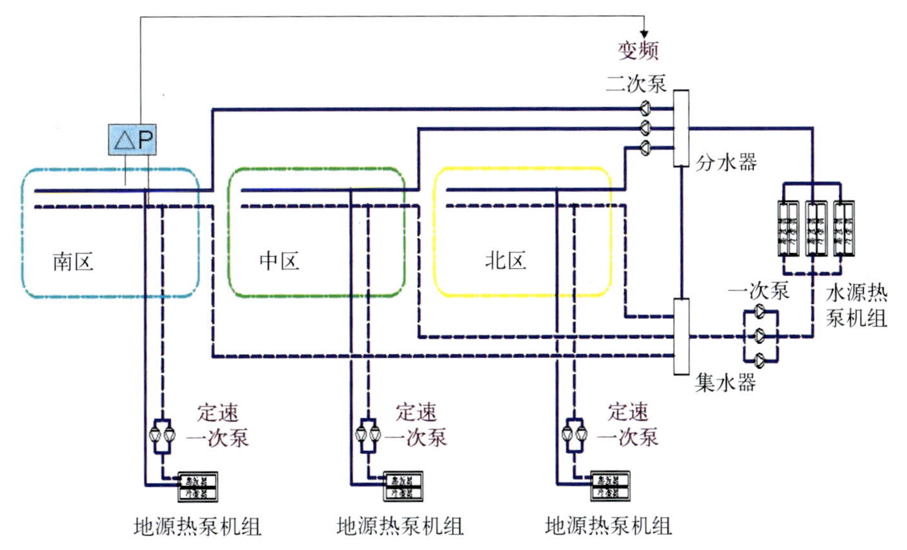

图 1-5-36　冷热源系统控制原理

5.3.3.2　系统运行策略和负荷分配

世博轴空调冷热源江水源和地源热泵系统系统采用联合集成方式运行。由于不同的季节下，江水和地源出水温度有很大差异，江水源加地源热泵系统以何种比例运行将影响到系统全年的总能耗。同时地源热泵系统还必须考虑全年土壤热平衡。因此，需要建立不同的季节下江水源和地源热泵系统的联合集成运行策略

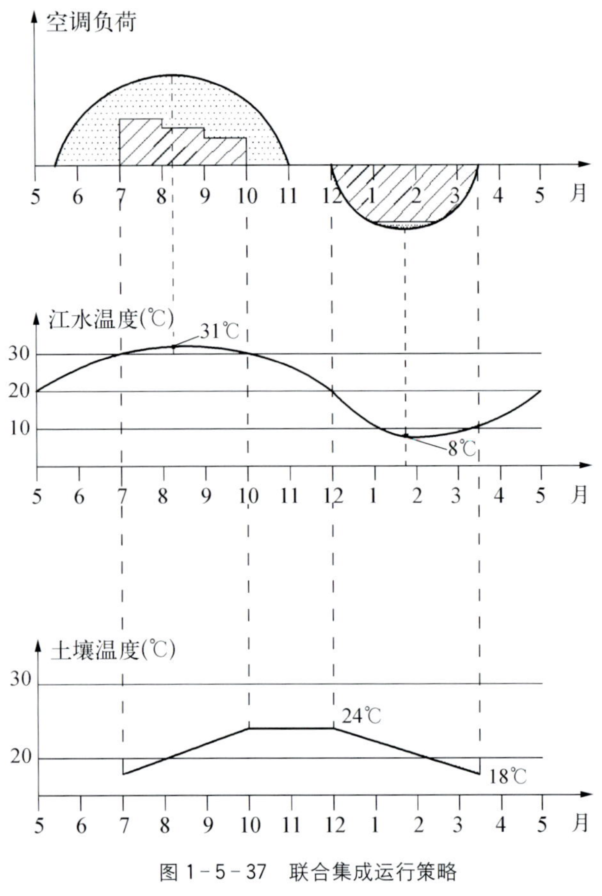

图 1－5－37　联合集成运行策略

(图 1－5－37)。夏季,联合集成运行以江水源系统为主、地源系统为辅,优先使用更为高效的江水源离心式冷水机组。5 月下旬至 6 月的初夏,江水温度尚低,空调系统冷负荷也不高,应全部使用江水源系统。由于地源水温度与气候无关,地源热泵系统应该全力用于江水温度较高、江水源系统效率降低且空调系统冷负荷最大的 7、8 月间,以提高联合集成运行的综合效率。7、8 月地源热泵系统设备负荷率分别为 80%和 70%。9 月江水温度和空调系统冷负荷都有所降低。随着地源热泵系统的持续运行,地下土壤温度升高,地源热泵系统效率会有所降低。同时,随着江水温度和空调系统负荷的下降,应该逐步降低地源热泵系统的负荷,主要使用江水源系统。9 月地源热泵系统设备负荷率分别为 60%。

冬季,黄浦江水温较低,约 7～10℃;而由地源热泵埋管换热数值模拟提示,冬季地源出水温度一般在 12℃以上,地源热泵效率将高于江水源热泵系统。另外,夏季存储在地下的热量冬季必须充分提取出来,才能保证来年夏季继续高效运行。因此,冬季联合集成运行策略将集中使用地源热泵系统,设备负荷率为 100%,不足部分辅以江水源热泵系统。

根据全年负荷计算和联合集成运行策略,可以制定出江水源和地源热泵系统各自负担的全年负荷(图 1－5－38)。

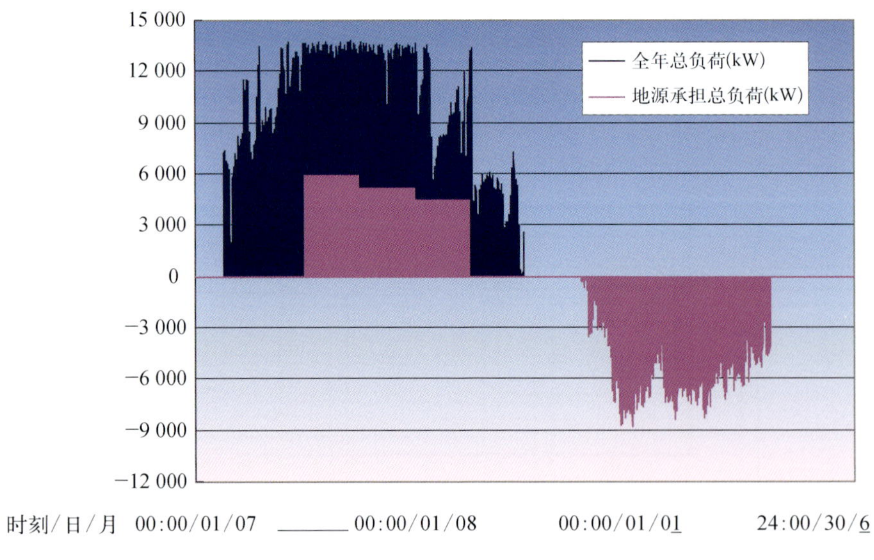

图 1－5－38　江水源地源系统联合集成运行负荷分配

5.3.4　江水源地源热泵系统全年能耗分析

江水源地源热泵系统的全年能耗分析:首先利用建筑能耗模拟软件 eQUEST 计算出世博轴全年逐时空调系统冷热负荷。再根据江水、土壤、空气湿球温度的季节状况,初步制定需要的运行策略,将负荷分配给江水源与地源系统。而后以江水源+地源系统和常用的冷水机组+燃气锅炉为研究对象,进行两种典型系统模式的全年能耗性能比较分析,定量确定两种系统全年不同时段能效,以选定最佳运行策略,并探讨长江流域地区江水源+地源系统集成应用的节能技术可行性。

5.3.4.1 世博轴建筑模型的建立与全年逐时负荷模拟

1. 建筑模型输入条件

影响该建筑物耗热量的因素有很多：体形系数、窗墙面积比、建筑物朝向、围护结构传热系数、建筑物高度、楼梯间敞开与否，换气次数、设备照明功率密度等。其建筑能耗由包括照明、空调、设备等各耗能系统组成。负荷模拟以设计室内参数和规范为指导建立模型，建筑室内热扰参数设置详见表 1-5-12，对上述影响因素定量进行计算模拟。

表 1-5-12 模型建筑室内负荷及相关因数明细

编 号	部 位	照明负荷(W/m²)	设备负荷(W/m²)	人员密度(m²/p)	新风量[m³/(h·p)]
1	餐饮	13	40	2	20
2	商业	18	30	2	20
3	服务设施	18	30	2	20
4	办公	18	40	6	30
5	通道安检区	15	0	3	20

对于空调系统类型，通道、服务、商业、餐厅等功能区采用 CAV，办公区及其他采用 FCU，并使用送风单风机形式。系统运行从 5 月 17 日～10 月 31 日为供冷季，12 月 1 日～3 月 15 日制热季，其余时间为过渡季。每日工作时间按功能不同分别为通道工作日 8:00～21:00，节假日 10:00～22:00；服务和办公的工作日 8:00～21:00，节假日关；商业和餐饮全年 10:00～22:00 开。

2. 建筑逐时负荷模拟计算

首先依据设定参数，利用 eQUEST 软件负荷模块建立世博轴总体模型，得到全年 8 760 小时中最大冷热负荷出现的时刻，并分别得到冬夏季设计日 24 小时逐时空调系统冷热负荷曲线以及各月的负荷柱状图(图 1-5-39)。由负荷分析可以看出建筑物空调系统逐时冷负荷峰值 13 849.05 kW 出现在 7 月 27 日 16 时，逐时热负荷峰值 8 801.58 kW 出现在 12 月 29 日 7 时。年累计冷热负荷分别为 1.94×107 kW·h 和 7.12×106 kW·h (图 1-5-40)。

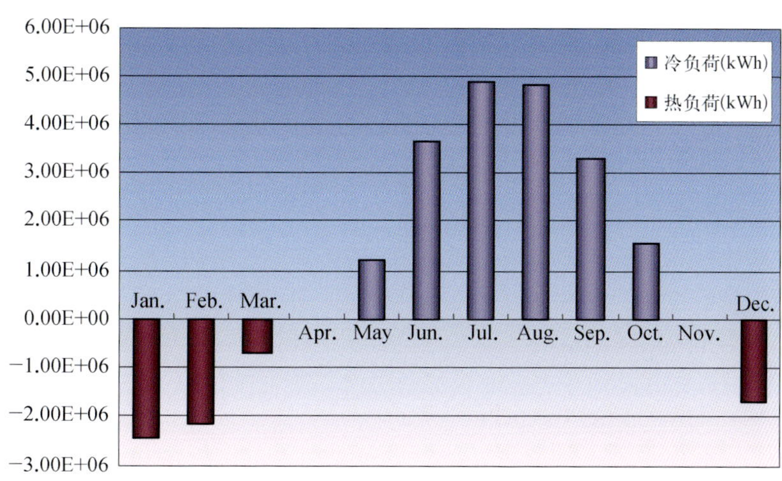

图 1-5-39 世博轴空调系统逐月负荷柱状图

5.3.4.2 江水源地源热泵系统与常用冷热源系统的能耗对比分析

作为利用可再生能源的范例，世博轴及地下综合体的空调冷热源采用江水源＋地源系统。夏季建筑空调冷热源以江水源系统为主，地源系统为辅，同时江水源离心式冷水机组优先开启和使用；冬季以地源系统为主，江水源热泵系统为辅。

为分析世博轴江水源＋地源系统的节能潜力，取公共建筑常用的空调冷热源方式——水冷冷水机组＋燃气热水锅炉作为比较对象，在现有负荷下进行对比性能耗研究(表 1-5-13)。

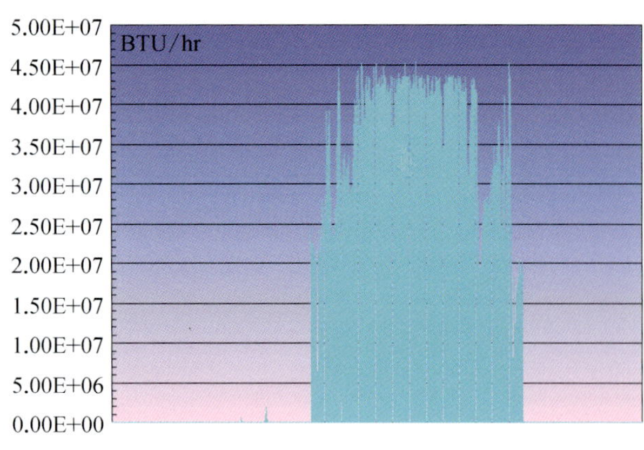

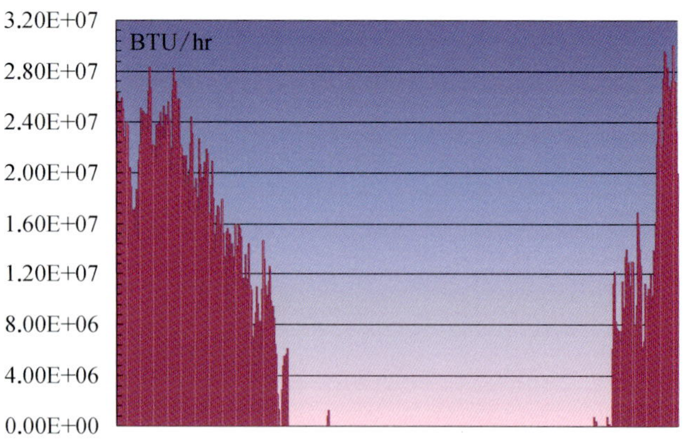

图 1-5-40　空调系统全年 8 760 小时逐时负荷

表 1-5-13　常用方式冷热源系统和江水源+地源系统比较

空调系统	常用方式模型	江水源+地源系统模型
冷热源主机 1	水冷离心式冷水机组	江水源水冷离心式冷水机组
冷热源主机 2	水冷螺杆式冷水机组	江水源水冷螺杆式热泵机组
冷热源主机 3	燃气热水锅炉	地源水冷螺杆式热泵机组
空调冷水供回水温度	6℃ / 12℃	6℃ / 12℃
空调热水供回水温度	60℃ / 50℃	45℃ / 40℃
冷却水供回水温差	5℃	(江水/地源)5℃
主机供冷效率	$COP_1 = f_1(T, T_c)$	$COP_2 = f_2(T, T_c)$
主机供热效率	锅炉热效率 90%	$COP_3 = f_2(T, T_h)$
空调水系统	二管制	二管制
空调水一级泵	定流量(单冷)	定流量
空调热水一次泵	定流量(95～70℃)	—
空调水二级泵	变流量	变流量
冷却水泵	定流量	—
地源水泵	—	定流量(温差 5℃)
江水泵	—	变流量(温差夏 5℃、冬 3℃)

1. 江水源地源系统模型建立与能耗分析流程

江水源系统耗能设备包括冷水机组、热泵机组和水泵等，各个部分所消耗的电能总和为建筑物空调系统冷热源系统能耗之一。地源热泵系统耗能设备包括热泵机组和水泵等，各个部分所消耗的电能总和为建筑物空调系统冷热源系统能耗之二。本书将世博轴建筑冷热源的分配看作理想状况，即地源热泵系统承担了全部的冬季热负荷，江水源仅用于夏季制冷，但实际运行中可能偶尔会出现冬季地源供热不足的情况，江水源这时起到补偿作用。图 1-5-41 为江水源、地源热泵系统图，图 1-5-42 为江水源地源热泵系统能耗分析流程图。

2. 常用冷热源系统模型建立与能耗分析流程

作为比较对象的常用冷热源方式模型，根据地源热泵系统所承担的夏季冷负荷，以水源螺杆热泵机组、冷却塔作为常规冷源进行功耗计算。常用冷热源系统能耗系统包括冷水机组、锅炉、水泵和冷却塔，各个部分所消耗能源(包括电和天然气)总和为整栋建筑能耗总和。常用方式系统总能耗包括机组功耗、锅炉功耗、水泵功耗以及冷却塔冷凝风机功耗等。图 1-5-43 为常用冷热源方式的能耗分析流程图。

5.3.4.3　江水源地源系统与常用冷热源系统的能耗比较

根据空调冷热源系统能耗的计算，在承担相同负荷的条件下，对两种冷热源方式的耗电量进行对比。由于全年江水温度尚在测试，江水源系统总功耗系按地源热泵系统的效率估算，待江水水温测试结束后再行分析计算。由以上各部分计算得到的不同系统总能耗及其分项见表 1-5-14。

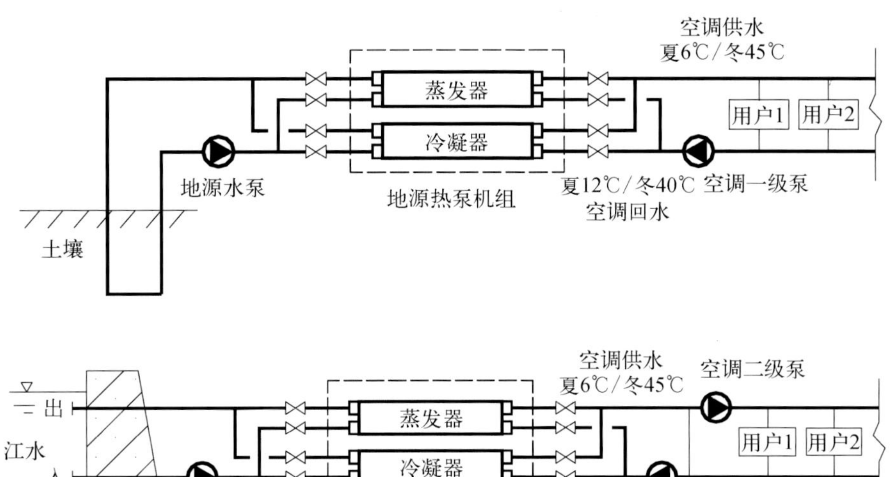

图 1-5-41 江水源、地源热泵系统

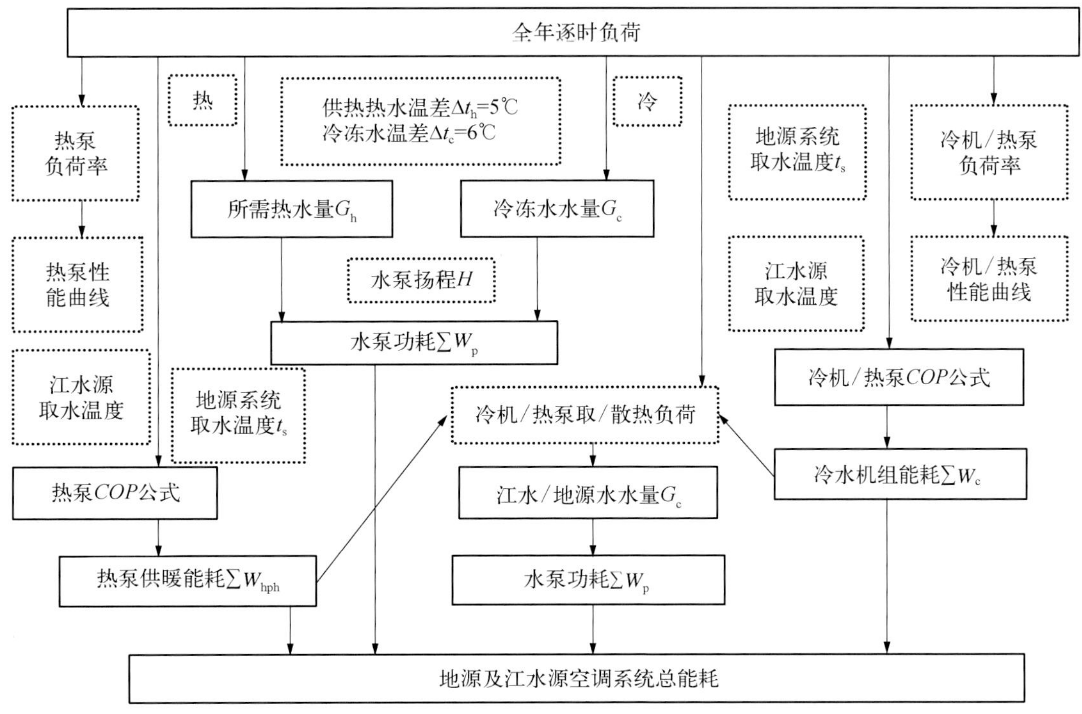

图 1-5-42 江水源地源热泵系统能耗分析流程

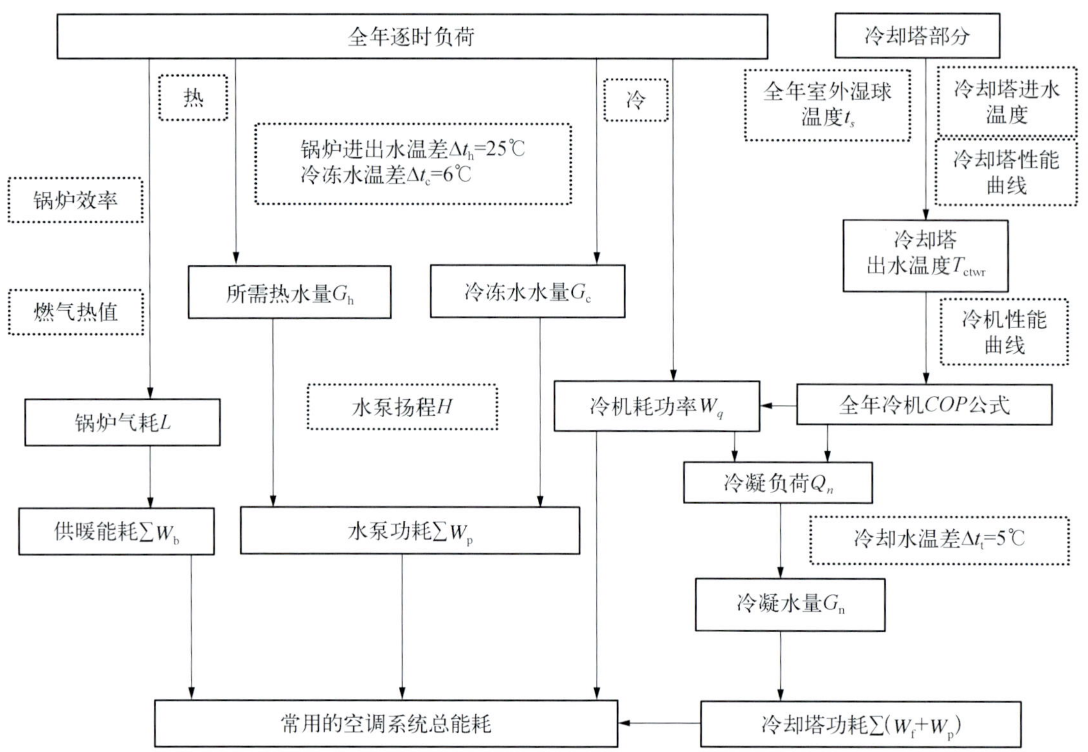

图 1-5-43　常用冷热源方式的能耗分析流程

表 1-5-14　冷热源系统能耗用电量比较结果　(kW·h)

	地源热泵	常用系统地源负荷部分	江水源热泵	常用系统江水源负荷部分	常规总体
夏季冷负荷	6 088 193	6 088 193	13 357 004	13 357 004	
主机夏季用电量	920 231. 91	1 282 816. 62	—	3 030 698. 55	4 313 515. 18
空调侧水泵功耗	106 543. 38	106 543. 38	—	549 715. 20	656 258. 58
冷却/地源水泵功耗	149 221. 05	138 138. 29	—	352 881. 88	491 020. 17
冷却塔风机功耗	—	82 635. 00	—	174 135. 00	256 770. 00
夏季总能耗	1 175 996. 34	1 610 133. 30	2 998 423	4 107 430. 63	5 717 563. 93
冬季热负荷	7 119 897	7 119 897	—	—	—
主机冬季用电量	1 407 452. 08	5 730 511. 83	—	—	5 730 511. 83
空调侧水泵功耗	137 058. 01	21 597. 02	—	—	21 597. 02
热源侧水泵功耗	121 627. 47	—	—	—	—
冬季总能耗	1 666 137. 55	5 752 108. 85	—	—	5 752 108. 85
全年总能耗	2 842 133. 89	7 362 242. 15	2 998 423	4 107 430. 63	11 469 672. 78

5.3.4.4　联合运行系统性能与节能潜力分析

1. 地源热泵系统与冷水机组+燃气锅炉系统的能耗比较分析

在地源系统承担负荷条件下，地源热泵系统的总能耗为主机功耗、空调侧冷热水泵功耗和地源侧冷热水泵功耗之和；对应常用的冷热源方式的总能耗为螺杆热泵机组主机功耗、空调侧冷水泵功耗、冷却水泵功耗、冷却塔风机功耗、燃气热水锅炉等效用电量以及热水泵功耗之和。两者的比较结果见表 1-5-15 以及图 1-5-44、图 1-5-45。

表 1-5-15 全年地源承担负荷部分的冷热源功耗指标比较

	夏 季	冬 季	全 年
全年空调负荷(kW·h)	6 088 193	7 119 897	
冷水机组+冷却塔+燃气锅炉系统耗电量(kW·h)	1 601 133	5 752 109	7 362 242
地源热泵系统耗电量(kW·h)	1 175 996	1 666 138	2 842 134
节电量 (kW·h)	434 137	4 085 971	4 520 108
节能率 (%)	26.96	71.03	61.40
折合减碳量 (t)	434	4 086	4 520

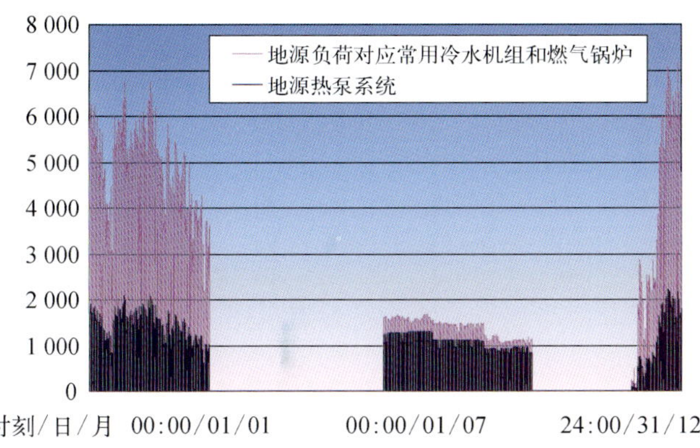

图 1-5-44 全年地源承担负荷部分的冷热源功耗比较

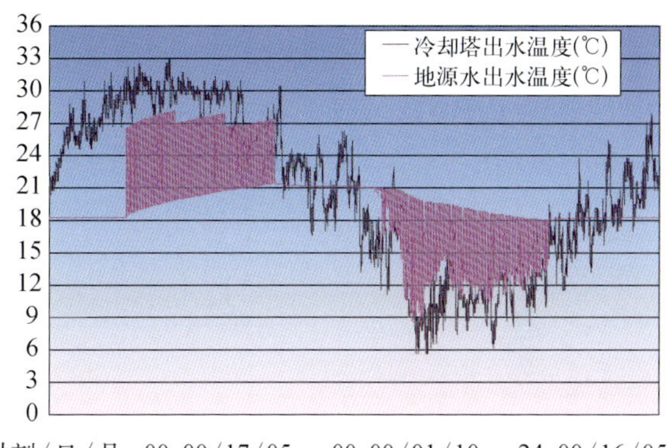

图 1-5-45 全年地源水与冷却塔出水水温的比较

由以上图表可以看出，地源热泵系统较同负荷下的常用冷热源系统，冬夏两季都具有节能优势，并以冬季更为明显。地源热泵系统的冬、夏季能耗分别为常用热源系统 28.97%和 73.04%，冬、夏季节能率分别为 71.03%和 26.96%，全年节能率达 61.40%。能源消耗降低的主要原因有以下几点：

(1) 采用地源水作为冷源供冷，夏季供冷季地源水平均出水温度为 23.88℃，相比冷却塔同期平均出水温度 28.75℃低 4.87℃，全年温度比较见图 1-5-45。在选择同样冷机的条件下，冷源水温度的明显降低是造成地源热泵系统夏季节能 26.96%的主要成因。

(2) 用地源热泵代替燃气锅炉供热，燃气耗量以国家大型燃气电站每立方米天然气发电 7.156 kW·h[9] 折合为用电量。冬季采暖季地源水平均出水温度为 16.05℃，充分利用水温较高的优势，使地源热泵系统冬季用电量与燃气锅炉耗气折合用电量相比系统节能 71.03%。

2. 江水源地源系统联合运行策略

世博轴是复合冷热源——江水源和地源热泵系统。黄浦江水温度随气温变化，地埋管出水温度则主要取决于土壤温度，与全年的取放热量有关。受江水温度和地埋管出水温度的影响，在全年不同时段，江水源和地源热泵系统效率也不同。可以结合地源热泵系统的全年土壤热平衡，进行两者的全年能效分析，用于指导制定江水源地源热泵系统联合运行策略。

5.3.4.5 结论

(1) 世博轴空调冷热源全年能耗分析表明，江水源地源系统较常用冷热源系统，夏季节能 154.3 万 kW·h，节能率 27%；冬季折合节能 408.6 万 kW·h，节能率 71%；全年节能 562.9 万 kW·h，节能率 49.1%；年减碳量 5 629 t。

(2) 世博轴空调冷热源系统表明，同处夏热冬冷气候下的长江流域地区，地表水或地源热泵等利用可再生能源空调系统的节能潜质和应用价值。夏季地表水或地源埋管出水温度低于空调冷却塔出水以及空气温度，因此系统能效会高于水冷冷水机组和风冷热泵系统，冬季能效比燃气锅炉要高出数倍。

(3) 在夏热冬冷的长江流域地区，地表水或地源热泵系统可以改变传统思路，通常这一地区夏季空调负荷大于冬季，以冬季热负荷选择地源热泵系统，夏季不足部分辅以水冷冷水机组。如此替代风冷热泵系统，可以全面提高空调冷热源的能效。

6 给排水工程设计

1. 给水系统

水源利用城市管网的给水管。根据用水要求，从上南路、浦明路和雪野路分别引入一根给水管，进水管管径为DN300，在基地内形成DN300环网。生活用水管接自室外环网，总体上设DN300总水表三只。因引入管处自来水水压不低于0.2 MPa，可满足各层用水点水压，生活供水方式采用市政管网直供。

生活用水设计用水量：最高日为1 700 m^3/d，最大时为272 m^3/h。卫生间盥洗用水、餐饮用水等采用城市自来水，水质达到生活饮用水标准。冲厕和绿化浇灌等采用雨水回用水，水质达到杂用水标准。考虑较长时间不下雨情况，雨水回用水箱需要市政管网间接补水，最高用水量仍按全部由市政管网供应计算。为便于用水管理和计费需要，分别在各餐饮商铺等处设分水表计量。

2. 热水系统

热水供应范围为餐厅厨房、职工淋浴用水。由于天然气不能进入地下层，供应方式采用容积式电热水器靠近各主要用水点分散设置，按热水温度自动控制加热，冷水进水接自就近自来水系统。职工淋浴间因淋浴用水需求较大，每间采用两台热水器并联供应，并配置储热水箱和热水循环泵。

3. 排水系统

由于室内生活污水无法重力排至室外，室内污、废水采用合流制，设主通气立管和环形通气管。室内污水均重力自流排入地下集水井，采用潜水排污泵加压提升至室外污水管。

生活污水在总体局部汇总后，通过排水监测井多路就近排入市政污水管网。营业性餐厅的厨房含油废水经隔油器处理后，排入生活污水管道，隔油器根据厨房布置区域，集中设在附近的专用隔油间内，共设置五处，处理能力合计为90 m^3/h。为防止餐厅厨房排水混有粗大杂质，造成系统堵塞，在油水分离装置前增加机械格栅，自动清理垃圾。

地下层机房及地面废水通过排水沟或地漏汇集至集水坑。空调凝结水设专用排水管间接排至集水坑。

室外采用雨、污水分流系统，污水排入城市污水管，雨水排入城市雨水管。

4. 雨水系统

世博轴雨水排水因无法溢流，雨水设计重现期取50年。雨水排水系统结合独特的建筑形态，通过阳光谷和膜结构屋顶下拉点等方式收集雨水，然后通过管道排入地下二层以下设置水渠。雨水排入水渠后，需利用排水泵提升后排至周边市政管道，根据《世博会地区排水专业规划》，世博轴排水位于浦明雨水系统内，由于世博园区内排水采用设计重现期为3年的排水标准(相当于51 mm/h)，虽然世博轴接至周边道路下市政雨水管网有多个接口，但排水能力远不能满足极端时暴雨量。设计在调查分析的基础上，结合工程特点，在地下设置有效容积为超过7 000 m^3 的雨水沟渠(其中地下二层水渠5 820 m^3，地下二层水渠1 520 m^3)，排水泵排水能力按最大小时雨水量计算，并与市政管网的容纳能力相匹配。暴雨重现期 P 按50年考虑，降雨历时按1小时，则计算降雨强度为89.6 mm/h(30年为81.7 mm/h)。

合计排入地下水渠面积　　57 277 m^2

排入地下水渠流量　　5 132 m^3/h

在雨水沟渠一侧沿世博轴南北方向分别设置5个排水泵房，各泵房内设干式排水泵2～3台，共14台，合计排水能力为500×14＝7 000 m^3/h，同时考虑到项目的特殊性，供电要求一级负荷。

6.1 阳光谷和膜结构屋顶排水系统

6.1.1 阳光谷部分(上沿水平面积 2.2 万 m^2)

通过 6 个漏斗状网壳直接排至地下雨水沟渠。其中 5 个排至地下二层雨水沟渠,1 个排至地下三层雨水沟渠,部分储存供雨水处理后回用,超出储存容积的雨水通过排水泵加压提升至室外市政雨水管。地下二层雨水沟渠还具备在紧急状态下向黄浦江直接排水的能力。为检修方便,雨水沟渠的排水泵采用大流量干式排水泵,设在雨水沟渠一侧的雨水泵房内。

6.1.2 膜结构屋面部分(水平投影总面积 6.5 万 m^2)

6.1.2.1 收集方式

根据其排水组织形式分成三种收集方式:

1. 中心下拉点的排水系统(汇水面积 5.4 万 m^2,计 19 处)

结合建筑、结构整体要求进行设计。雨水斗隐藏在膜面下部汇集排水口钢构件中,10 m 平台以上部分的雨水立管暗敷在桅杆内,如图 1-6-1 所示。平台以下部分的雨水立管沿柱子对称设置 4 根。受桅杆构造尺寸限制和,立管管径为 DN150。

图 1-6-1 中心下拉点排水管

由于每个单独排水系统其汇水面积差异很大,而排水立管受外观影响,要求为统一的 4 根 DN150,因此必须考虑如何控制流速、压力及迅速形成排水等问题。以水力学的角度分析,当排水立管为 DN150 的管道,膜结构屋面排水系统的排水斗和排水出口的几何高差为 9 m 和 20 m 两种情况下,部分管道内计算排水流速最高可达 5 m/s 和 8 m/s,排水能力远超出该系统需要的排水流量要求,但过大的流速会对整个系统的稳定性带来不利的影响,同时造成管道的振动和噪声。所以需着重注意以下几点:

(1) 控制流速,防止流速过大对管道振动、噪声和管道的固定等产生影响,使涂塑钢管的流速控制在 4 m/s 以下。

(2) 控制负压,避免管内负压达到水的汽化压强时,管内水产生汽化,破坏管道的满管流,减低管道的排水能力。

(3) 加速形成满管流,排水系统满管流的形成需要时间,一般为 500~800 ms,而设计合适的出口阻力,能加速满管流的形成。设计在排水立管的出口处设置孔板。孔板的孔径是根据不同的排水量和排水系统(系统管道布置方式)理论计算得到的。

(4) 控制水面吸气涡：排水系统的雨水斗的容积和进口与水面的高差，以及与之相关的进口的大小，容积太小排水系统很难形成恒定的满管流，太大对结构和美观不利，另外进口太小，进口流速过大，水面将形成表面涡，气体将随涡一同吸入排水系统中，这也将使系统的排水能力下降。因此，为使系统达到满管流，限制气体随水流混入，必须设计合适的排水斗、管道的流速和管路系统。图 1－6－2 为结合索膜结构设置的特殊雨水斗构造。

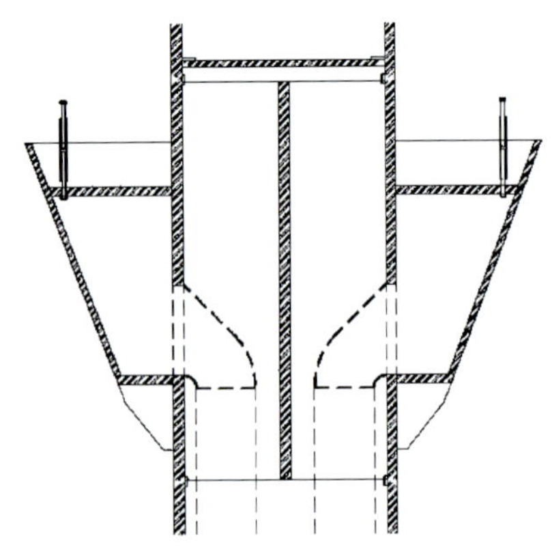

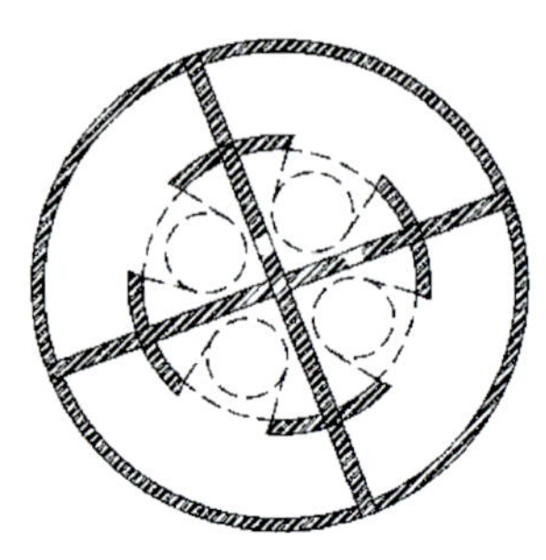

图 1－6－2　雨水斗构造

2. 部分与阳光谷连接点(汇水面积 6 000 m^2，计 8 处)

通过与阳光谷的连接点设置的雨水斗收集雨水，膜结构与阳光谷连接处下拉点的排水系统方案是直接将雨水汇集到排水管，并从外穿越阳光谷以自由出流方式排放。如图 1－6－3 所示。每个下拉点对应的膜均为倒三角形的，由膜结构下拉点的排水斗以及膜边缘的设计将是能否顺利排水的关键。

图 1－6－3　与阳光谷连接排水管

3. 部分外侧下拉点(汇水面积 5 000 m^2，计 5 处)

通过外侧下拉点处设置的雨水斗收集雨水，再通过悬吊横管和立管汇集，沿外桅杆经自流方式排至地上一层的排水明沟，如图 1－6－4 所示。

由于外桅杆下拉点直接裸露在世博轴的两侧，对美观的要求比较高，但又不能直接放任自由任其排放。在设计过程中不设置排水斗，而取而代之的是以膜下拉点边缘反翘形成类似“天沟”的集水区域，“天沟”的高度是整个排水系统的关键。该排水系统无排水斗，用膜结构制作的类似的“天沟”。“天沟”的高度以淹没排水口上沿约 200 mm。

图 1-6-4　外侧下拉点排水管

地上二层平台和地上一层两侧少量雨水通过线性排水沟分段收集，经设于结构立柱侧和芯筒内的雨水立管重力排至室外雨水集水坑，以潜水泵形式压力排至室外雨水管。

下沉式广场雨水通过集水坑收集，采用潜水排污泵加压直接提升至室外雨水管。

地下一层的雨水为室外场地、坡地绿化和部分膜结构屋顶的雨水，排至排水明沟，分段收集至室外雨水集水坑，以潜水泵形式压力排至室外雨水管，明沟结合休息长椅下方设置，较隐蔽，上设篦子盖板。

6.1.2.2　雨水回用水系统

雨水回用水主要用于冲厕、道路冲洗和绿化浇洒用水等，水质标准符合 GB/T 18920－2002《城市污水再生利用 城市杂用水水质》的规定。由于降雨的不确定性，为保证给水供应，在回用水箱上设置自来水补水装置，不足部分由城市自来水补充。

回用水源选用膜屋面优质雨水排水。从试验数据来看：膜材料屋面雨水水质较好，在没有初期弃流的情况下，浊度、COD、色度、氨氮、TN 和 TP 等指标在存储池稀释及沉淀的作用下，浓度均较低。同时处理后的雨水主要用于绿化和冲厕，水质要求较低。这些因素使得世博轴屋面雨水在经过常规处理技术后就能满足回用要求。世博轴雨水采用了混凝/沉淀/过滤/消毒工艺，其工艺成熟、出水水质稳定，能有效去除水中尚存的胶体物质、部分重金属、有机污染物和细菌，运行成本较低，出水水质可满足回用水质要求。同时为减少空间以及保证处理效果，对该工艺做了改进，采用浮动床过滤器把沉淀和过滤结合起来。这种过滤器选用松散的多规格、比重小于 1 的不同粒径的介质，实现了过滤精度的自适应，可以达到比较高的过滤精度。针对所采用的过滤介质的悬浮特性，采用了逆流过滤、无压力顺流再生的工作方式。其过滤精度与进水压力及流速可自适应性，过滤流速可达 40 m/h，滤料反洗再生时不会出现乱层现象，悬浮物去除率达到 85%～95%。反洗再生消耗水量仅为被处理水量的 1‰～2‰，节约再生排污水量 80%，降低了运行成本。

本着效果可靠、节省投资及方便操作的原则，本项目选择了次氯酸钠消毒剂。加药装置为自动控制，由系统电控柜统一控制，正常条件下与过滤器过滤过程联动。雨水处理工艺流程如图 1-6-5 所示：

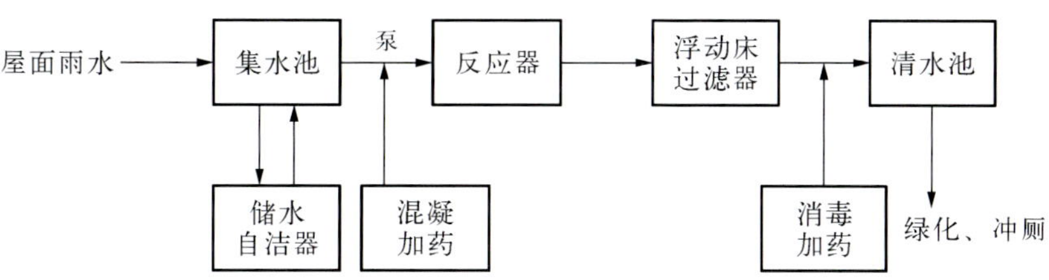

图 1-6-5　雨水处理工艺流程

世博轴南北向长度近千米，根据节能和供水安全原则，整个世博轴雨水回用水管网分成四区，分别为一区(1－0 轴～1－12 轴)、二区(1－13 轴～3－5 轴)、三区(3－6 轴～4－1 轴)、四区(4－2 轴～5－21 轴)。

各区水泵均采用变频调速运行方式，分别为一区三台($Q=16.8\ m^3/h$，$H=38\ m$，二用一备)、二区三台($Q=17.4\ m^3/h$，$H=38\ m$，二用一备)、三区三台($Q=19.8\ m^3/h$，$H=38\ m$，二用一备)、四区三台($Q=23.4\ m^3/h$，$H=37\ m$，二用一备)，并设稳压罐。为防止污染，杂用水供水管网和自来水供水管网严格分开。

处理设施按分区，在地下二层设三个雨水泵房，在地下三层设一个雨水泵房，同时供会后使用。每个水处理设施处理能力为 20 m^3/h。处理后的雨水日设计用水量为 678 m^3/d。目前雨水处理机房设计处理水量为 80 m^3/h，可在 8 h 左右将日用水量处理完毕。图 1－6－6 是世博轴雨水处理机房典型平面布置图。

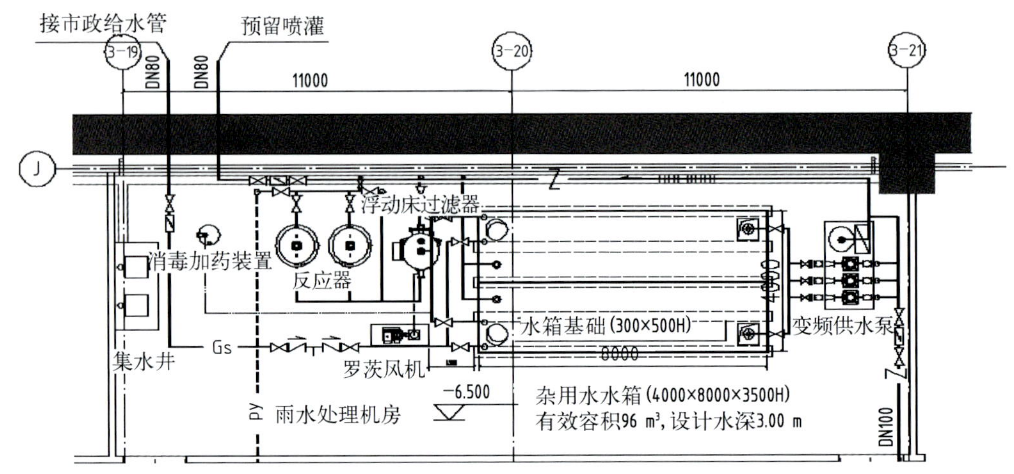

图 1－6－6　雨水处理机房平面

6.2　消防系统

消防水源利用城市自来水，从上南路、浦明路和雪野路分别引入一根给水管，进水管管径为 DN300，在基地内形成 DN300 环网。每根引入管上设总水表。

1. 设计消防水量

室外消火栓系统水量 30 L/s；

室内消火栓系统水量 20 L/s；火灾延续时间为 2 h。

自动喷水灭火系统水量 36 L/s；

室内外消防水量均由市政管网直接提供。

室外消火栓系统采用低压制，世博轴基地内消防管网成环布置，干管管径 DN300。世博轴沿两侧斜坡绿化布置多套地上式室外消火栓。

2. 室内消火栓系统

由于建筑南北长度长达近 1 000 米，为安全起见，使每个消防泵房的保护范围不致过大，世博轴采用分区设置消防系统原则，世博轴横向分为三个分区，每个分区系统单独设置消防水泵房，系统为稳高压制，静水压力不大于 1.0 MPa。各分区管网均为环状，以保证供水的可靠性。

各区消防给水由消火栓泵从市政管网直接吸水，经两根 DN150 的干管供至环管。消防泵房位于地下二层，内设消火栓泵两台，一用一备，$Q=20L/s$，$H=50\ m$；消防稳压泵两台，一用一备，$Q=5L/s$，$H=55\ m$；稳压罐一只，$V=300\ L$。

建筑内各层的出入口、楼梯、公共走道等公共部位均设有消火栓箱，保证同层相邻两个消火栓水枪的充实水柱同时达到被保护范围内的任何部位。消火栓箱内设有 DN65 栓口一个，DN19 水枪一支、25 m 长衬胶水龙带一根及 DN25 消防卷盘一个。各分区内地下层消火栓栓口处动压超过 0.50 MPa 处，设减压稳压消火栓。各区在 10.000 m 高架层设带压力表的试验消火栓一个。

室外设消火栓水泵接合器三组，每组设 DN100 地上式二套。

自动喷水灭火系统：

火灾危险等级：中危险级Ⅱ级；

设计喷水强度：8 L/min · m^2；

作用面积：160 m^2；

最不利处喷头工作压力：0. 1 MPa；

系统设计流量：36 L/s。

世博轴采用三个自动喷水灭火系统，系统为稳高压制。

各区喷淋给水由喷淋泵从市政管网直接吸水，经二根 DN200 的干管供至报警阀前环管。消防泵房位于地下二层，内设喷淋泵两台，一用一备，Q=36L/s，H=52 m；喷淋稳压泵两台，一用一备，Q= 1 L/s，H=57 m；稳压罐一只，V=150 L。

本建筑除柴油发电机及日用油箱间、电气设备用房、公共卫生间、给排水及空调机房外，均设喷淋系统保护。其中地下通廊因与室外大气连通，喷淋系统采用预作用系统，其他部分采用湿式系统。喷淋泵合用，喷淋供水干管经湿式报警阀和预作用阀后供至各自喷淋管网。阀前管网为环状，管径为 DN200。

地下的商业用房布置快速响应喷头。吊顶下使用隐蔽型或下垂型喷头，其余场所使用直立型喷头。闭式喷头公称动作温度，除用于保护厨房、热水器间选用 93℃外，其余场所室内选用 68℃玻璃球喷头、敞开通道选用直立型和干式下垂性喷头。各层、各防火分区分别设水流指示器及信号阀各一只。每组报警阀最不利处设置末端试水装置，其他防火分区、楼层最不利处均设置 DN25 试水阀。

室外设喷淋水泵接合器三组，每组设 DN150 地上式三套。

根据《建筑灭火器配置设计规范》，在建筑内各层适当位置设手提式磷酸胺盐干粉灭火器。危险等级为中危险等级。

地下室总配电室、柴油发电机房、主分控制中心等场所设置七氟丙烷气体自动火火系统。因输送距离较长，本系统采用备压式七氟丙烷自动灭火系统。气体保护区采用组合分配全淹没方式，为管网灭火系统。各保护区域可能出现的最低环境温度为 5℃，可能出现的极端最高环境温度为 45℃，设计计算温度为 20℃。针对不同保护对象，气体设计灭火浓度为 8%～9%，设计喷射时间为 8～10 s，浸渍时间为 5～10 min。系统采用自动和手动控制功能，并具备应急操作控制方式。

保护对象为 21 个区，采用 5 套组合分配系统，具体分布在地下二层。钢瓶间分别设置在 3 个消防泵房内，每个钢瓶间分别设置 90L 钢瓶 6～11 个、动力气瓶、驱动瓶组等。

地下室消防排水利用泵房及其他设备机房集水坑排水泵排出。消防泵房、报警阀间单独设集水坑排水泵。

7 动力工程设计

7.1 应急柴油机房设计

随着社会的发展，人民生活水平的提高，在现代民用建筑当中，用电设备的种类和数量越来越多，在这些用电设备当中，不仅有消防泵、喷淋泵等消防设备，还有需要可靠供电的生活泵、电梯等用电设备，为满足这些设备用电的可靠性，当市政电网无法提供两路独立电源时，在设计中采用柴油发电机组作为备用电源的方法被普遍采用。

根据本工程要求，在外电源发生故障时，保证建筑物内的消防泵、消防电梯、应急照明等设备用电，在地下二层平面层靠外墙处设应急柴油发电机房三间。在每间柴油机房内设应急柴油发电机一台，机组常载额定功率 1 000 kW。柴油机供油排烟系统如图 1-7-1 所示。

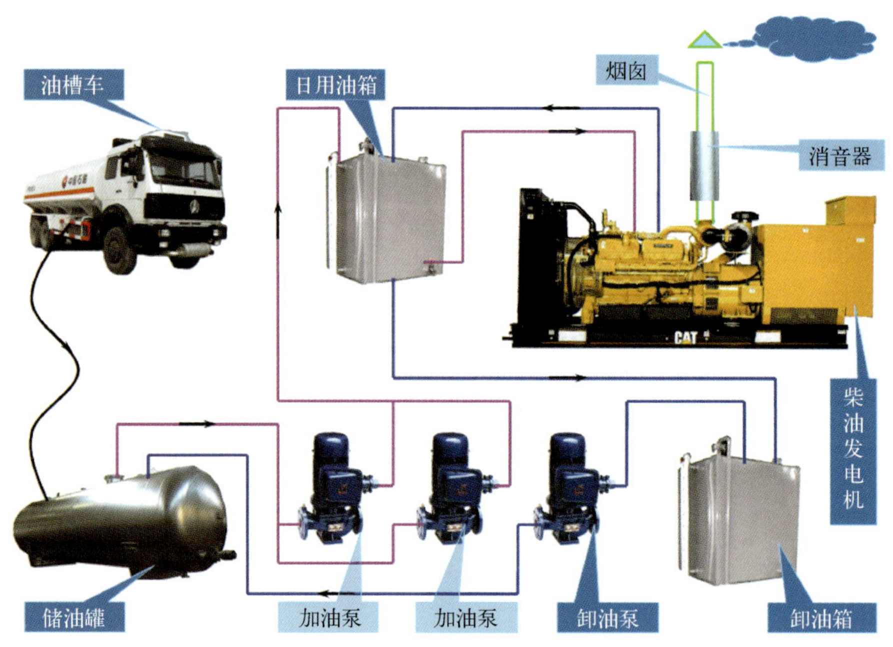

图 1-7-1 柴油机供油排烟系统

7.2 天然气系统设计

近几年来，随着改革开放的深入发展，有地下室、半地下室以及其他用气设备间的大型公共建筑日益增多。在这些特殊场合内设置燃气设施的安大型公共建筑用气一般分为两大类：一是公寓式建筑，此建筑用气点分布比较均匀；二是餐饮类，此类型建筑用气点分面不均匀，上至几十层，下至半地下室或地下室，但不论是哪种类型都有一个共同的问题，那就是燃气管道的设置，近几年以来，一些高标准、现代化的公共建筑正向国际标准靠近，若燃气设施设置不当将严重影响建设物的整体形象。

在世博轴的设计过程中，设计人员在按照规范设计的同时，也考虑了管道与建筑的结合，满足通风的同时又与建筑协调，如图 1-7-2 所示。

图 1-7-2 燃气设施

从上海市城市天然气管网接来的城市中压天然气分别接入设在基地内的三只箱式调压器：一只为北调压箱，放在园三路浦明路处；一只为中调压箱，放在园三路南环路处；一只为南调压箱，放在园三路雪野路处。

7.3 燃油系统安全设计要点

动力专业设计的特点是：柴油机燃料为轻油，轻油是丙级危险品，天然气是甲级危险品，使用易燃、易爆的介质，稍有不慎，就会造成很大的人员伤亡和财物损失。为安全考虑，世博轴尽量减少建筑物内轻油的储存量，采用室外埋地储油罐供油系统。世博轴地下二层的三台应急柴油发电机供油系统和卸油系统均为自动控制；整个油系统设有静电接地措施；油管道采用无缝钢管焊接连接，氩弧焊打底；管道安装完毕后，按有关规范的要求进行试压试验。

柴油机房设有火灾自动报警系统和自动灭火系统，并将有关信号接至防火中心监控。

柴油机房设独立的送排风系统，夏季室内温度低于 45℃，保证柴油发电机高效，安全的运行。

柴油机房的耐火等级不低于二级，与相邻房间采用防火墙隔离。地面采用不产生火花的地坪，日用油箱间的门采用自动关闭的甲级防火门，门下设挡油门槛。

7.4 燃气系统安全设计要点

世博会中，世博轴的燃具额定总流量 1 039 m^3/h，供 16 个厨房用气。世博轴从头到尾约 1 km 长，16 个厨房铺开的面广，厨房与厨房相距甚远，用气点多，系统复杂。为了安全使用天然气，也为了当一个厨房发生故障时，不影响其他厨房的正常运行。设计中采用了一系列安全保障措施：

(1) 每个厨房设有独立的相对应的天然气紧急切断阀。自动切断阀有二路控制，一路由报警器控制，当厨房天然气泄漏，报警器报警，则相对应的紧急切断阀自动关闭，切断气源。另一路与厨房内独立的防爆型的排风机连锁，排风机正常运行时，厨房的通风换气次数符合国家有关规定，排风机停机时，则相对应的紧急切断阀自动关闭，切断气源。紧急切断阀采用自动关闭，现场人工开启，不设旁通，防止意外。

(2) 消防控制中心设有显示各点报警、各点浓度、故障信号和紧急切断启闭状态的装置，消防中心 24 小时有专人值班监视。

(3) 紧急切断阀配有备用电源，在外电源发生故障时，天然气的安全运行仍有保障。

(4) 天然气管道采用无缝钢管，焊接链接，管道安装完毕后，按有关规范的要求进行试压试验。

8 电气工程设计

8.1 电气系统设计原则

电气系统的设计要满足技术先进、安全可靠、节能环保、经济合理的要求。本工程按一级负荷要求供电，其中重要工艺设备和消防等用电负荷按一级负荷中特别重要负荷供电。具体负荷等级划分：

(1) 一级负荷：公共照明、应急照明(包括诱导、疏散、备用照明)、雨水泵、消防机组、防灾报警、设备监控、通信、防火卷帘、安检闸机、排烟机及相关风阀、柴油机房自用电、控制中心等。其中消防、监控系统、应急照明、防火卷帘、雨水泵、安检闸机等属一级负荷中特别重要负荷。

(2) 二级负荷：设备管理房照明、标志灯箱、排污水泵、一般风机、直升电梯、自动扶梯等较重要负荷。

(3) 三级负荷：冷水机组及配套设备、景观照明、广告、电热设备等不属于一、二级的负荷。

世博轴采用北中南分区独立供电方式。共划分为北中南三大供电分区(北区、中区、南区)。为满足消防及其他重要负荷用电需要，在世博轴内设置3个自备发电机房(位于每区总变配电站附近)，作为消防设备及其他重要设备的应急电源。

对世博轴内一些特殊工艺设备如弱电及信息系统、安检电源除提供市电和发电机组应急电源外，还由各系统自带不间断电源(UPS)供电；而对于应急疏散照明系统电源除提供市电和发电机组应急电源外，还将提供应急电源(EPS)系统，以确保电源的绝对可靠性。

8.2 电气系统设计内容

世博轴电气系统工程主要由35 kV供电系统、10 kV配电系统、0.4 kV配电系统、防雷接地系统、照明系统等组成。

世博轴电气系统主要包括下列内容：

(1) 35 kV变电所。

(2) 10 kV/0.4 kV变电所。

(3) 电力监控与电能管理。

(4) 电气漏电火灾报警系统。

(5) 智能疏散诱导照明系统。

(6) 智能照明系统。

(7) 灯光景观工程。

(8) 防雷接地。

(9) 电缆桥架系统。

8.3 35 kV变电所

35 kV中心变电站设置在TD-4通道北侧，紧贴世博轴东侧。

本变电站工程供电负荷以世博轴及其地下空间建筑体直属负荷为主，35 kV变电站按有人值守用户站设计，由世博轴运营单位管理。为保证供电的可靠性,35 kV 中心变电站采用两路 35 kV 进线电源,分别引自 220 kV 连云站和 220 kV 新周站,在 35 kV 侧采用带断路器的线路变压器组的接线,10 kV 侧采用单母线分段带联络开关的接线方案。

为保证电压水平及电压质量,35 kV 中心变电站设两台 20 000 kVA 有载调压干式主变压器,两台变压器同时运行,正常情况下,单变压器平均负荷率约 66%,当一台变压器故障退出时,另一台变压器能保证所有一、二级用电负荷的供电。

35 kV 中心变电站设 10 路 10 kV 馈线,在每台主变压器二次侧对应 10 kV 母线上安装一组电力电容器作无功功率补偿装置。

在两路 35 kV 进线侧设置有功及无功电度表,装于电业专用的计量屏上,计量屏安装于变电站控制室内。

在 10 kV 出线柜上设置有功、无功电度测量,供世博轴内部成本核算。

10 kV 系统采用中性点经小电阻接地的方式。

35 kV/10.5 kV 继电保护:

(1) 主变压器保护:装设纵联差动保护、带时限过电流保护、非电量保护、零流保护,远程温度测量、过负荷报警。

(2) 10 kV 进线开关保护:装设电流速断保护、过电流保护、零流保护,欠压报警。

(3) 10 kV 出线开关保护:装设电流速断保护、过电流保护、零流保护。

(4) 10 kV 分段开关保护:装设分段自切功能,自切后加速低压过流保护,自切后加速低压零流保护(保护于正常合闸后延时退出)。

(5) 10 kV 电容器保护:采用速断过电流保护、过电压保护、零流保护、不平衡电流保护、欠压保护或进线故障联跳保护。

继电保护装置采用微处理机数字继电器保护方式,对每个回路实施数字式继电保护、断路器控制、电量参数测量和数据变送,并通过现场总线通信电缆及控制电缆以通信和 I/O 方式与本变电站计算机监控站连接,实现遥测、遥信、预留遥控。

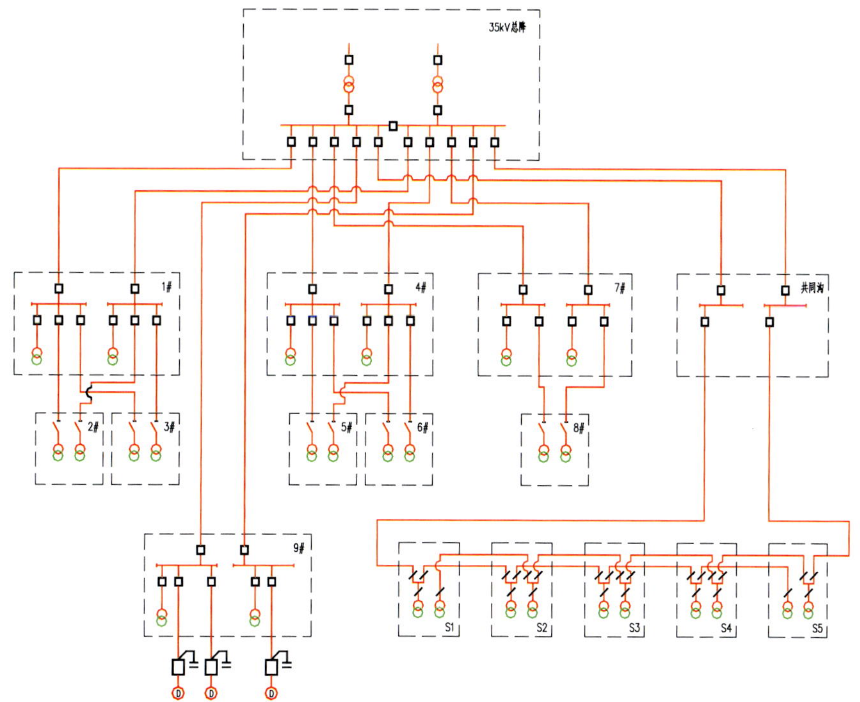

继电保护装置图

8.4 10 kV/0.4 kV 变电所

世博轴北中南三大供电分区(北区、中区、南区)设 9 座 10 kV/0.4 kV 变电所(1#~9#)和 3 座柴油发电机房(G1、G2、G3)。其中 1＃、4＃、7＃、9＃变电所为带开关站的 10 kV 配变电所，变电所 2＃、3＃、5＃、6＃、8＃变电所为 10 kV 变电所(2＃3＃5＃6＃8＃)。1＃、4＃、7＃、9＃配变电所、G1、G2、G3 柴油发电机房设在 B2 层，2＃、3＃、5＃、6＃、8＃变电所设在 B1 层。

1＃、4＃、7＃、9＃带开关站的 10 kV 配变电所每所 2 路 10 kV 电源分别引自 35 kV 中心变电站，10 kV 侧单母线分段不联络接线，0.4 kV 侧单母线分段带联络接线，每所设 2 台 2 500 kVA 变压器。9＃所 10 kV 另直接接有空调 780 kW 高压电动机 3 台。

2＃、3＃、5＃、6＃、8＃变电所每所 2 路 10 kV 电源分别引自带开关站的 10 kV 配变电所，其中 2＃、3＃引自 1＃所，5＃、6＃引自 4＃所，8＃引自 7＃所。10 kV 进线不联络，线变组接线，0.4 kV 侧单母线分段带联络接线，每所设 2 台 1 600 kVA 配变。

G1、G2、G3 柴油发电机房分别对应设置在 1＃、4＃、7＃配变电所旁，每站设 1 000 kW 柴油发电机 1 台，供世博轴应急负荷用电。G1 供 1＃、2＃、3＃、9＃北段变电所的应急母排。G2 供 4＃、5＃、6＃中段变电所的应急母排。G3 供 7＃、8＃南段变电所的应急母排。

(1) 自动装置：10 kV 变电所 0.4 kV 分段开关设备自投 BZT 功能，Ⅰ级负荷、Ⅰ＋级负荷末端设 ATS 自切装置，0.4 kV 应急母线(Ⅱb)设柴油发电机组与市电的 ATS 自切装置。

(2) 供电原则：Ⅰ＋级负荷由一路市电和一路应急母线电源末端 ATS 自切保证供电；Ⅰ级负荷由两路市电末端 ATS 自切保证供电；Ⅱ级负荷由一路市电供电，但可由变电所分段开关统一切换至另一路市电来保证供电；Ⅲ级负荷由一路市电供电，在变电所一个电源或一台变压器故障退出时，自动切除，腾出容量保证一二级负荷用电量。

8.5　电力监控与电能管理

每个变电站内设置综合自动化保护及电能管理系统，管理主机设在各区总变配电站控制室内，并可根据管理需要与各区 BA 系统联网。

变电站综合自动化保护及电能管理系统采用智能化、网络化、单元化、组态化系统，以智能电力监控装置、微机继电保护装置、其他智能装置、计算机网络、电力自动化应用组态软件为基础，把供配电系统的运行设备和运行状况置于毫秒级、周波级的连续精确的监视控制保护中，提供变配电系统详尽的数据采集、运行监视、事故预警、事故记录和分析、电能质量监视和分析、继电保护等功能。极大提高供用电的可靠性、安全性、自动化水平，优化用电管理。

10 kV 侧进出线断路器、变压器低压侧主开关及重要出线回路开关、直流配电屏、柴油发电机等均设置智能测量单元，以实现远距离实时遥测、遥信等智能化管理。考虑到世博轴的供配电安全，对高/低压配电柜有关电量参数监视系统将只作监测而不作控制。

需要测量和采集的主要电气参数有：

(1) 变配电所母线段电压值、电流值。主要回路电量的实时采集，如线电压、相电流等三相电流及中性线电流。

(2) 三相有功功率、无功功率、有功电度、频率、功率因数。

(3) 谐波监测和分析。

(4) 过电压和欠电压的监测。

(5) 瞬时电压波动的监测。

(6) 电压不平衡度及序分量分析。

(7) 事件记录、数据记录和故障数据记录、断路器、手车、隔离开关的状态、变压器温度、运行状况。

(8) 自备发电机组的启用及运行监视，包括：机组油温、冷却水温度、启动电磁电压、引擎转速(PRM)、运行时数、排气温度等。

(9) 运行监测及处理主要功能有：显示区域平面系统图或主菜单监控系统配置状况。

(10) 实时显示主接线图、断路器、手车、隔离开关、接地刀闸的变位情况及母线受电情况。

(11) 实时显示自动装置运行状况图、非电量回路图、自备发电机组运行状况等。

8.6 电气漏电火灾报警系统

为防止各级低压配电设备的漏电电流引起电气火灾，世博轴内设漏电电流监控系统。在三个分区内分别设置系统主机，对各分区内的配电总箱进行漏电电流的检测和监视，发出声光报警，准确报出故障线路地址，监视故障点的变化，储存各种故障和操作试验信号，并将监测结果通过系统总线送至各个区域主机。同时通过相应的控制模块对非重要负荷和非消防负荷按照设定的漏电跳闸电流进行电源切除并显示其状态，而对重要的或消防类负荷只进行漏电电流报警。

漏电电流监控系统采用总线方式，有效支持分布式控制系统，实现网络化、智能化的管理模式。漏电电流监控系统与 BAS 系统相连接。

8.7 智能疏散诱导照明系统

世博轴采用集中控制型消防应急灯具系统。集中控制型消防应急灯具系统内终端灯具自带独立镍氢环保蓄电池，系统内每个终端设备具有独立的地址编码，系统可对终端灯具实时在线巡检，并显示所有终作状态。当系统内任一设备发生故障时，应发出声光报警信号，排障后，报警自动消除。

发生火灾时，系统根据火灾报警系统的联动信息，系统自动执行以下动作：

(1) 灯具转入应急状态，按照系统指示的疏散预案执行命令。

(2) 灯具启动频闪功能，对危险区域的灯具表示进行调整，通向危险区域的出口灯关闭，点亮通向安全区域的出口灯并进行中英文语音提示“这里是安全出口”，原指向危险区域的应急标志灯调整为指向安全区域。

(3) 启动导向光流，指向安全区域，引导人员避烟避险、安全快速的逃离危险区域。

(4) 启动应急照明灯。

集中控制型消防应急标志灯在应急状态下，当主电供电线发生开路、短路、接地等故障时，系统内所有设备仍能执行集中控制主机发出的控制指令。

导向光流子灯间距为 3 000 mm，导向光流子灯分段设置，每段中央设一个导向光流母灯，地下二层导向光流子灯在转角及通向安全疏散口的位置间距为 1 500 mm，其余子灯间距为 3 000 mm。

地面标志灯、光流子灯防护等级不小于 IP65。

消防联动可采用 RS232 或 RS485 协议模式，FAS 系统提供联动所需 RS232 协议(或 RS485 协议)及协议接口。

8.8 智能照明系统

公共区域的照明采用总线制、智能型灯光控制系统，以实现对公共区域照明的分时、定时、分区域、根据外部采光条件以及按人流量等进行实时有效地控制，达到节省人力和节约电能的目的。

照明回路电源性质按正常照明用电、应急照明用电分为两种。每个芯筒配电间均为正常照明预留有两台照明总箱，为应急照明预留有一台 EPS 照明箱。

正常照明按一级负荷供电。每个分区内灯具由对应芯筒配电间中两台照明总箱供电，两台总箱各带该分区除 EPS 供电灯具之外的约 50%的灯具，两者灯具应均匀交叉布置，以满足当一路总箱失电时，该区域平均照度下降不大于 50%，且保证均匀度的要求。

应急照明，按一级负荷中特别重要负荷供电，由柴油发电机和市电自切后的 EPS 应急电源供电。每个分区由应急电源供电的灯具不少于 10%，在安检等候区等人员密集处，提高到 20%。要求这些应急供电的灯具于每个区域内应尽可能均匀布置，满足当市电全失时，该区域平均照度不低于正常照明照度 10%的要求。应急照明灯具平时参与正常照明照度控制，在应急情况，强制全部点亮。

8.9 灯光景观工程

世博轴景观工程包括了世博轴 10 m 平台、张拉膜、阳光谷、南广场、东西两侧草坡绿地等世博轴相关景观要素。

本工程景观照明有两类控制系统实现，即场景实时控制系统和开关灯及照明监控系统。

1. *场景模式*

(1) 表现基本场景模式。

(2) 节假日庆典事件的场景模式。

2. *主要功能*

本工程控制系统选用 Ethernet 高速网络通讯加现场总线通讯的方式，组成分布式、冗余的高可靠 LED 灯光场景照明控制网络。具有以下几方面功能：

(1) 基于 IPV4 协议的网络通讯功能：通过选用支持 IPV4 协议的网络设备，整个系统可以实现基于 IPV4 网络层协议的数据通讯，极大地提高了系统得先进性和可扩展性。

(2) 系统联动控制功能：灯光场景实时控制服务器与整个网络进行通讯，从而实现灯光场景照明与其进行联动控制，这样整体上保证系统的协调一致。

(3) LED 灯具单独可控功能：通过千兆局域网技术，灯光场景实时控制服务器可以与每一个 LED 灯具主控制器进行通讯，而每个 LED 灯具主控制器又通过 LEDBusY 现场总线与每个灯具控制器进行通讯，从而可以实现对每个灯具的单独控制。

(4) 与 BMS 集成功能：通过 TCP/IP 网关，灯光场景实时控制服务软件可以和 BMS 集成，而且通过在灯光场景实时控制服务器上运行服务器操作系统，可以将其作为一个网关，这样几个不同的网络之间可以进行相互通讯。

(5) 预留控制分站功能：基于 Intranet 的网络构架，使得系统具有非常强大的分站预留控制能力，只要通过增加交换机端口，就可以非常方便地对系统进行扩容。

(6) 网络带宽扩展功能：系统采用光纤与超五类线作为通讯介质，具有非常高的网络带宽，在完全满足当前系统通讯功能的同时，可以为以后新的功能需求提供扩展余地。

(7) 自动开关灯和电力参数自动检测功能：通过采用现场总线技术，模块控制景观照明系统的自动开关灯，并将每个配电箱内部的电力参数进行采集传回工作站，进行汇总打印，并可以进行远程监控。

8.10 防雷接地

世博轴建筑按第二类防雷建筑物进行设计，主要由两部分组成。

第一部分是 10 m 平台上人员、设备和 10 m 平台以下的防雷设计考虑。由于 10 m 平台上方有阳光谷、膜结构屋顶，利用膜顶的金属桅杆和拉索作为避雷针和架空避雷线，其保护作用可达到 10 m 平台上人员、设备防直击雷的要求。

第二部分是 10 m 平台天面(即阳光谷、膜结构屋顶)本体的防雷设计。由于阳光谷建筑形式的特殊性，顶部直径 70 m 或 70 m×90 m，若按 GB 50057《建筑物防雷设计规范》中第二类防雷建筑物的做法来对其进行防护，需在顶部设置 10 m×10 m 的金属网格或设置 50～60 m 高的独立式避雷针对阳光谷的顶部进行防护，由于上述两种避雷方案极大地影响了阳光谷的景观效果，不宜实施。因此，为了既不影响阳光谷的景观效果，又能对阳光谷实施安全的避雷措施，在阳光谷顶端设置环型避雷带的直击雷防护措施，在阳光谷顶端对称设置 2 根预放电避雷针作为防直击雷的辅助措施。阳光谷在设计时结合建筑的吊装需求，在不同高度的玻璃表面一周点状均匀布置了钢制铁件作为接闪器，增加了接闪点。

对整个膜结构顶部的构造来看，膜结构位于世博轴建筑的最高点，其上方除钢索之外无任何可以利用防雷的金属物，再在其之上作大量的防雷装置建筑结构上也是比较困难的。而钢索如当成是架空避雷线，由于其于膜体的高度差较小，形成不了对膜的有效保护；若把钢索当成是避雷网格，其间距也满足不了规范要求，故借鉴法国国家防雷标准 NFC17－102，采用在中间下拉点桅杆顶部装设预放电针的方法对膜结构顶部进行辅助保护。

10 m 平台桅杆和拉索处、阳光谷地下二层底部设置花坛、座椅等小品建筑进行隔离，防止人员可能接触到金属构件；在落水管距地面 2 m 以下，采用绝缘材料包裹进行隔离，防止人员接触；在每层楼板引下点设置了接地均压带，在可能与人员接触部位均要求设置警示牌，通过上述措施来防止人员遭受雷电接触电压的危害。

9 弱电气工程设计

9.1 智能化系统设计思路

世博轴的智能化系统工程建设，要在世博会中、会后的时间维度；世博轴内部与轴外园区的空间维度；世博轴内自身的不同的使用功能维度的思路上，整体构架一个智能化系统体系架构，以创造一个数字化、节能、环保、绿色的世博会。

1. 时间维度

(1) 世博会中：在世博会期间，项目的总体运行管理是项目建设的一个出发点，运行期间的各项功能需要有机协调。应急措施、管理方式亦是设计阶段所需要考虑的重点，同时需要充分考虑世博轴的日常运营的可能存在的变数。

(2) 世博会后：在世博会会后，世博轴将改建成为一个综合商业中心，可持续发展也是在项目定位设计时就需要考虑的另一个重要问题。系统的最初的设计应当为将来的改造创造条件。

2. 空间维度

(1) 世博轴内：在世博轴内，各智能化系统的建设需要满足世博轴的特殊应用要求，在空间内充分满足所需要功能。

(2) 世博轴外：在世博轴外园区内的其他空间也有与之智能化系统建设密切相关的要求和规定，因此与空间外的系统相连也是目前一个所需要关注的重点。

3. 功能维度

(1) 通信与信息交互功能：世博会对于世博各建筑的连通性、可监测性、集成能力和可控性有着很高的要求，必须在建设当初就做好充分准备。良好的通信与信息交互环境，特别是对于通信信息网络的整体规划，以及世博会后的多功能应用及可能造成点位变化的细部规划均应在设计时统一考虑。

(2) 安全信息综合管理的功能：对于当今所提倡的和谐社会来说，人身安全、设备安全、环境安全等所需要防护的各项措施，综合安全防范是唯一的解决方案。通过专用的安全信息综合管理平台，创立系统相互联动，触一发而动全身，提前消除安全隐患是与会期间的重要事项，万一发生非安全事件，也有相应的智能手段配合应急预案达到快速反应的效果。同时也务必让与会人员不会感觉到安全设施带来的约束的氛围。

(3) 建筑设备管理的功能：国家非常重视节能减排与可持续发展，在 2010 年世博会召开期间，时逢夏季，世博轴又是一个开放型的大型建筑，并且主出入口的特殊定位又使得世博轴的设备管理在世博会期间是一项较为复杂的工作，节能和集成管理也是必须考虑的问题，因此，在项目定位和设计时，必须将将来运行模式考虑完整，从运营的角度出发来进行项目建设目标的最终认定。

9.2 智能化系统总体设计原则

世博轴智能化系统应能为使用者(包括世博会的游客和实际管理者，以及会后可能成为使用者的人群)提供最优质的智能化保障，从而满足他们获得信息服务、指导服务、公共安全、运营管理和环境舒适的需求。

符合信息技术、信息需求和自控技术迅速发展的趋势，采用先进的系统设备及系统软件和开发工具，以集成化和数字化的主流产品为核心设备，保证系统在技术上领先，成熟稳定，符合今后的发展趋势。

满足世博轴使用者现在和将来会后的扩展使用的需要，结合管理体制和管理方式，确保系统设计的实用性目标。

充分考虑系统的开放性，采用开放的技术标准，以满足系统所选用的技术和设备的协同运行能力、系统投资的长期效应以及世博轴建筑本身功能不断扩展的需求。智能化集成系统、信息化应用系统、建筑设备管理系统和公共安全系统中设计的各子系统均需要提供标准化和开放性的接口协议，尤其以 TCP/IP、OPC、DDE 方式为主，保证了各子系统之间的网络化与集成化实现，以使它们之间具备"互操作性"。

充分考虑智能化系统所涉及的各子系统的集成和信息共享，保证系统总体上的先进性和合理性。采用专用集成系统多次集成、集中管理、操作和分散控制的模式，例如楼宇设备自控系统作为整个建筑设备管理系统的接口集成、视频安防监控系统对公共安全系统的小范围集成等一次集成，以及智能化集成系统 BMS 进行的二次集成等。

充分考虑智能化系统的安全性和可靠性和稳定性，包括系统自身安全和信息传递的安全，以及运行的可靠性，以确保通讯和人身安全，严防系统运行的不可靠与不安全造成不可弥补的损失。

世博轴及地下综合体公共建筑面积较大，弱电系统设计总体上分为北区、中区和南区三个大区域进行设计，其中中区设置控制中心并作为整个世博轴的主控中心，而北区和南区则分别设置各自的分控中心。各中心通过相关设备进行连接，既相互独立又可相互联系。

在预埋和信息系统的主干敷设上留有冗余，以适应会后建筑物功能上变化带来的需求。

9.3 智能化系统设计内容

世博轴智能化系统工程由智能化集成系统、信息设施系统、信息化应用系统、建筑设备管理系统、公共安全系统、机房工程和建筑环境等构成。

世博轴智能化系统主要包括下列内容：

(1) 智能化集成系统(IBMS)。

(2) 建筑物设备监控系统(BAS)。

(3) 综合布线系统。

(4) 信息网络系统。

(5) 公共安全系统：

① 视频安防监控系统；

② 入侵报警系统(包括残疾人求助报警系统)；

③ 电子巡查管理系统；

④ 出入口控制系统；

⑤ 安全信息综合管理平台。

(6) 广播系统(包括呼叫站台和紧急求助装置)。

(7) 时钟系统。

(8) 信息导引及发布系统。

(9) 客流信息采集系统。

(10) 物业无线对讲系统。

(11) 火灾自动报警系统(FAS)。

(12) 环境监测及能源管理系统。

(13) 票检系统。

(14) 安检系统。

(15) 工作人员证件查验系统。

(16) 有线电视系统。

(17) 室内移动通信覆盖系统。

(18) 机房工程。

(19) 管线桥架系统。

其中票检系统、安检系统、工作人员证件查验系统、有线电视系统、室内移动通信覆盖系统由其他专项设计单位设计，世博轴设计单位仅负责与其相关的基础设施设计。

9.4 智能化集成系统

世博轴建设智能化集成系统的目的是集成建筑中各种智能化系统子系统，把它们统一在单一的操作平台上进行管理，旨在让建筑中各种智能化子系统的操作更为简易、高效。系统提供提供开放的数据结构，共享信息资源，协调各子系统间的相互连锁动作及相互协作关系，提高工作效率，降低运行成本。IBMS 集成的子系统有：

(1) 建筑物设备监控系统。

(2) 火灾自动报警系统。

(3) 视频安防监控系统。

(4) 入侵报警系统。

(5) 电子巡查管理系统。

(6) 出入口控制系统。

其他子系统也可通过 OPC、TCP/IP、RS232、ODBC、BACnet 等多种通用接口的方式进行集成，系统在平台上予以预留。

通过 BMS 系统与以上各智能化系统子系统等集成，达到系统间的网络集成、功能集成、软件集成、操作界面集成。同时本系统作为园区内设施运行信息综合管理系统的一部分，通过对建筑物设备监控系统的集成以实现对建筑能源供应、能耗及各用能系统运行信息的采集、监测、分析与诊断，从而指导或优化建筑设备运行管理，以实现合理用能。系统采用基于 TCP/IP 的开放的通信协议与数据接口，具备与园区的运行信息综合管理系统交互信息的能力。

9.5 建筑物设备监控系统

世博轴建筑物设备监控系统(BAS)对建筑物内各种机电设备建筑机电设备测量、监视和控制功能，确保各类设备系统运行稳定、安全和可靠并达到节能和环保的管理要求，达到营造舒适环境、节约能源、节省人力的目的。

世博轴采用了江水源热泵系统、地源热泵系统、雨水收集利用、杂用水回用等利用体现了绿色环保技术及可再生能源利用技术。在建筑物设备监控系统设计中，通过掌握江水源热泵系统、地源热泵系统、空调及通风运行原理，工作特性，结合建筑的日常运营模式、管理模式和能量消耗分布制定合理的控制工艺措施和运行策略，通过开放双向的数据接口和与其他设备的联动，最大限度的发挥这些系统和设备的潜能。

建筑物设备监控系统监控的范围包括：

(1) 空调系统。

(2) 送排风系统。

(3) 给排水系统。

(4) 垂直电梯系统。

(5) 自动扶梯系统。

(6) 常规照明系统。

(7) 智能照明系统。

(8) 景观照明系统。

(9) 能源与环境监测系统。

(10) 漏电火灾报警系统。

(11) EPS 应急电源系统。

(12) 冷热源系统(江水源热泵机组、江水源冷水机组、地源热泵机组)。
(13) 变配电监控系统(含柴油发电机)。
(14) 水喷雾系统。
(15) 水景系统。
(16) 膜结构安全监测系统。
(17) 燃气报警监控系统。

其中水喷雾系统、智能照明系统、景观照明系统、水景系统、垂直电梯、自动扶梯、燃气报警监控系统的控制由成套控制柜控制,BAS 均采用通信接口与其通信、只监不控。变配电监控系统(含柴油发电机)。

根据世博轴变配电系统运营管理需求,9 个 10 kV 变配电所的数据通过 1#、4#、7#、9# 10 kV 变配电所 4 个接口经光缆传输到 35 kV 变电所,与 35 kV 变电所数据一起进入前置处理机屏,在后台工作站上集中显示所有分站的数据,以实现值班人员在 35 kV 变电所内实现对整个世博轴变配电系统监视的运营管理需求。同时前置处理机留有一个网口,将主要数据经光缆传输到主控中心 BAS。

9.6 综合布线系统

世博轴综合布线系统支持电话和计算机数据通信系统,可传输语音、数据和图像信息。

系统由六个子系统组成:工作区子系统、水平子系统、管理子系统(楼层分配线架)、干线子系统、设备间子系统(主配线架)、建筑群子系统。

水平铜缆采用 6 类低烟无卤 UTP,中心结构十字骨架支撑,有效带宽达到 500 MHz 以上。

数据网主配线管理间设在主控中心网络机房。

语音网语音主配线间位于浦明路、雪野路的两处公共运营商机房。

对于语音系统的干线,是以语音总配线架为中心,50 对大对数语音电缆星型敷设至−6.500 m 层个弱电间,再通过垂直路由至各层弱电间,最终至用户。

对于数据网络系统的数据主干采用由主控中心向南/北分控中心敷设 12 芯万兆单模光纤,楼内干线由主/分中心向各自分管区域的弱电间敷设 6 芯多模万兆光缆。

由于语音网采用了与信息网络相同的水平子系统介质,使得整个系统的互换性有所保证,同时保留进一步扩容的功能。系统所采用的电缆和光缆全部采用低烟无卤型,使得整个系统不会成为世博轴内人员的人身安全的隐患。

9.7 信息网络系统

世博轴信息网络系统(计算机网络系统)是世博轴信息化建设的基础部分,提供世博轴各场所互联、Internet 接入、上网和信息发布等服务,并可与世博园区指挥中心联网。

网络采用三层网络结构,核心层与汇聚层采用双星型结构,在主控中心网络机房配置核心交换机。位于南/北分控中心汇聚机房的汇聚交换机,通过单模光纤线路以万兆速率双归属连接到核心交换机,主控中心网络机房内的汇聚交换机通过跳线链接核心交换机,构成双星型结构。在接入层各弱电间根据信息点的数量配置接入交换机,并通过万兆多模光纤接入汇聚交换机,考虑到投资的性价比采用 100 MB 交换到桌面的接入方式,但可以升级到 1 000 MB 的接入。

9.8 公共安全系统

世博轴作为半敞开式建筑,同时又是世博会举办过程中的主要出入口,人流量非常大,对公共安全环境有着极高的要求。对此,公共安全系统不仅要针对本项目的实际情况进行规划及设计,同时设计也必须遵循世博会相关职能部门及公安相关部门的强制要求及指导意见。

世博轴的安全防范系统由以下子系统组成：

① 视频安防监控系统。

② 入侵报警系统(含残疾人报警系统)。

③ 无线电子巡查系统。

④ 出入口控制系统。

⑤ 安全信息综合管理平台。

以上各子系统单独设置，相互之间可以联动并可联成统一的网络，构成公共安全系统的整体。

(1) 视频安防监控系统：世博轴视频安防监控系统根据功能不同分为常规视频监视和出入口视频监视两大部分。常规视频监视设置 3 个永久中心(分设在世博轴主控/分控中心用房内)；出入口视频监视相应在 3 个出入口附近分别设置会中临时的三级安防中心。这 6 个控制中心均通过相关设备进行连接，既相互独立又可相互联系。满足了会中及会后视频安防监控、运营管理的不同需求，避免了仅在会中使用的摄像信号接入永久设置的控制中心所带来的控制中心面积过大的浪费。为保证视频安防监控系统安全、实时、可靠的运行，视频安防监控系统的设计同时具备模拟视频矩阵监视、控制和数码图像录像、控制等功能。

在世博轴内的大厅、出入口、主要通行道、重要场所、电梯轿厢、电梯厅、消防通道等重点防范区域安装各种类型的彩色摄像机进行监视。

在世博轴出入口采用 1/3″彩色固定高清晰度、低照度枪式摄像机，水平清晰度 480 线以上。在电梯厅、电梯轿厢内采用彩色半球一体化摄像机，在世博轴两侧膜外桅杆上设置彩色快球一体化摄像机。

楼梯通道、大台阶、自动扶梯、坡道、地下一层出口外围、地面出口外围安装彩色固定摄像机；按照直径 250 m 的比例，辅助安装 1 个彩色快球一体化摄像机。

二级、三级安防中心分别配置视频分放大器、数字硬盘录像机、视频矩阵、显示设备和管理工作站。二级安防中心完成世博轴除票检、安检区域内的视频监视。除显示所辖区域的图像外，可显示三级安防控制中心上传图像信号、分控中心上传图像信号、世博园区一级安防控制中心下传图像信号。二级安防控制中心提供 32 路视频至公安汇聚机房，且公开控制协议供公安图像联网使用。三级安防中心完成世博轴票检、安检区域内的视频监视。三级安防控制中心提供 16 路视频至二级安防控制中心。每路图像的以 D1 或 4CIF 格式予以录像，录像内容保存 1 个月。

商场、餐饮根据招商结果，由商家按技防部门相关要求自行设置。

(2) 入侵报警系统(含残疾人报警系统)：在主控中心、分控中心分设报警控制主机，在控制中心设置管理计算机，通过通信连线将两个系统有机地联系起来，构成一个统一的防盗报警系统。系统通过网络上传世博园区一级安防控制中心。

在各主要设备用房、−6.500 m 标高层通往其他场馆出口和地铁站出口处设置主动红外/微波探测器。在控制中心和专业部门用房设置报警按钮。报警信号与视频安防监控系统设备联动。建筑物外周界报警由园区统一考虑。

无障碍厕位就近距地面高 0.40～0.50 m 处设求助呼叫按钮，引至厕所门外并声光报警，报警信号同时送控制中心。满足特定使用者在紧急情况下求助的需求。

(3) 出入口控制系统：世博轴出入口控制系统在主控中心、分控中心分设门禁系统控制主机，在主控中心设置管理计算机，通过通信连线将两个系统有机地联系起来，构成一个统一的电子门禁系统。系统通过网络上传世博园区一级安防控制中心。

在各控制中心、强弱电间、主要设备机房和专业部门用房等处安装非接触式电子门禁系统。

(4) 安全信息综合管理平台：由于视频安防监控系统、入侵报警系统和出入口控制系统为互补运行系统，除提供自身运行、警示、报警以及联动输出以外，还接收响应其他系统的联动需求。为此，在其基础上设立安全信息综合管理平台，各分系统之间的联动通过统一可靠的接口平台实现，并具有互控集中控制管理平台，可智能收发、调度各分系统之间的互控关系。所形成的互控内容以及响应，均能自动在各自的独立的集中控制管理平台上体现，并可操控。

安全信息综合管理平台系统预留与客流信息采集系统接口。

9.9 公共广播系统

世博轴广播系统采用中央管理和全数字化广播控制系统，具有不同区域播放背景音乐或语言广播的使用功能、紧急事故（包括消防）广播功能。应急广播系统的扬声器采用与业务广播系统的扬声器兼用的方式，应急广播系统应优先于业务广播系统。广播系统具有回路断路及短路故障监测。可以通过呼叫站台实现区域寻呼、通过紧急求助对讲装置向援助人员求助。在紧急情况下可以进行应急广播。

系统在主控中心设置广播系统主机，功放分别设置在主控中心和南、北两区分控中心。从网络控制器、各个分区的功率放大器、网络分路器到呼叫站采用光纤的连接方式，组成一个环状的网络结构，所有需处理的信号和数据都是以数字信号在网络中传送。

有吊顶场所采用天花喇叭，无吊顶场所采用吸顶式扬声器吸顶安装或采用悬挂式音箱靠壁安装；装修有要求的按装修要求。调音开关具有强切换功能。

9.10 时钟系统

世博轴时钟系统为游客和管理人员提供精确的时间服务，同时为智能化系统提供统一的基准时间。该系统包含时钟同步和时钟显示两大部分。

时钟系统为母钟/子钟主从分布式结构，采用集散式控制方式。在主控中心设置中心母钟，以中心母钟产生的时钟信号作为信号源，用 GPS 系统中的时标信号作为标准时间源对中心母钟的时钟信号源进行对时，采用母子式多级控制原理，同步传输和分散显示，为其他系统和子钟提供准确时间。

在公共通道间隔 100 m 左右安装吊装式双面数字子钟，在控制中心、南/北分控中心安装单面数字子钟。

9.11 信息导引及发布系统

世博轴公共信息发布系统是一个集公众信息发布、多媒体信息查询、会场安排引导等功能为一体的公共信息发布平台，由前端显示设备、传输网络和后台组成。平时通过大屏幕画面图文并茂地宣传并介绍世博会的各类公告信息、展览信息、服务内容和建筑功能格局等信息，在应急状态下可发布重要信息。

系统接口规范遵循《世博园区信息化工程技术规定》中有关公共信息发布平台的标准协议，可与整个世博园区信息发布系统联网。

由于世博轴标识系统中含有智能化标识，为避免重复建设，设计中前端显示设备与布点智能化标识相结合，系统配置充分考虑会后商业化的运行，避免了重复建设。

9.12 客流信息采集系统

考虑到世博轴及地下综合体是参观人员进入世博园区的主要通道，为提高公共区域人流管理水平，合理调度引导人流，配置了基于智能视频技术的客流信息采集系统，能够快速、准确地采集客流信息，为科学合理地安排调度人流等智能管理提供最基本的依据，可以全面如实地反映重点区域内的实际客人数，方便预防管理。

系统由专用摄像机和核心视频分析软件构成，图像传输及储存与视频安防监控系统合用，节省了投资。

9.13 环境监测及能源管理系统

世博轴及地下综合体是大型公共建筑，设计中通过环境监测及能源管理系统对世博轴各大区块内的常规能源和资源（电力、水、空调）、可再生能源（江水源/地源热泵、雨水收集利用、杂用水回用等）和环境（温度、湿度、CO_2）等实时参数进行实时监测、对设备进行集中管理。

对常规能源和资源使用状况的监测和统计分析，能够及时发现能源管理中存在的问题，为管理者提供节能运行和高效管理的互动平台；通过对江水源热泵、地源热泵等可再生能源技术的应用状况进行监测，能够实时报告节能减排信息，并进行能效评价和提出相应的运行管理建议；对室内环境监测、分析，在发现环境质量问题的同时，能够通过有效的过程管理方法，采取措施消除问题。

系统主要通过 BAS 采集信息，并通过网关接入园区 EEE 世博轴二级平台服务器。

9.14　物业无线对讲系统

物业无线对讲系统能够确保物业管理人员及时与上级通信。系统采用异频中继的方式，由二套数字转发信道组成，设计系统的覆盖区域为世博轴全覆盖（包括公共区域和设备机房）。

9.15　火灾自动报警系统

本工程按规范要求在世博轴设置火灾自动报警系统（FAS）。系统保护对象世博轴等级：一类建筑、一级保护对象。

在世博轴主控中心和南/北分控中心分别设置消防控制室。各消防控制室内分别设置火灾报警主机、消防联动控制屏及火灾应急广播和消防专用电话控制设备，有人值守。负责所辖区域内火灾自动报警、联动控制和手动控制。火灾自动报警系统为网络型，多套火灾报警主机采用总线连接，以网络方式形成一个相对独立、运行在同一平台上的网络结构。系统采用数字传输方式实现探测点、监控点与主机之间的通信。主控中心可对整个世博轴所有火灾自动报警系统信息进行管理和联动控制。消防紧急广播只在主控中心进行，南北两个分控中心报警信息可共享。

在电梯厅、楼梯前室、变配电所、商场、办公室、机房、控制中心和走道等重要场所都设置智能型感烟探测器。在公共部分、走道设置手动报警按钮和声光报警器。设置独立的消防专用电话网络，在消防控制室设置消防专用电话总机和直接报警的外线电话。消防水泵房、柴油发电机房、变配电所、排烟及通风机房、控制室等设置消防电话分机。对排烟风机、通风机（火灾时兼排烟）、空调（火灾时兼补风）等控制为模块自动控制加消防控制台手动控制两种方式，手动控制优先自动控制。消火栓系统采用稳高压消防给水系统，喷淋水系统采用稳高压系统和预作用系统相结合的方式，两种系统消防控制室应能手动直接启动喷淋水泵。对防火排烟阀、非消防设备（一般空调设备、一般风机、一般照明和广照明等）强切、防火卷帘门、声光报警器等消防设备采用通过模块自动控制。

地下二层变配电所、柴油发电机房和控制中心火灾报警与气体灭火系统自成系统。FAS 通过总线与气体灭火系统配套控制器通信。FAS 通过通信方式或模块接口与集中控制型疏散应急灯带系统、疏散通道门禁装置、视频安防监控系统联动。消防控制中心火灾事故广播系统与日常广播系统合一。世博轴火灾自动报警系统预留与上级消防中心通信接口，并接受上级消防中心统一授时。

9.16　信息设备机房

世博轴信息设备机房由各类控制机房、信息设备机房及弱电间组成。

（1）世博轴控制中心：世博轴及地下综合体公共建筑面积较大，由 5 个独立地块组合而成，地下二层和 10 m 平台完全连通；地下一层和地面层智能化系统设计以北环路和南环路为界进行划分，总体上分为北区、中区和南区三个大区域进行设计，其中中区设置控制中心并作为整个世博轴的主控中心，而北区和南区则分别设置各自的分控中心。从长远管理角度出发，分控中心内的系统能够实现主控中心网络远程管理，某些条件下能够实现机房的无人值守，同时也方便夜间值班人员的安排，以适当减少管理人员编制。

（2）安防中心：为满足有关部门的要求，设计中在世博轴设置二级安防控制中心 1 个（设置在主控中心用房内），二级安防分控制中心 2 个（分别设置在南分控中心和北分控中心），出入口三级安防控制中心 3 个（会中使用，分别设置在 3 个票检安检出入口附近）。

(3) 专业部门机房：为满足有关部门的要求，设计中在主控中心旁设置交通信号灯管理SCATS控制室、公安汇聚机房和国家安全专用信息通信机房；在3个三级安防中心旁分别设置公安接入点机房、国安接入点机房。

(4) 公共运营商机房：设计中在−6.500 m标高层设置了3个机房，在−1.000 m标高层设置了4个机房，各公共运营商以共局址、分机房的模式建设。−1.000 m标高层、紧邻浦明路、雪野路两处机房的出户管与园区信息管线沟通。

(5) 弱电间：为满足楼层分配线架的设置应满足水平线缆小于90 m的要求，在世博轴有电梯的核心筒每层分别设置弱电间。

9.17 灾害应变流程

设计中从实际情况出发，以运营为导向、安全至上为原则，充分考虑了灾害发生时，智能化系统各子系统之间、智能化系统与强电之间的相互影响和相互配合，引入了灾害应变流程理念。提出了在人流拥挤、火灾、积水、电源故障、系统自身故障等各种情况下的灾害应变流程，涉及安全技术防范系统、广播系统、信息导引及发布系统、客流信息采集系统、火灾报警系统、漏电火灾报警系统、智能型疏散光流指示灯系统、建筑物设备监控系统等多个系统，清晰地划分功能阶段及逻辑次序，提高准确反映、避免过多或过少的流程阶段造成分工混乱火延误救灾的进度，同时为相关部门制订应急预案和相关应急管理措施提供依据。

10 室内工程设计

10.1 关于世博会文化与上海文化的畅想

一百年前，中国第一个走向现代的梦想从上海开始。

"上海，它侧脸向东，面对着一个浩瀚的太平洋，而背后，则是一条横贯九域的万里长江。对于一个自足的中国而言，上海偏踞一隅，不足为道；但对于开放的当代世界而言，它却俯瞰广远、吞吐万汇、处势不凡。"余秋雨如是说。

国际化形态，无疑是上海文明发展的重要特征之一。

而世博会文化的关键词，正是国际、创新、责任。

室内设计灵感着意于此：把上海的文化形态根子与全人类的思维，与世博会文化内涵很好的融合在一起，用"水"这个承载生命与未来的主题，将这些抽象的概念运用到室内设计作品中，并兼具审美和功能等因素。

10.2 世博轴的室内设计思路：水

水乃万物之源，希望是动力之源。美好的城市、美好的生活是人类共同的梦想。

上善若水，有容乃大，水资源的可持续发展一直是全球关注的焦点，是美好生活的必然要素，是城市化进程的重要前提。水更象征了包容、柔韧、博大以及和谐等。把水作为世博轴室内设计的主题，不仅是对世博会主题脉络的延续：表达多元文化的碰撞与融合，城市与城市之间信息和人的大量流动；也契合了世博轴的通道、导向、流通的主轴线功能。

室内设计考虑中，从水本身的三个最基本的形态——流、落、静，依次引申到图案运用、灯光语言、材质意涵等方面展开。

流——主要体现在地坪和天花图案的运用上。地坪上用流水图案顺着世博轴由南到北的人流方向，款款而行，每每流经阳光谷，仿佛遇到了障碍物而形成回旋，越行越急，到北广场最后一个阳光谷时，水流终止并汇聚成一个大旋涡(图 1－10－1)。

图 1－10－1　流(Flow)

图 1－10－2　落(Fall)

图 1－10－3　静(Static)

落——主要结合建筑在南北广场中的真实水瀑，在均布的各个核心筒外围，借助灯光形成虚拟的落水的动感，一实一虚，相互映衬(图 1－10－2)。

静——静水流深。当水在越深的河床行进，表面就越趋于沉静，而经千万年的沉积与风化形成的水成岩，它恰当得体现了水的博大、深沉、大气与包容(图 1－10－3)。室内通过肌理、材质与色调等手段进行表述。比如在南北广场和核心筒卫生间墙面等。

10.3 世博轴室内设计

世博轴分为地上两层、地下两层，是世博园区空间景观和人流交通的主轴线。四层的直线性地板楼层，从起点到终点结合起来可以延伸成一个又长又直的世博“大道”。在这条长约 1 000 m、宽约 100 m 的大道上，错落有致地分布着 6 个极具视觉冲击力的倒锥形钢结构—“阳光谷”。室内设计既要考虑建筑设计和施工因素：要在预定时间完成相应阶段设计任务；又要考虑资金和资源因素，要以最少的资源达到最好的效果。

在既定的世博轴建筑设计和空间基本要求上，DP 提出了大胆、充满活力的室内设计概念。在考虑到世博会周遭的环境以及世博会结束后的情况，DP 更是努力地把所有的设计概念与建筑物结合在一起，向世人传达 2010 年上海世博会这个强而有力地讯息。

由于世博轴建筑体犹如一个井然有序的虚拟城市，其装饰立面按照 1.1 m 模数的规律与重复产生统一协调的观感。室内设计构思正是着眼于打破这样的规律，意图用最简单的材料与设计手法烘托出全球盛会的氛围，但又不至于喧宾夺主。力求在设计元素及空间变化两方面以对立、变换、生动的设计语言实现视觉上的矛盾共存。因此，整体围绕灰色基调和富于变换的曲线元素展开。

首先，在天花的设计运用上，围绕着水的概念，用水花、水珠等等抽象的设计语言，通过灯光造型、天花、色彩、不规则的排列等多种手段呈现，给予空间趣味性，又与整个世博轴室内主题相得益彰。

集群特征的彩色光点类似水洵，整个天花板的延伸功能，创造了一个白色斑块波分散在整个天花板的效果，犹如浪花。在周围间隔的圆形烟囱和空隙，突出了灯光功能，突出了视觉效果(图 1－10－4～图 1－10－5)。

图 1－10－4 水花造型照明灯
(Bubble Lighting Design)

图 1－10－5 水花造型石膏吊顶
(Bubble Gypsum Ceiling)

而在挑空区域，无缝技术软膜天花的运用(图 1－10－6)，更是从细节与照明面面俱到，与南、北广场的挑空区的真实天空(图 1－10－7)，一真一幻，营造出虚拟城市中虚拟天空的未来科技感。

与之相呼应的是，极具动感的流水地坪图案和层叠感的墙面设计。水流从南广场朝着黄浦江的方向，缠绕过 6 个阳光谷，奔向北广场。静时，在墙面上留下一些沉积的痕迹，动时，水花飞溅漂浮在天花之上。波涛壮阔的场面，仿佛蕴含并承载着无数生命与希望、历史与未来。

图 1-10-6　水珠造型软膜灯(Water Drops Lighting Design)

图 1-10-7　亦真亦幻的无缝软膜天花(Seamless Barrosol Ceiling)

地坪水流图案运用灰色基调，从地下二层朝上，逐层变浅。设计上运用涂料色彩的丰富性，在同一层面用 3 种灰调颜色，演绎流水图案，打破单调的直线性建筑，并完美地结合了吊顶的倒锥形钢结构。

近乎方正的主入口南广场地下层以切割清水板条不规则横向铺贴而成的墙面，简单而大气，托显出天花上巨型的水珠灯。从安检区开始一路蜿蜒而上的大胆的流水形曲线被应用到从地下二层到地上一层共 3 个层面的地坪上，呼应起漂浮在天花上的白色石膏泡沫造型。最后指向的是以旋纹为主旋律的北广场。二层平台的天然花岗石地面则通过石材表面处理及切割而形成图案，围绕着阳光谷仿佛层层微波荡漾而开的水面，波光粼粼。

不管是地面的水纹，立面上的层岩，漂浮在天花上的白色石膏泡沫，北广场旋纹吊顶，还是由落叶、水花、石块等演化而成的独特的活动家具等，无一不围绕着水的设计主题，以柔和、变换等形式展现出与建筑语言上的矛盾与互补，冲突与和谐。仿佛跃动的音符在五线谱上奏响的乐章，时而低吟，时而高亢，时而清亮，时而浑厚……

10.4　世博轴室内设计运用上的特殊性

半敞开式建筑特色和世博后二期改建要求，也导致了该项目室内设计的特殊性。

世博轴除了地下二层之外的另三个层面，均是半敞开式建筑，这一方面意味着室内与其他专业，比如景观、建筑等的配合将会更为紧密，衔接面也更多；另有一方面不得不考虑的是风、雨等元素对室内设计的影响，比如地下二层的穿堂风、阳关谷周围坡道排水及材料耐水问题、暴露出来的雨水管装饰处理等。

由于世博轴将于世博后作为都市空间景观轴线进行二期改建，室内在设计着手之初，对如何划分与衔接永久与临时装修，既满足世博展会的要求，又符合后续改建工程的便捷性进行反复斟酌与思考。除了北广场和二层平台永久区域外，几乎占去3个楼面的简装区总面积约为13万 m^2。试想下，一个设计细节上多了哪怕一个钉子，总量上可能就增加了数十万个。因而，占了多数比例的地坪和天花设计的考虑与权衡就十分必要。就地坪材料而言，常规考虑的石材或瓷砖首先遭到了否决，一是造价考虑，再则也不便于改建后的地坪再设计与装修，如果后期翻开换材料，造成的不仅仅是人力、时间成本，还包括材料上两度的资源浪费。如果从造价上看，用液态密封硬化剂直接在水泥地面上处理自然是首选，但是，一个不得不产生的疑虑是，受到了毛孔密封的水泥地面固然牢固，但表层黏附力受到破坏后，将来势必无法直接铺装石材或瓷砖等材料。在这情况之下，花岗石首当其冲成了最理想的材料。在精密的计算下，天然的花岗石石材被准确地利用其本身的理想厚度、尺寸，以方便运送和安装。

而同样直接薄涂在建筑水泥地坪上的环氧树脂则没有该项弊端。地坪图案在各层之间由地下二层朝上逐层变浅等构想，基本得到了实现。施工技术上，无需地面自流平处理，只需要在较平整的水泥地面上用3 mm厚度环氧树脂薄涂即可，并且运用缓坡就可轻易解决永久与临时装修的衔接面，同时保持了建筑地坪高度，便于二次装修地坪材料的设计与铺装。最后从造价上看，材料本身和人工成本不管较之PVC类卷材或瓷砖，都具备有力竞争力。DP巧妙、创意地使用不同的颜色组合来创造出流动性的模式，使观光客获得最好的视线，并提供一个纵向的方向流动。

简装区大幅面的天花吊顶设计无疑也有同样的问题：如何既满足设计意图、其他机电需求，又符合成本控制要求。另一项挑战是：顶层建筑是永久性装置，但是却没有一个天花板来让DP设计；地下三层因为是暂时性建筑因而制造成本非常有限。不过上述情况都没有限制设计师的设计方案和创意，DP引出了一个颇有趣味性的天花板方案：减少吊顶设计比例，运用装饰性手段解决暴露的建筑节点与各个材料的衔接面，但保留大部分区域原始天花，喷涂成深灰色。因此，设计上运用一个简单的几何形白色石膏模块构思了镂空的泡沫图案，既贴合了大面积空间安装及成本要求，又巧妙的达成装饰效果(图1－10－8～图1－10－9)。在频密的检验和观察，和各个方面的机电顾问的配合之下，这个近乎不可能完成安装的天花板设计，才得以完美地完成。

图1－10－8　局部室内效果(1)

图1－10－9　局部室内效果(2)

10.5　为世博会献礼

纵观世博轴的整体设计，从建筑、室内、景观、艺术品、到标识等各个领域，从国外到内地，不同的设计团队齐心合作，互相尊重，才有了最终项目的顺利完工。

DP 从提供抽象设计、概念设计到全面解决方案，从实际应用到各项细节如栏杆、墙面饰料等，采用了创造性和适应性的设计，独创的家具设计和所有的室内设计，使世博轴的室内装饰达到预期的实用、精致、高效和美观的最终呈现，为 2010 年上海世博会献上一份厚礼！

当你信步在世博轴，面前是豁然洒下的阳光，抬眼望去是朗朗天际。关注人、自然、技术的相处之道，"连接天与地"，这就是世博轴赋予人的感动。

11 景观灯光设计

世博轴艺术灯光景观范围包括世博轴 10 m 平台、南广场、张拉膜、阳光谷和两侧绿化带中的夜晚景观照明(图 1-11-1～图 1-11-2)。

图 1-11-1　世博轴夜间景观

图 1-11-2　张拉膜试灯图

本景观照明工程的灯具多采用 LED 光源和金卤灯光源，LED 灯具能很好地表现建筑物的外形轮廓，并能变幻出不同的色彩，让建筑物夜晚表现的多姿多彩，赏心悦目，美丽的夜晚景色让游客流连忘返。金卤灯功率大，发光强，安装在核芯筒屋顶上，投光到张拉膜上并反射到地面，起到集灯光景观和功能性照明相结合的效果。

世博轴工程最明显的是 6 个状如盛开的喇叭花样的阳光谷，在其钢结构外表面安装了 LED 智能星光灯，在夜空闪耀出璀璨的光芒。在临近黄浦江边的阳光谷和面对上南路的阳光谷，LED 智能星光灯密度很高，平均间距达 25 cm，可以起到大屏幕的效果，可以播放视频动画，为世博轴工程增添不少亮色。

11.1　设计主题、风格和设计理念

世博轴艺术灯光景观的主题为：光、城市、生活、未来……

光是人类文明的曙光，光是人类城市发展的象征，光指引着城市的美好生活，设计师将用光艺术地展现城市更美好的未来生活！遵循艺术、简约、未来感的设计风格，遵循可持续发展、绿色和创新的设计理念，努力实现世博轴的夜晚是上海世博会夜间景观主旋律的客观要求，使上海世博之夜的美好回忆比白天更好、更美、更令人久久回味！

在世博轴艺术灯光景观方案中，设计师深刻把握和体会上海世博会的主题“城市让生活更美好”，并将其积极的延伸和发展。创造性地提出了“光、城市、生活、未来……”艺术灯光设计主题。在科学的分析了各种视点后，公司详细规划出各个不同视点所需要的整体效果。最终达到无论是从空中鸟瞰，还是行走在 10 m 平台上，都能对世博轴、世博之夜有着极为深刻又非常丰富的印象。

11.2　设计构思与灯光布局

世博轴景观的首要元素为水波状动感的张拉膜和喇叭花状的阳光谷，公司充分应用张拉膜光反射率为 70% 的优异特性，围绕 10 m 平台的张拉膜内桅杆，放置造型相谐的灯具支架，布置世界领先的全彩全色温 LED 智能投光灯，均匀打亮中部宽度为 20 m 左右的膜，使膜内部的白光亮度达到 50 cd/m^2，蓝光亮度达 4.5 cd/m^2，在 10 m 平台两侧外桅杆上布置 4 200 K 色温的小功率白光 HID 投光灯，均匀打亮膜内表面的两侧，使膜内部的白光亮度达到 70 cd/m^2，世博轴 10 m 平台的白光平均照度达 85 lx。利用张拉膜 10% 的透光率，膜中间外部的白光亮度达 10 cd/m^2，蓝光亮度达 1.25 cd/m^2，使整个张拉膜不管是内外均达到了合适的亮度，张拉膜中部可产生 1 600 万种色彩，膜中部共 3 420 套 LED 智能投光灯构成的分布式控制网络配合膜外部静态的白光将使整个张拉膜成为极为优雅的艺术天幕。该创新设计的另一个巨大收益是整个 10 m 平台不再需要路灯、庭院灯等工业化味十足的照明灯具，也没有向下投光产生的眩光，整个天幕的反射光已能达到很好的照明效果，而且整体看不到强光点，具有最好的视觉舒适度，优雅变幻的灯光如诗如歌，使所有的游客如同置身未来时空，憧憬着未来城市生活的无限美妙。流畅升起的阳光谷的外侧节点布置水晶全彩全色温 LED 智能星光灯，功率为 3 W，蓝光亮度为 500 cd/m^2，不管是白天还是夜晚，均晶莹剔透，如星光灿烂，另外可以显示文字、图形、视频等信息，成为世博轴特别的信息媒介。在阳光谷的内侧布置太阳能全彩 LED 智能星光灯，使阳光谷的鸟瞰视觉形象同样生动，如璀璨星空。在阳光谷布置 LED 投光灯局部打亮主题雕塑，进一步烘托每个阳光谷的主题。

10 m 平台上的视觉焦点已是极为壮观的张拉膜和阳光谷，因此 10 m 平台上的灯光景观设计以简洁和静态的白光为基调。在 10 m 平台的步道两端和中部布置疏密变化的白光 LED 条状地埋灯；在 10 m 平台和廊桥的栏杆内侧布置精巧的白光 LED 圆形侧壁灯，起到导向与安全提醒作用；在雕塑下部布置小功率 LED 定向投光灯，局部打亮雕塑；在功能性用房，圆形芯筒和橄榄形芯筒下部布置白光 LED 圆形壁灯；在树池和座椅的下部布置白光 LED 线条投光灯，产生浮动的光效，形成光的空间节奏感。

对于世博轴两边的斜坡绿地，主要采用衬景的方法营造舒适、优雅、有节奏感的漫步光环境；在座椅下面布置 LED 线条投光灯，产生浮动的光感；在草坡上有节奏地布置白光 LED 投光灯，产生疏密有间的光影效果；在木平台上布置金黄色 LED 地埋星光灯；在草坡上的台阶侧面布置 LED 台阶壁灯；在景观节点的喷泉处布置 LED 全彩水下灯；在树池下布置 LED 线条投光灯产生光缝，并用 LED 投光灯局部打亮树，增强节点处的光空间活跃度。

世博轴南北广场的灯光景观既不能干扰膜和阳光谷这两大视觉核心，又要营造出热烈的氛围。在南集散广场的两侧布置 4 套景观灯柱，以满足广场 50 lx 以上的功能照明要求，灯柱造型如飘浮在水波中的荷叶，与膜的造型互相呼应；在椭圆形内透井以及树池的四周下部布置白色或嫩绿色的 LED 线条灯，构成广场的空间节奏；在 5 个内透井以及世博轴北端的跌瀑下方布置全彩 LED 智能水下灯，营造跌瀑动感的美丽光影；树池中布置 LED 地

埋投光灯，局部打亮树木；北广场上布置"2010 EXPO"纪念性灯光地坪，用于庆典活动和游客拍照留念；在广场中央布置可与游客互动的感应式全彩LED光砖，进一步提升庆典广场的热烈氛围。

世博轴艺术灯光景观具有强大的场景设计和表演空间，可以根据季节、主题内容和节目内容等设计不同的艺术灯光场景，如在世博会开幕日，可以演奏宏大的、极为热烈的开幕场景。

夜空中，直升机从世博园区上空飞过，首先映入眼中的是美丽、壮观的世博轴线，仿佛一道靓丽的彩虹延伸至黄浦江边，它是那么光彩夺目，如此震人心魄。当我们开车行走在卢浦大桥上，当我们站在东方明珠上，会情不自禁地被这道生命之光吸引过去，它律动的色彩激发起我们无尽的畅想，让我们对未来充满了信心与希望。张拉膜灯光色彩伴随着季节的变化而产生四季的不同色彩。一年之计在于春，万物开始复苏，到处是生命涌动的迹象，张拉膜的灯光也演绎着绚丽的生命之春，一切是那么的充满希望……夏日的夜幕降临，美丽的大地经过一天炽烤，已经热不可耐，这时的世博轴突然变换出凉爽的光，仿佛久旱的甘霖，世博园沸腾了，人们纷纷驻足，用心感受着炎炎夏日的凉爽，仿佛滚滚热浪已经完全散去，留下的只是透心的冰凉与清爽。夜空之中，丝丝秋雨飘落，在世博文化中心的人们也停下脚步，感受着世博轴的秋之灿烂。站在中国馆，欣赏着对面世博轴演奏的冬之温暖，世博轴上的光，仿佛与人们一起在感受、在演绎。无论是在中国馆还是演艺中心，更或者是主题馆和世博会议中心，我们所看到的是比夜空中任何建筑更美、更动人心魄的世博轴线。

布置在阳光谷内侧的太阳能LED水晶星光灯，使世博轴看来更生动活泼，随机色彩的变化，散发出梦幻迷人的魅力。头顶是色彩变化十分丰富而且壮观的阳光谷和张拉膜，而10 m平台上，则是一种超然于物外的白色调静态场景，上下相谐舒张有度。步道上疏密相间的条状地埋灯，散发出迷人的白色魅力，仿佛一汪汪清泉之水流淌在未来的世界里，带给我们一种方向和位置的定义。栏杆内侧的精巧LED栏杆灯，如同延伸至遥远时空的际线，向游人诉说着未来城市的美好生活。不经意中便到了廊桥，一束束由地埋灯所散发出来的光线在吸引着我们，迈步而行，如同行走在未来世界的光梯上，让人流连忘返。顺草坡而下，幽雅的楼梯台阶壁灯在指引着方向，与两边的斜坡绿地构成舒适、优雅、有节奏感的漫步光环境。来到木平台上，星光点点的金黄色地埋灯，仿佛优美画卷里那颗颗明珠，如此的晶莹剔透。草坡绿地上白色LED投光灯产生的光影效果，是那么的有节奏感，疏密有间地分布在道路两旁。到座椅上休息一下，如同坐在浮动的云端，柔和的光线顺着座椅而下，倾泻到地上，激起一片流水的光，淡淡的静静的，像是在思考又像是走累了的人们在小憩。不远处水声传来，那是景观节点上的喷泉在舞动，伴随着水下投光灯光色的变化，喷泉不时喷出各种色彩的水流，给这个幽雅的光环境添上一笔俏皮的色彩。叠瀑的动感在LED智能水下灯的照射下，更显骄人魅力，婆娑的光影如同私语着的青春心灵，营造出对未来生活、对未来城市的向往。

11.3 设计效果及实现方法

11.3.1 春之绚丽场景

以充满生机和希望的绿色为主色调，均匀打亮张拉膜中间位置，几片淡淡的黄绿色游走于其中，仿佛春天灿烂开放的花朵。边缘的白色部分如同无瑕的浮云，在春意盎然的万里晴空飘动，整个建筑体的整体感和纯净感被充分表达出来，并营造出春天的绚丽意境。同时注重光色在张拉膜整体层面上的渐变、明暗与动感，以产生生动、感人的艺术灯光景观。阳光谷内侧顶面的太阳能星光灯和外侧智能LED星光灯，与张拉膜一起营造出对春天的绽放和对生命的讴歌。主色调以淡雅的绿色和黄绿色为主，向同色系的其他颜色变换和过渡，并在色彩的明度上有明显的变化。色彩和动感不仅保证了张拉膜立面的完整性，而且与每个阳光谷星光灯的变化相协调。色彩过渡平滑自然。这种特殊照明效果可通过光在张拉膜上的折射、透射和反射，在10 m平台上产生梦幻般色彩，视觉上达到光影相谐的进深感、体积感(图1-11-3)。

11.3.2 夏之凉爽场景

以清爽的湖蓝色和淡紫色为主色调，均匀打亮张拉膜中间位置，几片淡淡的亮蓝游走于其中，在炎热的夏天营造一股凉爽的氛围。边缘的白色部分衬托着整个张拉膜色彩，如同炎热夏季里一阵阵冰凉，表达出整个建筑体

图1-11-3 春之绚丽

的整体感和纯净感以及一种清凉之夏的意境。同时注重光色在张拉膜整体层面上的渐变、明暗与动感，以产生生动、感人的艺术灯光景观。阳光谷内侧顶面的太阳能星光灯和外侧智能LED星光灯，与张拉膜一起变幻出炎炎夏日里一道亮丽的清凉风景线。主色调以清凉的湖蓝色和淡紫色为主，向同色系的其他颜色变换和过渡，并在色彩的明度上产生明显变化(图1-11-4)。

图1-11-4 夏之凉爽

11.3.3 秋之灿烂场景

以柠檬黄和淡黄色为主色调，均匀打亮张拉膜中间位置，不仅在色彩上与季节相匹配，更在人们的心中产生一种对收获对生命的感悟。淡淡的黄色游走其中，在这个收获的季节里营造出一种辉煌的氛围。边缘的白色部分衬托着整个张拉膜色彩，如同理性的感悟在捧扶着这个活泼又跳跃的色彩，整个建筑体的整体感和纯净感被充分表达出来，并构建出一种收获希望的意境。同时注重光色在张拉膜整体层面上的渐变、明暗与动感，以产生生动、感人的艺术灯光景观。阳光谷内侧顶面的太阳能星光灯和外侧智能LED星光灯，与张拉膜一起变幻出朗朗秋日里一道亮丽的风景线。主色调以清凉的柠檬黄和淡黄色为主，向同色系的其他颜色变换和过渡，并在色彩的明度上产生明显变化。色彩和动感不仅保证了张拉膜立面的完整性，而且与每个阳光谷星光灯的变化相协调。色彩过渡平滑自然。这种特殊照明效果可通过光在张拉膜上的折射、透射和反射，在10 m平台上产生丰富的色彩，视觉上达到光影相谐的进深感、体积感(图1-11-5)。

11.3.4 冬之温暖场景

以红色和橘红色为主色调，均匀打亮张拉膜中间位置，不仅在色彩上与这个阴冷的冬天相簇拥，更能在人们

图 1－11－5　秋之灿烂

心中产生一种温暖的感觉，仿佛在远离着这个寒冷的季节，朝着无限温暖的阳光深处走去。优雅的橘红点缀其中，在冬日里营造出一种暖暖的感觉。边缘的白色部分衬托着整个张拉膜色彩，如同积雪旁边冉冉升起的篝火，暖洋洋的照射在孩子们的脸上，红红的、热热的。整个建筑体的整体感和纯净感被充分表达出来，并营造出暖阳普照的意境。同时注重光色在张拉膜整体层面上的渐变、明暗与动感，以产生生动、感人的艺术灯光景观。阳光谷内侧顶面的太阳能星光灯和外侧智能 LED 星光灯，与张拉膜一起变幻出一道亮丽的风景线。主色调以红色和橘红色为主，向同色系的其他颜色变换和过渡，并在色彩的明度上产生明显变化。色彩和动感不仅保证了张拉膜立面的完整性，而且与每个阳光谷星光灯的变化相协调。色彩过渡平滑自然(图 1－11－6)。

图 1－11－6　冬之温暖

11.3.5　光之波场景

在天蓝色为主色调的环境里，荡漾起一圈圈淡绿色和天青色的涟漪，仿佛是被施过魔法的光魔，散发出扣人心弦的微妙效果。两旁静雅的白色默默地烘托出一幅动感又温馨的画面，有形却又无形，似光又似影，张拉膜上飘荡起一片光和影的海洋，在周围建筑的簇拥下，显得是如此的与众不同。优雅的涟漪点缀其中，光和影相谐得是那么曼妙。整个建筑体的整体感和纯净感被充分表达出来，同时注重光色在张拉膜整体层面上的渐变、明暗与动感，以产生生动、感人的艺术灯光景观。阳光谷内侧顶面的太阳能星光灯和外侧智能 LED 星光灯，与张拉膜一起变幻出一道亮丽的风景线。主色调以湖蓝色为主，向同色系的其他颜色变换和过渡，并在色彩的明度上产生明显变化。色彩和动感不仅保证了张拉膜立面的完整性，而且与每个阳光谷星光灯的变化相协调(图 1－11－7)。

图 1 - 11 - 7　光之波

11.3.6　光之彩虹场景

夜幕之下，张拉膜上的光变换出彩虹横越的效果。飘逸的色彩游动着，仿佛在向世人诉说着大自然的美丽，巧夺天工的色彩幻化出科技与祥瑞编织的艺术天幕。彩虹之端的那一抹色彩，使整个世博轴添上一幅亮丽的风景线，震撼人心的不再是色彩，而是带给人们的那种关于人类未来、关于自然和谐相处的思考。热烈而不失优雅，丰富却不显妖艳，它是一种精神，一种永远指引人们前行的奋斗不息的精神。阳光谷内侧顶面的太阳能星光灯和外侧智能 LED 星光灯，与张拉膜一起演奏着关于色彩的赞歌。主色调以彩虹所特有的色彩为主，向同色系的其他颜色变换和过渡，并在色彩的明度上产生明显变化。色彩和动感不仅保证了张拉膜立面的完整性，而且与每个阳光谷星光灯的变化相协调。色彩过渡平滑自然。这种特殊照明效果可通过光在张拉膜上的折射、透射和反射，在 10 m 平台上产生梦幻般色彩，视觉上达到光影相谐的美感(图 1 - 11 - 8)。

图 1 - 11 - 8　光之彩虹

11.3.7　光之红飘带场景

没有比红色更让人觉得温暖和幸福的色彩了，当红色飘动起来的时候，其带来的关于美的感觉，更是一种发自内心的爱。红红的飘带如同丝绸一样从脸颊拂过，是如此的顺滑。这个时候无论是在鸟瞰角度还是站在 10 m 平台上，都可以感受到光对我们的视觉的冲击力，如此优美的色彩在凛冽的冬日温暖着我们的视觉，如同挥舞着红飘带的少女，展示着青春与活力。更产生一种具有中国独特韵味的光概念，展现了中华文化的宏大魅力，达到现代科技与传统文化的有机结合。世博轴在阳光谷的 LED 智能星光灯显示上，也充分表达了这一设计的概念和主题，相谐的光影让游客在游览观赏的同时，还能通过现代艺术灯光的展示，感受和感悟中国文化的独特之韵(图 1-11-9)。

图 1-11-9 光之红飘带

11.3.8 光之舞场景

在浅色为主色调的张拉膜上，一群快乐的小精灵在翩翩起舞，时而轻快时而轻柔，远远望去，既像旋转的陀螺，又如汇聚着的涟漪，张拉膜边缘的白色静静地衬托着一幅欢快的画面，与欢快旋转着的小精灵在膜上构成动静相宜的和谐画面，在周围建筑的簇拥下，显的是如此的与众不同。整个建筑体的整体感和纯净感被充分表达出来，同时注重光色在张拉膜整体层面上的渐变、明暗与动感，以产生生动、感人的艺术灯光景观。阳光谷内侧顶面的太阳能星光灯和外侧智能 LED 星光灯，与张拉膜一起变幻出一道亮丽的风景线。主色调以湖蓝色为主，向同色系的其他颜色变换和过渡，并在色彩的明度上产生明显变化。色彩和动感不仅保证了张拉膜立面的完整性，而且与每个阳光谷星光灯的变化相协调。色彩过渡平滑自然。这种特殊照明效果可通过光在张拉膜上的折射、透射和反射，在 10 m 平台上产生梦幻般色彩，视觉上达到光影相谐的美感(图 1-11-10)。

图 1-11-10 光之舞

11.3.9 国庆场景

盛大的国庆节日来临，阳光谷也在尽情释放着节日的快乐，由智能 LED 星光灯构成的点阵变换着丰富的节日场景，时而国旗飘飘，时而金光闪闪，共同庆祝这中华民族的伟大节日，广场上的人们也被这热烈的氛围调动起来，同阳光谷的星光灯一起载歌载舞，连国外友人也禁不住加入到这个欢乐的海洋中，阳光谷国庆场景成为整个世博会的亮点，爱国的热情和对未来美好生活的渴望汇聚而来，星光闪烁之中，在国旗色为主色调的张拉膜上，也一起变换着激情勃发的色彩，张拉膜边缘的白色静静地衬托着这举国欢庆的场面，构成动静相宜的和谐图画。整个建筑体的热烈感和宏伟感被充分表达出来，同时注重光色在整体层面上的渐变、明暗与动感，以产生生动、感人的艺术灯光景观。主色调以国旗色为主，向同色系的其他颜色变换和过渡，并在色彩的明度上产生明显变化。色彩和动感不仅保证了阳光谷立面的完整性，而且与整个张拉膜的变化相协调(图 1－11－11)。

图 1－11－11　国庆

11.3.10　光波场景

在流畅升起的阳光谷上，荡漾起一圈圈优雅的涟漪，仿佛是被施过魔法的光波，散发出扣人心弦的微妙效果。张拉膜两旁静雅的白色默默地烘托着一幅动感又温馨的画面，有形却又无形，似光又似影，阳光谷上荡漾开一片光的波澜，优雅的涟漪点缀其中，光和影相谐得是那么曼妙。整个建筑体的整体感和纯净感被充分表达出来，注重光色整体层面上的渐变、明暗与动感，以产生生动、感人的艺术灯光景观。阳光谷内侧顶面的太阳能星光灯和外侧智能 LED 星光灯，与张拉膜一起变幻出一道亮丽的风景线。主色调以暖色为主，向同色系的其他颜色变换和过渡，并在色彩的明度上产生明显变化。色彩和动感不仅保证了整个阳光谷立面的完整性，而且与张拉膜的变化相协调(图 1－11－12)。

图 1－11－12　光波

11.3.11　文字场景

通过阳光谷的大面积智能全彩全色温 LED 灯具为载体，将 2010 的世博盛宴推向另一个高潮(图 1－11－13)。

图 1-11-13 文字

LED 点阵显示系统多媒体编辑工作站，具有以下文字信息发布功能：

(1) 图文特技显示：可对图文进行编辑、缩放、动画处理。

(2) 显示各种计算机信息、图像及 2、3 维计算机动画并叠加文字。

(3) 播出系统配有多媒体软件，可以灵活输入及播出多种信息。

(4) 有多种中文字体和字形可供选择，同时还可输入英文、西班牙文、法文、德文、希腊文、俄文、日文等多种文字。

(5) 有多种播出方式，如：单/多行平移、单/多行上/下移、左/右拉、上/下拉、旋转、无级缩放等 20 种以上的方式。

(6) 重要通告和庆典信息的即时发布。

(7) 广告信息的播放等。

11.3.12 阳光谷视频场景

站在南广场上望去，远处的阳光谷显现出动态的视频画面，仿佛巨大的天穹状媒体墙，滚动播放着各个国家的即时新闻等信息，在各国的国家日，在任何有重大事件发生的时候，阳光谷总能及时通过 LED 星光灯所构成的巨大点阵，以视频的样式显现出来，体现出科技的魅力，更体现了世博会的创新精神，在该艺术灯光景观设计方案中，具备能营造“阳光谷视频场景”的光的可变特质，通过灯光设计赋予它一种媒体墙的概念(图 1-11-14)。

图 1-11-14 视频

11.3.13　阳光谷礼花场景

采用抽象与写实相结合的表现方法，运用现代LED智能控制技术，模拟和显示烟花或花卉，色彩大胆、神秘，以在特殊的时节或庆典中烘托热烈欢腾的气氛。让行走在广场上的人们通过这场视觉盛宴，参与到充满未来与神秘感的艺术灯光场景之中。使用专业的场景编辑软件，把灯光场景表演服务程序运行预先设定的灯光场景表演列表，通过对每个LED灯具的控制，实现礼花场景效果(图1-11-15)。

图1-11-15　礼花

11.3.14　张拉膜和阳光谷灯光效果实现方法

世博轴采用世界领先的LED大规模分布式控制技术，采用专利技术LedBusY总线，系统控制到每一个独立的LED景观灯具。每个LED能产生1 600多万种色彩，每秒钟刷新25帧。采用的独特的布灯方式不仅能模拟出各种色彩丰富的效果，还能很好地避免直接看到高光点。整个系统同步延时小于25 ms。

12 景观工程设计

12.1 项目定位

世博轴工程项目景观设计首先满足功能的需求，并服从于整个世博轴的总体风格，简洁、大气、气势磅礴。在设计尺度上以大尺度空间来进行控制，一切服从整体效果。而且其与建筑设计体现了一脉相承的风格，也因建筑本身的特点，使其具有许多特殊界面和非常规的绿化种植设计要求。因此，如何选择适宜的绿化种植品种、运用先进的绿化种植技术和景观设计手法，合理采用具有科技含量的非常规技术手段，使之既满足人流交通和商业交通的功能要求，又契合各区域空间特性，最好地实现世博轴景观绿化效果，成为世博轴景观绿化效果设计的主要目标。

12.2 设计的主要目标和手法

12.2.1 景观布局

世博轴景观设计面积约 72 799 m²，绿化地面积约 28 629 m²。设计范围包括：世博轴 4.5 m 层南端入口广场和北端跌水广场景观设计、东西两侧长约 1 000 m 的大绿坡景观设计及镶嵌在大绿坡中的 7 个迷你小公园的景观设计等。

12.2.2 景观节点的详述

1. 南北广场景观设计

南端入口广场(图 1－12－1)和北端跌水广场(图 1－12－2)，基本上是完全建造在地下建筑结构顶板之上，也是世博轴与城市空间的特殊界面。尤其是南端入口广场，由于入口广场面积较大(约 10 000 m²)，在展会期

图 1－12－1　南广场景观设计

图 1-12-2　北广场景观设计

间会有大量人流进入，保证交通功能是首要的。但同时，需要兼顾空间的识别性和标识性，因此采用以多向心布置的大小不等的椭圆形树岛，为设计元素显示出一定的指向性，引导游人的进入。同时在平台东西各以 3 排银杏作为边界的划分，并通过整齐的排列，表达阻隔的强度；展会期间主要是夏季，上海的天气将十分炎热，因此遮阳的需要也应重点考虑。广场的景观绿化除了满足视觉观赏效果之外，还应体现其生态环保效应；而展会以后，广场位置将另作他用，重新建设，因此，广场的景观绿化的投入成本和再利用，也应有所考虑。所以在单体的设计上注重了使用上的方便与灵活，小品大多为可移动的（如树池、座凳等），体现了以人为本的设计思想。北端广场在南临黄浦江的平台处，以大面积、大落差的跌落水池作为世博轴北端的巨大收头并与黄浦江形成内外的相互呼应。同时北端跌水广场也将 4.5 m 平台与 −1.0 m 平台沟通起来，形成了气势磅礴的立体景观。

2. 东西两侧大绿坡景观设计

世博轴东西两侧为由地面下沉至 −1.0 m 平台的斜向绿坡构成。绿坡作为世博轴地下一层与城市道路之间的特殊界面，以台阶状的巨大草坡为主体景观，3 个景观阶梯与 3 个建筑平台相对应，相互连成一体（图 1-12-3）。由于草坡下既有部分的土建结构，又有阻止地下水渗出的止水帷幕，同时又分布了世博轴顶部膜结构、结构拉索基座的承台，情况非常复杂，覆土深度的限制很多，对于种植设计的要求很高。世博轴东西两侧地下建筑的情况也不完全相同：西侧草坡完全在地下土建结构以外，而东侧草坡则局部在地下土建结构之上。因荷载受限，且植物种植对土壤要求较高，土建开挖后的回填土不能满足要求，需使用轻质营养土进行局部换土。由于周边市政道路的标高与世博轴 −1.0 m 平台的高差达到了 5～6 m，而场地面积有限，因此造成草坡的坡度超过了土壤安歇角，需要采取一些特殊措施，保证土壤的稳定。而局部地下的土建结构的承载有限，也对绿化的种植有所制约。

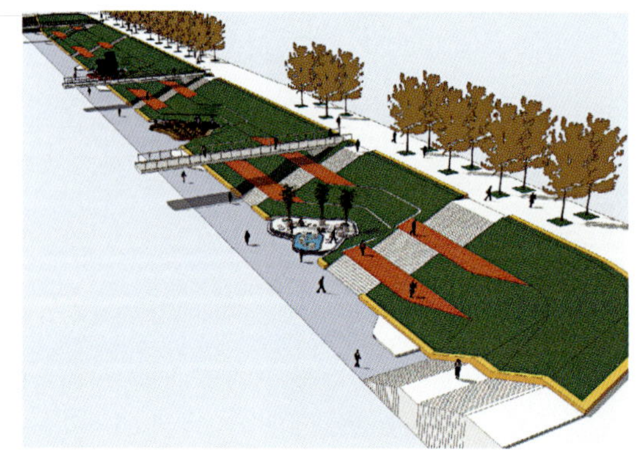

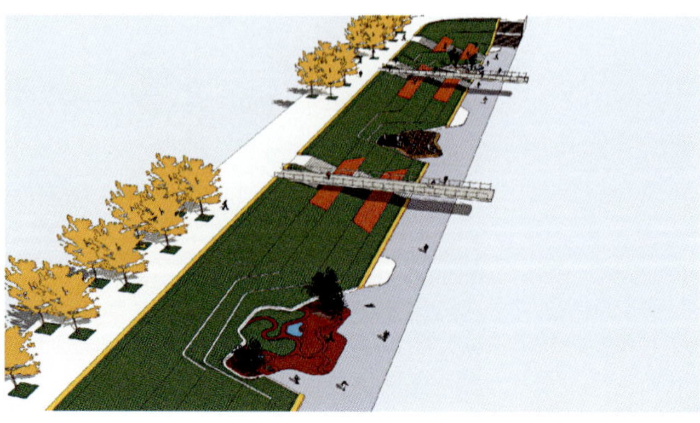

图 1-12-3　绿坡景观设计

所以在景观设计过程中，绿坡主要以铺设草皮为主，并在局部点缀花灌木。力求形成强烈几何形切割面的绿坡形式，十分具有立体效果。

3. 绿坡迷你公园景观设计

在长约 1 100 m 的大绿坡中相隔约 65 m 左右收拢等高线，形成一个局部的陡坎，布置了各类具有不同观赏主景的迷你绿地，同时也作为景观节点供游人休憩观赏。在东侧绿坡中布置了 4 个迷你公园，在西侧绿坡中布置了 3 个迷你公园，共 7 个(图 1－12－4)。每个小公园面积均约 150 m^2。这 7 个公园形态各异，分别为红色塑胶为铺地材料的公园、白色砂石为主景的公园、中国太极元素的公园、螺旋形草坡公园、龟裂石材为主景的公园、木材为主材料的公园和以中国红花为主题的雕塑公园等。这些主题公园都运用了新材料和新技术，宛如镶嵌在绿坡中的 7 颗宝石，引人注目。

图 1－12－4　迷你公园景观设计

12.3　细节设计

在世博轴的景观设计中，对于细部设计要求是非常高的，因为细部的成败决定着整个世博轴景观的最终效果。

南广场绿岛节点(图 1－12－5)、南广场水幕墙节点(图 1－12－6)、北广场跌水池节点(图 1－12－7)、绿坡节点示意(图 1－12－8)和绿坡迷你公园节点(图 1－12－9)的示意图如下所示。

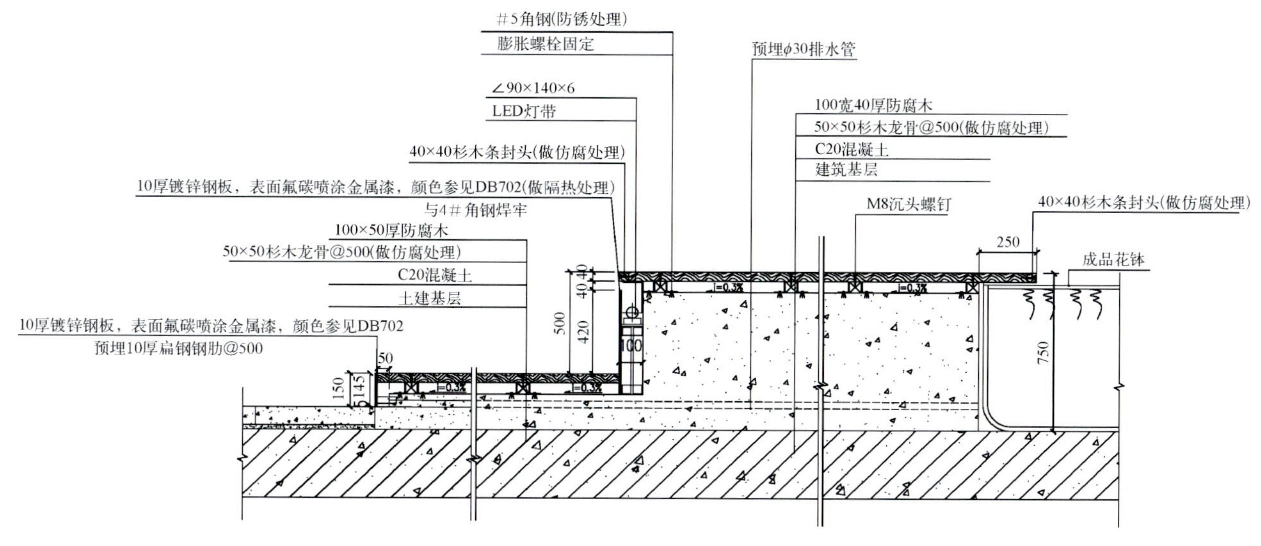

图 1－12－5　绿岛节点

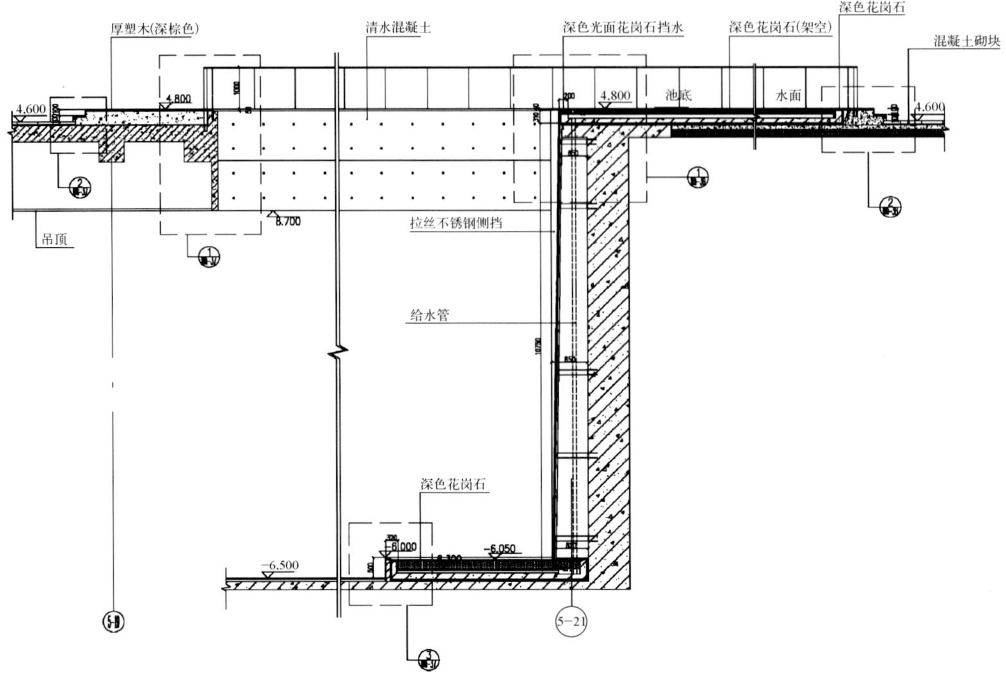

图 1-12-6　水幕墙节点

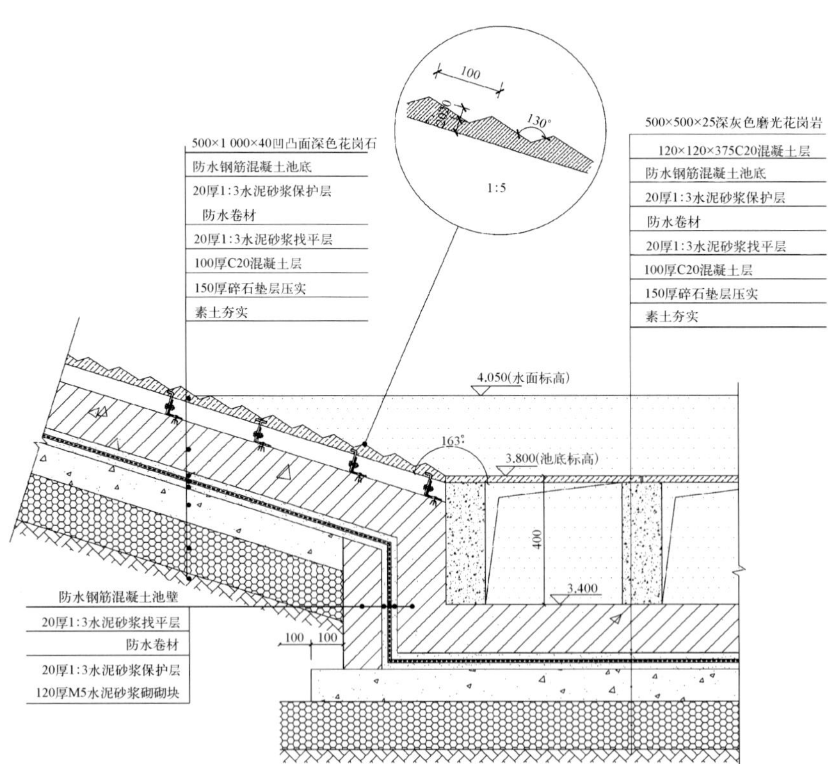

图 1-12-7　跌水池节点

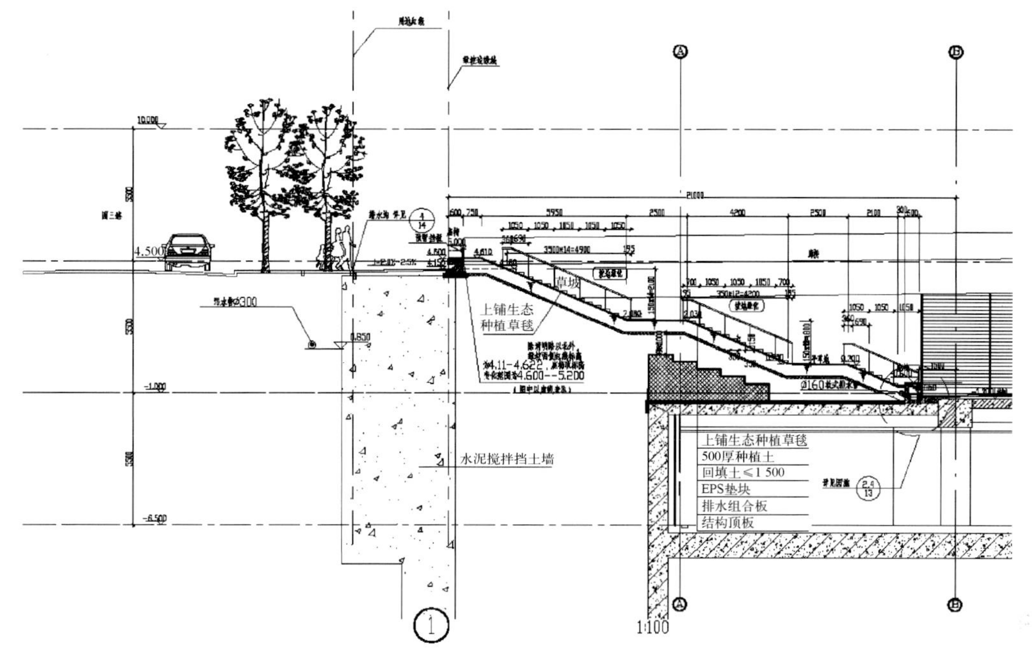

图 1-12-8 西侧绿坡标准剖面

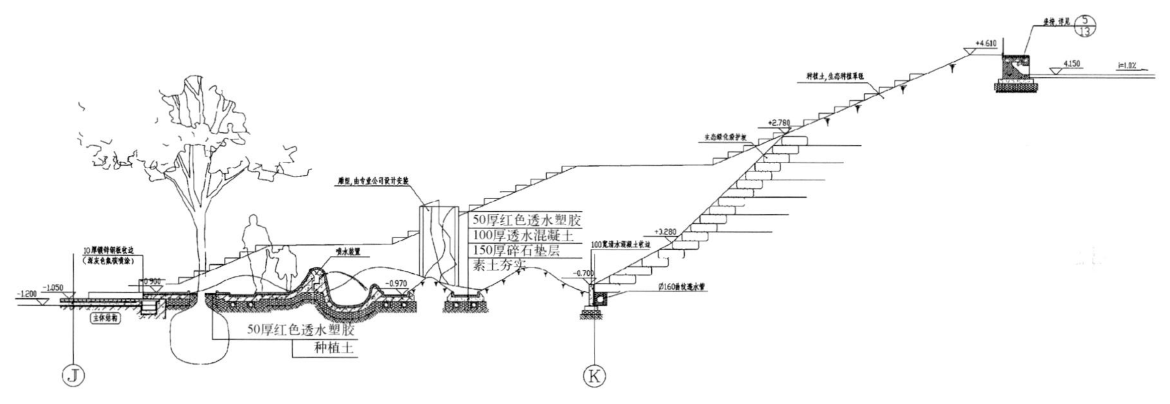

图 1-12-9 绿坡迷你公园标准剖面

12.3.1 植物设计

(1) 绿化种植品种的选择：选择乡土树种(如：银杏、女贞、合欢、四季草花、果岭草、刚竹、栾树等)，并保证植物生长质量和苗木数量(图 1-12-10)。注重植物品种的色彩、姿态、季相搭配，保证各季节时间段的景观效果。选择成型快、管理粗放型的植物品种，这是影响到工程质量及日后维护最关键的要素。

(2) 绿化指标的设定：绿化指标计算是绿化种植设计的必要手段，其结果直接反映到后期的景观绿化实现效果，基于世博轴项目的特殊性，要求既要能达到良好的视觉效果，同时又不能影响到世博轴的交通等其他功能。因此对于本项目的绿化指标标准也应与一般建设项目有所区别，在核定项目绿地率的同时，更应关注绿视率和绿化覆盖率，通过可移动绿化和立体绿化来弥补客观条件的不足。

同样，也不应苛求乔、灌、草比例，满足常规建设项目的标准要求，应该因地制宜，因时制宜，要以最小的成本来实现最好的景观绿化效果和生态环保效果。

(3) 绿化喷灌技术：由于项目功能、形态和展会时间的特殊性，绿化植物的喷灌维护是一项浩大的工程，要减少日常维护的工作量、降低运营成本，又要保证植物的成活和景观效果，就需要将一切可以利用的资源调动起来，设计先行，才能达到事半功倍的效果。

图 1-12-10　绿化种植品种

12.4　施工中新技术及新材料的应用

在世博景观工程施工过程中，有意识地运用新工艺、使用新材料，不断拓展技术广度和深度。

12.4.1　新技术

（1）绿色生态护坡系统：该系统是集柔性结构、生态、环保、节能四位一体的建筑工程领域的一种高级形态，它使结构和生态绿化得到同步实现，为边坡建设领域的生态环保建设提供了技术保证。袋与袋之间采用连接扣或连接带相互连接，形成一个有机的稳定系统。水分可在系统内自由的流动，减少了系统内的净水压力，降低了工程坍塌的危险性，植物可以通过袋体自由生长，当根系穿过袋体后如无数根锚杆嵌入基础土壤中，完成了袋体与原护坡基础的再次稳固，且时间越长越稳定。

采用软体材料构筑的柔性系统，能够抵抗或吸收外部应力产生的形变，使整个系统不会因局部受力或形变发生坍塌和裂缝，是集柔性、安全、稳定于一体的结构系统。

绿色生态护坡工程系统在受力结构上完全能达到传统结构所能达到的承载效果，坡面结构也同样安全稳定，该结构不需养护，机构施工完毕即可投入使用，其独有的排滤水性能，使其在护坡的建设中有不可比拟的优势。

传统的边坡工程有很多缺陷：浆砌石护坡，寸草不生，水土生物间形成的物质和能量循环体系被彻底破坏，且砌筑工程量大，破坏了周围的自然景观，不符合现代生态环境的要求。

蜂巢式网格草护坡技术不仅要使用大量高污染高能源消耗的水泥，而且在外力作用下易与工程基础部分发生分离，形成坍塌、滑坡。

钢筋混凝土边坡施工周期长，造价高，混凝土同原生态土壤的吸附力差，对生态破坏较严重。浆砌石或混凝土护坡对水质的污染较大，使得自然河流系统中河床的异质性不复存在，使许多水生植物和水生动物无处安生，不能形成一个理想的生态链。

绿色边坡技术采用金字塔系统结构和生物活性无土植被毯，不仅很好地解决了传统边坡的缺陷，还具有许多优势：

符合国家的环保政策，符合国家规定到 2010 年产品的能耗下降 20%的政策。用软体材料代替硬体材料，无需钢筋、水泥、石头等，就地取材，重量轻，运送方便，无需重型机械及设备，操作简单，人人可为。

在软体边坡和回填土之间采用加筋网结构，紧密结合，把无限土改成剪切应力强大的有限土，使人类首次获得可任意改变边坡角度的自由，并且可以节省大量土地降低回填土成本。

因生态护坡系统不用石头、钢筋、水泥等建筑材料，不仅节省大量能源，而且改善了环境。护坡用的生态袋透水不透土，可解决大雨时产生的进水渗透压力、沉降、泥冻、地震等灾害。施工完绿化后，让植物得以快速生长，使植物根系穿过边坡，像打入无数锚杆那样，造就生命工程体，形成一种永久性边坡。

(2) 绿坡的固土处理：根据景观概念设计要求，东、西两侧大绿坡的坡度标准坡度为 1∶2(约 26.5°)，略大于上海地区常规土壤安歇角 23.5°，局部更有超过 45°，甚至接近 90°垂直的坡段。为保证景观种植效果以及土方稳定，现分以下几种类型实施：

草坡类型一：坡度 1∶2 左右 (<30°)；

草坡类型二：坡度 1∶1 左右 (30°～60°)；

草坡类型三：坡度 1∶1 以上 (60°～90°)。

处理方法：生物活性无土植被毯。

一种用于泊岸和斜坡的活性固土植被培植构件，由至少一个固底构件构成，任意一个固底构件均由一个纤维束构成，环绕任意一个纤维束的外侧分别设置有网格加固层，所述的网格加固层为植物纤维或者人造纤维，任意相邻的两个固底构件均相互接触。固底构件中均设置有植物，植物具有根须。将固底构件沿泊岸和斜坡的底端线或者中间方向排列，纤维吸水后，固底构件的重量增加，不能移动，从而防止泊岸和斜坡底端的土石随水流失。进一步的，利用设置在固底构件中的植物根须伸入泊岸和斜坡的底端面内，可以进一步巩固泊岸和斜坡底端的土石，减缓了泥土地压力，阻断泥土向下流或者塌方，同时生长在固底构件中的植物也可以改善景观，绿化环境。

(3) EPS 垫块技术和复合排水组合技术：由于部分土方造型及绿化种植位于地下建筑的结构顶板之上，受到地下建筑顶板上荷载的控制，同时还考虑到排水问题。在工程中采用的 EPS 垫块技术和符合排水组合很好地解决了这个问题，节省了大量能源。

EPS 垫块技术就是在地下建筑顶板覆土厚度超过荷载限值时，在满足种植土深度以下用 EPS 垫块代替覆土，由于 EPS 垫块的重度远远小于覆土的重度，且透水性很好，这样就既控制了荷载，有达到了景观的要求。

复合排水组合是一种高性能的单(双)面导水系统，以高抗压、高纯度的聚烯烃粒状底板和土工布紧密粘合而成，土工布的防堵性和反滤性及其重要，直接影响防排水组合的整体渗透系数和导水量。粘合在底板的土工布在连接时起到搭接作用，确保回填土绝不会进到排水管道，其独特的构造、高纯度的材料，确保高抗压的特点。这种产品具有排水效果稳定、高排水量、抗压力特强、降低水压、加强防水效果的优点。

12.4.2 新材料

1. 排水保护板

排疏板、排水保护板也叫滤水板、塑料凸片、塑料夹层板，是采用特殊工艺将塑料板材压出封闭突起的柱状壳体，形成凹凸状膜、壳联系，具有立体空间和一定支撑高度，壳体顶部覆盖土工布过滤层，用于渗水、疏水排水和蓄水的产品。传统的排水方式采用鹅卵石、陶粒、碎石、瓦块作为滤水层，将水排到指定地点。而现在用排水板取代鹅卵石滤水层来排水，则省时、省力又节能，节省投资，降低建筑物的荷载。

2. 生态边坡工程系统组建(图 1-12-11)

(1) 抗紫外线生态袋：抗紫外线生态袋采用高分子复合材料，抗紫外线，抗老化，无毒，不助燃，裂口不延伸，具有保土透水的功能，既能防止填充物流失，又能实现水分在土壤中的正常交流，植物生长所需的水分得到了有效的保持和及时的补充。对植物非常友善，使植物穿过袋体自由生长。根系进入工程基础土壤中，完整了袋体与主体的再次稳固作用，而且时间越长越稳固。

(2) 连接扣：连接扣既有相当高的拉伸强度和拉伸模量，给土壤提供理想的里的承担和扩撒，在结构较陡的回填土边坡时，连接扣把加筋格栅和生态袋连接，对工程的坚固和稳定起到重要作用，和平板连接扣相比，排水连接扣的垂直多孔结构有利于系统排水，更有利于植物生长根系穿透多层袋体，较大的表面积增大了与袋体的接触面积，使袋体之间更加稳定。

采用金字塔生态袋和加筋格栅

采用金字塔系统堆叠法施工

让边坡充满绿色生机

图 1－12－11　生态边坡系统工程

3. 缝隙式排水沟(图 1－12－12)

在铺装地面形成排水效率高且不易被察觉的窄窄线性排水缝;不影响地面铺装的美观效果,可以和所有地面材料和谐组合;特别适用于风景式设计或石板广场、步行区;打开检修口盖板,用低压或高压水冲洗排水沟底座,使得清理和维护非常简单;安装快捷,缩短施工工期;产品生命周期长且维护成本低。

图 1－12－12　缝隙式排水沟

13 标识工程设计

世博轴作为中国2010上海世博会的主入口，承担了整个世博园区进出人流量的23%，是世博会的正门。四大永久建筑、集合了31省美食的餐饮购物中心以及举行开闭园式的庆典广场围绕在世博轴的周围。高架步道横穿世博轴而过，连接起了A片区和B、C片区。同时为了满足参观者在园区中的餐饮购物等需求。世博轴内集合了60多家餐饮及特许品商店，同时还包括大量的厕所和园区的服务性功能房间。世博轴的10 m平台层又作为一个观景平台和一些国家馆日活动集会的场所。承担着以上功能的世博轴成为一个集交通疏导、餐饮购物、观光于一体的综合性枢纽体。

标识的主要作用是引导建筑空间内的特定人群到达目的地。这样一个系统的建立是基于建筑空间特性、建筑功能、适用对象等诸多因素。由于对象的不同，标识设计的形式和方法多种多样。世博轴的多功能性，必然导致在世博轴内的人员同样具有多样性。需要面对的是目的地截然不相同的几种人群：从世博轴进入世博园区的人群；从世博轴离开世博园区的人群；从其他园区入口进入世博园经过世博轴的人群；在世博轴内寻找餐饮购物的人群；世博轴10 m平台观景人群；其他非特定人群；世博轴各层的垂直人流。尽可能地同时满足这7类人群的引导是世博轴标识所需要面对的最大的挑战。

针对以上种种特殊情况，采用了“3+1”的导向体系来完成对于人流的疏导和指引。“3”即是指导向系统中的3个级别层次，又分别针对的是索引标识、导向标识、名称标识3个类型。“1”指的是垂直层面引导标识。通过这4种标识类型的结合，来完成对参观者的引导，同时也满足不同性质参观要求。

索引标识是通过大型的世博园区地图，世博轴周边园区地图，世博轴地图来让参观者对于整个园区能够有一个全面直观的了解，同时让参观者清楚个人所处的位置。

导向标识最显著的特点是带有箭头指向，主要是对人流进行一个水平导向。根据标识的设置原则明确指引世博会四大永久建筑位置以及餐饮购物中心和庆典广场位置，同时水平导向必须同前面提及的垂直导向相结合，形成一个网络化的行径路线，起到疏散人流的作用。

名称标识即对于餐饮购物、卫生间、功能服务房间等的表示和定位，也是整个导向系统中的终端。

世博轴导向标识的另一个特点是根据世博轴的建筑空间特点和各层的实际功能来定义世博轴的每个楼层。由于世博轴在地下二层、一层和二层分别拥有3个安检通道让参观者进入园区，在一层设置1个常设出口通道可以让参观者离开园区。因此在进入安检检票区之前，B2F定义为主入口层及地铁层，B1F由于不具备针对参观者的实际功能而刻意弱化，1F为VIP及无障碍入口层，2F为主入口层。进入园区之后，将1F定义为出口层、地面层，2F定义为高架步道层，连接A、B、C片区。让参观者根据目的地的不同，通过垂直交通到达特定层面，然后再通过水平导向到达最终目的地，这样初步建立了一个能够满足枢纽建筑特性的立体导向系统。

通过世博轴进入园区的人流，大致分为两个类型：明确前往四大永久建筑的人流；前往A、B、C片区各国场馆的人流。这两类人员都是初入世博园，由于人对于未知区域的恐惧心理，他们都需要对整个世博园区的情况有一个总体的了解，以及对现在所处的位置有一个清晰的定位。那么参观者首先接触到了导向系统中的第1个级别的标识，即索引标识。索引标识包括了一系列的园区总图和场馆周边地图，如：园区功能设施的分布；餐饮、特许品商业的分布情况；园区出入口以及园区内的交通站点的具体分布情况。同时还有国际通用图标的中英文解释说明，能给参观者带来一种安心感。

由于世博轴将四大永久建筑串联了起来，同时周围还集合了庆典广场和餐饮购物中心等重要的设施场所，而且四馆的参观总人数也可能是最大的。因此针对第1类参观者的要求，世博轴内的第2级标识体系——导向标识在此时发挥了它的作用。在参观者通过世博轴的 3 个安检通道进入园区之后，都有指向明确的导向标识将参观者引导至四馆以及庆典广场和餐饮购物中心。对于第 2 类参观者，他们的目标可能是远离世博轴各片区的国家馆或是位于浦西的企业馆，首要任务就是将这类人群引导至高架布道或是最近的园区内公共交通站点，垂直导向标识就在此刻发挥着它的作用。在世博轴的内部楼梯、自动扶梯以及电梯处，都有相应类型的标识能够把参观者引导至已经定义为高架布道层的二楼 10 m 平台层或是一楼地面层，参观者利用高架平台上以及就近道路的公共交通能够到达最终的目的地。

对于从世博轴离开世博园区的人群，由于世博轴只有一个常设出口位于一楼地面层，因此将此层定义为出口层。将处于任何一个楼层中的参观者首先引导至一层，再通过水平导向引导参观者出园。

通过其他入口进入世博园区，经过世博轴的人群的特点是已经对整个世博园区有了初步的了解。对于他们来说世博轴不再是一个交通枢纽，而是成为一个服务中心，提供给参观者休息、餐饮、购物、参观问询等一系列的服务。在导向系统中，同时也针对这部分人群的特点将标识类型细分化。主流线对应的是前往各大场馆的人群，辅助流线对应这一部分的人群。针对商业设施的标识同样独立拥有 3 级体系，通过世博轴平面布置图和世博轴餐饮购物索引来完成第 1 级别的引导，让参观者知道世博轴内“有什么”“在哪里”。通过带箭头的导向标识构成第 2 级别，来指引参观者有明确的方向性。结合各商家的招牌广告作为第 3 级别，让参观者最终寻找到目的地。所有的标识系统都是基于“3 + 1”的模式来完成对参观者的引导。

世博会集合了全球各国的精华，同时迎接着来自世界各地、五湖四海的参观者，在标识类型上的选择就需要兼顾各方面的考虑。世博轴作为世博园的正门，标识势必需要和整个园区的标识能够保持连贯性和一致性。因此选择了和整个园区标识相同的材质，也能够很好地兼顾批量生产的经济效益。内容的表示方式上采用最简单的白底黑字的样式，材质采用即时贴，可以方便的更改内容信息。为了避免白底黑字的单调，将整个园区的 A、B、C 片区所对应的红、橙、黄色尽可能的运用到标识中，使标识的版面带有色彩，又不失清晰感。

在字体色彩的选择上，为了达成足够的对比度和显著性，采用了白底黑字的模式。但并不是简单地选择黑色作为字体的颜色，而是选择深灰色，在保证足够反差的情况下，和白色的对比又不显生硬。

文字字体则采用了黑体字及标准英文印刷体，让不同地域、不同国家的参观者都能更容易的阅读。同时大量采用国际通用图标，配以适当的中英文说明，来简化标识的版面，提供更多的信息给参观者。

世博轴标识的布点位置及数量考虑建筑空间的体量以及整个建筑环境。世博轴实际上是一个交通轴，同时作为密集人流区域。导向标识在条件允许的情况下尽量采用垂吊式设计，使得人流对于参观者的视线的影响减小到最小值。同时根据人眼可视范围以及现场标牌 3.6 m 的安装高度的要求，控制相邻点位标识牌的间距为 50～60 m，字体和图标高度保证在 200 mm 以上。

世博轴内还大量设置 LED 动态显示屏和 LCD 液晶显示器，将整个世博园区的动态实时信息最快地传递至参观者。世博园区的大人流量势必导致参观者在参观的过程中需要排队、等候，通过实时动态信息显示屏，能及时发布各场馆的等候排队时间等各种信息，让参观者能及时调整自己的参观路线，提高参观的效率。

世博轴作为上海世博会中单体面积最大的建筑。集合了多重的功能，成为上海世博会的门户。世博轴以其巨大的建筑体量、超前环保概念的引入、先进的施工技术的运用，开创了世博会建筑的先河。标识作为世博轴的一个小部分，同样运用科学严谨的建筑物空间分析、人流分析、展览展示策划分析等一系列工具，创造出可以匹配这座建筑的导向体系，最终的目标是要给来自全世界的参观者带来最大的便利！

第 2 篇

工程管理

1 世博轴工程的建设组织结构

世博轴工程位于中国2010年上海世博会园区核心中轴部位，是2010年上海世博会的主要出入口、安检通道、公共人行交通枢纽和服务商办的综合体建筑，是上海世博会园区最大的单体工程。它集规模宏大、形象优美、技术复杂等特点于一身，在世博会的最前沿向世界展示我国当代的建筑特色与艺术魅力，展示我国先进的建筑技术和施工水平。世博轴工程新颖巨大的阳光谷和索膜结构已成为2010年上海世博会的标志之一，因而世博轴工程也已成为上海世博会最精彩工程之一。

世博轴工程建设组织采用扁平化的结构(图2-1-1)。

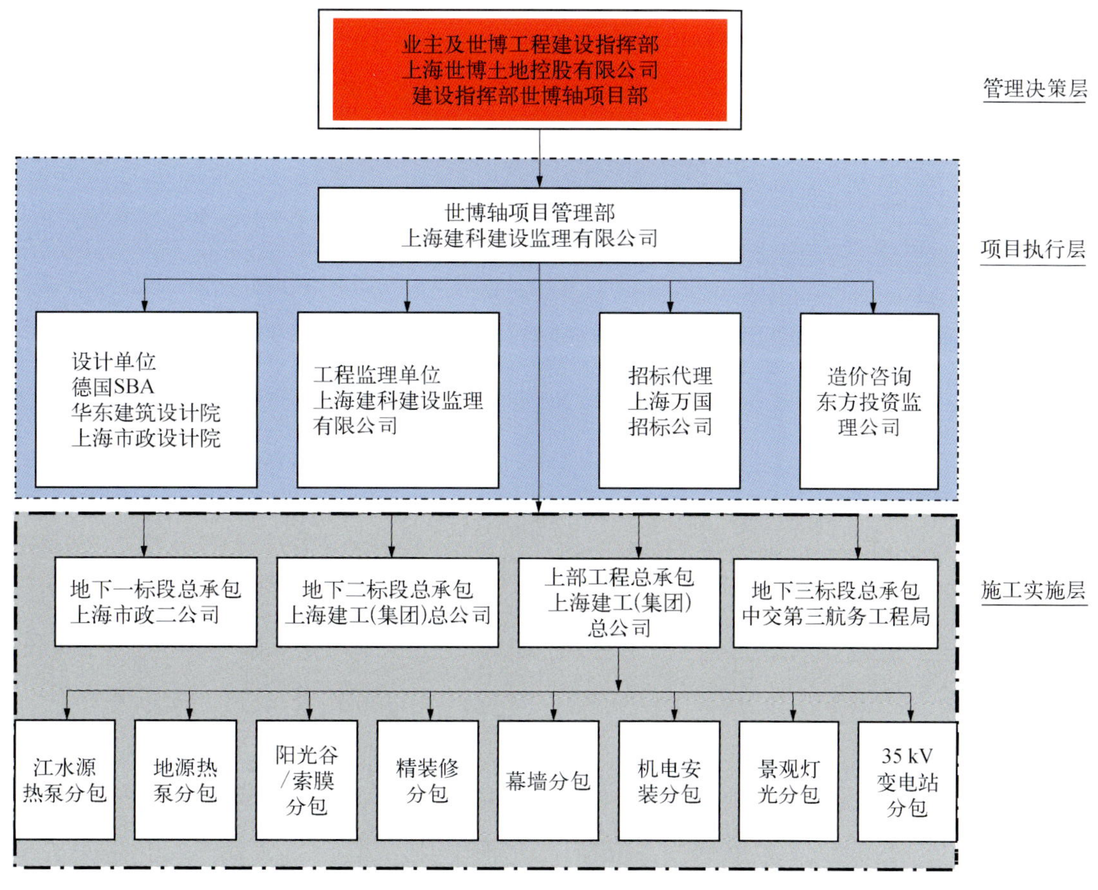

图2-1-1 世博轴工程建设管理结构

世博轴工程建设管理关系为：由世博工程建设指挥部和业主世博土地控股公司统领决策；世博工程建设指挥部世博轴项目部和建科项目管理部负责项目具体管理；标段总包进行具体施工实施，工程监理部进行施工监督。总分包施工接受业主和项目管理部的管理。设计咨询顾问提供技术支持。

2 世博轴工程的建设管理

2.1 世博轴工程业主的建设管理

2.1.1 世博轴工程业主的建设管理组织

世博轴工程由上海世博土地控股有限公司(简称世博土控公司)投资建设。

2.1.2 世博轴工程业主的建设管理内容

(1) 项目建设准备阶段：负责完成世博轴规划方案征集、规划设计、园区内居民、企业的搬迁腾地等工作。

(2) 项目建设施工阶段：主要负责项目的规划设计方案审定、资金筹措、投资控制、招投标方案审定及中标单位确认、重要甲供设备材料审定等建设重大事项审批、工程进度规划、推进、检查等。

为了开展世博轴工程施工建设，世博土控公司在业主方组织构建的基础上，通过招标委托，整合各方资源，先后聘请了设计单位、招标代理单位、专业项目管理公司、工程监理单位、投资监理单位、施工总承包单位，共同构建了世博轴工程的项目施工建设管理组织体系。

2.2 世博轴工程的项目管理

为了确保世博轴这一世博会重大工程安全顺利地建成，世博轴工程的业主决定充分利用社会化专业资源，选择了上海建科建设工程监理咨询有限公司担任世博轴工程的项目管理和工程监理单位，具体进行工程的全方位、全过程的专业化建设施工管理。

世博轴项目管理部根据项目建设实际，进行管理创新，采取针对性的建设管理模式、管理方法与措施，确保工程建设目标实现。

2.2.1 世博轴工程管理模式

世博轴工程建设是一个庞大复杂的系统工程，业主方的工程管理必须根据项目的功能进行全面、系统、前后一致的管理。不宜采用国内通常采用的招标、工程监理、投资监理、设计管理各管一段的支离破碎的工程管理方式，而应实行与国际工程管理接轨的一体化系统项目管理方式。世博轴工程管理模式的特色是：由业主委托的工程咨询监理方承担工程的项目管理＋施工监理，协助业主全面进行工程管理。

世博轴工程管理特点：

(1) 项目管理部代表业主作全方位、全过程的工程管理。让业主的建设管理职能下放，让监理的管理职能向上拓展。建立目标明确、职能清晰、层次简约、控制有力、沟通便捷、管理高效的项目管理体系。

(2) 实行扁平化的工程管理结构，工程管理方既作业主项目管理工作，同时又作施工监理工作，做到工程管理的专业化和无缝连接。

项目管理部的主要职责是协助业主进行建设策划，承担世博轴工程的施工总进度管理、设计协调、风险管理、信息管理、周边工程协调及配套协调、对业主职能部门负责的投资控制、设备采购等提供支持及技术服务。

而施工监理组主要职责是负责标段施工质量安全监理工作。

2.2.2　项目系统目标

项目管理首先是目标管理。为顺利完成世博轴系统工程任务，世博轴工程项目管理部根据世博轴工程建设的要求，建立了一整套目标系统，作为工程项目管理的准则。

世博轴工程项目总体建设目标为：

(1) 质量目标：工程质量全部达到合格，工程总体质量达到优良。确保获上海市优质工程奖、建筑工程白玉兰奖；争创国家鲁班奖。

(2) 进度目标：2009年12月底工程竣工。按36个月总工期和控制性节点目标，控制世博轴工程按时或提前竣工。

(3) 投资目标：投资控制在初步设计批准的设计概算及施工合同建安工程造价之内。

(4) 安全目标：作为市重点工程和重大政治任务，严格施工安全监督，确保无重大安全事故。

(5) 文明施工目标：创建市级文明工地。控制周边地铁、市政管线沉降变形，无重大管线事故发生。防止施工粉尘污染、噪声污染、市政管道泥浆污染。

(6) 廉政建设目标：构筑业主、监理、施工及其他参建单位的廉政建设组织体系，杜绝任何形式的腐败行为和现象的发生，做到"阳光世博"、"廉洁世博"。

2.2.3　针对世博轴工程特点难点实施项目管理

1. 进行工程建设策划、全面组织项目建设、重点实施工程推进

世博轴工程建设是一个巨大的系统工程。建设项目管理应是全过程全方位的。为有序地开展世博轴建设，建科项目管理部的一项重要工作就是积极参与业主的项目实施策划。

首先是建立健全工程施工建设相关的规章制度。编制《世博轴工程建设管理大纲》等一系列世博轴工程施工建设的规章制度、管理办法等管理性文件，并组织专业管理人员编制专业工作细则，为全面、有序地开展世博轴工程建设施工打下基础。制定的世博轴建设主要规章制度管理办法如：

《世博轴工程建设管理大纲》

《世博轴工程标段施工管理办法》

《世博轴工程施工图设计管理办法》

《世博轴工程材料设备管理办法》

《世博轴工程专业分包招标管理办法》

《世博轴工程标段监理管理办法》

《世博轴工程基坑开挖管理导则》

《世博轴工程立功竞赛实施方案》

《世博轴工程安全质量问题处罚罚款规定》

其中《世博轴工程建设施工管理大纲》内容广泛，编写工作量大，涉及工程建设管理的方法面面，包括建设施工的目标系统、任务、管理模式、组织流程、进度控制、质量控制、合同管理、造价控制、安全文明、沟通管理、施工图管理、变更管理、信息管理、风险管理、科技创新、施工立功竞赛、廉政建设等方面。

根据工程设计进展和设计方案，建科项目管理部多次与业主讨论并编制世博轴工程里程碑计划、项目总进度计划、设计出图计划、设备采购计划，并根据方案的变化及时修改；制定世博轴工程桩基及围护工程控制性进度计划、设计出图计划、年度和阶段性进度计划等，为工程有序推进，指导设计、施工提供依据。

在工程实施中，及时、经常召集各方专题会议，具体要求各标段总包严格按照工程控制性节点编制施工进度计划，并检查落实人、料、机、资金、方案，落实实现进度计划。针对设计施工图纸跟不上施工进度要求问题，项目管理部专门配置了2名设计协调工程师，根据施工进度状况，协调设计出图计划，分标段分批落实催办地下连续墙、工程桩、结构施工图、精装修深化图等的出图，从设计、施工等方面全面实施和落实工程推进。

2. 世博轴多标段的项目管理创新：进行3个标段基坑开挖总体管理，承担部分总包管理功能，保障世博轴工程基坑开挖施工有序

世博轴地下空间基坑工程是一个长达1 045 m的超长基坑，整个基坑实际是一个整体。由于基坑开挖支护，分 3 个标段分别由 3 个总包施工，有 180 万 m^3 土方需要外运，平均每天出土 12 000 m^3，若无工程总体协调，可能会造成标段分界面处各标段开挖时间、深度的不一致、支撑时间不一致、降水标高的不一致，从而造成基坑开挖和边坡围护的不稳定及安全事故。

针对世博轴地下 3 个标段基坑平行发包，无统一协调管理的问题，世博轴工程上海建科项目管理部应业主要求，毅然承担起工程施工总协调指挥的任务。为了防止发生基坑坍塌和基坑边坡围护重大位移变形等安全质量事故，防止世博轴地下空间基坑工程施工对周边轨道交通 8 号线、7 号线地铁的变形的影响，专门编制《世博轴工程基坑开挖总体管理及施工导则》，包括世博轴基坑开挖管理的总体原则、基坑开挖总体管理组织、基坑开挖总体管理流程、基坑标段界面施工的管理要求、基坑开挖的总体计划安排、土方外运的组织、场外排水的组织、土方外运文明施工要求措施、基坑开挖分部分项工程施工要求、基坑开挖安全施工要求等等，统一协调和指导各方在基坑施工时执行，保障和控制了世博轴地下空间基坑工程的施工安全及顺利进行。

3. 世博轴深大基坑安全管理创新：实施“风险检查监控日报”的风险管理、工地远程监控

世博轴工程深大基坑的施工管理难点特点是：项目地下空间巨大，基坑宽度约 110 m 左右，基坑总长 1 045 m，地下空间建筑面积高达 19 万 m^2，开挖深度达 21 m，仅挖土方量就高达 180 万 m^3。基坑维护纵向刚度小、开挖难度大、风险控制要求高。

根据世博轴地下工程风险大的特点，项目管理部特别实施了风险预控和风险管理。在项目管理部配备了风险管理人员，预先对工程各项目风险进行识别，列出风险清单，并针对每一项风险提出相应的控制措施；施工阶段实施“风险检查监控日报”制度，从而及时发现问题、协调设计和施工单位采取控制措施，成功地完成了世博轴 1 km 超长超深基坑的安全施工，未发生基坑坍塌的重大安全事故。

根据世博轴项目地下空间又长又大，基坑开挖安全和变形保护要求高的特点，为确保基坑开挖安全，建科监理项目部聘请专业单位，设置工地远程监控系统，在长达 1 045 m 的基坑范围内分段布设 18 个摄像头，将施工信息传输到监理/管理中心，进行施工实时监控。

4. 围绕阳光谷、索膜的世界级难题进行项目管理，攻克难关

阳光谷、索膜工程是世博轴工程最大的亮点，也是技术最新、施工最难的难点。

(1) 针对阳光谷工程的项目管理

① 阳光谷工程主要难点：

A. 建设初期，原考虑阳光谷钢结构由外方承担深化设计和加工制作，但外方提出的深化设计费用过高，加工制作周期过长，无法满足世博轴建设进度需要。

B. 建设单位领导决心进行国内科研攻关、选择国内单位制作安装，由此带来如下技术难点：

(a) 异型结构，风荷载作用下受力状态复杂；

(b) 节点类型多，深化设计工作量大；

(c) 节点细巧，制作难度大，外观要求高，国内无类似工程经验；

(d) 制作、安装精度要求高，高标准质量要求和非常规验收方法。

② 项目管理主要措施：

A. 制定全面严密专项建设计划：

(a) 2008 年春节前，确定设计方案、完成安全性计算与专家评审；

(b) 2008 年 5 月前，完成阳光谷节点技术准备、加工厂家选择、样品制作加工；

(c) 2008 年 6～8 月，批量节点加工制作；

(d) 2008 年 8 月底，现场开始吊装安装施工；

(e) 2009 年 5 月，阳光谷结构安装完工。

B. 完善施工方案，严格质量安全验收、监理：

(a) 完善阳光谷吊装施工和支架支撑方案；

(b) 对阳光谷节点和杆件加工形状、空间坐标、角度等偏差严格验收，实施三坐标检测仪检测；

(c) 对阳光谷节点安装坐标进行全站仪测量复核；

(d) 实施阳光谷节点和杆件焊缝的第三方无损质量检测，确保焊接质量；

(e) 对阳光谷节点和杆件安装错边、弯折、焊接质量等严格验收、整改。

③ 项目管理效果:

A. 阳光谷深化设计、制作、安装工期由德方预计的2年缩短为1年零3个月;

B. 阳光谷制作、安装质量达到设计偏差要求,通过了质量验收和院士专家组的评审;

C. 培育了一支具有阳光谷这类精细钢结构设计、加工、安装、管理能力的队伍。

(2) 针对索膜工程的项目管理

① 索膜工程主要技术难点:巨大索膜顶棚风载稳定性、结构安全、桅杆构件制作都是国际国内绝无仅有的,极具挑战性。

② 项目管理主要措施:

A. 周密详细地研讨现场吊装施工方案和进度计划;

B. 膜面安装进度逐块逐天跟踪协调,确保阶段安装节点计划完成;

C. 严格桅杆、缆索、膜面安装张拉质量检查验收。

③ 项目管理效果:

A. 2008年11月,开始现场桅杆吊装施工;

B. 2009年4月开始膜面安装;

C. 2009年8月,完成索膜顶棚69片膜的安装,质量全部达到设计及验收要求。

5. 建立施工激励机制:策划和开展项目内标段间施工立功竞赛,促进各标段施工质量安全文明的提高

建立工程施工的激励机制,是工程管理创新的核心。针对世博轴项目分3个标段3个总包施工的情况,为激发3个总包竞争创优,我部为业主策划策划和开展项目内标段间施工立功竞赛。预先编制《世博轴工程施工立功竞赛与评比办法》,与施工方沟通并组织实施,促进各标段施工质量安全文明的提高。施工激励措施主要包括:

(1) 建立世博轴工程重大节点奖励金,对完成考核节点的设计、施工各方予以奖励。

(2) 建立安全、质量问题罚款办法,严格处罚。

(3) 制定世博轴工程标段施工竞赛考评办法。

(4) 每季度组织标段施工竞赛考评,根据考评办法实施奖罚。

(5) 组织各参建单位参加世博园区建功立业劳动竞赛活动。

世博轴工程施工立功竞赛,分设进度、质量、文明、安全、服务配合5方面竞赛。由业主、监理、总包三方评委现场检查、打分,评出了5方面的优胜单位,授予流动红旗并发文表彰、立榜公布;并给予物质奖励。

立功竞赛弘扬了先进,对落后单位也产生了很大触动,促进了施工标段之间的竞争,从而促进了整个世博轴工程进度、质量、文明、安全工作的提高。

工程管理创新除了策划竞赛表彰奖励外,还策划编制了《世博轴工程施工质量安全问题处罚办法》,对三个标段施工单位质量安全文明不及时整改的问题严格按合同和办法规定罚款处罚,从体系上有效制止了违章施工。

3 世博轴工程的工程监理

3.1 世博轴工程的工程监理组织结构

上海建科建设监理咨询有限公司选派品牌总监张云鹤担任世博轴工程总监，监理项目部下设6个专业监理组，配置60余名专业监理人员，组织结构如下图所示。

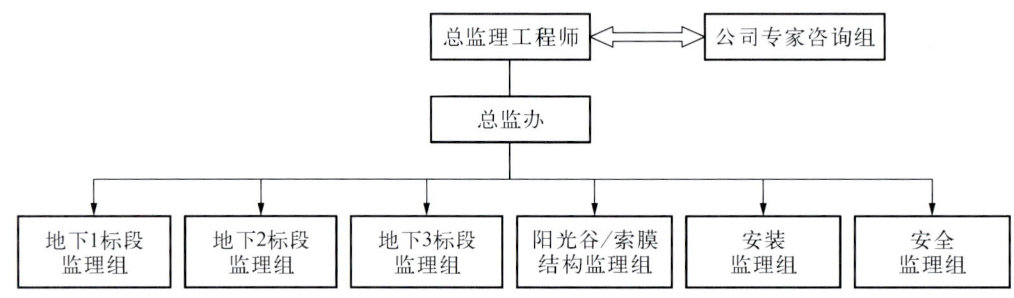

世博轴工程监理项目部的组织结构图

3.2 世博轴工程的工程监理质量管理

世博轴工程的质量目标定位为：确保上海市优质工程白玉兰奖，力争获得“国家优质工程鲁班奖”或“中国土木工程詹天佑大奖”。

在工程中实施了以下精品工程质量管理措施：

(1) 健全监理质量保证体系网络：建科世博轴工程监理实施2级质量管理——总监办总体质量监理＋各标段具体质量监理，总监办对3个标段监理组提出总的质量目标和统一质量要求并对标段质量监理工作进行检查。

(2) 加强创优意识教育，提高监理和施工员工的思想素质和质量意识；对工程质量实施“三高”与“三严”：“三高”是高的质量意识，高的质量目标和高的质量标准；“三严”是严格的质量管理，严格的质量控制和严格的质量检(查)验(收)；注重精品工程方案编制和审查。

(3) 实行全员、全时段、全方位的质量控制：明确各自的岗位职责并加以贯彻落实，一级向一级负责，对工序质量进行全过程的跟踪监控，使每道工序施工都在各责任人的监控之下进行；坚决贯彻落实“质量三检制”，加强现场监督：监理发现质量问题，及时对施工方下发整改通知，及时纠正问题，不留隐患。

从工程一开始就自始至终对每个分部分项工程就实施和落实严格的质量要求、质量管理：包括地下连续墙、桩基、降水、挖土、支撑、结构施工等。

比如，在基坑重力坝深层搅拌桩施工开始时，2标及3标进场了通常的水泥搅拌桶进行水泥浆配置。业主和建科项目管理部发现后，认为用通常的水泥搅拌桶配置水泥浆不能保证水泥用量计量准确，为了保证重力坝深层搅拌桩水泥掺量准确达到设计15%的要求，确保基坑围护安全，管理部及时果断下达3个标段暂停施工通知，要求施工方购置或租赁先进的水泥浆自动制浆设备系统，进场施工。在严格的管理要求下，施工方在一周内就购置或租赁了4台水泥浆自动制浆设备系统，既保证了搅拌桩施工质量，又保证了工程进度。

在数量巨大的地下连续墙、钻孔灌注桩施工中，实行方案预控、材料复检、24小时旁站监理、成孔检测、超声波检测等质量控制措施，保证了钻孔灌注桩、地下连续墙的工程质量，仅完成的钻孔灌注桩工程量达到 7 832 根；地下连续墙 438 幅/2 600 延长米。

在阳光谷施工质量管理中，严格阳光谷加工制作节点、杆件的检验。对高达 10 000 余个均不相同的六脚形牛腿节点，每个均要求进行空间三坐标测量仪检测，不达设计允许偏差标准就不允许出厂，以构件加工精度确保安装精度。为了确保阳光谷大旋挑单层网壳的结构抗拉及抗弯强度的结构安全，现场安装中对杆件与节点的焊接质量，坚持要求全数进行第三方钢结构无损质量检测，对不合格的坚决返工重焊；对焊接错边弯折情况逐一检查，对达不到验收允许偏差标准的也严格返工整改。严格的要求、严格的验收使世博轴这一世界上最大、最壮观的阳光谷安全稳定、屹立不倒！

3.3 世博轴工程的工程监理安全管理

世博工程安全第一，安全是世博主题让生活更美好的基本要求。安全必须作为头等大事来抓。

施工安全各项措施落实，工程施工能够一直安全顺利地进行，无论对工程质量提高、还是工程进度缩短都是有利的；反之工程出了重大安全事故、工程停工，则会影响世博工程的政治形象，同时一会严重影响工期进度，二会造成质量破坏，还会造成资金损失。

在世博轴工程施工安全管理中，主要抓安全风险分析、定期检查、重在整改。对施工每阶段的安全风险和主要危险源进行安全风险分析、风险识别，制定风险防治对策和措施。

首先，在安全管理思路、组织上，确定总监/副总监主抓安全，专职安全监理组的安全监理人员专抓安全，各级监理人员均对分工范围内施工安全具有监督责任，形成人人抓安全的意识。

第二，制定了大量的安全监理工作细则、安全监理阶段性工作计划，落实安全监理工作体系。每个分项工程均要求施工方提交安全施工许可证、专职施工人员岗位证、完善的工程安全施工方案措施。监理项目部则编制有针对性的工程安全监理细则如：桩基及基坑围护安全监理细则、基坑开挖安全监理细则、阳光谷脚手支架安全监理细则、索膜工程安全监理细则、机电安装安全监理细则等，有的放矢地进行工程的安全监理工作。

施工中由监理部牵头每周召集总包、业主定期安全检查，并作安全会议纪要，对发现安全问题落实整改。比如在地下工程阶段，分析重大危险源主要为钻孔灌注桩、地下连续墙、基坑支撑、基坑开挖、施工用电等的安全控制，制止违章施工，多次下达暂停施工令，要求施工方对基坑开挖围护、电箱电缆不规范提出整改，防止安全事故的发生。在建筑主体阶段分析重大危险源主要为阳光谷脚手支架安装、塔吊装拆、高支模排架模板支撑、洞口临边、电梯井平网、施工用电等，对施工方不符要求的安全问题，监理出具安全通知单整改。施工中监理对工程安全特别是重大危险源每日巡视。监理项目部安排专职安全员重点盯防、检查，会同业主要求施工方落实安全措施、整改、完善，保障世博轴工程施工安全顺利的进行和圆满完成。

第3篇

施工技术

1 概述

世博轴及地下综合体工程作为2010年上海世博会五大永久性建筑之一，也是世博会园区内的一个标志性建筑。它作为一个典型的下沉庭院式绿地生态的市政景观工程，在设计中引入大量生态、环保和节能的理念，充分体现"城市，让生活更美好"的上海世博会主题。

世博轴作为世博园区空间景观和人流交通的主轴线、主出入口，也是园区内最大的单体项目。工程南起耀华路，北至滨江庆典广场，从空中平台和地下联系四大永久场馆。世博会后，世博轴将成为未来上海都市空间景观和城市交通的主轴。

世博轴地下、地上各二层，南北长1 045 m，东西宽度：地下室为99.5～110.5 m，地上80 m。由各层结构平面、膜结构顶、阳光谷及总体景观组成，总建筑面积251 144 m^2。模纵剖面图、施工进度示意图如图3-1-1～图3-1-3所示。

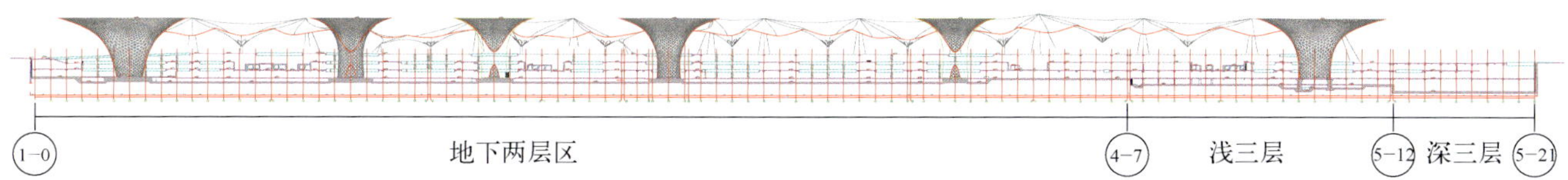

图3-1-1　世博轴纵剖面

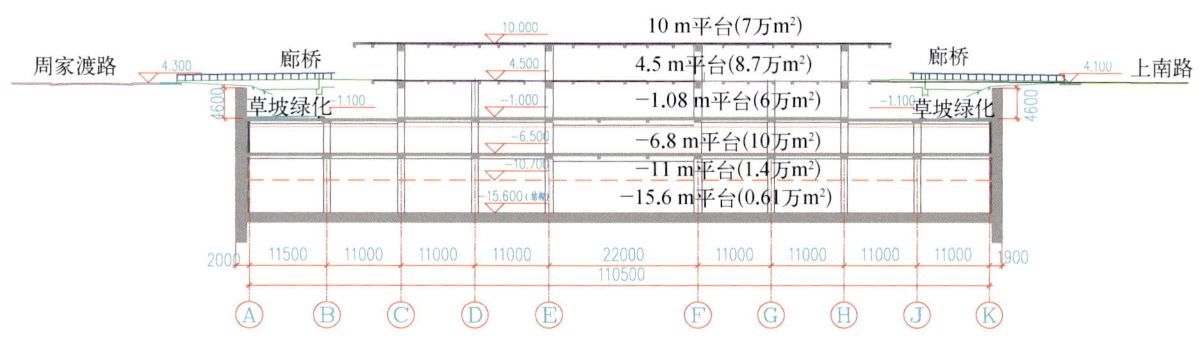

图3-1-2　世博轴横剖面

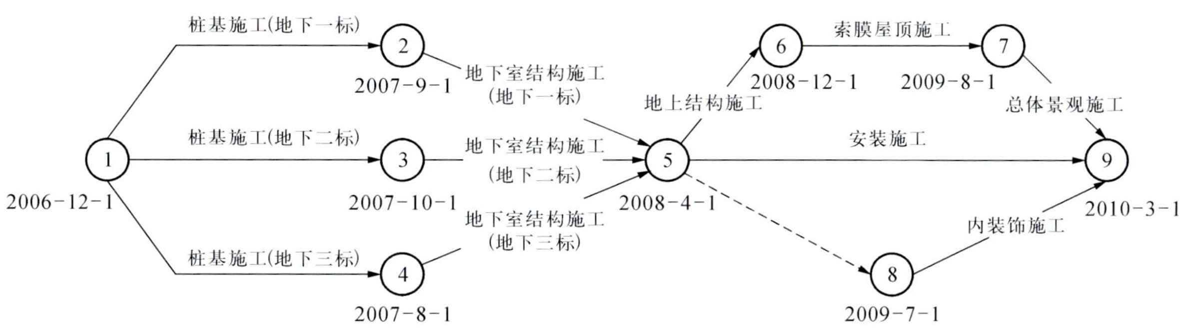

图3-1-3　施工进度

世博轴工程采用的主要先进施工技术包括：

1.1　建筑、结构

桩基采用钻孔灌注桩，围护体系采用地下连续墙结合重力坝、放坡等组合体系，及半逆作施工工况，结构形式为框架剪力墙结构，结构中大量采用了清水混凝土。通过落低地墙及新型围护体系的运用，结合对传统土底模工艺的改进，确保了结构的质量；对清水混凝土的模板体系的优化比较，采用了新型环保材料，达到了预期效果。

1.2　索膜结构

世博轴索膜结构主要包括膜面系统和膜面支点系统，其中，屋面索膜总长约 840 m，最大跨度约 97 m，总面积约 64 000 m^2。整个索膜结构主要由索桅支承系统和膜面围护系统组成。世博轴膜结构采用"索桅结构先期定形，折叠膜面地面展开、多点提升快速就位，单块膜面分步牵引，相邻膜面同步张拉"的创新工艺；并开发了新颖双螺杆膜面侧向牵引固定器，攻克了高强度、大变形膜面高空牵引就位安装的难题，实现多点协同张拉，使膜面受力均匀，大大改善了膜结构的张拉质量，并提高了膜面在施工过程中抵御风荷载的能力。

1.3　阳光谷

世博轴独具特色的 6 个阳光谷南北向排布，每个阳光谷呈上大下小的杯口状展开，且有三个点与就近膜结构相拉结。阳光谷由若干三角形单元组成，拟合成三维曲面，覆以三角形玻璃。阳光谷高度 41.5 m，最大底部直径 20 m，最大顶部直径 90 m，总面积约 31 500 m^2，钢结构总重约 3 035 t。

通过多台全站仪密集跟踪、校核、监测，确保网壳的施工精度；对结构的空间几何解析，建立空间点位的数据库，分析结构安装过程中焊接和温度等变形数据，比对模拟计算值，摸索变形规律，控制整体变形。

对常用的连接板节点进行改进，在构件的上下翼缘焊接角钢，应用抗侧移端面顶紧临时连接节点构造，便于安装施工。

通过合理的焊接流程，利用结构自身刚度对焊接变形予以适当约束，以达到减小结构变形、协调结构变形的目的。

1.4　绿化景观

世博轴地下一层东西两侧为大尺度的斜面绿地，构成绿坡，为地下一层直接提供了采光、通风、景观，对地下室的室内空间改善，起到了重要作用。

为满足大尺度绿化斜坡的效果，工程中采用了生态护坡系统、绿坡固土处理技术、EPS 垫块技术和复合排水组合技术等新技术，不仅节省大量能源，改善环境，更加快促进形成一种永久性边坡。

1.5　高压喷雾降温系统

在人员活动区的广场采用高压喷雾降温系统在国内尚无实例，通过多次实验，进行了终端空间布局形式的优化设计，最终采用"多向侧喷"方案。使有效作用范围内提高了降温效率，改善了人体舒适度。

1.6　地源热泵系统、江水源热泵系统

世博轴工程空调系统冷热源采用土壤源热泵系统加江水源热泵系统，彻底取代了传统的供暖供冷方式，实现

了清洁能源、综合利用和自动控制的优势互补,最大限度地发挥了新型能源的作用。

1.7 水资源回收利用系统

雨水收集利用是将从阳光谷、膜结构收集到的雨水经回收处理后,作为冲厕用水、道路冲洗及绿化浇灌用水、水景用水等。

2 桩基施工

2.1 概述

世博轴采用桩筏基础,桩基采用钻孔灌注桩,桩类型主要有两种,一种是 ϕ700 钻孔灌注桩;另一种是 ϕ600 扩底钻孔灌注桩(底部 1 m 扩为 1 150 mm)。现场立柱桩采用桩径 ϕ700(从桩顶以下 5 mϕ700 扩至 ϕ900)的钻孔灌注桩。立柱桩有效长度 40 m,桩顶标高为−7.70 m(绝对标高),桩底标高为−47.70 m(绝对标高),内插截面 450 mm×450 mm 格构柱,混凝土设计强度等级为 C30,混凝土施工强度等级为水下 C30。

2.2 主要特点

本工程抗拔桩采用扩底钻孔灌注桩桩新工艺,钻孔灌注桩深度范围内在③层、④层的淤泥质黏性土,且场地分布有暗浜,暗浜填土成分复杂且结构松散,均匀性差,其土体自身稳定性差,故给孔壁稳定带来影响,施工时易产生坍塌现象。需要采取提高泥浆比重,确保成孔施工质量。

本工程一柱一桩采用格构桩,对立柱桩垂直度,桩位中心位置控制要求高,因此,为确保施工质量,对成孔、吊放、焊接及商品砼浇灌,提出更高的要求。

立柱桩采用桩端后注浆技术。注浆材料采用 P42.5 普通硅酸盐水泥,水灰比 0.55,单桩注浆量达到 0.8 m^3。需采取必要的措施保证钢立柱各边与轴线严格垂直或平行。

2.3 关键施工技术

2.3.1 扩底钻孔灌注桩施工技术

扩底钻孔灌注桩是在普通钻孔灌注桩的基础上,在直孔成孔完毕后换用相应的扩底钻头将直孔的底部按设计要求扩大形成一个扩大头,增大桩底端断面面积,达到提高桩承载力目的的一种桩型。

(1) 工艺流程如图 3-2-1 所示。

(2) 主要工艺控制要点。

① 成孔施工:成孔施工应一次不间断地完成,不得无故停钻。成孔过程中孔内泥浆面应保持稳定,并不应低于自然地面 30 cm,钻进过程若遇松软易塌土层应调整泥浆性能指标,泥浆循环池中多余的废泥浆应及时排出。细粉砂层地质,土层易扰动,孔壁易坍塌。适当提高泥浆比重,要控制进尺,轻压慢进。钻进过程中,采用减压钻进方法,并掌握好起重滑轮组钢丝绳和水龙带的松紧度,并注意减少晃动,以保证成孔的垂直度。

② 扩孔施工:用普通钻头钻至设计桩端标高,清孔后提杆、更换扩孔钻头后重新下杆,使扩孔钻头达到需扩孔位置。增加钻速,使扩孔钻头在离心力的作用下打开,旋转切削土体达到扩孔的目的,此时应控制钻进不能过快。换钻具(头)后钻头直接下至距孔底 1 000 处,开机转速先缓后快,由开机Ⅰ挡转速(40 r/min)钻进至设计孔底后加速Ⅱ挡转速(70 r/min)扫底(扫底高度 1 000),并加大冲孔泵量(70 m^3/h),以确保桩底扩径达到设计要求。

③ 清孔:采用换浆二次清孔,二次清孔在钢筋笼、导管下置完毕后利用导管进行,二次清孔完毕,自检合格

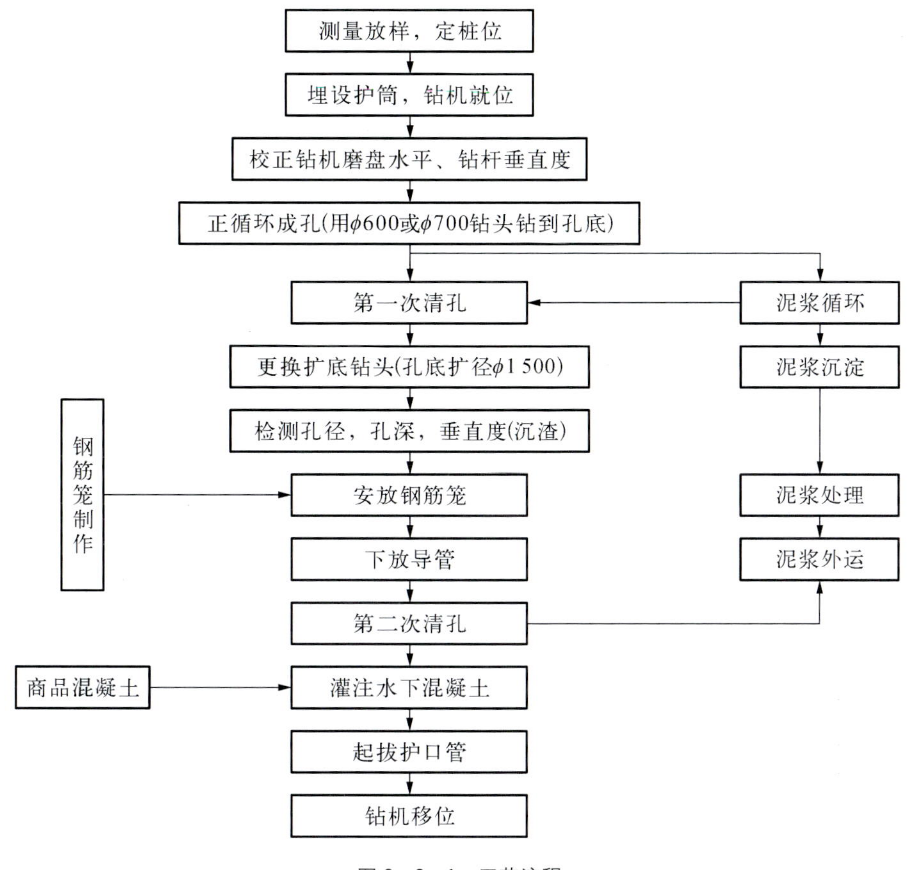

图 3-2-1　工艺流程

后，报监理验收。合格后经监理同意方可进行下一步工序的施工。泵吸反循环清孔在扩底桩的清孔施工时要注意清孔强度以免造成孔底坍塌，还应注意孔内泥浆液面高度，补充浆液应及时。

④ 钢筋笼制作及安放：采用箍筋成型法，分节制作。为控制保护层厚度，在钢筋笼主筋上，每隔 3 m 设置一道定位器，沿钢筋笼周围对称布置 3 只。采用桩机副卷扬完成钢筋笼节段的起吊，将钢筋笼吊入孔内，并在孔口逐节连接牢固。钢筋笼上端用 2 根 ϕ14 吊筋，吊于孔口定位支架上，支架材料采用槽钢组合形式。钢筋接头应错开，上下顺直。钢筋笼准确入孔后，应牢固定位，以免灌注混凝土时发生掉笼现象。

⑤ 水下混凝土施工：桩身混凝土设计强度等级 C30，施工时采用水下 C30，立柱桩桩身内插格构柱采用 450×450，施工采用商品混凝土，坍落度应控制在 160～220 mm。始灌时间与完孔时间间隔≤24 h，与第二次清孔时间间隔≤0.5 h。混凝土浇注前应使泥浆池留存足够的储浆量，并能及时外运，以保证混凝土能连续浇灌并防止泥浆外溢。

2.3.2　一柱一桩施工技术

本工程立柱桩采用一柱一桩，格构柱采用 4L160×16Q345B 角钢，缀板为 430×300×12，间距≤700，格构柱截面尺寸 450×450，格构柱长度为 10.62 m，插入桩内长度为 4 m，下部为钻孔灌注桩工程桩，上部采用钢格构柱，格构柱与钢筋笼分开，桩径为 ϕ700，但在桩顶下 5 m 扩至 ϕ900，正常使用期间外包混凝土。施工精度要求较高，一柱一桩钢立柱垂直度不大于 1/600，一柱一桩中心偏差±10 mm，桩顶标高偏差为 0～－10 mm，钢立柱各边与轴线严格垂直或平行，每根立柱桩均埋设 2 根 ϕ55 后注浆管兼作声测管。

主要工艺控制要点如下。

① 格构柱进场验收：为考虑立柱顶端需与钢导架对接，故钢立柱制作必须顶端平整，且柱顶面应垂直立柱中心线。

② 格构柱的垂直度和位移控制：采用特制加工的格构柱孔口定位架，对格构柱进行纠正垂直度后的固定。因格构柱与中板之间的连接是通过格构柱顶部的柱帽及其预埋钢筋与顶板连接，由于格构柱顶部在自然地坪以下 5.08 m，而校正必须在地面进行，所以格构柱上部必须接长一定高度，才能满足对格构柱进行校正。

③ 格构柱标高控制，采用预先用水准仪测定桩孔处硬地坪标高，然后根据插入孔底深度，在钢立柱上用红油漆标出，当钢立柱下放到位时，在钢立柱顶部用 4L100×10 角铁焊接，并用膨胀螺栓固定在地面上，钢立柱标高控制为 0～+10 mm。

④ 混凝土浇灌：为了保证混凝土浇灌质量，确保进入格构柱内混凝土达到设计要求，采取一次分层水下混凝土灌注工艺。从格构柱内插入灌注混凝土导管，进行二次清孔。然后按常规水下混凝土施工工艺，先进行桩身水下混凝土灌注。在施工过程中，由专人负责混凝土面上升测试控制。当该部分混凝土接近格构柱底面，达到预定控制标高时，调整控制好导管在混凝土内的插入深度，并适当减小浇灌量，使混凝土面缓慢上升，避免因浇灌速度快而产生格构柱底部中心偏移，避免导管和下料斗碰撞格构柱而导致柱的倾斜。当混凝土灌注达到桩顶标高，且保证泛浆达到一定高度后，停止混凝土灌注，逐节拔出导管。为了格构柱稳定不走动，应待混凝土凝固后，方可松动格构柱引导架上的引导固定螺栓，拆除移走引导架。安装和拆除导管避免碰撞格构柱，确保格构柱垂直度，轴线偏差符合要求。

2.3.3　桩端后注浆施工技术

钻孔灌注桩桩端后注浆施工技术，是以钻孔灌注桩为主，后注浆作为钻孔灌注成桩的一项补充完善工艺技术。具体说就是在成桩过程中，在桩端设置注浆管路，待桩身混凝土达到一定强度后(10 d)，采用高压注浆泵，通过注浆管路向桩端注入水泥浆液，加固桩端沉渣及改良桩周泥皮，桩端、桩侧土体强度同时得到提高，从而使桩的承载力获得提高的一种技术方法。

(1) 工艺流程如图 3-2-2 所示。

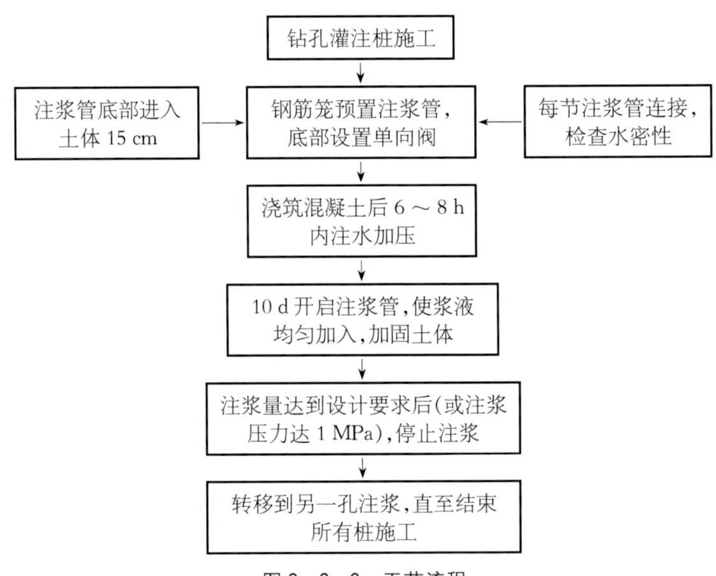

图 3-2-2　工艺流程

(2) 主要工艺措施。

注浆压力：正常情况下控制在 0.4～0.6 MPa 左右，终止压力可控制在 1.0 MPa 左右。注浆流量：15～20 L/min。注浆量：水泥单管用量为 920 kg，水泥浆液水灰比为 0.55。注浆材料采用 P42.5 普通硅酸盐水泥。

压浆管与钢筋笼同时下入，桩端压浆器焊接在压浆管上，同时必须超出钢筋笼底端 0.45 m，保证压浆器进入桩端持力层 0.15 m。在桩混凝土达到初凝（控制在 6～8 h)内进行清水劈裂，以确保预埋管畅通。在桩身混凝土强度达到要求后(10 d)，通过预埋压浆管对桩底进行注浆。

2.4　围护工程施工

2.4.1　概述

本工程整个基坑主要采用落低地下连续墙加支撑的围护形式，坑内被动区域采用水泥土搅拌桩进行加固，局部深坑采用高压旋喷桩加固。根据基坑围护情况，地下连续墙的规模及进度节点要求配置相应的成槽及起吊设备(表 3－2－1)。

表 3－2－1 设备一览

成 槽 设 备	主 吊	辅 吊
2 台 BS655、2 台 GB－30	2 台 150 t 吊机	4 台 50 t 吊机

世博轴围护桩施工由上海建工集团机施公司施工，由 2006 年 12 月 28 日开始，至 2007 年 7 月 30 日全部结束。

2.4.2 主要特点

世博轴围护结构设计结合周边环境及结构自身特点，充分考虑半逆作施工的技术要求设计，采用放坡卸载和落低地墙加撑的围护方式，保证基坑施工的安全。

世博轴基坑围护施工具有 4 个主要特点：

(1) 由于基坑紧邻市政道路，交通便捷，文明施工程度要求更高。本工程为湿作业，施工中有大量泥浆外运，环境保护要求较高，故给地墙工程施工带来一定难度。

(2) 本工程地处大量拆迁的旧建筑物上，地下不明的原建筑物、构筑物基础较多，有防空构筑物、工厂沟池、暗浜等，会给导墙、成槽施工带来极大的不便，重点预防塌方。

(3) 工程工期较紧，现场拆迁工作进展缓慢，工作面还不能完全铺开，要分段组织施工，故工程施工须根据现场实际情况合理安排施工流向及施工流水节拍，确保工程进度。

(4) 地下连续墙采用落低连续墙技术，施工难度大，质量控制要求高。

2.4.3 关键施工技术

1. 落低地下连续墙施工技术

(1) 地下障碍物处导墙施工：对障碍物处理深度小于 2 m，导墙可制成倒“L”形深导墙。深导墙施工方法：挖出障碍物的杂填物至基底或完全破除导墙范围内的基础混凝土块，将导墙的中心线引至槽底，在导墙背后用黏土分层回填密实，采用拼装模板施工，并加密支撑设置，防止模板变形、位移。对障碍物处理深度大于 2 m，可采取挖除障碍物或暗浜的杂填土，然后用三合土混合物或二灰混合物回填地基加固处理，再施工常规导墙。三合土回填配合比为粉煤灰∶黄沙∶水泥＝260 kg∶1 000 kg∶100 kg；二灰混合物配合比为粉煤灰中掺 4%的石灰。回填应充分拌和并分层回填，厚度为 30～50 cm，并夯实，夯实时需适当均匀加水。

(2) 地下连续墙锁口处理：本工程混凝土浇筑面标高为－1.080 m，混凝土采用商品混凝土，混凝土设计强度等级 C30，施工强度等级水下 C30，抗渗等级 P8。锁口采用圆形柔性锁口。锁口接头施工时，开浇第一车混凝土时，取样在旁做一组试块，当试块达到初凝时(约 4～5 h)，可以提动锁口管，以后每隔 5～10 min 提动一次，提升幅度 30 cm 左右，锁口管由液压顶管机顶拔，履带吊协同作业，分段拆卸。具体根据油泵显示的压力等来控制顶升速度。为了减小锁口管开始顶拔时的阻力，可在混凝土开浇以后 4 小时，启动液压顶管机顶动锁口管，但顶升高度越少越好，不可使管脚脱离插入的槽底土体，以防管脚处尚未达到终凝状态的混凝土坍塌。在顶拔锁口管过程中，要根据现场混凝土浇灌记录表，计算锁口管允许顶拔的高度，严禁早拔、多拔。

(3) 落低地下墙顶部空隙施工：本工程地下墙混凝土墙顶标高为－1.08 m，而施工道路顶标高为 4.00 m，之间有 5.08 m 的空隙没有浇筑混凝土。由于道路紧贴地下墙，大型机械如履带式起重机和成槽机在便道上频繁移动，容易造成空隙部位的土体发生坍方，从而使得道路也发生塌陷，对整个工地的施工安全带来极大的安全隐患。故需对这一空隙部位进行回填处理来消除这一安全隐患，回填措施采用间隔浇与地下墙同标号混凝土到顶，中间回填素土加压密注浆的措施。注浆水泥采用 P32.5 号水泥，水灰比 0.5。

(4) 墙趾注浆施工。

预留注浆管：根据设计要求每幅地下墙埋设两根注浆管，注浆管采用直径 ϕ25 mm 的钢管，插入槽底 50 cm。插入槽底部与制成花竿形式，该部分可用封箱带或黑包布包住。注浆管固定于钢筋笼时，必须用电焊焊接牢，防止钢筋笼吊放、入槽时碰撞。注浆管埋设之前，应实测槽深，使注浆管底部埋入槽底，确保后道工序注浆质量。地下墙混凝土浇筑前，应做好注浆管顶部封堵工作，并做好保护措施。

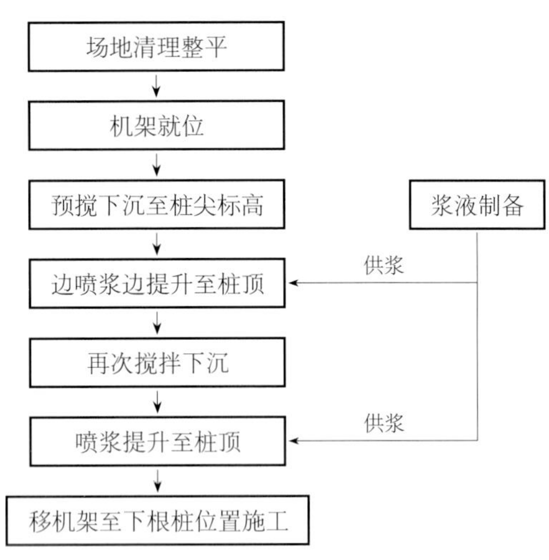

图 3－2－3　深层搅拌桩施工二喷二搅工艺流程

注浆时间：一般至少 4～5 幅地下连续墙连成一体后，混凝土强度达到设计强度的 70%以上，即可对地下墙墙趾注浆，注浆先对中间幅注浆。

注浆要求：以注浆量和注浆压力双控制；注浆压力控制在 0.3～0.6 MPa，单根注浆量一般控制在不小于 2.4 m^3；并通过现场试注浆试验进行调整。

试注浆：注浆时详细记录注浆时压力的大小和注浆量，观察是否冒浆，墙顶标高有无变化，以此作为以后注浆时的调整依据。

2. 边坡区域围护灌注桩施工技术

施工单位根据长期在上海地区的施工经验，13%掺量水泥土搅拌桩可采用“二喷二搅”工艺，为了保证搅拌桩的施工质量，在施工基坑内搅拌桩时采用“二喷三搅”工艺，在施工基坑外搅拌桩时采用“二喷二搅”工艺。二喷二搅工艺施工作业流程如图 3－2－3、图 3－2－4 所示。

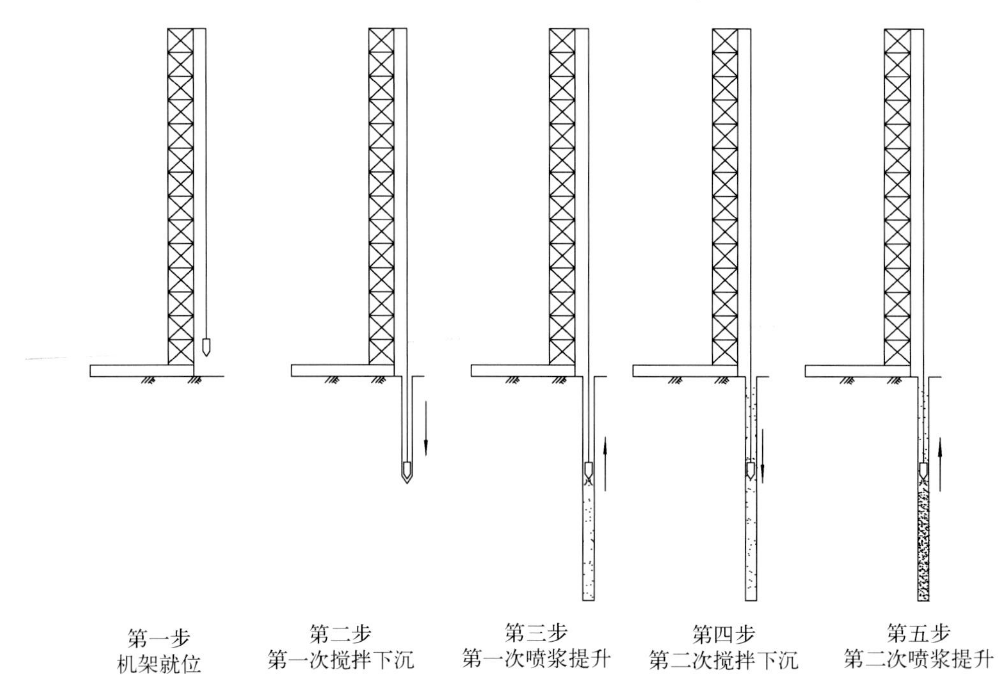

图 3－2－4　深层搅拌桩施工二喷二搅工艺

施工工艺：

(1) 桩位测放和控制：桩位测量采取分级控制程序：沉桩班组测放出桩位的两个中心点，然后由项目部测量员会同监理一起对测放的桩位验收。作业班组根据验收的桩位在泥面划出桩的断面下钻头。

(2) 浆液制备：制浆的搅拌系统和输浆的浆泵等集中放置在现场坚实位置上，放置场地足够宽敞。

成桩用的水泥浆由搅拌机制备。施工前先根据所提供的水灰比进行试拌，根据比重等参数进行调整，浆液制备以水灰比为控制参数，适量掺加外加剂，制备过程中实时监控浆液比重。

(3) 搅拌和喷浆：钻头下沉的过程不喷浆，而用于将土体和浆液拌和均匀；钻头提升时喷浆。钻头在下沉和提升过程中要注意保持机架的垂直，从而保持桩体垂直。下沉和提升速度符合设计要求。

喷浆速度要和提升速度相匹配。输浆泵操作人员和机架操作人员之间采用明确的信号相互联系。

(4) 水泥土搅拌桩的搭接：对于同一个作业区域内的水泥土搅拌桩，相邻作业控制在 24 h 范围内。下根桩施工时注意与前根桩保留足够搭接。

在不同作业区域之间将会导致桩间搭接超过 24 h，首先区域边线留置成曲线桩，以避免出现垂直围堰轴线的施工缝；其次对于这种搭接将和设计、监理一道商量搭接办法，如增加搅拌时间、增加压密注浆等。

3 地下室结构施工

世博轴地下综合体工程为地下二层、局部三层结构，上部结构为高架平台板，地面层、地下一层板采用多跨有梁楼盖形式，纵向轴线有梁，中间主通道跨度 22 m，在地下一层板大开孔四周设置边梁加强；底板为整体筏板，底板设置钻孔灌注桩作为抗拔桩，桩直径 800 mm，桩长 35 m，桩顶标高为绝对标高－7.80 m，桩混凝土标号为 C30，部分桩为钻孔扩底桩。

世博轴的自然地面层绝对标高为＋4.2 m，地下一层底板绝对标高－1.080 m，地下深二层底板绝对标高－6.800 m；地下浅三层部位的一层底板绝对标高－1.080 m，二层底板绝对标高－6.580 m，底板绝对标高－11.000 m。二层平台以上为膜结构顶篷屋盖，为排队安检人流提供遮阳、挡雨的全天候入园条件。世博轴基坑有深二层、浅三层之分。地下深二层部分：楼板厚 400 mm，局部 500 mm，基础底板厚 1 000 mm，垫层厚 200 mm。地下三层部分：地下二层、地下三层顶板厚 400 mm，局部 500 mm，基础底板厚 1 500 mm，垫层厚 300 mm。素混凝土垫层混凝土等级 C20。钢筋采用 HBP235、HRB335 钢筋。地下室楼板和底板设计设置有施工缝和诱导缝。基础底板混凝土抗渗等级为 S8。

本工程地下室划分为三个标段，分别为地下工程 1、2、3 标，其中，1 标为上海市第二市政工程有限公司总承包，承包范围为 5－3 轴～5－21 轴（延长米 198 m），2 标为上海建工（集团）总公司总承包，承包范围为 3－6 轴～5－3 轴（延长米 440 m），3 标为中交三航局总承包，承包范围为 1－0 轴～3－6 轴（延长米 407 m）。

3.1 世博轴 1 标施工

世博轴及地下综合体工程 1 标段是整个工程的最南段，位于上南路至周家渡路、耀华路至雪野路之间，包括有南广场、地下三层综合空间及最大的阳光谷——6＃阳光谷。

3.1.1 世博轴 1 标施工流程

世博轴 1 标施工流程如图 3－3－1 所示。

3.1.2 世博轴 1 标工程地下空间施工技术

世博轴 1 标工程为地下三层结构，为大型深基坑工程，面积大，开挖深度较深，采用中心岛放坡结合逆作法的施工工艺。基坑为分深三层和浅三层，基坑长度 200 m 左右，基坑宽度 110 m 左右。深三层开挖深度 21.5 m，浅三层开挖深度 17 m，6＃阳光谷区域开挖深度为 19.6 m，深浅交界处设置地下连续墙分隔，封端墙顶标高至浅三层底板。如图 3－3－2 所示。

世博轴 1 标工程地下空间施工采用中心岛开挖逆作法施工技术，即各层结构板施工与基坑土方开挖的一致，均按由上至下的顺序施工。

第一步，施工地下空间的顶板，同时利用顶板作为一道稳定的支撑，根据计算在顶板部分区域设置机械设备、施工车辆的行车通道，并在顶板上预先设置一定数量的取土孔，兼作施工器械、建筑材料的上下运输通道。

第二步，施工地下一层结构板，通过顶板上预留的取土孔，将小型挖掘机吊放至取土孔下部，在顶板下面进行挖土作业，同时利用停在顶板上的蟹斗型挖掘机及长臂挖掘机，通过取土孔将顶板下的土方取出，装车后外运至指定的卸土点；土方开挖至预定标高后，浇筑素混凝土垫层，定位放样后搭设钢管排架、铺设模板，然后绑扎钢筋，

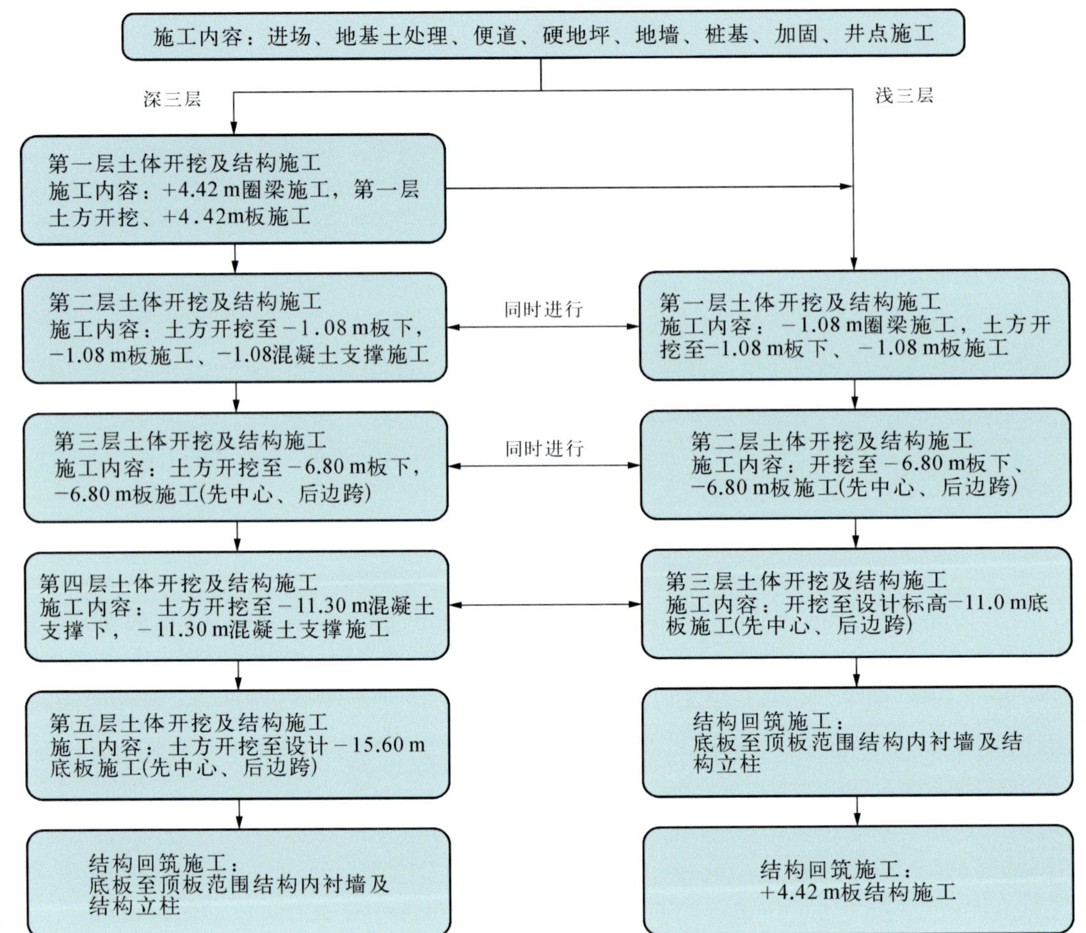

图3-3-1　施工流程

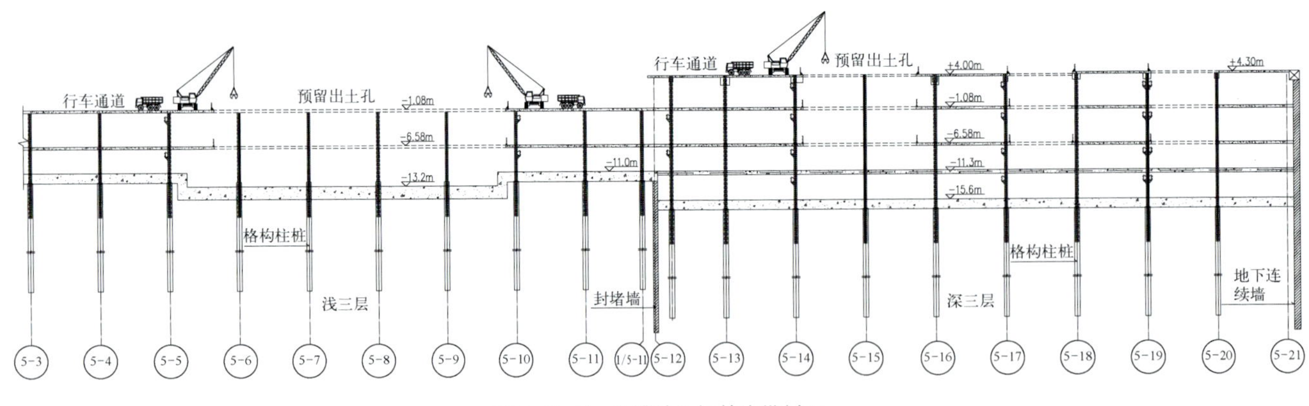

图3-3-2　世博轴1标基坑纵剖面

浇筑结构混凝土，当然，与顶板预留取土孔投影位置相同的部位，同样需在这层结构板上设置预留取土孔，这些取土孔可能比顶板上的在尺寸上要小一些。

第三步，施工地下二层结构板，与上一层施工工序基本相同，只是这一层的施工难度就相应的要增加许多，比如，由于深度更深，挖土、取土作业；照明、通风条件；设备、材料运输等都存在各种各样的困难。

第四步，施工地下三层底板，基坑的土方开挖至设计图预定的最深区域，这一层的作业难度最大，由于上面的各层板都已经施工好，由于基坑围护墙体变形的原因，这一层的施工从土方的开挖收底，垫层浇筑、防水施工、钢筋绑扎、到最后底板混凝土浇筑，都是在跟时间赛跑，因为，根据“时空效应”理论，基坑开挖后施工周期增加，基坑围护变形就相应增加，对周边环境影响也有影响。

总的施工原则：

① 中心岛式开挖，先施工中间，后施工两侧，对称、均衡施工。

② 中间部分施工以进度最快为原则进行分块；两侧施工时，以大坑变小坑为原则。

③ 基坑周边两侧部分总原则是：顶板根据现场情况确定开挖宽度，中板区域土方开挖宽度 11 m，底板区域土方开挖宽度 22 m。

④ 开洞原则为每两跨设一个用于下挖机上下和出土的预留孔。

⑤ 各层结构板浇筑，亦根据挖土分块浇筑，最后形成整体。

世博轴及地下综合体工程桩基及围护工程 1 标是世博轴及地下综合体工程的重要组成部分，本工程东侧有正在试运营的轨道交通 8 号线耀华路站、南侧为正在进行施工的轨道交通 7 号线地铁车站，车站主体距离本工程基坑 26～28 m。根据本工程的特点，结合以往类似工程的施工经验，确定如下重点难点：

① 井点降水。

② 基坑开挖。

③ 结构施工。

3.1.3 世博轴 1 标工程施工重点难点

1. 井点降水

本工程基坑平面尺寸大，开挖深度较深，工程涉及深基坑，故浅部的潜水、第$⑤_2$层微承压含水层均与工程建设密切相关；第⑦层第一承压含水层虽埋深较深，但局部与$⑤_2$层连通，其储水量丰富，降水施工成为本工程的重难点。

对策：

(1) 施工前，将根据要求组建勘测单位对工程地质进行补勘，详细摸清地层情况和地下水情况，会同业主提供勘测资料指导工程施工。

(2) 选择优秀的降水专业队伍，针对本工程降水方面的难点，详细研究可操作性强的降水方案。

(3) 组建专家顾问组。专家顾问组目的是对工程中出现的问题加以研究，对新工艺实施论证。此工程降水方案将作为专家顾问组研究的重点内容之一。

(4) 为防止抽取承压水后对周围环境带来不良影响，一方面，将所有降压井布置在基坑内侧，另一方面，在抽水同时，在基坑外侧设置足够数量回灌井点，及时对回灌井点实施回灌。

(5) 为了让降压井点管不影响结构施工，随结构施工进程，将降压井管实施割断，承压水抽取转入结构板下，施工时将布置足够的水泵管，以满足抽水要求。

(6) 在周围重要建筑物上布置监测点，对建筑物实施监测，根据监测数据信息化指导工程施工。

(7) 根据基坑开挖情况和结构施工情况，计算承压水需要降低的水位，有选择性地进行抽水作业。

(8) 井点供电系统应采用双线路，防止中途停电或发生其他故障，影响排水。设置能满足施工要求的备用发电机组，以防止突然停电，威胁基坑安全。

(9) 为保证井点降水的效果，在基坑开挖前留出足够的预降水时间。

2. 基坑开挖

本工程基坑平面尺寸大，开挖深度较深，土方开挖量大，开挖作业与结构施工相互穿插，局部采用盖挖和结构逆作相结合，这个工程施工带来较大的难度，从而成为本工程的一个重难点。

对策：

(1) 合理安排施工流程，创造良好的挖土条件。将工程浅三层基坑开挖分三层进行，每次再分小层、分块开挖。针对每层的施工特点，制定详细的开挖方法，在施工工艺上深入研究，这成为本工程挖土作业的重中之重。

第一层土方(挖至－1.08 m 板下)：由中心岛区域采用盆式放坡退挖的方法，采用长臂挖机直接装车，用 20 t 土方车平面运输土方。在开挖至周边地墙位置时挖机由坑外挖土，坑内小挖机配合挖土，用 20 t 土方车外运土方。

第二层土方(挖至−6.58 m板下)：分为两次开挖，第一次开挖中心岛区域，采用坑内小挖机盆式放坡前进挖土，利用小型挖机将土方翻挖至中心岛预留孔位置，由长臂挖机或吊车在中心岛上将土方垂直运输至20 t土方车，并由土方车作水平运输。第二次开挖与第一层土方第二次开挖类似，但此时利用吊车作垂直运输，吊车停放在中心岛楼板上，通过边跨楼板上预留出土孔出土，由20 t土方车水平运输。

第三层土方(挖至−11.0 m底板下，设计开挖面标高)：由中心岛区域采用盆式放坡前进挖土的方法，利用小型挖机将土方翻挖至中心岛预留孔位置，采用伸缩臂挖机直接装车，用20 t土方车平面运输土方。

将工程深三层基坑开挖分六次层进行：

第一层土方(挖至+4.5 m板下)：采用大型挖机平行挖土，直接装车，20 t土方车运输。

第二层土方(挖至−1.08 m板下)：由中心岛区域采用盆式放坡退挖的方法，采用长臂挖机直接装车，用20 t土方车平面运输土方。在开挖至周边地墙位置时挖机由伸缩臂或吊车通过出土孔挖土，坑内小挖机配合挖土，用20 t土方车外运土方。

第三层土方(挖至−6.58 m板下)：分为两次开挖，第一次开挖中心岛区域，采用坑内小挖机盆式放坡前进挖土，利用小型挖机将土方翻挖至中心岛预留孔位置，由长臂挖机或吊车在中心岛上将土方垂直运输至20 t土方车，并由土方车作水平运输。第二次开挖与第一层土方第二次开挖类似，但此时利用吊车作垂直运输，吊车停放在中心岛楼板上，通过边跨楼板上预留出土孔出土，由20 t土方车水平运输。

第四层土方(挖至−11.3 m混凝土支撑下)：由中心岛区域或+4.5 m板区域采用盆式放坡前进挖土的方法，利用小型挖机将土方翻挖至预留孔位置，采用伸缩臂挖机直接装车，用20 t土方车平面运输土方。

第五层土方(挖至−14.2 m混凝土支撑下)：与第四层土方开挖基本相同。

第六层土方(开挖至−15.6 m底板下，开挖至设计标高)由中心岛区域采用盆式放坡前进挖土的方法，利用小型挖机将土方翻挖至中心岛预留孔位置，采用伸缩臂挖机或吊车直接装车，用20 t土方车平面运输土方。

另外，在坡底、坑底留设排水明沟及集水井，对施工期间的明水进行排干，创造良好的施工作业环境。

(2) 选择施工经验丰富的土方开挖作业队，配备足够的施工设备。施工前，选择施工经验丰富、实力强的土方开挖作业队，作业队必须有过类似工程的开挖经验，并配备足够数量的施工设备。

(3) 处理好土方开挖和结构及支撑施工的关系(图3-3-3～图3-3-4)。由于工程工期紧张，每层土方开挖开始时间和开挖速度成为制约施工工期的关键因素之一。另外，土方施工和结构施工穿插进行，与支撑施工休戚相关。因此，必须处理好土方开挖和结构及支撑的施工关系，在确保基坑安全的情况下快速、保质地完成施工内容。

第一层土方：随着第一次开挖的进程，在局部层土标高达到设计要求后，立即分块进行中心岛楼板的施工，

图3-3-3　世博轴1标基坑土方开挖

图 3-3-4 世博轴 1 标逆作法基坑土方开挖

并在第一次开挖完成后将分块楼板连接成整体。

第二层土方：在地下一层边跨楼板养护过程中，即可进行第二层土方局部开挖。第二层土方第一次开挖再次分层，将开挖分为两层，上层采用盆式前进挖土，利用小型挖机将土方翻挖至出土孔区域，由吊车垂直运输并装车，下层由周边放坡退挖，由小型挖机将土方翻挖至出土孔区域，由吊车垂直运输并装车，下层挖土结合结构施工进行，及首先开挖出的区域可进行结构的分块浇筑施工。

(4) 做好局部盖挖施工准备工作。本工程大量土方通过局部盖挖完成，盖挖施工难度大，施工周期相对较长，需做好相关的准备工作。准备内容主要有：做好坑内照明，准备足够的小型挖机设备，准备足够的跑道板，为小型挖机施工创造条件。

3. 结构施工

本工程结构施工与常规工程比，有以下几个特点：

(1) 部分结构采用逆作法施工，深三层为全逆作法施工，浅三层为半逆作法施工。

(2) 内部结构面积大，混凝土浇筑体量大。

针对以上特殊点，制定了如下对策。

(1) 针对盖挖和逆作：

① 研究盖挖法施工工艺，由公司资深人员担任项目主要负责人，从人员编制上为施工作充足准备。

② 内部结构施工。内部结构施工是逆作法施工的重点。逆作法中楼板的浇筑可采用搭设排架、立底模的办法，亦可采用素混凝土底模的方法。两种方法均需要夯实开挖面土体，在开挖面上浇筑素混凝土垫层，垫层养护后可搭设排架、铺设模板，供结构板施工。施工前，要对支撑面进行承载验算和沉降验算，确定满足要求后方可实施楼板施工，确保浇筑成型混凝土的外观满足要求。本工程依据设计暂定搭设排架进行楼板施工，具体施工工艺待中标进场后与设计协商选定。

③ 盖挖逆作施工时防水项目是工程施工的重点，根据以往的经验，逆作法施工中重点防水位置有以下几个方面：

A. 底板预留泄水孔位置的防水。

B. 楼板、底板与临时立柱桩连接位置的防水。

C. 水平施工缝的防水。

D. 横向变形缝的防水。

处理措施如下：

A. 在上阶段楼板浇筑时，在楼板下方留出斜角。斜角可以避免混凝土硬化时产生收缩裂缝，也可避免混凝土在浇筑时新老混凝土结合不紧密。

B. 在上阶段楼板浇筑时，在新老混凝土接触面形成凹槽，并放置遇水膨胀止水条，另外，亦可采用施工缝止水钢板增加水流路径，防止施工缝漏水。

C. 在上阶段施工的楼板上对应在侧墙位置留出混凝土浇筑孔，并留出混凝土振捣孔，浇筑孔孔径可取 200 mm，振捣孔孔径 100 mm。

D. 立柱桩与板连接位置的防水处理方法：首先将立柱桩上的混凝土凿除干净，并在立柱桩上焊接止水钢板，止水钢板厚度为 3～4 mm，宽度不小于 10 mm，止水钢板与立柱桩满焊连接，混凝土浇筑时，在止水钢板上设置挤出型遇水膨胀止水条。

E. 底板预留泄水孔位置的防水在相关章节中有详细说明，这里不再赘述。

F. 横向变形缝严格按照设计施工。

因本工程中内部结构设计尚不完善，以上是根据以往工程经验提出的相关措施，具体措施在中标进场后再进行细化。

(2) 大体积混凝土浇筑：对于大体积混凝土施工，最主要是如何防止混凝土因水化热引起的温度差而导致结构产生温度应力裂缝。在本工程中，从以下三方面进行质量控制。

① 材料的选择。

水泥：采用水化热比较低的水泥。

粗骨料：采用碎石，粒径 5～25 mm，含泥量不大于 1%。选用粒径较大、级配良好的石子配制的混凝土，和易性较好，抗压强度较高，同时可以减少用水量及水泥用量。

细骨料：采用中砂，平均粒径大于 0.5 mm，含泥量不大于 5%。选用平均粒径较大的中、粗砂拌制的混凝土比采用细砂拌制的混凝土可减少用水量 10%左右，同时可以减少水泥用量。

粉煤灰：按照规范要求，采用矿渣硅酸盐水泥拌制大体积粉煤灰混凝土时，粉煤灰取代水泥的最大限量为 25%。粉煤灰对水化热、改善混凝土和易性有利，但会降低混凝土早期极限抗拉值，对混凝土抗裂不利，因此本工程粉煤灰的掺量控制在 10%以内，采用外掺法，即不减少配合比中的水泥用量，但需扣除相同体积的砂量。

外加剂：根据公司以往同类工程的经验，每立方米混凝土掺入 2 kg 减水剂，可有效降低水化热峰值，对混凝土收缩有补偿功能，同时还可提高混凝土的抗裂性。具体掺入量在正式施工前通过试验确定。

② 混凝土配合比。混凝土采用搅拌站供应的商品混凝土，其配合比应满足现场施工的技术要求，并提前进行混凝土试配，以确定最佳配合比。

混凝土配合比应提高试配要求。按照国家现行《混凝土结构工程施工及验收规范》、《普通混凝土配合比设计规程》及《粉煤灰混凝土应用技术规范》中的有关技术要求进行设计。

严格控制水泥用量和用水量及坍落度，合理掺入掺扣料，加入中高效减水剂，对混凝土级配做到降低水化热。

③ 混凝土浇筑及养护。浇筑时，采取“斜面分层，薄层浇注，连续推进”；降低混凝土内外温差，“内排”并“外保”的施工工艺。具体实施办法为：

钢筋一次绑扎，混凝土浇筑错开混凝土的水化热高峰时间，以减少混凝土水化热的影响。混凝土分层浇筑，分层振捣，每层浇筑厚度 40 cm，然后按照规范处理，设置施工缝联结钢筋。并按 1∶2 的坡度全断面摊铺，待每薄层混凝土全断面布料振捣完毕，再沿横向循环浇注。

内排：严格控制混凝土浇筑时的入模温度。在浇注前预先在混凝土内按 0.8 m 的层距(距顶底面距离为 50 cm)布设降温冷却水管(ϕ32 m 左右的薄壁钢管)，管路采用回形方式，水平铺设，水平管层间距为 100 cm，距混凝土边缘为 50 cm。混凝土浇注后或每层循环水管被混凝土覆盖并振捣完成后，即可在该层水管内通水。通过水循环，带走基础内部的热量，使混凝土内部的温度降低到要求的限度。控制循环冷却水进、出水的温差不大于 5℃。冷却水管使用完毕后采用同强度水泥浆封闭。

外保：混凝土浇注完毕后即转入养护阶段，此时浇注混凝土的水化作用已基本确定，温度的控制转为降温速度和内外温差的控制。本工程采用草袋覆盖，草袋上再用塑料薄膜进行养护。养护需要 7 d 以上(浇筑完 7 d 内是混凝土水化热产生的高峰期)，具体时间将根据现场的温度监测结果而定。

在养护中要加强测温点温度监测(测温点在埋设冷却水管时布设在混凝土中)，及时调整保温和养护措施，延缓升降温速率，保证混凝土不开裂。施工图及实景图如图 3-3-5～图 3-3-14 所示。

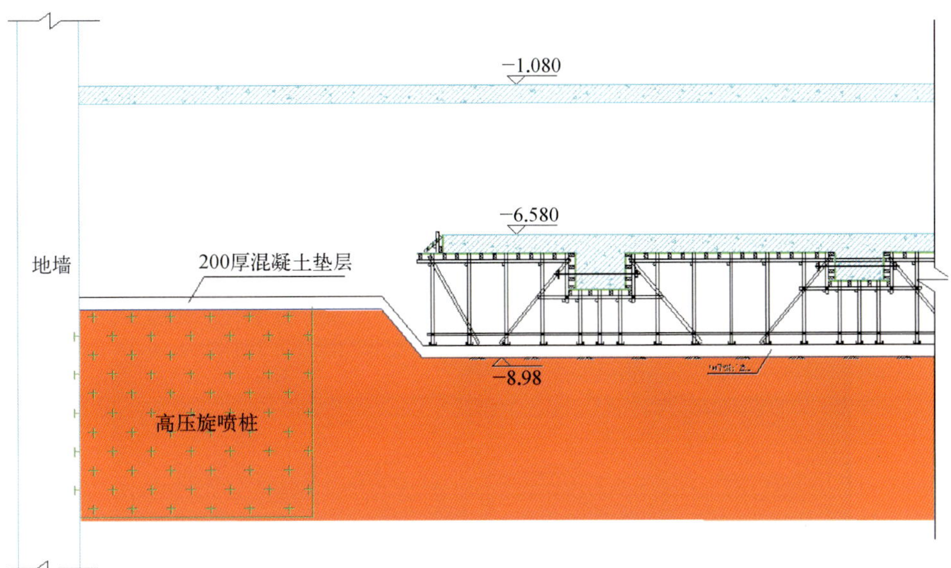

图 3-3-5　世博轴 1 标逆作法结构板施工

图 3-3-6　世博轴 1 标结构板排架施工

图 3-3-7　世博轴 1 标结构板分块浇筑施工

图 3－3－8　世博轴 1 标结构板排架施工

图 3－3－9　世博轴 1 标结构板分块浇筑施工

图 3－3－10　世博轴 1 标逆作法结构板排架施工图 1

图 3－3－11　世博轴 1 标逆作法结构板排架施工图 2

图 3－3－12　世博轴 1 标逆作法地下一层结构板施工图

图 3－3－13　世博轴 1 标浅三层地下二层结构板浇筑

图 3-3-14　世博轴 1 标结构顶板浇筑完成

3.2　世博轴 2 标施工

3.2.1　结构设计概况

世博轴地下综合体工程为地下二层、局部三层结构，上部结构为高架平台板，地面层、地下一层板采用多跨有梁楼盖形式，纵向轴线有梁，中间主通道跨度 22 m，在地下一层板大开孔四周设置边梁加强；底板为整体筏板，底板设置钻孔灌注桩作为抗拔桩，桩直径 800 mm，桩长 35 m，桩顶标高为绝对标高 −7.80 m，桩混凝土标号为 C30，部分桩为钻孔扩底桩。

世博轴的自然地面层绝对标高为 +4.2 m，地下一层底板绝对标高 −1.080 m，地下深二层底板绝对标高 −6.800 m；地下浅三层部位的一层底板绝对标高 −1.080 m，二层底板绝对标高 −6.580 m，底板绝对标高 −11.000 m。二层平台以上为膜结构顶篷屋盖，为排队安检人流提供遮阳、挡雨的全天候入园条件。世博轴基坑有深二层、浅三层之分。地下深二层部分：楼板厚 400 mm，局部 500 mm，基础底板厚 1 000 mm，垫层厚 200 mm。地下三层部分：地下二层、地下三层顶板厚 400 mm，局部 500 mm，基础底板厚 1 500 mm，垫层厚 300 mm。素混凝土垫层混凝土等级 C20。采用 HBP235、HRB335 钢筋。地下室楼板和底板设计设置有施工缝和诱导缝。基础底板混凝土抗渗等级为 S8。

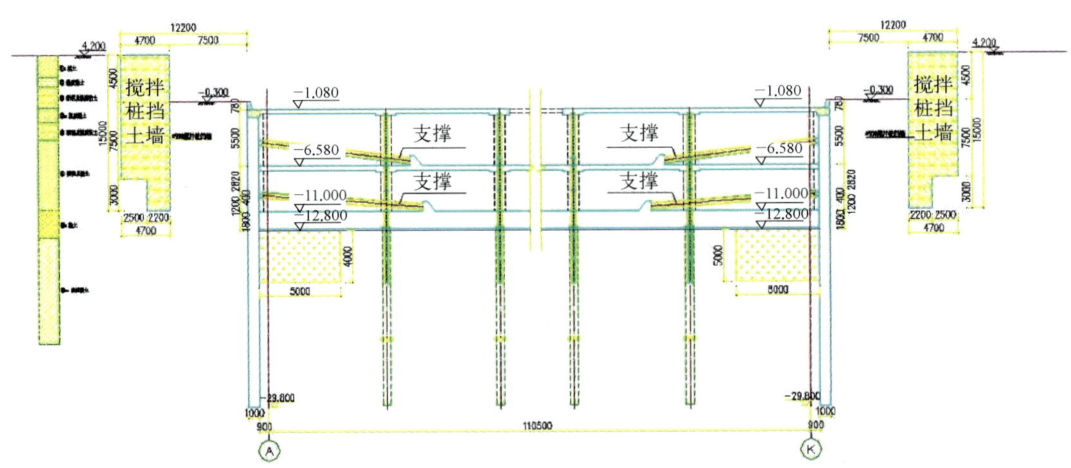

图 3-3-15　地下二层区典型剖面

3.2.2 总体施工部署

地下工程2标基坑设计平面尺寸429 m×99.5 m(局部110.5 m),面积达到45 700 m^2,开挖深度较深,地下二层区域开挖深度达到12.2 m,地下三层区域开挖深度达到17 m,为超大面积深基坑工程。根据基坑周边环境、场地条件以及支护设计工况,在平面上按照结构部位、设计诱导缝的位置,总体上分为八个施工区,即1#至8#区,在竖向上主要按照设计结构中楼板及底板分层开挖,总体上平面分区与竖向分层。对地下二层、地下三层区的施工流程主要如下。

(1) 地下二层区域:如图3-3-16所示。

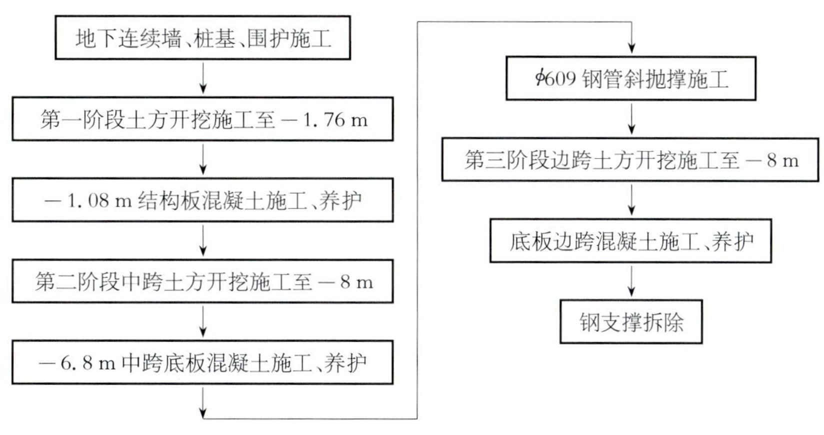

图3-3-16 地下二层区域施工流程

(2) 地下三层区域:如图3-3-17所示。上部工程施工时,根据地下阶段各个标段的实际施工进展情况及各自相应的进度安排,结合世博轴上部结构施工的总体进度要求和时间安排,考虑到关键线路阳光谷的施工和安装的周期比较长,为满足机施公司阳光谷施工的整体进度要求,世博轴上部结构分为南、中、北3个施工段,各施工段内遵循阳光谷区域周边混凝土结构先行施工的施工原则,分区域进行流水施工。

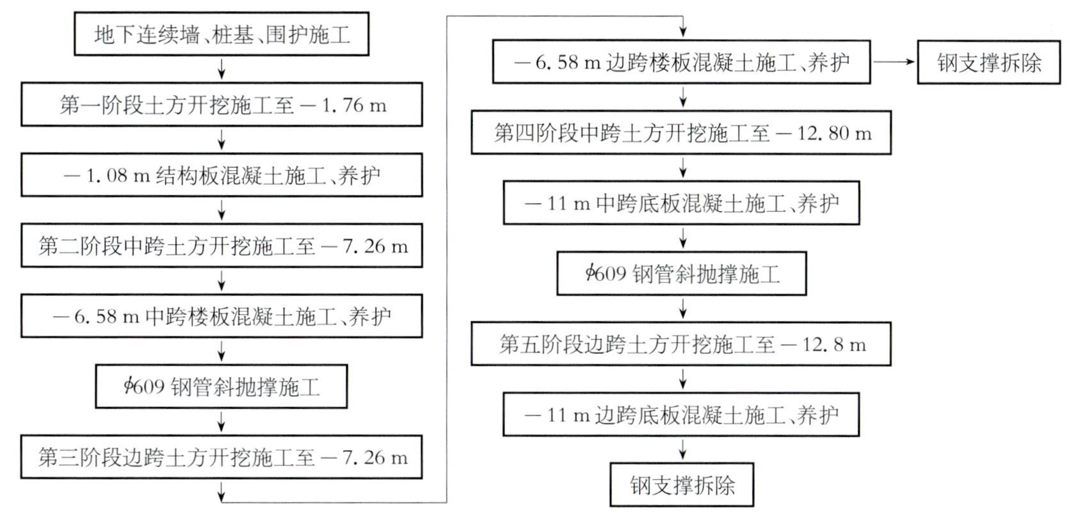

图3-3-17 地下三层区域施工流程

3.2.3 施工区段的划分

1. 平面总体分区

根据基坑周边环境、场地条件以及支护设计工况,并考虑到结构长度较长等不利因素,以进一步确保基坑开挖施工安全和控制超长混凝土结构有害裂缝的产生,在平面上按照结构部位、设计诱导缝的位置,进行分区,在竖向上主要按照设计结构中楼板及底板分层开挖,总体上平面分区与竖向分层,将大基坑化整为零,逐个实施,作为组织本工程施工总体原则。

基于上述原则，将整个地下 2 标段分为 8 块，每块长度控制在 44～88 m。

2. 开挖施工段及结构分块

(1) 开挖分段：在分层开挖过程中，按照围护设计与开挖工况，第一层中板开挖，主要依靠水泥土重力坝挡土墙，为有效控制基坑变形，在总体分区的基础上，必须采取分段开挖、分段施工中板结构；以下楼板与底板分层开挖与结构施工，按围护设计工况，由于需要利用中间结构加设支撑，从而均分阶段实施，先完成中间区域结构，再逆作开挖施工边部结构，结合水平支撑与边部斜支撑的分布位置，以便于平衡、对称开挖、对称完成相应结构，控制开挖变形以及充分利用时空效应及时形成支撑为原则，特别是边部留土区域需要掏槽施工钢支撑时能够严格控制开挖量，因此，同样在平面总体分区的基础上，对每层结构实施分段开挖的方式并施工对应的结构。

(2) 结构分块：在采取分区分段开挖的前提下，再考虑中间区域结构尺寸较大，特别是 7＃、8＃区，横向尺寸均超过 80 m，为控制超长混凝土结构有害裂缝的产生，在设计诱导缝的基础上再设置纵横向施工缝划分结构施工块。

3.2.4 总体施工流程

本工程的总体施工流向是由两端向中间开挖。基坑降水在施工过程中，与相邻标段协调配合施工，尽量做到基坑降水的同步性，确保降水的效果达到设计要求。土方开挖、结构施工在与相邻标段的交接面上同时进行。

(1) 深坑阶段地下二层区域：如图 3－3－16 所示。

(2) 深坑阶段地下三层区域：如图 3－3－17 所示。

3.2.5 基坑降水施工

1. 概述

世博轴及地下综合体工程 2 标分地下二层、地下浅三层两部分，地下二层部分的基坑深度为 12.2 m，地下浅三层的深度为 17 m，本工程降水井点主要考虑以疏干井结合减压井的形式布置，并在地墙与围护之间的平台部位及土方开挖的临时边坡部位布置适量的轻型井点，以满足设计的降水要求。

世博轴及地下综合体工程 2 标段共设置疏干井 185 口，减压井 90 口，坑边轻型井点 25 套(图 3－3－18)。

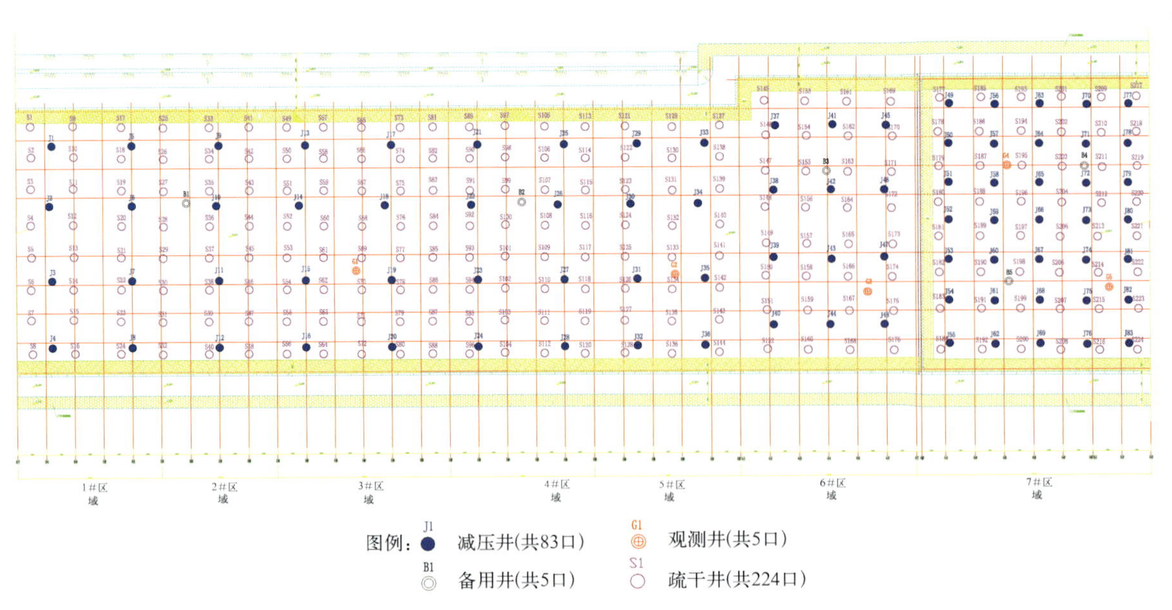

图 3－3－18 基坑降水平面布置

2. 主要特点

世博轴基坑施工场区地下水根据埋藏条件可划分为浅层潜水、微承压水及承压水。其中对基坑开挖施工影响比较大的是场地浅部第⑤$_2$ 层水量较丰富且具有一定的承压性的微承压水以及低承压水，并且拟建场地局部第

⑤$_2$ 层与第⑦层直接联通，第⑦层土对第⑤$_2$ 层有一定影响，对基坑施工的安全影响很大。

世博轴基坑降水施工需要消除中板半逆作施工工况下，微承压水以及承压水对基坑开挖带来影响，并且结合基坑分皮分层开挖的技术要点，设置坑边轻型井点降水保证土方开挖的安全，减小降水工程施工对周边环境的影响。

3. 关键施工技术

中板半逆做施工工况下深井降水技术：由于半逆作法施工，第1次挖土从4.42 m挖至－1.08 m板，挖土5 m左右，只需设置轻型井点降水就可满足，无需设置设置减压井、疏干井，大大节约了成本。第2次挖土从－1.08 m挖至－6.5 m，在坑内设置了减压井、疏干井，坑外地墙附近，放坡平台上设置了轻型井点。在整个挖土过程中大量运用了轻型井点，从而替代了部分减压井、疏干井，节约了成本。

3.2.6　基坑开挖施工

1. 概述

世博轴基坑全长约1 000 m，地下二层区开挖深度12.2 m，地下三层区基坑开挖深度达到17 m，支护设计利用重力式挡土墙与放坡，开挖至地下一层标高(挖深约5.3 m)；其后施工部分地下一层楼板，形成支撑体系，利用地下连续墙围护，采用"盆式开挖结合部分逆作"开挖至坑底。世博轴深基坑结构超长，属于超大规模深基坑，周边相邻场馆同期开挖同期建设，环境复杂，变形控制要求较为严格，且工期紧迫、具体分层分区、分段开挖施工具有一定施工难度。

世博轴基坑开挖必须遵循设计要求充分利用"时空效应"作用，分层、分段、沿周边均匀、对称挖土，尽可能减少基坑在无撑情况下的暴露时间。由于世博轴基坑超长，分段施工，整个基坑施工周期比较长，出土方量大，加之周边道路均在改建或者新建，土方驳运难度很高。

世博轴地下2标段主体深坑，基础坑开挖由2007年7月20日开始，至2008年7月30日开挖最后一块区域，历时375 d，共出土约80万 m^3。

2. 主要特点

(1) 世博轴基坑超长，分段施工开挖周期长，土方量大。世博轴深坑全长约1 km，规模超长，结合周边环境情况及工程进度要求，对基坑采用分层分块开挖的施工方式，整个深坑施工土方开挖周期很长，土方量大。临近的道路均在改建和改造，土方运输的交通组织相当困难。

(2) 中板半逆做施工，土方开挖难度高。世博轴基坑施工采用半逆作施工，中板以下土方开挖需要逆作开挖，底板边跨施工需要暗挖，施工难度高。入坑坡道的设置以及土方车辆在中板区域的行走路线的确定对土方开挖影响很大。

(3) 基坑开挖周边环境影响控制难度大。世博轴基坑超长，基坑围护采用放坡结合地墙加支撑的支护形式。土方分皮分段开挖，开挖期间对周边环境的影响控制难度比较大，监测的要求相当高。

3. 关键施工技术

1) 超大面积基坑分区开挖施工技术

世博轴深坑超长，基坑开挖采用分层分段进行，有效降低土方开挖的施工难度，减小对周边环境的影响，满足进度的要求。

世博轴地下2标段根据设计工况，工程开挖主要采用半逆作施工，即：先施工边部－1.080 m结构，再施工中部－6.800 m基础底板，在边部－6.800 m基础底板施工完成后再进行－1.080 m结构补缺及以上部位的结构施工。地下三层采用全逆作施工，具体工况类似，并且，在边部底板施工前，先进行钢支撑施工，再进行边部开挖。土方开挖遵循分区、分段、分块的原则，基坑开挖时，共划分为8大区，由南北向中间方向先后施工(图3-3-19)。

在采取分区分段开挖的前提下，再考虑中间区域结构尺寸较大，特别是7＃、8＃区，横向尺寸均超过80 m，为控制超长混凝土结构有害裂缝的产生，在设计诱导缝的基础上再设置纵横向施工缝划分结构施工块。

(1) 地下二层区域：第一层中板分区、分段开挖，要求必须在1＃区混凝土支模垫层全部浇筑完成后再开挖施工第二施工区；每区内各段楼板混凝土及支撑一并浇筑；在1＃区、3＃区混凝土支撑施工完，且第一区混凝土支撑达到设计强度后，可开挖施工第一块中部底板；中部底板按分块流程逐块开挖施工，要求在前一块底板垫层浇筑完后，并且底板钢筋落坑后，再允许开挖下一块；同时要求每完成一个施工区中部底板结构，并达到设计强度后即

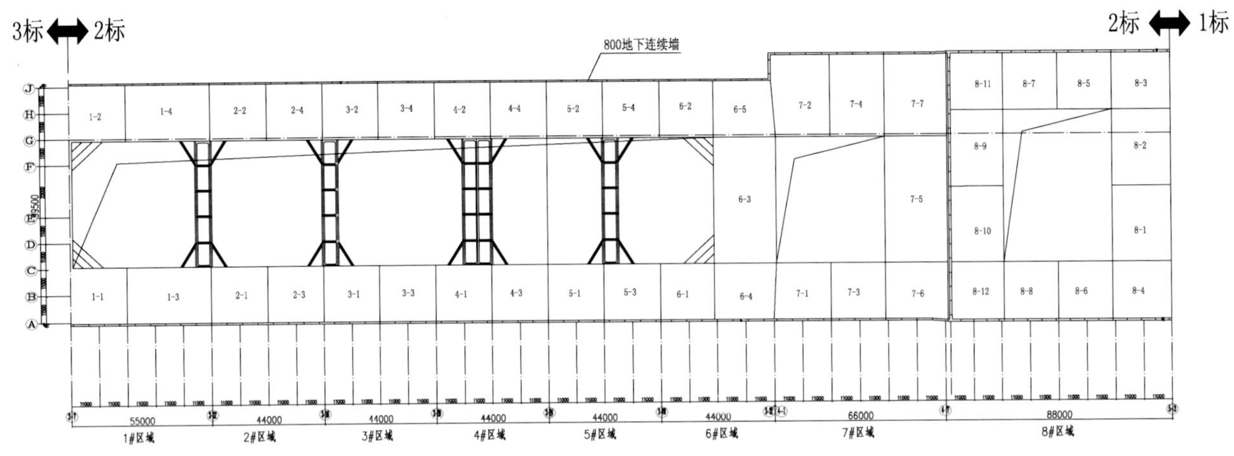

图 3-3-19　总体分区平面布置

可开挖施工该区的边部底板；边部底板区域(留土区域)，按分段流程逐段开挖施工，在第一段完成垫层混凝土浇筑后，再允许开挖第二段，在第一段底板结构浇筑完成后，再允许开挖第三段。

(2) 地下三层区域：(“平面总体分区”中所确定的 8＃施工区)每层楼板均由南向北分段开挖，要求在前一段混凝土支模垫层全部浇筑完成后再开挖施工后一段；待每层楼板结构混凝土达到设计强度后，再允许开挖施工下层结构。地下二层板边部区域(留土区域)按分段流程逐段开挖施工，要求在前一段支模垫层浇筑完后，再允许开挖下一段；并要求第二层中板结构混凝土达到设计强度后，且相邻地下二层区域(7＃区)底板结构施工完且达到设计强度后，再允许开挖施工底板中部区域。中部底板按分块流程逐块开挖施工，并要求在前一块底板垫层浇筑完后，并且底板钢筋落坑后，再允许开挖下一块；在中部底板结构全部完成并达到设计强度后，方可开挖施工边部底板；边部底板区域(留土区域)，按分段流程逐段开挖施工，在第一段完成垫层混凝土浇筑后，再允许开挖第二段，在第一段底板结构浇筑完成后，再允许开挖第三段。施工顺序安排及总体施工流向由两端向中间开挖。

2) 栈桥设置及土方运输交通组织

世博轴地下综合体 2 标段基坑施工期间，场外主要可用道路为上南路，在该侧设置三扇施工大门用做土方车、挖机及各类材料运输车进出使用。基坑西侧靠园三路外场的道路为现有的临时道路，主要作为结构施工期间的混凝土车辆及其他材料运输车辆使用。挖土施工交通组织主要根据总体部署的 8 个区域分别设置出土口，出土口的布置原则为：1＃区域～6＃区域中的基坑两侧分别设置一个，7＃区域、8＃区域的基坑两侧分别设置两个，并保证混凝土支撑的东西方向上没有出土口，出土口的大小及具体位置需等设计确认后方可留设。

中板以下土方开挖施工大型机械主要考虑在－1.08 m 板上行驶，通过加固坡道开上中板。土方外运主要通过陆上运输，码头为应急。在 3-12 轴、3-28 轴一侧分别设置一个“L”形 8 m 宽的土方车辆、挖机等坡度＜1∶8 上下坡道，结合施工现场实际情况，为保证场内施工道路的设置。坡道地基采用水泥土搅拌桩加固，地基加固与基坑围护一并施工。坡道面铺设 80 mm 厚石子，再浇捣 300 mm 厚 C30 混凝土，内配 ϕ10@250 钢筋。坡道下口(标高－0.3)至结构板面(标高－1.08)有 780 mm 高差，该区域段按照坡道坡度、采用 C30 混凝土铺浇(图 3-3-20)。为确保本工程的施工进度，在土方开挖期间，将分配有关人员在施工大门门口组织交通，合理配置车辆进出情况，以达到预期计划的效果。并在场内派专门人员负责指挥车辆进出，确保施工安全。

3) 基坑监测及环境保护

世博轴基坑坑底坐落在第④层以浅土层，基坑开挖破坏了④层及周围土体受力的平衡，必然会引起基坑及周围土体变形，同时本工程范围内有轨道交通 8 号线两座车站及一个隧道区间、一座预留磁悬浮车站，必须按相应的监护要求开展监测工作，及时准确反馈地铁及磁悬浮区域结构的变形数据，确保它们的安全。

世博轴基坑监测的内容主要包括连续墙墙顶垂直位移、水平位移监测，连续墙墙体测斜，墙体土压力监测，基坑周围土体测斜，基坑周围土体深层沉降，坑内及坑底土体回弹，土体孔隙水压力监测，支撑轴力监测，地下水位监测，坑外地表土体沉降监测，墙体钢筋受力监测，格构柱垂直位移监测，地下管线垂直位移。

图 3－3－20 临时入坑坡道

监测点布设：

(1) 连续墙墙顶垂直位移、水平位移监测：25 m 左右布设 1 点，特殊拐点处加密布设。

(2) 连续墙墙体测斜：东轴 3－16～3－28，每三幅连续墙布设 1 孔，其余 50 m 左右布设 1 孔，特殊拐点处加密布设，两个短边，每边布设 3 孔，与连续墙墙顶垂直位移、水平位移监测点组合布设。

(3) 墙体土压力监测：基坑地下一层部分、地下二层部分各布设 1 个断面。

(4) 基坑周围土体测斜：100 m 左右布设 1 孔，特殊拐点处加密布设。

(5) 基坑周围土体深层沉降：100 m 左右布设 1 孔，特殊拐点处加密布设，与基坑周围土体测斜组合布设。

(6) 坑内及坑底土体回弹：基坑地下一层部分、地下二层部分各布设 1 个断面。

(7) 土体孔隙水压力监测：100 m 左右布设 1 孔，特殊拐点处加密布设，与基坑周围土体测斜、土体深层沉降组合布设。

(8) 支撑轴力监测：50 m 左右布设 1 组，特殊拐点处加密布设，基坑南北方向布设 2 组，与连续墙墙顶垂直位移、水平位移监测点、墙体测斜孔组合布设。

(9) 地下水位监测：100 m 左右布设 1 孔，特殊拐点处加密布设，与基坑周围土体测斜、土体深层沉降、土体孔隙水压力监测孔组合布设。

(10) 坑外地表土体沉降监测：50 m 左右布设 1 组，与连续墙墙顶垂直位移、水平位移监测点、墙体测斜孔、支撑轴力监测组合布设。

(11) 墙体钢筋受力监测：基坑地下一层部分、地下二层部分各布设 1 个断面。

(12) 格构柱垂直位移监测：25 m 左右布设 1 组。

基坑土方开挖施工期间，依据监测数据适时调整土方开挖的速度，减少对周边环境的影响。

3.2.7 地下结构施工

1. 概述

世博轴地下综合体 2 标段地下室结构(图 3－3－21)于 2007 年 7 月 20 日开始施工，工程内容包括－1.08 m 中板、－6.8 m 基础底板和－6.58 m 结构板、－11 m 基础底板、＋4.42 m 结构结构楼板，底板厚度 1 050 mm (－6.8 m)、1 500 mm(－11 m)。

2. 主要特点

(1) 世博轴地下室结构超长，结构施工分区分段进行，中板半逆作施工。在逆作法施工基础大底浇捣之前，其全部的结构、施工荷载主要靠中柱的钻孔桩和周边的地下连续墙插入土中部分的摩擦力来承担。随着地下室

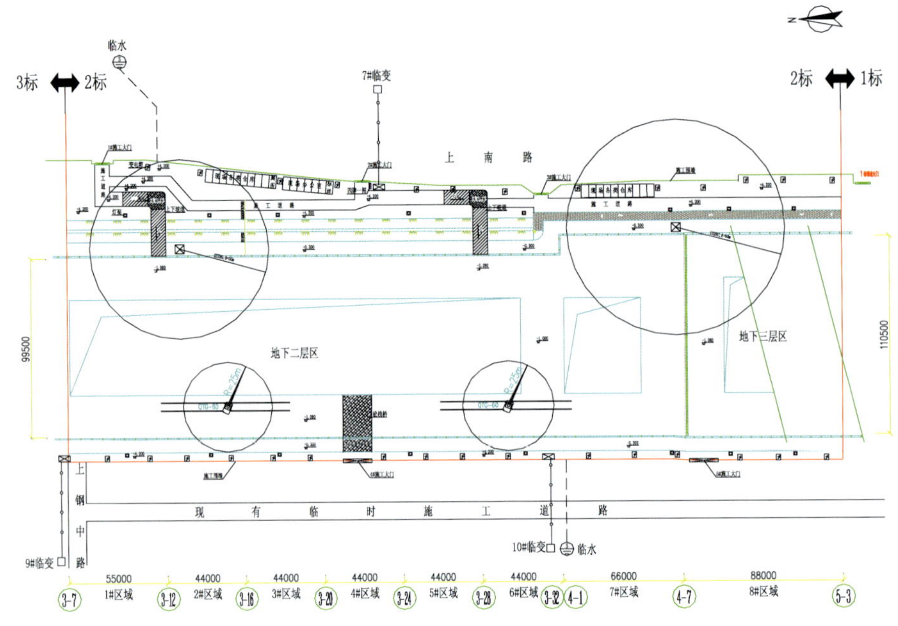

图 3-3-21　地下结构施工阶段现场布置

开挖深度的逐层增加，格构柱桩和四周地下墙与土的摩擦接触面减少，而使其承载减少，荷载增加和相应承载力减少造成整个结构平面受力的不均匀性。世博轴地下结构长达 1 km，在半逆作法施工期间结构的不均匀沉降的控制难度很高。

(2) 世博轴作为世博会期间进出世博园区的主要通道，工程质量要求相当高，世博轴地下结构中柱和核芯筒设计均要求采用清水混凝土施工，在半逆做工况下进行竖向结构的清水混凝土施工比较困难，对模板和施工工艺的要求高，技术难度大。

(3) 世博轴地下结构采用一柱一桩，设计有多处钢劲结构柱，在逆做施工工况下，结构柱梁结点的钢筋处理复杂，并且世博轴梁板还设计有预应力钢筋，进一步增加了柱梁节点的施工难度。相应的结构节点必须进行特别处理，施工工艺比较复杂。

3. 关键施工技术

(1) 清水混凝土结构施工技术。清水混凝土核芯筒主要采用半框模板，外模板采用定型钢模板(图 3-3-22)，钢模板的拼接采用对拉螺栓。内模板采用木模板(优质黑板)，木模板采用 2 200 mm×1 100 mm、厚度 1.8 mm 的

图 3-3-22　核心筒外模(全钢模板)

优质黑板，为保证木模的弯度，黑板背面预先切割出宽 3 mm、深 6 mm 的木缝。竖向围檩采用 60 mm×120 mm 木方，间距 500 mm。由于横向是弧形的，所以横向龙骨采用 5＃槽钢，上下共设三道。为保证清水结构质量，整个半框模板体系周转次数不得大于 3 次。

图 3－3－23　玻璃钢圆柱模板安装

清水混凝土圆柱采用玻璃钢模板(图 3－3－23)，使用玻璃钢模板实现圆形结构柱的清水效果，完全依赖于玻璃钢这种材料的力学特性，其材料自身的强度和刚度是关键。而玻璃钢板材的强度和刚度在组成成分确定的情况下，主要决定于玻璃钢板材的厚度。根据厂商提供的有关资料及一些试验施工经验，通常情况下，结构柱直径 $D\leqslant 800$ mm，玻璃钢模采用 3 mm 厚板材，当 800 mm$<D\leqslant$1 200 mm，玻璃钢模采用 3.5 mm 厚板材，当 1 200 mm$<D\leqslant$1 500 mm，玻璃钢模需要采用 4 mm 及以上厚板材。世博轴工程大部分结构柱为 ϕ1 200，少量为 ϕ1 500。经过计算和分析，本工程玻璃钢模板采用 3.5 mm 厚的玻璃钢模板。对于少量 ϕ1 500 结构柱的施工，通过分段施工的方法控制结构柱的施工高度，避免因材料壁厚减薄造成的质量问题。世博轴工程地下部分结构主要采用半逆作施工，局部全逆作施工，每个楼层的柱高均不超过 5 m。建筑标高面以上 3 900 mm 为吊顶标高，吊顶以上区域不作清水混凝土，楼层的建筑基层及面层的最大厚度为 300 mm。实际施工时选用的玻璃钢模单幅高度为 4 200 mm，满足 4 200 mm 结构柱的清水要求，对结构柱 4 200 mm 以上部分采用钢模镶拼，二次浇捣施工。

(2) 半逆作土底模施工技术。作为主要承受中板边跨混凝土结构的土底模(图 3－3－24)，必须充分考虑到能够承受结构的总体重量，防止不均匀沉降产生，必须能够代替木模平台模板，在施工过程中，保证结构平台混凝土表观质量和平整度等质量要求。

图 3－3－24　现场土底模、短排架施工

世博轴中板半逆作结构平台，土底模板面板采用 18 mm 厚优质木夹板，整个土底模体系自下而上设计为素土(含排水沟设置)→200 厚素混凝土垫层(含找平)→60 mm×120 mm 方木格栅@200→木模板→混凝土结构楼板。平台结构深梁两侧采用砖胎模外加设 18 厚的木夹板。

(3) 预应力施工技术。世博轴工程大量采用预应力技术，主要运用于－1.08 m、4.42 m、10.4 m 三层的大跨度梁中，框架梁和部分次梁采用有黏结预应力技术，次梁主要采用无黏结预应力技术(图 3－3－25)。

有黏结预应力筋孔道采用塑料波纹管成型(图 3－3－26)，孔道灌浆用不低于 42.5 级普通硅酸盐水泥，水灰

图 3－3－25　无黏结预应力施工

图 3－3－26　塑料波纹管安装现场

比为 0.4～0.45，灌浆用水泥浆的抗压强度不应小于 30 N/mm²，且不得掺入含氯化物等对预应力筋有腐蚀作用的外加剂。预应力梁混凝土设计强度等级均为 C35，混凝土中不得使用任何含有氯化物的外加剂，预应力张拉锚具封头混凝土采用设计强度等级不低于 C35 微膨胀细石混凝土。由于本工程属超长、超大混凝土结构，预应力筋为了满足截面有效预压应力的要求，必须在一定长度内进行分段处理。结合结构特点，拟采用集中式搭接法，集中式搭接即将 1～3 跨梁预应力束集中于梁柱端节点处搭接。搭接处有黏结预应力张拉端设置采取在梁柱间加腋。在框架梁的交界处，框架梁设置长方体加腋，基本尺寸为 500 mm×1 100 mm，高度同附近最小梁高，一般为 800 mm。为保证预应力施工质量以及建筑要求，在预应力施工完成后，采用细石混凝土或防水砂浆封闭。考虑到框架钢筋、水平管道等其他因素的影响，锚垫板位置一般设置在加腋区截面的中上部。

3.3　世博轴 3 标施工

3.3.1　结构形式

(1) 主体结构形式：世博轴地下综合体工程为地下二层箱形结构，上部结构为高架平台板和玻璃棚架，地面层、地下一层板采用多跨无梁楼盖形式，柱上部设置柱帽，中间主通道跨度 22 m，采用组合梁板结构，在地下一层板大开孔四周设置边梁加强；底板为整体筏板，底板设置钻孔灌注桩作为抗拔桩。顶板面层标高为＋4.5 m，板厚 0.15 m；中板的顶面绝对标高为－1.08 m，板厚 0.4 m，底板的顶面绝对标高为－6.8 m，板厚 1 m，共计浇筑混凝土约 6 万 m^3。

(2) 基坑降水概况：本工程在基坑内全部用深井泵进行挖土及结构施工期间的持续降水，在东侧开挖面上布置轻型井点进行降水。根据实际施工需要，在基坑内布置 20 口减压井，疏干井 217 口。此外，在坑内处布置 10 口水位观测井，在坑内布置 6 口水位观测井，并在东侧布置两套轻型井点。

(3) 挖土概况：本工程挖土深度约为 12 m，基坑开挖主要采用放坡开挖结合中心岛法与部分逆作法的施工工艺。根据总体施工安排，挖土的总体流程为从基坑两端向中间开挖，在水平面上分为三次挖土，第一次开挖至标高－1.68 m，共计挖土约 27.8 万 m^3；第二次开挖中板至标高－8 m，开挖中板和底板间中间区域内的土，共计挖土约 23.4 万 m^3；第三次开挖底板和中板间两边的土，共计挖土约 3.68 万 m^3。土方开挖、支撑施工应严格实行“分层分块、留土护壁、限时开挖支撑”的原则进行。

3.3.2　降水施工工艺

1. 配套方案和降水目标

(1) 围护结构方案：基坑围护采用厚度为 800 mm 的地下连续墙，内侧设一道 5 200 mm 宽格栅式水泥土搅拌桩，深度达到基坑底标高以下 4.0 m，与地下连续墙共同形成一个整体式的止水帷幕，以切断基坑外的地下水流入基坑内部。

(2) 土方开挖方案：土方开挖采用先中心岛顺作法，后周边逆作的施工顺序，分三次取土进行开挖。

土方开挖与降水有着非常密切的关系，③层、③夹层、④层在有水的情况下容易产生蠕变，对开挖放坡极为不利，边坡降水必须在短时间内达到要求，各层面的土方开挖取决于地下水位是否在开挖面的 1 m 以下，否则难以满足边坡稳定要求。

(3) 降水目标：本工程降水的目的是通过合理的降水井布置和采取有效降水措施，降低浅层潜水的地下水位，降低土体的含水率，使基坑内软弱土体加快固结，提高和改善土体的物理力学性能，提高土体的抗剪强度和稳定性，防止发生流砂、管涌、塌方和坑底回弹隆起，从而保证挖土及地下结构的顺利施工，同时减少地下连续墙的位移量，以确保基坑整体稳定性和解决蠕变对工程桩的影响。

(4) 井施工工艺流程：井点测量定位→挖井口、安装护筒→钻机就位→钻孔→清孔→吊放井管→孔孔壁间回填滤料(中粗砂)→洗井→安装深井泵、真空泵→孔口封堵→深井泵、真空泵与管路连接、接电源→检查调试→试抽水、抽气→降水井正常运转、日常记录、维护、保养→降水完毕拔井管→回填封堵井口。

(5) 井施工方法：

① 定位放线、确定井位。根据业主提供的施工图及测量坐标、放出有关轴线、定出井位。

根据平面布置图做好各项施工准备工作，如开挖泥浆池、引入水、电源、机械设备组装调试及相关设备的进场。

② 护筒埋设。定出孔位后，预先埋设 ϕ800 mm×1 200 mm 的钢制护筒，护筒必须垂直，护筒与周边土体之间的环状间隙必须用黏土回填夯实，并在一侧设排泥沟、泥浆坑。

③ 成孔。采用 GXY－1 型钻机钻孔、自然造浆护壁、泥浆循环排渣的施工工艺，成孔井径为 ϕ650 mm，成孔深度为 17～19 m，钻井时要求钻机保持垂直，便于井管安装及深井泵的正常使用。成孔时应控制泥浆的比重在 1.15～1.25，对易塌、易缩径地层，应灵活掌握泥浆比重，以防塌孔、缩径现象发生。

④ 清孔。钻孔深度达到要求后，立即将钻头提离孔底约 200 mm，调整泥浆性能，并用低速回转进行正循环清孔，直到泥浆比重达到 1.15 以下时结束。

⑤ 安装井管。清孔后立即安装井管，以防坍孔；将预先制作好的井管用吊机下放，分段拼接接头处应焊接牢固、密闭，上下焊接同心，保持垂直并位于井孔中间，井管顶部比自然地面高 400 mm 左右。

⑥ 填滤料。井管沉放完后，及时在井管与土壁间填充中粗砂滤料，滤料必须符合级配要求，杂质含量不大于 3%；填砂时不得用装载机直接填料，应由人工用铁锹向孔内四周分层均匀下料，以防冲击井管，同时不能过快，防

止局部脱空,填充滤料要一次连续完成。

⑦ 洗孔。井管周围填滤料后,上部采用黏土封口。安设水泵前应在封口后 8 h 内按规定先反复清洗滤井,冲除沉渣,以期将井内滤料中的泥土洗净并形成良好的滤水层,并将孔壁上的泥皮结构破坏,以增大出水量。洗井直至管内排出的水出浑变清,达到正常出水量为止。

⑧ 安装降水设备。潜水泵在安装前,应对水泵本身和控制系统作一次全面细致的检查,方可放入井中使用。可用绳索将深井泵吊入滤水层部位,并在井口固定。水泵电动机应安设平稳,与井口连接要垫好橡皮,做到密封、不漏气;严禁逆转,防止转动解体。潜水泵电动机、电缆及接头应有可靠的绝缘,每台泵应配置一控制开关。

深井泵吸水头应放在滤水管下口处的沉砂管部位,以便有效地抽取地下水。

真空泵采用硬管或橡胶波纹管将每 4～5 口深井连接为一组,接头要密封、牢固、不能随便移动,防止松动。

⑨ 试抽水。安装完毕应进行试抽水,满足要求后开始转入正常降水工作。成孔、下管、回填、洗井应连续进行,不可中断。成井和下管应保证深度到位。

⑩ 运行。在正常情况下,降水工作必须在土方开挖前 28 d 开始,挖土速度不得超过所在部位深井井点的降水速度,必须紧密配合土方开挖方案,挖到哪里,提前降水到哪里。

基坑降水可能引起较大范围内的地下水位下降,需加强对观测井的监测。

当坑外水位下降超过 1 m,就可能对周围环境造成不良影响,将启动应急预案。

每个深井将设置多节滤水管,以放慢降水速度,保持连续、稳定、循序降至土方开挖面以下 1 m 处。

降水过程中如发现不上水或水质一直较浑或出现清水后又转为浑水时,将立即停止降水,进行检查处理;如井管淤塞过多,将影响降水效果,需逐个用高压水反复冲洗井点管或拔出重新埋设。

⑪ 井管拆除。土方开挖完一个施工段,该区或井管降水工作即告结束。

垫层紧随土方开挖之后浇筑,垫层混凝土浇筑前,须逐步撤除井管。

如果仍有地下水渗流,则需在施工区域的垫层下设置盲沟并与周边坡脚处的排水沟连通。

如果水量很大,则可保留该区域 20%的井点,井管口高出结构底板面 200 mm,继续降水并不再回收,停止降水后用填充料填至垫层下口浇筑混凝土,最后用 12 mm 厚钢板封焊。

2. 降水流程

根据施工要求,降水的流程与土方开挖的流程密切结合,也是从基坑的两侧向中间分段进行降水,在每段开挖面上进行集中降水,同时在开挖面的后沿用 3 排深井进行连续不断的降水,以阻断开挖面后沿的水流入到开挖面内。

3. 土方开挖

(1) 施工部署:

① 总体流程。本工程土方开挖共分三次:第一次挖土从标高+4. 20 m(地面)挖至标高－1. 68 m(中板垫层底标高),挖深 5. 88 m,挖土方量约 27. 8 万 m^3;第二次挖土从标高－1. 68 m 放坡挖至标高－8. 00 m(底板垫层底标高,基坑中间位置),挖深 6. 32 m,挖土方量约 23 万 m^3;第三次挖土从标高－4. 68 m 挖至标高－8. 00 m(基坑周边部分),挖深 3. 32 m,挖土方量 3. 7 万 m^3。

本工程坑开挖主要采用放坡开挖结合中心岛法与部分逆作法的施工工艺。根据总体施工安排,挖土的总体流程为从基坑两端向中间开挖。土方开挖、支撑施工应严格实行“分层分段、留土护壁、限时开挖支撑”的原则进行。

土方开挖是本工程重要的施工工序,对工期、质量、安全具有重大影响,土方开挖严格按时空效应进行,采用分层、分块、对称、平衡开挖,并确定各工序的时限,以保证基坑和周围建筑物安全。

② 出土口的设置与处理。在进行土方开挖时,在基坑东侧中板上专门设置了 3 个出土口,并铺设沥青混凝土道路,按 1∶8 的坡度环形放坡至底板,环形道路的边坡按 1∶3 的坡度设置,并铺设钢筋混凝土网片。经与设计协商后,对出土口采取如下加固措施:出土口与地连墙交界处采用水泥土搅拌桩加固,加固的范围:水平面积为 15 m×15 m,深度为 18 m;出土口的中板下面再增加两道钢立柱,以加强中板的稳定性。

由于出土口区域的底板及支撑安排在最后施工,对于出土口区域内的土方,事先在中板边跨处留置 3 个 5 m×

6 m 的出土口，待绝大部分的土方及底板施工完毕后，由土方抓斗机由留置的出土孔抓运至地面，再施工出土道路处的底板及钢支撑。

(2) 土方开挖：

① 第一次挖土。第一次挖土为常规挖土，从基坑两端向中间开挖。

第一次挖土强度为 5 600 m^3。根据经验，1.2 m^3 挖机的作业效率可保证为 1 100 m^3/d(按 10 h 计)，则需挖机数量为：5 600÷1 100＝5.09 台，需布置 6 台 1.2 m^3 的挖机。但综合现场相互干扰、天气情况以及出运交通等因素，为确保工期将布置 8 台挖机同时施工。

每台挖机配备 5 辆 15 t 土方车，共计配备 40 辆土方车。

② 第二次挖土。第二次挖土在中板下进行，挖机和土方车利用出土点和斜坡道到基坑底部作业。

第二次挖土作业强度为 3 900 m^3/d，略小于第一次土方开挖的强度。由于本次挖土大部分都在中板下进行，施工难度大，功效也会受到较大的影响，所以此次挖土仍然配备 8 台挖机和 30～40 台土方车。

③ 第三次挖土。本次挖土是在支撑下的掏槽开挖，虽然挖土强度小但施工难度很大，初步考虑由 0.4 m^3 的小型挖机掏槽，大挖机接力的方式进行此部分土体的出运。

初步考虑配备 4 台 1.2 m^3 的挖机，4 台 0.4 m^3 的挖机，另配备 10 台土方车。

(3) 土方出运：考虑到陆上出土对周边交通的压力较大，将考虑采用水上出土。

水上出土方案经由上南路、连云港路到达白莲泾码头，目前位于上南路江侧及连云港路的社会车辆压力非常小，而白莲泾码头的长度能满足本工程的出土要求。白莲泾码头又称为上港四区，目前业主已提供 80 m 的码头供出土使用。

由装土点往码头配用 15 t 自卸车装运，由挖机在码头边抓土装船运往弃土点。

本工程弃土方量约为 57 万方。已经落实了松江、昆山、金山三处弃土地点，三处处的弃土容量分别为：30 万 m^3、25 万 m^3、20 万 m^3，合计弃土容量为 65 万 m^3，满足本工程的弃土需要。

4. 结构板施工

(1) 中(顶)板施工：中板施工分为边块中板及其抽条施工和剩余中板施工两个部分，总体施工流程都是从基坑两端向中间推进。

① 边块中板及其抽条。此部分中板施工时，在碾压过的原状土上浇筑 20 cm 素混凝土垫层作为底模，侧模采用胶合板模板。

② 剩余部分中板施工。此部分中板施工需采用满堂支撑的施工工艺，＋4.5 m 顶板施工工艺与其相似(图 3－3－27)。

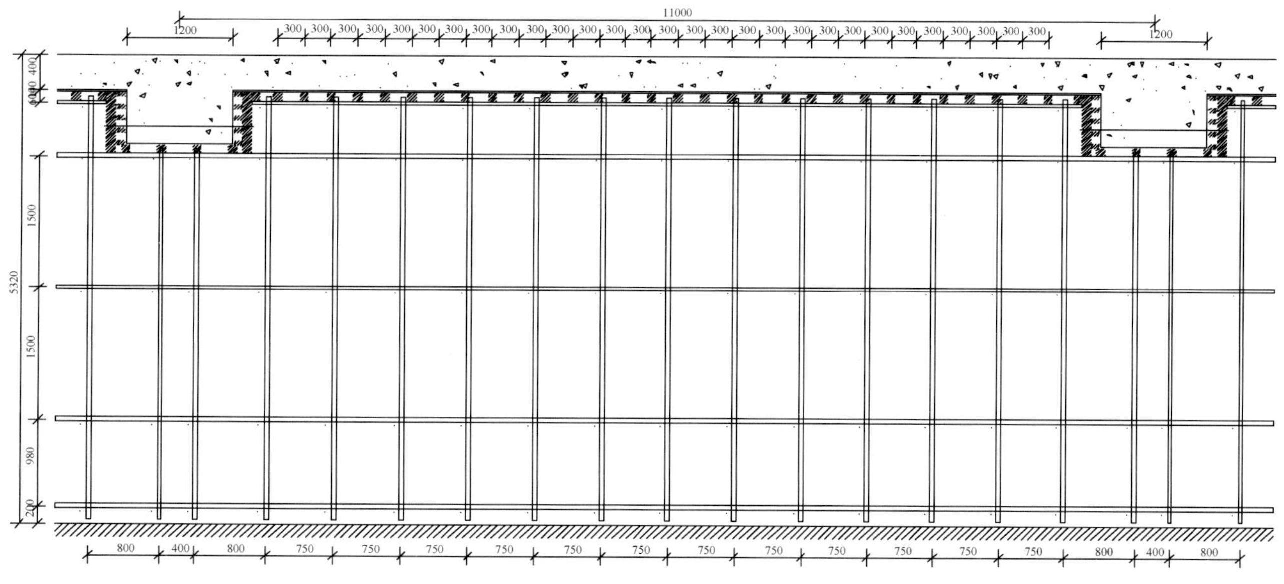

图 3－3－27　支架立面

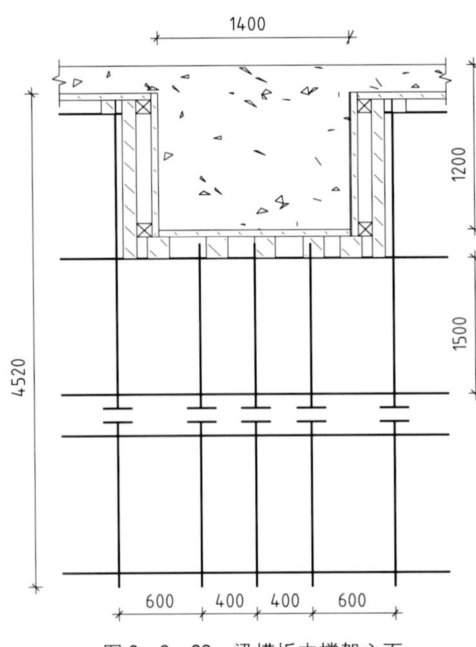

图 3－3－28　梁模板支撑架立面

(2) 底模安装(图 3－3－28)。中板模板组拼安装顺序如下：搭设支架及拉杆→安装纵、横钢楞→调平柱顶标高→铺设模板块→检查模板平整度并调平。

(3) 侧模安装。中板侧模采用胶合板模板。

施工要点：

① 楼板模板的支撑架子采用钢管扣件支撑，上搁木楞，木楞间距应经计算确定。

② 胶合板模板施工前宜进行模板排板设计，施工中严格按模板排板图排板，减少胶合板模板的锯割，利于胶合板模板的周转使用。

③ 胶合板模板面板应涂刷脱模剂，以利于脱模。

④ 胶合板模板的接头应平整，接头处可用胶带纸粘贴。

5. 底板结构施工工艺

本工程底板厚 1.0 m，分中块底板和边块底板。中块底板(图 3－3－29)和边块底板均分块浇筑，分块间设有诱导缝。在碾压过的原状土上浇筑 20 cm 素混凝土垫层作为底模，侧模采用胶合板模板。

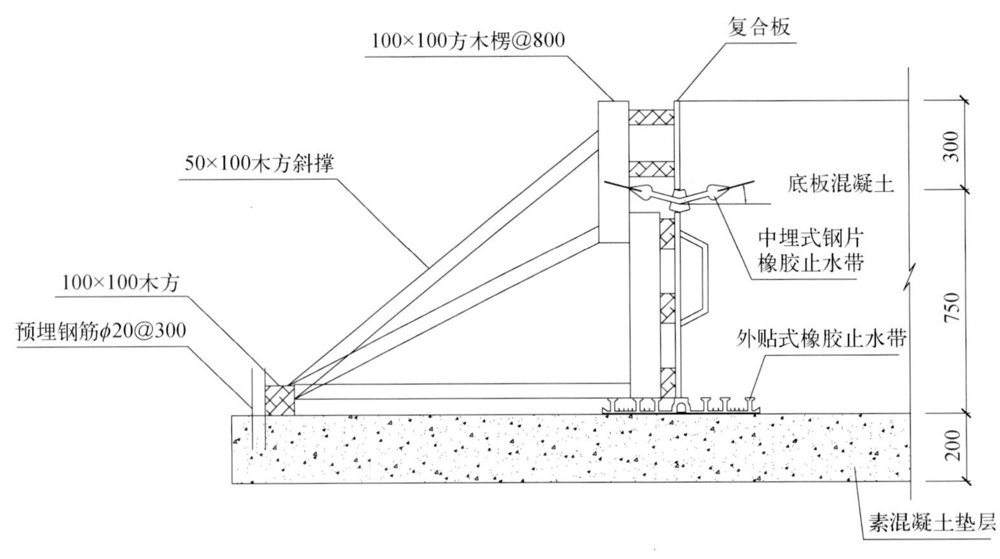

图 3－3－29　底板模板

3.3.3　模板工程

模板固定牢固、平整、接缝严密不漏浆，模板的施工质量直接影响混凝土的外观质量，是一道关键工序。

1. 模板安装

1）基本要求

(1) 采用泵送混凝土浇注施工，对模板工程施工质量尤其是漏浆、跑模等提出更高的要求。支模前应先根据设计图弹出模板边线和模板控制线。

(2) 模板的接缝和错缝不大于 2.5 mm。在捣固时不发生漏浆，模板安装允许偏差见表 3－3－2。

2）楼板模板

(1) 主体结构中板及梁施工支撑采用落地式楼板模板支架支撑(落地式楼板模板及支架设计见专项设计方案)，模板采用竹胶板，所需物料用吊车布放。

(2) 模板标高考虑沉降以及弹性变形，预留 2‰～3‰预拱度。必须严格控制拆除模板时间，防止出现下垂开裂等现象。

表 3-3-2 模板安装允许偏差 (mm)

项目名称			允许偏差值
相邻两板表面高差			3
模板尺寸	宽	柱	±5
		梁、板	0, −10
	高	柱	0, −5
		梁、板	0, −10
	长		0, −5
表面平整度			5

3) 端头模板

用竹胶板作为结构变形缝和垂直施工缝的端头模板。结构变形缝处的端头模板并钉设填缝板，填缝板与嵌入式止水带中心线和变形缝中心线重合，并用模板固定牢固。止水带不得穿孔或用铁钉固定。

2. 模板拆除

梁侧模板：拆除要保证拆模时混凝土强度达到不损坏构件棱角为原则。

3.3.4 钢筋工程

钢筋进场时，应按现行国家标准 GB 1499《钢筋混凝土用热轧带肋钢筋》等的规定抽取试件做力学性能试验，保证其质量符合有关标准的规定。

1. 钢筋加工

使用前要将钢筋表面的污渍清除干净。对成盘的钢筋和弯曲的钢筋均应调直；采用冷拉方法调直钢筋时，HRB235 级钢筋的冷拉率不大于 4%，HRB335 级钢筋的冷拉率不大于 1%。

2. 钢筋的连接

(1) 钢筋搭接除注明外，全部采用接驳器连接。

(2) 钢筋接长一般采用接驳器。受拉时同一截面接头量不大于钢筋总量的 50%，受压时焊接量不受限制。

3. 钢筋的绑扎

绑扎顺序如图 3-3-30 所示。

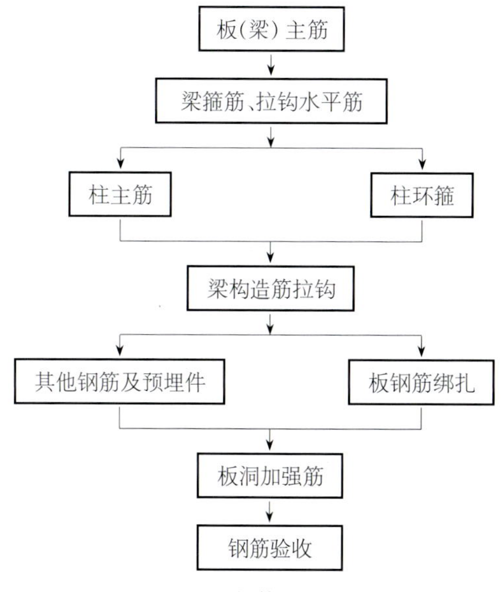

图 3-3-30 钢筋绑扎工艺流程

(1) 钢筋绑扎要求：板靠近转角和外围处的相交点，必须道道扎牢，其他采用梅花式绑扎；板靠近梁边的每一根钢筋相交点，道道扎牢，其他采用梅花式绑扎；柱子环箍绑扎道道扎牢，拉钩绑扎在同一截面上；梁主筋在环箍角上的道道扎牢，其他采用梅花式绑扎；绑扎的铅丝不得松动，每根绑扎接头上铅丝不少于三道，纵向钢筋绑扎交错搭接，不允许偏向一边；内部结构的插筋严格按放样的尺寸安插，不得遗漏和错位，插筋规格、数量严格按设计图纸要求。

(2) 钢筋的绑扎顺序，先施工底板和梁钢筋，然后绑扎内衬墙和柱钢筋，以此类推，并使其连接牢固，相对位置准确。

4. 钢筋保护层厚度控制

钢筋保护层厚度见表 3-3-3。

采用混凝土垫块控制钢筋保护层厚度，垫块以梅花型摆放，垫块厚度等于保护层厚度。板混凝土垫块@1 000，梁侧上下两块，梁底左右两块，水平间距@1 000，柱子每只角 2 块，纵向间距@1 500。

表 3-3-3　钢筋保护层厚度　(mm)

钢筋位置	保护层厚度	钢筋位置	保护层厚度
中板	30	中板梁	40
顶板迎土面	40	顶板背土面	35
柱	35	内部结构	25

3.3.5　混凝土工程施工

1. 混凝土施工顺序

(1) 中板混凝土采用汽车输送泵直接浇筑和塔吊间接浇筑两种方式。

(2) 混凝土施工总体顺序按照中板总体施工顺序进行，但分仓浇筑采用跳仓浇筑形式，防止混凝土板变形。

2. 混凝土浇注工艺及方法

(1) 浇注前应检查模板、支撑、钢筋和预埋件、预埋孔洞是否符合设计要求，做好记录，并经监理工程师验收合格后，方可进行混凝土浇注。

(2) 混凝土浇注前应用高压水和高压风先对钢筋、模板以及与老混凝土接触面进行清洗，确保要浇注的施工区清洁无杂物，但不能有积水。

(3) 先浇筑梁混凝土，待梁混凝土浇筑到板底标高，再梁板混凝土一同浇筑，严格控制好浇注流程，防止出现施工冷缝。

(4) 中板混凝土连续水平、分台阶沿地连墙分别向中线方向进行浇注。混凝土浇注到标高后，用平板振动器振一遍，再压实、收浆、抹面。

(5) 大厚体积的中板和梁混凝土采用“斜面分层、薄层浇注、一次到顶”的方法进行浇注，分层厚度不得大于 300 mm。

(6) 中板混凝土初始布料时，泵车布料口伸入到下部，保证混凝土下料高度 $H \leqslant 2$ m。

3. 混凝土拆模及养护

由于混凝土的养护要求较严，因此不宜过早拆模，拆模强度必须达到设计强度的 70%以上，混凝土表面与环境温差不超过 15℃，以防混凝土表面产生裂缝。

在混凝土浇筑 4～6 h 后立即覆盖，洒水养护，洒水次数以保持混凝土表面湿润状态为宜。

4 上部结构施工

4.1 概述

世博轴上部结构地上两层，楼板结构标高分别为 4.42 m 与 10.5 m。在结构外侧东西方向有清水混凝土外挂板。结构内部洞口处安装预制清水混凝土(板材采用日本原装进口运至现场后安装)。整个世博轴内有 30 个清水混凝土核心筒(图 3－4－1～图 3－4－2)。

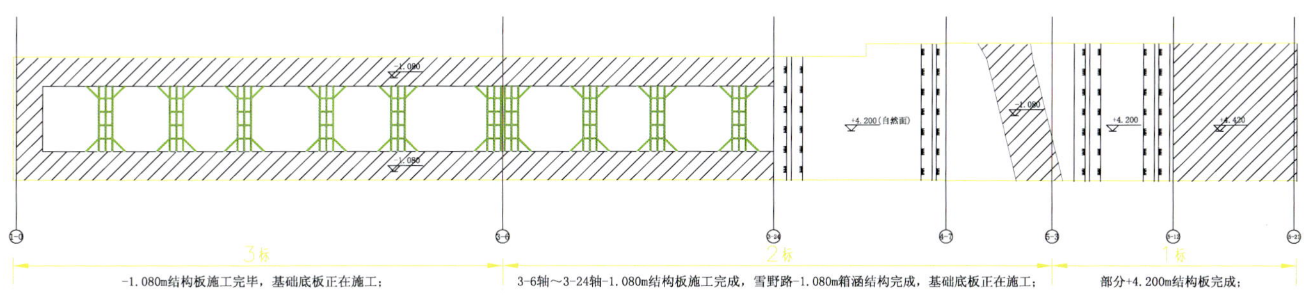

图 3－4－1　施工现场平面

图 3－4－2　上部结构施工阶段现场全貌

4.2 主要特点

(1) 超长清水混凝土挂板：清水混凝土外挂板分布在世博轴东西两侧，全长 1 000 m。超长混凝土施工难点在防止由于热胀冷缩导致混凝土竖向开裂、外挂板自重导致混凝土横向开裂，还有对于超长清水外挂板施工时，由于超长距离挂板产生的累计误差给施工带来难点。

(2) 高排架区域模板支撑施工：位于−1.08 m 及+4.42 m 结构中留有较多大开洞，至+10.4 m 结构时，除阳光谷区域的洞口仍然保留外，其余洞口均封闭，该区域的排架搭设高度自−6.8 m 基础底板至+10.4 m 结构梁板底部，搭设高度 17.04 m，此类区域共有 5 处，支模区域面积约为 2 340 m^2。+4.42 m 结构的宽度约为 73 m，+10.4 m 结构的宽度约为 80 m，两侧各比+4.42 m 结构宽 3.5 m，该区域的排架必须由−1.08 m 结构开始搭设，搭设高度为 11.32 m，支模区域面积约为 4 550 m^2。

(3) 过路段跨度梁板施工：世博轴过路段结构均采用现浇混凝土梁板结构，其中浦明路和雪野路的过路段施工必须在保证路面通车的条件下进行，工程施工的工期紧，施工难度大。

4.3　关键施工技术

(1) 超长清水混凝土外挂施工技术。4.5 m 结构平台和 10.4 m 结构平台清水混凝土边梁将分段施工，按照进度安排分为 44 m 一段进行，模板配置也按照 44 m 的施工长度为一套的要求进行，拟配置 10 套模板，总面积约 6 500 m^2。为保证清水混凝土边梁挂板的施工质量，本工程所有用于清水半框模板原则上周转次数不大于 3 次。

清水混凝土边梁挂板的平面施工流程总体按照结构平台的施工平面流程进行。原则上，4.5 m 和 10.4 m 平台结构分段分块施工，其结构清水混凝土边梁才平台结构施工时候均采用设置施工缝后浇筑的施工方式。平台结构完成长度满足 44 m 的分段施工要求后，即开始进行相应部位的清水混凝土边梁挂板。

① 清水混凝土边梁挂板半框模板。边梁挂板的外侧面采用半框模板，底部均采用优质黑板，其余部位采用普通模板。外侧面半框模板面板采用进口芬兰板，内侧优质黑板，型钢采用 50 mm×50 mm 角钢。根据设计图纸，1 500 mm 高清水边梁外侧留有设计明缝隙，半框模板面板采用 2 200 mm×1 200 mm(宽×高)、2 200 mm×300 mm(宽×高)的优质黑板拼接。

② 清水混凝土浇筑措施。本工程清水混凝土边梁挂板混凝土施工分两次进行。按照施工分缝部署，U 形钢板及内侧 100 mm 高混凝土第二次浇筑，其余部位第一次浇筑。第一浇筑主要完成清水混凝土结构部分的施工。第一次浇筑完毕后即开始对清水混凝土部位进行养护。第二次浇筑应在清水混凝土结构养护一段时间后进行，具体可于清水结构养护达到 75%以后，在相关结构操作面具备施工条件后即可进行。振捣采用插入式振动器的选择 ϕ75 或更小规格的小型振动机，对于第二次浇筑的施工段可适当采用插片式振捣机械。施工时严格控制二层混凝土间的布料时间，间隔时间必须控制在 2 h 以内。一层混凝土浇注结束后，在施工接缝层收头时截面中的应比周边落低 20～30 cm，以便混凝土终凝后的灌水养护。拆模后对混凝土进行塑料薄膜+彩条布养护。

③ 防止超长挂板开裂措施。为避免超长清水混凝土挂板热胀冷缩导致开裂，采用在 2 块清水混凝土挂板明缝部分，用切割机割设 1 条 2 200 mm 的缝。人为设置一条薄弱区域，如混凝土开裂，裂缝优先出现在明缝区域，不会对外挂板外观的美观造成影响。

(2) 大面积高支撑排架施工技术。施工区域：2－9 轴～2－13 轴/E 轴～F 轴，面积约 600 m^2，高 17.04 m，板厚 120 mm，主梁 1 200 mm×1 500 mm；3－3 轴～3－5 轴/E 轴～F 轴，面积约 310 m^2，高 17.04 m，板厚 120 mm，主梁 1 200 mm×1 500 mm；3－11 轴～3－15 轴/E 轴～F 轴，面积约 600 m^2，高 17.04 m，板厚 120 mm，主梁 1 200 mm×1 500 mm；3－17 轴～3－21 轴/E 轴～F 轴，面积约 560 m^2，高 17.04 m，板厚 120 mm，主梁 1 200 mm×1 500 mm；3－22 轴～3－24 轴/E 轴～F 轴，面积约 270 m^2，高 17.04 m，板厚 120 mm，主梁 1 200 mm×1 500 mm。

① 高排架区域模板支撑设计。平台板、梁模板排架支撑体系，由于支设高度较高，立杆纵横向间距控制在 700 mm 内。从−6.800 m 至+10.4 m 楼板底总高度：17.04 m，实际最大支撑高度 17.04 m；从−1.080 m 至+10.4 m 楼板底总高度 11.32 m，实际最大支撑高度 11.32 m；楼板支撑系统采用 ϕ48 mm×3.5 mm 钢管搭设排架，楼板平台板部位立杆间距为≤700 mm×700 mm(实际间距根据梁板平面尺寸进行调整，最大间距不得大于 800 mm×800 mm)。

1 200 mm×1 500 mm 的梁两侧支撑立杆间距为 2 000 mm，梁下设 3 根顶撑，顶撑纵向间距 400 mm。立杆跨度方向间距为 450 mm，小横杆间距 400 mm，对拉螺栓 2 道，支撑立杆在结构混凝土面上，下垫 60 mm×120 mm 木垫块。

② 高排架区域混凝土浇筑。高度超过 8 m 的高支模区域混凝土梁板混凝土浇法与其他区域相同，在+4.420 m

结构层非高支模框架浇筑完成后，+10.4 m结构层高支模区域框架顺序进行浇筑。高支排架区域内无超高的柱。其他楼层自重超10 kN/M的大梁混凝土与同层的其他结构梁板同时浇筑。

③ 雪野路过路段不封闭道路施工技术。雪野路过路段车辆通行区域楼板支撑采用斜撑。由结构楼板厚度160 mm，+10.4 m结构主梁尺寸主要为1 200 mm×1 500 mm、1 200 mm×1 400 mm、1 200 mm×1 200 mm、800 mm×1 200 mm等，次梁的主要尺寸为400 mm×1 000 mm、400 mm×1 050 mm等，且大部分跨度均超过18 m。

为保证小型车辆（车辆限高3.2 m，限宽3 m）通行，使用ϕ48钢管搭设雪野路临时支架。

平台支架采用ϕ48钢管搭设，支架两侧4排为双立杆间距200 mm，板下立杆纵横向间距一般为750 mm，梁下立杆间距不大于400。纵横向水平拉杆最下面的扫地杆距地面200 mm，其余向上间距控制在1 500 mm，最上一根应设置在梁板底。同时应设置适量的纵向剪刀撑，用于连接剪刀撑杆件的扣件不得少于4个。对于跨度大于4 m的现浇混凝土梁、板，其模板按跨度2‰起拱，通道区域制模起拱在原有基础上再增加5 mm。支架宽度为4.2 m，净空3.5 m。其中3.5 m宽度区域为车辆行驶区域，0.7 m宽度为人员行走区域。

在雪野路支架的东西两个端头，设置安民告示和栏杆，施工车辆禁止通行，并搭设限高3.5 m门架，设置车辆限高和限宽警示标志，在限高门架和雪野路支架之间设置车辆减速缓冲区域，限速5 km/h。并在两端安排专人和保安24小时值班指挥，指挥人员必须携带对讲机，指挥车辆在支架区域内单车通行。支架搭设时，3.5 m净空上方支架必须在雪野路两端安全措施到位后方可搭设。雪野路通道上空排架模板施工时，先完成隔离措施，隔离材料采用双层小眼安全网支架内部每间隔20 m设置白炽灯。雪野路通道南侧伸出水平杆粘贴反光纸。雪野路通道上空排架模板施工时，先完成隔离措施，隔离材料采用双层小眼安全网。通道上空模板排架施工采用夜间封路施工（施工时间：晚22:00～凌晨5:00），并派专人看护指挥。

(3) 其他类型清水混凝土施工。

① 玻璃钢圆柱模板清水结构施工技术。世博轴清水混凝土圆形结构柱采用了新型玻璃钢平板模板进行施工。使用玻璃钢模板实现圆形结构柱的清水效果，完全依赖于玻璃钢这种材料的力学特性，其材料自身的强度和刚度是关键。而玻璃钢板材的强度和刚度在组成成分确定的情况下，主要决定于玻璃钢板材的厚度。世博轴工程玻璃钢模板采用3.5 mm厚的玻璃钢模板。对于少量ϕ1 500结构柱的施工，通过分段施工的方法控制结构柱的施工高度，避免因材料壁厚减薄造成的质量问题。世博轴工程地下部分结构主要采用半逆作施工，局部全逆作施工，每个楼层的柱高均不超过5 m。建筑标高面以上3 900 mm为吊顶标高，吊顶以上区域不作清水混凝土，楼层的建筑基层及面层的最大厚度为300 mm。实际施工时选用的玻璃钢模单幅高度为4 200 mm，满足4 200 mm结构柱的清水要求，对结构柱4 200 mm以上部分采用钢模镶拼，二次浇捣施工（图3-4-3～图3-4-4）。

图3-4-3　玻璃钢模板断面

图 3-4-4 清水柱效果

玻璃钢模板竖向拼缝采用角钢作为拼缝接口钢箍，模板拼缝采用 M10 螺栓围合固定连接，螺栓的竖向间距为 150 mm。接口部位的角钢范围为较明显的平直段，与圆弧弧段存在直线与曲线几何上的差异，使得角钢与模板面不能完全贴合，在实际施工中易对圆柱的清水面造成十分明显的质量缺陷。为此，对拼缝接口区域的玻璃钢模板材进行加厚加强处理，保证了结构柱接口部位的圆滑。在混凝土施工过程中，必须分层浇捣，基本控制在 500 mm 左右一层为宜，并采用两根振捣棒在两侧同时均匀振捣，确保模板各方的侧压力基本相等。混凝土的浇捣速度必须控制在 2 m/h。

② 清水弧形边梁挂板施工技术。世博轴上部结构局部区域设计要求采用清水混凝土，4. 5 m 平台东西侧边梁挂板和 10. 4 m 平台边梁挂板以及 4. 5 m 和 10. 4 m 平台内侧留洞口挂板均采用清水混凝土。其中世界轴东西两侧边梁挂板为直线矩形挂板，而平台内侧留洞口边梁挂板形式为部分弧形，部分直线的形式或者椭圆弧的形式，尤以阳光谷位置留洞挂板最具代表性(图 3-4-5～图 3-4-6)。

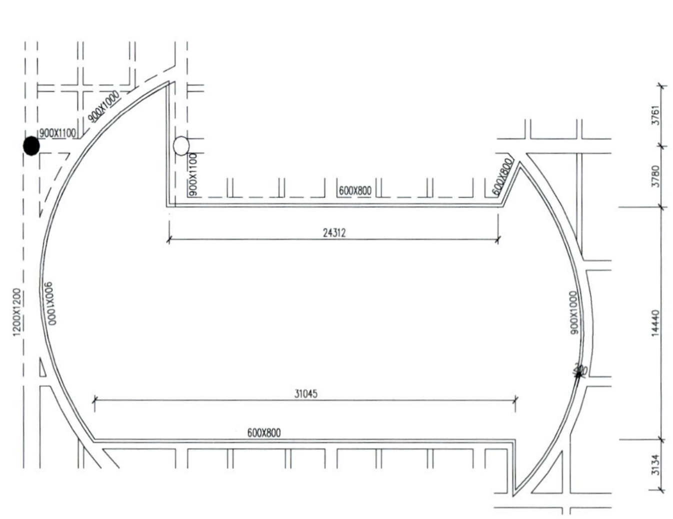

图 3-4-5 典型弧形挂板平面

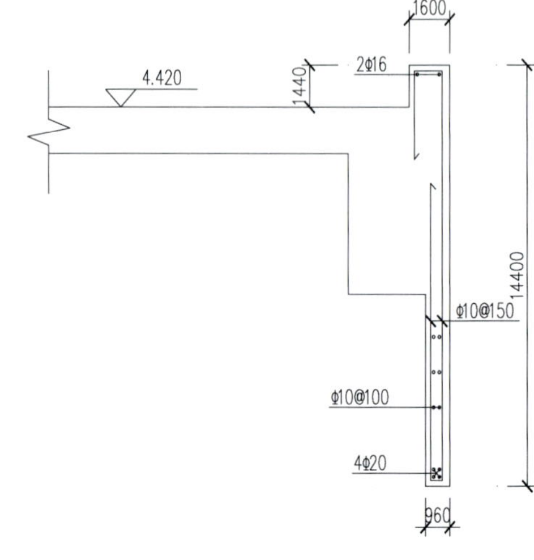

图 3-4-6 典型弧形挂板剖面

弧形清水挂板的模板体系采用半框体系。侧模面板采用 1 220 mm×2 440 mm，厚度 1.8 mm 的优质黑板，为保证木模的弯度，黑板背面预先切割出宽 3 mm，深 6 mm 的木缝，间距 300 mm。单幅模板两侧采用角钢镶边，角钢截面尺寸为 50 mm×50 mm×5 mm。竖向龙骨采用方管，截面尺寸为 40 mm×50 mm×3 mm，间距 200 mm。横向龙骨采用 ϕ20 钢筋，上下共设三道，间距 500 mm。底模面板采用 1 220 mm×2 440 mm，厚度 1.8 mm 的优质黑板，板底设 2×4 方木，间距 300 mm，横向采用 ϕ48 钢管，间距 800 mm。为保证清水结构质量，整个半框模板体系周转次数不得大于 3 次。对拉螺栓采用特制的 H 形对拉螺栓，H 形螺帽的外径为 ϕ35 定制金属螺帽。弧形侧模竖向拼缝均为自然拼缝，每隔 11 m 设置一道竖向明缝，水平向设置一条明缝。挂板部位设置一条水平向明缝，明缝宽 20 mm，深 10 mm，采用木条并固定于模板上，明缝下边距离挂板底部 1 200 mm；根据设计图纸内容，在结构挂板底部，距离外侧面 20 mm 处设置一条滴水槽，尺寸为 15 mm×15 mm，采用木条并固定于模板上；在结构边梁上翻部位的两个边角均为 45°的三角形切角，尺寸为 15 mm×15 mm，采用木条并固定欲模板上；侧壁板拆模后明缝线条不立即拆除，在混凝土强度达到设计强度的 50%以上时方可拆除，底部滴水线条在底模拆除时一起拆除。

弧形边梁挂板的混凝土强度等级为 C35。清水混凝土所有的原材料，如水泥、骨料、水、粉煤灰、外加剂等均严格控制，指定独家供货商，尽量采用同一厂家及同品种的产品。清水混凝土的配合比(表 3-4-1)，严格经试验确定，并先期制作小样以确定材质的颜色和品质。

表 3-4-1　本工程 C35 混凝土的配合比设计

材料名称	水泥	粉煤灰	矿粉	水	砂	碎石	外加剂
品种规格	42.5	Ⅱ级灰	S95	自来水	中砂	5～25 mm	S
单方用量	250	60	75	170	805	1 020	3.46

清水挂板混凝土表面采用塑料薄膜养护，薄膜养护时间不少于 7 d，薄膜养护完毕后，立即对清水挂板表面涂刷进口优质保护液，减少表面出现色差、收缩微裂缝等情况。弧形清水挂板缺陷，修补在模板拆模后马上进行。修补前应清除缺陷部位的浮浆和松动的石子，配制同品种同批号水泥及等强度的砂浆，配制时可以加入少量界面剂和胶水，进行批嵌、修复缺陷部位。待修补砂浆硬化后，用细目砂纸将修补处打磨光洁，并用清水冲洗干净，确保表面无明显的接痕和色差。当修补处的质感与旁边原浇混凝土明显感到不同时，可采用精细抛光的工具进行修饰(图 3-4-7～图 3-4-8)。

图 3-4-7　模板安装

图 3-4-8　完成后的弧形清水挂板

5 阳光谷结构施工

5.1 阳光谷钢结构节点制作

5.1.1 概述

1. 工程概况

世博轴"阳光谷"共有6个，结构体系为三角形网格组成的单层网架(图3-5-1)。结构下部为竖直方向，到上部边缘逐步转化为环向。玻璃幕墙安装于阳光谷内侧，以满足地下空间的自然采光和雨水收集作用。

图3-5-1 世博轴及阳光谷效果

6个阳光谷体型不一，其中4#阳光谷为双向对称，其余均为单轴对称。阳光谷的高度约为41.5 m，最大底部直径约20 m，最大顶部直径约90 m，6个阳光谷总面积为31 500 m^2。

阳光谷钢构件采用焊接箱型节点(部分为实心节点，采用铸钢件)，截面高度180～500 mm，宽度65～140 mm，杆件长度1.0～3.5 m，材质采用Q345B。节点总数10 348个，构件总数30 738件，钢结构总重约4 000 t。

2. 工程特点及难点

(1) 节点呈三维空间形态，且数量众多：整个阳光谷造型为异形曲面，它是通过每个杆件交汇处节点的扭转而形成空间结构。6个阳光谷共有10 000多个节点，且由于是异形曲面，几乎没有两个完全相同的节点。

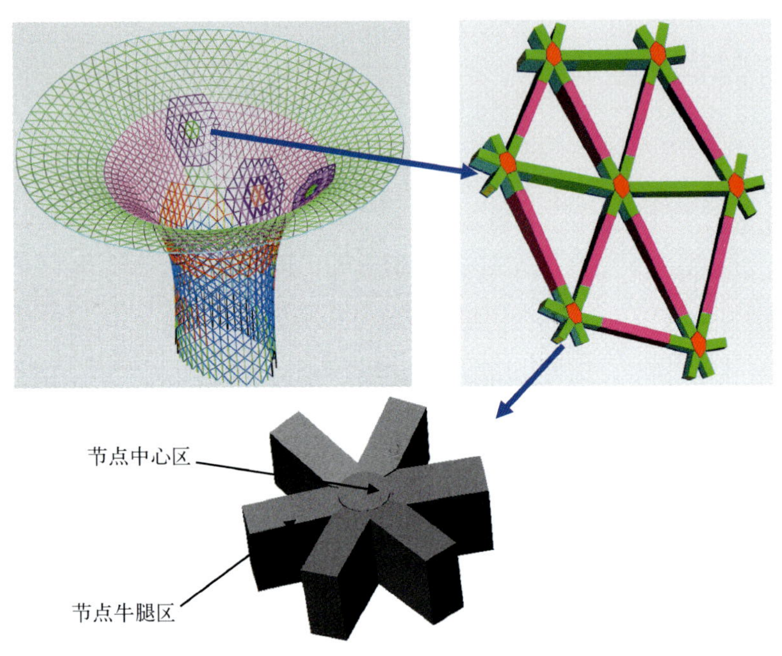

图3-5-2 阳光谷典型节点效果图

如上图所示，每个节点分为牛腿区及中心区，各牛腿相对其他牛腿均不在同一平面，通过中心区过渡；由于选用了箱型截面杆件，各牛腿相对中心区存在着扭转角、俯仰角和分度角关系，空间关系非常复杂。这在目前国内钢结构工程中还尚未遇到，给加工制作提出了很大的挑战。

(2) 节点制作精度要求高：阳光谷结构作为世博轴的标志性建筑结构，已不同于常规钢结构范畴，应属于精细钢结构。三角形网格组成的单层网架，每个网格都相互制约。每个节点至少有4个牛腿，每个牛腿都与其他构件连接，任意一个牛腿出现过大的偏差都会影响构件的安装。因此，为确保现场安装控制及建成后的外观效果，对构件工厂加工提出了相对较高的制作精度。而常规的钢结构加工将难以达到其精度要求，必须开发应用新的制作工艺。

(3) 全焊接节点制作应力大：阳光谷节点基本采用焊接箱型截面形式，节点板厚最大为40 mm，腹板与翼板设计要求均为全熔透焊缝，相对较小构件集中大量的焊缝将带来很大的焊接残余应力，这些残余应力可能会造成结构安全性影响，同时变形控制难。

(4) 复杂铸钢节点制作工艺难：阳光谷节点除了焊接形式外，为满足结构受力要求，其中共有573个节点采用实心铸钢形式。节点各不相同且精度要求高，传统铸造工艺无论从经济性还是质量将难以保证。

(5) 节点制作工期要求紧张：节点制作工艺、构件加工质量不仅要满足设计及规范要求，同时须确保该工艺要有一定的效能，以满足现场紧张的施工安排。阳光谷节点各不相同，决定了其产品的单一性，这将制约加工进度，须采取合理的加工工艺来保证成品的合格率。

5.2 节点加工总体方案

5.2.1 实心铸钢节点

经过对阳光谷复杂空间节点形式的深入分析，如按常规的模具制作方式，由于每个节点都不尽相同，势必需对应不同节点加工不同模具，且由于节点呈空间复杂形态，模具的尺寸精度加工很难，成本高、加工周期长，实际可操作性不强。因此，提出了组合成模的新思路，即将各不相同的铸钢节点按一定的截面规格分解成标准模块，然后将标准模块按最终形状组合成成品模具，再通过系列铸造工艺加以浇铸成型。

前期进行了系列节点试验，进行技术攻关，共试验了 3 种模型制作工艺。

(1) 熔模铸造工艺(蜡料)——选用低温蜡料制成模型。

优点：低温蜡价格便宜，工艺成熟。

缺点：低温蜡由于熔点低，不能采用数控自动切割；蜡模手工切割组拼成整体模型精度差；效率低。

试验期间，曾尝试用高温切削蜡代替低温蜡，但其价格要贵几十倍，经济性差，因此予以否定。

(2) 熔模铸造工艺(低密度泡沫)——密度约 23 g/cm^3。

优点：可实现机器人数控切割和数控定位组合成模，模型制作加工精度及效率高；价格便宜。

缺点：低密度泡沫表面粒子较粗，外观不甚理想。

(3) 熔模铸造工艺(高密度泡沫)——密度约 35 g/cm^3。

选用高密度泡沫，其表面粒子明显细密，铸造成型外观好，能满足工程要求，价格比低密度泡沫略贵。密度高于 35 g/cm^3 泡沫，造成切割困难，不宜采用。

通过试验结果比对，最终制定了以下总体工艺路线：

采用计算机辅助建模、数据处理、结构参数自动采集；以高密度泡沫为铸模材料，压注成标准模块；以配备专用软件的 TriVariant－B 系列机器人对标准铸模进行数控切割和数控定位组合成模；采用熔模精铸工艺(消失模技术)完成节点浇铸。

5.2.2 焊接节点

阳光谷由于建筑需要，采用了箱型截面构件，且为了结构轻巧，不至于给人很笨重的感觉，所选截面在结构安全的前提下尽量控制小尺寸，大量的构件断面为 ϕ180 mm×65 mm。构件越小其加工难度相对增大，现场安装对加工偏差的敏感性加大。

阳光谷每个网格三角形都不处于同一面，每根杆件相对于节点中心 Z 轴存在一个法向夹角 α，如图 3－5－3、图3－5－4 所示。

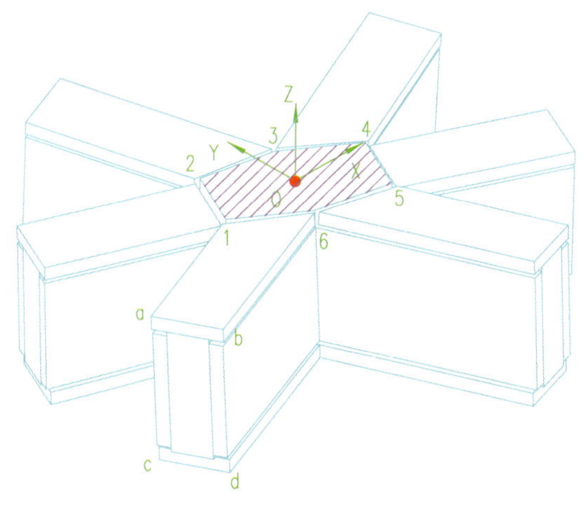

图 3－5－3 阳光谷焊接节点三维图

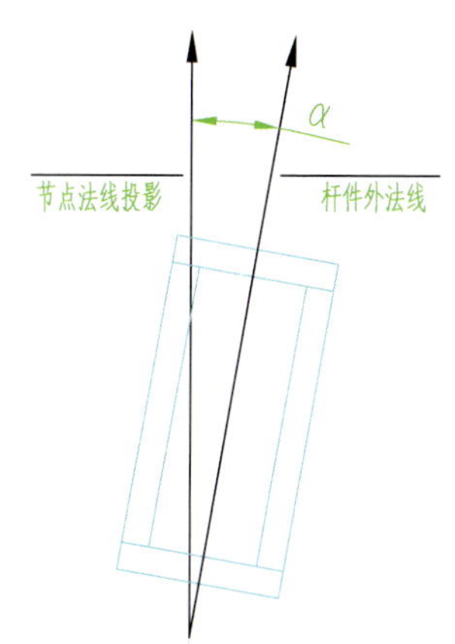

图 3－5－4 杆件与节点中心法线夹角

箱型截面杆件无法交汇，要形成一个节点，中心必有一过渡区，如图 3－5－3 阴影部分。由于 α 的存在，理论上各牛腿交汇处（图 3－5－3 阴影部分角点）标高各一。因此，节点可分解成中心过渡平板区和伸出牛腿区两部分，而中心平板厚度要能消化各角点标高差值，即要满足各牛腿翼板都能与之相交。

通过以上分析，可以得到原始的节点加工形式，即杆件上下翼板通过散板组装成件。

然而，散板组拼，存在焊缝多且定位难的问题。根据设计要求，节点区所有对接焊缝都为全熔透，焊缝越多，焊接变形和焊接应力相应增大。针对这种异形曲面构件，全用散板焊拼效率低，并不可取。进一步对节点研究分析，提出了将牛腿翼板与中心过渡拼板做成整体的思路，这将减少上下翼板 12 条焊缝（6 个牛腿），焊接量明显减少。散板拼装改成整板弯扭后，外观也有改进，理论上不存在牛腿翼板与中心拼板之间由于高差引起的台阶。

上述两种加工方式各自定义为：

(1) 直线牛腿工艺——牛腿一侧翼板为弯扭整板，另一侧为直线散板交汇。

(2) 弯扭牛腿工艺——牛腿两侧翼板均为弯扭整板。

以上两种工艺牛腿交汇处均为过渡平板。

弯扭牛腿工艺，翼板整体弯扭减少了翼板之间相贯焊缝数量，可部分降低节点焊接残余应力；但同时由于节点中心区域范围较小，相对板厚较厚翼板弯扭难度加大，弯扭到位后的反弹控制难度高。同时，节点加工精度要求高，单靠人工操作无法达到精度需要，必须研制专门的弯扭数控设备来保证加工质量。

直线牛腿工艺，仅一侧翼板弯扭，减小了一半弯扭工作量，一方面是为了部分减少焊缝量，同时也为了整板加工基准点易于设置，组装相对方便。

上述两种工艺各伸出牛腿均为散板焊接成型，且都在组拼成完整节点后再焊接，焊接变形对整个节点最终成型尺寸影响较大。

为此，基于实心铸钢节点的组合成模技术，开发了第三种节点加工工艺。

(3) 相贯牛腿工艺——牛腿直接相贯，中心设置圆柱保证与各牛腿都相贯。该工艺与前两种不同之处是各牛腿先焊接成标准节块，再相互交汇之中心圆柱，相贯面多，切割加工要求高。虽然焊缝数量较之上述两种工艺有所增加，但其牛腿制作工艺是先组拼焊接成型后再切割成标准段，拼接焊缝均在胎架上完成，变形控制较易，而牛腿面精度又是控制节点加工精度的关键。

上述三种节点加工工艺各有特点，如前已分析，箱型截面构件交汇中心必有一过渡平面，形成一个折线，这一平面越小，过渡越顺滑。相贯牛腿工艺相比前两种工艺中心平面较小，因此，在对建筑外观的诠释度方面，第三种工艺比较贴近，但涉及矩形相贯面的切割，加工技术含量较高。

5.3　节点加工工艺

5.3.1　实心铸钢节点加工工艺

(1) 标准模块制备（图 3－5－5）：按照设计图纸，将节点按不同的截面外形尺寸分类，制作具有统一尺寸的泡沫铸模块。铸模与杆件截面一致，为矩形体，在节点与杆件连接面侧预留工艺孔，孔作为模具切割固定之用。

考虑到模具在浇铸中的收缩率，经过多次试验，得到泡沫模具制备实际尺寸参数。

(2) 模具切割制备（图 3－5－6）：使用软件对设计方提供的加工数据进行处理，使之成为机器人可以识别的数据。将每块标准模块进行编号，利用机器人依次切割两模块相交面，然后切割与中心圆柱相交面。切割工具采用电热丝（图 3－5－7～图 3－5－8）。

(3) 组合成模：将切割好的模块根据编号组装成完整模具。

(4) 三坐标检测：利用三坐标检测仪器采集模具的三维几何数据，为评测节点制作精度，专门研发了三坐标检测方法及评测技术，淘汰不合格产品（图 3－5－9）。

(5) 铸造：采用熔模铸造工艺，工艺简述如下：在完成的泡沫模型上涂覆若干层特制的耐火涂料，经过干燥和硬化形成一个整体型壳后，再用热水从型壳中熔掉模型，然后把型壳置于砂箱中，在其四周填充干砂造型，最后将铸型放入焙烧炉中经过高温焙烧，铸型或型壳经焙烧后，于其中浇注熔融金属而得到铸件（图 3－5－10）。

图 3-5-5 标准模块

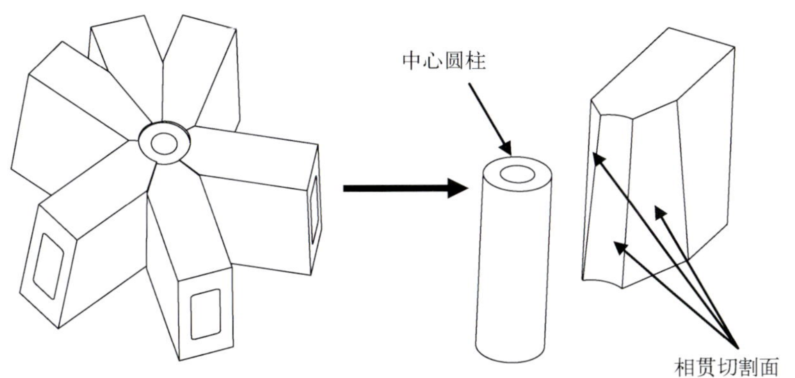

图 3-5-6 模具分解

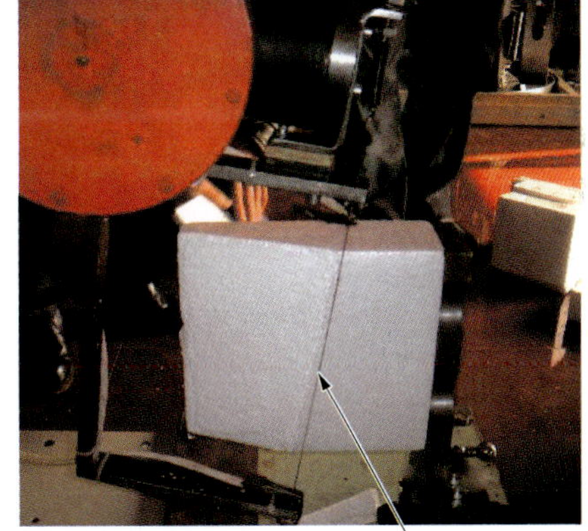

图 3-5-7 机器人切割模具

图 3-5-8 切割好的模具及组装完成的节点模型

图 3-5-9　三坐标检测

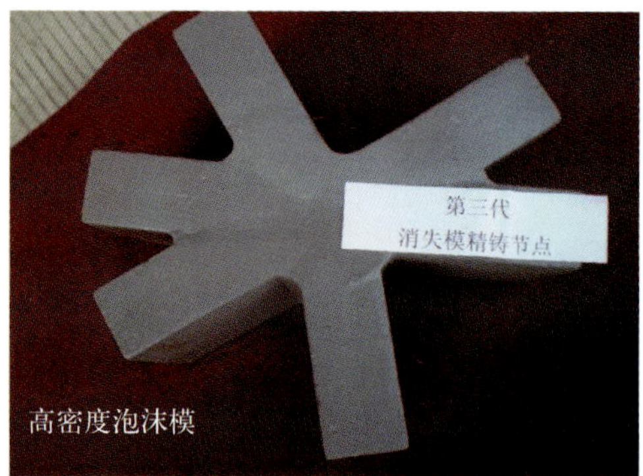

图 3-5-10　三代铸造节点实样

5.3.2　直线牛腿节点加工工艺

(1) 直线牛腿节点装配流程：如图 3-5-11、图 3-5-12 所示。

(2) 焊接顺序(图 3-5-13)：

① 先焊接牛腿腹板与翼板的全熔透焊缝。

② 然后焊接各牛腿间腹板的角焊缝。

③ 最后焊接牛腿上翼板与中间劲板的全熔透焊缝。

节点中心区劲板与上下翼板焊缝、贯穿腹板与劲板焊缝在节点装配时同步焊接。

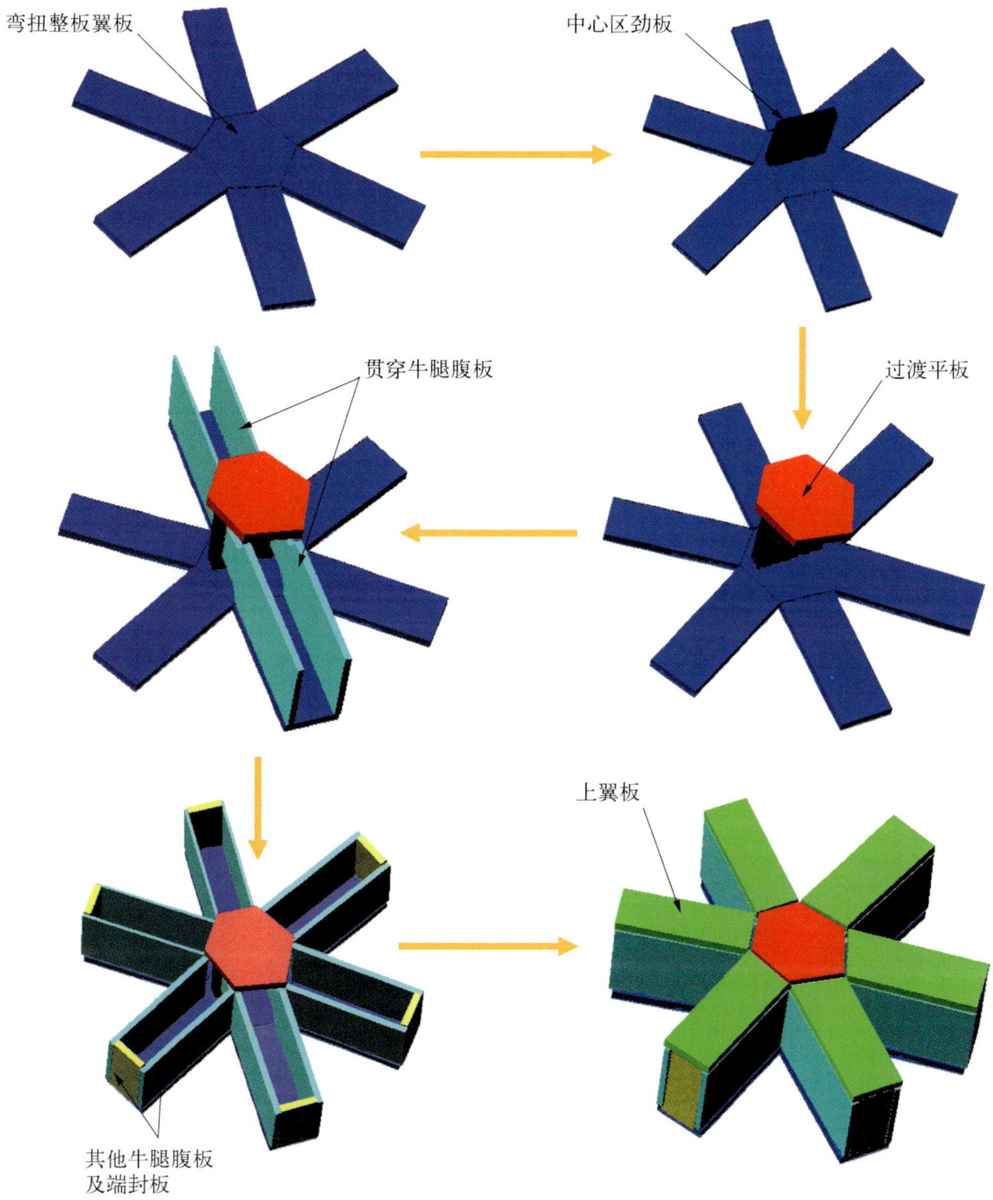

弯扭整板翼板

中心区劲板

过渡平板

贯穿牛腿腹板

上翼板

其他牛腿腹板
及端封板

图 3－5－11　直线牛腿节点装配

图 3－5－12　直线牛腿节点装配实物

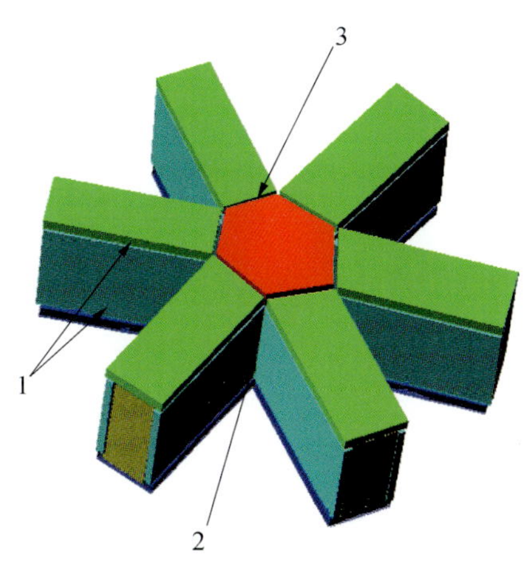

图 3－5－13　直线牛腿节点装配后焊接顺序

5.3.3　弯扭牛腿节点加工工艺

(1) 节点装配流程：如图 3 - 5 - 14 所示。

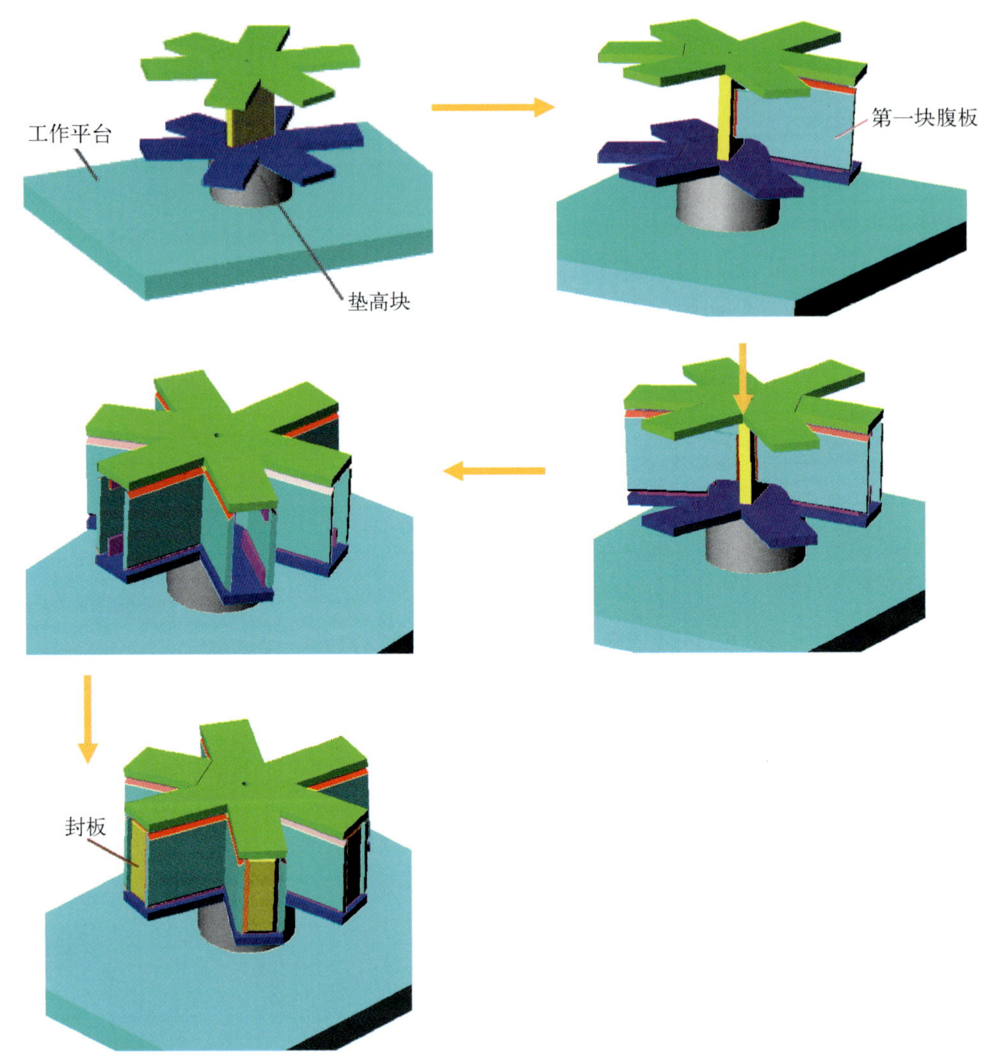

图 3 - 5 - 14　弯扭牛腿节点装配

(2) 弯扭工艺：

① 根据下料前数控切割机所标识的中心点及定位孔坐标，划钻定位孔。

图 3 - 5 - 15　弯扭工装

② 用工作台的上、下定位圆柱销对准上、下翼板的中心定位孔；利用 U 形对位装置，对上、下翼板牛腿对位孔进行定位。

③ 测量校正，并锁紧。

④ 对需弯扭的牛腿在翼板根部上、下表面 30～50 mm 范围用氧-乙炔烘枪进行同步加热，加热须均匀不准停滞在某一点区，整个加热区呈均匀的暗红色方可启动数控扭曲机进行扭曲加工(图 3 - 5 - 15～图 3 - 5 - 16)。

⑤ 开启数控扭弯机控制器，让扭弯机对牛腿翼板进行自动扭弯。扭曲成型 2 min 后方可松开夹紧工具。

⑥ 按上述步骤对其余牛腿翼板逐一扭曲加工，先上翼板全部，后下翼板全部。

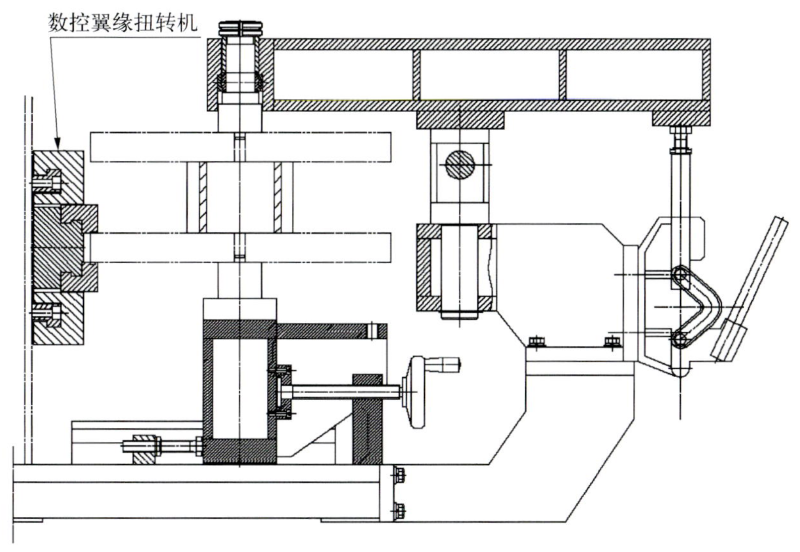

图 3-5-16 弯扭

5.3.4 相贯牛腿节点加工工艺

(1) 节点装配：如图 3-5-17 所示。

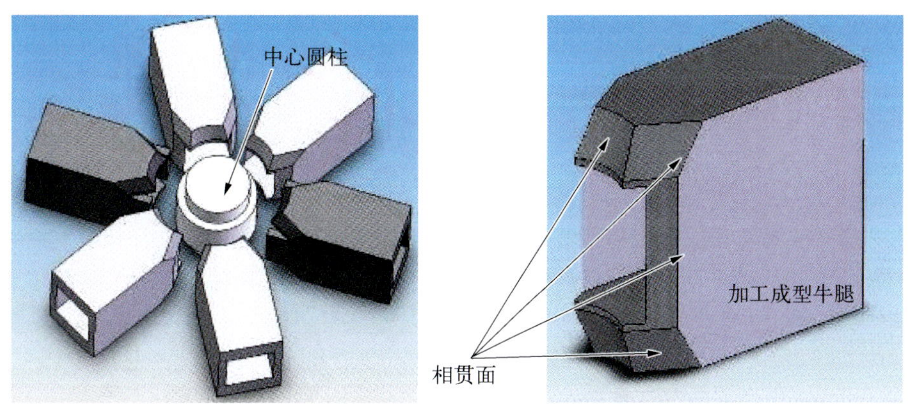

图 3-5-17 相贯牛腿节点装配

(2) 牛腿标准段制作：类似杆件制作工艺，在胎架上加工一定长度节段，为防止变形，中间设置若干加劲板。然后根据牛腿长度，切割成标准牛腿。

(3) 牛腿相贯面切割：利用 5 自由度混联机器人进行相贯面的切割(图 3-5-18)。

由于常规的氧-乙炔切割，切割面粗糙，不光滑，为改善切割面精度，采用了等离子切割。

(4) 节点组装(图 3-5-19～图 3-5-20)：使用辅助铜套是为了保证翼板与中心圆柱间隙，组装定位好后去除。

① 先安装贯通牛腿，与中心圆柱对接。

② 然后安装相贯牛腿，校正到位后临时固定。

牛腿组装采用辅助工装，以保证组装精度。

(5) 节点焊接顺序(图 3-5-21)：

① 所有焊缝打底焊，翼板之间相贯焊缝需清根。

② 先焊接成型牛腿翼板相贯全熔透焊缝。

③ 然后焊接各牛腿间腹板的角焊缝。

④ 最后焊接牛腿翼板与中心圆柱全熔透焊缝。

图 3-5-18　牛腿相贯面切割

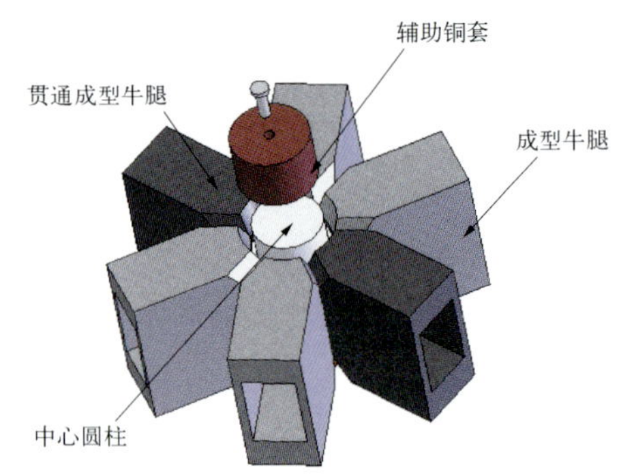

图 3-5-19　牛腿组装顺序

图 3-5-20　牛腿组装实物

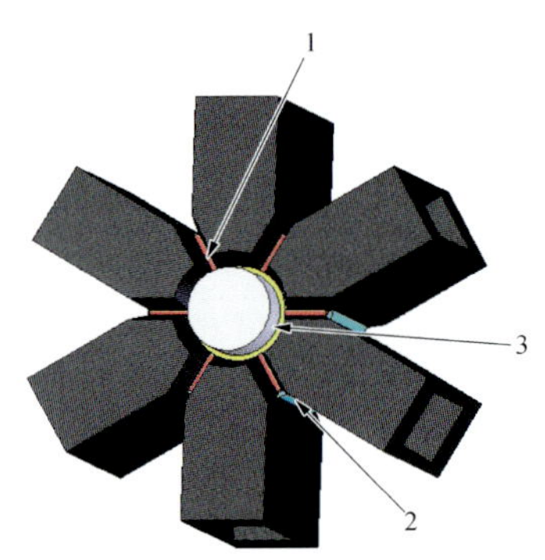

图 3-5-21　焊接顺序

5.3.5　节点焊后消应力处理

残余应力消除一般有振动时效、退火热处理(整体或局部)、锤击等方法。阳光谷节点构件相对较小,具备炉子整体退火条件。振动时效目前在钢结构,特别在制作中应用比较多,但仅能消除应力峰值。因此,根据节点特点,采用整体回火处理来消除应力,回火采用加热炉形式。

回火工艺: 500℃、4 h,保温 1 h;650℃、3 h,保温 1.5 h;700℃、2 h,保温 15 h。

曲线如图 3-5-22 所示。

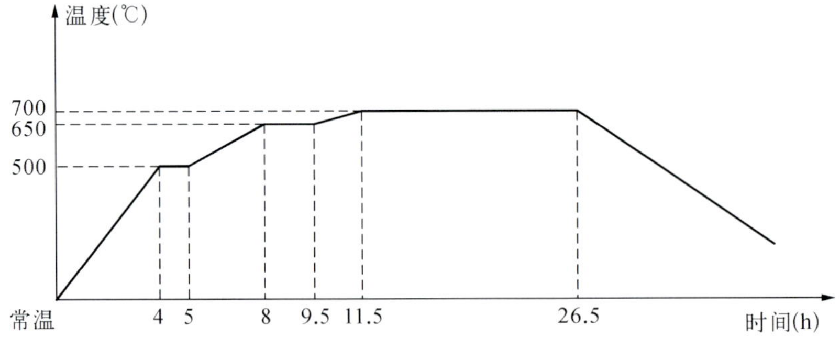

图 3-5-22　回火热处理加热

5.3.6　端面机加工

阳光谷的安装思路是基于构件的加工精度,即以构件加工精度保证安装精度。阳光谷这种复杂异形曲面网格结构,构件繁多,同一节点对应多个杆件,一旦节点制作误差偏大,可能会带来的影响有: 一是外观;二是结构安全;三是影响安装速度。因此,对构件主要针对节点的制作加工提出了较高精度。

除了一些常规的检查项目，还增加了端平面的转角偏差 λ 和长度偏差 δ。其实这两个值表示的正是端面的偏差，而这个偏差必须要靠端面的机加工来实现(图 3-5-23)。

图 3-5-23　端面机加工

6 阳光谷吊装

6.1 结构概况

世博轴设有6个特征标志性强的阳光谷以满足地下空间的自然采光。

世博轴阳光谷体型不一，但结构体系均为三角形网格组成的单层网壳(图3-6-1～图3-6-2)，高度为41.5 m，最大的底部直径约20 m，最大顶部直径约90 m，6个阳光谷总表面积为31 500 m^2。

图3-6-1 膜结构屋顶及阳光谷工程效果图

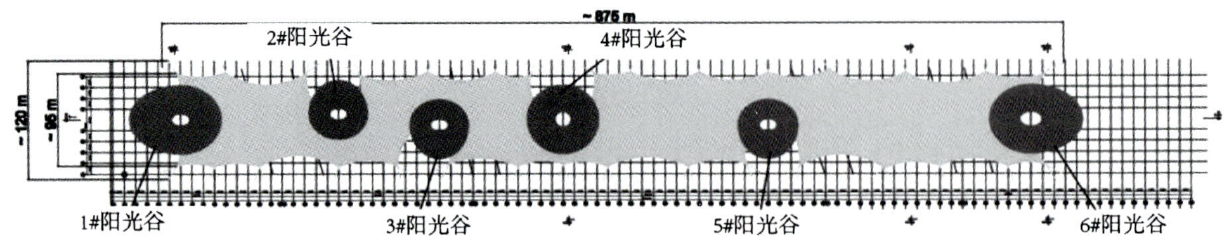

(a) 平面图

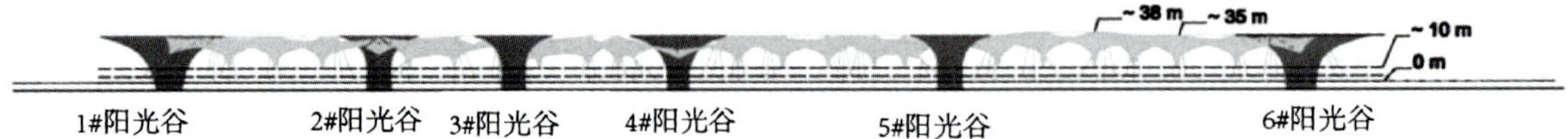

(b) 立面图

图3-6-2 阳光谷平、立面

阳光谷钢网壳材质为 Q345B，采用矩形焊接箱型杆杆件汇交而成(图 3－6－3)，截面高度 180～500 mm，宽度 65～140 mm，杆件长度 1.00～3.50 m，杆件总数 30 000 余根；汇交实心节点采用铸钢节点，其余为焊接组拼节点，共 10 600 个；杆件和节点在现场焊接连接。6 个阳光谷钢结构总重约 3 000 t。

图 3－6－3　阳光谷结构

6.2　工程特点及难点

阳光谷钢网壳结构外形呈空间不规则状，体量巨大，且采用全焊接连接，为国内外同类结构中绝无仅有，施工现场的条件又错综复杂，给安装施工带来很大挑战。

(1) 对现场起重设备的选择和布置制约条件多。

(2) 安装测量定位点多面广，通视条件差。

(3) 单层网壳结构安装过程中众多杆件和节点的临时固定，须研究可靠的连接形式。

(4) 大量的高空焊接引起的焊接变形控制难。

(5) 大悬挑薄壳结构在安装过程中的结构稳定控制要求高。

6.3　现场安装技术

6.3.1　起重设备的选择和吊装单元的划分

(1) 起重设备的选择：根据壳体结构特点，构件数量众多，但构件重量轻，分布范围广。选择固定式大中型塔吊作为本工程结构安装的起重设备较为合理。但塔吊布置方式和数量的确定有两种选择：

① 双塔吊设在谷外，构件分单元安装(图 3－6－4)。在每个阳光谷两侧各安装一台中型塔吊，置于 10 m 混凝土的平台上，可覆盖吊装区域，满足结构安装，共需中型塔吊 12 台。

② 单塔吊设在谷内，构件分单元安装(图 3－6－5)。在每个阳光谷中间安装一台大型塔吊，立于阳光谷的底板上，亦能覆盖吊装区域，需大型塔吊 6 台。

两种方案相比，方案一的优点是塔吊的安装和拆除比较方便，缺点是使用塔吊较多，效率偏低，且基础设在混凝土框架上，较难处理。反之，方案二每个阳光谷只使用一台大型塔吊，效率较高，塔吊基础也较易处理，但装拆塔吊较困难，如考虑玻璃幕墙安装以后再拆塔吊，风险更大。

根据比较和分析，认为采用适当方法，塔吊拆除的风险是可以化解的，决定采用方案二，选用分别 6 台 TC7027 塔吊(300 t. m)，由 120 t 汽车吊安装；再由 JL7050 塔吊拆除 TC7027 塔吊，用 200 t 汽车吊拆除 JL7050 塔吊。塔吊平面布置图如下：

(2) 吊装单元的划分：为了提高现场吊装效率，避免散件运到现场归类堆放和对号的麻烦，原计划将单层网壳分成较大的单元，由制造厂以单元为单位运输至现场，交付安装。由于在厂内组成单元并施焊时，变形难以控

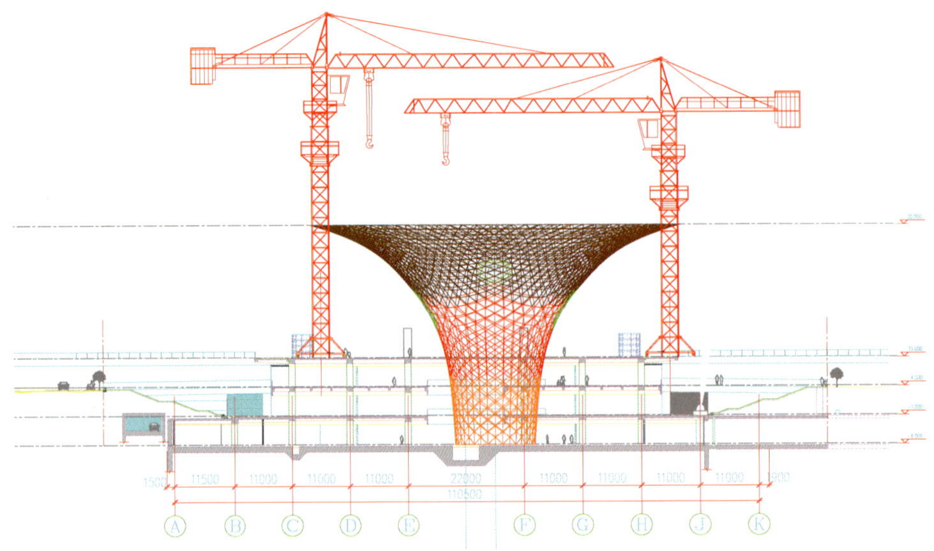

图 3－6－4　阳光谷吊装塔吊布置(方案一)

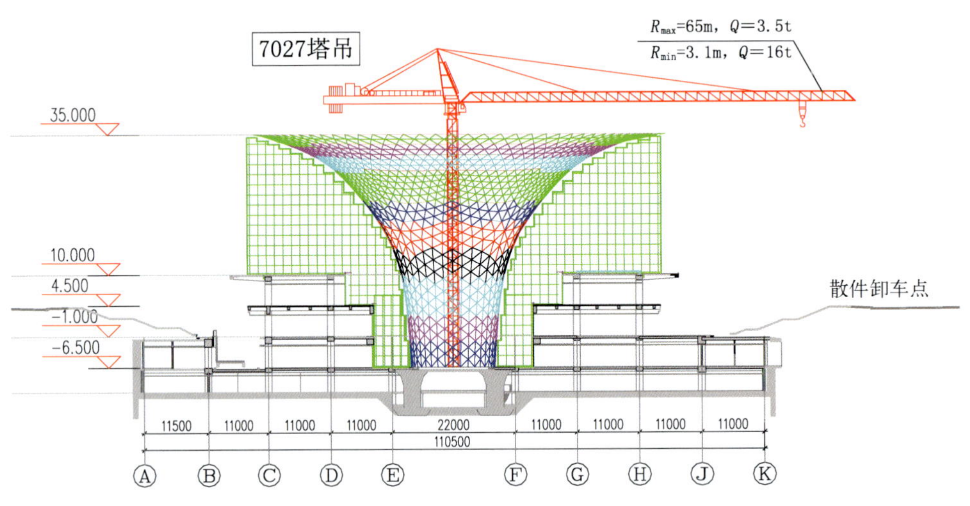

图 3－6－5　阳光谷吊装塔吊布置(方案二)

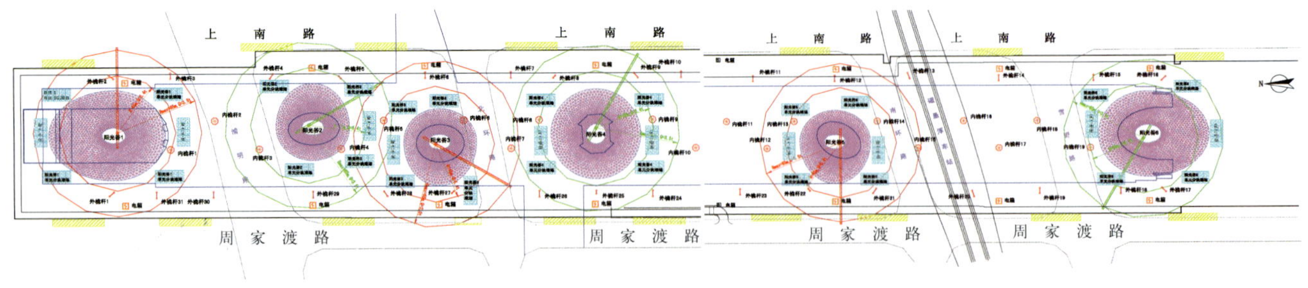

图 3－6－6　平面布置

制，且运输效率较低，因此还是改为散件出厂。在通过实践摸索和测量定位的需要，最终采用在现场吊装区域将一个节点和三根杆件组合成“个”字形单元进行安装。

6.3.2　测量定位与变形监测

阳光谷钢结构施工测量是本工程的技术难点之一，也是结构质量控制的关键环节。超大悬挑的网壳结构给测量定位与校正作业提出了一系列的技术难题，可归纳为以下几点：

(1) 结构呈空间不规则变化，杆件错综复杂、节点繁多，现场安装测控作业量大。

(2) 单个结构为闭合体系，相对精度要求高。

(3) 周边可利用通视条件有限。工程周边均为待建项目，无制高点可加以利用；东西侧的狭小空间导致两个大面的可退视距离小，谷内起重塔吊的设立和谷外满堂脚手支撑系统都不同程度地制约了现场测量的通视。

(4) 除安装定位测量外，还需进行结构变形的监测。大悬挑结构拆撑过程中的下挠和全焊接节点连接对结构变形的影响关系到施工的安全和质量，须根据监测数据来确定和优化拆撑和焊接顺序等。

为此，针对结构特点及通视难题，通过对结构节点组成、现场周边环境进行深入分析和反复研究，结合公司在以往国家大剧院、航海博物馆等异形钢结构的测量经验，利用计算机辅助、全站仪测控跟踪的指导性思路制定阳光谷钢结构测量校正专项工艺，以解决这一工程技术难题。

1. 测量技术路线

将结构测量作业的技术思路制定为“多台全站仪密集跟踪，多种技术手段辅以校核，过程监测紧密跟进，以数据指导施工、验证新工艺”，以确保网壳的施工精度。同时，将测量贯穿于整个结构的施工全过程，延伸至工厂预拼装、满堂脚手支撑搭设作业和关键过程、关键环节。

2. 测量关键技术

(1) 施工测量(平面、高程)控制网布设：在跨度近 1 km 作业线上，针对结构特点，结合安装工艺，以城市首级网点为基准依据，采用“分级布网、逐级控制”的方式进行测量。二级网针对每个阳光谷建立，控制网点均与两个或两个以上首级网点通视、联测，使用 GPS 和精密全站仪施测，既确保单个阳光谷的相对精度，又保证整体关联，同时兼顾膜顶棚体系的测量定位和整个结构变形监测，控制网点三维系统一并建立。

(2) 坐标法与投影法相结合的测量方法：谷内塔吊的设立否定了谷内测量的可能，测控作业唯有在谷外进行，为有效解决制高点缺失和谷外满堂脚手架对通视的影响，以坐标法与投影法相结合的测量方法加以控制。根据现场实际地形特征，将结构测控区域划分为两大片区：

① 充分利用南北长轴方向的开阔区域，将测量基站逐步外延，解决结构 3/4 的测控工作。

② 剩余测控作业采用坐标投影法施测，即满堂脚手架搭设前，在 10 m 标高楼面(脚手架搭设区域内)事先设立一定数量上部测量点坐标的投影点，各自覆盖上部结构一定区域的可视，投影点周围脚手架预留并适当加宽，脚手搭设过程全站仪指导，且每次架站仪器均为定高，确保通视良好。结构定位测控利用弯管目镜天顶方向测设，选用经标定合格的高精度全站仪正倒镜观测，以消除制约天顶观测精度最大影响因素——垂直读盘差，提高测量精度。

基于测量方法制定的基础上，对测控时间进行分时段安排，选择早上 6 点至 8 点、下午 4 点至 7 点进行结构精调，其余时段用于粗校调整，从而避免阳光照射及温差对大悬挑尺度阳光谷安装影响，切合散件安装的高效率，体现施工测量“切实为主线安装服务”的作业特性。高峰施工期，单个阳光谷配备 3 台全站仪全天候跟踪测控以满足进度。

(3) 工厂三环预拼装工艺检验：为检验阳光谷制作构件的精度，同时在模拟现场实际安装工况下对结构现场的测量工艺进行预演和验证，对结构安装的精度给予预估，对 3 号、4 号阳光谷底部三环结构进行工厂预拼装，并检测其安装精度，具体数据见表 3-6-1。

表 3-6-1 安装精度一览

安装精度	1～5 mm	6～10 mm	11～15 mm	15 mm 以上
3 号阳光谷	60%	25%	12.5%	2.5%
4 号阳光谷	20%	60%	17.5%	2.5%

通过检验数据可知，安装偏差(三向坐标偏差)概率主要集中在 0～10 mm，在此区间内同样的施工周期下安装精度最为实际，因此，将结构安装标准制定为 10 mm 是比较合理的。同时对测量技术路线进行了分析和改进。

(4) 专用辅助测量手段及器材的选择及设计：据阳光谷构件几何特征，测点选择节点牛腿精加工端铣面的中心。结构下部竖直形态时测控选择微棱镜，结构上部逐步过渡至环向时采用专用棱镜支架，关键部位(即，结构过程监测点位)精确定位完成，即可在结构外面节点中心设置反射片，供监测使用(图 3－6－7)。

图 3－6－7　结构测点及反射支架、措施组合

单元体的临时固定与校正利用“专用的可调工具”和“具备双向调节功能的临时连接工装件”实现，经实践检验，操作轻便、高效，有效降低人工成本。

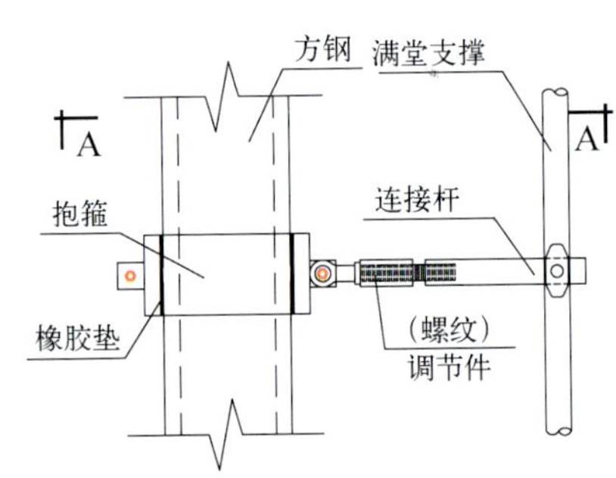

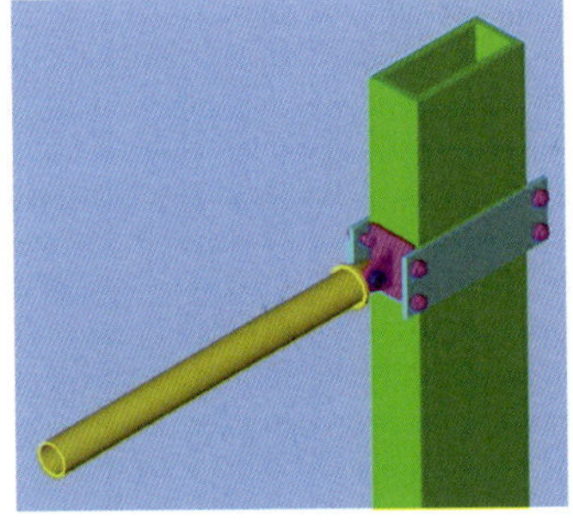

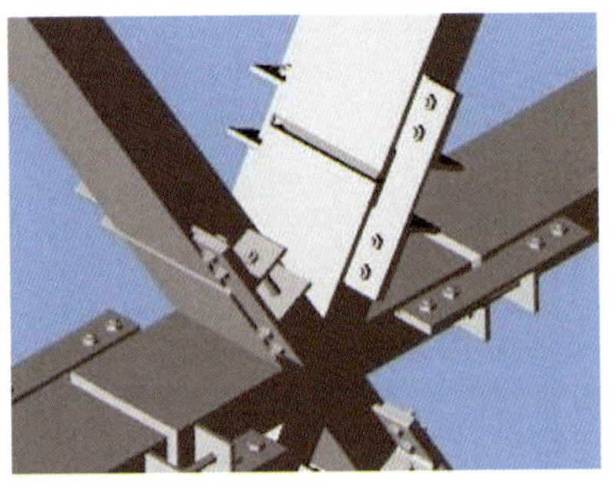

图 3－6－8　单元体的临时固定与校正

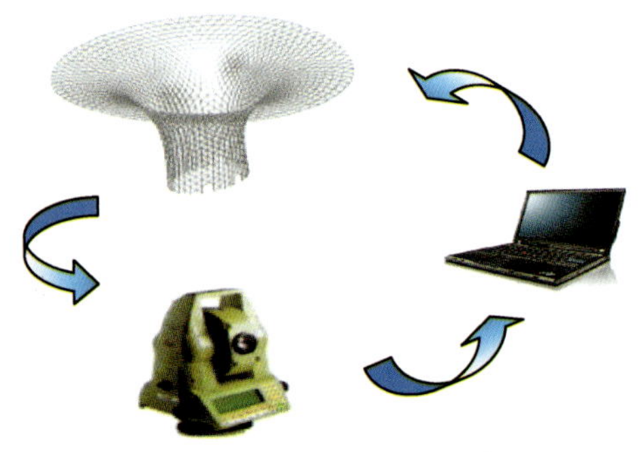

图 3－6－9　结构变形监测与控制

(5) 结构变形监测与控制(图 3－6－9)：结合安装工艺，选定监测基站及结构变形观测点，并确定相应监测精度、频率及最佳的测量时间段；通过智能全站仪对结构关键过程进行实时监测，获取变形值；通过对结构的空间几何解析，建立空间点位的数据库，利用数据处理软件进行平差计算和数据分析，形成结构变形信息，反馈结构安装过程中焊接和温度等变形数据，比对模拟计算值，随时掌握结构体系的空间变形情况。摸索变形规律，数据指导施工，确保阳光谷结构的最终安装质量。

6.4　施工总流程

根据下部土建结构的施工流程和进度，以及“阳光谷”钢网壳结构安装的技术要求，研究制定了如下施工总体流程：

(1) 建立测量控制网。

(2) 底板预埋件布设。

(3) 塔吊安装和焊接设备进场。

(4) 分步进行定位支架搭设。

(5) 建立构件中转场和构件进场。

(6) 安装柱脚铸钢节点。

(7) 现场单元组装，自下而上，逐环对称安装。

(8) 逐点测量定位和校正固定。

(9) 安装三环后开始底层环杆和节点焊接，循序向上。

(10) 节点打磨、无损检测、节点补漆。

(11) 整个“阳光谷”结构安装完毕，进行面漆涂装。

(12) 定位支架卸载和解除约束(留待玻璃幕墙安装用)。

钢结构安装施工流程如图 3-6-10 所示。

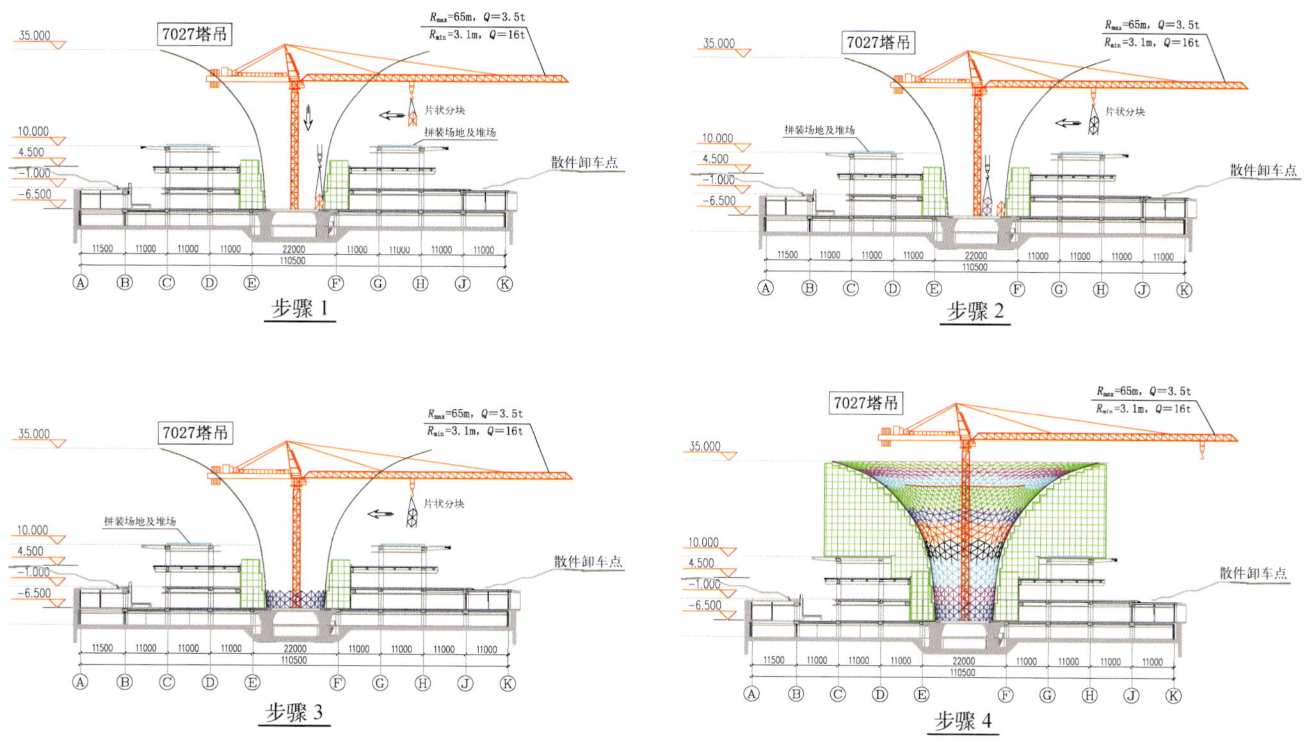

图 3-6-10 阳光谷钢结构施工流程

6.5 柱脚安装工艺及节点临时连接构造设计

6.5.1 铸钢柱脚安装工艺

每个阳光谷埋入混凝土底板的铸钢柱脚约为 40 个，分为大柱脚和小柱脚，间隔布置，大小柱脚均布置 10 个螺栓，直径分别为 90 mm 和 60 mm，螺栓材料为 20MnTiB 钢，其材料极限抗拉强度不小于 1 130 MPa，强度设计值不小于 500 MPa。螺栓根据设计要求须施加预应力，大小柱脚螺栓预应力值分别是 30 t 和 12.5 t(图 3-6-11)。

常规的柱脚预埋工艺不能满足钢网壳的安装精度要求，故改变工艺流程，现将柱脚初定位，待网壳安装数环以后，并底环焊接完成，再浇捣混凝土，利用钢构件的制作精度来提高柱脚的预埋精度。节点部分安装顺序如下：

(1) 按常规测量定位方法按照柱脚，利用临时支墩调节标高，并作临时固定。

(2) 安装焊接下部钢网壳。

(3) 土建按设计要求扎钢筋和浇捣混凝土，固定柱脚。

(4) 混凝土强度达到强度后，按设计要求分级循环张拉、拧紧螺栓并灌浆。

6.5.2 节点临时连接构造设计

为确保世博会工期，加快安装速度，设计应用了抗侧移端面顶紧临时连接节点构造。该节点是对常用的连接板节点进行了改进，在构件的上下翼缘焊接角钢，通过螺栓连接相邻角钢将构件端面顶紧，再用连接板通过螺栓与相邻角钢相连固定组成稳固的节点构造(图 3-6-12)。

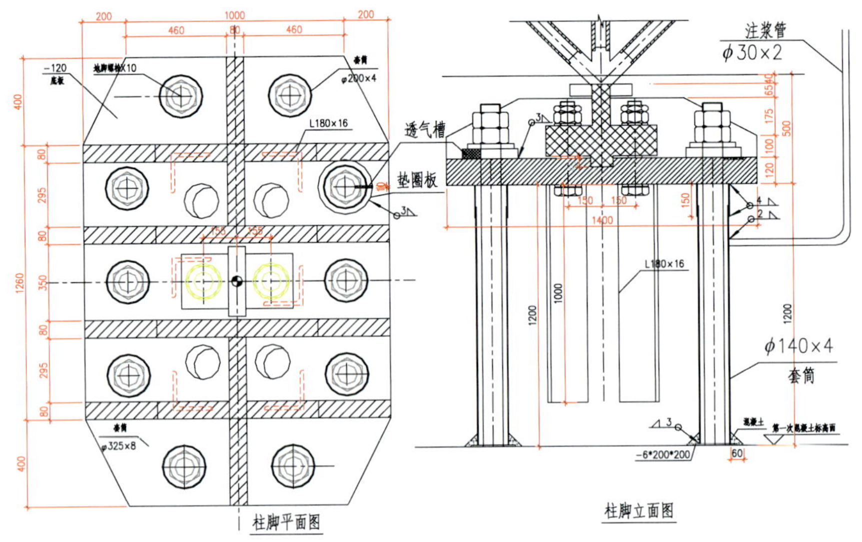

图 3-6-11　大柱脚张拉体系

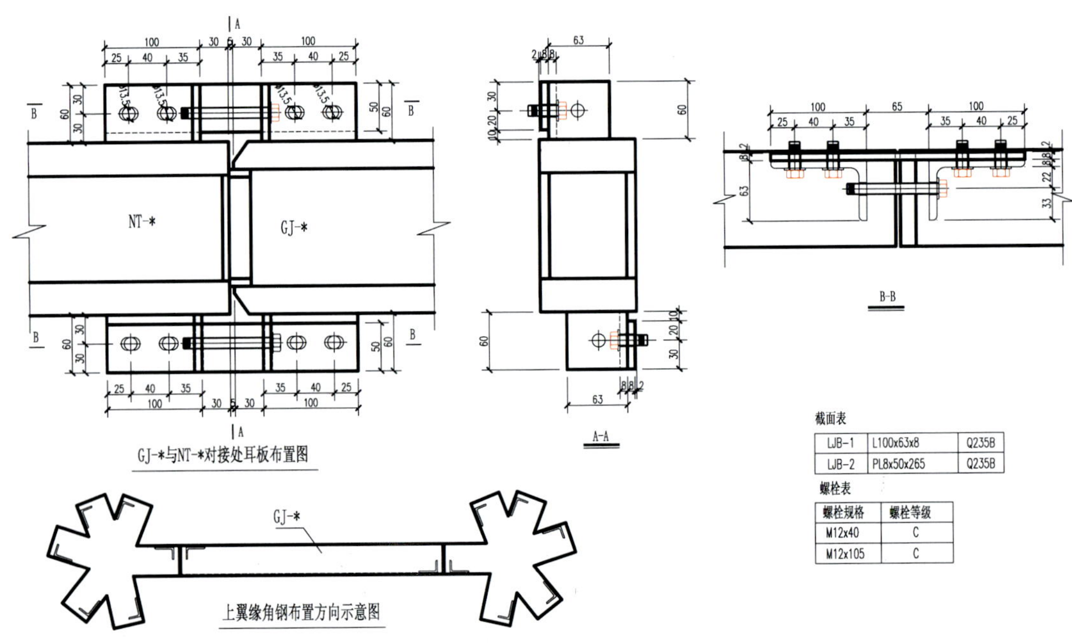

截面表

LJB-1	L100x63x8	Q235B
LJB-2	PL8x50x265	Q235B

螺栓表

螺栓规格	螺栓等级
M12x40	C
M12x105	C

图 3-6-12　临时连接节点

6.5.3　现场焊接变形控制及焊接顺序

超大体量单层钢网壳的现场焊接是本工程结构施工的一个关键工序，焊接变形控制将是阳光谷结构安装质量控制的至关重要的环节。为此，施焊前经过分析，将现场焊接总体顺序初步拟定为“三环安装完成后，开焊第一环；安装和焊接保持合理的步距”，利用结构自身刚度对焊接变形予以适当约束，以期达到减小结构变形、协调结构变形的目的。为了验证上述焊接顺序是否能达到预期效果，选择先期施工的 3 号、4 号阳光谷进行焊接过程的结构变形实时监测，以实测数据加以验证。

监测点均匀分布于谷外表面，在已选定监测基站架设智能全站仪，运用其自动搜索、捕捉功能对结构变形观测点进行实时监测，观测并记取测点各施工阶段的空间三维坐标数值，依次为施焊前、焊接过程中（完成 20%、40%、60%、80%）及最终成型。

监测选择在气温相对较稳定的凌晨或傍晚进行，以消除日光照射及温度变化对结构产生的影响，观测数据完全反映因焊接收缩所引起的变形量。同一仪器、同一测站（后视）及同一高程起算点，采用全圆观测方法，通过增加测回及数测量数据经平差处理，以提高观测精度及数据准确性。数据及时反馈，指导后续焊接作业，第二、三环跟踪监测，观测实施效果。

由图 3－6－13 可知，“三环安装完成后，焊接第一环”的焊接总体顺序是可行的，第一环在焊接过程中，上部结构的变形均得到有效控制，且是呈协调发展态势的。上述工艺不仅使施工质量得到了保证，而且为吊装和焊接工序的合理衔接提供了依据。

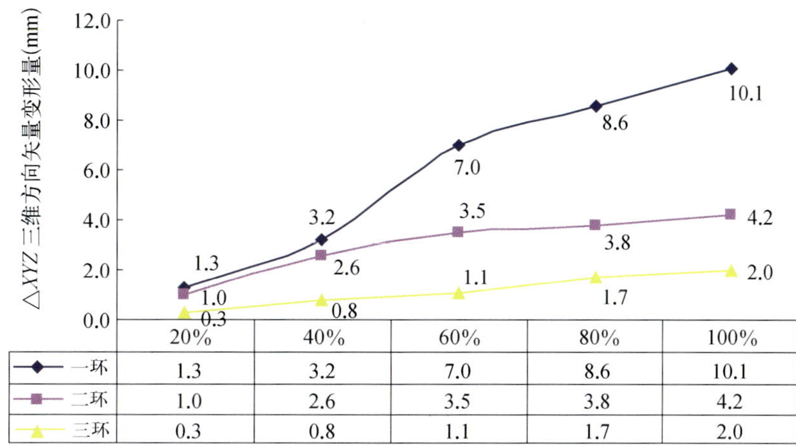

	20%	40%	60%	80%	100%
一环	1.3	3.2	7.0	8.6	10.1
二环	1.0	2.6	3.5	3.8	4.2
三环	0.3	0.8	1.1	1.7	2.0

图 3－6－13　3 号阳光谷前三环现场焊接变形观测

此外，对每一个杆件、节点的焊接顺序和每一环的焊接顺序也作了研究和规定：对于每一个连接杆件，要求先焊一端，再焊另一端；对于每一个节点，要求先定位焊，再关于每一个端口对称焊接；对于每一环节点也要求对称焊接，逐环焊接。

6.5.4　阳光谷安装用定位支架的设计与支架卸载

(1) 安装用定位支架：“阳光谷”单层钢网壳在安装过程中尚未形成整体，结构的稳定和定位需要临时定位支架辅助。虽然阳光谷体量较大，但点多面广，单点自重荷载很小，采用满堂脚手支撑作为定位支架，不仅能满足上述要求，整体抵御风荷载的能力强，而且取材容易，操作方便，经济高效。

经设计验算，钢管定位支架纵横距为 1.5 m，步距为 1.8 m，在外侧立面整个长度和高度上连续设置剪刀撑(图 3－6－14)，在满堂脚手两个方向应每隔 2 跨从下至上设置剪刀撑，剪刀撑间距为 10 m。

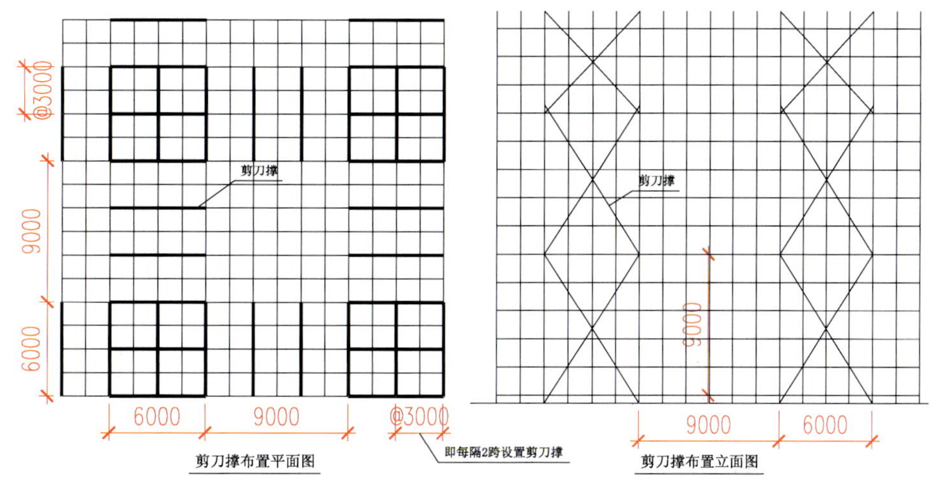

图 3－6－14　剪刀撑布置

经过满堂脚手扩散后，传递至混凝土楼层板上的荷载[包括阳光谷构件自量(＜200 kg/m²)、满堂支撑自重(＜150 kg/m²)及施工荷载(考虑 100 kg/m²)]总计＜小于 10 m 混凝土平台的设计活荷载及找平层恒载 450 kg/m²＋250 kg/m² 等，可不对 10 m 平台进行加固，即满足阳光谷施工需要，如图 3－6－15 所示。

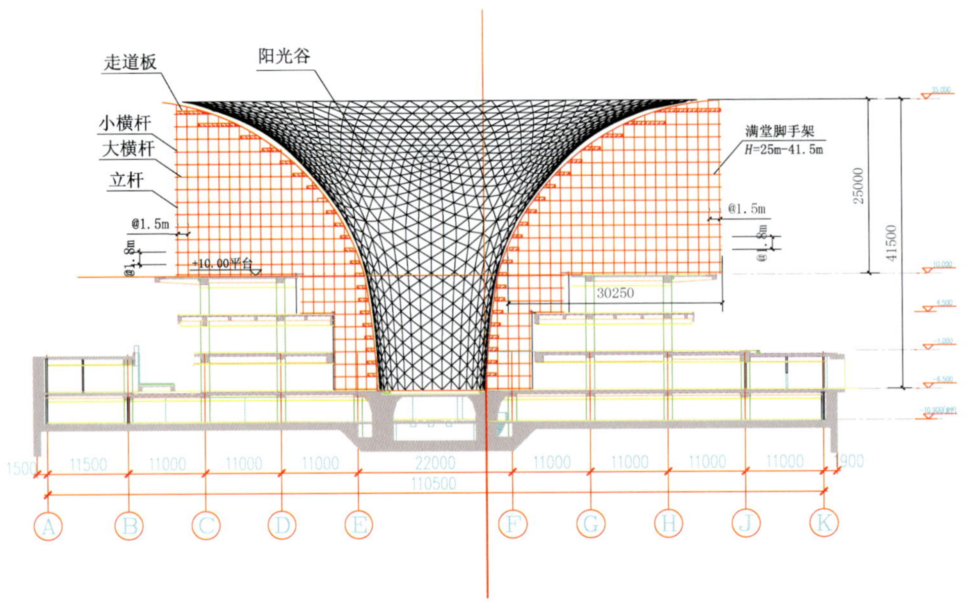

图 3-6-15　阳光谷满堂定位支架

(2) 支架的卸载和结构体系的转换：在安装过程中阳光谷钢结构与临时定位支架共同组成受力体系。阳光谷钢结构安装完成后须将支架系统卸载，转化为阳光谷钢结构系统单独受力状态。临时支架卸载经过结构分析，确定以变形谐调为核心，卸载顺序从高到低逐环进行，并对结构在支架卸载后的下挠值进行计算，作为实时监控的依据(图 3-6-16)。

图 3-6-16　阳光谷施工过程

大跨度多单元连续索膜结构现场安装及预应力施工

7.1 结构概况

世博轴索膜结构屋顶采用多单元连续结构，总长度约 840 m，最大跨度约 97 m，总面积约 64 000 m^2，为目前最大的索膜结构之一(图 3－7－1)。

图 3－7－1　世博轴索膜结构全景

整个膜面结构由索桅分隔支承的三角倒锥形膜单元连续构成，19 个三角锥空间单元以及部分与 6 个“阳光谷”相连的索膜构造，连续组成整个世博轴的索膜长廊(图 3－7－2)。

膜面边界和内部布置了支承、约束膜面并构成特定形状的边索、脊索、谷索和悬索，所有索系，包括固定中桅杆的水平索和外侧的背索均与中、外桅杆连接，构成稳定的承力系统；边索、脊索和谷索形成多个三角形，界定出单块膜面的基本形状，由三块膜面组成一个倒锥形空间单元；倒锥形单元的顶部设一下拉钢管圆环，与索膜相连，并采用钢索固定于混凝土楼层上，通过张拉控制结构的预应力(图 3－7－3)。

整个索膜结构可分为索桅支承系统和膜面围护系统两个主要方面。

(1) 索桅支承系统。索桅支承系统由钢桅杆和群索组成。其中边桅杆 31 根，中桅杆 19 根，均由钢管和铸钢节点组合而成。边桅杆最长达 39 m，重 88 t，向外侧倾斜，安装于世博轴两侧标高为－1.0 m 的混凝土承台上；中桅杆长 25 m，重 22 t，竖直安装于标高 10 m 的混凝土楼层上。索分为结构索和膜面构造索，均采用外包 PE 护套的高强度平行钢丝索，单根最长 110 m，总长度 21 465 m；下拉钢环既是预应力的张拉构造，亦是索膜结构的重要约束支点。

(2) 膜面围护系统。本工程膜面采用聚四氟乙烯(PTFE)涂层的玻璃纤维织物。膜材的力学性能指标选择国家规范中的 A 级膜，是除军用膜材外的最高强度级别。这一级别的膜材在国内膜结构工程中还没有得到大规模应用，在国际上亦属罕见，而且根据设计计算，单层膜面仍不能满足本工程的强度要求，局部还需采用双层膜材，更是同类工程所没有的。单片膜的边长尺寸和面积也较大：膜片张拉后最大边长约 110 m，单片膜最大展开面积为 1 780 m^2。

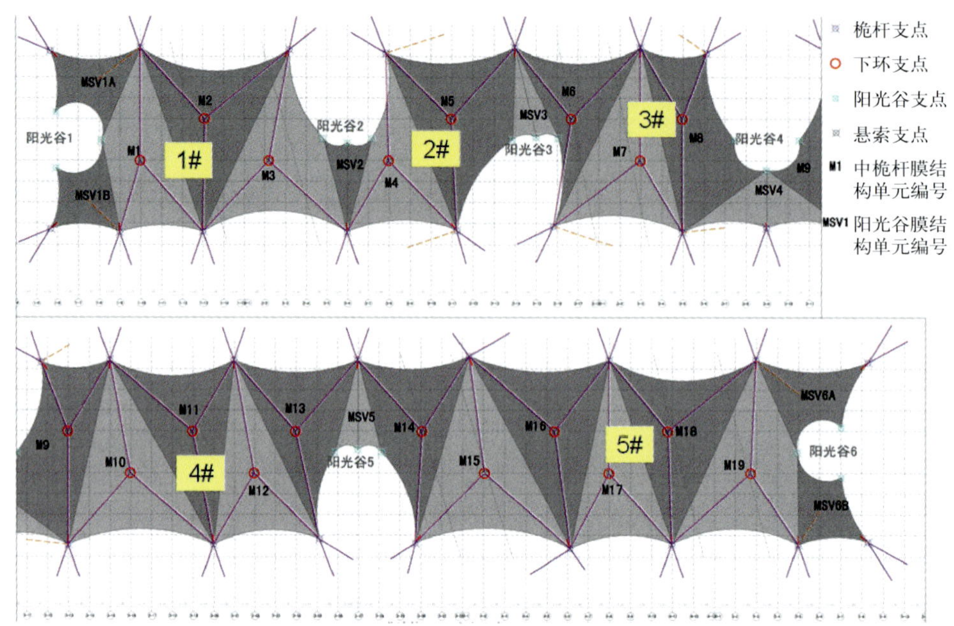

图 3-7-2　索膜结构正投影

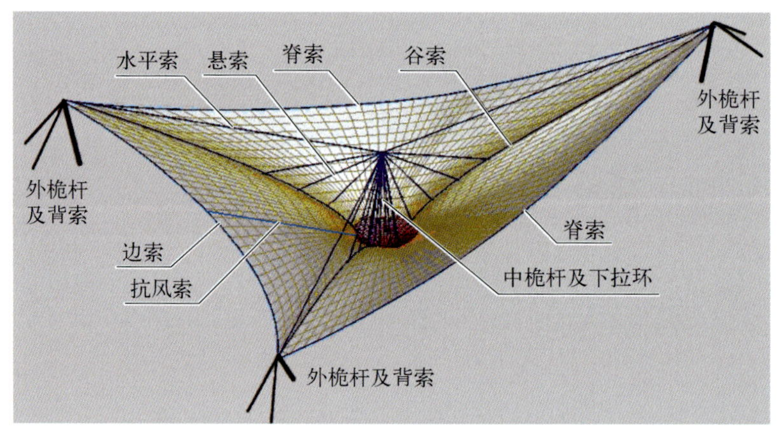

图 3-7-3　索膜结构单元

7.2　现场安装施工技术重点

特大规模的连续张拉结构、既重且长又斜的桅杆、纵横交叉的索系以及高强度大尺度的膜面，均是以往其他同类工程所无法比拟的，对现场施工安装带来了巨大的挑战。

(1) 钢桅杆的现场吊装。钢桅杆，特别是外桅杆长 39 m，重 82 t，向外倾斜，安装半径约 30 m，必须采用重型起重机械才能吊装就位；而现场施工道路两侧紧临深基坑，边坡稳定堪忧，因工期紧迫，各工序交叉作业，路下上水管线已铺，背索承台的施工更使道路边坡支离破碎。确保边坡稳定、管线保护、采用合理的吊装工艺和保证倾斜桅杆的安装质量必须认真研究。

(2) 索桅系统安装过程中的稳定。桅杆的下端为球铰支座，吊装过程中上部索系尚不完整，如何利用永久索和临时索，构成一稳定体系，保证倾斜桅杆在可能的风荷载条件下的安全，既涉及空间索系的详细计算，又关乎施工的工艺要求。

(3) 膜面的就位、展开、提升、固定和产品保护。大尺度膜面的折叠、运输方式对现场的就位、展开影响极大，现场场地规划、膜面提升和高空固定工艺则与膜面的产品保护以及施工质量直接相关。膜面预应力高，张拉前后的膜片最大边长相差约 4 m，施工前必须研究对应措施。

(4) 悬空安全操作设施的设计。在索桅结构安装，特别是膜面结构安装时，操作工人在 30～40 m 的高空作业，采用常规的脚手架不仅数量巨大，极不经济，而且妨碍膜面的展开和安装，研究何种悬空安全操作设施势在必行。

(5) 预应力施工和检测。膜面和索的预应力水平高：膜面预应力达到 5 kN/m，膜面谷索最大预拉力为 300 kN，边索最大预拉力为 400 kN，脊索和柱顶连接的水平索最大预拉力为 800 kN，背索最大拉力达 5 000 kN 以上；索端张拉构造的位置及数量应合理确定，既要保证索膜结构能顺利张拉到位，同时又尽可能减少数量，降低索的制造成本；连续张拉结构的特点是相邻单元的张拉相互影响，而同时张拉则投入的设备和人力又难以满足；张拉时涉及的点多面广，如何选择检测点位，做到信息化施工等，所有上述因素均是本工程预应力施工时必须正确应对的。

7.3 现场安装工艺

7.3.1 桅杆及主要钢索安装

1. 桅杆、下拉环、水平索和背索的相关技术参数

外桅杆呈梭状，由三根弧形无缝钢管(ϕ450 mm×42 mm、ϕ406 mm×35 mm、ϕ245 mm×20 mm)及厚 100 mm 和 50 mm 横隔板构成，材质均为 Q345B，上下端均为铸钢节点，上端铸钢件最重 24.5 t，下端铸钢件最重约为 9.3 t；外桅杆长短不一，最长为 39 m，重量约为 88 t，底部座落在－1.0 m 混凝土平台，柱顶标高达 38 m；外桅杆共计 31 根，分布在世博轴两侧，排距 88 m，柱距 33～77 m，均向外侧倾斜。

中桅杆坐落于标高 10 m 的混凝土平台上，共 19 根，高度 25 m，由单根 ϕ750 mm×35 mm 直缝钢管和上下铸钢件组成，其中上铸钢件最重约 2.6 t，下铸钢件重约 0.25 t，总重量 22 t。

下拉环为直径 5 m 的钢管圆环，钢管为 ϕ299 mm×25 mm，通过上部吊索和下部张拉索分别与中桅杆柱顶和柱底连接，圆环周边与膜面连接。

水平索和背索是桅杆安装时实现索桅结构稳定的主要钢索，均采用平行钢丝索外包 PE 护套，两端索头采用热铸锚，用销轴与桅杆(承台)连接。背索 A 直径为 154.5 mm，共 44 根，单根长度约为 34 m，重约 10 t；背索 B 直径为 119 mm，共 18 根，单根长度约为 27 m，重约 5 t。水平索直径为 50.8 mm，共 57 根，单根长度 53 m，重约 2 t。

2. 外桅杆吊装的多方案比较

考虑到外桅杆长度长、重量重、柱脚节点形式为铰接等特点，通过现场勘察，可以有两种吊装工艺可供选择：

(1) 利用背索承台，搭设移动式承重钢平台，采用 400 t 履带起重机近距离(小半径)整体吊装外桅杆。该方案的优点是：背索承台原有的桩基足可满足重型起重机的施工荷载，桅杆在地面拼装成整体，焊接质量较易控制，吊装效率高，且稳定索转换的次数少。缺点是起重机对施工道路的边坡稳定的要求很高(图 3-7-4)。

(2) 400 t 履带起重机位于道路中间，远距离(大半径)分节吊装外桅杆，在设计位置竖直拼装，再调整外倾角度，完成就位。此方案的优点是：起重机可适当远离施工道路的边坡，缓解边坡稳定的矛盾，但分节的桅杆需在高空焊接连接成整体，操作条件稍差；需多次转换稳定钢索保证吊装过程的安全和倾角的调整，吊装效率较低(见图 3-7-5)。

上述方案的比较和取舍，取决于道路边坡的稳定处理。由于世博轴贯穿中国馆、主题馆、世博文化中心和世博中心等永久场馆，当时各工程均在开工建设，两侧可利用的施工道路最宽只有 20 m，最窄只有 12 m，部分地段道路两侧均为深基坑。经地基承载力和边坡稳定验算，施工道路外侧需回填 3 m 以上的护壁土，另加一定数量的钢管支撑，才能满足重型起重机的近距离吊装。一旦回填土以后，利用背索承台就十分不方便。因此，决定采用第二方案，即远距离分段吊装。

3. 具体吊装工艺

(1) 外桅杆：根据 400 t 履带起重机性能，36 m 以上外桅杆分三段吊装，18 m 外桅杆整根吊装，其他外桅杆均分二段吊装。分段吊装采用竖向组拼，拉设二层临时缆风绳，每层四道，待焊接完成后保留上层缆风绳。如图 3-7-6 所示。

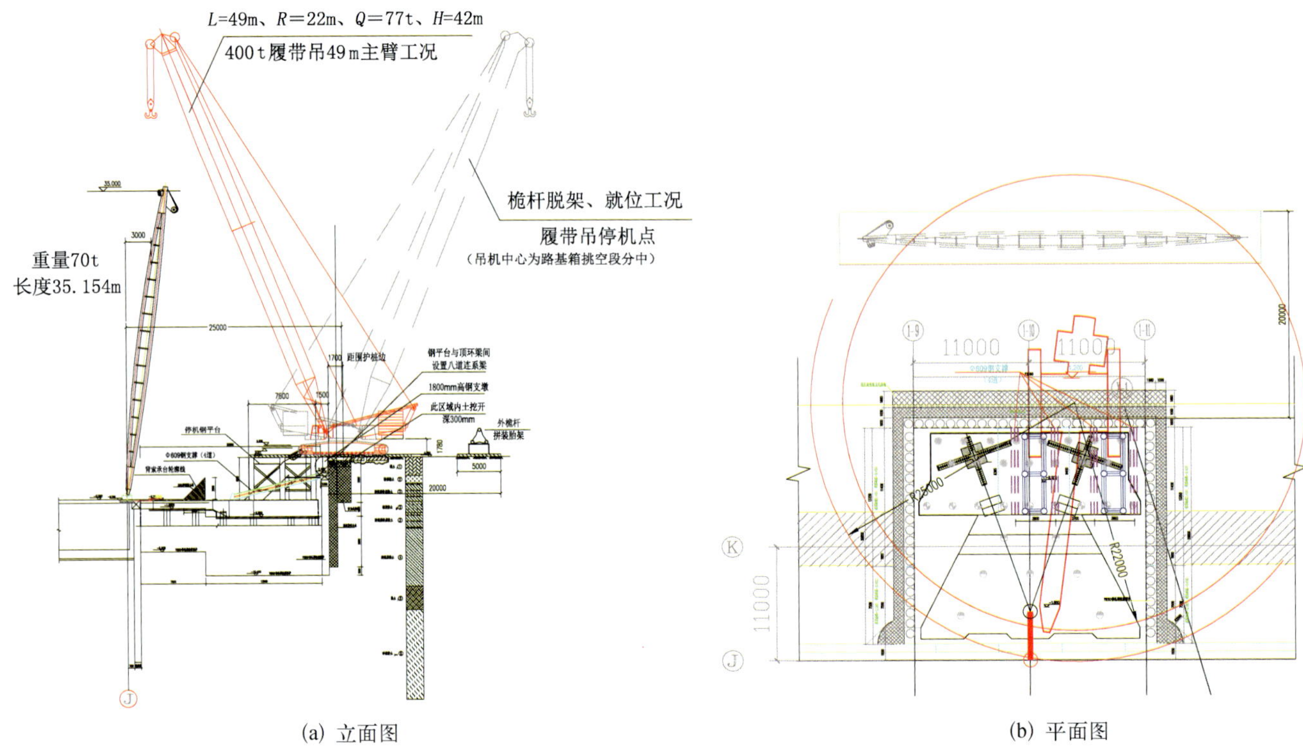

(a) 立面图　　(b) 平面图

图 3-7-4　400 t 履带吊上钢平台整榀吊装外桅杆工况

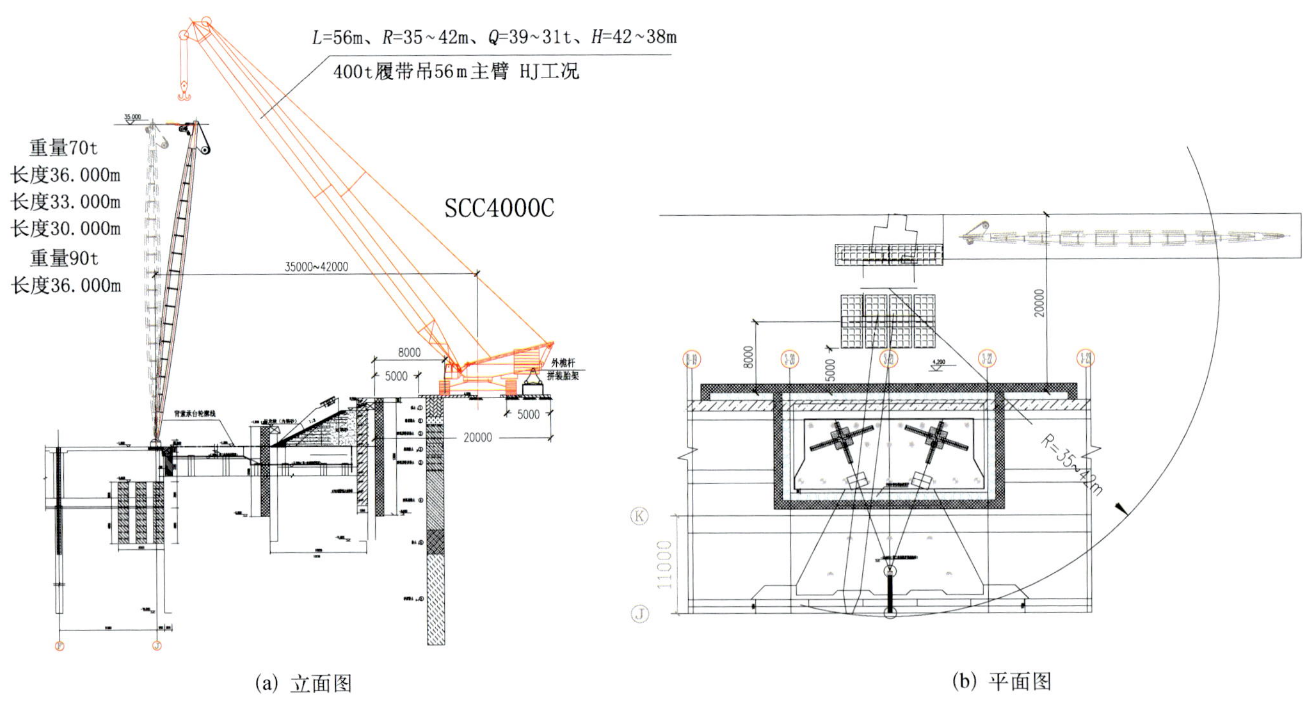

(a) 立面图　　(b) 平面图

图 3-7-5　400 t 履带吊停机于两侧道路分段吊装外桅杆工况

图 3-7-6 外桅杆竖直组拼

分段吊装第一段吊装完成后即刻将柱脚铸钢件处限位卡环安装焊接,如图 3-7-7 所示。

图 3-7-7 外桅杆铰接柱脚

待桅杆焊接完成并经检测合格后,将 10 m 混凝土平台侧缆风逐渐放松,在起重机的辅助下使外桅杆向外倾斜至指定位置,如图 3-7-8 所示。

(2) 中桅杆:中桅杆采用 25 t 汽车吊上 10 m 平台分段吊装。下分段长 16 m,重 15 t,上分段长 9 m,重 7 t。下分段先由 25 t 汽车吊水平起吊将柱脚与支座对位临时搁置,再起扳吊装到位。如图 3-7-9 所示。

上段桅杆由 25 t 汽车吊直接吊装到位。中桅杆分段吊装设二层缆风,每层四道缆风,待焊接完成后只保留最上层四道缆风。

(3) 下拉环吊装:下拉环直径 5 m,重约 5 t,分段运输至现场。因钢环安装位置离混凝土平台 8 m,故先在平台上搭设支承架,再由 25 t 汽车吊分段吊装就位,现场焊接成整体。

(4) 水平索和背索安装:水平索长度约 50 m,重约 2 t。先将其吊装至放索盘上,下置导向盘,由 8 t 卷扬机

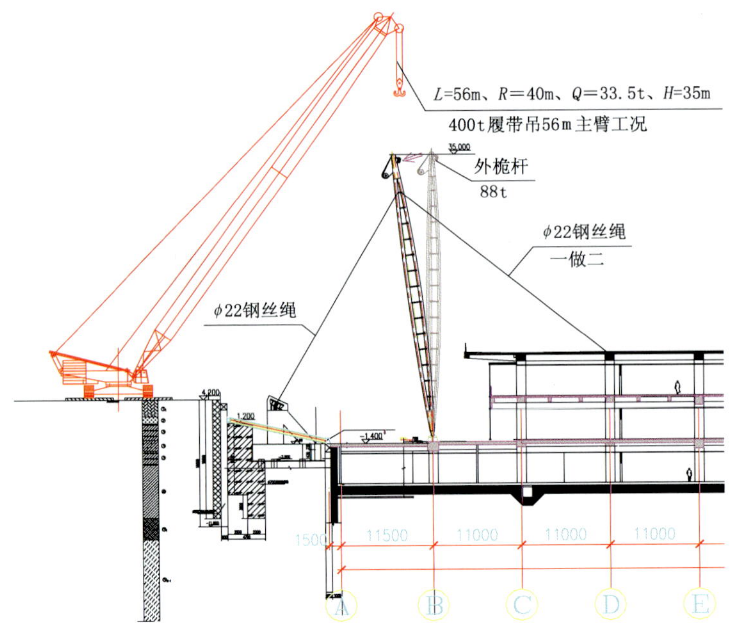

图 3-7-8　外桅杆就位姿态

图 3-7-9　中桅杆吊装

将其展开。外桅杆侧由 25 t 汽车吊安装水平索索头，中桅杆侧由 8 t 卷扬机通过桅杆顶和柱脚的导向张拉就位(图 3-7-10)。

背索长度约 34 m，最重约 10 t，由 400 t 履带起重机展开并吊装到位，下索头由 10 t 神仙葫芦张拉就位，如图 3-7-11、图 3-7-12 所示。

(5) 膜面索安装：膜面索包括脊索、谷索、边索、抗风索及吊索等。膜面索的松索过程与水平索相同，由卷扬机在各自安装位置的投影线下展开，通过松索盘、25 t 汽车吊，及 5 t 神仙葫芦逐步松索，下置导向盘，同样由 8 t 卷扬机牵引展开。松索盘放置在混凝土结构两侧，向中桅杆方向松索，并均先安装内桅杆上的索，再安装外桅杆上的索。

7.3.2　索桅结构在安装过程中的稳定

由于索桅结构在安装过程中是逐步形成的，加上部分与阳光谷连接的边索尚未安装，过程中的结构体系并不完整。同时，索桅结构的安装需持续几个月，又是在台风出没时期，不排除大风对在建结构可能产生的不利影响。因此，通过前期研究，保证索桅结构在安装过程中的稳定就十分必要。

图 3-7-10　水平索安装

图 3-7-11　背索安装

图 3-7-12　索桅系统安装

针对施工过程中结构的不完整状况，拟增设临时索予以补充，使其构成平衡的空间索系；考虑各类索和外桅杆倾斜等因结构自重引起的索力，因风荷载引起的附加索力，以及为保证结构在施工过程中必要刚度的预拉力，根据各种工况的详细计算后确定临时索的数量、方位、规格和张拉方式，确定混凝土平台上预埋件的位置和抗力验算等。

在施工过程结构分析和计算的基础上，形成了保证结构稳定的“桅杆与索同步安装，适当增设临时索，合理控制过程索力，保持体系一定冗余约束”的施工技术路线。实施动态检测索力的变化，保证了过程受控和施工安全。

7.3.3　膜结构安装

世博轴顶棚索膜结构体系规模超大，单块膜最大展开面积约 1 780 m^2，膜面应力高。对这样超大跨度、超高应力的张拉膜结构，国内外施工尚无先例。

1. 膜面安装工艺的多方案比较和技术难关的攻克

在方案初期论证阶段，德国的设计公司和美国的顾问公司都提出了相同的膜面安装施工原则工艺：外桅杆内倾，下拉环上提，随后安装膜结构。形成体系后，利用外桅杆后背索的张拉和下拉环的下拉，来实现对膜结构的张拉，使其达到设计的张拉应力。

根据以往相似工程的施工经验，结合本工程的结构特点，在仔细分析研究后，认为外方的工艺存在下述弊病：

(1) 外桅杆的张拉涉及 5 块膜的应力变化，而中桅杆处的下拉环也涉及 3 块膜；张拉时，相邻多块膜面的应力不可能同时均匀受到张拉。

(2) 由于膜结构的面积很大,应力无法传递到远端,造成角部的应力超张,而远端的应力仍未达标,膜面应力不均匀,很容易造成膜结构的损坏。

(3) 尤其是以上方案在内外桅杆未张拉前,索力松弛,不满足结构稳定要求;且已装膜面较长期处在无应力或低应力状态,一旦大风或暴雨来临,安全堪忧。

针对上述的弊病,经反复研究和认证后提出了新的膜结构施工工艺:即外桅杆,中桅杆下拉环均张拉至设计位置(其时索力已满足施工阶段结构稳定要求),所有的谷索、边索、脊索、抗风悬索安装到位,使柔性的索桅结构体系,具有必要的刚度,随后单独张拉、安装膜结构(图 3-7-13)。

图 3-7-13　外桅杆与索膜构造

此工艺重点要解决的是超大尺度膜结构高空张拉的难点。根据本工程索膜连接构造的特点,研究制造了新颖的张拉工具——螺栓牵引张拉工具,并在施工前期进行了一系列的适应性试验,试验证明,采用螺栓牵引张拉工具后,能在较短时间内使膜结构达到 80%的预张力。

为确证采用螺栓牵引张拉工具,膜结构在安装过程中具备抵御较大风荷载的能力,对"恒载+预应力+风荷载"等多种工况进行验算,选取了四个方向的风荷载,以及 11 级和 8 级风的风荷载值。验算结构表明,所有施工阶段在不同的风荷载作用下,膜材的应力均没有超过设计强度。在 8 级风风荷载作用下,膜材的最大向上和向下位移小于于设计理论工况位移值。在 8 级风作用下,结构处于安全范围内;通过验算,也确定了螺栓张拉工具的强度要求。

实际施工证明,螺栓张拉的侧向牵引固定夹具,完全能满足本工程膜结构的牵引、张拉和安装要求,顺利解决了超大型膜结构的张拉难题,也为新工艺的实施创造了条件(图 3-7-14)。

2. *膜面安装新工艺的实施*

(1) 施工准备:在膜面安装施工前,所有的钢索均已安装到位,外桅杆,中桅杆下拉环点位均在设计位置;在即将安装的膜面投影位置铺设保护膜材的防护布;高空操作设施和工具准备完毕;搜集近期及中期天气预报,选择合适的气候条件。

(2) 膜结构的展开:本工程的膜面单块最大的为 1 780 m^2,重量约为 3 t。在工厂制作完成后,折叠成 12 m 宽后,卷在 ϕ400 mm 的钢管支架上,运输至现场(图 3-7-15)。

按常规,应在 10 m 混凝土平台上用脚手架和木板搭设专用平台,膜面在专用平台上展开就位。但经过仔细研究,觉得此方案不可行,不仅脚手架平台搭设工作量巨大,而且在高空人员操作不便。故决定膜结构直接在 10 m 混凝土平台上展开,展开时需注意膜结构的打开方向,要求与安装的方向一致(图 3-7-16)。

(3) 膜结构的提升:由于膜面在混凝土平台打开,就多了一道提升的步骤。膜结构的提升采用 1.5 t 的手动

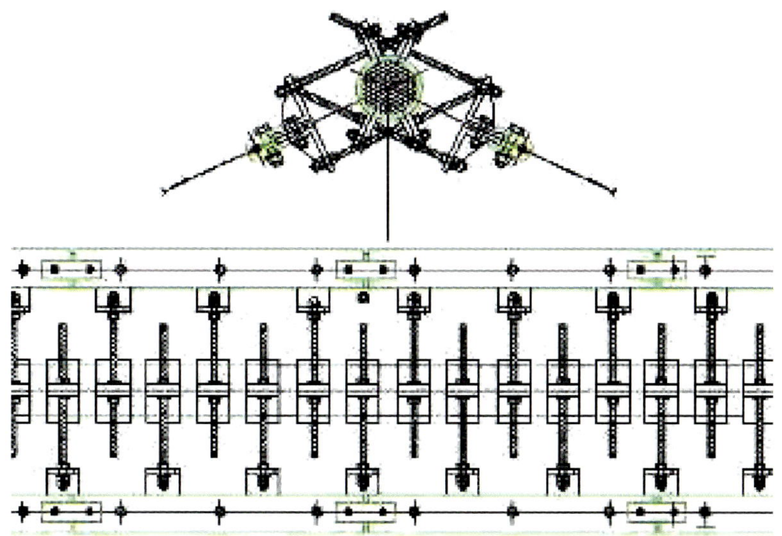

图 3-7-14 螺栓张拉支架构造及布置图

图 3-7-15 膜现场就位

图 3-7-16 膜结构展开

钢丝绳紧绳器进行，在钢索上每隔 5 m 设置一档。钢丝绳紧绳器的一端利用膨胀螺栓固定在混凝土平台上。提升时，有专人指挥，匀速提升膜结构，并且控制各提升点的高度，使膜结构的三条边尽量保持等高度(图 3－7－17)。提升应缓慢进行，时刻注意是否有异常情况。

图 3－7－17　膜结构的提升

(4) 膜结构的固定：在将膜结构提升至距钢索 1.5 m 左右处，采用钢丝绳紧绳器张拉、牵引膜结构，设置间距为 2 m 一档，利用螺旋夹具结合钢丝绳紧绳器将膜结构的三个角部牵引至设计位置(最大牵引距离达 4 m)，牢固固定。随后拉紧其余钢丝绳紧绳器，拉近膜边与钢索的距离，在相距 600 mm 时，装上新式螺栓张拉工具，设置间距为 600 mm 一档(图 3－7－18)。

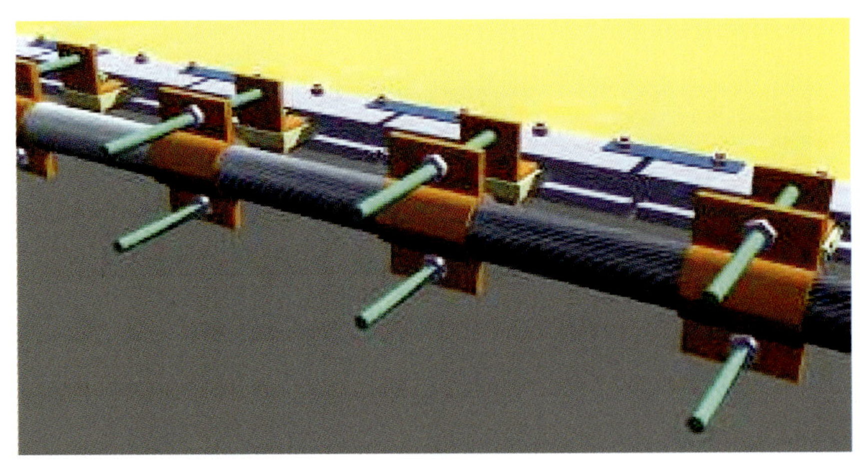

图 3－7－18　螺栓支架布置

7.3.4　悬空安全操作设施的研究和设计

本索膜结构高低错落，形状不一，施工操作平台不易设置，如采用脚手钢管搭设操作平台，操作脚手架几近覆盖整个 10 m 混凝土平台，最高高度将达到 35 m，不仅工作量巨大，施工周期长，自身的抗风稳定性差，还会影响膜结构的提升安装，存在污染和挂破膜面结构的风险。

根据现场的实际条件，专门研究悬挂式操作脚手架的可行性。采用悬挂脚手架可有效解决采用常规脚手架的矛盾，但必须考虑操作面的需要(包括施工荷载和作业位置)，固定的牢靠和拆、装的便利，以及膜面等的产品保护。由于考虑到操作工人将沿钢索的全长进行作业，可利用的结构件除了桅杆，就是钢索，桅杆只解决有限的点位，因此在钢索上设计悬挂组合跳板，作为施工操作平台就成为首选。

采用帆布带为挂索，竹梯横放，上铺木板，组成一个宽 600 mm，悬挂高度 1 200 mm 的组合单元，若干组合单元构成悬挂操作平台，和附着于桅杆的登高脚手架相配合，就构成了一套完整而又简便实用的安全操作设施。由于悬挂组合跳板自身很轻，不仅悬挂和拆除非常方便，可保护索和膜面不致损坏，而且与安全带配合使用，有效解决了人员的高空安全施工。在实际的操作中，也证明组合跳板发挥了预期的重要作用，施工人员在组合跳板上移动、安装张拉工具都非常方便，完全满足了膜结构的提升和就位安装(图 3－7－19)。

图 3－7－19　悬挂组合跳板

7.3.5　多单元连续膜结构的张拉和检测

1. 多单元连续膜结构的张拉

大尺度膜面和多单元连续膜结构的张拉，其关键是如何使单块膜面的应力分布合理，相邻单元膜结构同步张拉到位。根据本工程索膜结构的特点，经反复研究和分析，确定以两“阳光谷”之间的膜结构为一个张拉区域，该区域膜面安装就位完成，相邻区域安装对其没有干扰时即进行张拉作业；膜面的张拉速率要严格控制，使得膜面内的应力得以有效调整和重分布。特制定如下张拉程序：

(1) 膜结构的张拉以区域为单元，以一个倒三角锥为一个分单元。膜结构的张拉区域与相邻安装区域之间留有一个分单元的缓冲区域。

(2) 张拉时，构成一个倒三角锥的三块膜同时张拉，每块膜的三条膜边同步张拉；分步张拉顺序遵循先角部，再短边，后长边。

(3) 膜结构的张拉分为初张拉和再张拉两个阶段。初张拉为将膜边张拉至距设计值 150 mm 处；再张拉的每次张拉的行程控制在 50 mm 以内，循环张拉，单块膜至少循环张拉 3 次以上。每块膜结构的张拉禁止在 1 d 之内张拉到位，每天张拉完成后记录各项数据。

U 形卡的更换在一个分单元(三块膜)全部张拉到位后进行(图 3－7－20)。

2. 膜结构的应力检测

膜结构的应力控制，直接影响到膜的使用寿命，是施工控制的一个重要环节。

首先，应对膜结构安装完成状态时的应力分布作详细的计算，掌握其应力分布的规律；其次，选择合适的检测手段和检测的部位；然后，在膜结构张拉的适当阶段，进行膜面应力(包括索力)的检测，作为信息化施工的依据。

本工程委托同济大学进行施工过程的应力检测，选用真空式膜面应力测试仪，共设定检测部位 132 个。在对已张拉结束的膜结构的应力测试中，膜结构应力满足设计的要求。

张拉完成后，对索力和各桅杆顶部的三维坐标的检测，亦均在设计要求的范围之内。

对世博轴这样超大跨度、超大规模的连续张拉索膜结构，国内外施工都没有先例。其中的施工难度可以说是世界级的。经过不断的探索和努力，一系列的科研攻关，不仅创造了索膜结构施工的新纪录，展示了企业在该领域中的先进施工技术和雄厚科研实力，而且为世博轴工程的安全、优质、高效完成、为上海世博会的顺利召开交出了一份优异的答卷。

图 3-7-20　完成U形卡安装

图 3-7-21　完成张拉区域全景

附：为保证 400 t 吊机在施工道路上通行、吊运所进行的道路加固措施

1. 概述

世博轴索膜结构主要包括膜面系统和膜面支点系统，屋面膜总面积约 64 000 m^2；主要有主体结构周边 31 根外桅杆；结构上 18 根中桅杆支撑。外桅杆最长 39 m，重量约为 88 t；最短长度 18 m，重量为 38 t。由于工期安排，外桅杆必须在通道，东西、南北道路管线完成；外桅杆基础完成，但深达 5.6 m 基坑未完全回填的情况下，用 400 t 吊机在上南路、周家渡路上吊装。因此，吊机行进的路面及护坡必须进行加固。

配合钢结构及索膜结构的吊装的路基处理涉及一般道路、世博轴原基坑入坑坡道区域、世博周边道路的过路段、世博轴连接其他场馆的地下通道的顶部，临近世博轴的道路沿线区域。依据吊装工况设计以及施工现场的场地条件，地质情况进行分析和计算，对路基分别采取不同的加固措施。

2. 主要特点

(1) 机械行走区域涉及的道路路况众多，加固形式复杂。世博轴全长 1 km 多，桅杆吊装施工，400 t 吊车行走路线涉及南北向道路上南路和周家渡路，并穿越东西向道路雪野路、国展路、博成路及世博大道，所行走的各个区域道路的原地面承载力各不相同，所穿越的路段遇到的地上、地下的结构物体形式多样，种类繁多，所需要的保护要求也不相同，为满足重型机械行走所需要采用的路基加固形式也各不相同，给路基的加固方案的制订和实施带来了很大的难度。

(2) 重型机械紧临基坑行走，对地下结构有一定的影响。400 t 吊车行走路线上部分区域紧贴尚未回填的坑边拉索承台、风井基坑，临近世博中心已经完工地下室侧墙，轨道交通 8 号线车站，对地下结构的安全必然会带来一定的影响，路基加固要充分考虑这些地下结构的保护要求，减小重型吊机行走对地下结构物的影响，保证安全。

3. 关键施工技术

(1) 一般区段路基处理：400 t 吊机的行车区域为拉索承台基础围护往外 20 m，行车路线上南路、园三路上路基的处理方法是：先分层回填行走路线范围内的局部坑槽，平整路基地面、并用振动式重型压路机压实，路基平整压实至＋4.1 m 左右标高，随后铺设 200 mm 碎石，再用压路机压实至＋4.2 m 左右标高(图 1)。

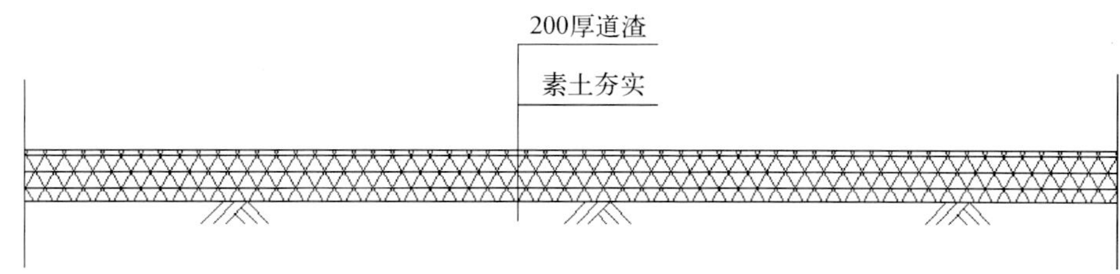

图 1 一般区段路基处理

(2) 世博轴原基坑入坑坡道区域路基处理：在基坑东侧原有 4 根入坑坡道影响 400 t 履带吊行车。分别在 5－AB、18－AB、21－AB、25－AB 拉索承台附近。在 400 t 履带吊经过前，入坑坡道影响范围应采用回填砂和尼龙袋装砂的填载加固。回填砂采用分层回填，回填区域世博轴红线外回填至＋4.0 标高后上覆 200 厚道渣，红线内 1∶2 堆载处理(图 2)。

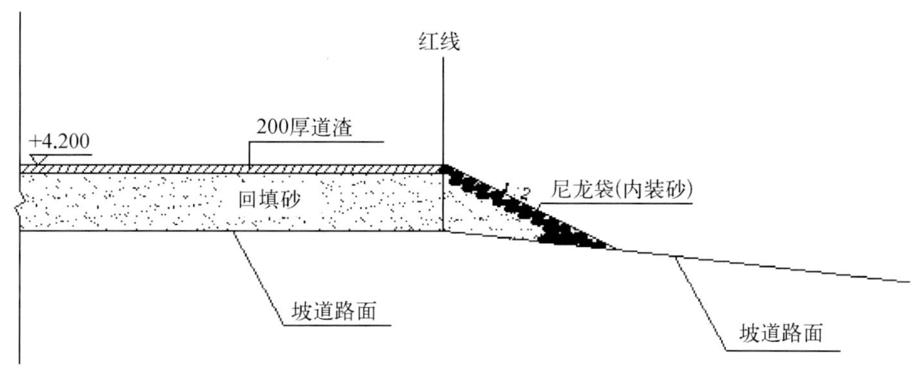

图 2 入坑坡道处理剖面

(3) 履带吊经过横向道路的路基施工要求：履带吊开行过程中，沿周家渡路和上南路要先后经过博成路、世博大道、国展路、雪野路等。在这些路头下面，已经完成的雪野路、国展路(周家渡路侧)、博成路(周家渡路侧)下都有着不同的管线和管沟。特别是周家渡路/博成路、国展路于吊装前已完成路口的综合管沟和地下管线的埋设，但其路面结构尚未施工，为使该区域基本达到一般道路的走形要求，保护综合管沟和地下管线，其沟槽开挖应严格按道路设计要求进行回填(图 3、4)。

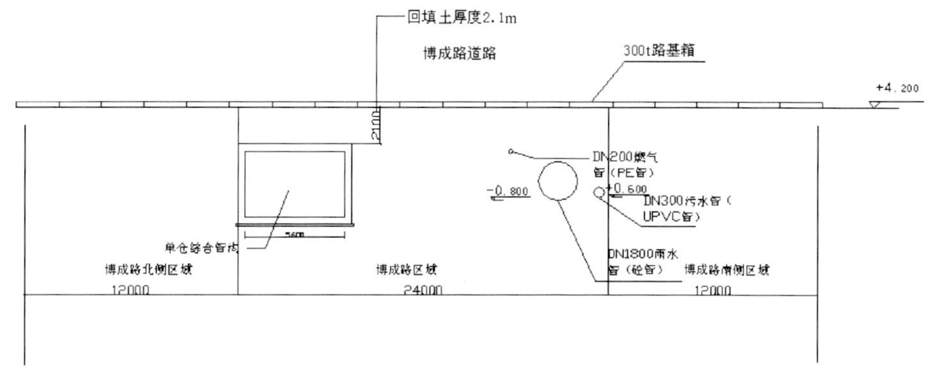

图 3 博成路(周家渡路侧)南北向剖面

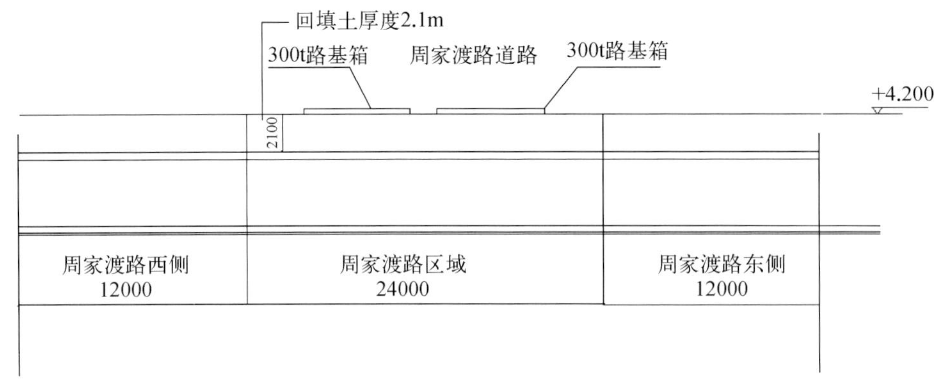

图4　博成路(周家渡路侧)东西向剖面

(4) 国展路、博成路综合管沟处理：国展路、博成路综合管沟结构施工完毕，综合管沟围护与结构的间隙用中粗砂灌实，顶板以上回填厚度为2.1 m，顶板以上50 cm范围内回填中粗砂，并保证压实度，中粗砂以上覆土采用渣土分层回填，每层回填厚度控制在15～25 cm，并严格控制各层压实度，以保证地耐力要求。回填时每隔50 cm铺设一层土工格栅，土工格栅横向搭接宽度为25 cm，并用"U形钉"固定于下伏土层，锚固间距为50 cm。结构标高至HEC固结渣土路基处理底部，每30 cm设置一层土工格栅。标高+2.400 m以上的土工格栅均应全路幅铺设。土工格栅型号为CE131和CE121，两种土工格栅间隔布置，最下层(即标高0.5 m处)型号为CE131。

(5) 地下通道区域路基处理：通道上部根据设计要求进行回土处理，通道围护桩(灌注桩)与结构的间隙用中粗砂灌实，顶板以上50 cm范围内回填中粗砂，并保证压实度，中粗砂以上覆土采用渣土分层回填，每层回填厚度控制在15～25 cm，并严格控制各层压实度，以保证地基压实度，达到设计要求(图5～图6)。

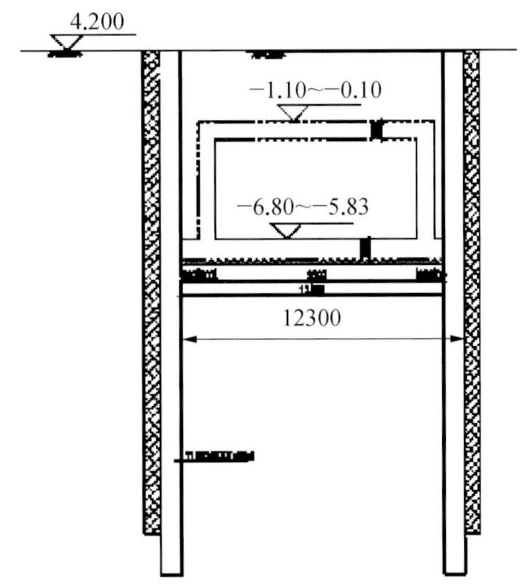

图5　6#通道履带吊开行区域剖面

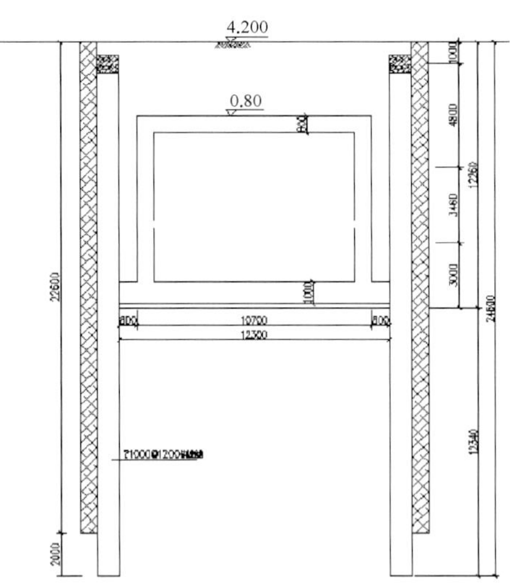

图6　3#通道履带吊开行区域剖面

8 机电设备安装

8.1 给排水系统

8.1.1 给水系统

(1) 水源：从上南路、世博大道上城市自来水管道上各引入一路DN300消防管，在基地内分别形成DN300消防给水环网，生活水管接至室外环网，管径分别为DN50～DN70，共15路进户管。

(2) 分区供水：自来水利用城市自来水管网水压直接供给。为防止市政管网供水压力不足，B2F泵房预留水泵位置，增压水泵采用无负压叠压式供水装置。

(3) 分质供水：卫生间盥洗用水、餐饮用水等采用城市自来水。便器冲洗用水、道路冲洗和绿化浇洒用水等采用雨水回用水。空调冷水机组直流冷却水采用黄浦江水。

8.1.2 热水系统

热水全部采用电热水器，分散供热，供水温度不大于60℃。主要供应卫生间洗手盆、餐厅厨房及淋浴用水。

8.1.3 排水系统

(1) 室内排水系统：除厨房含油污水管道、机房和开水间地漏排水、空调凝结水管道单独设置外，室内其余部分采用污、废水合流系统，设主通气立管和环形通气管。厨房含油污水须经二级隔油处理。室内污水均重力直流排入地下室(移动厕所除外)，设置集水池，由排水泵压力排水。空调凝结水设专用排水管间接排至明沟或集水坑。

屋面雨水和场地雨水分开排放。屋面雨水采用有组织的重力流排放雨水系统，雨水通过6个阳光谷排至地下雨水沟渠储存，供雨水回用，超出储存容积的雨水采用潜水排污泵加压提升至室外雨水管。下沉式广场雨水采用潜水排污泵加压直接提升至室外雨水管。

(2) 室外排水系统：室外采用雨、污水分流系统。雨水和污水分别排入城市雨水管和污水管。

8.1.4 直流冷却水系统

循环冷却水系统。为减少冷却塔对黄浦江景观的影响，本工程充分利用水源热泵技术。空调冷水机组通过黄浦江水直流冷却方式，从黄浦江取水经热交换后，再排入黄浦江。为保证冷却水水质，在冷却水泵的出水管上设置反冲洗过滤器，在冷冻机冷却水管上设置胶球清洁系统(各机组一套)，同时系统还设两套全自动控制在线检测加药装置。

8.1.5 消火栓系统

世博轴采用分区设置消防系统原则，横向分为3个区，每个区单独设置消防水泵房，系统为稳高压制，各分区管网均为环状。消防泵房位于地下二层，设室内消火栓泵、稳压泵各2套，一用一备。另设300 L增压气压水罐1套。

建筑内各层的出入口、楼梯、公共走道等公共部位均设有室内消火栓箱，各区在10 m高架层设带压力表的试验消火栓。

室外消防给水管网 DN300 环状布置，与三路市政给水水源连接。在室外设水泵接合器 3 组，每组设 DN100 地上式 2 套。

8.1.6　自动喷水灭火系统

世博轴采用 3 个自动喷水灭火系统，系统为稳高压制。设室内喷淋泵、稳压泵各 2 套，一用一备。另设 150 L 增压气压水罐 1 套。地下商业部分中庭和商场分两套喷淋系统，喷淋泵合用，报警阀分开。

除净空高度大于 12 m 的场所、柴油发电机及日用油箱间、电气设备用房、公共卫生间、给排水及空调机房外，均设喷淋湿式系统。每层各防火分区分设水流指示器和监控阀，所有控制讯号均传送至消防中心。水力报警阀组集中置于地下室给排水设备机房内或报警阀站内。

为保证高架层消防安全，设置自动消防炮灭火系统。世博轴分为 3 个水炮系统。

8.1.7　气体灭火系统

在柴油发电机房、变压器室、主分控制中心等场所设七氟丙烷气体灭火系统，采用组合分配系统，全淹没防护。

8.1.8　设备和器材

消防用水泵采用消防专用泵，带定时自检装置。与室外大气连同部位的消火栓、喷淋和水炮系统的管道设置电伴热保温系统。

小便器、公共卫生间洗脸盆、残疾人设施的冲洗给水配件带红外线自动感应装置，公共卫生间坐便器用挂墙式。

室内给水管采用钢塑复合管；室内热水管采用不锈钢管；消防管采用热浸镀锌钢管，丝扣或沟槽连接；排水管、通气管采用排水塑料管，粘接；雨水管采用涂塑钢管，沟槽式连接。冷却水管采用焊接钢管，防腐处理，法兰连接。

室外给水管采用给水球墨铸铁管，雨水管和污水管采用 HDPE 塑料排水管。

8.2　通风空调系统

8.2.1　空调系统

世博轴中空调冷负荷为 21 212 kW，会后空调冷负荷为 24 852 kW，空调热负荷为 15 721 kW。空调冷热源采用江水源热泵（冷水机组）系统加地源热泵系统。

世博轴共设 3 个地源热泵系统。地源系统埋管散热器埋设在结构钻孔灌注桩内，桩的最小间距为 3.89 m，桩深分别为 25 m 和 40 m，埋管的型式采取双 U 串联型（即 W 型）。地埋管散热器管道采用高密度聚乙烯管（HDPE100）。地源热泵地源侧水系统采用一次泵定流量系统。埋管换热器分散穿越底板，穿出底板后的水平管道敷设于底板上的建筑面层内，进出水管分别接至位于地下二层东西两侧的分、集水器，管路同程布置。

世博轴的江水源系统的取水量分别为 2 700 m^3/h 和 3 500 m^3/h。系统水源侧采用直接式系统。江水源侧采用一次泵系统。

8.2.2　空调水系统

用户侧空调水系统采用二管制异程式。江水源空调水系统为二级泵变流量系统，分北区、中区、南区三套系统。三组地源热泵系统为一级泵定流量水系统，供回水管就近接入北区、中区、南区的总供回水管，使地源、江水源空调用户侧水系统合二为一。

8.2.3　空调风系统

大空间如地下二层商业、餐饮，采用低风速全空气系统。地下二层入园通道及安检区域等半开敞区域，采用低速全空气送回风降温系统。地下一层、地面层、10 m 平台层商业、餐饮等空调区域采用风机盘管加独立新风系统。

8.2.4 通风系统

各公共场所设机械排风系统。各设备用房(变电房、高压配电间、低压配电间、水泵房、柴油发电机房)、各公共厕所等均设置机械通风系统。厨房设置油烟排放系统。

8.2.5 防排烟系统

地下二层封闭空间设机械排烟系统。地下二层入园通道上空开敞区域(阳光谷除外)附近(30 m 范围内)采取自然排烟方式,其余区域机械排烟。

地下二层安检区域设置机械排烟系统。地下一层、地面层、10 m 平台层的封闭空间,自然排烟。封闭楼梯间采用自然排烟。10 m 平台安检区域设置喷雾降温系统。

8.2.6 管材及保温材料

空调冷热水管道: DN≤70,采用镀锌钢管,丝扣连接;DN>70,采用无缝钢管法兰连接。管道保温采用难燃发泡橡塑保温。空调及通风系统风管均采用镀锌钢板,采用难燃发泡橡塑保温。

8.3 电气系统

8.3.1 电气动力系统

电气动力系统主要涉及本工程负荷性质、电源及电压、负荷计算、供配电系统、应急电源、保护控制与自动化、电气照明、设备控制、无功功率补偿、计量、防雷与接地安全、电缆与通道等内容。

本工程按一级负荷要求供电。其中重要工艺设备和消防等用电负荷按一级负荷中特别重要负荷供电,具体负荷等级划分: 一级负荷有: 公共照明、应急照明(包括诱导、疏散、备用照明)、雨水泵、消防机组、防灾报警、设备监控、通信、防火卷帘、疏散自动扶梯、安检闸机、排烟机及相关风阀、柴油机房自用电、控制中心、医疗急救银行营业点等。其中消防用电、监控系统、应急照明、雨水泵、安检闸机、医疗急救等属一级负荷中特别重要负荷;二级负荷有: 设备管理房照明、标志灯箱、排污水泵、一般风机、直升电梯等较重要负荷;三级负荷有: 冷水机组及配套设备、景观照明、广告、电加热设备等。

世博轴内共设置 1 座 35 kV 变电所和 9 座 10 kV 变电所。其中设置 3 个分区(北区、中区、南区)总变配电所(1#、4#、7#)及江水源泵房变配电所(9#),各由供电部门两路 10 kV 独立电源供电。10 kV 电源在分区总变配电所内经分配后再分别供给各分区 2#、3#、5#、6#、8#。另设置 3 个自备柴油发电机房(位于每区总变配电所附近),作为本分区消防设备及其他重要设备的应急电源。

8.3.2 照明系统

高大空间采用金属卤化物灯。办公室、商店、车库等均以节能型荧光灯为主。走廊、电梯前室,楼梯间采用节能筒灯。冷冻机房、空调机房等场所采用防尘高效荧光灯。厨房、水泵房等潮湿场所采用防潮型荧光灯具。变电所、消防泵房、消防控制室等重要机房应设置应急照明。疏散走道及疏散楼梯设置应急疏散指示灯。

公共区域的照明采用智能型灯光控制系统;公共区域照明、应急照明、广告照明、景观照明等设现场集中操作,BAS 远程集中监控。

智能照明系统是对世博轴的地上一层、地下一层、地下二层进行定时控制、就地面板控制、光线感应控制、计算机可视化软件远程控制及消防联动控制等。本系统内设 3 个分控中心和 1 个总控中心,每个分控中心分别对各自区域的照明回路进行监控,在总控中心可以对系统内所有区域照明回路进行集中监控。

系统结构是全分散分布式总线结构,系统内各智能原件不依赖于其他智能原件而能够独立工作,任何一个传感器或执行器损坏均不会影响整个系统的运行,模块之间是对等关系。系统总线电缆有良好的电磁兼容性,能与强电线并排铺设。照明回路进行集成式控制,能通过就地亮度感应器进行基本照度控制,从而达到节能、自动运行、控制方便的目的。整个系统能给世博轴提供更安全、更灵活、更节能的智能化控制,满足智能化建筑的使用要求。

8.3.3　防雷与接地系统

低压配电系统接地型式采用 TN－S 系统,并设火灾漏电报警系统。办公室和地下室、厨房、卫生间等潮湿场所的插座回路均设置漏电保护开关。室内采用总等电位联结,配电系统分级设置浪涌保护器,保护人员及弱电设备安全。

世博轴保护接地、工作接地与防雷接地采用联合接地,利用基础底板下层 2 根不小于 ϕ16 的钢筋连接成网状组成自然接地体,接地电阻不应大于 1 Ω,否则应采取降阻措施或利用室外接地引出钢板增打接地极。避雷接地引下线利用相关结构构造柱内对角 2 根不小于 ϕ16 的钢筋,下部与地板接地体可靠连接,上部与金属拉杆或撑杆的预埋锚锭可靠连接,作为引下线的结构柱之间以每层楼板内对应轴线上梁内 2 根不小于 ϕ16 的钢筋做均压连接,连接采用焊接,搭接长度不小于圆钢直径的 6 倍。阳光谷金属结构的承台端锚板经 40 mm×4 mm 热镀锌扁钢作均压环形连接,并直接与底板接地体钢筋可靠焊接。

8.4　动力系统

8.4.1　低压天然气供应系统

低压天然气主要供厨房燃气炉灶具使用。天然气气源由市政管网分别接入设于本基地南端和北端的一台箱式低压燃气调压器,调至 3 000 Pa 的低压天然气分别接入设在世博轴建筑物地下一层－1.00 m 的 3 间紧急切断阀小间。经紧急切断阀后天然气接入各个厨房,经各个厨房的燃气表计量后,供各个燃气设备用气。

室内天然气管采用明管架空敷设方式,在密闭的厨房和天然气管道经过的密闭走道均设置性能可靠的燃气泄漏报警器。天然气管末端放散管引出地上室外安全处排放。

天然气管的管径＞DN100 采用无缝钢管,焊接连接。管径≤DN100 采用镀锌钢管,丝扣连接。天然气管道上阀门采用球阀。进入地下室或密闭厨房的天然气管道采用加厚无缝钢管,焊接连接。

8.4.2　应急柴油发电机系统

在市电停电故障时,为保证消防喷淋、消防电梯、应急照明等设备用电,在南端、中端和北端地下二层设应急柴油发电机房 3 间,每间发电机房设置 1 台 800 kW 应急柴油发电机组,应急柴油发电机燃料采用 0＃轻柴油。发电机房设储油间 1 间,内设 1.0 m^3 储油箱 1 只。

柴油机的 530℃高温烟气经随机附带的消音器后,由预制双层不锈钢板烟囱至屋顶高空排放。

由于地下室发电机房通风条件不能满足柴油发电机组的散热要求,本工程应急柴油发电机组选用了远置风冷式机组。发电机机房内散热采用机械通风设施。

8.5　高压水喷雾降温系统

8.5.1　世博轴降温的意义

上海世博会于 2010 年 5 月 1 日至 10 月 31 日召开,跨越整个夏季,恰逢高温季节。世博轴是一条宽 80 m,连接园区浦东、浦西部分主入口、贯穿南北向轴线长达 1 km 的标志性通道。与一般人行步道不同,世博轴 10 m 平台安检区是最重要的人员密集地。炎热的夏季参观者在这个区域必须停留一段时间,而且人员密度高(标准日 40 万人次、高峰日 60 万人次、极端高峰日 80 万人次)。如何考虑通行于世博轴的行人预防中暑、提高通行人员的舒适环境,这与世博会是否顺利进行关系十分密切。

10 m 平台上为部分透光能力的膜顶,盛夏空气温度可能为 37～38℃,10 m 平台为入园主要通道,尤其在安检排队等候区域,大量的入园人员会长时间滞留。从高度重视世博会期间的安全性问题出发,实施室外降温是提高世博会安全顺利进行的重要措施之一。

8.5.2 高压水喷雾降温原理及特点

(1) 原理：水蒸发是水在任何温度下发生在水表面的一种缓慢的汽化现象。水蒸发的过程会吸收周围环境的热量，从而带走了环境中的温度，达到蒸发制冷的作用。

从微观上看，水蒸发就是水分子从液面离去的过程。由于液体中的水分子都在不停地作无规则运动，它们的平均动能的大小是跟液体本身的温度相适应的。由于水分子的无规则运动和相互碰撞，在任何时刻总有一些水分子具有比平均动能还大的动能。这些具有足够大动能的水分子，如处于液面附近，其动能大于飞出时克服液体内水分子间的引力所需的功时，这些水分子就能脱离液面而向外飞出，变成水汽，这就是水蒸发现象。飞出去的水分子在和其他分子碰撞后，有可能再回到液面上或进入液体内部。如果飞出的水分子多于飞回的，液体就在蒸发。在蒸发过程中，比平均动能大的水分子飞出液面，而留存液体内部的水分子所具有的平均动能变小了。因此它的温度必然要降低。这时，它就要通过热传递方式从周围物体中吸取热量，于是使周围的物体冷却。

利用高压喷雾主机的水泵将水压增至 5 MPa 以上，再经特制的喷头喷出粒径$<10\ \mu m$的雾滴，喷出的水雾与空气接触，蒸发吸收，进行热交换，增大了雾滴与外界环境的表面积，加速了蒸发吸热的效率，可使环境温度下降3℃左右。

(2) 特点：

① 高压(6～7 Mpa)；

② 高雾化、超细微雾粒子直径 16 μm、无水滴、不湿发、不影响化妆、不湿地；

③ 能耗是制冷装置的大约 1/30；

④ 空气风速不大时，气温会下降 2～3℃；

⑤ 当温度大于 30℃且相对湿度小于 70%时，喷雾系统可以达到降温效果，需要自动控制。

8.5.3 终端形式选择

(1) 国内外现状：国外有很多广场干喷雾系统，如：日本、西班牙、美国等，但在我国没有高压喷雾降温系统先例，国内主要为景观喷雾系统。人员活动区的广场高压干喷雾降温系统在国内尚无实例，已有的若干喷雾厂商也仅有工业喷雾和景观喷雾的经验，因此，高压喷雾降温系统在国内是一个全新的项目，是一个重要的课题。广场高压干喷雾降温系统作为改善世博轴半开放空间微气候的有效措施，其试验研究课题已列入上海建工集团的科研计划。

(2) 在上海的气候条件下的末端形式研究：根据对上海典型气象年的数据分析，世博会 5～10 月期间，气温大于 30℃以上，相对湿度小于 70%的小时数，约占气温 30℃以上的总小时数 60%以上。

在研究高压水喷雾末端形式时，需要研究在三种顶面(世博轴 10 m 平台膜顶、露天及其他层实顶)条件下，各种喷雾密度、喷头高度、喷头形式的降温效果，从而优选最佳方案。

在设计高压水喷雾终端形式时，充分考虑到世博轴为 10 m 高台，受风速、风向等自然因素的影响较大，参观者行走产生的气流影响，和环境对人体舒适度的影响等因素。

通过实际实验，进行了终端空间布局形式的优化设计，最终采用“多向侧喷”方案。在使有效作用范围覆盖所需调节环境区域的同时，将风速、风向等自然因素的影响减少到最低，提高了降温效率，从而改善了人体舒适度。

8.5.4 高压水喷雾末端装置构成

(1) 喷雾立柱：世博轴喷雾降温系统设置在 10 m 平台安检排队等候区，在整个喷雾系统中只有喷雾立柱能与人体直接接触，它是喷雾系统人员密集区高压管路的保护套和喷头组合的支架，所以必须考虑喷雾立柱的美观、安全、耐用性，同时要便于在 10 m 高台上安装，如图 3-8-1 所示。

因此在深化设计过程中，考虑采用组合式景观立柱，材质采用金属材料确保强度、轻度，结构采用分段组合便于高台安装和高压管路连接，便于固定、确保牢固，同时考虑与喷头组合的管路保护套能一体制作，确保安全与协调，如图 3-8-2、图 3-8-3 所示。

图 3-8-1　世博轴 10 m 平台喷雾立柱

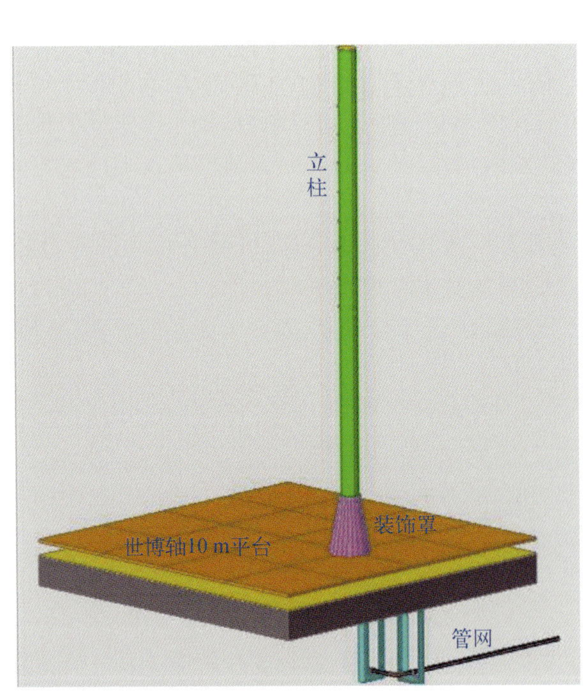

图 3-8-2　世博轴喷雾立柱效果图

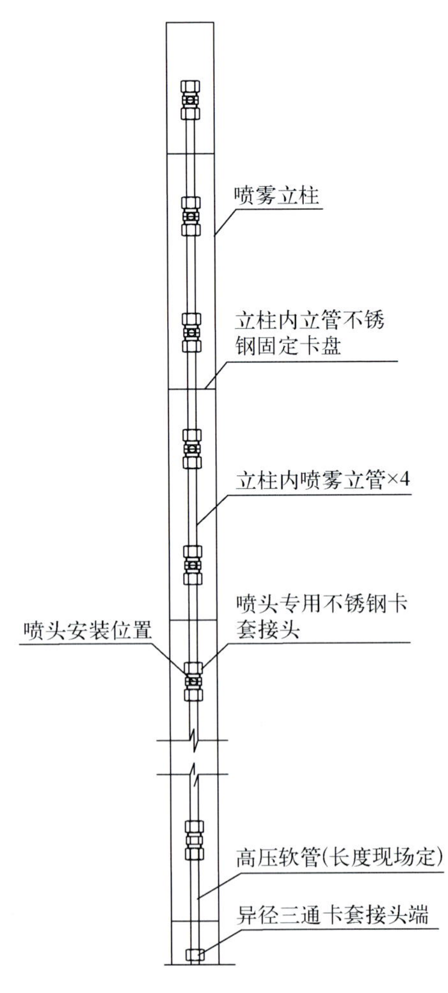

图 3-8-3　喷雾装饰立柱内部结构

(2) 喷雾立柱底座：为满足装饰要求，整个系统试运作验收合格后，喷雾立柱、底座罩、底座罩内部 DN15 不锈钢环管需独立拆除，如图 3-8-4 所示。为了拆卸方便，在管网和喷雾立柱连接处采用高压软管卡套连接方式。世博会期间使用时再次进行安装。

此末端装置在拆除时，可以从平台预埋钢板以上将立柱及各连接件悉数拆除，盖上对应尺寸大理石，即可恢复整体大理石地面。

(3) 喷头：考虑到喷雾降温系统设置在安检排队等候区，且安装位置离人体距离很近，整个系统的运行都处于高压状态。参观者在这个区域必须停留一段时间，而且人员密度高、人员成分复杂，如果一旦出现喷头脱落和管路泄漏则会对参观者带来极大的损害，甚至有生命危险。

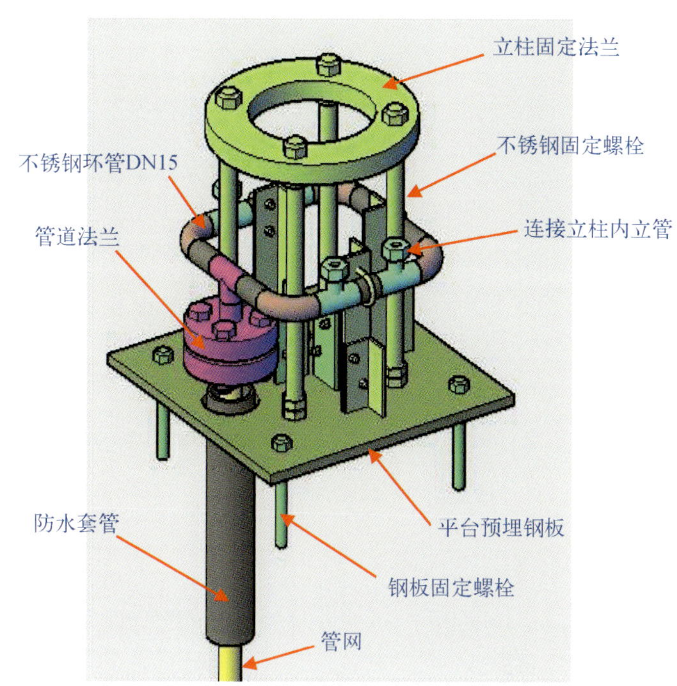

图 3-8-4 喷雾立柱底部装饰罩内部三维效果图

往往发生事故只是一瞬间的事，通过系统的安全控制(包括停止整个系统的运行)只能控制事故的进一步扩大，无法避免已发生的事故，所以选择了喷头生产行业世界排名第一的德国 Lechler 制造的双螺纹安全降温喷头，喷嘴采用陶瓷内嘴，工作压力为 5～6 MPa，流量为 50 mL/min。双螺纹安全降温喷头采用双层结构，通过双螺纹与管路连接，正常情况下内胆部分过水、承压(相当于其他景观造雾喷头的整个喷头)，一旦发生意外情况则内胆被禁锢在外套内不会喷射出来，同时高压水柱的压力在外套内得到释放不会喷射出来，只以水滴的形式滴出，不会造成任何伤害，为系统的安全控制和维修提供必须的安全响应时间，如图 3-8-5、图 3-8-6 所示。

图 3-8-5 喷雾立柱喷头

图 3-8-6 喷雾立柱喷头特写

8.5.5 高压喷雾降温系统构成

根据平面布置及系统流量计算，共设置 3 个喷雾降温系统，水泵设置在地下一层的喷雾机房内，总管出机房后穿越 4.500 m 楼板，水平干管设于一层平顶内，经 10.000 m 标高楼板预留洞接至各喷雾立柱。

高压喷雾系统在 10 m 平台上共设置 73 个喷雾立柱，每个喷雾立柱内设置 4 根立管共 34 个喷头，整个喷雾区域共设置 2 482 个喷头。喷嘴工作压力为 5～6 MPa，流量为 50 mL/min。喷雾雾径达到 16 μm，满足不湿润地面、头发等，实现随即蒸发的要求，达到干喷雾效果(图 3-8-7)。

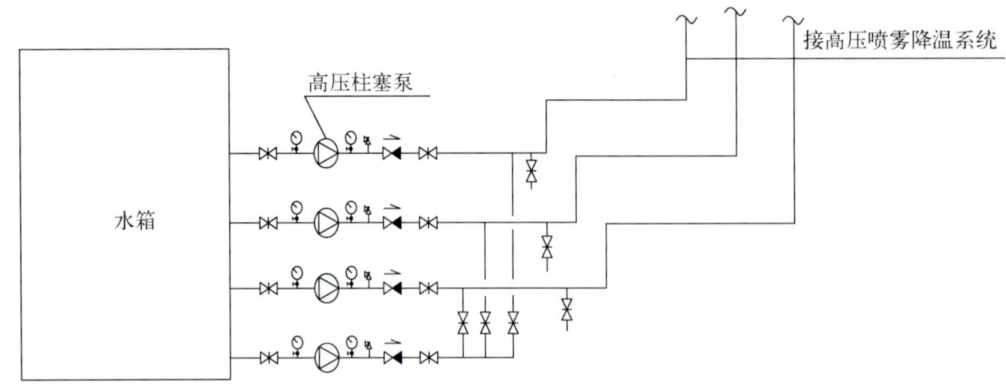

图 3-8-7　高压喷雾降温系统(1)

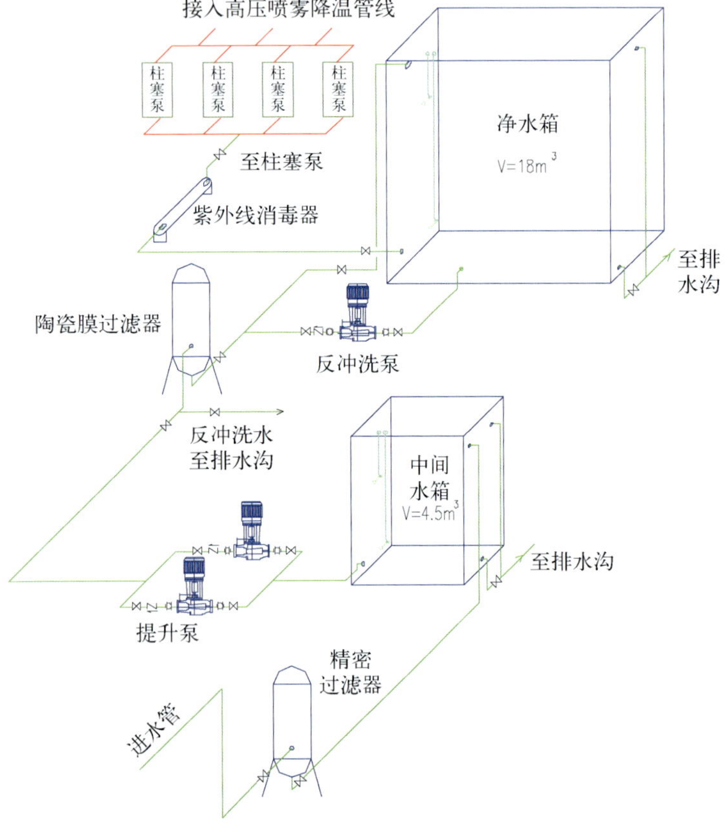

图 3-8-8　高压喷雾降温系统(2)

考虑该部分水易被人体吸收,卫生要求较高等,进水水质为经处理后的雨水回用水。故本供水处理前水质按 GB/T18920－2002《城市污水再生利用城市杂用水水质》执行,处理后水质按 CJ 94－2005《饮用净水水质标准》执行。处理过的雨水经精密过滤器处理后,进入中间水箱储存,然后由水泵提升,经膜处理后进入净水箱,再经紫外线杀菌后由水泵提供给喷雾降温系统。产水能力 8 m^3/h。

净水箱材质采用食品级不锈钢,管道及配件均为不锈钢材质 SUS304,承压 10 MPa。厂家具有制造许可证书。管道及管件连接采用焊接方式。

高压柱塞泵采用三联陶瓷柱塞,流量 41 L/min,转速 1 450 r/min,功率 7.5 kW。要求水泵的调压、安全、减震、过滤等辅件一起配置形成单个泵组单元(图 3-8-8)。

8.5.6　系统自动控制

(1) 系统控制条件:喷雾系统能根据自动气象站提供的基础气象资料——温度、相对湿度、日照、晴雨等参数,通过完善的自动控制系统控制运行。

其控制条件为:当环境温度超过 30℃达 10 min 或空气中湿度小于 70%或风速小于 3 m/s(轻风)5 min 后,喷雾装置启动,运行时环境温度平均下降 2～3℃。当气温下降至 27℃以下或空气中湿度超过 80%或者风速超过 3 m/s 5 min 后,喷雾装置将自动停止。一旦自动感知降雨,便立即停止工作;如果感知到日照超过每平方米 800 W,喷雾装置将再次启动。

以上控制过程全部由系统 PLC 编程完成,主要技术参数可以通过现场调试或实际运行的情况进行参数修正。

(2) 自动气象站:在 10 m 平台喷雾降温区域范围内共设置 14 个温湿度传感器,在世博轴东西两侧各设置 1 台自动气象站(图 3-8-9),根据室外温湿度、风速、晴雨等状况,控制水泵启停。

(3) 电动阀设置:在 4.50 m 层吊顶内的 3 个管道环网,共设置 23 个电动阀控制各支路相应喷雾立柱,根据信号启闭电动阀,控制各支路喷雾立柱是否喷雾。

(4) 施工要点:

① 与土建施工紧密配合,预埋防水套管,确保防水工程质量。

图 3-8-9 自动气象站

② 预留洞位置需精确，否则将影响喷雾立柱的直线度。

③ 预埋钢板及螺栓需牢固可靠，能承受整个立柱重量及风力。

④ 支架形式均为固定防晃支架，在任何弯头、三通等处增设支架。采用热镀锌型钢作为支架，支架与管道接触处采用加厚橡胶垫隔断，防止电化学腐蚀。

⑤ 氩弧焊焊接质量需保证，焊接时氩气确保充满管道，焊接时注意应力分布情况，避免管件受到应力不均后出现裂纹、断裂现象。

⑥ 各类螺栓、连接件需紧固可靠，确保能承受运行时高压冲击。

⑦ 管路完成后须经清洗试压工作，水质检测合格及压力试验符合要求后方能进行隐蔽验收；系统设计工作压力为 6 MPa，压力试验压力为 9 MPa。

⑧ 立柱及喷头安装完毕后成品保护工作尤其重要。

(5) 施工过程：

施工过程如图 3-8-10～图 3-8-15 所示。

(6) 调试效果：

世博轴喷雾降温系统不仅是“科技办博、安全办博、人文办博”的体现，也是体现上海世博会人文关怀最重要的设施之一，是酷热夏季参观者在进入世博园区时最能直接感受到上海世博会科技应用成果的系统之一。所以世博轴的降温系统是实实在在的降低参观者人体感知高度的温度，让世界各地的参观者切实地感受到凉爽，从而改善人体舒适度，确保在实际使用中达到节能、环保、安全可靠。喷雾系统调试效果如图 3-8-16 所示。

图 3-8-10 喷雾管线防水套管

图 3 - 8 - 11　穿越楼板处预埋钢板

图 3 - 8 - 12　喷雾立柱底部环管

图 3 - 8 - 13　喷雾立柱底部连接部件

图 3-8-14 喷雾立柱底部连接特写

图 3-8-15 喷雾立柱底部装饰罩完成

图 3-8-16 喷雾系统调试效果

8.6 江水源热泵系统

8.6.1 系统概况

江水源热泵系统机房位于世博轴地下二层最北端，集中为1个机房，以减少江水输送距离。根据冬夏季负荷情况及地源热泵所能提供的热量，合理配置热泵机组，供冷量不足部分配置单冷型离心式冷水机组，以提高制冷效率。采用了5台制冷量为1 200 kW、制热量为1 100 kW的江水源热泵机组，采用3台制冷量为3 800 kW的江水源离心式冷水机组。夏季以江水源系统为主，地源系统为辅，同时江水源离心式冷水机组优先开启和使用；冬季以地源系统为主，江水源热泵系统为辅，当江水温度较低时，加大江水吸水泵的流量。

江水源热泵机组冷凝器和蒸发器的换热管形式都为光管换热管，材质为铜(90%)镍(10%)合金；离心式冷水机组冷凝器为光管换热管，材质为铜(90%)镍(10%)合金。高效管内壁有螺旋渐进式螺纹，而光管内壁光滑，无螺纹。图3-8-17为高效管蒸发器、冷凝器内铜管样品。

图3-8-17 蒸发器、冷凝器高效铜管

蒸发器与冷凝器铜管剖面图及局部放大图如图3-8-18所示。

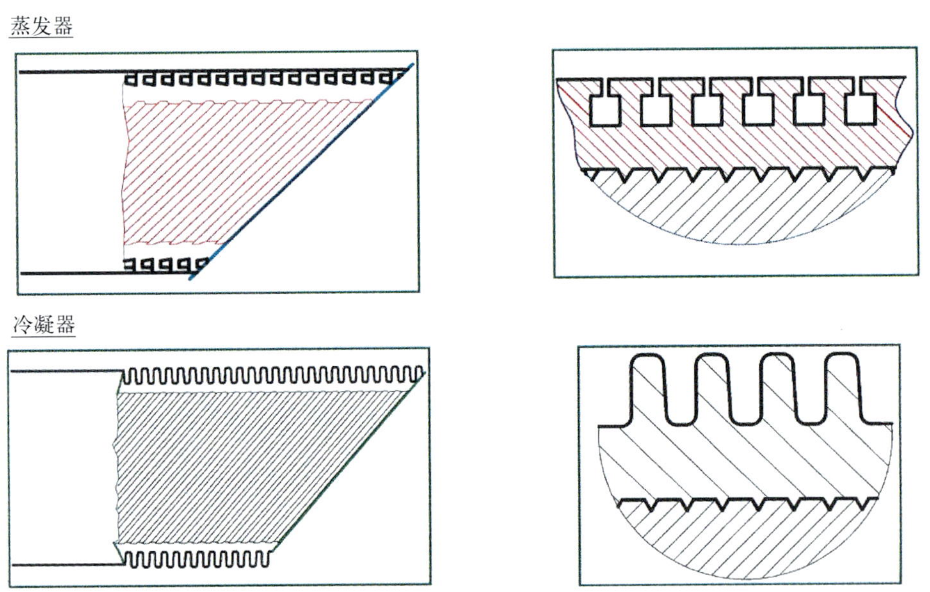

图3-8-18 蒸发器、冷凝器铜管剖面图及局部放大图

8.6.2 江水的利用方式

江水的利用方式为"直接式"，即江水经过过滤后直接进入热泵机组的冷凝器或蒸发器和离心式冷水机组的冷凝器。其特点是：不设换热器，无换热温度能级损失，运行效率高；少一级循环水泵，节能性大大提高(图3-8-19～图3-8-23)。

图 3-8-19　黄浦江江边取水口

图 3-8-20　江水取水总管工作井(内设粗隔栅)

图 3-8-21　世博轴取水泵房(江水吸水母管 DN1600)

图 3－8－22　江水取水泵 5 台(抽取黄浦江水)

图 3－8－23　江水退水总管 DN1200(退回黄浦江)

8.6.3　江水的过滤方式

江水进机组换热器之前采用二级过滤，首先在取水处采用两道粗格栅进行一级过滤，江水进入机房后经过自动反冲洗过滤器进行二级过滤。并设置一套化学加药装置，对管路水进行化学清洗，改善水质(图 3－8－24～图 3－8－25)。

图 3－8－24　全自动反冲洗过滤器 3 套(江水杂质的自动清洗过滤)

图 3-8-25 加药循环装置——管线化学清洗

8.6.4 换热器的清洗方式

江水源热泵机组采用橡胶棉球清洗系统进行清洗。离心式冷水机组采用管道刷子进行清洗。

1. 橡胶棉球清洗系统

(1) 系统工作原理：通过程序设定，橡胶棉球清洗系统每 40 min 运行一次，对机组换热器铜管内壁进行清洗，达到防垢的目的。球的材质为耐磨橡胶海绵球，通常球的直径比热交换器管壁的内径大 0.5 mm。小球充水后的比重和水接近，以便球能够均匀地通过被清洗管道。橡胶棉球通过水流的作用，以挤压的形式流过铜管，从而达到防垢的目的。橡胶棉球清洗分两个流程进行：

① 球注入循环。球注入循环过程中注入泵开启，胶球由回收器随水流随机进入机组换热器中进行清洗(图 3-8-26)。

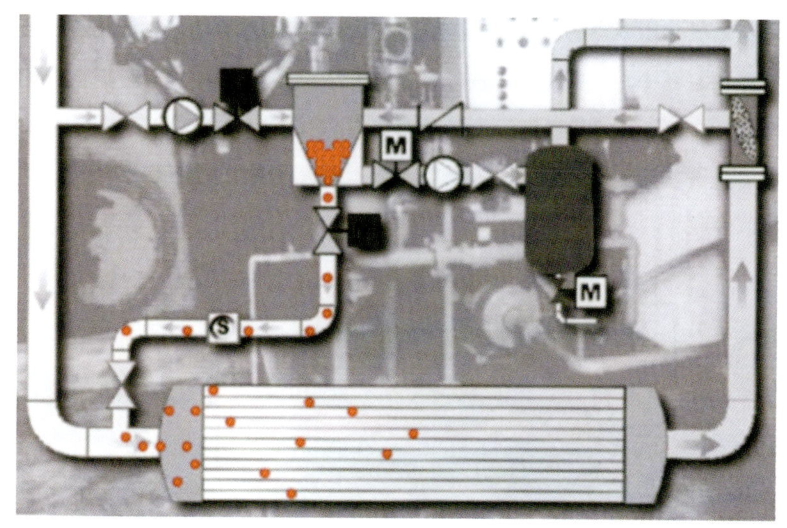

图 3-8-26 球注入循环

② 球回收循环。球回收循环过程中回收水泵开启，胶球由滤隔器随水流回收至回收器内，等待下一次清洗(图 3-8-27)。

(2) 现场实景：如图 3-8-28～图 3-8-30 所示。

2. 管刷清洗系统

(1) 系统构成：管刷清洗系统由一套四通换向阀、一套控制面板、一组管刷和网篮(一根铜管对应一个管刷和两个网篮)组成(图 3-8-31)。

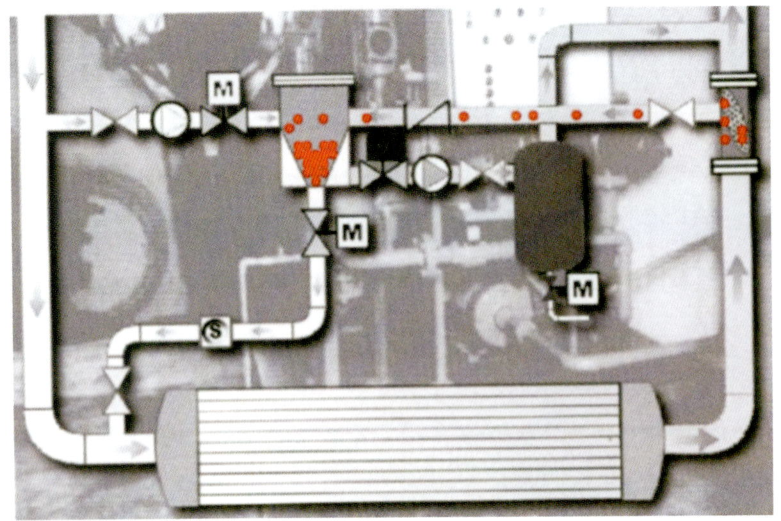

图3-8-27　球回收循环

图3-8-28　胶球清洗装置(2套)——螺杆式热泵机组内盘管的清洗

图3-8-29　四通换向阀

图 3-8-30　控制面板

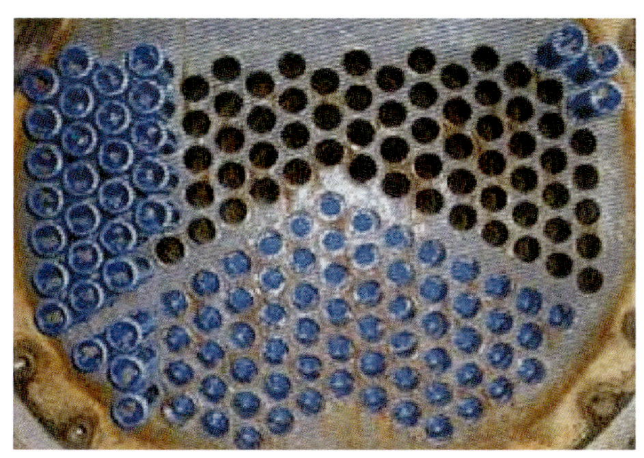

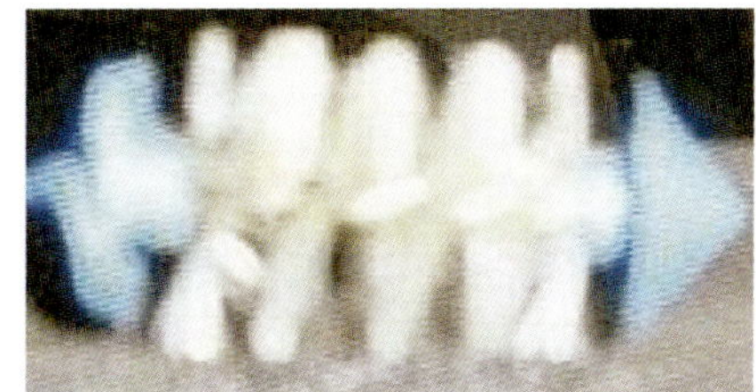

图 3-8-31　管刷和网篮

(2) 管刷清洗系统工作原理：系统正常运行时，四通换向阀未动作，水系统正常流动，管刷位于一端网篮内；系统进行清洗时，控制面板发出信号，四通换向阀动作，水流逆向，网篮内管刷顺水流呈螺旋状啮合内螺纹凹槽旋转前进，进行清洗，直至进入另一端网篮。停顿 25～30 s 后，四通换向阀复位，管刷随水流回到初始位置的网篮内，等待下一次清洗信号(图 3-8-32)。

系统所需配电电压为 110 V，另需压缩空气为四通换向阀提供换向动力。

(3) 现场照片实景：如图 3-8-33～图 3-8-34 所示。

四通阀换向工作

正常水流位置

图 3-8-32

8.6.5　江水源机房

为体现世博会绿色环保的世博理念，本项目空调冷热源采用江水源热泵系统(部分为冷水机组)加地源热泵系统(图 3-8-35～图 3-8-43)。

江水源热泵机房设在世博轴地下二层最北端(1-1～1-13/A-C 轴)，以减少江水输送距离。根据冬夏季负荷情况及地源热泵所能提供的热量，合理配置热泵机组，供冷量不足部分配置单冷型离心式冷水机组，以提高制冷效率。

地源热泵系统分三个能源中心，均位于世博轴地下二层东侧，分别布置在 1-14～2-3/H-J 轴(北区机房)；3-23～3-26/H-J 轴(中区机房)；4-11～5-2/J-K 轴(南区机房)。北区地源侧有 1 528 个换热孔；中区地源侧有 1 670 个换热孔；南区地源侧有 1 843 个换热孔。

图 3－8－33　四通换向阀 3 套(刷子清洗装置)——离心式冷水机组内盘管的清洗

图 3－8－34　四通换向阀(刷子清洗装置)

图 3－8－35　空调二次泵(9 台，南区、中区、北区各 3 台)

图 3－8－36　江水源螺杆式热泵机组一次泵(6 台)

图 3－8－37　江水源离心式冷水机组一次泵(4 台)

图 3－8－38　江水源螺杆式热泵机组(5 台)

图 3-8-39　江水源离心式冷水机组(3 台)

图 3-8-40　空调水集水器及分水器

图 3-8-41　江水源离心式冷水机组高压配电柜

图 3-8-42　空调二次泵变频控制器

图 3-8-43　机房内空调水各类管线

两种能源中心共同满足本工程夏季空调计算冷负荷北区 6 936 kW，中区 4 994 kW，南区 6 029 kW；夏季空调计算面积的冷负荷指标为北区 245 W/m²，中区 204 W/m²，南区 182 W/m²。

8.6.6　空调末端构成

大空间如地下二层商业、餐饮，采用低风速全空气系统（AHU、PAU）。地下二层安检区域等半开敞区域，采用低速全空气送回风降温系统和吊装空调箱（AHU）降温加独立送新风系统（PAU）。空调机组就近设置在本层或相邻层的空调机房内。

地下一层、地面层、10 m 平台层商业、餐饮等空调区域采用风机盘管加独立新风系统。除餐饮外，地下一层、地面层及 10 m 平台层新风空调系统均采用全热回收技术，排风经与新风全热交换后排放。

空调用户侧水系统采用二管制异程式系统，用平衡阀调节各支路水力平衡。共分北区、中区、南区三个空调水系统。

从江水源热泵机房或地源热泵机房经空调水泵将空调水供出，经过 55 个空调机房内 100 多台空调箱、117 台吊式空调箱，以及 447 台风机盘管热交换后（图 3-8-44～图 3-8-46），空调水再回至江水源热泵机房或地源热泵机房。空调水回水进入冷水机组或热泵机组与黄浦江水或地源水进行热交换后再次进入空调水系统，如此构成空调水系统循环。黄浦江水或地源水利用黄浦江水资源及地下水资源进行独立的循环，进行热交换，如此构成冷却水系统循环。

图 3-8-44 空调箱 100 多台(AHU PAU)

图 3-8-45 吊式空调箱 117 台(AHU-D)

图 3-8-46 风机盘管 447 台

8.6.7 冬夏季的系统切换

江水源热泵系统与地源热泵系统的冬夏季切换只需按照标牌指示操作转换阀门即可完成，操作简单易懂(图3-8-47)。

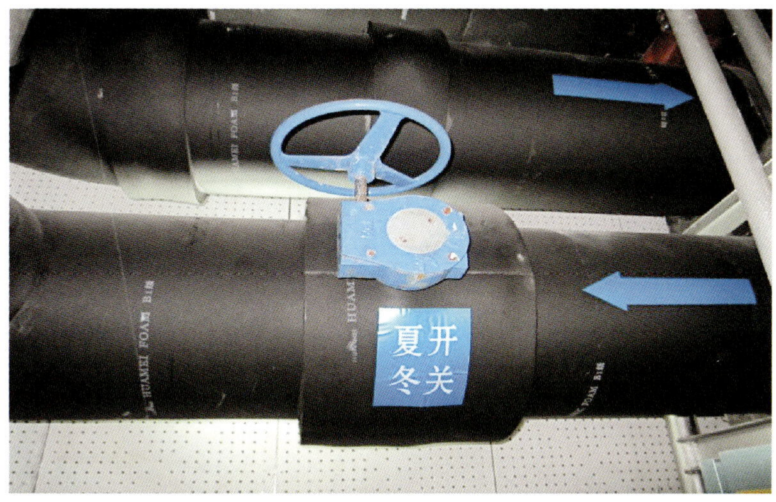

(a)

(b)

图3-8-47 冬季夏季切换阀门

系统的优点：

① 节约运行成本。由于使用自然水体作为冷热源，可节省一部分制冷制热成本。

② 减少污染。采用江水源和地源热泵，取消了冷却塔和锅炉，减少了冷却塔或锅炉占用面积，避免了冷却塔的噪声、飘水以及由于冷却塔的位置设置离建筑物较近而使人员活动区域遭军团杆菌污染的潜在危险。无锅炉烟气排放，与常规空调相比，省去安装燃煤、燃油、燃气或电锅炉，节约能源、二氧化碳零排放，绿色环保，运行管理投入低廉。对环境保护意义重大，同时也使整个世博轴景观更加美好。

③ 节省能源。加大水系统中的温差，减少了输送能耗，节约能源的使用。夏季利用黄浦江水作为热泵冷机组冷凝器的放热端，冬季利用黄浦江水作为冬季热泵机组的吸热端，冬夏季通过压缩冷凝机组取热水和冷水进行空调，不消耗、不污染黄浦江水源。并能有效节省能源，符合当前设计绿色建筑，节能环保和利用可再生能源的方向。

8.7　地源热泵系统

8.7.1　地源热泵概况

世博园区建设为体现世博会绿色环保的世博理念，世博轴工程空调系统冷热源采用土壤源热泵系统加江水源热泵系统（部分为冷水机组）。

土壤源热泵系统分三个能源中心，均位于世博轴地下二层东侧，分别布置在 1－14～2－3/H－J 轴（北区机房）；3－23～3－26/H－J 轴（中区机房）；4－11～5－2/J－K 轴（南区机房）。北区土壤源侧有 1 528 个换热孔；中区土壤源侧有 1 670 个换热孔；南区土壤源侧有 1 843 个换热孔，共计 5 041 个孔。土壤源热泵系统三个区共安装热泵机组 10 台，单台制冷量 1 200 kW，制热量 970 kW，循环水泵 26 台。

8.7.2　地源热泵原理

地源热泵是利用水与地能（地下水、土壤或地表水）进行冷热交换来作为热泵的冷热源，冬季把地能中的热量"取"出来，供给室内采暖，此时地能为"热源"；夏季把室内热量取出来，释放到地下水、土壤或地表水中，此时地能为"冷源"。

本项目采用土壤源热泵技术，通过深埋于建筑物底板下结构桩内的管路系统将浅层地能在建筑物内部完成热交换，被称作"地温空调"。它彻底取代了锅炉或市政管网等传统的供暖方式和常规中央空调系统，环境和经济效益尤为显著（热泵机组运行时，不消耗水也不污染水，不需要锅炉，不需要冷却塔，也不需要堆放燃料废物的场地，环保效益显著。地源热泵机组的电力消耗，与空气源热泵相比也可以减少 40%以上；与电供暖相比可以减少 70%以上，它的制热系统比燃气锅炉的效率平均提高近 50%，比燃气锅炉的效率高出 75%），被称为 21 世纪的"绿色空调技术"。

地源热泵技术在欧美、日本等先进国家已普遍使用，具备突出的节能、环保特性。该项空调技术在世博场馆中的利用，更充分体现出节能高效、绿色环保的办博理念。

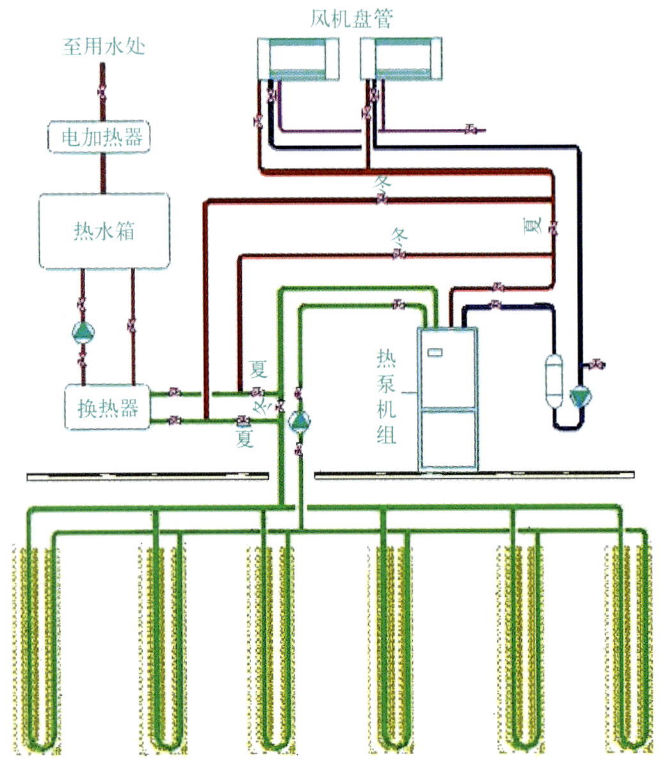

图 3－8－48　垂直式埋管系统

本工程作为国际上所倡导的节能环保型中央空调，融合了多种能源系统，采用了一套国内先进的空调机房自动控制系统，实现了清洁能源、综合利用和自动控制的优势互补，体现了安全、稳定及高效的运行特点，最大限度地发挥了新型能源的作用，为国内新型能源的开发利用和发展起到了积极的推广和示范作用。

8.7.3　系统的构成

1. 施工技术

地埋管换热器是地源热泵系统的核心部分之一，它的完好率对于地源热泵系统能否正常运行至关重要。灌注桩埋管的特点是施工配合工艺较复杂，容易损坏，而且地埋管换热器深埋在建筑物底下，一旦建筑结构完成后即无法检修，因此必须采取必要施工技术和措施保证地埋管换热器的施工成功率（图 3－8－48）。

（1）管材选择：地埋管散热器管道采用高密度聚乙烯管（HDPE100），采用热熔法连接。垂直地埋管换热器的 U 形弯管接头，选用定型的 U 形弯头成品件，保证其连接性能，不会出现弯头处损坏的情况（图 3－8－49）。

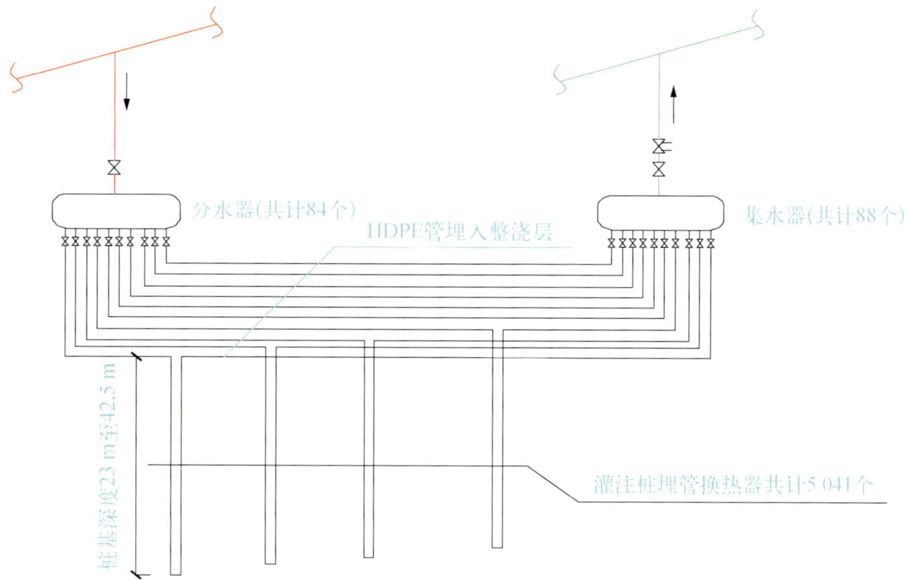

图 3-8-49 地热埋管系统

(2) 灌注桩内下管方法：本工程桩比较浅,故采用人工放管的方式。将两组单 U 管绑在钢筋笼上,同钢筋笼一起放入钻孔内。由于钢筋笼在放入钻孔过程中是分段焊接的,所以必须采取适当措施保护绑扎在钢筋笼上 PE 管,以防钢筋笼焊接过程中火星、焊渣及高温损坏 PE 管。

(3) 截桩保护：为防止截桩时对 PE 管的损坏,在截桩位置埋设 ϕ50 的钢套管进行保护。土建单位在截桩施工时使用小型机械施工,并采用垂直截桩方式,截桩前应挖出 PE 管,先行截断,以防止截桩时拉坏 PE 管。

(4) 水压试验：依据相关规范要求,在 U 形管连接完毕后放入桩孔前应进行水压试验,要求在试验压力下,稳压至少 15 min,稳压后压力降不应大于 3%,且无泄漏现象;将其密封后,在有压状态下插入桩孔,完成混凝土浇筑后保压 1 h。

(5) 地板穿越及防水保护：由于所有埋设在结构底板下的地埋管道均需穿越底板,而管道穿越底板,最关键的问题就是结构防水问题,对于 PE 管和保护钢套管之间及保护钢套管和混凝土底板之间均应进行有效防水处理,工程中采用 PE 管与保护钢套管间需填塞遇水膨胀腻子和在保护钢套管穿越大底板处设止水钢板措施进行防水处理。

(6) 水平管保护：由于水平管设于底板上 300 mm 的面层下部,面层上施工要比较小心,开挖或打膨胀螺栓深度不可深于 100 mm,以免损坏水平连接管。

(7) 埋管检漏：调试中万一个别埋管有泄漏,可以关闭分集水器总阀及埋管分阀,然后逐一打开每个埋管分阀,视失压情况判断埋管泄漏,并摘除泄漏的埋管。

2. 地埋管换热器的检验和验收

(1) 检验内容：

① 管材、管件等材料应符合国家现行标准的规定。

② 钻孔、水平埋管的位置和深度、地埋管的直径、壁厚及长度均应符合设计要求。

③ 回填料及其配比应符合设计要求。

④ 水压试验应合格。

⑤ 各环路流量应平衡,且应满足设计要求。

⑥ 防冻剂和防腐剂的特性及浓度应符合设计要求。

⑦ 循环水流量及进出水温差均应符合设计要求。

(2) 试压试验要求：试验压力：当工作压力小于等于 1.0 MPa 时,应为工作压力的 1.5 倍,且不应小于 0.6 MPa;当工作压力大于 1.0 MPa 时,应为工作压力加 0.5 MPa。

(3) 水压试验步骤：

① 竖直地埋管换热器插入钻孔前,应做第一次水压试验。在试验压力下,稳压至少 15 min,稳压后压力降不应大于 3%,且无泄漏现象;将其密封后,在有压状态下插入钻孔,完成灌浆之后保压 1 h。水平地埋管换热器放入

沟槽前，应做第一次水压试验。在试验压力下，稳压至少 15 min，稳压后压力降不应大于 3%，且无泄漏现象。

② 垂直或水平地埋管换热器与环路集管装配完成后，回填前应进行第二次水压试验。在试验压力下，稳压至少 30 min，稳压后压力降不应大于 3%，且无泄漏现象。

③ 环路集管与机房分集水器连接完成后，回填前应进行第三次水压试验。在试验压力下，稳压至少 2 h，且无泄漏现象。

④ 地埋管换热系统全部安装完毕，且冲洗、排气及回填完成后，应进行第四次水压试验。在试验压力下，稳压至少 12 h，稳压后压力降不应大于 3%。

⑤ 水压试验宜采用手动泵缓慢升压，升压过程中应随时观察与检查，不得有渗漏；不得以气压试验代替水压试验。

8.7.4 地源热泵系统控制方案

所有地源热泵机组的启停与相关的负荷控制连锁，用户可以根据现场的具体情况和用户的要求对这些程式中的参数及连锁点自行修改和设定。BAS 系统通过直接数字控制器来完成对地源热泵机组的控制要求：地源热泵机组台数控制运行顺序的转换控制根据水系统的供回水温差和流量计算空调系统的冷(热)负荷，以此来对地源热泵机组、空调水泵实现联动控制，同时监视其运行状态及故障状态(图 3-8-50)。

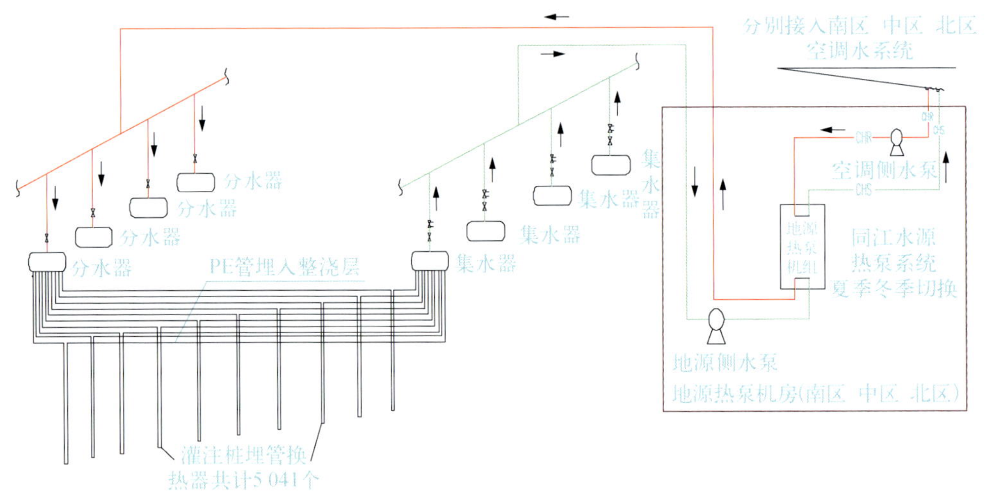

图 3-8-50 地源热泵系统流程

8.8 机房弱电监控设备

8.8.1 北区地源热泵机房(表 3-8-1)

表 3-8-1 北区地源热泵机房

监控设备	数量	监控内容
螺杆式地源热泵机组	3	DI：手自动状态，工作状态，故障报警，水流开关状态 DO：机组启停控制，水泵开关控制，水阀开关控制 AI：地源侧供回水温度，空调侧供回水温度，水管压力、流量
空调水泵	4	DI：手自动状态，工作状态，故障报警，变频器跳擎报警 DO：水泵开关控制 AI：变频器频率反馈 AO：变频器调节控制
地源水泵	4	DI：手自动状态，工作状态，故障报警 DO：水泵开关控制
膨胀水箱	1	DI：高低液位报警

8.8.2 中区地源热泵机房(表 3-8-2)

表 3-8-2 中区地源热泵机房

监控设备	数量	监控内容
螺杆式地源热泵机组	3	DI:手自动状态,工作状态,故障报警,水流开关状态 DO:机组启停控制,水泵开关控制,水阀开关控制 AI:地源侧供回水温度,空调侧供回水温度,水管压力、流量
空调水泵	4	DI:手自动状态,工作状态,故障报警,变频器跳擎报警 DO:水泵开关控制 AI:变频器频率反馈 AO:变频器调节控制
地源水泵	4	DI:手自动状态,工作状态,故障报警 DO:水泵开关控制
膨胀水箱	1	DI:高低液位报警

8.8.3 南区地源热泵机房(表 3-8-3)

表 3-8-3 南区地源热泵机房

监控设备	数量	监控内容
螺杆式地源热泵机组	4	DI:手自动状态,工作状态,故障报警,水流开关状态 DO:机组启停控制,水泵开关控制,水阀开关控制 AI:地源侧供回水温度,空调侧供回水温度,水管压力、流量
空调水泵	5	DI:手自动状态,工作状态,故障报警,变频器跳擎报警 DO:水泵开关控制 AI:变频器频率反馈 AO:变频器调节控制
地源水泵	5	DI:手自动状态,工作状态,故障报警 DO:水泵开关控制
膨胀水箱	1	DI:高低液位报警

8.8.4 机房弱电监控内容

监测地源热泵机组的手自动状态、运行状态、故障状态,根据负荷自动进行机组的组群控制。

(1) 空调水泵:监测手自动状态、运行状态、故障状态,启停控制;变频器调节控制、跳擎报警、频率反馈。

(2) 地源水泵:监测手自动状态、运行状态、故障状态,启停控制。

(3) 空调水系统:压差旁通控制,保持系统流量和压力的稳定。监测设备的手/自动状态。根据设备累计运行时间备用空调水泵自动切换,同时在自动运行模式下,常用泵如发生故障,备用泵将自动切入。

累计运行时间,开列保养及维修报告。通过联网将报告直接传送至有关部门。

中央监控对系统中各种温度、设备运行状态和报警及各种设备的启停。中央可编制节假日上、下班等时间运行程序,在不同时间段合理地运行设备,节约能源。

8.8.5　地源热泵实景(图 3－8－51～图 3－8－54)

图 3－8－51　地源热泵机组

图 3－8－52　地源侧循环水泵

图 3－8－53　空调侧循环水泵

图 3-8-54 地源水分集水器

8.9 水资源回收利用技术

世博轴工程有众多的环保节能设计功能,雨水处理也是其中一个亮点。雨水收集利用的原理是考虑利用处理后的雨水,作为冲厕用水、道路冲洗及绿化浇灌用水、水景用水等。本工程雨水处理系统设计及施工难点主要分为两块,一块为收集,另一块为如何利用。雨水收集主要是通过阳光谷及膜结构顶自然收集雨水,雨水利用主要是将收集的雨水排放至地下雨水沟渠(将近 6 000 m^3)通过水泵提升至机房处理设备经处理后至机房水箱由变频水泵提升至末端用水处。

8.9.1 雨水处理系统的收集

本工程的雨水处理系统收集主要是通过阳光谷及膜结构进行收集,阳光谷(6 个阳光谷)部分单独通过阳光谷下部雨水斗排放至地下雨水沟渠。膜结构部分将雨水汇至膜结构最低点与阳光谷连接由阳光谷排至地下雨水沟渠。地下雨水沟渠主要作为雨水调蓄用,兼雨水回用。超出储存容积的雨水采用潜水排污泵加压提升至室外雨水管。

8.9.2 雨水处理系统的利用

本工程共设置 4 个雨水处理机房,每个机房设置 1 套雨水处理设备、1 个 100 m^3 水箱以及 1 套供水设备。当雨水沟渠水位达到设定液位时,市政进水阀门关闭,通过雨水处理设备处理后将水打入不锈钢水箱。当水箱中的雨水下降到一定的水位时,市政进水阀门打开,雨水处理设备自动关闭,回用装置将自动切换到自来水系统。本工程雨水收集设置一个集水渠,总储水量约为 6 000 m^3。

雨水经过雨水处理设备处理后,用做卫生间冲洗用水、道路冲洗用水、阳光谷冲洗用水、绿化浇灌用水以及水景用水等。

作为杂水利用技术其本质就是采用分质供水。即通过对城市管网自来水的处理以及雨水的收集处理利用,对水质需求不同的各系统分质供水,在减少对城市管网的需水量及排放量同时,也通过分质供水增加了回用水的使用量,达到了节能减排的目的。

8.9.3 设计及施工难点

由于膜结构面积大、角度不一、膜结构会随风摆动并且阳光谷的角度不一,以致雨水斗需设计多大,排水管道采用多大的管径,采用何种材质、何种连接方式,这些都成为难题。

8.9.4 雨水斗及管径的确定

(1) 理论分析与计算：为了确定雨水斗及管径的尺寸大小，公司与设计师商量：决定采用模拟试验来进行理论分析与计算。表3-8-4为世博轴膜结构屋面排水系统的数据，这些数据是从水力学的角度进行分析，并假定以DN150的管道作为排水立管(包括连接管)。最终理论计算结果是：其排水能力能满足设计的排水流量要求。

表3-8-4 世博轴膜结构屋面排水系统

编号	排水口数量	汇水面积 (m^2)	暴雨强度 [L/(s·100 m^2)]	排水口设计流量(L/s)	管道流速 (m/s)	高差 (m)
YM-1	4	2 775	7.09	49.19	2.78	20
YM-2	4	3 195	7.09	56.63	3.21	9
YM-3	4	3 090	7.09	54.77	3.10	9
YM-4	4	2 206	7.09	39.10	2.21	20
YM-5	4	3 216	7.09	57.00	3.23	20
YM-6	4	1 971	7.09	34.94	1.98	20
YM-7	4	2 690	7.09	47.68	2.70	9
YM-8	4	2 626	7.09	46.55	2.64	20
YM-9	4	3 009	7.09	53.33	3.02	20
YM-10	4	3 251	7.09	57.62	3.26	20
YM-11	4	2 860	7.09	50.69	2.87	20
YM-12	4	2 365	7.09	41.92	2.37	20
YM-13	4	2 385	7.09	42.27	2.39	20
YM-14	4	2 578	7.09	45.70	2.59	20
YM-15	4	3 364	7.09	59.63	3.38	9
YM-16	4	3 170	7.09	56.19	3.18	9
YM-17	4	2 441	7.09	43.27	2.45	9
YM-18	4	3 154	7.09	55.90	3.17	9
YM-19	4	3 346	7.09	59.31	3.36	9

从上表可以看出，对于高差为20 m的排水系统，排水能力远超出设计的排水流量的要求，问题是：

① 任何管道管内的排水流速有限制，流速过大将对管道振动、噪声和管道的固定等产生影响，一般金属管的流速控制在3～4 m/s。

② 管内负压值的限制，如负压达到水的汽化压强时，管内的水将产生汽化，破坏管道的满管流，减低管道的排水能力。

因此，对于世博轴膜结构屋面排水系统的整体分析，为使系统达到满管流，限制气体随水流混入，必须设计合适的排水斗和降低管道的流速。

(2) 排水斗的设计：排水斗的设计分为结构和容积，目的是将膜结构屋面的雨水有效平稳地汇集到排水口中，并有效地限制气体掺混在水流中；排水斗的容积大小直接影响排水的稳定，过大影响美观，过小可能排水系统还没形成满管流，排水流量小于屋面汇水雨量，雨水会溢出排水斗。排水斗内在排水口处设有挡气隔板，在水面附近设置防旋涡网格板，防止气体混入水流。排水斗的容积根据形成满管流的时间及雨量确定，一般形成满管流的时间500～800 ms，如屋面的排水量在250 L/s，如以800 ms计，排水斗的容积约为200 L，如考虑安全系数，世博轴膜结构屋面排水系统的排水斗的容积约为500 L。

(3) 降低排水管的流速：降低排水管流速的有效方法是在管中设置阻碍，即在排水管的出口处设置孔板。孔板的孔径是根据不同的排水量和排水系统理论计算得到的。当通过降低排水管流速的同时，也能消除排水管中的负压，使排水稳定。系统的理论计算见表3-8-5。

表 3-8-5 排水系统理论计算

编 号	排水口设计流量(L/s)	孔板直径比	孔板面积比	孔板阻力
YM-1	49.19	0.50	0.25	42.6
YM-2	56.63	0.72	0.52	7.1
YM-3	54.77	0.71	0.50	7.7
YM-4	39.10	0.45	0.20	72.0
YM-5	57.00	0.54	0.29	29.6
YM-6	34.94	0.43	0.18	89.1
YM-7	47.68	0.59	0.35	17.9
YM-8	46.55	0.48	0.23	48.5
YM-9	53.33	0.52	0.27	35.0
YM-10	57.62	0.54	0.29	28.8
YM-11	50.69	0.50	0.25	39.6
YM-12	41.92	0.46	0.21	61.6
YM-13	42.27	0.46	0.21	60.5
YM-14	45.70	0.49	0.24	46.5
YM-15	59.63	0.68	0.47	9.2
YM-16	56.19	0.66	0.43	11.2
YM-17	43.27	0.59	0.35	18.0
YM-18	55.90	0.65	0.43	11.3
YM-19	59.31	0.68	0.46	9.4

(4) 现场模拟排水试验

现场设计了 1∶1 局部试验模型,进行模拟排水试验,得出的结果见表 3-8-6。

表 3-8-6 模拟排水试验

流 量	出口阀门状态	雨水斗水面状态	管道振动情况
50 年(52 L/s)	全 开	非淹没,淹没和淹没稳定	有振动
		非淹没	
53.2 L/s	关闭(28.3/8)圈	淹没稳定	明显改善
100 年(57.1 L/s)	全 开	非淹没,淹没和淹没稳定	振动大
		非淹没	
57.7 L/s	关闭(28.1/4)圈	淹没稳定	明显改善
极限流量	全 开	非淹没,淹没和淹没稳定	振动强力
		非淹没	
67.8 L/s	关闭(27.1/2)圈	淹没稳定	明显改善
10 年(40.8 L/s)	全 开	非淹没,淹没和淹没稳定	有振动
		非淹没	
42.3 L/s	关闭(28.5/8)圈	淹没稳定	明显改善
5 年(36.2 L/s)	全 开	非淹没,淹没和淹没稳定	有振动
		非淹没	
37.0 L/s	关闭(29.1/2)圈	淹没稳定	明显改善

(5) 现场试验噪声测试:

① 测试仪器:丹麦 B&K 公司声学测量仪器,2250B 型噪声分析仪。

噪声测量前噪声分析仪套件均经 4230 型标准声源定标校准。

② 现场测试情况及方法:虹吸试验阶段,虹吸系统为 66 L/s、56.5 L/s、36 L/s、流量对立管(进水管、出水管)

噪声测量，测量为A声级及31.5～8 kHz倍频带中心频率。

③ 测量数据汇总见表3-8-7。

表3-8-7 测量数据汇总

测试条件	倍频带中心频率(Hz)									A声级
	31.5	63	125	250	500	1 K	2 K	4 K	8 K	(dB)
流量66，进水管	81	81	76	70	73	76	77	73	66	74
流量66，出水管	80	79	77	73	74	74	75	72	67	75
流量56.6，进水管	68	68	66	67	67	67	66	69	65	70
流量56.5，出水管	73	70	70	67	66	66	67	68	65	69
流量36，进水管	68	67	65	64	64	63	62	65	56	66
流量36，出水管	68	69	64	65	64	63	64	66	55	66

(6) 模拟试验现场实景见图3-8-55。

(a)

(b)

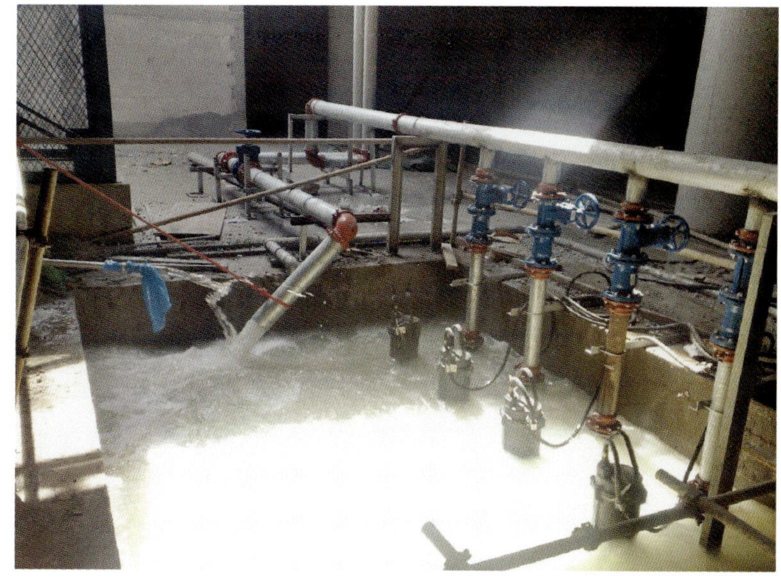

(c)

(d)

图 3－8－55 江水源实验现场

(7) 分析与结论：从排水试验结果分析得到，DN150 排水管的排水能力能满足设计的要求，理论计算和试验结果很相似，由于试验在管道中用阀门来代替孔板的阻碍，从计算结果孔板的开孔面积在 20%～30%，而阀门的开启度与之相似(全关闭 34 圈，而试验的关闭圈数在 27～29 圈)，唯一不同的是孔板是中心流动和阀门是一侧流动。

在给定流量时，如全开阀门，水流中掺入大量的空气，水流流动过程中对管道产生振动，当关小阀门的开启度，水流的空气逐渐减少，管道的振动也明显改善，特别在排水斗中形成稳定的水面，基本无空气掺入水流中，管道无明显振动。不同的流量有不同的阀门开启度，具体阀门的开启度(孔板的开孔面积)是根据暴雨强度确定。

8.9.5 管道材质及连接方式的确定

确定了雨水斗及管道管径大小后，对管道采用什么材质及管道的连接方式进行了讨论。设计提供了膜结构的摆动参数以及管道布置的位置，由于膜结构及阳光谷的角度不一，决定采用轴向补偿器来解决膜结构的摆动问题,采用无缝钢管现场预制的方法来解决角度问题。

为保证尺寸的准确性,用吊臂式升降车采用钢丝对膜结构顶与阳光谷连接部位进行管道模拟,再将模拟的钢丝尺寸角度进行放样预制管道。由于现场管道支架无法采用钢材支架,最后经过讨论研究,决定采用吊钢丝绳设置抱箍支架的方法。

为了解决美观问题,施工单位同补偿器厂家对补偿器的长度尺寸进行了协商分析,最后在不影响功能的前提下,将补偿器的长度改至最短。

现场安装结束后,施工单位连同设计至现场观察,安装效果不是很理想,主要原因是由于膜结构是软性的,而安装的管道刚性较大,可能会在台风季节将膜结构顶破。虽然轴向补偿器已改至最短,但看上去效果仍不理想。

施工单位根据多年的施工经验,提出采用金属软管的方式。由于金属软管的可塑性及一定的拉伸性,可以满足不同的角度及膜结构的摆动。最后经过反复讨论及研究,设计、业主同意采用金属软管。同样利用吊臂式升降车采用钢丝对膜结构顶与阳光谷连接部位进行管道模拟,再将模拟的钢丝尺寸角度进行放样。同时和生产厂家对尺寸进行优化协商,最终用 CAD 绘制出加工尺寸进行生产制作。最终这批产品至现场安装后协同设计、业主至现场察看后还是觉得比较满意的(图 3-8-56)。

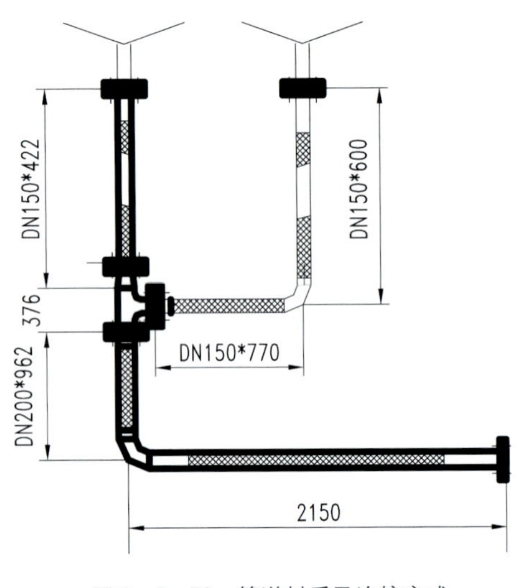

图 3-8-56　管道材质及连接方式

8.10　泛光照明

8.10.1　世博轴灯光设计方案

世博轴及地下综合体工程是世博园区最大的单体项目。作为世博园区内重要的标志性建筑,世博轴将与两侧的中国馆、世博中心、文化中心、主题馆构成“一轴四馆”,成为世博会园区的主要核心。世博会后,将作为城市中巨大的景观轴线和标志物得以永久保留。

上海世博会的主题为“城市让生活更美好”。世博轴艺术灯光景观也将用艺术的光来演绎这个主题的主旋律!

广茂达世博轴艺术灯光景观的主题为:光、城市、生活、未来……

设计师遵循艺术、简约、未来感的设计风格,遵循可持续发展、绿色和创新的设计理念,使上海世博之夜的美好回忆比白天更好更美更令人久久回味!

世博轴艺术灯光景观具有强大的场景设计和表演空间,可以根据季节、主题内容和节目内容等设计不同的艺术灯光场景。建成后的世博轴线,美丽、壮观,如一道靓丽的彩虹延伸至黄浦江边,光彩夺目,震人心魄……

8.10.2　LED 灯的优越性

(1) 电压:LED 使用低压电源,供电电压为 6～24 V,根据产品不同而异,所以它是一个比使用高压电源更安全的电源,特别适用于公共场所。

(2) 效能:消耗能量较同光效的白炽灯减少 80%。

(3) 适用性:很小,每个单元 LED 小片是 3～5 mm 的正方形,所以可以制备成各种形状的器件,并且适合于易变的环境。

(4) 稳定性:10 万小时,光衰为初始的 50%。

(5) 响应时间:其白炽灯的响应时间为毫秒级,LED 灯的响应时间为纳秒级。

(6) 对环境污染:无有害金属汞。

(7) 颜色:改变电流可以变色,发光二极管方便地通过化学修饰方法,调整材料的能带结构和带隙,实现红黄绿蓝橙多色发光。如小电流时为红色的LED,随着电流的增加,可以依次变为橙色,黄色,最后为绿色(图3-8-57)。

图3-8-57 阳光谷灯光效果

(8) 价格：LED的价格比较昂贵,较之于白炽灯,几只LED的价格就可以与一只白炽灯的价格相当,而通常每组信号灯需由300～500只二极管构成。

8.11 机房的安装

8.11.1 机房安装的重要性

在建筑工程中,土建结构好比是人的骨骼,装饰好比是人的衣服,机电好比是人的血管,机房则好比是人的心脏。本工程的辅机设备有遍布全站的30多个机房,考虑到机房多为明露管线,为确保安装的观感质量,项目部在机房安装前利用CAD辅助设计,进行管线综合布置,找到最合理的排列效果,使得各专业管线的走向简捷、美观。

8.11.2 机房施工前期精心策划、准备

本工程的机房包括大型机组设备、各类水泵、阀门,大小管线近千米,可谓相当复杂,如仅依靠普通的设计院平面图纸很难展现机房的具体布置,有鉴于此,施工单位设想对整个机房内管线进行三维深化,将各类管线以CAD三维图纸的形式明确各自的走向,直观表现机房布局。这样可以达到以下几个目的,以提高机房施工品质：熟悉机房内系统工作原理、策划合理工艺流程;利用三维深化制图,合理布局机房。

(1) 可以更合理的优化管线布局：三维深化的图纸可以比二维图纸更直观反映机房管线的布局,实现在图纸阶段将管线综合布置合理完成,避免粗放自由型的施工造成的大量返工,浪费工期及成本(图3-8-58)。

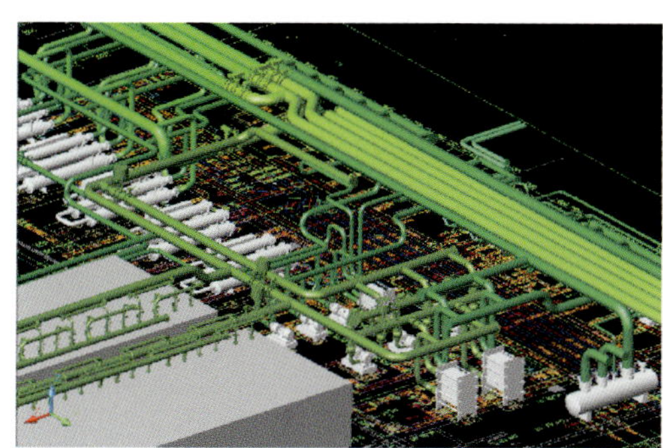

图3-8-58 机房三维管道安装图

(2) 优化机房效果,提升质量品质：通过三维深化图纸的直观展示,综合业主、监理、设计、运营人员等的各方意见,将设计上不合理的管线走向,仪表位置进行调整,综合取得各方面认可的三维管线布置,最终实现“所

见即所得"的机房施工,避免留下遗憾(图 3－8－59)。

图 3－8－59　水泵配管图与施工后实景

(3) 便于合理安排施工:三维深化的图纸无论在平面尺寸、标高位置、还是管线交错情况都有了直观可测的展现,对于现场施工人员来说,不仅可使其对机房最终效果有一个全面的认识,也可通过三维图纸表现的管线交错情况,合理安排施工顺序,加快施工进程(图 3－8－60)。

图 3－8－60　三维管道安装图与施工后实景

8.11.3　具体施工时按既定方案控制落实

1. 部分短管统一预制,贯彻质量标准

基于 CAD 制图的机房深化管线,可方便地选取任意管段直接标注尺寸,形成管段加工图,便于提前加工预制,从而加快正式施工进度。项目部在机房施工时,将不同可预加工管段进行编号、统一加工预制。

以统一的焊接质量标准严格控制各焊口的施工质量,从坡口、点焊、打底焊、盖面焊不同阶段,提出针对性质量控制要求,控制焊接质量避免由于不同焊接人员、不同施工阶段引起的质量标准不统一现象,以强化质量管理,使整个机房的焊接质量在施工前后期始终处于受控状态,最终的质量也令人较为满意。

2. 施工过程中具体措施

(1) 组织优秀的劳动力队伍,树立做精品的思想。

(2) 将整个机房的三维深化详图在现场墙面放大展示,以便现场施工人员对照施工(图 3－8－61)。

(3) 对施工带班人员进行读图、熟图的培训,以便其理顺各管线关系,合理安排各管线施工顺序,明确施工难点及要点,最终使机房内管线一次安装到位。

(4) 施工质量及安全要求,除常规要求外,更应对机房内动火、登高作业、设备保护、太阳灯的使用等安全隐患进行详细的安全施工交底。同时对焊接、坡口、切割、法兰连接、阀门设置安装、仪表开孔等作明确的质量要求

图 3－8－61 现场张贴三维管道安装图

并详细交底。

(5) 针对质量及安全要求要点，现场挂牌明示以随时督促提醒施工人员注意。并编制针对性施工手册，由现场施工人员、质量人员随身携带，随时参考、检查。

8.11.4 施工后期协调各工种联动调试

(1) 首先根据本工程冷热源系统特点制定详细的调试方案，明确单机试车条件、调试人员及机具需求情况、系统拉循环条件（如供电、放气、排水等准备确认、关键位置的人员岗位监控设置等工作）、空调末端供冷条件。调试时应确认各条件成熟时方可进行。

(2) 根据本工程冷源各系统不同联合工况，确定各工况下使用到的设备、阀门及管线，并在三维深化图纸上单独展现（隐藏不需要的设备、阀门及管线），即不同工况不同的图纸，这样可以直观地反映设备启停及阀门启闭状态，循环调试时方便地做到不乱流、不窜流。

(3) 在各工况下循环工作正常的前提下，对不同工况的切换进行设备启停及阀门切换的手动及联动调试。

(4) 结合弱电控制系统对整个空调冷热源系统综合调试，试验各系统的不同工作状态。

8.11.5 环境保护与节能措施

所有设备用房采取消声、减震措施，以满足环境噪声指标的要求。消防楼梯间、前室及合用前室设正压送风系统。对符合排烟要求的内走道、中庭设机械排烟装置。送回风管道设消声装置，所有风机均选用低噪声风机，冷冻机、水泵设减震台座，其进出水管均设有减震装置。

9 精装修

9.1 装饰概况

本工程为考虑会后改造及二次利用，世博会期间的装饰主要采用简单装饰，主要装饰部位包括：地面、（砌体）墙面及公共部位的吊顶，外立面主要为敞开式空间，墙面以幕墙为主，内墙除隔墙及非公共区域墙体采用轻质隔墙或砌块墙体外，其余部位均为幕墙。

9.1.1 地面

地面以石材和环氧地坪为主，南广场局部彩色混凝土预制块，卫生间无釉地砖。

B2 层石材区域：北广场（世博大道以北）北广场旋转坡道花岗岩板材；

B2 层环氧树脂区域：世博大道以南至耀华路；

B1 层石材区域：北广场（世博大道以北）；

B1 层环氧树脂区域：世博大道以南至 5/16 轴；

F1 层石材区域：北广场（世博大道以北）、南广场（5/8～5/21 轴）；

F1 层彩色混凝土预制块区域：南广场（5/8～5/21 轴）；

F1 层环氧树脂区域：世博大道以南至 5/8 轴；

F2 层石材区域：整个 10 m 平台；

卫生间区域：通体无釉地砖；

廊桥区域：再生木地板。

9.1.2 墙面

铝板区域：北广场墙面及 B2 层核心筒两侧；

马赛克：卫生间；

玻璃隔断：世博服务用房（不属于精装修）。

9.1.3 吊顶

世博轴吊顶工程以石膏板、顶棚涂料及铝板吊顶为主，辅以局部装饰艺术造型（齿轮状）。位于敞开式结构两侧悬挑区域采用铝板吊顶，中间大面积均采用涂料喷黑，并采用齿轮状石膏板吊顶加以点缀。

9.2 主要施工技术

9.2.1 粉刷施工

1. 工艺程序

清理基层→确定粉刷部位面积→夏季墙面应隔夜浇水→抹底层砂浆→抹面层砂浆→收尾。

2. 质量标准

各抹灰层及抹灰层与基层间必须黏结牢固,无脱层、空鼓和裂缝等缺陷。面层粉刷光滑,线角顺直整齐。水泥砂浆粉刷允许偏差和检查方法符合下表规定:

粉刷允许偏差和检验方法表

项目		允许偏差(mm)			检查方法
		普通	中级	高级	
1	立面垂直	—	5	3	用2 m托线板和尺检查
2	表面垂直	5	4	2	用2 m直尺和楔形塞尺检查
3	阴、阳角垂直	—	4	2	用2 m托线板和尺检查
4	阴、阳角方正	—	4	2	用20 cm方尺和尺检查
5	分格条(缝)平直	—	3	—	用5 m麻线板和尺检查,不足5 m用统麻线

3. 施工措施

(1) 门窗框两边抹灰不严,墙体预埋木砖间距过大或木砖松动,经门窗开关震动,在门窗框周边处产生空鼓、裂缝。应重视门窗框缝工作,设专人负责堵塞实。

(2) 基层清理不净或处理不当,墙壁面浇水不透。抹灰后、砂浆中的水分很快被基层(或底灰)吸收。应认真清理和提前浇水。

(3) 基底一次抹灰过厚,干缩率较大,应分层找平,每遍厚度宜为7~9 mm。

(4) 门窗洞口、墙壁面、踢脚板、墙壁裙等面灰搓或颜色不一致主要是操作时随意留施工缝造成。留施工缝应尽量在分格条、阴角处或门窗框边位置。

(5) 踢脚踏板、水泥墙壁裙和窗台板上口处墙壁厚度不一致,上口毛刺和口角不方等,主要是操作不细,墙面抹灰时接近踢脚板等处不平整,凹凸偏差大,或踢脚板等施工时没有拉线找直,抹完后又不反尺把上口赶平、压光。

9.2.2 地面湿贴石材面层施工

(1) 用材要求:石材的技术等级、光泽度、外观等质量要求,应符合国家现行标准规定。当板材有裂缝、掉角、巧曲和表面有缺陷时应予以剔除,品种不同的板材不得混杂使用。

石材防护:施工时,应在铺贴前24 h对石材的6个面刷防护剂2遍,铺贴时应先在石材背面抹上10~15 mm厚的白水泥,再进行铺贴。

石材黏结剂:18 kg砂浆强化剂+54 kg水+300 kg水泥(黑水泥425#或白水泥425#均可)粘贴石材;砂浆强化剂18 kg+水36 kg=混合液,搅拌均匀后涂刷于墙面基层板板面。

(2) 施工准备:按照施工工序,在地面铺设板材之前,一般顶棚、立面的装饰施工已经完成,先铺设楼地面,然后安装踢脚板。

清扫施工现场,检查各种埋地管线和各类预埋件对铺设石材面板的影响。

(3) 工艺流程:清理基层→弹中心线→试拼试排→刷水泥砂浆和铺砂浆结合层→刷水泥浆和铺水泥砂结合层→铺设面层板→灌缝擦缝→养护清洗上光→成品保护。

(4) 各施工步骤的施工要点及工艺标准:

① 清理基层。在铺设板材前,应按设计要求在墙柱上弹出板材表面、踢脚板和墙裙的标高线,挂线检查地面基层的平整度,用钢丝刷刷掉黏结在基层上的砂浆杂物,并清扫干净。如果基层为光滑的混凝土表面,应凿毛,凿毛的深度为5~10 mm,凿毛的凹痕间距为30 mm左右。基层表面应提前一天浇水湿润。

② 弹线。在平面标高确定后,根据设计板材的分块要求,挂线找中,然后房间地面弹出十字中心线,并将地面十字中心线引向墙面根部,用以检查和控制板材的施工位置。如室内地面与走廊地面石材颜色不同,其分界线应安排在门口门扇的中间处。

③ 试拼。在铺设前,板材应按设计要求,根据石材的颜色、花纹、图案、纹理等试拼,将非整块板对称排放在房间靠墙部位,试拼后按两个方向编号排列,然后按编号码放整齐。

④ 试排。在房间内的两个相互垂直的方向铺两条干砂,其宽度大于板块宽度,厚度不小于3 mm。结合施工

大样图和房间实际尺寸，把石材排好，检查板块之间的缝隙，核对板块与墙面、柱面、洞口等的相对位置。

⑤ 刷水泥浆和铺水泥砂结合。清理试拼试排的现场后，在铺设石材面层的基层上，用喷壶洒水湿润，刷一层水泥浆(水灰比为 0.4～0.5，随铺砂浆随刷)，根据板面水平线来确定结合层厚度。结合层的厚度：当采用水泥砂(其体积比为 1∶4～1∶6，水泥∶砂)时为 20～30 mm，当采用水泥砂浆时应为 10～15 mm。当采用 1∶4～1∶6 水泥砂结合层时，应洒水拌匀。当采用水泥砂浆结合层时，宜为干硬性水泥砂浆，配置水泥砂浆应采用硅酸盐水泥、普通硅酸盐水泥或矿渣硅酸盐水泥，其标号不宜小于 425 号。水泥砂浆采用的砂应符合现行的行业标准《普通混凝土用砂质量标准及检验方法》的规定，配置水泥砂浆的体积比为 1∶2，相应的水泥砂浆强度等级≥M15，水泥砂浆稠度以标准圆锥体塌入度计(mm)为 25～35。或按要求采用石材黏结剂粘贴。

⑥ 铺设面层板块。在铺设石材面层时，板材应先用水浸湿，待擦干或表面晾干后方可铺设。这是保证面层与结合层黏结牢固、防止空鼓、起壳等质量通病的重要措施。铺砌时根据房间的十字控制线，纵横各先铺一行，作为大面积铺砌的标筋用。铺砌的板块应平整、线路顺直，镶嵌正确，板材间、板材与结合层以及在墙角、镶边和靠墙处均应紧密砌合，不得有空隙。石材的表面应洁净、平整、坚实；板材间的缝宽当设计无规定时不应大于 1 mm。结合层与板材应同时分段铺砌。在正式镶铺时，先宜采用水泥浆或干铺水泥洒水作黏结。

⑦ 灌缝擦缝。地面板块铺砌后 24 h，可洒水养护，一般在 2 d 后，经检查板块无断裂和空鼓，即可进行灌缝。用同石材颜色的防水镇缝剂嵌缝；并做好随手清工作。

⑧ 养护清洗上光。在已铺好的地面上应用胶合板或塑料薄膜覆盖保护，2 d 内不得上人或堆置物品。当水泥砂浆强度达到 70%以上，方可清洗打蜡。石材的表面上光，可根据设计要求进行。

(5) 主要节点，如图 3-9-1～图 3-9-2 所示。

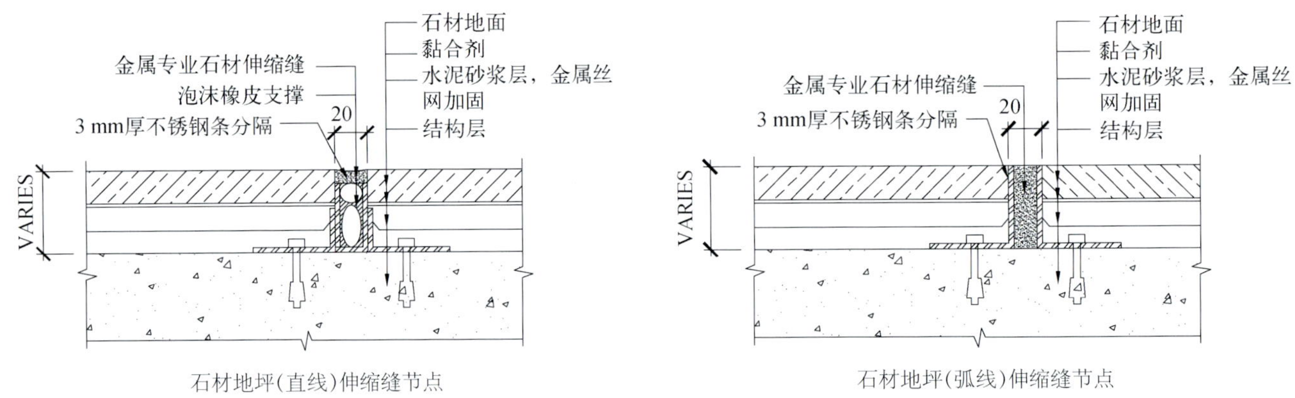

图 3-9-1　石材地坪伸缩缝节点

图 3-9-2　+10 m 花岗岩地坪

9.2.3 地砖地坪施工

（1）用材要求：地砖必须几何尺寸、色差一致，平面光洁、平整，无掉棱、缺角现象。各项技术指标均需达到设计及工料规范要求。黄砂一般选用中粗砂，水泥一般选用425＃普通硅酸盐水泥。

（2）施工准备：根据施工图，对施工现场弹线、丈量，结合实际情况绘制出地砖排列图，并画出局部大样图。地砖施工前，必须对施工部位的地面基层进行清理，将灰尘、起砂部位清理干净。然后，进行地面水平复核，若高差较大的部位采用修补，凿除或重新找平等方法，以达到本工艺所要求的高差(地坪基层高差不大于10 mm)。然后再进行水泥砂浆的找平工作，以增加地砖砂浆与基层地坪的黏结牢度。

（3）工艺流程：硬基层上弹线放样→基层处理→预排地砖→铺贴地砖→擦缝→表面清理→成品保护。

（4）各施工步骤的施工要点及工艺标准：

① 弹线放样、预排地砖。施工前应先清理楼面，出灰饼，用1∶3水泥砂浆找平。在房间纵横两个方向排列好地砖，其接缝宽度不大于2 mm。当排列两端边缘不合整砖时(或特殊部位)，应量出尺寸，将整砖切割成镶边砖。排砖确定后，用方尺规方，每隔3～5块砖在结合层上弹出纵横控制线。

将选配好的地砖清洗干净后，放入清水中浸泡2～3 h取出，晾干备用。弹完线后，按顺序铺砖。铺砖时，应抹5 mm厚水泥砂浆，按线先纵横定位带，定位带相隔15～20块砖，然后从里往外退着铺定位带内的地砖。将地砖按控制线铺贴平整、密实。

② 压平、拔缝。每铺完一个段落，用喷壶略洒水，15 min左右后，用木槌和硬木拍板按铺砖顺序锤拍一遍，不得遗漏。边压实，边用水平尺找平。压实后拉通线，先纵缝，后横缝，进行拔缝调直，使缝口平直、贯通。调缝后再用木槌、拍板砸平，随即将缝内余浆或地砖上的灰浆擦除。从铺设砂浆至压平、拔缝，应连续作业，常温下必须5～6 h完成。

③ 嵌缝、养护。铺设地面4 h后，将缝口清理干净，刷水润湿。用1∶1的水泥细砂浆嵌缝，嵌实压光，用棉纱将地面擦除干净。嵌缝结束后，要铺锯末洒水养护，养护时间不得少于7 d。

9.2.4 环氧纹理(3 mm)地坪施工

（1）方案及结构图：2041底漆＋3016中涂＋C10修补层＋C10S纹理面涂(图3-9-3)。

图3-9-3 方案及结构

（2）基面检查：

① 检查项目：平整度、强度、裂缝和空鼓、含水率、地坪结构。

② 检查方法：以一2 m/3 m直尺测量，对凹陷和凸起区域标注清楚并记录在案；以回弹仪测量并记录监测数据，对强度不够区域进行标注；目测和敲击的方法检查，对裂缝和空鼓出标注并作记录；含水率检测仪进行检测并作记录，标出超标区域；查看图纸和施工记录，确认一楼地坪已做防水层。

（3）基面处理：

① 对地坪较高处以研磨机进行研磨处理，较低处以环氧砂浆修补。

② 强度较低的问题书面通知业主并讨论处理方法。

③ 裂缝(龟裂纹除外)切成V形槽，以环氧砂浆补平后打磨平整，以环氧树脂贴两层玻璃布，表面以环氧胶泥补平。

④ 轻载区域的空鼓可以锚固的方法加固，重载区域的空鼓建议打掉混凝土重做。

⑤ 含水率应不大于6%,局部超标可以强制通风的办法解决,大面积超标须等待或采取特种底漆。

⑥ 切割缝和预留缝可以环氧砂浆填补(预先清理干净),安全的做法是地面施工完成后切开原缝并以PU弹性体填补。

(4) 环境检查:

① 环境温度和湿度,每一房间都应进行检测并记录数据。

② 检查门窗及玻璃,所有的门窗都应可以关闭,表面无积灰;门与地面的距离是否足够。

③ 有否可能的交叉施工,并对地面施工的影响作出预计和预防。

④ 检查已安装的管道有否滴漏的可能并作出预防。

⑤ 对照明及其开关的位置进行检查,避免施工后不能关灯。

⑥ 了解近期天气预报,对可能的天气影响进行预计并预防。

(5) 工具检查:

① 根据施工工艺和施工面积,施工人员检查施工器具是否齐全并及时补充。

② 施工前对电动工具进行检查以保证其完好。

③ 小工具的完好和洁净进行检查。

④ 劳动安全设施和器具进行检查,并做修理和补充。

⑤ 检查施工检测器具是否完好。

⑥ 以上情况记录在施工日志中。

(6) 施工工艺:

① 基面清理、研磨或喷砂。

② 涂装底漆2041一道;以长毛滚筒施工;要求涂装均匀、无漏涂;在底漆施工的同时施工人员穿钉鞋在未干的底漆上撒布40目石英砂;待干后进行下一道工序,建议涂装间隔时间:10℃以下间隔24~36 h,10~25℃间隔18~24 h,25℃以上间隔8~12 h。

③ 用3016环氧地坪中涂按比例混合后与40~70目石英砂配制成环氧砂浆材料,用刮板进行批刮,修补地面缺陷。

④ 用3016环氧地坪中涂按比例混合后与60~90目石英砂配制成环氧砂浆材料,用刮板进行批刮。

⑤ 待砂浆涂层干燥后,以砂皮研磨机打磨平整,除尽灰尘。

⑥ 用3016环氧地坪中涂按比例混合后与80~120目石英粉配制成环氧胶泥材料,用刮板进行批刮。

⑦ 待砂浆涂层干燥后,以砂皮研磨机打磨平整,除尽灰尘。

⑧ 用3016环氧地坪中涂按比例混合后与100~140目石英粉配制成环氧胶泥材料,用刮板进行批刮。

⑨ 待胶泥涂层干燥后,以砂皮研磨机打磨平整,除尽灰尘。

⑩ 按图纸要求的颜色区域放样画线,并用美纹纸粘贴。

⑪ 根据图纸颜色滚涂C10面涂一道。

⑫ 干燥后先用中毛滚筒均匀滚涂同色C10S面涂一道,并立即用纹理滚筒拉出所需的桔纹。

⑬ 取下粘贴的图样,待先前的面涂干燥后反向粘贴,并重复先前的步骤。

⑭ 面涂施工后,需要保养,封闭门窗等,常温下7 d内禁止上水,3 d内禁止上人。

⑮ 在第一层胶泥完工前不能交叉施工,此道干燥后为交叉施工点。

施工结束后的耐磨环氧地坪如图3-9-4所示。

9.2.5 再生木地板施工

(1) 用料要求:按照施工图要求,进行配料。材料的质量、配比均要符合施工规范,材料颜色、品牌均要符合业主及设计要求(图3-9-5)。

(2) 施工准备:

① 各种管道,如污水、雨水、电缆、燃气等均施工完,并经检查验收。

② 场地已进行基本平整,障碍物已清除出场。

图 3-9-4 耐磨环氧地坪

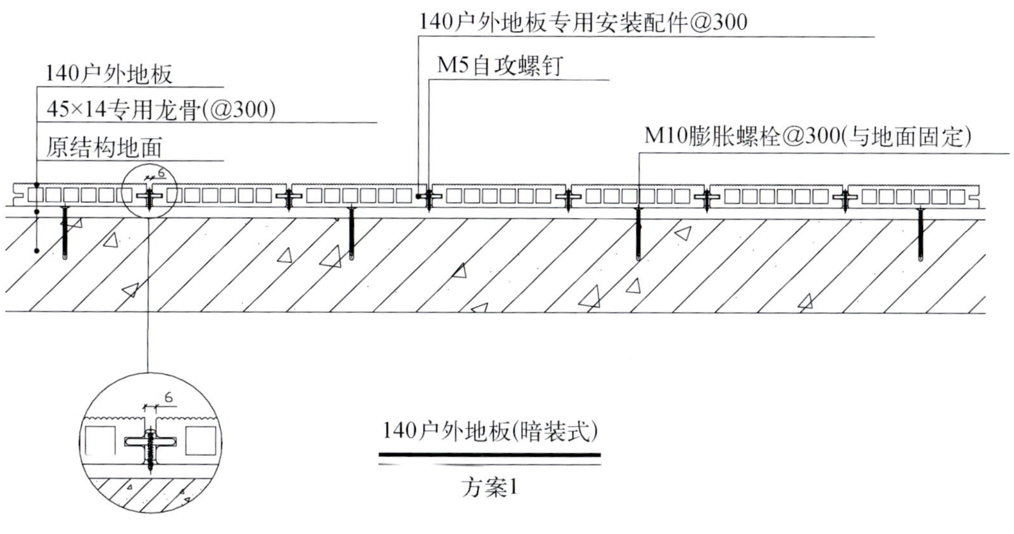

图 3-9-5 施工方案

③ 场地已放线且已抄平，标高、尺寸已按设计要求确定好。

(3) 操作工艺：

① 清理地面。先将需要安装户外地板的地面清理干净，做到无较大灰尘，保持地面平整清洁。

② 放水平线。放好水平标高线，以保证户外地板总体平整，水平标高误差较大处应用素水泥砂浆找平，等其凝固。

③ 切割龙骨。根据现场实际尺寸，将专用龙骨切割好。

④ 固定龙骨。先在地面上打孔安装 M10 膨胀螺栓，固定龙骨两端的膨胀螺栓到龙骨的端头距离为 100 mm，距第二个膨胀螺栓间距为 300 mm，以此类推，并将切割好的龙骨用 M10 膨胀螺栓与地面固定。

⑤ 切割地板。根据现场实际尺寸，将地板切割好(注意：此尺寸不能与实际尺寸相同，应略小于实际尺寸，两端留出 5 mm 即可)。

⑥ 安装地板。将切割好的地板用专用配件进行安装，每块地板的间距为 6 mm 即可，并用 M5 自攻螺钉与龙骨进行固定。

⑦ 清洁地板。安装好地板后，将其作业面清理干净。

9.2.6 彩色混凝土预制块施工

(1) 用料要求：按照施工图要求，进行配料。材料的质量、配比均要符合施工规范，材料颜色、品牌均要符合业主及设计要求。

(2) 施工准备：

① 各种管道，如污水、雨水、电缆、燃气等均施工完，并经检查验收。

② 场地已进行基本平整，障碍物已清除出场。

③ 场地已放线且已抄平，标高、尺寸已按设计要求确定好。

(3) 工艺流程：找标高、拉线→铺砌彩色混凝土预制块→灌缝

(4) 操作工艺：

① 找标高、拉线：灰土垫层打完之后，根据建筑物已有标高和设计要求的路面标高，延路长进行砸木桩(或钢筋棍)，用水准仪抄平后，拉水平线。

② 铺砌彩色混凝土预制块：拉水平标高线，将灰土垫层清理干净，在控制端头各砌一行砖，找好平整及标高，以此作为面标高的标准。铺 25 mm 厚、1∶3 白灰砂浆结合层，边砌砖边找平(不得铺的面积过大，边铺浆边铺砌砖)，用橡皮锤敲木拍板，使彩色混凝土预制块与结合层紧密结合牢固。随铺砌随检查缝格的顺直和板面面层的平整度，控制在允许偏差范围内。

③ 灌缝：彩色混凝土预制块铺砌后 2 d 内，应根据设计要求的材料(砂或砂浆)进行灌缝，填实灌满后将面层清理干净，待结合层达到强度后，方可上人行走。夏季施工，面层要浇水养护。

(5) 质量标准：

① 保证项目：预制混凝土块、水泥方格砖的强度、品种、质量必须符合设计要求及验收规范的规定。

② 基本项目：

A. 路面的坡向、雨水口等应符合设计要求，排水畅通，无积水现象。

B. 预制混凝土块、水泥花砖路面铺设稳固，表面平整，无松动和缺棱、掉角的板块，缝宽均匀，缝格顺直。

C. 路边面顺直，高度一致，棱角整齐。

(6) 成品保护：

① 路面铺好后，水泥砂浆终凝前不得上人，强度不够不准上重车行驶。

② 不得在已铺好的路面上拌和砂浆。

(7) 应注意的质量问题：

① 板面松动：铺砌后应养护 2 d 后，立即进行灌缝，并填塞密实，路边的板块缝隙处理尤为重要，防止缝隙不严板块松动。另外要控制不要过早上车碾压。

② 板面平整度偏差过大、高低不平：在铺砌之前必须拉水平标高线，先在两端各砌一行，作为标筋，以两端标准再拉通线进行控制水平高度，在铺砌过程中随时用 2 m 靠尺检查手整度，不符合要求时及时修整。

9.2.7 马赛克墙面施工

(1) 用料要求：按照施工图要求，进行配料。材料的质量、配比均要符合施工规范，材料颜色、品牌均要符合业主及设计要求。

(2) 施工准备：

① 墙柱面暗装管线、电制盒及门窗安装完毕，并经检验合格。

② 安装好的窗台板、门窗框与墙柱之间缝隙用 1∶2.5 水泥砂浆堵灌密实(铝门窗边缝隙嵌塞材料应由设计确定)；铝门窗柜应粘贴好保护膜。

③ 墙柱面清洁(无油污、浮浆、残灰等)，影响马赛克铺贴凸出的墙柱面应凿平，过度凹陷的墙柱面应用 1∶2.5 水泥砂浆分层抹压找平(先浇水湿润后再抹灰)。

(3) 工艺流程：基层处理→贴灰饼、做冲筋→湿润基底→抹底层砂浆→抹中层砂浆→预排分格弹线→贴砖→润湿面纸→揭纸调缝→擦缝→擦缝清洗

(4) 操作工艺：

① 基层处理的抹底子灰：基层为混凝土墙柱面时：对光滑表面基层，应先打毛，并用钢丝刷满刷一遍，再淋水湿润。对表面很光滑的基层应进行“毛化处理”，即将表面尘土，污垢清理干净，浇水湿润，用 1∶1 水泥细砂浆，喷洒或用毛刷将砂浆甩到光滑基面上。甩点要均匀，终凝后再浇水养护，直到水泥砂浆疙瘩有较高的强度，用手掰不动为止。

② 砖墙面基层：提前一天浇水湿润。

A. 抹底子灰：吊垂直、找规矩，贴灰饼、冲筋。吊垂直、找规矩时，应与墙面的窗台、腰线、阳角立边等部位砖块贴面排列方法对称性以及室内地面块料铺贴方正等综合考虑力求整体完美。

B. 将基层浇水湿润(混凝土基层尚应用水灰比为 0.5 内掺 107 胶的素水泥浆均匀涂刷)，分层分遍用 1∶2.5 水泥砂浆抹底子灰(亦可用 1∶0.5∶4 水泥石灰砂浆)，第一层宜为 5 mm 厚，用铁抹子，均匀抹压密实；待第一层干至七八成后即可抹第二层，厚度约为 8～10 mm，直至与冲筋大至相平，用压尺刮平，再用木抹子搓毛压实，划成麻面。底子灰抹完后，根据气温情况，终凝后淋水养护。

③ 预排马赛克，弹线。按照设计图纸色样要求，一个房间、一整幅墙柱面贴同一分类规格的砖块，砖块排列应自阴角开始，于阳角停止(收口)；自顶棚开始，至地面停止(收口)；女儿墙、窗顶、窗台及各种腰线部位，顶面砖块应压盖立面砖块，以防渗水，引起空鼓；如设计没有滴水线时，外墙各种腰线正面砖块宜下突 3 mm 左右，线底砖块应向内翅起约 3～5 mm，以利滴水。排好图案变异分界线及垂直与水平控制线。垂直控制线间距一般以 5 块砖块宽度设一度为宜，水平控制线一般以 3 块砖块宽度设一度为宜。墙裙及踢脚线顶应弹置高度控制线。

④ 贴面。

A. 待底子灰终凝后(一般隔天)，重新浇水湿润，将水泥膏满涂要贴砖部位，用木抹子将水泥膏打至厚度均匀一致(厚度以 1～2 mm 为宜)。

B. 用毛刷蘸水，将砖块表面灰尘擦干净，把白水泥膏用铁抹子将锦砖(马赛克)的缝子填满(亦可把适量细砂与白水泥拌和成浆使用)，然后贴上墙面。粘贴时要注意图案间花规律，不要搞错。砖块贴上后，应用铁抹子着力压实使其粘牢，并校正。

C. 马赛克粘贴牢固后(约 30 分钟后)，用毛刷蘸水，把纸面擦湿，将纸皮揭去。

D. 检查缝子大小是否均匀、通顺，及时将歪斜、宽度不一的缝子调正并拍实。调缝顺序宜先横后竖进行。

⑤ 擦缝：清干净揭纸后残留纸毛及粘贴时被挤出缝子的水泥(可用毛刷醮清水适当擦洗)。用白水泥将缝子填满，再用棉纱或布片将砖面擦干净至不留残浆为止。施工完毕的卫生间马赛克墙面如图 3-9-6 所示。

图 3-9-6 卫生间马赛克墙面

9.2.8 木丝水泥板墙面施工

(1) 搬运及储存:

① 搬运时,应从 VIVA 木丝水泥板两侧长边抬起。VIVA 木丝水泥板既是基材,也是面材,故搬运与施工要特别小心碰撞。

② 行进时竖立起板材以免损坏。

③ 应平放于干燥之遮棚底下,并置于栈板上。

(2) 粘贴:

① 施工前,须用一般木工 100～120 砂纸先将表面轻磨一遍去除表面脏污。

② 粉平的墙面可直接用太棒胶贴上。封板时压至墙面需将 VIVA 木丝水泥板推至平整或用木槌轻捶敲打以利板材背面确实粘贴基材,以避免表面平整度不均的情况。

③ 不平之墙面:可用木龙骨或 VIVA 木丝水泥板裁板成 9~12 cm 宽当骨架,以钢钉固定至墙面衬底。垂直加横向拉水线确定墙面平整后,再粘贴 VIVA 木丝水泥板。

(3) 接缝处理:

① 室内施工板材衔接处需留 3～5 mm 之衔接缝,室外施工应留 5～10 mm 接缝。

② 接缝可用条状泡棉与硅得康胶填塞,或者采用木条、不锈钢条收边。

9.2.9 乳胶漆施工

(1) 用材要求:按照施工图要求,进行配料。材料的质量、配比均要符合施工规范,材料颜色、品牌均要符合业主及设计要求。

(2) 施工准备:按照施工图的部位,进行基层处理,基层表面应保持清洁平整,以利后续工序的施工,保证施工质量。

(3) 工艺流程:基层准备→打底子→批第一遍腻子→批第二遍腻子→打砂皮磨平→涂刷乳胶漆底漆→涂刷乳胶漆面漆二度→产品保护

(4) 各施工步骤的施工要点及工艺标准。

① 基层处理:

A. 基层必须有足够的强度,无酥松、脱皮、起砂、粉化等现象。

B. 施工前必须将基层表面的浮浆、浮灰、附着物等清除干净。

C. 基层的油污、铁锈、隔离剂等必须用洗涤剂洗净。

D. 基层的空鼓必须剔除,连同蜂窝、孔洞等提前 2～3 天用聚合物水泥腻子修补完整。配合比为:水泥∶107胶水∶纤维素(2%浓度)∶水=1∶0.2∶适量∶适量(质量比)。

E. 新抹水泥砂浆湿度、碱度均较高,对涂膜质量有影响。故基层含水率要求在 10%以下,pH 值在 10 以下,因此,抹灰后需间隔 7 d 以后再行涂饰。

F. 基层表面应平整、纹理质感应均匀一致,否则由于光影作用,会造成颜色深浅不一的错觉,影响整体效果。

② 打底子:使基层表面有均匀吸收色料的能力,以保证整个饰面的颜色均匀一致。

③ 批腻子:腻子老粉是由老粉、建筑胶水和水或松香水等拌制成的膏状物。老粉抹好后,干燥后用砂纸打磨,打磨完毕后再满抹老粉,再打磨,磨至老粉表面光洁平整为止。本项结束后,必须经质量复核后才能进行面漆的施工。

④ 涂刷乳胶漆:乳胶漆涂刷时,其黏度必须加以控制,涂刷时不得流坠,不显刷纹为宜。涂刷过程中,不得任意稀释,在涂刷乳胶漆时,必须等待前一遍乳胶漆干燥后,才能进行下一遍乳胶漆的涂刷。使乳胶漆干燥得当,形成均匀而密实的饰面。以提高工程的质量和装潢的外观效果。

⑤ 施工操作要求:

A. 乳胶漆使用前,应将乳胶漆搅匀,以获得一致的色彩。

B. 乳胶漆所含水分应按比例调整，乳胶漆中不能掺加其他填料、颜料，也不能与其他品种涂料混合，否则会引起乳胶漆变质。

C. 如稠度过大不易施工确需稀释时，可用自来水调至合适黏度，一般加水10%。

D. 滚涂施工时，辊子上蘸少量涂料后再在被滚墙面上轻缓平稳地来回滚动，直上直下，避免歪扭蛇行，以保证涂料厚度一致，色泽一致，质感一致。

⑥ 注意事项：

A. 基层须干燥、干净、并作必要的表面处理，平时应用水泥砂浆或水泥乳胶腻子找平。

B. 施工温度在10℃以上，雨天严禁施工。

C. 基层材料的龄期应符合要求。

D. 涂料按出厂说明要求加水稀释，不得任意加水。

E. 施工器具不能粘上水泥、石灰等。

F. 不宜在夜间灯光下施工，以避免涂层色泽不均匀。

⑦ 产品保护：乳胶漆涂刷完毕，待面漆干燥后，用塑料薄膜将整个墙面保护起来。

9.2.10 轻钢龙骨石膏板吊顶施工

(1) 轻钢龙骨主龙骨壁厚要求达到1.2 mm以上，副龙骨壁厚要求达到0.45 mm以上。由于龙骨搬运产生弯曲变形的，调整后方可使用。严重变形不能调直的，不能使用于工程中。吊杆的膨胀螺栓的直径为ϕ8(即8 mm)，吊杆应采用ϕ8全丝芽镀锌螺杆。纸面石膏板须选择纸面完好，无破损、掉角、缺棱的为好。本工程选用的为9.5+12厚双层纸面防水石膏板。

(2) 施工准备：根据施工图对吊顶的主龙骨走向与吊点位置确定排布方案。然后，搭设活动脚手，根据排布方案进行平顶弹线(包括四周墙柱面的水平控制线)、钻眼。钻眼深度应为80～100 mm，不得超过100 mm。吊杆加工时必须根据吊顶的高度来确定丝杆的长度。

(3) 工艺流程：弹线→钻眼→加工吊杆→安装吊杆→安装主、副龙骨→调整龙骨的平整度→钉铺纸面石膏板→安装护角条。

(4) 各施工步骤的施工要点及工艺标准：

① 吊杆排布。吊杆排布的最大间距不得超过1 200 mm，一般以900 mm×900 mm进行排列，吊杆离墙柱面的间距不得大于150 mm。吊杆安装时，膨胀螺栓的套管必须全部进入楼板结构，螺栓必须全部拧紧，绝对不允许出现松脱现象。安装好的吊杆必须全部调直，不得出现明显弯曲。排布吊杆时，如遇风管、设备管线，致使其间距超过1 200 mm时，必须进行吊杆加固。具体加固方案由现场技术员提供(但必须经过业主、监理的签证确认)。

② 轻钢龙骨的安装。轻钢龙骨安装时，主、副龙骨的接缝必须进行错缝搭接。副龙骨的安装间距应控制在300～350 mm。龙骨安装时必须保证其挂、接件锚固到位。绝对不允许出现松动现象。

③ 轻钢龙骨的调整。根据四周墙柱面的水平控制线，对已安装好的轻钢龙骨拉麻线进行调整。主、副龙骨必须横平竖直，水平偏差不得大于±5 mm。轻钢龙骨必须根据房间的长向距离进行起拱，起拱高度不小于房间长向距离的1/200。轻钢龙骨调整以后，必须对轻钢龙骨的大吊螺丝进行紧固，不得出现龙骨松动现象。面积较大的房间，还要在主龙骨上增加平顶反撑，以增加平顶的稳固性。

④ 纸面石膏板的安装。纸面石膏板安装时必须在板材处于自由状态下进行固定，板缝的间距为5～10 mm，板缝应交错搭接。钉距为150～170 mm，钉眼锯纸面石膏板的纸包边为10～15 mm，距切割的板边为15～20 mm。自攻螺栓固定纸面石膏板时，应与板垂直，钉帽入板0.5～1 mm为佳，不得破坏石膏板纸面。安装双层纸面石膏板时，面层板与基层板的接缝应该错开，不允许在同一根龙骨上接缝。

⑤ 主要节点见图3-9-7～图3-9-12。

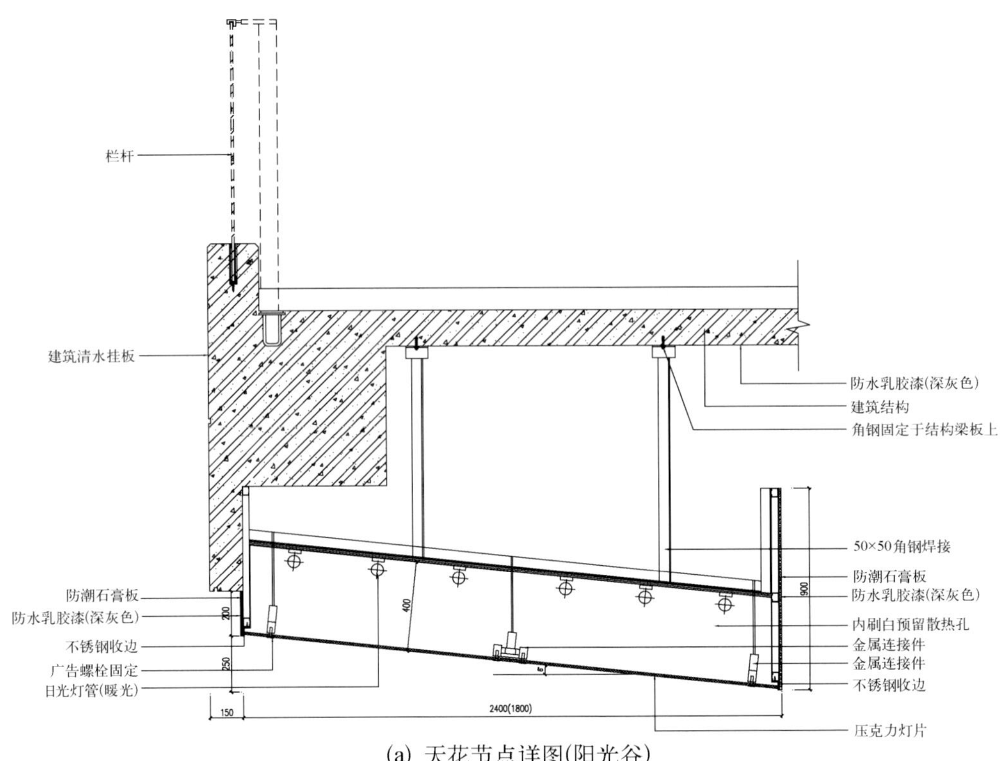

(a) 天花节点详图(阳光谷)

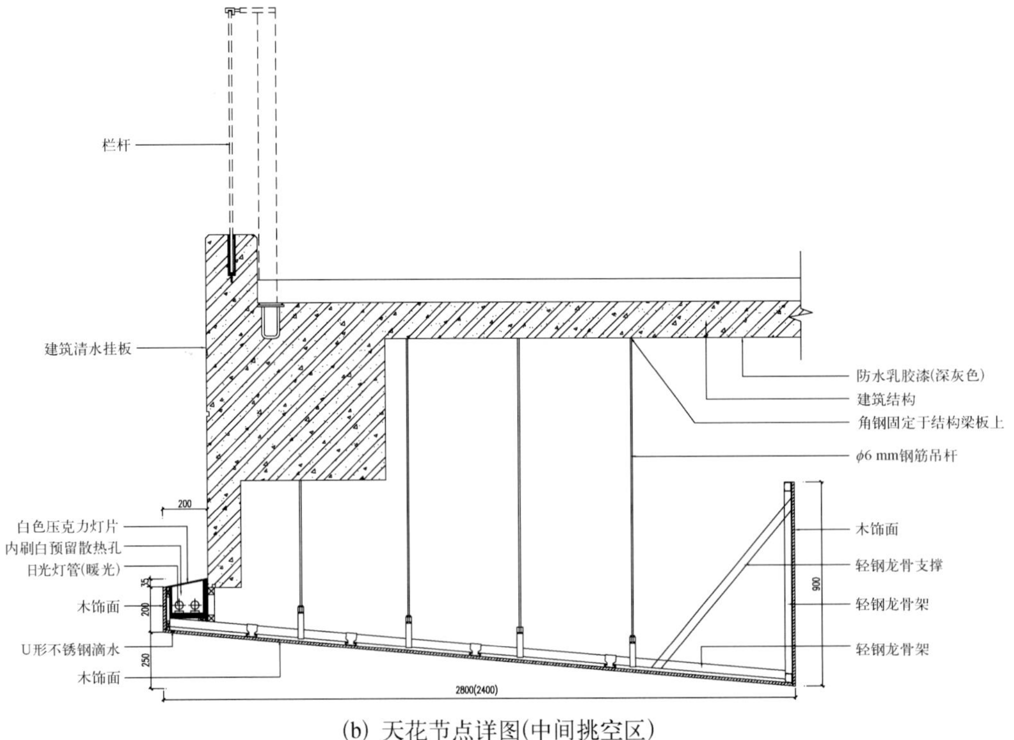

(b) 天花节点详图(中间挑空区)

图 3-9-7　天花节点

图 3-9-8 铝板吊顶

图 3-9-9 石膏板吊顶

图 3-9-10 自动扶梯洞口四周及顶部石膏板吊顶

图 3-9-11　阳光谷洞口四周铝板吊顶

图 3-9-12　大面积顶部喷黑

10 总体景观

本工程主要包括红线范围内的世博轴南广场、北广场(水景广场)、阳光谷底及两侧的大绿坡及迷你绿地小公园等。

10.1 工程施工难点

(1) 由于上海世博园区各项工程快速建设,工程施工时既要避免对其他工程施工造成影响,又要从空防安全、管网管线安全、道路交通安全、扬尘控制等方面都做好充分的准备,保障世博建设安全。

(2) 工程施工时要做到保证质量和速度的同时,还要确保已完工的市政道路、基础设施的清洁与完好。

(3) 工程现场情况较复杂,交叉施工情况多,不利于组织施工。

(4) 工程于夏季施工,对于苗木的成活率和生长势的恢复是很大的考验。

(5) 需要做好与已经完成的景观绿化工作的连接与协调,使之成为一个统一的整体。

10.2 施工措施

(1) 施工保护:在本工程施工中,对世博园区内所有建筑物和构筑物、地下管线、市政道路、基础设施等采取切实可靠的措施进行保护。

(2) 安全、文明施工:由于本工程的进出场道路处于封闭状态,因此要特别重视在交通组织、安全文明施工方面做好充分的准备。主要是土方车、苗车的组织、避开道路高峰时间的施工、人员安全教育、施工防护措施等。

(3) 管线保护。在施工前,收集四大管线资料,与业主、监理和前期相关施工单位及时沟通,切实了解所有的管线分布情况,对地下管线分布图进行分析,将管线分布情况标在施工图上,制定相应的管线保护施工措施。

10.3 工程测量方案

1. 测量仪器的选用

经纬仪,精密水准仪,普通水准仪 50 m、30 m 钢卷尺,其他辅助仪器花杆、塔尺等。以上仪器应鉴定合格,并在使用有效期内。在使用过程中,应经常检查仪器的常用指标。一旦偏差超过允许范围,应及时校正来保证测量精度。

2. 测量方法

(1) 恢复:从工程勘测、设计到施工,一般都要经过一段时间,原来基准点、直角坐标网格线、高程标志、中心线标志可能部分丢失或移动,因此在施工前必须恢复测量,即在现场按设计文件和固定网格来恢复好原有基准点、直角坐标网格线、高程标志。

高程控制测量在业主提供的基点水准点基础上,采用往返或闭合水准测量来复测原有水平基准点。以保证其水平基准点的精确度。

(2) 测量:平面测量采用经纬仪、钢尺进行测量,测量前根据工程项目的主要控制点,按照网格上的桩点计算出角度、距离。确定出各工程项目的中心位置及轴线。定出各工程项目的中心位置及轴线后,将轴线延长,引出工程项目施工区域之外。

(3) 高程测量：各景观轴线测定后应进行标高测量，以复核水准点标高和地面标高。测定与施工图是否正确。水准基点相距太远时，为了施工的方便应加设临时水准点，其位置视施工需要可设在不受影响便于引用的牢固地点。

10.4 土方回填造型

(1) 工艺流程：基底地坪的清理→检验土质→定位放样→分层铺土→分层碾压密实→检验密实底→整修验收。

(2) 填土前，将基土上的垃圾都处理完毕，清除干净。

(3) 检验土质。回填土来自人工湖、溪流的挖方，建筑挖方以及院外采购土料(选用厚度在1～1.5 m的表层种植黄土)回填前检查土料有无杂物，是否符合规定，以及土料的含水量是否在控制范围内。

(4) 定位放线。

① 地形堆筑要根据施工图及监理工程师提供的水准基点，按规定的要求进行地形堆高的定位放样，设置必要的控制标桩保证土山形状和等高线与图纸符合。

② 地形堆高前，必须设置沉降观测点和位移控制点，设置原则为：在堆筑范围内每4 000 m^2 设置一个沉降观测点，观测点间距在100 m左右一个；水平位移控制点定在堆筑范围外一米的范围内沿线，每200 m设置一个。

(5) 地形堆筑按分层铺摊作业进行，自卸车运土，推土机摊铺，每层摊铺厚度不大于60 m^2。

(6) 每层要用压路机压实，碾压时轮迹相互搭接，防止漏压，压实度控制在80%～85%。

(7) 在机械施工碾压不到的填土部位，应配合人工推土填充，用柴油打夯机分层夯打密实。

(8) 回填土每层压实后，应按规范规定进行环刀取样。测出干土的质量密度，达到要求后，再进行上一层的铺土。

(9) 每堆筑1 m就对山体坡面边线进行修整。

(10) 沉降速率及水平位移的控制：当堆筑高度小于3 m时，每堆筑1 m进行一次沉降和位移测量，若沉降速率小于1 cm/d，水平位移小于5 mm/d。则可继续施工，否则应调整堆筑速率；当堆筑高度大于3 m时，应逐层进行沉降和位移测量，严格控制。

(11) 对堆高地形较小的小山包(面积较小)采用人工整平和平板夯、人工夯予以夯实。

(12) 随着地形堆筑高度的上升，运料车要随之减小，最后采用5 t自卸车运土。

(13) 雨天暂停作业，雨后对被雨水冲刷的边坡及时予以整修和拍打实。

(14) 填方全部完成后，表面应进行拉线找平。凡超过设计高程的地方，及时依线铲平；凡低于设计高程的地方，应补土找平夯实。

10.5 整地和土壤改良措施

(1) 整地：

① 按施工图纸在现场放样，确定乔木和灌木的种植范围。

② 在草坪和地被种植范围内翻土深度≥20 cm。多年生木本花卉翻土≥30 cm，并清除土层中的杂草根、碎石、砖等杂物。

③ 在翻土时，将腐熟基肥或介质土均匀地撒施和翻入土层中以改良土壤。

④ 对种植地块进行细平整，达到场地平整，排水良好，坡度符合设计要求，铺设草坪区域的表层土块直径不大于2 cm。

⑤ 大苗种植穴的准备也是整地的一部分，要保证乔木的有效土层厚≥1 m，灌木≥80 cm。种植穴大小深浅应按照技术规程根据设计树种是土球，根系规格及土质情况而定。树穴内有建筑垃圾的应予清除，树穴基部应拌基肥和介质土。

(2) 土壤改良措施：

① 深翻熟化。深翻结合施肥，可改善土壤结构和理化性质，促使土壤团粒结构形成，增加空隙度。深翻后土壤的含水量大为增加。

深翻后土壤的水分和空气条件得到改善，使土壤微生物活动加强，加速土壤熟化，使难溶性营养物质转化为可溶性养分，相应地提高了土壤肥力。

深翻深度为 60～100 cm，深翻结合施肥，灌溉同时进行。

② 客土栽培。种植酸性土植物，如栀子、杜鹃、山茶、八仙花等，应将局部区域的土壤换成酸性土。或者加大种植坑，放入山泥、泥炭土等，并混拌有机肥料，使其符合酸性树种的要求。

③ 培土。它具有增厚土层，保护根系，增加营养，改良土壤结构等作用。

④ 用土壤改良剂改良土壤。

10.6 花岗岩地面及广场饰面

(1) 工艺流程：基层清理→找平放线、高程测量→按花岗岩规格弹出分格线→块材的清理与挑选→铺干硬性砂浆→采用橡皮锤将花岗岩板敲平→纯水泥浆黏结层→压平排缝粘贴→嵌缝剂嵌缝→覆盖养护→成品保护。

(2) 施工方法：清理基层，然后用清水冲洗一遍。

① 按照测量时测出的施工项目位置，测出中心线、边轮廓线。按照中心线、轮廓线测出基层高程，如地面局部基层不平，砂浆结合层厚度超过 3 cm，需用细石混凝土找平原有地面，然在平面上每隔一段距离制作一立方体砂浆块，砂浆块顶面标高用水准仪测定，为花岗岩顶面设计标高，花岗岩铺装时，以砂浆块间的拉线来控制顶面标高。

按施工图大样中花岗岩材料规格弹出分格线。弹好后花岗岩原样进行预铺排，铺设时根据预铺排的尺寸进行调整其弹好的分格线。当排列两端边缘不合整砖时(或特殊部位)时，量出尺寸，将整砖切割成镶边砖排铺。

② 将进场的花岗岩按规格尺寸、色泽进行筛选。选配好后隔夜浇水清洗干净后。晾干备用。

在粘贴前应对纵、横两个方向拉好线，拉线时要用方尺进行测方。在两个方向临时铺设好花岗岩板，根据水平高程，挂好水平线。

花岗岩粘贴时先用 1∶3 干硬性水泥砂浆铺平稍高，然后将花岗岩板铺在上面，采用橡皮锤拍敲花岗岩石板，让其花岗岩与砂浆全部黏结，且将砂浆敲平。花岗岩面与水平线平齐，花岗岩接缝合格，横、纵向要保持顺直，误差确保在规范之内。

初铺合格后，再翻开花岗岩板，灌纯水泥浆，灌水泥浆时要浇灌均匀，不得漏灌。灌好水泥浆后，将花岗岩铺设在水泥浆面上，用橡皮锤轻轻拍敲花岗岩，让其花岗岩与砂浆全部黏结以及敲打平整。

③ 铺设一定数量后，用水平尺进行抄平。平整后拉通线进行缝道修正，先纵缝，后横缝，进行拔缝调直，使缝口平直、贯通。调缝后再用木槌拍板砸平，随即将缝内余浆或砖面上的灰浆擦去。

④ 从铺设砂浆至压平拔缝，应连续作业，常温下必须在 2 h 内完成。

⑤ 嵌缝、养护：铺设地面 4 h 后，将缝口清理干净，刷水润湿，用嵌缝剂进行嵌缝，缝隙要嵌实压光，用棉纱将地面擦拭干净。揩缝结束后，要铺设薄膜尼龙纸覆盖洒水养护，高温时再铺锯末或草包。养护不得少于 7 d。

(3) 注意事项。花岗岩(大理石)的铺设经常会发生以下 4 个质量问题：

① 接缝不平，高低差过大超过 0.3 mm：造成的原因主要是基层处理不好，对板材的质量进货时没有严格把关或挑选，安装前试拼不认真，施工操作不当，分次灌浆时一次灌浆过高，也容易造成石材板面外移或板面错动，以致出现接缝不平，高低差超过规定值。

② 空鼓：地面花岗石空鼓在于垫层清理不干净，或浇水湿润素水泥浆不均匀或刷的面积过大，时间过长已风干，干硬水泥砂浆任意加水，或者是花岗石板材未认真浸水湿润。板面有浮土。饰面花岗石镶贴出现空鼓，主要是灌浆不饱满不密实所致，有时灌浆稠度大，使砂浆流动性差，或者因钢筋网阻挡造成该处灌浆不密实而空鼓；有时因清理石膏时，剔凿用力过大，使板材在黏结前因振动过大而空鼓；同样缺乏养护，脱水过早，也会产生空鼓。

③ 开裂：有的板材材质较差，受外力影响会在色纹暗缝或隐蔽处出现裂缝。有时镶贴在墙面，柱面的板材，因结构受压变形而开裂。因此，安装时应适当地留有一定的缝隙，以防结构压缩。

④ 板面碰损污染：主要是由于板材在搬动和操作中被砂浆等脏物污染，未及时清洗，或安装后成品保护不好所致。

(4) 质量要求：

① 表面洁净，色泽一致，接缝均匀，周边顺直，表面无裂纹。

② 无掉角和缺棱现象，有坡度时要符合设计要求，不倒泛水，无积水，与落水口（管道）结合处要严密牢固（先要做渗水试验，并做隐蔽验收记录），无渗漏。

(5) 花岗岩采用防护剂减少表面泛碱。表面防护剂适用于石材光板、毛板、火烧板、斧剁板、石雕等各种石制品的防护处理，能有效渗入石材内部，表面不留任何痕迹，具有优良的耐化学性、抗老化性和耐磨性，使用寿命长，透气性好，外部的水分和污染物不能进入石材内部，而石材内部的水分却能挥发出来，具有防水、防潮、防冻、防污染、抗风化和保色的功能，能有效防止各种石材病症的发生。经防护剂处理的石材，不沾尘埃，不长青苔，冬天不会因吸水结冰膨胀而剥落。

(6) 防护处理施工方法：

① 使用前先将石材表面清理干净。

② 将防护剂和水按一定的比例搅拌均匀，用清洁的农用喷雾器或刷子直接均匀地喷刷在干燥的石材表面上。

③ 经该防护剂处理后的石材，常温下自然养护数小时后即有防护效果。

(7) 成品保护：铺贴施工时应穿软底鞋操作，随铺随用干毛巾擦净板面。

铺贴现场临时封闭施工，完工后覆盖保护。

10.7 人行道透水砖铺设工艺

(1) 材料：道路砖的品种、规格、图案、颜色必须符合设计要求。

辅料选用425#普通水泥，中砂（过筛）。

(2) 作业条件：地面混凝土硬度达到施工要求，地面排水孔洞均已妥善处理。

相关交接界面衔接方式确定，符合工艺性要求，水平标高基准已正确引入。

施工平面与设计图纸放样相符，道路侧石安装完毕。

相关机具装备完好。

(3) 操作工艺要点：熟悉图纸弄清排水方向及边角洞口等部位间的关系与处理方式。

弹线：施工段主要部位绷相互垂直的十字线，以控制砖的位置。

基层处理：铺前基层清理干净、洒水润湿，浇素水泥浆接浆。

铺砂浆：水泥黄砂按1∶3拌至手里捏得拢、落地散得开状态，均匀铺开找平，放上砖块，刮平、拍实用木抹子抹平，高出水平线3～5 mm。

铺砖块：砖块用清水浸后晾干。按颜色和排列方式铺贴，用橡皮锤轻击砖块，用铁水平尺找平，铺完第一块后，向两侧与后退方向顺序镶铺，接缝严密。

灌浆勾缝：铺后1～2昼夜后进行灌浆、擦缝，同时用毛巾等软布擦净表面。

(4) 质量要求：

① 材料的品种、规格、质量、颜色与设计相符合。

② 与基层粘贴牢固、无松动、空鼓。

③ 表面洁净，接缝均匀、周边顺直、砖块不裂，无缺楞掉角。

④ 排水洞口、坡度符合设计要求，不倒泛水，不积水，与排水洞口结合处牢固。

10.8 混凝土浇筑方案

(1) 采用商品混凝土时，尽量缩短从搅拌站到工地的运输时间，根据温度情况控制在0.5～1.0 h。浇灌前应充分搅拌再卸车，严禁向车内加水。商品混凝土运输过程中要保证不漏浆、不离析。

(2) 每次混凝土浇筑前技术室向商品混凝土厂家提供混凝土的标号、方量、坍落度、外加剂等要求，冬施时还需要有混凝土的入模温度的要求。厂家根据要求搅拌合格的商品混凝土。

(3) 商品混凝土进入现场以后,由现场实验员在浇筑点取样进行坍落度的实验,当坍落度与技术要求不符时,及时通知搅拌站进行调整。试块全部在现场进行取样。

(4) 混凝土的浇筑及振捣,使用插入式振捣棒,不得漏振,保证混凝土密实。

(5) 混凝土的养护,养护时间不得少于 7 d。安排专人进行养护。每天的浇水次数以保持混凝土表面湿润为度。

(6) 混凝土试块制作:混凝土试块的留置按规范要求留置,如为冬期混凝土需增加两组同条件的试块。分别用于检验受冻前的混凝土强度和转入常温养护 28 d 的强度。

(7) 混凝土试块有 30%为见证试块,浇筑混凝土前应书面通知监理及相关单位,做好见证试块。

(8) 混凝土成品保护:已浇混凝土强度达到 1.2 MPa 以后,方准上人操作。混凝土浇筑时保护好埋件、埋管、盒等。控制拆模时间,确保棱角完整、表面平整。模板拆模时禁止用撬棍在混凝土上撬模板,以防损伤混凝土。混凝土拆模后,踏步用薄木条废竹胶板保护好。

10.9 木制品

(1) 材料:硬木要求同一批材料树种花纹颜色力求一致。进场后进行防潮存放,含水率要符合计要求和规范、标准规定。

(2) 操作工艺:打磨抛光后进行油漆、上蜡。

(3) 质量要求:木柱、木梁需作防腐处理,铺钉牢固,不得有松动、空鼓。

(4) 成品保护:地板条随用随拿,不得乱扔乱放,以免碰坏棱角。

铺设木地板时,应在天气晴朗时铺装,以免影响油漆的涂刷。

10.10 木制品油漆

(1) 施工准备:材料选用:桐油、油漆、腻子的品牌、颜色应符合设计要求,由合格供货商提供并经业主和监理认可。

(2) 表面处理:去除面板的胶迹、浮灰等。用木砂纸打磨光滑,施工前表面涂刷两遍木材防腐剂和杀虫涂料。

(3) 打磨要求:每道涂刷油漆干透后用细粒度(280～320 号)水砂纸磨退,水砂纸磨至光滑,擦净,亚光罩面二道每道干后用细粒度(400～500 号) 水砂纸打磨后打蜡。

(4) 质量要求:漆面不得漏刷、脱皮和反锈。棕眼刮平、木纹清楚。大面应光亮足,无挡手感。漆面无透底、流坠、皱皮。颜色一致、刷纹通顺。

10.11 水池施工方案

(1) 施工准备:施工前要熟悉图纸,查对标高、预留套管、埋件位置,放轴线(图 3-10-1)。

(2) 施工顺序:

第一步施工:水池基础垫层挖基坑→清底→验槽→基础垫层→浇混凝土垫层。

第二步施工:混凝土垫层上部放线定位→钢筋绑扎→预埋管件安装→模板支撑→检验→浇筑。

第三步施工:灌水试验、验收。

第四步施工:按设计要求,做防水处理。

第五步施工:按设计要求,做表面装饰。

第六步施工:水池周边回填夯实。

(3) 注意事项:

① 制作及连接:钢筋接头必须由培训合格的技术工人操作,按规定取样试验,接头位置及方法必须满足相关标准要求。

图 3－10－1　水池

② 如遇下雨,及时对已浇筑水池进行保护。

③ 养护必须跟上,以每日 2 次为宜,保证混凝土体湿润。

10.12　安装工程

(1) 水处理系统工艺总概述:

① 本工艺严格按照业主方提供的设计工艺要求进行设备选配。系统为独立的给水过滤系统和循环补水系统。

② 基本工艺流程:

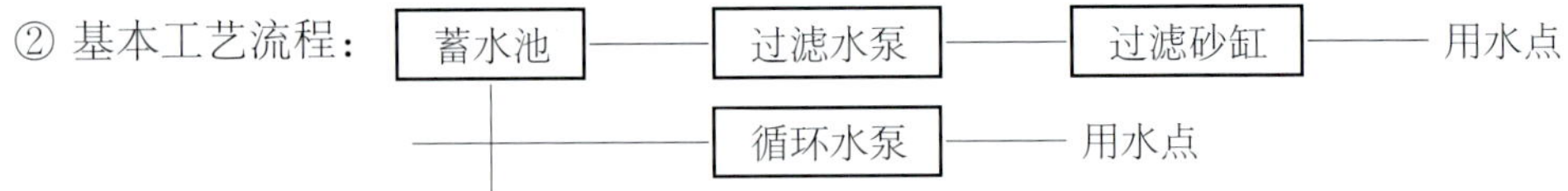

本系统使过滤系统的控制完全实现自动化,过滤砂缸上采用多路阀,该阀的特点是可避免每次反洗时要人工去扳动阀位的繁琐工序。只要把工作程序设定好,就可自动运行,自动反洗,自动排污。水泵泵体为全不锈钢材质。本泵噪声低,能耗小。水泵的启停由液位控制,无需人工现场调节。另在每一套砂缸罐前都配有一套加氯灭藻系统,严格控制水体因细菌及有机污染物等的侵蚀。

(2) 电气工程配管:

① 管线、电气配管走向应按确认综合布置图要求施工。在系统放线时要根据地面上施工构件、尽量避开种植乔木区域,并应考虑便于维修和护理。确保工程质量。

② 电气设备应在土建结构具备条件下方可安装。

③ 施工用的管材、线材必须符合施工图要求,并具备合格证和材料质保书证明。

④ 管线的走向、定位严格按施工图的布置施工。

⑤ 密切与土建配合,进行电气预埋、预留,同时做好隐蔽验收单记录。

⑥ 配管过程中作好静电接地和接地跨接,消除管口毛刺等通病。

⑦ 电气管道不允许用电焊或气焊割,须用细齿锯或砂轮切割机切断,切断的管口应平直,且要去掉管口毛刺。

⑧ 埋入地下的配管均采用 PVC 管,过路及水池内配管采用焊接钢管。埋入深度一般在道路结构层以下。

(3) 电气工程配线:

① 配线前进行数量、规格、型号检查,应符合施工图要求,电线相色按规范分清。

② 导线的连接应搪锡或使用压线帽,使用压线帽时,其规格必须与线芯截面一致。

③ 导线进出口应加护口,要求先紧护口后穿线,垂直管口应做密封处理。

(4) 喷灌系统的施工:

① 定线。把设计图纸上的设计方案,直接布置到地面上,对于管道系统应确定干管的轴线位置,弯头、三通、四通及喷点的位置和管槽的深度。

② 挖基坑和管槽。管槽的底面就是管子铺设平面,要挖平以减少不均匀沉降。基坑管槽开挖好后立即铺设管道。以免长期敞开造成塌方和风化底土。

③ 安装管道。管子应有一定的纵向坡度,使管内残留的水能向干管的最低处汇流,并装有排空筏以便在喷灌季节结束后将管内积水全部排空。塑料管应装有伸缩节以适应温度变形。

④ 冲洗。管子安装好后先不装喷头,先冲洗管道,把竖管敞开任其自由溢流把管中的沙石都冲出来,以免以后堵塞喷头。

⑤ 试压。将开口部分全部封闭,竖管用堵头封闭,逐段进行试压。试压的压力比工作压力大一倍,保持这种压力 10～20 min,如发现有漏水应及时修补。

⑥ 回填。经试压证明整个系统施工质量符合要求,才可以回填。

⑦ 试喷。最后装上喷头进行试喷,检查正常工作条件下各喷点处是否达到喷头的工作压力。

10.13 苗木种植

(1) 苗木挖→包→运→种应该相互紧扣,应做到当天挖,当天运,当天种。

(2) 因此必须种植地土壤准备已达到种植要求再进行挖掘的工序。

(3) 挖掘方式应严格要求:

① 裸根苗木:必须挖到根系分部层以下,去土时要保护好根系。挖掘工具必须锐利,D≥3 cm 以上的主根必须用锯,严禁用锄劈断或强力拉断。

② 泥球苗木:挖掘泥球应用锐利铁锹,不得掘碎土球;铲除土球表土见到浮根。

③ 全冠树木:在挖掘前对树木进行支柱,防止树身不稳、倒伏引起损害树木,土球直径为树木胸径的 8 倍,修整土球要用锋利的铁锨,遇到较粗的树根时,应用锯或剪将根切断,不要用铁锨硬扎,以防止土球松散。

(4) 包扎:

① 扎腰箍,宽度为泥球腰宽的处,并从 45°角收底。

② 土球要包扎结实,土球底部直径应不大于直径的 1/3。

③ 网络形式和层数应根据泥球大小,土质情况,吊运条件而定,网络必须收紧,第一层网络的绳子必须嵌入泥球表土。

④ 包扎材料有硬材包装(木料、细木工板等)和软材料(草绳、编织袋等)。

(5) 起吊(指全冠树木):

① 大树挖掘包扎好之后,必须当天吊出树穴。

② 起吊的机具和装运车辆的承受能力,必须超过树木和泥球的重量(约一倍)。

③ 起吊绳必须兜底过重心,树梢用绳(小于 45°)挂在钓钩上,收起浪风绳。

④ 软包装的泥球和起吊绳接触处必须垫木板。

⑤ 起吊人必须服从地面施工人员指挥,相互配合。吊臂下和树周围除施工人员外,不得停留他人。

⑥ 起吊时如发现有未断的底根,应立即停止操作,须切断底根后方可继续起吊。

⑦ 树木起吊同时,装运车辆须密切配合。

⑧ 装车时树根必须在车头部位,树冠在车尾,泥球要垫稳,树身与车板接触处,必须垫软物,并做固定。

⑨ 苗木装车必须轻吊,轻放,禁止拖拉苗。

(6) 运输:

① 苗木运输,必须有专人押运,遇有电线或桥梁限重等影响运输困难时,必须及时排除,方可继续运输。

② 苗木运输应合理搭配,不超高,不超宽,必须符合交通规则,不得损伤树木,不得破碎土球。

③ 对全冠树木的运输，必须对根部保护（盖草包），要保护根部湿润。

④ 如遇大风，寒冷天气，运输途中要用油布覆盖，防止叶片被风吹干。

⑤ 对苗木要求晚间运输，途中对叶片喷水保护。

(7) 种植后快速复长：

① 为了对施工的工程负责，让种植的全冠乔木快速复长，须采取一些保证成活的技术措施加以养护，取得最后移植成功。斜坡绿化后的效果如图 3－10－2、图 3－10－3 所示。主要的养护管理措施如下：

图 3－10－2　斜坡绿化(1)

图 3－10－3　斜坡绿化(2)

A. 支撑树干：刚栽上的大树特别容易歪倒，要用结实的木杆搭在树干上构成三角架，把树木牢固地支撑起来，确保大树不会歪斜。

B. 浇水：在养护期中，要注意平时的浇水，发现土壤水分不足，就要及时浇灌。在夏天，要多对地面和树冠喷洒清水，增加环境湿度，降低蒸腾作用。

C. 生长素处理：为了促进新根生长，可在浇灌的水中加入 0.02%的生长素，使根系提早生长健全。

D. 施肥：移植后第一年秋天，就应当施一次追肥。第二年在早春和秋季进行，肥料的成分以氮肥为主。

E. 包裹树干：为了保持树干的湿度，减少从树皮蒸腾的水分，要对树干进行包裹。裹干时，可用浸湿的草绳从树基往上密密地缠绕树干，一直缠裹到主干顶部。接着，再将调制的黏土泥浆厚厚地糊满草绳裹着的树干。以后，可经常用喷雾器为树干喷水保湿。

② 养护阶段的技术关键是：经常喷雾保持树体湿润，细灌慢滴使土壤水分合适。

A. 保湿：水分的保持是苗木成活的主要因素。土壤不能太干也不能太湿。太干会引起植株失水干枯而死，太湿会引起土壤通气不良致使植物根部腐烂。一般在乔木旁离泥球 1.5～2 m 左右的地方设一个或几个内胆式水位观测孔，观测大树种植后地下水位和土壤干湿情况，同时也可以用做抽水孔。除了设置水位观测孔外，地上部分也可采取保湿措施，如在树冠四周安装喷雾头同时可遮阴网，以减少强日照引起的水分过分蒸发。

B. 灌溉：定植后 3～4 d 按常规要补浇一次水，准备用滴灌法再补充植物生长活力素。做法：在树干 1.2～1.5 m 处用电钻钻 5 mm 的小孔，将植物活力素瓶插入孔中，释放的活力素会沿植物导管渗入，通过树液循环到达根部吸收。活力素会促进植物叶片的生长，同时促使大树本身产生生根激素，从而促进根系的生长。日常养护中，安排专门的技术人员进行专职养护，直至工程移交。

10.14 施工中主要的技术应用

在世博景观工程施工过程中，有意识地运用新工艺、使用新材料，不断拓展技术广度和深度。

10.14.1 绿色生态护坡系统

方案设计中世博轴两侧绿化为延伸至室外一层的大型绿坡，在会展期间，它将成为供游人休憩、景观观光的主要场所之一(图 3-10-4)。有鉴于此，在建设中若采用传统的护坡技术，即采用浆砌石、护坡蜂巢式网格草护坡或钢筋混凝土边坡，不仅工程量大，施工周期长，成品效果景观性不强，而且该等材料会对环境产生污染。目前采用的绿色生态护坡技术在一定程度上解决了传统边坡的缺陷，也成为未来护坡技术发展的趋势。

图 3-10-4　水台园

目前，绿色生态护坡采用的是软体材料构筑的柔性系统，即采用一种透水不透土的生态袋，将其内部充土，然后在生态袋之间采用连接扣或连接带相互连接，形成一个有机的稳定系统。以该种方式构建的绿色生态护坡能够抵抗或吸收外部硬力产生的变形，保证整个系统不会因局部受力不均发生坍塌和裂缝，是集柔和性、安全性、稳定性于一体的结构系统。

绿色生态护坡在材料的选取上采用的是抗紫外线生态袋，该生态袋由具有抗紫外线、抗老化、无毒、不助燃、裂口不延伸的高分子复合材料制成，具有保土透水的功能。同时，其上的植物可穿过袋体自由生长，当根系进入工程基础土壤时,将加强袋体和基础的进一步固定,并且时间越长越稳固,形成了一种永久性稳定边坡。而在袋与袋之间采用的连接扣具有一定的拉伸强度,在方案中出现较大坡度的坡段,连接扣可把加筋格栅和生态袋连接起来,对工程的坚固和稳定起到重要作用。

总体来说,绿色生态护坡的优势有:

(1) 纯环保绿色材料,对环境污染低,效果与周围景观易协调。

(2) 基础牢固,抗水压、泥冻、地震等,并随时间的推移更加稳固。

(3) 成本低,可就地取材,节省人力资源。

10.14.2　绿坡的固土处理

根据景观概念设计要求,东、西两侧大绿坡的坡度标准坡度为 1∶2(约 26.5°),略大于上海地区常规土壤安歇角 23.5°,局部更有超过 45°,甚至接近 90°垂直的坡段(图 3-10-5)。为保证景观种植效果以及土方稳定,现分以下几种类型实施:

草坡类型一:坡度 1∶2 左右 (<30°);

草坡类型二:坡度 1∶1 左右 (30°～60°);

草坡类型三:坡度 1∶1 以上 (60°～90°)。

处理方法:生物活性无土植被毯。

图 3-10-5　斜坡绿化(3)

一种用于泊岸和斜坡的活性固土植被培植构件,由至少一个固底构件构成,任意一个固底构件均由一个纤维束构成,环绕任意一个纤维束的外侧均分别设置有网格加固层,所述的网格加固层为植物纤维或者人造纤维,任意相邻的两个固底构件均相互接触。固底构件中均设置有植物,植物具有根须。将固底构件沿泊岸和斜坡的底端线或者中间方向排列,纤维吸水后,固底构件的重量增加,不能移动,从而防止泊岸和斜坡底端的土石随水流失。进一步的,利用设置在固底构件中的植物根须伸入泊岸和斜坡的底端面内,可以进一步巩固泊岸和斜坡底端的土石,减缓了泥土地压力,阻断泥土向下流或者塌方,同时生长在固底构件中的植物也可以改善景观,绿化环境。

10.14.3　荷载控制与排水

由于世博轴景观绿坡部分位于地下建筑的结构顶板上,因此,顶板荷载的控制以及顶板上的排水问题就成为施工首要解决的问题之一。施工中所采用的 EPS 垫块技术和复合排水组合技术很好地解决了此问题。

EPS 垫块技术就是在地下建筑顶板覆土厚度超过荷载限值时,在满足种植土深度以下用 EPS 垫块代替覆土,由于 EPS 垫块 0.3 g/cm³的密度远远小于一般覆土 1.2 g/cm³的密度，且透水性很好，这样就有效控制了结构顶板的荷载。同时，EPS 垫块易于切割，搭建灵活，可提高景观绿坡塑形效率(图 3-10-6)。

复合排水组合则是一种高性能的单(双)面导水系统，它以高抗压、高纯度的聚烯烃粒状底板和土工布紧密黏合而成，其中聚烯烃粒状底板采用特殊工艺压出封闭突起的柱状壳体，形成凹凸状膜，壳联系，具有立体空间和一定支撑高度，壳体顶部覆盖土工布过滤层，土工布的防堵性和反滤性极其重要，直接影响防排水组合的整体渗透系数和导水量。而黏合在底板的土工布在连接时则起到搭接作用，确保回填土不会进到排水管道，其独特的构造和高纯度的材质，确保了高抗压的特点。这种产品具有稳定的排水效果，同时具有高排水量、抗压力强、降低水压、加强防水效果的优点。用它来替代传统的以鹅卵石、陶粒、碎石、瓦块作为滤水层的排水方式，不仅省时、省力，又节能，节省投资，有效降低了建筑物的荷载。

图 3-10-6 EPS 垫块

10.15 新材料的应用

1. 新技术 1——排水保护板

排疏板、排水保护板也叫滤水板、塑料凸片、塑料夹层板。采用特殊工艺将塑料板材压出封闭突起的柱状壳体，形成凹凸状膜，壳联系，具有立体空间和一定支撑高度，壳体顶部覆盖土工布过滤层，用于渗水、疏水排水和蓄水的产品(图 3-10-7)。

图 3-10-7 排水保护板

传统的排水方式采用鹅卵石、陶粒、碎石、瓦块作为滤水层，将水排到指定地点。而现在用排水板取代鹅卵石滤水层来排水，则省时、省力又节能，节省投资，降低建筑物的荷载。

2. 新技术 2——生态边坡工程系统组建

(1) 组件一：护坡生态袋。护坡生态袋是用高分子复合材料，抗紫外线，抗老化，无毒，不助燃，裂口不延伸，具有保土透水的功能，既能防止填充物流失，又能实现水分在土壤中的正常交流，植物生长所需的水分得到了有效的保持和及时的补充(图 3-10-8)。对植物非常友善,使植物穿过袋体自由生长。根系进入工程基础土壤中,完整了袋体与主体的再次稳固作用,而且时间越长越稳固。

图 3-10-8 护坡生态袋

(2) 组件二:连接扣。连接扣有相当高的拉伸强度和拉伸模量,给土壤提供理想的承担和扩散,在结构较陡的回填土边坡时,连接扣把加筋格栅和生态袋连接,对工程的坚固和稳定起到重要作用,和平板连接扣相比,排水连接扣的垂直多孔结构有利于系统排水,更有利于植物生长根系穿透多层袋体,较大的表面积增大了与袋体的接触面积,使袋体之间更加稳定。

3. 新技术 3——缝隙式排水沟

在铺装地面形成排水效率高且不易被察觉的窄窄线性排水缝;不影响地面铺装的美观效果,可以和所有地面材料和谐组合;特别适用于风景式设计或石板广场、步行区;打开检修口盖板,用低压或高压水冲洗排水沟底座,使得清理和维护非常简单;安装快捷,缩短施工工期;产品生命周期长且维护成本低。

第4篇

运营管理

1 功能定位与服务需求

1.1 功能定位

作为中国2010年上海世博会的主出入口和主轴线，世博轴及地下综合体工程是园区内最大单体建筑，也是世博会一轴四馆五大永久建筑之一，总建筑面积227 169 m^2。

世博轴是空间景观和人流交通的综合，也是一个由商业服务、餐饮、娱乐、会展服务等多功能组成的大型商业、交通综合体。世博轴采用生态设计理念，尤其采用了大型张拉膜结构顶盖、轻型钢结构阳光谷、江水源和地源热主机等世界上最先进的技术、最具施工难度、最为环保的建筑设施设备。通过阳光谷及草坡把绿色和阳光引入各层空间，是世博会最为特点和亮点的建筑物(构筑物)之一。

世博会期间，世博轴184天连续开放，每天开放时间9:30～22:30，开园时间9:00～24:00，承担园区23%的人流。按规划人流规模来测算，世博轴平均日承担9.2万人次，一般高峰日承担13.8万人次，极限高峰日承担18.5万人次。

1.2 功能特点

物业服务的需求表现在对物的使用和维护、各方面人员的流动、各种需求服务的提供、物资的供应、多方有机协调的配合使各功能正常发挥。世博轴作为世博会主入口和主轴线，拥有其他一般项目不可比拟的特点，如：

(1) 配置的设施设备工程系统先进，采用了大量绿色生态、环保的设备设施系统。

(2) 建筑体量大，建筑总面积达22.7万 m^2，长约1 045 m，平均宽度为100 m左右。

(3) 运行时间长，自2010年5月1日开轴至2010年10月30日结束，连续184天开放，每天工作时间从上午9:00至凌晨24:00。

(4) 人流集中，日均承担游客9.2万人次，极限日承担18.5万人次的预计人流。

(5) 作为人流、车流交通枢纽和集散中心，人们的关注焦点程度高，所需要的咨询、导引、援助等服务多，语言沟通能力要求高。

(6) 世博轴不但提供了人、车集散分流的交通功能，更提供了一个供大家休闲交流的场所，还是世博会园区景观亮点之一。

(7) 多部门的立体交叉运作，综合协调、协作要求高，难度大。

(8) 作为世博会人流集散中心和交通中心，突发的事件概率高。

1.3 服务需求

通过对世博轴上述特点的识别，世博轴的服务需求包括但不限于：

1. 多元化服务对象与服务需求

世博轴的建筑特点以及功能定位决定了它所需要的物业管理服务的对象具有多元化的特性，物业管理公司需要针对不同的服务对象制定不同的服务措施，并通过培训和实际演练，保障各项服务达到设定的目标要求，以应对各种服务需求。世博轴的服务对象包括但不局限于：

(1) 世界各国参观世博会的宾客。
(2) 各级政府领导。
(3) 各方参观的 VIP 贵宾。
(4) 各政府相关协作单位。
(5) 各管理相关方的人员。
(6) 各入驻单位的工作人员。
(7) 各商业经营者。

2. 高水准管理服务质量

世博会是一个世界性的活动,它所受到的关注程度完全可以媲美“奥运会”等世界性活动。是一项具有政治性的工作任务,决定了物业管理服务应做好充分的准备工作,在参与提供项目的物业管理服务的同时不但要确保为世博轴提供高标准的服务水准,还要在世博会服务期间始终保持高质量运行,并在此基础上进行服务手段和措施的不断改进及完善。

3. 多功能的工作平台

世博轴作为 2010 年上海世博会人流、车流集散的主要区域,物业管理服务工作平台必须具备综合性、多样性、快速性、有效性等特点功能。

4. 有效的资源整合和利用

在提供物业管理服务的过程中,有效的资源使用是极其重要的,它包括了人才的资源、物资的资源、能源的资源等,要求物业管理企业具有综合协调意识和能力,既要自身尽心尽力,又要善于整合,借助其他方面的资源和力量,只有得到了有效的使用和合理的整合才能达到最佳性价比的管理效果。

5. 协调统一的协作管理

世博轴的建筑特性以及功能特点决定了由一家物业管理公司单独提供所有管理服务是不太现实的。物业管理公司只是世博轴运营保障单位之一,整个项目的管理需要各个方面、各个部门进行有机协调统一的协作管理,成为一个整体,这样才能通过管理服务获得最佳的效果。

6. 网格化的区域分段式管理

世博轴分四个楼层,每层都分几个建筑段。对应这些特点,物业管理公司将采用网格化的分段管理方式,履行好自身职责内的配合、协调,建立快速反应和沟通平台,促进整个管理服务系统流畅、高效的运行,以达到最佳的管理目标。

7. 协调相关各方的关系

世博轴的关注度高,涉及面广,在服务过程中,物业管理公司不但要处理好其他协作单位关系,还要处理好与业主方关系、相关政府部门关系、公司内员工间的协调配合等关系。

8. 项目的不确定性事项多

2010 年上海世博会无论从规模上还是参与国家数量上,都为历届之最,世博轴作为世博会的主入口和主轴线,设备种类繁多,因此,在早期施工阶段至实际营运阶段过程中,建筑的服务功能存在调整的可能,物业管理公司也将根据实际情况对服务流程做相应的调整和完善。

9. 项目早期介入的特别服务需求

世博轴设施设备复杂、工程浩大,技术含量高,因此,在施工过程中,既要求服务供方提供工程技术人员尽早介入,及时了解项目进展和工程技术参数,以保障项目运作良好;同时,物业管理公司还要不断完善自身的管理服务方案,作好早期阶段的各项准备工作,确保日常运行顺利,保质保量完成世博轴所承担的功能。

1.4　服务定位

物业公司怀着强烈的责任感和使命感,以主人翁的态度迎接中外来宾,以服务者的角色实现并完善世博轴的功能定位;让“安全”、“便捷”、“和谐”的运营目标渗透到服务的每一个细节,让“热心”、“细心”、“耐心”、“专心”、“尽心”的“心”级服务陪伴着每一位世博会参观者。

物业公司的管理目标是:运行安全、服务优质。

2 管理模式与服务保障

2.1 管理模式

物业公司在世博轴采取的管理模式是：
“全物业、大管家”理念 ＋“物业总包、专业分包”模式，如下图所示：

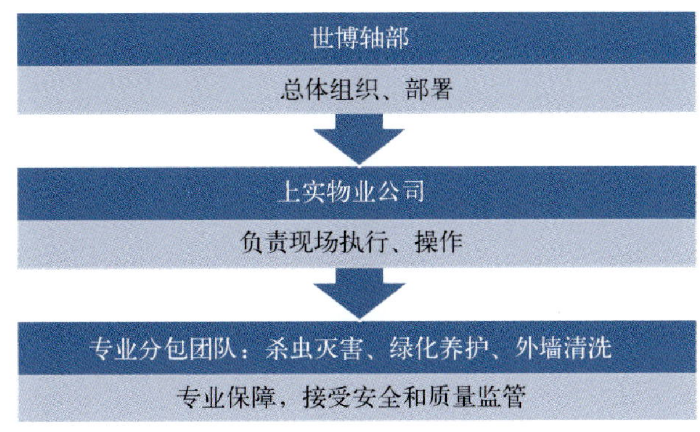

物业公司管理模式图

2.1.1 “全物业”，有作为

世博轴管理处承担的服务内容、人员配置和合同总价从投标时的 7 大类、598 人和 2 500 万元，分别增加到 15 大类、1 070 人和 5 000 余万元。服务对象涵盖参观者、商业单位、公安武警，内容除了物业管理传统“四保”服务外，还涉及参观者问询、导览、救助等服务，商业管理、大型活动保障和 VIP 接待等内容，成为世博轴物业服务“托底”保障单位。

如：春节期间，工程建设单位放假，工地安保眼看就要处于真空状态，管理处紧急组织力量安排人员加班进行 24 小时安全维稳巡检，确保了节日期间建设工地的安全。

又如：新增服务需求中秩序维护 240 人从得到指令到全体人员到岗仅用了 10 d 时间，化解了世博轴运行期间安保力量短缺的燃眉之急。

2.1.2 大管家，有地位

管理处的各项服务准备工作“想得细、抓得早、做得精”，提前 6 个月建立了《运行手册》，还相继建立了《商户服务手册》、《应急事件处置预案》等文件，担当各类管理服务工作的“总管”，期间协调 20 多家工程建设单位、70 多家商业单位，解决的施工建设、安装调试和店家装饰装修等问题近万项，为近万名工作人员办理人员园区出入证、用餐、用水、办公物资领用等后勤保障工作。

管理处根据项目特点，建立、实施并持续改进质量管理、环境管理和职业安全健康结合型管理体系，实施相关方管理。识别关键工作环节，全面掌控运行期间的“三种状态”，即：常规运行状态、开闭园和预警状态、紧急响应状态等，容易引发人流高峰的“三个时段”，即开闭园时间、用餐时间和极端天气时间实施分类管理，确保各项管理服务工作“叫得应、回得快、做得好”。

2.1.3　运行期间树形象

为了管理服务运行工作的“成功、精彩、难忘”，世博轴管理处制定周全的员工培训方案，培训细分为桌面测试、模拟演练和试运行 3 个阶段，在各现场设置单项、综合和应急演练项目，逐项模拟场景及演练服务工作的处理流程，逐一检验各类岗位人员对岗位职责、工作流程和标准的掌握程度，并检验管理服务方案的可行性。

世博轴管理处进驻后仅仅 3 个月，就编制了 70 余个作业规程、100 余张记录表式，均得到有效实施和改进，成为服务质量的保障。

上实物业公司在世博轴项目管理的具体做法是：依托自身的专业管理实力，结合项目的特点，对其物业管理模式作统筹策划，由公司总经理组织各职能部门与专业条线，邀请行业公众物业资深专家组成公司顾问团队，共同研究，设计本项目的管理服务方案：

(1) 现场设置物业管理服务机构——世博轴物业管理处，具体实施物业管理服务的职责。

(2) 物业管理处实行“酬金制”，独立核算。

(3) 世博轴管理实行公司领导下的项目经理负责制，项目总经理及主要部门负责人均由资深专业人士担任。

(4) 营运前 3 个月和营运后 3 个月，公司总经理驻场，在现场给予具体的工作指导和帮助，确保管理处各项工作的开展，满足服务需求。

(5) 在实施运营过程中，公司各职能部门和各专业条线给予全程的业务及技术的支持和帮助。

(6) 公司品保部负责现场运行的质量监管、满意度调查及日常运行中的意见收集、督导及改进措施。

(7) 按照合同要求，对工程保障和环境保障的专项外包服务方案进行有效的监管。

2.2　运作方式

世博轴管理处运作模式采取项目经理负责制与职能部门督导制相结合的条块结合的运作模式，具体做法如下：

(1) 根据公司编制的世博轴管理方案，建立和健全满足日常服务运行所需要的各项管理制度，明确各部门、各岗位职责和各项管理服务标准、流程。

(2) 确立各部门的设置与部门职责，其中行政部具体负责协调管理处日常各项基础管理工作，并组织落实建立与健全管理处日常服务运行的各项管理制度。

(3) 管理处根据工作计划和要求组织实施，实施过程中接受公司相关部门的指导和检查；并根据计划进度要求的时间节点，及时向公司报告工作进展情况，以便使管理服务工作更加完善。

(4) 接受公司品保部对本项目的物业管理服务工作的质量监督，及时采取有效措施改进工作中的不足，以确保本项目的服务达到应有的水平。

(5) 接受管理部对物业管理服务进行日常监督，发现问题，及时完善。

(6) 在公司品保部的指导下，组织落实向有关方面和顾客开展满意度征询，根据反馈意见书进行统计、分析，并作出整改报告。

(7) 建立各类应急预案，培训各岗位工作人员达到相关要求。

2.3　管理内容

世博轴的建筑物及构筑物的特点以及它的功能定位，使得世博轴成为上海 2010 年世博会的亮点和管理重点。世博轴的管理涉及人流的疏导、指引、问询；先进设施设备的运行管理与维护；与各供方的协同、协作管理等。

2.3.1　早期介入阶段

早期介入阶段主要包括建筑施工期间、项目竣工验收、物业承接查验和物业管理筹备等四个组成部分。

1. 建设施工期间

在建设施工期间，物业管理公司的任务是：

(1) 受业主方的委托,与建设单位、施工单位就施工中发现的问题共同商榷,及时提供并落实整改方案。

(2) 对内外装修方式、用料及工艺等从物业管理的角度提出建议。

(3) 熟悉并记录基础及隐蔽工程、管线的铺设情况,特别注意那些在设计资料或常规竣工资料中未反映的内容。

2. 项目竣工验收

物业管理公司在项目竣工验收阶段的任务是:

(1) 在各项单项工程完工后,参与单项工程竣工验收,以便于以后的管理和维护。

(2) 在分期建设的工程完工后,参与分期竣工验收。

(3) 在工程全面竣工后,参与综合竣工验收。

3. 物业承接查验

物业承接查验阶段主要是指:

(1) 物业管理所需的图纸和资料等的接收、整理和归档。

(2) 合同委托范围内的物业场地、建筑物、构筑物及设施设备承接查验等。

4. 物业管理筹备

(1) 物业管理用房的协商与确认。

(2) 世博轴使用前的保洁开荒。

(3) 按照与委托方协商确定的方式,开办物资的采购。

(4) 对物业管理服务人员实施培训。

(5) 编制物业管理的公共制度,协助委托方制订《管理规约》。

(6) 建立与世博园区其他相关部门的联络与沟通。

2.3.2 供方入驻阶段

由于世博轴的功能所定,世博轴内没有参展方,但有许多供应商,如餐饮、特许店等。所以,本阶段的物业管理服务包括:

(1) 协助委托方办理供应商入驻手续。

(2) 提供供应商所需的物业管理咨询服务。

(3) 实施供应商现场施工管理,并提供相应的公配保障及服务。

(4) 实施装修施工期间的防火、防盗等公共秩序维护。

(5) 实施装修期间的公共环境管理。

(6) 对已完成的装修区域提供必要的防护。

2.3.3 常规管理阶段

常规管理阶段的各项保障任务主要是确保世博会顺利举行,保障世博轴的功能得到最大限度的发挥,全面实施所委托的物业管理服务,圆满完成世博轴的物业管理服务。这个阶段的具体工作包括以下八大部分:基础管理、客户服务、建筑物/构筑物及设施设备管理、环境卫生、绿化管理、活动保障、突发事件应急处置等,各部分的服务内容、界面划分及服务要求是不同的。

2.4 服务保障

物业公司在物业管理服务中一向信守"说到的一定要做到,做到的比说到的更好"的承诺。在世博轴的管理服务过程中,物业公司通过各项保障措施,以达到100%的项目成功率,确保世博会的顺利运营。

1. 集团公司保障

依托集团力量,对物业公司在实施管理服务过程中进行全程督导。

2. 质量体系保障

物业公司已通过ISO9001质量管理体系、ISO14001环境管理体系和OHSAS18001职业健康安全管理体系,以及管理方针、管理目标的制定，建立了持续改进的内部保证机制，保障管理处工作的有效性，满足参观者、供应商、业主方、员工及其他相关方的要求；同时，在日常管理服务中，及时评审和修订管理体系文件，确保质量体系文件的有效性、充分性和适宜性。

3. 规章制度保障

在世博会进入倒计时期间，物业公司就组织了专业人士对世博会进行了广泛的探讨。还组织相关人员赴日本爱知世博会进行现场考察学习，与世博轴管理部就世博期间管理运营工作进行沟通和交流。针对世博会的物业管理服务要求，物业公司组织编制了《大型会展类公众项目顾客服务技术标准》和《物业设施设备管理标准》，使企业率先建立了世博会专业管理服务标准，从而提炼和创新了管理理论，为世博会提供服务奠定了理论基础。

4. 组织架构保障

物业公司在世博轴管理运作中，采用了项目经理负责制与职能部门督导制相结合的条块结合的运作模式，这一管控模式在项目的实务操作中，一是可以加强工作的执行力和业务监督，提高运营效率；二是有效地整合了项目的管理资源，保障了运行的质量。

服务过程中，公司各职能部门及专业条线在项目管理资源上给予足够的支持；其主要的内容为：

(1) 公司总经理亲自牵头负责世博轴项目的管理策划工作，关键时刻驻场支持工作，为世博轴项目提供专业技术支持。

(2) 公司集成公众物业专家作为世博轴项目的技术顾问团队，为企业提供专项管理服务的咨询和帮助。

(3) 公司动员了党员、团员、管理骨干等组成了企业志愿者队伍，随时听从调遣，增援世博轴项目应急服务的需求。

5. 人力资源保障

公司从人力资源方面，对世博轴管理现场也给予了大力的支持，具体做法为：

(1) 从项目的早期介入与营运前后，公司在已确定的管理服务人员编制的基础上，增派一定数量的管理干部，以保障各项工作顺利开展。

(2) 实施本项目的运行中，客服服务人员具备多语种能力，公司招聘了 60 名英语、日语、法语、西班牙语、俄语和包括阿拉伯语等小语种的专业人员，为世博轴物业管理提供了沟通和服务的保障。

(3) 管理层员工都通过了“上海市职业能力考试院世博人才项目经营管理师”培训并持证上岗。

(4) 公司按管理处人员编制总数 10%的比例配置应急机动人员，按物业管理处人员编制总数 50%的比例配置候补机动人员，一旦有需要随时到达现场提供支持，这些人员在到达现场前不占用物业管理处人员编制，也不计入物业管理成本。

(5) 早期介入与营运前人员数量将超过正式人员编制比例的 30%。

(6) 世博轴项目工作的操作层员工将 100%通过上海世博人才发展中心的世博场馆服务岗位资格培训，并持证上岗。

(7) VIP 接待服务团队送至上海市机关事务局、市委接待办、外贸部等处，进行高层礼仪接待专业培训。

3 基础管理与客户服务

3.1 基础管理

世博轴基础管理的内容与界面包括但不限于以下方面：日常运行管理、人力资源管理、财务管理、物资与仓库管理、投诉接待处理、报修受理服务、空置房屋管理、外包服务监管、对外统筹与协调等。

3.1.1 日常运行管理

日常运行管理主要指物业管理处的制度建设、工作流程制定、管理体系建设、内务管理、档案管理、员工后勤保障以及物资采购工作等。

(1) 制度建设及工作流程制定：制度建设及工作流程制定是指管理处对各部门、各岗位的服务过程和工作流程进行识别，并编写适合现场运营管理的管理制度及岗位操作工作流程，并在具体的执行过程中不断地予以充实与完善，最后将形成一套适合世博轴现场运营实际需求的《世博轴物业管理制度汇编》。

(2) 管理体系建设：管理体系主要包括计划管理体系、统计管理体系、考核管理体系、培训管理体系、预决算管理体系等，由这些子体系最后组成完整的世博轴物业管理体系。

管理体系建设将由行政部负责牵头，在物业管理处成立之初即着手建设，并在后续的管理过程中不断持续改进与完善。

(3) 内务管理：办公室内务管理除了包括日常的办公室工作外，还有与相关方的行文往来、与公司本部的行文往来、管理处内部的交/督办任务管理、计划管理、统计管理等。

(4) 档案管理：档案管理由管理处行政条线的行政管理员负责，包括对世博轴的工程技术设备类的图纸、说明书等各种档案资料进行管理。

(5) 员工后勤保障：员工后勤保障主要是指为员工提供的上下班交通安排、工作餐的安排、更衣室安排以及其他劳动保护等后勤管理工作，以降低员工疲劳度，更好地为现场提供服务。

(6) 物资采购：物资采购工作分为公司集中采购、现场应急采购等，以确保能满足现场服务的需求。

3.1.2 人力资源管理

人事管理工作主要是指人员招聘、培训、考核，建立合理有效的激励机制，为项目运作提供有力的人力资源保障等工作。

同时，考虑到世博会及世博轴的特殊情况，在招聘员工的时候，还将建立入职政审机制，政审的主要内容为政治思想、道德品质、业务能力、工作实绩、适应拟录用职位所需要的条件以及录用后是否符合岗位工作特性的要求等。

(1) 员工培训：结合公司管理体系的要求，对员工开展全方位的培训，建立符合世博会要求及世博轴管理需求的培训体系，从三级培训做起，培训内容涵盖企业理念、服务特色、企业质量方针直至岗位操作规程等。

(2) 员工激励：管理处建立了适合员工成长与发展的薪酬、激励体系与政策，规划薪酬激励管理，构筑有特色的价值分配机制和中长期激励机制，实现员工可持续成长与发展。贯彻“以岗定薪”的分配原则，将薪酬与岗位责任、岗位贡献、市场价值和专业技能相联系，充分调动员工工作积极性和创造性，提高工作效率。同时搭建科学、合理的薪酬框架，建立以绩效为导向的薪酬分配体系，为员工提供包括管理、技术、服务在内的多元晋升渠道。

(3) 员工考核：内部员工考核的对象包括员工、班组、部门以及管理处。部门和管理中心的考核有经济责任制考核、工作绩效考核，由上级对下级进行考核。员工和班组的考核主要为工作绩效考核，由部门进行考核。

内部考核体系坚持"四严"标准、体现五个原则。坚持"四严"标准即："严格考核标准、严格考核办法、严格考核制度、严肃考核纪律"。体现五个原则：即：公开性原则、客观性原则、开放沟通原则、常规性原则和发展性原则，做到"用事实说话，用数据说话"。

3.1.3　财务管理

财务管理工作主要指物业管理费预决算、并对成本进行控制等工作。

(1) 物业管理费预决算：物业管理费是管理处正常运作的经费来源。管理处按合同规定的管理阶段，在每个管理阶段结束后编制物业管理费决算。同时，在每个管理阶段工作过程中，还要持续做好对预算的使用监管和控制，使有限的物业管理经费能够发挥最大的效益。

(2) 财务管理制度的建立与执行：管理处建立和建全财务管理制度，并严格执行，同时在实施过程中还将不断调整与完善，以适应世博会和世博轴的实际需求。

(3) 成本控制：管理处对每一项物业管理活动进行成本分析和测算，再根据预算严格控制财务支出，保证财务支出在预算控制范围内。

3.1.4　物资与仓库管理

仓库管理工作主要是指与物业服务委托合同范围内相关物资的仓储管理、备品备件管理以及相应的仓库制度建设等工作。

管理处在合适的、交通通畅、装卸货方便的区域设立仓库，并设置具有防潮、防侵入等要求。

在物品接收方面，普通物品的接收应按照有关数据、品牌型号、数量等是否与物品实数相符合，同时验证物品的合格证。对特殊物品的验收，应有相关部门(需求部门)参与，指派人员并验收。在物品存管方面，如管理部的物品也存放在仓库，则应分管理部与管理处分别存放，并做好标识。仓库管理员应每月对所收、发的物品进行核对，对库存物品进行盘点，并与物业财务进行对账。定期对固定资产及低值易耗品进行一次登记、核对工作。

3.1.5　投诉接待处理

接待或受理参观者的各类投诉，投诉点工作人员或援助点服务主管负责接待安抚投诉者、记录投诉事由、甄别投诉类型、常规投诉处理、上报投诉情况、请求协助处理、善后回访等服务工作。

投诉接待处理工作主要包括设计合理的投诉接待处理途径，建立投诉接待回访制度等。

物业公司在设计投诉处理服务流程时，把握了以下几个关键点：

(1) 投诉接待人员需富有相关工作经验，尽可能化解投诉。

(2) 无法化解的投诉进入重大投诉处理流程。

(3) 世博轴投诉点由上实物业公司世博轴管理处直接管理，园区参观者服务中心进行条线管理。

(4) 重大投诉指投诉点工作人员和服务主管无法解决或者涉及人身伤害、买卖纠纷等需要多方协调和请示处理的投诉，应及时上报园区参观者服务中心。

3.1.6　报修受理服务

物业管理服务的报修受理工作由设备保障部报修调度员负责，详见"建筑物/构筑物及设施设备管理"相应内容。

3.1.7　空置房屋管理

空置房屋的管理主要是指对本项目内封闭不用的区域或空置房屋的管理。

管理处接管的空置区域及空置房由质量管理员进行登记造册。质量管理员制作《空置房动态记录表》，以记录日常巡视状况，每月上报以备案存档。

3.1.8 外包服务监管

外包服务监管管理主要是制订明确的监管措施，协助各部门处理与外包服务供方之间的协调与沟通，具体的外包服务监管工作均各部门专业条线负责落实。

(1) 制订明确的监管措施：管理处将通过编制外包服务供方管理办法，以规定服务供方的具体管理细节，明确双方权利、义务，要求服务供方在服务过程中必须建立服务记录，详细记录服务时间、服务地点、服务对象、服务方式、服务情况等内容。

(2) 服务供方的考核与管理：管理处将依据《服务供方监管管理办法》对服务供方的服务过程实施日常管理，建立监督考核制度，并及时公布各类服务供方的服务质量情况。

3.1.9 对外统筹与协调

对外统筹与协调工作是指物业管理处与所有外部接口应实现无缝衔接，配合世博会其他相关部门共同完成保障任务。

3.2 客户服务

世博轴区域内客户服务内容包括：前台接待、商户管理、问询服务、导览服务、租赁寄存、援助服务、VIP 接待与会务服务、商务中心服务等几个部分。

世博轴物业管理处的客户服务由客户服务部负责策划、组织和执行，客户服务部作为直接为参观者提供服务的对外窗口部门，在服务过程中不仅代表物业管理处更代表世博轴和上海世博会，用“热心”、“细心”、“耐心”、“专心”、“尽心”的五“心”级服务对待参观者是服务部每位员工的目标。

3.2.1 前台接待

世博轴管理处在办公区入口设前台接待 1 处，负责提供访客接待服务、总机转接、问询服务、商务复印、投诉受理、接报修受理、报刊邮件收发等前台服务。

3.2.2 商户管理

世博轴区域内虽然没有参展方，却有许多为参观者服务的商户，包括电信、银行、餐饮等特许店。上实物业公司世博轴管理处受委托，对各商户提供管理和服务。其内容包括入驻手续的办理、二次装修管理、商户档案资料管理等。

商户档案资料包括：

(1) 入驻资料：租赁合同、装修管理协议、房屋验收单等材料。

(2) 企业资料：企业登记表、紧急联络单等。

(3) 二次装修管理资料：装修申请审批表、装修过程情况记录、管线变动情况等。

(4) 日常维修资料：维修记录、维修回访记录。

(5) 信息反馈资料：服务质量回访记录、投诉及处理记录、意见征询、统计记录等。

3.2.3 问询服务

世博轴设有问询服务处 5 处，地下二层 3 处，地上二层 2 处。问询服务处提供中英文双语问询服务，负责提供问询接待、参观指引、求助指引、失物招领、寻人广播、顾客意见征询等服务项目。

3.2.4 导览服务

导览服务是指在世博轴所辖区域流动提供参观咨询、指引、援助及其他便民服务等工作。

导览服务工作包括:

(1) 负责参观引导、人流疏导和交通指引服务工作。

(2) 负责提供参观咨询、资料分发等服务。

(3) 负责导览服务中相关信息、报表、文档的传递或整理。

(4) 协助作好排队管理等参观秩序维护和突发意外事件处置工作(送医诊疗/调查取证)。

(5) 协助提供报失接待/查询、RFID信息输入/扫描、投诉受理以及走失人员搜寻、护送等工作。

(6) 提供无障碍和便民服务工作。

(7) 负责提供参观者意见征询和调查工作。

3.2.5 租赁寄存及失物招领

租赁服务工作主要包括为参观者提供轮椅、婴儿车、拐杖、望远镜、语音导览器、无线导游机、手机、数码产品充电器等物品租赁;寄存服务是为参观者提供除自动物品寄存指导、人工寄存及物品保管服务;失物招领工作包括为参观者提供遗失物招领、登记、认领以及拾得物登记服务。

(1) 现场提供物品租借,指导参观者正确使用租借物品,满足参观者援助服务需求。

(2) 作好租借物品清点、检查、充电、报修、清洁消毒和调拨工作,确保设备完好、有效、卫生。

(3) 按标准收费,妥善做好备用金、收入款、押金收支、清点及保管等管理工作,负责按时解缴款,确保资金安全。

(4) 妥善处理物品损坏、遗失等意外事件。

(5) 负责遗失物品登记保管运送工作。

(6) 提供报失接待/登记、查询、认领服务。

(7) 妥善处理无主物品,作好登记、清点、保管和移交工作。

(8) 负责提供行李物品的寄存服务。

(9) 负责服务工作中相关信息、报表、文档的传递或整理,数据统计和账目制作工作,确保信息及时、准确。

3.2.6 援助服务中心

援助服务工作涉及援助服务中心、残障中心、母婴室、儿童中心以及室内休息室,主要包括残障人士服务帮助、母婴服务、儿童活动中心管理、走失儿童看护、紧急医疗救助等。援助服务工作由援助服务班组承担。

世博轴援助服务设施包括:二层援助服务中心1处,地下二层残障中心3处,地下二层母婴服务处2处,地下二层和地上二层儿童中心各1处,地上二层室内休息室1处。

世博轴援助服务是指在世博轴范围内提供特殊人群服务帮助、母婴服务、走失儿童看护、参观者室内休息、紧急医疗救助等服务。在各援助服务设施内凡涉及残障服务的应确保同时2名服务人员在岗;儿童中心在岗者中至少1名具备幼教经验可对走失儿童进行心理抚慰并尽量协助其寻找亲人;援助中心在岗者中至少1名具备急救经验;前期对援助班组全体成员进行手语培训,使其具备与聋哑人进行基本沟通的能力。

3.2.7 VIP接待与会务服务

VIP接待服务工作主要包括迎送宾服务、签字服务、摄影摄像服务、讲解服务、会务服务等。会务服务工作主要包括会务物品代购、会场清洁与布置、会务设备调试、会务接待引领、会中茶水服务等。会务服务工作由VIP接待服务班组承担。为保证VIP接待和会务工作的顺利进行,世博轴管理处制定了VIP接待和会务服务工作流程。

VIP接待时,世博轴管理处加强了对接待服务人员培训,要求服务人员要做到:

(1) 了解VIP接待服务的任务与要求。

(2) 了解与贵宾有关的个性化信息,以便能够根据贵宾的特点做好接待服务。

(3) 负责提供贵宾讲解服务。

(4) 负责根据VIP接待方案引导贵宾参与活动或摄影留念。

(5) 及时做好每档贵宾讲解服务的信息反馈。

(6) 在第一时间对岗位突发事情进行响应并按规程处置。

3.2.8 商务中心服务

商务中心是为世博轴内的商户、参观者、入驻单位等提供商务服务的机构。工作职责为：提供打字、复印、传真、快递收发等基本服务工作；负责入驻商户管理服务、能耗费收取服务；负责为入驻商户提供代叫车辆等延伸服务工作等。

建筑物/构筑物及设施设备管理

4.1 服务内容及界面

世博轴共四层，总建筑面积 251 144 m^2；南段为入口广场，地下二层连接轨道交通 7 号线、8 号线耀华路站至各层，中段东连中国馆，西接主题馆，地下连通 M8 号线周家渡站，北段连接公共活动中心、庆典广场等。以上范围内的设备设施的保障工作、管理分工见表 4－4－1：

表 4－4－1 管理分工

序 号	类 别	保 障 项 目	对口单位
01	公配设施	暖通系统、变配电系统、给排水系统、消防设施、喷雾降温系统、公共区域电梯等升降设备、智能化集成系统、避雷设施、阳光谷、膜等	物业公司、专业维保商
02	市政设施	市政供水管道、泵房等；市政电网管线、变配电系统、路灯、机房、变压站等；市政天然气管道、气压站等	市政单位
03	环卫设施	厕所、小压站、垃圾站等	环卫公司
04	公共服务设施	邮政、金融、气象设施、安检、检票设施等建筑及其附属设施	运营商
05	商业设施	餐厅、商场、售货亭建筑及其附属设施	经营商
06	援助功能设施	参观者服务点建筑及其附属设施	物业公司
07	公共建筑	市政道路、步道、广场、公配/功能服务建筑	建设单位
08	其他设施	标识系统、雕塑、小品、舞台等活动配套设施	供应商

具体讲，世博轴建筑物/构筑物及设施设备管理的内容包括但不限于以下方面：

(1) 世博轴区域内的建筑物和构筑物的日常管理与维护。

(2) 世博轴区域内标识标牌(不含入驻单位自行配置的标识标牌)的管理和维护。

(3) 世博轴区域内 400 V 以下的供配电系统和应急供电系统的运行管理和维护。

(4) 世博轴区域内所有照明设备的运行管理和维护(入驻单位自行安装的照明设施除外)。

(5) 世博轴区域内弱电智能化系统的运行管理和维护，包括：

① 火灾自动报警及联动控制系统。

② 安防系统(视频监控、入侵报警、出入口控制、电子巡查等)。

③ 漏电报警系统。

④ 公共广播系统。

⑤ 建筑设备监控系统(BA)。

⑥ 有线电视系统。

⑦ 停车场管理系统。

(6) 世博轴区域内电梯系统的运行管理和维护。

(7) 世博轴区域内给排水系统的运行管理和维护。

(8) 世博轴区域内暖通系统的运行管理和维护(含江水源、地源热泵主机的运行监管和维保监管)。

(9) 世博轴区域内防雷接地系统。

(10) 委托范围内所有需法定检测的系统的及时检测(入驻单位自行安装的系统除外)。

(11)委托范围内所有建筑物、构筑物、设备设施等的档案资料管理。

4.2 组织保障体系

中国2010年上海世博会设备设施组织保障体系由以下部分组成：

一级组织：设施保障领导组织——世博局/园区运营指挥部。负责设施保障总体要求的明确和相关条线及社会资源的协调。

二级组织(1)：设施保障职能部门——世博局设施和环境管理部等职能部门。负责世博园区内相关设施保障工作的技术规范、指导、监督检查和应急协调。

二级组织(2)：设施保障管理部门——片区/馆部。片区/馆部下设设施保障组,负责专属区域或场馆内设施设备的全面保障管理,就各类基础设施设备的正常、安全运行对上海世博会运营负责。

三级组织：设施保障实施机构——由物业公司、承建单位、供应商、专业服务商、市政专营公司等组成,按各自被委托内容和范围分别从事相应的保障服务。

建设方委托的供应商或承建商,应纳入整个设施保障体系,依据世博会制定的统一管理标准和要求提供设施保障服务。

世博轴各级组织的职责权限划分见表4-4-2。

表4-4-2 组织职权划分

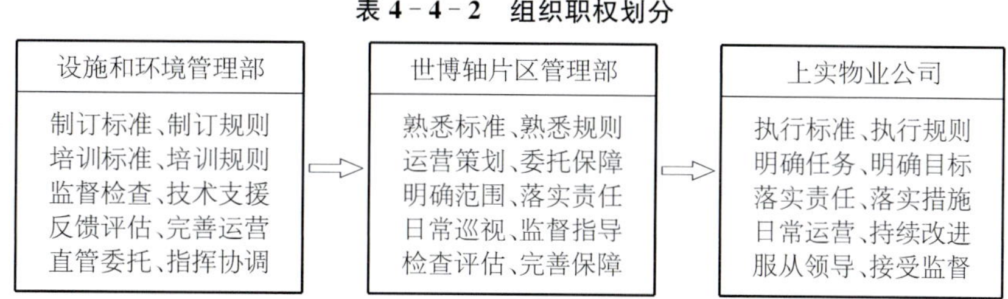

世博轴建筑物/构筑物及设施设备管理工作由上实物业公司世博轴物业管理处设备保障部承担,设施保障部的工作重点在白天营运期间以建筑物、构筑物及设施设备运行保障为主,晚上营运结束期间则以维修保养工作为主。

对于世博轴技术要求高的设施设备,以委托专业供方维修保养为主,设施管理部负责对维修保养过程进行监管。当设施设备发生故障时,通过报修流程,及时向供方报修,并对维修过程和维修结果实施监管。

设施保障部管理层人员由部门经理、工程总监和设备主管组成,以值班经理的方式,负责部门的运营管理,落实各项设施设备运行管理及维修保养工作。

4.3 建筑物/构筑物的日常管理与维护

4.3.1 管理与维护范围

建筑物/构筑物的日常管理范围包括建筑物/构筑物本身和附属的设施、地基、墙体、楼地层、楼梯、装饰工程、屋顶、钢筋混凝土结构、门窗、通风道、建筑小品、道路、排水明沟及窨井等。

4.3.2 具体保障措施

(1) 对世博轴区域内所有建筑物和构筑物的结构、装饰进行日常巡查和维修,按国家规定定期检测避雷装置。

(2) 根据定期巡检和报修,属于维保范围的,设施保障部按计划及时组织维护保养;属于专业供方保修范围(例如阳光谷、膜及灯饰等)的,按保修流程,及时报修供方单位,并协助、监督专业供方单位按时修复。

(3) 对所有的巡查、维修及对专业供方监管的工作进行记录,资料齐全、符合要求。

4.4　标识标牌的管理和维护

4.4.1　管理与维护范围

世博轴作为世博轴园区内的主要交通要道,其区域内标识标牌,应定期巡检,确保完好。

4.4.2　具体保障措施

1. 工程专用移动标志标牌的管理

(1) 负责工程专用移动标识标牌使用、回收及存放的过程管理。

(2) 严格按操作规范及管理程序,规范使用移动标志标牌。

(3) 移动标志标牌在使用过程中,定期巡检,包括每天、每周、每月的检查,以确保存放过程中标识的完好程度。

(4) 巡检过程中,发现移动标志标牌失效、损坏,及时更换。

2. 非工程专用移动标志标牌的管理

(1) 非工程专用移动标志标牌使用过程中,定期巡检。

(2) 存放过程及完好程度的移动标志标牌,定期巡检。

(3) 巡检过程中,发现存在失效、损坏等现象,及时更换。

3. 标志标牌和设备标识的管理

(1) 对各类标识进行定期检查。

(2) 定期清洁、保养维护。

(3) 保持标志标牌和设备标识的完好及有效。

(4) 遇到内容与现场状况不符时,予以调整。

(5) 遇到标志标牌和设备标识损坏、丢失等情形时,予以更换和增补;遇有国家规定的(如安全、环保、消防、交通等)维护时应直接采用国家标准。其他标志标牌,应根据现场服务的特点、工程维修的特点进行维护保养。

4.5　供配电系统的运行管理与维护

4.5.1　管理与维护范围

世博轴供配电系统和应急供电系统包括配电柜 214 台、柴油应急发电机组 3 台,电气火灾报警系统,EPS 电源 59 台,电能管理监控系统 10 套,照明动力配电箱 517 台,江水源配电箱 44 台。

世博轴及地下综合体划分为北中南三大供电分区(北区、中区、南区)。共需 9 路 10 kV 常用电源,分别由规划中世博园南北 2 座 110 kV 变电站提供。

在世博轴内设置 1 个自备发电机房,作为消防设备及其他重要负荷的应急电源。

4.5.2　具体保障措施

配电房定期巡检,做到“四防一通”(防火、防雨雪、防汛、防小动物的侵入及保持通风良好)的要求。确保各配电柜运行正常,仪表指示正确,无异常声音、异味,表面清洁;确保照明设备完好,包括公共区域照明、应急照明、室外照明等。

(1) 营运前: 对本项目各区域电气设备、照明设备进行巡检,巡检包括动力配电柜、照明箱、控制柜、母线断路器等,办公及商铺内的电气设备、照明设备根据需要也将进行巡检;对本项目电气设备、照明设备按照规定要求提前进行开启或关闭,以满足营运运行的需求;对巡检过程中发现的异常情况,及时采取有效措施恢复。

(2) 营运期间: 对各区域的电气设备、照明设备的运行状况进行巡检;按照要求完成物业管理处下达的电气设备、照明设备的日常维修工作。

每班按要求定期巡视,发现故障及时修复,不宜在营运时实施的,应当在夜间完成;应急照明灯具(包括疏散指示)每季做一次失电试验,每次不少于 30 min,以保证其能持续供电;每季对逃生诱导灯试验一次,并对失效电瓶进行更换。

(3) 营运后:对世博轴电气设备、照明设备按照规定要求进行开启或关闭,以满足营运结束期间的运行需求;部分不适宜在营运期间进行的维修保养项目,运行电工当值期间予以完成。

(4) 其他方面:完成重大活动中电气设备安装、施工、保障工作;完成贵宾接待过程中的用电保障;当值期间突发事件(如停电)的处理;完成责任区域内的机房清洁工作;协助其他岗位人员做好设备设施维修保养工作。

照明设备发生故障及时上报,联系专业供方及时维修。

4.6 弱电智能化集成系统的运行管理与维护

4.6.1 管理与维护范围

弱电智能化集成系统主要有 3 个消控中心,火灾自动报警及联动控制系统(FAS)(包括:火灾自动报警控制器、消防联动控制装置、彩色图形显示装置、消防专用电话总机、火灾应急广播控制盘、感烟探测器防爆感温探测器);安防系统(视频安防监控系统、入侵报警系统、出入口控制门禁系统、无线对讲系统、电子巡查系统、安防信息综合管理系统);公共广播系统(包括:火灾应急广播、背景音乐),智能型建筑设备监控系统(BAS),综合布线系统等。弱电班组主要对以上系统的日常运行进行监管。

4.6.2 具体保障措施

(1) 营运前:对本项目各弱电智能化集成系统的运行状态进行巡检,巡检内容包括各弱电智能化集成系统的主机设备、末端设备等;对巡检过程中发现的异常情况,应采取有效措施进行处置。

(2) 营运时段:对各区域的主机设备、末端设备的运行状况予以管理;按照要求完成物业管理处下达的弱电智能化集成系统主机设备、末端设备的日常维修工作;部分不适宜在营运时段维修保养的项目,应在非营运时段当值时段内予以完成。

(3) 其他方面:完成活动中弱电智能化集成系统主机设备、末端设备安装、施工、保障工作;完成 VIP 贵宾接待过程中的弱电保障;突发事件的协同处理;完成责任区域内的机房清洁工作;协助其他岗位人员做好设备设施维修保养工作。

对运行信息详细、准确,记录保存完好。对用户线路的开通、迁移、关闭及配线架位置等详细记录在装拆移机工作记录表上,确保资料与现场信息 100%一致。各层弱电间定期进行清洁,做到设备表面无积灰。广播系统的音源设备、功放设备工作正常,整洁完好。

每天应检查监控计算机,出现故障及时排除,记录在案。监控的录入资料保持规定的时限,有特殊要求的参照相关规定或行业标准执行。设置巡更点,编制巡更路线和时间;设备监控系统(BAS)设备运行平稳,可有效地对空调、给排水、照明、电力实施有效的控制。控制软件反馈正确,动作准确,联动关系正常,控制精度在正常范围内。各系统输入输出电源的变化符合厂商产品手册要求。

弱电智能化集成系统发生故障及时上报,联系专业供方及时维修。完成重大活动中弱电系统主机设备、末端设备安装、施工、保障工作:

① 对贵宾接待过程中的弱电设备保障。

② 责任区域内的机房清洁工作。

③ 协助其他岗位人员做好设施设备维修保养工作。

④ 对通讯系统程控交换机、语音信箱、话务台、电话机、信息插座等进行维修保养。

⑤ 对信息系统触摸屏、LED 电子显示屏、控制主机、智能卡系统制卡设备等进行维修保养。

⑥ 对公共广播系统,维护 CD 机、数字调谐器、功率放大器、监听器、播音箱及智能广播控制中心设备等进行

维修保养。

⑦ 对火灾自动报警系统消防主机、联动控制柜、消防显示、消防电话、空气采样系统、报警系统、气体灭火控制器等进行维修保养。

⑧ 对安全防范系统摄像机、视频矩阵、显示装置、背投投影机、双鉴智能探测器、报警按钮、网络报警控制器、出入口控制器、自动道闸等进行维护。

⑨ 对漏电预警报警器、探测器、故障识别器等进行维修保养。

⑩ 消防烟温感器作业规程:

A. 消防烟温感器进行每月巡检。

B. 检测人员与消防中心安保人员协同进行。

C. 检查烟温感器是否能实施报警。

D. 消防报警主机能否报警、自动打印。

E. 巡检结果记录在《消防烟温感器巡检(测试)记录表》中。

F. 配合外来维保公司的维保工作。

G. 负责监督维保公司人员的维保作业并将作业的内容记录在《设备维修保养记录表》中。

⑪ 消防风机作业规程:

A. 检查消防排烟控制箱开关设置。

B. 检查消防排烟的就地控制是否能有效联动。

C. 检查启动手动报警后,消防排烟的联动情况。

D. 检查消防中心控制屏上消防排烟按钮标识。

E. 测试楼层排烟阀门口风速是否在标准范围内。

F. 检查消防排烟、防火阀启闭情况。

G. 检查消防排烟、风管外观清洁、整齐与锈蚀情况。

H. 检查测试人将检查测试结果记录于《消防风机检查(测试)记录表》内。

I. 检查测试内容按《消防风机检查(测试)记录表》上的内容进行。

⑫ 消防广播作业规程:

A. 消防广播巡检每月进行一次。

B. 检查紧急提示话筒、自动广播语音部分是否良好。

C. 检查广播主机备用蓄电池是否在标准范围内。

D. 测量功放表面温度有否异常。

保持主机电脑语言芯片、警报信息、引导信息、语音合成等。

A. 主机保护接地线良好。

B. 检查广播主机、CD播放机可正常运行

C. 检查广播主机选择开关可有效播放到相关区域。

D. 维保人员将维保结果记录于《消防广播维保记录表》内。

4.7 电梯系统的运行管理与维护

4.7.1 管理与维护范围

电梯系统包括项目区域内垂直电梯,自动扶梯,达到运行故障排除100%,可运转率100%。

4.7.2 具体保障措施

(1) 营运前:对世博轴电梯系统的运行状态进行巡检,巡检内容包括电梯的主机设备、桥厢、楼层指示器等运行情况;自动扶梯的主机设备、梯级、扶手带等运行情况;以及检查电梯。自动扶梯的各标识是否完好。当发现电

梯、自动扶梯发生故障,及时和电梯维保专业供方取得联系,并在现场采取相应的防范措施。

按照营运要求,开启所需运行的垂直电梯和自动扶梯。

(2) 营运期间:对电梯、自动扶梯运行的状况予以保障,并及时处理电梯、自动扶梯运行过程可能出现的突发事件。

(3) 营运后:营运后电梯系统的运行状态进行巡检;按照营运结束要求,关闭相应运行的垂直电梯和自动扶梯。根据预先制定的维保方案,电梯维修保养可委托具有专业资质的供方进行,设备管理部电气人员对电梯、自动扶梯的维保工作实施监管。

(4) 其他方面:完成各类活动中电梯、自动扶梯运行保障工作;完成 VIP 贵宾接待过程中的电梯、自动扶梯运行保障;突发事件的处理;协助其他岗位人员做好设备设施维修保养工作。

设备管理部电气人员应协助专业供方做好电梯、自动扶梯维修保养工作,负责对电梯维保专业供方进行监管(监管的内容有电梯维保专业人员的资质核查、维保是否按维保年度的工作计划进行、工作质量等)。

4.8 给排水系统的运行管理与维护

4.8.1 管理与维护范围

世博轴给排水系统包括:给水泵组,潜水泵,雨水排水泵。

4.8.2 具体保障措施

(1) 营运前:给排水维保工负责本项目给排水设备的开启、运行和巡检,巡检内容包括给水系统巡检、污水处理系统巡检、雨水泵排水系统巡检、集水井压力排水系统巡检,电加热开水器和卫生间设备设施巡检等。

(2) 营运期间:对本项目给排水系统的运行状况进行跟进管理;负责完成物业管理处下达的给排水系统日常维修项目(以不影响顾客参观为原则)。

(3) 营运后:负责本项目给排水系统的设备检修,负责完成物业管理处下达的给排水系统报修工作,该维修工作应以不影响次日营运运行为原则。

(4) 其他:负责给排水机房清洁卫生工作,保持机房整洁无尘。二次供水设施每周检测一次。

给排水系统发生故障及时上报,联系专业供方及时维修。

4.9 空调暖通系统的运行管理与维护

4.9.1 管理与维护范围

本项目空调冷热源采用江水源热泵系统(部分为冷水机组)加地源热泵系统,充分体现世博会绿色环保的世博理念。

江水源热泵机房设在建筑最北端(西侧),以减小江水输送距离。根据冬夏季负荷情况及地源热泵所能提供的热量,合理配置热泵机组,供冷量不足部分配置单冷型离心式冷水机组,以提高制冷效率。

为使地埋管换热器就近接至热泵机组,整个世博轴按北区、中区、南区共设 3 个地源热泵系统,沿南北方向均布 3 个机房,每个机房内按照区域内地埋管换热器所能提供的换热能力配置热泵机组等设备。

世博轴暖通系统包括:

空调冷水机组 3 800 kW 3 台,空调热泵机组 1 356 kW 5 台,各类空调箱 210 台,全热交换器 11 台,自动加药装置 2 套,风机 157 台;江水源空调 75 kW 4 台,江水源空调 30 kW 6 台,江水源空调 90 kW 3 台,江水源空调 75 kW 3 台,江水源空调 90 kW 3 台;江水源取水泵 200 kW 3 台,江水源取水泵 75 kW 3 台。

4.9.2 具体保障措施

(1) 营运前:空调工负责本项目空调设备、设施开启、运行和巡检;对项目各区域的空调设备运行状况进行巡检,以满足办公区域、公共区域等空调供应的要求。负责空调设备的正常运行维护工作,使空调设备在运行中保持良好状态。

(2) 营运期间:熟悉空调、通风系统的设计功能,根据季节、温湿度变化及客流变化,及时调整空调主机的运行工况及供冷量,确保馆内冷气、新风的正常供应。

对世博轴各区域的空调供应状态进行巡检,测量区域温度,以保障空调供应状态符合相关服务标准;负责空调主机的操作及运行状况的监管;完成物业管理处下达的空调系统维修工作。

(3) 营运后:负责空调设备、设施关闭、空调系统运行和巡检;对项目各区域的空调末端设备进行巡检、维保和调试,以满足次日营运期间空调供应的要求。配合维保单位做好空调系统的计划性维修保养工作,定期清洗新风机、过滤网,做好相关记录。负责所设备机房的日常清洁,保持机房清洁无尘;保证设备环境的干净、整洁。

(4) 其他:负责制定空调系统设备维修保养的工作计划,并与专业供方共同协调落实。

空调系统发生故障应联系专业供方予以维修,并做好监管和记录工作。

4.10　防雷接地系统的管理与维护

4.10.1　管理与维护范围

防雷接地系统包括建筑物防雷接地系统和设施设备防雷接地系统。

4.10.2　具体保障措施

(1) 负责维修保养各独立避雷装置、共用接地装置与埋地金属管道接地等工作。

(2) 强电、动力、照明、电气设备防雷接地,弱电机房设施设备有效防雷接地。

(3) 负责动力、照明、电气装置和设备的可靠接地,接地处查有明显标志,接地端子牢固,接地线与电气设备接地子线或(局部)等电位连接端子板间牢固连接,接地电阻测试不大于 4 Ω。

(4) 检查各独立避雷装置、杆塔、支柱、金属制作引下线、焊接、绑扎连接。

(5) 维保避雷网(带)沿屋角、屋脊、屋檐等易受雷击的部位,巡查防腐、防锈、防脱落措施等。

(6) 防雷接地系统发生故障及时上报,联系专业供方及时维修。

4.11　法定检测的系统和计量器具的检测

4.11.1　控制与检测的范围

本项目范围内所有与服务质量有直接影响的监视和测量装置的控制,确保其满足规定的要求。辖区内供配电、电梯、限速器、自动扶梯、压力表、温度计、安全阀、绝缘表、天平称,避雷装置等国家须强检的或直接关系到服务质量的检测与测量器具的调校。

4.11.2　具体保障措施

(1) 外委检验检测设备、计量器具:定期外送检验计量用具、测量仪表、压力表、安全阀、电工绝缘表、电梯、电梯限速器、自动扶梯、避雷装置、电子数字温度计、数字式万用表、天平秤等用于控制关键设备上的检测器具。

(2) 测量器具的控制细则:仪表失准或将过有效期时,由领班报告工程负责人。工程部经理安排外送检验。专业专人负责对供配电维保公司的维保、检测进行现场监督。专业专人负责对电梯维保公司的维保、电梯和自动扶梯,电梯限速器的校验进行现场监督。巡检中发现损坏、异常或不能正常工作的器具,均要报告工程经理并及时进行维修调换和作好记录。

设备保障部各班组领班依据年/月度设备维修保养计划和《检测、计量器具调校保养计划表》,按照《检测、计量器具调校保养作业规程》具体实施设备的维修保养和调校。根据国家消防法规的相关强制性规定要求，管理处经理负责人落实实施，由国家地方消防管辖的权威机构进行消防设施设备的安全检测检验。消防器材定期、定点、定人进行检查，消防水泵，喷淋水泵定时点动，消防栓定期放水检查，以及消防联动设施设备进行点检。

(3) 环境、安全监视和职业健康安全项目的检测控制：管理处及各管理部门对现场环境、职业健康、安全行为进行总体合规性评价及报公司业务管理部门。

管理处按时安排外委有资质的机构进行检测，由公司业务管理部组织相关部门进行监测和跟踪，并做好记录。

对环境保护、职业健康、安全监测中使用的监测设备或仪器，由公司业务管理部按《设备管理控制程序》执行校准和维护，并记录、保存。

(4) 定期外委检测的表具，应送交由国家认可资质的单位进行检验，并取得检验合格报告，并在其正面贴上检验合格的标签。外委检验的量具应取得鉴定证书，合格证。

(5) 外委检验地器具必须在有效期内进行，或在器具有效期内最后一个月内进行，任何定期外送检测器具不得超期服役。

4.12 分包方的合作与监管

上实物业公司对世博轴的管理理念是“全物业＋大管家”，管理模式为“物业总包＋专业分包”。因此，世博轴部分设备，如电梯、自动扶梯、江水源地源热泵系统等，因专业技术性强，需要通过外委托的形式，请有资质的专业单位对其设备进行维修和保养工作。

4.12.1 服务内容与界面

物业公司与分包方的工作界面如下：

(1) 物业公司总体负责设施设备保障工作，直接承担运行管理工作，包括对机电设备的操作、巡查、记录、档案资料管理等日常管理工作和对分包单位工作质量的监管。

(2) 分包方单位负责相关委托项目的维修保养工作。

(3) 各系统的工作界面按设备的特性，以分包合同为准。

4.12.2 对分包方监管要求

(1) 建立分包服务供应商合同管理、现场作业人员和作业记录等相关资料库，健全各类监管记录。

(2) 开展作业人员岗前培训和考核，内容包括管辖区域分布情况、技术交底、安全生产、环境保护、应急处理等相关制度等。

(3) 督促分包按规定要求，工作计划、标准和措施提供服务，检查考核其服务质量。

(4) 特殊要求交底：

① 配合重大活动、重要接待的要求。

② 应急事件的紧急响应要求。

③ 业主方和其他相关方提出的要求的落实。

(5) 现场作业监管重点：

① 确认作业时间和场地。

② 作业人员标识、劳动防护用品的佩戴和作业场地的安全保护措施。

③ 作业质量检查：根据分包服务专业工作的特性和作业进度，对关键过程和结果分别或同时采用分阶段检查、循环检查和定期检查的方法。

(6) 过程检查符合工艺要求。结果检查符合服务标准和验收准则。

(7) 特种作业符合相关规定。作业完工后现场恢复和废弃物质的处理。

4.13 设备设施运营保障机制

为确保世博轴各种设备设施完好和运行正常，上实物业公司世博轴管理处采取了以下措施：

(1) 技术保证、人员到位：

① 进行岗位分析，明确工作职责和技能要求。

② 按岗位工作要求配备合适的人员。

③ 形成技术支持团队。

④ 保持岗位人员的相对稳定和足员上岗服务。

(2) 规范操作、灵活应变：

① 建立并不断完善岗位责任制和作业指导文件。

② 强化责任和服务意识。

③ 按作业管理文件要求操作。

④ 理解管理意图，灵活应变。

(3) 巡查检查、及时发现：

① 建立巡视检查制度，进行持续不断的巡视检查、监测，力争在第一时间发现隐患或故障。

② 按指定路径进行巡视，做好巡视检查记录。

③ 对巡视检查行为进行必要的监督检查，保证巡视检查职责的认真履行。

④ 发现问题立刻向上级报告，并采取相应的应急控制措施。

(4) 定期维护、保持良好：

① 建立设施定期维护保养制度，有计划地安排日常维护保养。

② 及时完成零星修复工作，保持完整完好。

③ 定期、定时检测设备运行状况，及时维护，保持良好运行状态。

④ 定期对备用设备进行试运行维护。

⑤ 适时安排法定检测，保证取得安全合格证明。

(5) 例行检查、重在防范：通过制度化的层层检查、时时检查，及时发现问题、及时纠正处理，保证运营正常、安全。

① 员工自检。

② 领班/主管巡查。

③ 经理/主管抽查。

④ 领导综合检查。

(6) 专业保养、监督履行：

① 委托与资质等级要求相匹配的专业服务提供商提供保养服务。

② 明确服务内容、范围和标准要求。

③ 审核服务保障方案并予以确认。

④ 保持与服务提供商之间的定期沟通和意见交换。

⑤ 监督服务实施并定期提出评价报告。

(7) 热线服务、接受报修：

① 建立世博服务热线，接受顾客的报修、投诉或咨询。

② 按接报修管理办法规定，落实相关责任单位处理。

③ 接报修管理部门跟踪处理结果并进行必要的确认。

④ 经回访确认或现场查验合格后核销报修登记。

(8) 突发事件、及时处置：

① 发生突发事件的，按突发事件管理办法要求，立即采取应急措施。

② 现场最高级别管理人员担任临时总指挥,指挥应急处理。

③ 及时报告上级实时动态情况(初报、速报、终报)。

④ 级领导紧急赶到现场后,按预案规定,临时指挥极力移交相关责任人,继续处置。

(9) 服从调度、资源共享:

① 建立重要物资储备管理制度,以备应急需要。

② 建立条线保障资源应急调拨制度,保证资源共享,满足应急需要。

③ 世博轴的人员、技术、物资储备,在紧急情况下以世博会大局为重,实现资源共享。

环境管理和绿化养护

5.1 环境卫生管理

5.1.1 管理服务内容

世博轴区域内外的环境卫生要求包括以下内容：

(1) 世博轴外围区域的保洁。

(2) 世博轴区域内所有公共部位和公共设施保洁。

(3) 世博轴管理部门办公区域(含办公室、淋浴、更衣室等)的保洁。

(4) 世博轴内部会场区域的保洁。

(5) 世博轴区域内的环境消毒、病虫害防治。

(6) 房屋外立面的清洁服务和阳光谷(含膜结构)等构筑物的外立面清洁的监管。

(7) 世博轴区域内的雕塑、景观、小品的保洁。

(8) 世博轴区域内的垃圾分类收集和清运。

(9) 世博轴区域内建筑物表面装饰类材料的专业保养，如：地面保养、墙面保养等。

5.1.2 服务要求

世博轴管理处环境保障部承担世博轴的环境保洁服务。主要服务内容包括清扫保洁、环境消毒、虫害防治、垃圾分类收集和清运，太阳谷(含膜结构)表面清洗，室外绿化养护和室内租摆的外包方监管。

保洁服务区域：外围、内场公共区域、管理部门办公区域、内部会场区域、外墙面、雕塑、景观、小品，建筑物表面装饰类材料的专业养护等。

环境卫生管理原则：白天保洁、晚上清洁。

环境卫生工作目标：保持世博轴环境舒适。

5.1.3 管理服务提供

(1) 外围区域保洁。保洁内容：广场、道路地面、广场台阶、标识、标牌、灯柱、消火栓(箱)、休息座凳、围栏、废物箱、绿化带、平台、玻璃等的清扫、擦拭和保持。

(2) 世博轴内公共部位和公共设施、饰品的保洁。保洁内容：大理石地坪、墙面、卫生间墙面、地面、洁具、顶部天花板、玻璃、垂直梯、楼道扶手、栏杆、废物箱、标识牌、照明器具等日常保洁和定期保养。

(3) 管理部门办公区域，如办公室、淋浴房、更衣室等。保洁内容：地面、墙面、办公桌、椅、文件柜、电话机、开关、插座盒、空调风口、更衣柜、地沟等的清扫保洁。

(4) 内部会场区域的保洁。会场区域地毯(地板)、玻璃、标识牌、门窗、饰品、开关、灯具、风口、桌、椅等日常保洁和定期保养。

(5) 景观、小品、雕塑、水景的保洁。保洁内容：保持小品、景观、雕塑原貌；材质表面清洁，无污迹；周围无垃圾杂物；水景内水体清澈、无漂浮物。

(6) 建筑表面装饰类材料的养护。养护内容：大理石/花岗岩的保养，地毯的清洗，木制地板的打蜡，PVC 地板的去蜡、打蜡等。

(7) 餐厨垃圾的收集和驳运。对世博轴区域内餐饮企业及职工餐厅餐厨垃圾的临时存放、集中收集和驳运。做到餐厨垃圾日产日清;定期消毒,蚊蝇消杀;存放点干净、无异味;收集和驳运时不能造成二次污染。

(8) 区域内环境消毒。消毒部位:广场设施、垃圾房、休息室、公共走道/廊、电梯厅、电梯轿箱、卫生间、办公室、会议室、公共走道/廊、电梯厅、电梯轿箱、卫生间、淋浴室等。其中还包括了:安检闸机、围栏、废物箱、休息座凳、自动门及侧面、门把手、公共走道地面/扶手、垃圾投放口、电梯控制面板按钮、电梯轿厢地面/内壁、服务台、多媒体触摸屏、电话机、电脑键盘、卫生间台面、水龙头、卫生洁具(坐便器、便池)、垃圾收集容器等。

(9) 病虫害防治的监管。为了保护区域内人员健康、设备安全,杀灭或清除病原微生物传播媒介物,切断传染病的传播途径,最大限度降低虫害的密度,维护良好的环境,故委托专业供方提供防治服务,由环境保障部负责现场监管。

(10) 世博轴外立面和阳光谷(含膜结构)等清洁监管。

监管内容:

① 作业前先审核各类证件。

② 现场作业监管后在考核表上签字。

③ 对其工作情况进行查验,对存在的问题跟进督导。

(11) 垃圾清运的监管。按照相关法律法规、合同约定、服务供方提供的垃圾清运计划和措施,对分包方进行监管。

监管内容:

① 审核服务供方营业执照、组织机构代码证、税务登记证等。

② 建立服务供方合同管理、现场作业人员和作业记录等相关资料库,健全各类监管记录。

③ 督促作业人员按合同要求、计划、措施进行垃圾清运工作

(12) 成本控制。成本控制是合理使用各种清洁设备、清洁剂、清洁用品等,节约成本是节约办博的一项具体措施。成本控制不是刻意强调控制、节约,而应该把着力点放在"合理使用,减少浪费"上面,必须是在保证质量前提下的厉行节约。

成本控制是对运行管理过程的控制,是对物品效用的合理使用。关键是确定节能目标,落实有效节能措施,培养广大员工的节约意识,人人从身边做起,让节约成本、杜绝浪费成为自觉的行动。

5.2 绿化养护监管

5.2.1 监管内容与界面

绿化养护包括室外绿化养护和室内绿化摆放。世博轴区域内的绿化养护工作均有专业服务公司提供,物业公司在这里仅代表委托方对绿化养护工作进行监管。

5.2.2 绿化养护要求

世博轴绿化养护委托专业公司提供服务与实施管理,世博轴管理处环境保洁部对绿化养护工作进行监管。当绿化出现问题时,应及时向专业公司通报,并要求及时处理。

绿化养护和摆放原则上安排在营运结束期间进行。

(1) 室外绿化养护监管:

① 建立绿化管理手册,内容包括树木位置、品种、数量、建筑小品、绿化设施、绿化动态等。

② 专业公司负责编制绿化养护工作计划,且工作计划与世博轴的绿化养护工作相吻合。

③ 环境保洁部按照绿化养护工作计划实施监管。

④ 对绿化养护现场实施监管。环境保洁部安排专人每天对绿化养护现场进行巡检,巡检内容包括绿化养护是否得当、周到;并对巡检结果进行记录,必要时向项目主管部门提供。

(2) 室内绿化摆放的监管：室内绿化养护和摆放由专业公司负责实施，环境保洁部主管负责监管。具体保障措施：

① 按照绿化养护工作计划实施监管。专业公司编制绿化养护工作计划，环境保洁部和项目主管部门一起进行审核。编制的计划必须内容全面，并符合项目绿化养护工作的实际需求。并对工作计划执行过程和结果进行监管。

② 对绿化养护现场实施监管。环境保洁部安排专人每天对绿化养护和摆放的现场进行巡检，巡检内容包括绿化摆放位置是否合理，颜色造型是否与环境协调，养护是否得当周到；巡检结果进行记录，必要时向主管部门提供。

③ 资料收集、归类和整理。环境保洁部建立和完善绿化养护管理技术档案，方便总结、分析和改进工作。建立完整的绿化养护技术档案，内容包括绿地内花草树木的编号、来源、树种(含名称、别名、学名、科属、产地、习性、用途等内容)、规格、栽种年月、生长势、日常养护措施、管护成效和自然条件、单项技术资料、统计报表、调查情况、总结报告等。并将收集、积累、整理、分析和总结的资料分类整理，装订成册，编好目录，分类归档。

6 秩序维护和活动保障

6.1 秩序维护

6.1.1 秩序维护的工作内容

(1) 配合世博园区第四安保责任区世博轴安保部(以下简称世博轴安保组)做好所辖区域秩序维护工作,维护客流秩序。

(2) 配合世博轴安保部做好突发应急事件的前期处置、上报、配合调查取证等工作。

(3) 协助二级运营指挥中心做好客流引导、人员疏散、人员救护等工作。

6.1.2 秩序维护员的岗位职责

(1) 开园期间秩序维护员岗位职责:

① 协助世博轴相关部门维护辖区范围内秩序。

② 协助世博轴相关部门加强人流疏导宣传。

③ 协助世博轴相关部门设置单向通行系统。

④ 协助做好各项活动保障和 VIP 接待的客流组织。

⑤ 在第一时间对岗位突发事情进行响应并按规程处置。

⑥ 完成领导交办的其他任务。

(2) 闭员期间秩序维护员岗位职责:

① 按时上岗,了解处理上一班的记录及未解决的事宜。

② 配合世博轴方按照要求及线路对管辖区域的机房、设施设备及各类施工开展巡查工作。

③ 配合世博轴方巡查时检查各类机房的公共设施、设备是否完好,是否有异常情况。

④ 配合世博轴方对进入管辖区域内的施工人员进行管理。

⑤ 巡查时,必须做到眼要看(无不正常现象)、耳要听(无异常声响)、手要勤(触摸检查)、脚要轻(身手敏捷)。

⑥ 对巡逻中发现的各类问题要做到及时记录、及时处理、及时汇报。

⑦ 协助领班开展工作,完成上级交办的其他任务。

⑧ 交岗前,认真做好记录并向下一班作好详细移交。

6.1.3 秩序维护服务提供

作为世博轴区域的秩序维护员,其服务提供流程如下:

(1) 遇有大量参观者聚集在入口、电梯口或走道时,秩序维护员应视具体情况使用移动导览牌等引导设备,敦请参观者加速流动或分立走道两侧。

(2) 遇贵宾接待任务,应在贵宾队伍经过前(一般为 10 min 前),分流所辖区域滞留参观者,为贵宾行进留出通道。

(3) 遇到设备故障(电梯停驶)、参观者受伤、停电、现场暴力纠纷等,及时将信息传递至相关部门、协助在现场处理突发事件外,通过对参观者的疏导及时避免事故的发生。

(4) 在周边环境具有安全隐患时向参观者进行说明,并引导参观者避开该等安全隐患区域。

(5) 在参观者本身的行为等具有安全隐患时,对参观者的该等行为进行礼貌劝阻,必要时提供其他的解决途径,如发现参观者吸烟时,可引导至吸烟区。

(6) 秩序维护员在提供服务时,还应对责任区域的环境进行关注,关注的内容包括温度、环境卫生、客流量等。在发现该等关注内容有异常时,应及时按照既定的制度进行报告和处理。

(7) 特殊服务的提供是针对老年人、残疾人以及 VIP 等,根据该等人群的需求提供特殊服务。该等特殊服务包括助行服务、引导服务、客流服务等。

除上述服务外秩序维护员还应视情况提供其他相应的服务,如:协助参观者调查、投诉第一接待人的投诉接待服务、顾客意见反馈等。

6.2　活动保障

活动保障是指世博轴区域内所组织的活动、会务和接待,以及超过一定规模或达到一定级别的展示、促销等活动,管理处应做到与委托方协调沟通,确保活动顺利举行,并保存活动保障的相关记录。

6.2.1　客流高峰期服务保障

(1) 高峰客流管理机构:策划高峰客流应急预案,设置高峰客流管理机构(该机构为非常设机构),世博轴管理部值班负责人为高峰客流总指挥,物业管理处值班总经理为高峰客流副总指挥,各物业管理处值班经理为指挥组成员,当高峰客流达到预警值,需要启动应急预案时,管辖区域内运营管理机构及各岗位工作人员,按应急预案的要求自动纳入高峰客流管理机构的指挥体系,开始实施客流疏导方案。

(2) 客流管理程序策划:事先根据预测的客流峰值数据和设定的顾客流线,结合均衡客流的各项措施制定相应的管理程序,管理程序可包括以下内容:

① 现场检测客流达到预警值时,信息传递至管理部,由管理部确认启动高峰客流应急预案。

② 在启动高峰客流应急预案后,工作人员应从原有岗位转为高峰客流管理岗位并纳入应急预案指挥体系。

③ 高峰客流管理机构根据高峰客流应急预案授权开始行使管理与指挥职能。

④ 设计高峰客流流线:物业管理处在项目接管后的一个月内,应设计适宜的高峰客流流线报委托方审批。

⑤ 在高峰客流管理过程中,应根据需要与安保部门形成接口,保持紧密联系,以便必要时获得紧急支援。

⑥ 高峰客流缓解后,高峰客流总指挥确认恢复常规客流管理状态,现场的服务秩序恢复原状。

⑦ 对高峰客流管理过程进行记录,并予以保持。并收集高峰客流管理工作相关的技术资料,统一汇总归档。

6.2.2　会务活动服务保障

(1) 会务活动服务程序:

① 由管理部根据会务活动需求向物业管理处签发《交办任务通知单》;行政与活动保障管理部向客户服务部转发《交办任务通知单》及附表。

② 各部门如需临时采购物品的,按管理处的物品《采购管理办法》,说明事由,提出申请,由行政与活动保障部统一采购、入库。

③ 各部门如需领用物品的,按管理处的物品领用管理办法,说明事由,向仓库领用。

④ 物业管理处各岗位应分工。

(2) 会务活动服务保障分工见表 4-6-1。

表 4-6-1 会务活动服务保障分工

序号	部 门	会务活动筹备工作	会务活动过程服务	会务活动后续服务
1	行政与活动保障部	① 会务指引标识布置 ② 物品购置 ③ 各岗位部署	① 会中各岗位协调沟通 ② 会场服务中质量监督	① 会议指引标识拆除 ② 会场及相关区域的质量检查 ③ 相关记录表传发、收集与归档
2	工程保障部	① 相关设备设施(空调、音响等)预检、维修(含报修任务) ② 悬挂标识	① 保障正常用电 ② 保持音响、空调等相关设备设施正常运转 ③ 应急维修服务	① 相关设备设施的检修维护 ② 拆除标识
3	客户服务部	① 会场清洁、布置 ② 会议用品准备 ③ 会场设施(桌椅、门窗等)检查、报修	① 礼仪迎宾、引位 ② 签到服务及发放会议材料及相关物品 ③ 休息室及衣帽服务、颁奖、剪彩协助 ④ 会中安全保卫(如免打扰服务) ⑤ 茶水、点心及水果服务 ⑥ 为与会人员上洗手间或寻人事宜提供指引服务 ⑦ 其他服务	① 礼仪引送服务 ② 会场清理 ③ 会议用品清洗及送洗、申购 ④ 相关设备设施的关闭 ⑤ 记录的填写
4	环境保洁部	① 相关区域(含洗手间)清洁 ② 花草盆景摆放 ③ 配合服务岗会场清扫	① 洗手间服务 ② 应急保洁服务	① 会场及相关区域整体保洁 ② 花草盆景的清理 ③ 部分会议用品清洗

① 会务活动服务过程中如发生临时变更或意外,由当日服务保障现场指挥人员负责及时安排调整或处理。

② 会务结束之后,请顾客填写会务活动保障评价。

③ 会务活动发生突发事件按照相关处置预案执行。

④ 根据现场管理与服务工作的需求,随时调度、安排工作人员的岗位与人数。

⑤ 行政与活动保障部落实工作人员的后勤保障工作,如工作人员上下班的交通安排、工作餐安排以及服饰安排等。

(3) 会务活动服务保障流程图如图 4-6-1 所示。

6.3 接待活动服务保障

6.3.1 接待活动服务程序

(1) 由管理部根据会务活动需求向物业管理处签发《交办任务通知单》。

(2) 行政与活动保障部向客户服务部转发《交办任务通知单》及附表。

(3) 各部门如需临时采购物品的,按管理处的物品《采购管理办法》,说明事由,提出申请,由行政与活动保障部统一采购、入库。

(4) 各部门如需领用物品的,按管理处的物品领用管理办法,说明事由,向仓库领用。

(5) 物业管理处各岗位分工见表 4-6-2。

6.3.2 接待活动服务保障分工表

接待活动服务保障分工见表 4-6-2。

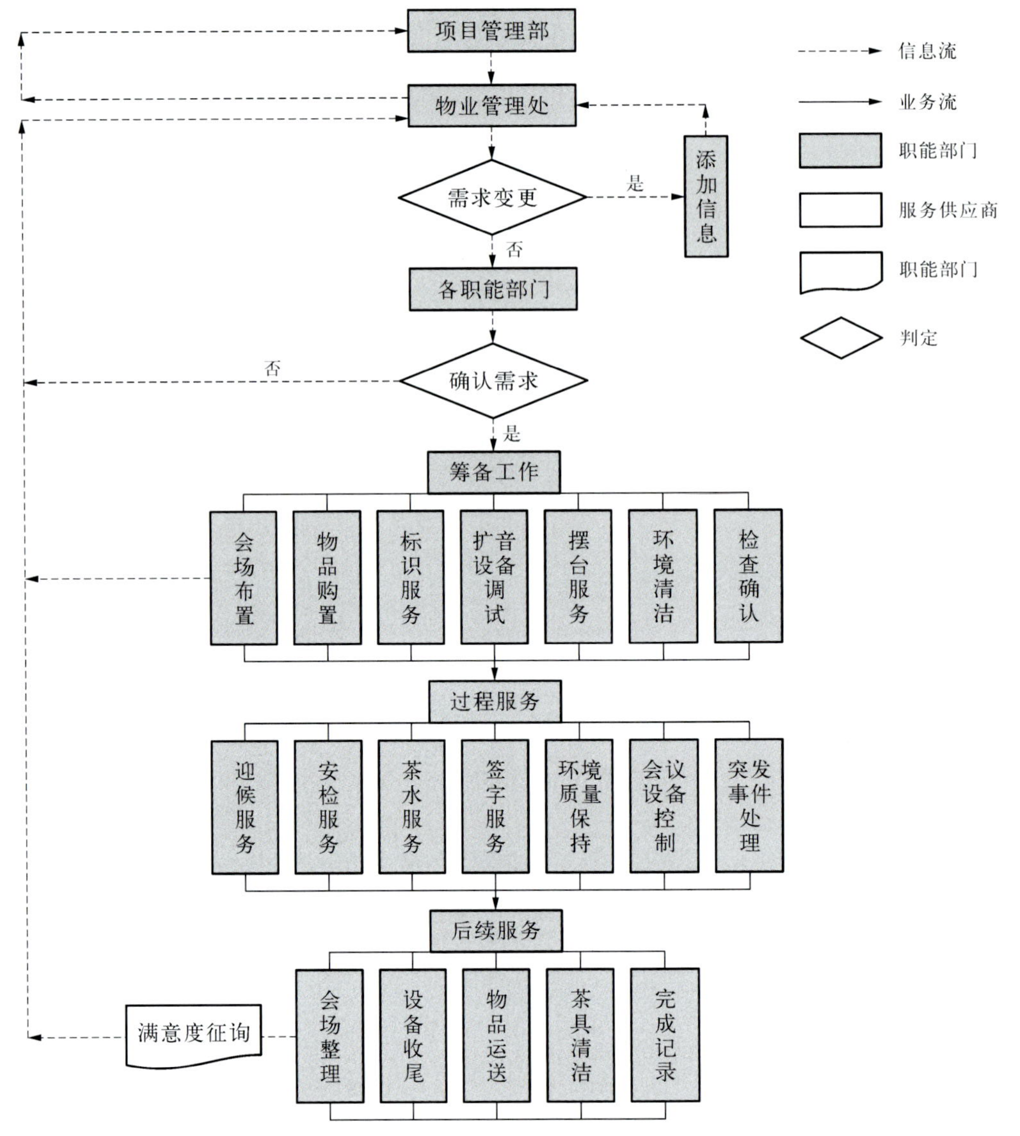

图 4－6－1　会务活动服务保障流程

表 4－6－2　接待活动服务保障分工

序号	部　门	接待活动筹备工作	接待活动过程服务	接待活动后续服务
1	行政与活动保障部	① 接待指引标识布置 ② 物品购置 ③ 各岗位部署	① 接待各岗位协调沟通 ② 接待活动服务质量监督	① 指引标识拆除 ② 接待区域的质量检查 ③ 相关记录表传发、收集与归档
2	工程保障部	① 相关设备设施(空调、音响等)预检、维修(含报修任务) ② 悬挂标识，现场布置，如红地毯等	① 保障正常用电 ② 保持音响、空调等相关设备设施正常运转 ③ 应急维修服务	① 相关设备设施的检修维护 ② 拆除标识
3	客户服务部	① 接待现场布置 ② 接待用品准备 ③ 接待人员安排 ④ 保障服务模拟	① 礼仪迎宾、引位 ② 签到服务 ③ 摄影摄像服务 ④ 引位服务 ⑤ 客流疏导服务 ⑥ 其他服务	① 礼仪服务 ② 签字记录整理 ③ 接待服务用品清洗及送洗、申购 ④ 摄影摄像记录整理 ⑤ 接待服务记录的填写
4	环境保洁部	① 相关区域清洁 ② 花草盆景摆放 ③ 配合服务岗清扫	① 洗手间服务 ② 应急保洁服务	① 接待相关区域整体保洁 ② 花草盆景的清理

(1) 接待活动服务过程中如发生临时变更或意外,由当日服务保障现场指挥人员负责及时安排调整或处理。

(2) 接待活动结束之后,请顾客填写接待活动保障评价。

(3) 接待活动发生突发事件按照相关处置预案执行。

(4) 根据现场管理与服务工作的需求,随时调度、安排工作人员的岗位与人数。

(5) 行政与活动保障部落实工作人员的后勤保障工作,如工作人员上下班的交通安排、工作餐安排以及服饰安排等。

6.3.3 接待服务保障流程

接待服务保障流程如图 4-6-2 所示。

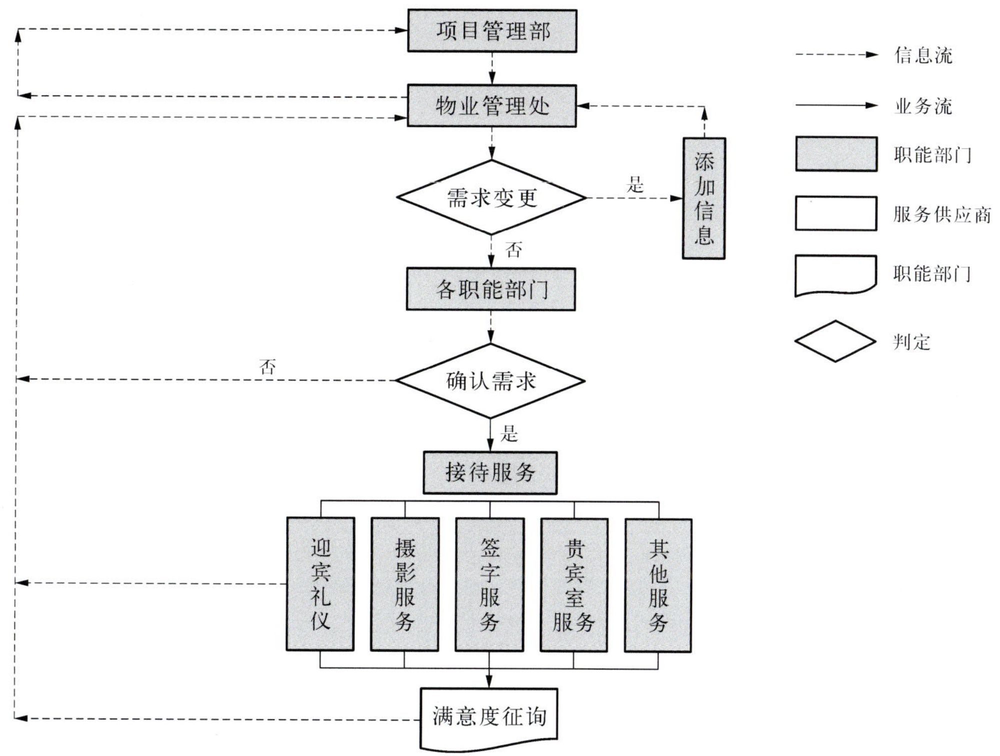

图 4-6-2 接待服务保障流程

7 突发事件应急处置

为了确保世博会期间世博轴物业管理服务工作保障有力，贯彻《国家突发公共事件总体应急预案》，适应世博会特点，按照上实物业公司的管理要求，提高世博轴物业管理处工程、客服、环境保洁等各部门应对突发意外事件处置能力，保障公众的生命财产安全，促进世博轴管理处与上级应急指挥中心和各相关服务保障协作单位有效协调，快速准确地处理突发事件和灾害，尽可能控制及降低突发事件和灾害所造成的损失和负面影响而编制了一系列的突发事件应急处置预案。预案编制的依据有：

《国家突发公共事件总体应急预案》；《上海市突发公共事件总体应急预案》；《上海市防汛防台专项应急预案》；《上海世博会园区应急预案》；《上海世博轴及地下综合体工程使用期防汛影响专项论证报告》、《世博轴运行管理手册》以及公司质量管理体系文件等。

7.1 世博轴突发事件分类

7.1.1 突发事件易发生部位

在世博轴，易发生突发事件的地方有三处：一是客流易集中区域，二是应急通道，三是重点设施。

(1) 客流易集中区域：世博轴地下二层6＃阳光谷与5＃阳光谷轴之间，安检、票检口靠近5＃阳光谷，安检口共有50个，票检口共有32个；世博轴地面一层安检、票检口共有18个，无障碍安检口4个，另有4个工作人员专用安检口，票检口共有15个。

世博轴地上二层南端5＃阳光谷南北两侧设有安检口50个，票检口32个。这些地方都是客流易集中区域。

(2) 应急通道：地下二层南端是与轨道交通7、8线耀华路车站到达的连通口区域，人流可以从东西两侧各1个楼梯和自动扶梯人流疏散口直接通往一楼地面，从连通口区域至5＃阳光谷，是客流安检等候、安检、票检区域，此段区域最容易发生大客流拥挤、踩踏事件。

(3) 重点设备设施：世博轴供电系统采用高压环路二级变压供电模式；空调系统室内采用开利离心式冷水机组、江水源螺杆式热泵机组与约克地源螺杆式热泵机组相结合的空调制冷、制热运行方式；空调系统室内采用开利离心式冷水机组、江水源螺杆式热泵机组与约克地源螺杆式热泵机组相结合的空调制冷、制热运行方式；给排水系统中，生活用水采用市政直接供水，卫生间冲污和绿化浇灌采用雨水收集处理系统加市政供水补充、变频泵提升恒压的供水方式；消防系统供水采用消防泵、喷淋泵与市政供水管道直接连接，消防报警、烟感、温感监测与消防泵、喷淋泵联动启动；世博轴智能化弱电系统涵盖了智能化集成系统 、楼宇设备自控系统、信息网络系统、公共安全(视频安防监控、入侵报警、电子巡查管理、出入口控制)系统、广播系统、时钟系统、信息导引及发布系统、客流信息采集系统、票检系统、安检系统、室内移动通信覆盖系统、智能照明系统、能源管理系统、机房工程、综合布线系统、管线桥架系统共计16种子系统等。这些重要的设备设施，一旦发生意外，可能会造成无法弥补的损失。所以，除了做好预防工作外，还应做好应急准备。

7.1.2 突发事件的分类

根据世博轴的地理位置和使用功能，可以把世博轴可能会发生的意外事件分为自然灾害类、事故灾害类、公共卫生类和社会安全类等四大类。详见表 4-7-1。

表 4-7-1 突发事件的分类

类别	突发事件	可能引发的次生危害
自然灾害类	极端高温、 暴雨、台风、 雷击、冰雹等	1. 人员中暑或其他突发性疾病 2. 人员受伤 3. 高温引发的火灾 4. 建筑物受损 5. 设备设施受损造成断电、通讯中断 6. 暴雨引发的洪涝积水
事故灾害类	设备设施事故	1. 设备设施的故障引起的停电事件 2. 设备设施运行故障导致的人身伤害 3. 设备设施运行故障引发的火灾 4. 设备设施运行故障引发的大量游客滞留、混乱、踩踏等
	火灾事故	1. 人员的烧伤、逃生引起的意外伤害 2. 火灾引起游客拥堵后的踩踏 3. 建筑物的破坏 4. 设备设施的损坏、停运 5. 因灭火引起的水淹、环境污染 6. 因火灾引起的交通拥堵
	极端高峰人流应急疏散、踩踏事件	1. 人身伤害 2. 引发骚乱
	高空坠物、坠人	1. 人身伤害 2. 财产和构筑物损害
公共卫生类	食物中毒	1. 疾病 2. 投诉、群访
	大范围传播的传染性疾病(H1N1流感等)、突发疾病、意外伤害事件	1. 疫情的蔓延 2. 人身伤害
社会安全类	恐怖事件	1. 人员伤亡 2. 建筑物破坏 3. 设备设施破坏 4. 生化带来的环境影响 5. 社会影响
	大规模群体性事件	1. 人身伤害 2. 社会影响
	活动突发事件	1. 人身伤害 2. 社会影响
	涉外突发事件	社会负面影响
	民族宗教事件	社会负面影响
	刑事、治安事件	1. 人身伤害 2. 财产损失

7.2 应急方案实施组织架构

世博轴物业管理处成立在园区运营中心及世博轴部二级应急指挥中心领导下的突发事件应急处置小组，应急处置小组带领各部门员工作为物业应急处置团队。由世博轴物业管理处总经理任组长，担任突发事件预防、应急处置第一责任人。副总经理、总经理助理、行政部经理、客服部经理、工程部经理、保洁部经理任副组长。各部门经理助理、主管任组员。各部门员工均纳入应急响应体系，服从统一指挥，按照应急预案要求从原岗位转为应急处置工作状态。

应急处置小组每天由组长安排一名当班当值副组长担任现场管理责任人，负责当班突发事件预防、应急处置常态管理工作和紧急情况下现场第一时间应急处置工作。

详见图4-7-1应急组织体系架构图。

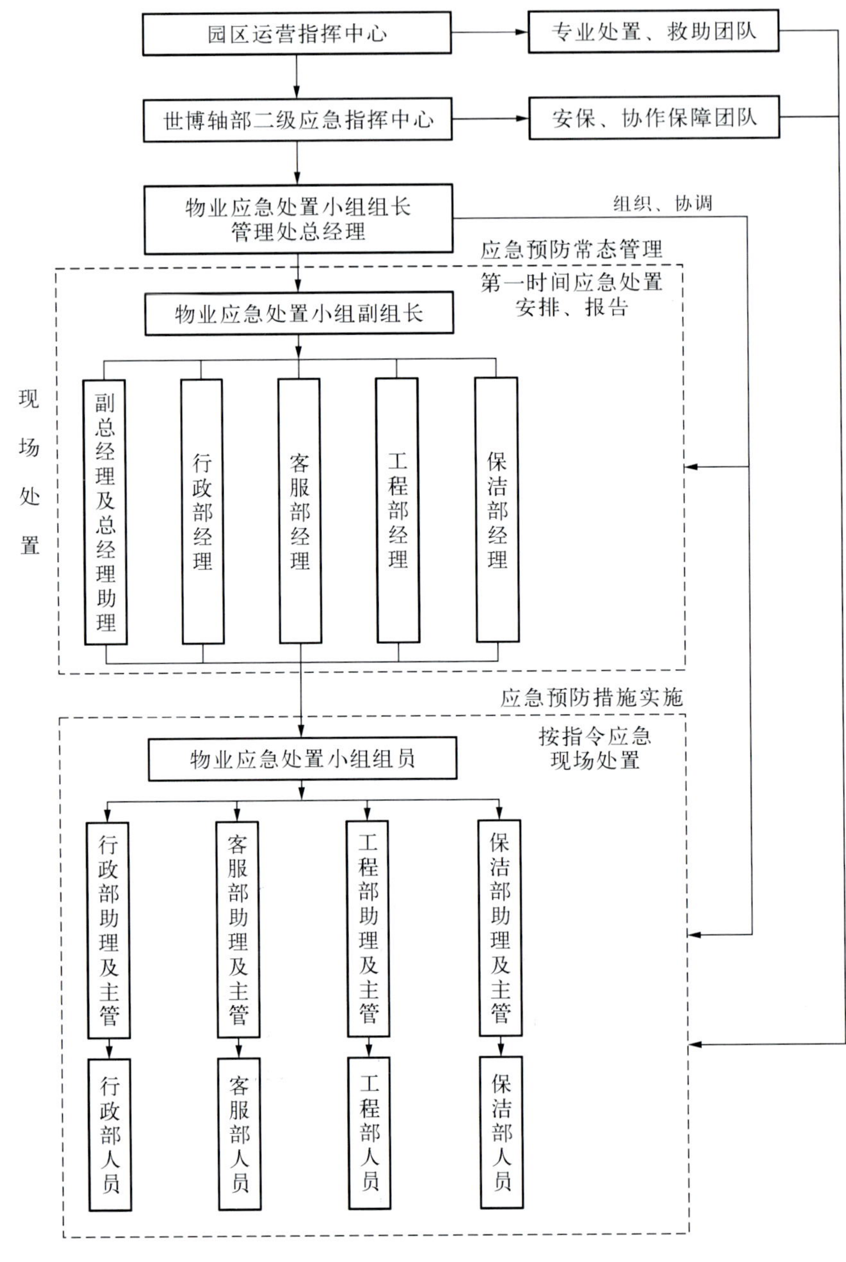

图4-7-1　应急组织体系架构

7.3　应急联动机制

物业管理处应急处置小组在园区运营指挥中心及世博轴部二级应急指挥中心统一领导和支持下，具体负责区域内物业客服、工程、环境卫生方面所涉及到的突发事件预防和应急处置管理工作。在紧急情况下，物业应急处置团队作为第一时间处置力量。在事故灾害继续扩大，超出物业处置能力范围，物业应急处置小组服从上级应急处置组织指令，带领各部门协助配合专业处置救助团队，充分地与其他应急处置救助团队进行有效联动，合力应对各类突发事件。并协调整合各服务保障团队的资源，做好应急处置的资源保障工作。

7.3.1 一般突发事件应急联动

一般突发事件是指世博轴在运营期间突然发生但能在 30 min 内解决问题并可以恢复正常运营秩序，或根据情况预警可以提前预防控制的事件，并且该事件不会给公众带来人身伤害或财产损失等安全方面的影响。此类事件的处置在物业处置能力范围内，或物业服务团队与世博轴部现场安保团队在 30 min 内合力解决并消除事故隐患，不需要动用现场以外应急处置力量。如高温预警、暴雨、台风预警后的应对预防、卫生防疫、大人流的前期监测疏导、小范围积水处置等工作。一般突发事件的处置联动只涉及物业各部门之间或物业各部门与世博轴部现场安保力量的处置联动，处置后向上级应急组织报告。

7.3.2 重大、特别重大突发事件应急联动

重大、特别重大突发事件是指世博轴在运营期间突然发生，经物业第一时间应急处置仍不能阻止事故灾害不断扩大，超出现场物业服务保障团队与现场安保力量合力的处置能力，并且因突发事件造成人身伤害或人员伤亡、大范围影响园区正常运营及一小时后无法恢复正常运营秩序的事件。此类事件的处置需请求二级应急指挥中心及园区运营指挥中心调度协作保障团队或专业处置救助团队进行支援救助。如火灾事故、高峰人流踩踏事故、设备故障造成大面积停电事故、安全恐怖事件等。这些事件的现场处置联动由上级应急组织领导负责指挥协调，需物业服务保障团队协助配合专业救助处置团队进行处置。

7.4 预测、预防和预警

7.4.1 预测

世博轴物业管理处根据世博会特点及园区运营指挥中心和世博轴部二级应急指挥中心的管理运营要求，对世博轴物业区域内各类可能发生的突发事件做出一些预测，并根据这些因素、范围预测做出相应的预防、预警、应对处置工作预案(表 4－7－2)。

表 4－7－2 预测内容

类 别	突 发 事 件	可 能 发 生 因 素	可能发生范围(区域)
自然灾害类	极端高温、暴雨、台风、雷击、冰雹等	气候变化	1. 各类悬挂的标识标牌、建筑外表装饰物、玻璃结构、展品 2. 各类临时性建筑 3. 各类活动场所 4. 避风避雨场所 5. 场馆连接通道 6. 建筑地下层
事故灾害类	设备设施事故	1. 雷击 2. 市网断电 3. 故障断电 4. 机械运行故障 5. 其他自然灾害 6. 其他突发性事件	1. 水电气等重要管网 2. 各系统运行设备、机房 3. 垂直电梯及自动扶梯 4. 物流起重作业及登高作业机械 5. 特种设备安放及作业点
	火灾事故	1. 电气线路短路、设备运行故障 2. 可燃性气体泄露 3. 违章作业 4. 气候干燥引起的可燃物阴燃 5. 吸烟人员乱丢烟蒂引起垃圾桶燃烧 6. 意外爆炸事件及其他突发性事件	1. 各系统设备设施电气线路连接、控制柜(箱) 2. 各系统设备设施运转机房 3. 可燃气体输送管道连接、计量交换点 4. 餐饮店、商铺 5. 物资存放仓库 6. 垃圾存放点

（续表）

类别	突发事件	可能发生因素	可能发生范围(区域)
事故灾害类	极端高峰人流应急疏散、踩踏事件	1. 各种类型活动举行过程中公众人物、明星出现时观众聚集、人流挤压推搡等情况 2. 世博轴核心筒体内楼梯陡直、空间狭小，急风骤雨时大量人流蜂拥，造成摔倒、踩踏等危险 3. 自动扶梯突发停运人流的瞬时停顿/滞留，搡/挤造成踩踏 4. 开、闭园时段出入口、就餐高峰时段餐饮店等候区域人流聚集 5. 派送礼品等其他活动时人流聚集	1. 博轴 B2 层 3－29 轴～4－3 轴，地上二层 10 m 平台 3－28 轴～4－2 轴之间，各安检入口 2. 世博轴区域举办各种类型活动现场主要通道 3. 世博轴核心筒体内楼梯 4. 自动人行扶梯 5. 各商业服务点排队等候区域
	高空坠物、坠人	1. 登高作业 2. 人为抛物 3. 个别游人攀爬意外坠落	1. 登高作业点 2. 10 m 平台 3. 地下露天广场 4. 景观设施
公共卫生类	食物中毒	1. 服务保障人员工作用餐因餐饮供应单位原因产生的食物中毒情况 2. 参观者在世博轴区域餐饮店用餐引起的食物中毒情况 3. 参观者在其他地方用餐而在世博轴区域出现食物中毒反应情况 4. 个别人员因过敏性原因引发的食物中毒反应 5. 集中用餐出现的大量人员食物中毒反应	1. 服务保障人员工作用餐的餐饮供应单位 2. 世博轴区域内餐饮店
	大范围传播的传染性疾病(H1N1 流感等)、突发疾病、意外伤害事件	1. 国家政府相关卫生职能部门发布需要控制的传染性疾病 2. 季节转换引起的传染病 3. 社会上的流行性疾病 4. 参观者突发性疾病 5. 参观者因意外伤害需要救治的疾病	1. 世博轴各出入口 2. 世博轴各垂直电梯和自动扶梯 3. 公共卫生间 4. 客流易集中的活动现场、商铺 5. 客流其他易集中的公共区域 6. 可能有对游客产生意外伤害的设施、地点
社会安全类	恐怖事件	1. 极端组织或个人的行为 2. 恐怖威胁 3. 危险化学品	1. 各出入口及人流易集中区域 2. 各系统设施要害部位 3. 各易隐蔽部位
	大规模群体性事件	1. 服务投诉处置不当引发的人员聚集 2. 人为煽动或组织的静坐、集会和游行等	1. 参观者服务投诉点 2. 广场、道路及其他公共区域
	活动突发事件	1. 人员踩踏 2. 意外伤害	各活动现场及主要通道
	民族宗教、涉外突发事件	1. 不同政见组织 2. 宗教利益集团 3. 交流沟通不当引发的投诉 4. 服务保障问题引发的投诉	1. 敏感区域 2. 其他公共区域
	刑事、治安事件	盗窃、行凶、斗殴、骚乱等	1. 各商业服务点 2. 人流密集区域 3. 各财物保管部位

7.4.2　预防

物业管理处各部门依据各自工作职责，按照可能发生突发事件因素的预测，实时掌握和更新各类突发事件相关信息，重点关注特种设备、特定情形，如设备故障、人流聚集等容易引发突发事件的情形，责任到人，加强定期巡检和实时监测。

针对事件成因，采取有效的防范措施，发现事件隐患及时排除，降低事件发生的概率、将事件造成的损失降到最低程度。

7.4.3 预警

(1) 预警行动：

① 预警信息主要来自园区运营指挥中心及世博轴部二级应急指挥中心发布的预警信息，以及物业各部门在日常巡检等工作中发现的预警信息。

② 物业应急处置小组负责接收、报告各类突发事件预警信息，并根据接收到的事件预警信息安排各部门进行处置。

③ 各部门根据接收到的预警信息和指令，立即采取相应的应急处置措施。

(2) 预警上报与处置：物业客服、工程、保洁工作人员在日常巡检或作业现场发现的事故隐患或突发事件，立即向物业应急处置小组报告，当班应急处置现场管理责任人立即安排人员核实并进行处置，并就可能或已经发生突发事件的地点、种类，造成的人员伤亡和财产损失，以及应急措施达到的效果等情况及时向二级应急指挥中心报告，并提出预警级别建议(图 4－7－2)。必要时同时请求相关力量进行支援。

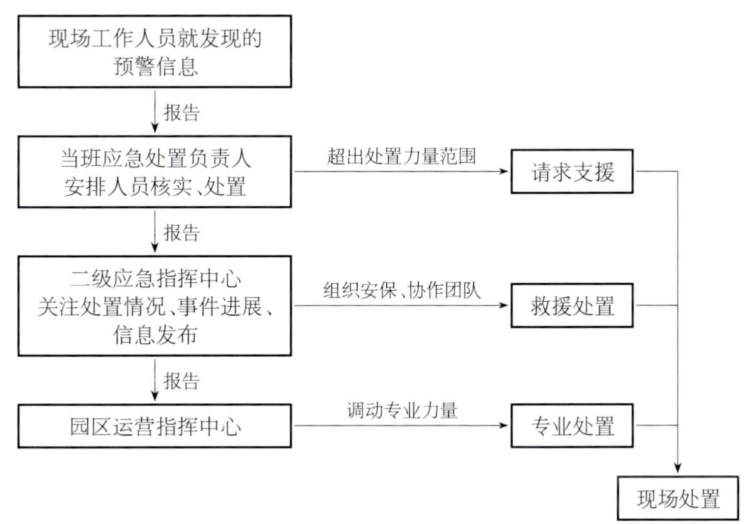

图 4－7－2 预警上报与处置流程

(3) 预警变更与解除：发生下列情况的，可进行预警变更和解除：

① 物业应急处置小组接到或上报的预警信息，经物业各部门应急处置，在 30 min 内完全控制事态的发展，并恢复正常的运营秩序，可以向二级应急指挥中心请求解除预警状态。

② 经物业和现场的安保及协作力量的处置，在 30 min 内完全控制事态的发展，并恢复正常的运营秩序，可以向二级应急指挥中心请求解除预警状态。

③ 二级应急指挥中心接到或上报的预警信息，根据事件现场处置情况，若突发事件经现场物业和安保力量超过 30 min 处置仍未能控制事态，或事态继续扩大，物业应报告二级应急指挥中心建议变更预警级别，对预警信息进行升级。

④ 园区运营指挥中心根据相关事件预警信息及现场处置情况，对预警进行升级、降级或取消，指令相关处置单位进行相应级别的行动响应情况，物业根据指令安排处置工作，处置结束，由园区运营指挥中心发布解除预警行动状态。

7.5 应急响应与处置

7.5.1 应急分级

按照突发公共事件严重性和紧急程度，可分为一般(Ⅳ级)、较重(Ⅲ级)、严重(Ⅱ级)、特别严重(Ⅰ级)四级预警，并依次采用蓝色、黄色、橙色和红色表示。

蓝色预警(Ⅳ级)：预计将要发生一般以上的突发公共事件，事件即将临近，事态可能会扩大。

黄色预警(Ⅲ级)：预计将要发生较大以上的突发公共事件，事件已经临近，事态有扩大的趋势。

橙色预警(Ⅱ级)：预计将要发生重大以上的突发公共事件，事件即将发生，事态正在逐步扩大。

红色预警(Ⅰ级)：预计将要发生特别重大以上的突发公共事件，事件即将发生，事态正在蔓延。

7.5.2 应急准备

应急准备主要包括通讯、队伍、培训演练等几个方面。

(1) 通讯保障准备：突发公共事件处置期间，综合部、信息化部要保障二级应急指挥中心处置突发事件小组、专业应急机构或事件职能部门等的通讯畅通，并制定应急保障方案，确保实现音频、视频、数据等信息双向传递。

(2) 队伍保障准备：

① 强化世博轴安保工作组、客户服务工作组、设施保障工作组、环境保障工作组等为主体的先期处置，专业应急机构或事件主管部门为后续处置，武警、志愿者团体为辅助的应急队伍体系建设。

② 各服务保障团队应依据职能组建相关专业应急队伍，并根据应急工作需要，提高装备水平，增强队伍实战能力。同时充分发挥志愿者团体等社会力量，做好供给保障等辅助工作。

(3) 培训演练：二级应急指挥中心定期组织世博轴部各服务保障团队进行应急预案专项培训，使各服务保障团队熟练掌握所有专项预案应急处置程序流程，世博园试运营前至少组织一次桌面测试及综合演练，提高世博轴工作人员、服务供应商、志愿者及参展方人员的突发事件处置意识和能力，掌握基本急救常识及各类突发事件处置规定。

7.5.3 应急响应

(1) 先期处置：二级指挥中心作为第一响应责任单位，应在接到报警后立即启动以本辖区安保工作组、设备保障工作组、客户服务工作组为主体的先期处置机制，命令各相关保障单位有关人员以最快速度赶赴现场分别开展警戒、疏散群众、控制现场、救护、抢险抢修等基础处置工作。

(2) 报告、求援：第一响应责任单位应收集现场动态信息，对初步判定属于重大或特别重大级别的突发公共事件，应在事发第一时间向相关专业应急救援机构通报，并向园区运营指挥中心报告。

一旦发生先期应急处置仍不能控制和灾害仍在扩大的紧急情况，应明确应急响应等级和范围，启动相应应急预案，服从园区运营指挥中心指挥，实施应急处置工作。

主要工作包括：

① 组织协调有关条线和应急保障团队参与应急救援。

② 制定并组织实施抢险救援方案，防止引发次生、衍生事件。

③ 协调有关单位和部门提供应急保障，调度各方应急资源等。

④ 部署做好维护现场治安秩序和群众安抚工作。

⑤ 及时向园区运营指挥中心报告应急处置工作进展情况。

7.5.4 应急结束

突发公共事件应急处置工作结束，或者相关危险因素消除后，由世博轴二级应急指挥中心向世博轴各条线及相关单位宣布解除应急状态，转入常态管理；由园区应急指挥中心统一指挥处置的突发事件，由园区运营指挥中心宣布应急结束。

突发事件处置工作完毕后，相应专业应急机构应及时研判，适时决定应急工作结束。二级应急指挥中心处置突发事件小组直接处置的突发公共事件，其应急工作结束由二级应急指挥中心决定。

7.5.5 后期处置

(1) 善后处理：突发事件处置结束后，综合、安保、客服、工程、环境组按二级应急指挥中心各专业分工做好伤亡人员及家属抚恤、疫病防治和环境污染消除、设施设备修复重建、保险勘查及理赔等工作。

二级应急指挥中心负责消息发布、秩序恢复、物资调拨、征用补偿、安置受灾人员生活、处理死难人员等指挥协调工作。

(2) 保险理赔：突发事件处置结束后，各服务保障团队协助相关单位做好保险理赔工作。按照相关规定及流程进行保险的鉴定、取证等，并协助各相关当事人的理赔工作。

(3) 调查评估：二级应急指挥中心在事件处置结束后的3个工作日内，对突发公共事件的起因、性质、影响、责任、经验教训和恢复重建等问题进行调查、评估，并对相关资料进行存档，书面报告经指挥长审定后，向园区应急指挥中心作出报告。

必要时，可组织相关工作人员针对突发事件案例进行讨论学习，并针对突发事件处置中的薄弱环节对应修改相关突发事件处置预案。

7.5.6 突发事件信息的传递和发布

(1) 各现场应急处置小组应及时将应急处置事件现场进展信息报告给二级应急指挥中心。

(2) 二级应急指挥中心将所接收到的现场信息归纳后上报给园区运营指挥中心。

(3) 二级应急指挥中心将园区运营指挥中心的指令及时传递到现场处置负责人，并根据园区运营指挥中心授权在公共信息平台上发布相应信息。

7.6 突发事件应急预案目录

(1) 极端高温预防、应急处置预案。

(2) 防汛、暴雨积水、台风预防应急处置预案。

(3) 雷击、冰雹预防、应急处置预案。

(4) 火灾预防、应急处置预案。

(5) 大面积突然断电预防、应急处置预案。

(6) 电梯故障、困人预防、应急处置预案。

(7) 极端高峰人流聚集及踩踏预防、应急处置预案。

(8) 高空坠物、坠人预防、应急处置预案。

(9) 食物中毒预防、应急处置预案。

(10) 传染性及参观者突发性疾病、意外伤害预防、应急处置预案。

(11) 虫害预防、应急处置预案。

(12) 群体性事件预防、应急处置预案。

(13) 人员骚乱、斗殴等治安事件预防、应急处置预案。

(14) 活动突发事件应急处理专项预案。

(15) 民族、宗教突发事件预防、应急处置预案。

(16) 爆炸恐怖等事件预防、应急处置预案。

(17) 世博轴遭遇大人流应急处置工作预案。

(18) 世博轴人员疏散处置工作预案。

7.7 举例：火灾预防、应急处置预案

7.7.1 可能引起火灾事故的因素

(1) 电气线路短路、设备运行故障。

(2) 燃性气体泄露。

(3) 商铺装修违章施工。

(4) 高温、气候干燥引起的可燃物阴燃。
(5) 吸烟人员乱丢烟蒂引起垃圾桶燃烧。
(6) 外爆炸事件及其他突发性事件。
(7) 灾后可能引发次生灾害,如:
① 人员的烧伤、逃生引起的意外伤害。
② 火灾引起游客拥堵后的踩踏。
③ 建筑物的破坏。
④ 设备设施的损坏、停运。
⑤ 因灭火引起的水淹、环境污染。
⑥ 因火灾引起的交通拥堵。
(8) 其他可能引发事件。

7.7.2　重点预防范围

(1) 各系统设备设施电气线路连接、控制柜(箱)。
(2) 各系统设备设施运转机房。
(3) 可燃气体输送管道连接、交换点。
(4) 各商铺装修现场。
(5) 餐饮店、商铺。
(6) 物资存放仓库。
(7) 垃圾存放点。

7.7.3　预防措施

(1) 加强消防系统设备设施维护保养,保证消防报警、排烟风机、消防泵、喷淋泵随时启动。

(2) 严格执行相关消防设施(各类灭火器、黄沙桶、消防栓、消防水袋、消防枪、警示标识等)定期巡视检查,发现损坏、缺失及时维修、补齐。

(3) 加强现场监管,督促各现场作业方规范作业。

(4) 加强易燃、易爆物存放管理,及时清理不需用的物品。

(5) 加强餐饮店、商铺的防火宣传,督促其定期清洗排油烟道、规范货物存放管理。

(6) 垃圾存放点及时清理。

(7) 内部员工及相关方全员培训,让其掌握游客紧急疏散方案、逃生急救知识、灭火器材的性能及使用方法。

(8) 储备相应火灾应急保障物资(应急照明灯具、对讲机、电喇叭、隔离带、警示牌、头盔、担架、急救包等应急救援装备),并对应急物资定期检查。

7.7.4　火灾应急处置措施

(1) 火灾自动报警系统显示火警信号或楼层火情报告后,消防中心值班人员立即通知物业管理处安排就近客服组人员赴出事地点确认火情;当火灾自动报警系统未响应时,客流人员及工作人员一旦发现火情,应及时通知就近客服人员。

(2) 属系统误报,客服组及时通知消防中心值班人员复位;若因设备故障不能当场复原的,应及时通知维修组进行修复。

(3) 确认属于火警后:客服组就近按下手动报警按钮,同时通过对讲机向消防控制中心报告火灾情况。

(4) 24 小时值班维修员应立即赶至消防中心(世博轴主控中心):强切相应区域背景音乐至紧急广播,迫降相应区域电梯,立即切断轴内相关区域的市电电源并及时启动备用发电机确保应急供电;立即切断轴内相关区域的煤气总阀;并配合消防中心值班员密切监视消防设备运行状态,若有消防设备无法联动,及时采用手动方式强启设备。

(5) 客服组应在2分钟内向二级应急指挥中心报告,同时进行初期就近疏散;迅速开展灭火工作,就地打开临近墙式消火栓,用水灭火,等待救援人员的到来。

(6) 二级应急指挥中心接报后通过监控设施和现场安全负责人员确认现场情况,并在2分钟内给出火警启动指令,通知世博轴消防负责人。

世博轴消防负责人和支援力量接到通知3分钟内达到着火点,根据现场着火物质、火势大小、控制情况、人员被困和伤亡情况等通知附近机动安保和消防力量到位支援;同时立即通知消防通道和急救通道附近安全组安保员进行清障,确保必要时消防、急救车辆及时到位。安全消防负责人指挥现场救援工作,组织开展消防、疏散和人员救护工作,并适时向二级应急指挥中心报告。

(7) 现场处置情况或请求支援。着重处理:

① 火势判断和控制。

② 开辟应急通道,进行人员疏散,了解人员被困情况。

③ 确定电驱动大型设施运转使用情况,确认关闭电梯、切断电源。

(8) 当因突发公共事件次生或衍生出其它突发公共事件,而目前采取的应急救援能力不足以控制严峻的发展形势时,二级应急指挥中心应立即请求消防支援,世博轴部长、指挥长到位现场指挥。在消防车辆及人员到达后,世博轴现场救援人员配合开展救援工作。

7.7.5 事后处置与总结分析

火灾扑灭后,消防组专业人员进行现场勘查和事件调查。设施设备保障组组织力量进行设施设备检修、损失评估,二级应急指挥中心适时宣布解除应急状态,恢复正常工作秩序。

参与突发事件处理的相关负责人应在事情处理完毕3个工作日内对该事件进行综合分析,填写《突发事件处理记录》,交代清楚事情发生的时间、地点、经过、当事人姓名和联系方式、事情发生的原因、处理经过、防止类似的事件发生或控制的措施需求等,并负责及时将"处理记录"传递到物业管理处经理。物业管理处经理负责根据处理过程的有关信息审核相关部门的《突发事件处理记录》,并将该记录以《工作联系单》的形式递交项目主管部门。其中,在第一时间向公司接口部门汇报的《突发事件处理记录》应在事件处理完毕后的3个工作日内由物业管理处经理签名确认后上报公司接口部门备案。必要时,应针对突发事件处理的经验和教训等开展"案例分析",并组织必要的员工培训和相关应急预案的修订工作等。

附录　世博轴工程部分参建单位及人员

一、 上海世博会工程建设指挥部

上海世博会工程建设指挥部办公室世博轴项目部根据世博会总体部署，承担了世博轴及地下综合体工程的建设任务。自2006年4月，在世博局、世博土控的正确领导下，在世博会工程建设指挥部办公室直接指挥下，从组织开展世博轴地下空间项目建筑设计国际征集开始，历经4年，攻坚克难，不辱使命，坚持科技创新、管理创新、积极采用新技术、新工艺、新材料，圆满而出色地建成世博会历史上最大规模、最高建造难度的特大型单体建筑，创造多个世界之最、世博会之最，在中国土木工程界乃至国际土木工程界均留下浓墨重彩的光辉篇章，特别是在大跨轻型空间结构和生态节能领域达到了一个新的高度。

主要参加人员：
丁浩、林桂祥、沈迪、赵克平、赵长义、张安安、朱辉、杨惠、胡顺敏、沈克琼、张伟立、唐士芳、王秀文。

二、 上海建科建设监理咨询有限公司

上海建科建设监理咨询有限公司在世博轴及地下综合体工程的建设中,主要承担工程的建设方项目管理和工程监理两块工作任务。

上海建科建设工程监理咨询有限公司及其上级集团公司上海建筑科学研究院对世博轴工程的建设极其重视。由上海建筑科学研究院党委书记陈炳良亲自担任世博工程立功竞赛领导小组组长、院长张燕平为世博工程领导小组组长、建科监理公司总经理何锡兴为副组长,领导亲自调配院内精良资源到世博轴项目部,确保又好又快地做好世博轴工程的项目管理和工程监理工作,并亲临现场指导工作。上海建科建设监理咨询有限公司派出了由赵志强任项目经理、张云鹤任总监的,由 80 余人组成的庞大的项目管理和监理队伍,为世博轴工程建设按时、高质、安全、顺利地完成提供了保障。

公司为业主和世博工程建设指挥部提供了世博轴工程建设全方位、全过程的专业化建设施工管理服务。在世博轴工程的项目管理方面,协助业主精心进行了工程建设的总体策划,制定了工程建设总体进度计划和里程碑关键节点计划,制定了设计管理、招标采购、施工进度、质量、安全管理以及施工激励和处罚的各种规章制度,有效保障了工程建设的顺利进行。在工程实施中,建科项目管理部为业主提供了工程总进度管理、设计进度质量管理、招标采购管理、建设协调、现场施工质量安全文明管理、施工竞赛推进、建设前后期手续办理等工作。

在世博轴的工程监理方面,负责完成了巨大世博轴工程的质量和安全监理工作。包括难度极大的世博轴地下三个标段的深大基坑的围护、开挖质量安全监理,大旋挑阳光谷复杂钢结构监理,特大索膜顶棚桅杆监理,地源及江水源空调系统和其他安装工程的监理,精装修和绿化工程的监理等,高质量地完成了世博轴工程建设任务。

参与世博轴管理的项目部主要人员名单:

建科世博轴项目管理部——赵志强(项目经理)、项士全、许一诺、叶少帅、陆鑫、金鑫、沈益民、郑宝峰、孙威、胡莲花。

建科世博轴监理项目部——张云鹤(总监)、赵志强(兼总监代表)、戴火红、侯勇鸣、杨学华、朱少军、邵侃如、梅建恩、张丽、秦飞。

三、 华东建筑设计研究院有限公司

华东建筑设计研究院有限公司为世博轴及地下综合体工程主体设计单位，承担世博轴的建筑、阳光谷和膜结构、给排水、暖通、动力等主体专业设计，并作为设计总承包单位，总体协调室内、环境、艺术灯光、幕墙等专业设计。

从 2006 年 12 月世博轴工程的方案设计至 2010 年 4 月份投入使用，华东建筑设计研究院有限公司始终处在项目开展的最前沿。在现代建筑设计集团和华东建筑设计研究院有限公司领导的关心下，组成了强有力的设计团队，并一直开展驻现场设计，在工程防灾课题和安全通行方面做出深入分析，创造性地提出通行方案，并在实际运营中得到体现。由于本工程造型的特殊性，6 个阳光谷和 6 万多平方米的膜结构作为新型高难度结构体系，为世博轴带来具有震撼力的室内外空间，也带来巨大的技术挑战，设计团队攻坚克难，最终完全掌握设计核心技术，为世博轴的结构安全提供保障。世博轴的节能技术也是设计的一大亮点，因地制宜地提出江水源和地源热泵技术和雨水回收利用技术，并以充分的研究论证，使这一重大节能技术率先在园区永久性建筑中得到运用，体现出世博建筑的社会价值。

参与世博轴项目的设计人员名单：

黄秋平、高超、叶大法、孙峻、方卫、梁葆春、吴玲红、梁韬、虞晴芳、邵頲、欧阳恬之、蔡欣、周明、黄巍、王荣、丁生根、牛秀博、孟可、徐丽娜、赵丹丹、杨子学、裴峻、樊劼冬。

四、 上海市政工程设计研究总院

上海市政工程设计研究总院作为世博轴及地下综合体工程的主要设计单位之一，主要承担了本工程的超大、超长规模基坑工程设计、地下结构及上部混凝土结构设计、桩基工程设计、强电系统设计、弱电系统设计，参与本工程的建筑设计、暖通系统设计及江水源地源热泵空调系统设计等。

从 2006 年 3 月份世博轴及地下综合体工程的可行性研究开始，到 2010 年 4 月份工程建成投入使用，上海市政工程设计研究总院一直按照设计精品工程的要求，以“自立创新，创建客户满意工程，精品示范工程”为主题，积极参与世博轴工程项目的建设。在总院党委书记莫峻、总院院长汤伟的关心下，在总院副院长周军的直接领导下，总院各部门的帮助下，成功解决了工程设计及施工中的各种技术难题，包括本工程超大面积深基坑设计、超长地下钢筋混凝土结构裂缝控制技术、扩底抗拔桩群工作机理及设计分析、超大型深基坑开挖对周边环境影响规律及相应邻近轨道交通车站及区间的保护技术、重载路下综合管沟-箱梁集成化结构的设计技术等，确保了世博轴及地下综合体工程的顺利实施，保证了工程的建设质量和工期。同时，成功应用“世博轴超长地下结构关键技术研究”等课题的成果，采用节能减排理念和技术，在确保安全的前提下，节约工程造价，减少对周边环境的影响，实现较好的社会和经济效益。在强弱电系统设计方面，更是采用了智能照明控制系统、智能疏散照明系统、火灾自动报警系统、中央管理和全数字化广播控制系统等新技术，充分体现了绿色、节能、环保的设计理念。

本工程主要参与人员：

项目负责人——包旭范。

专业负责人——王恒栋、陈沛、沈晔(结构)；孙瑛、韩英姿(建筑)；倪丹(暖通)；刘澄波、戚军武、莫汉军(强电)；朱雪明(弱电)。

主要设计人员——王浩、葛潇、吴峰、吴传波、郭瑜、李春波、孙磊、祈峰、徐硕、方一帆、王丽萍、项洁敏、单炯、缪宇宁、赵倩、陈伟雄。

五、 上海建工（集团）总公司

上海建工(集团)总公司为世博轴及地下综合体工程地下2标、上部工程施工总承包单位。承担地下2标及上部结构、全部设备安装、阳光谷、索膜屋盖、装修、园林景观、夜景灯光等工程施工。

从2006年12月世博轴工程开工至2010年4月份投入使用,上海建工(集团)总公司始终积极参与工程的建设。在建工集团各方领导的关心下,总包项目部带领各分包单位解决了各种技术难题,包括超长基坑的维护、开挖;阳光谷构件加工、安装;索膜结构吊装;清水混凝土浇捣;江水源、地热源空调系统的建设;园林景观;景观照明系统的安装等;高质量地完成了世博轴工程建设。不但满足了世博轴作为世博园区通道的基本功能,而且充分体现了低碳环保的世博理念,其优美的造型、璀璨的灯光构成了一道世博园区最夺目的风景线。经过各方努力,世博轴工程已获得了国家优质工程“鲁班奖”、“詹天佑奖”、上海市优质工程“白玉兰”奖、上海市政工程金奖等各类奖项。

参与管理的项目部人员名单:

姚志勇、刘志伟、徐军、顾国平、黄伟、汤文军、高晓华、罗德彪、胡敏、王建平、李勇、许泰来、马青松、穆文龙、夏理军、梁吉峰、秦顺发、陆小芳、杨尧忠、徐才佰、潘承恩、江荣朝、张海萍、盛保芳、徐霞、周锦良、徐翔之、史吉丁、金懿、蒋晨。

六、 中交第三航务工程局有限公司

中交第三航务工程局有限公司(简称三航局)为世博轴及地下综合体工程地下 3 标工程总承包单位。承担地下 3 标地下一层、地下二层、地上一层、地上二层的全部土建结构。

从 2006 年 12 月底世博轴工程开工至 2008 年 10 月 3 标工程完工,三航局积极参与工程的建设。在三航局董事长方彦、总经理沈柄范的支持及关心下,在三航局二公司总经理李森平、副总经理庄文福、刘海青直接领导下,三航局世博项目部全体员工群策群力、团结一心,成立科技攻关小组,解决了各种技术难题,包括黄浦江江边深基坑地基处理机加固;半逆作法超长基坑的维护、降水、开挖;大方量土方的运输及管理;阳光谷构件精确加工、精确定位及精确安装;改进清水混凝土模板及混凝土浇捣工艺;在确保安全、质量的前提下,如期完成了世博轴地下工程三标的建设任务,为世博轴上部结构的建设创造了条件,不但满足了世博轴作为世博园区通道的基本功能,而且充分体现了低碳环保的世博理念。

参与管理的项目部人员名单:

李正、吴国隆、项勇、张华、钱雨麟、杨辉、扶晓林、陆宁海、王志祥、尹勇、苏正一、虞莹、陈景威、钱志峰、邵嘉骅、沈建明、鲁人海。

七、上海市第二市政工程有限公司

上海市第二市政工程有限公司为世博轴及地下综合体工程地下一标总包单位。承担地下一标及内部结构等工程施工。

从 2007 年 3 月世博轴 1 标工程开工至 2008 年 7 月，上海市第二市政工程有限公司一直积极参与工程的建设。在公司领导陈洪彰董事长、周松总经理关心下，公司总工程师陈立生、公司工程部的支持及公司其他各部门的帮助下，项目部带领各分包单位解决了各种技术难题，包括超宽深大基坑的围护施工、基坑逆作法施工；地下三层内部结构施工、阳光谷柱脚埋件加工、安装；清水混凝土浇筑；地热源泵的施工；高质量地完成了世博轴一标结构工程建设。不但满足了世博轴作为世博园区通道的基本功能，将阳光、绿化和自然空气引入地下空间，而且充分体现了低碳环保的世博理念。

参与管理的项目部人员名单：

李波、朱银兴、王洪新、梁怀柱、陈军炜、谢龙明、姚青、袁佳、史炜、孙才杰、杨利民、高善钰、徐涛、俞安康、张荣林、陆国良、唐小华、施炜玮、姬学宏、陈火均、沈金林。

八、 上海市第七建筑有限公司

上海市第七建筑有限公司承担世博轴及地下综合体工程地下工程2标、上部工程的土建、精装饰工程施工。

工程于2006年12月28日开工,2007年7月20日土方开挖,2009年1月16日结构全线贯通,2010年4月2日完成竣工验收,同年4月投入使用,上海市第七建筑有限公司一直积极参与工程的建设,配合建工总承包完成相关建设任务。公司董事长王连云、总经理顾亚团一直将世博工程作为公司"十一"五发展战略的一项重要内容,在公司副总经理江永弟的直接领导、公司总工程师王美华及施工策划科等各部门的指导和帮助及建工总承包部的带领下,项目部充分发挥团队精神,重点对世博轴地下综合体工程的超大面积深基坑支护设计施工技术、大空间结构施工技术、大面积清水混凝土施工技术等进行研究,在确保技术安全的前提下,通过进行合理的施工组织,工艺设计和流水搭接,以加快施工周期、提高施工效率,确保施工质量,减少对周围环境的影响,降低能耗,节约资源,实现了良好的社会效益。世博轴的建成,为今后地下空间开发与利用,"绿色、环保、低碳"的设计施工理念提供了十分有价值的现实经验,为大型公共建筑的地下空间开发作出了重大的贡献。

参与管理的项目部人员名单:

阴佳兴、沈福林、褚伟麟、徐冰、汪宇峰、薄峥辉、徐涛、李伟平、黄金莲、顾莺莺、刘训麟、奚永成、张海宝、谈宏堃、王勇、郭超、张飞、王能、陆令麟、周敏、杨文华、张国强、陆银荣、孙浩昌、倪忠泉、杨惠忠、桂兴龙、卢文云、赵卫国、阎有明、朱婵禕、张春金、蒋国方、谢裕范、毕靖、王敏华、黄幸杰、李文斌、陈国平、陈坤、陈加如、王正芳、吴苑、查旻罡、陈兴方、陆志斌、杨俊杰、丁敏捷、张惠萍、黎敏英、邵俊华、单建平、刘金宝、钱青、赵鹤泉、曹梦劼、钟国春、方文。

九、 上海市安装工程有限公司

上海市安装工程有限公司为世博轴及地下综合体工程机电安装工程总承包单位。承担机电安装工程的给排水系统、消防系统、电气系统、通风与空调系统、弱电系统等工程的施工。

从2007年11月开工至2010年4月份投入使用，上海市安装工程有限公司一直积极参与工程的建设。在公司领导倪永明董事长、分公司经理张建东关心下，总承包部夏钧经理的支持及集团各部门的帮助下，上安五分公司世博轴项目部解决了各种技术难题，包括超大口径管道的焊接与安装，膜排水管道的安装，高压喷雾管道的安装，江水源、地热源空调系统的安装与调试；氧化镁电缆的敷设，重型密集型母线的安装，大型花灯(ϕ8 000 mm)的安装；大型设备深基坑的吊装；大型玻璃钢风管拼装。经过两年多艰苦建设，顺利完成了世博轴机电安装工程的任务，世博轴以环保、节能的理念为世博人流提供了舒适的入园环境，又以轻盈、挺直的新型结构形象成为世博园区内的一大标志性建筑。

参与管理的项目部人员名单：

范力大、陈维孝、张惠刚、李洋、姜润秋、顾章扣、陈新、林俊良、顾华明、高兆玉、马丁顺、谢建民、乐寿康、董鹏、蔡建华、毛儒希、贾嵇浩、朱金明。

十、 上海机械施工有限公司

上海机械施工有限公司为世博轴工程膜结构屋顶及阳光谷钢结构专业主承包单位。公司参与了项目前期设计研究及可行性技术攻关，承建范围包括阳光谷钢结构、索膜顶棚深化设计、加工制作及现场施工。

世博轴膜结构屋顶及阳光谷钢结构工程(又称“世博轴上部结构”)为2008年度国家重点工程项目，工程建设始于2008年3月，于2009年10月完成全部施工任务，并于2010年3月一次性通过上海市质检站的验收。历时20个月的艰苦建设倾注了无数上海机施建设者的卓越智慧和辛劳汗水。

项目自前期策划阶段就备受公司董事长张立新、总经理卢定的关注。公司委派副总经理马志春任项目总指挥，亲临现场，并成立以张宗早为项目经理、陈恒江为生产经理、郝晨钧为项目总工程师的优秀项目团队。同时组建了由公司总工程师吴欣之(教授级高级工程师)为首的专家委员会，成员包括了公司钢结构施工、索膜结构施工、测量、焊接等专业领域的资深高级工程师。

项目部充分发挥公司“钢结构、索膜结构”主承包管理职能，依托公司自身在钢结构及索膜结构领域的专业优势和技术创新能力，并联合设计院、多所高校和相关企业进行科研攻关，成功攻克了“国内第一个大型的矩形梁相贯单层网壳钢结构——阳光谷钢结构”和“国内首次采用的68 000 m^{2}超大跨度、超大规模的连续张拉索膜结构”两个新型结构的建设施工难题。

在连绵云朵的膜布与晶莹剔透的阳光谷映衬下，世博轴愈加夺目亮丽。上海机械施工有限公司建设者同所有世博参建者一样，为能参与世博建设，为之付出自己的智慧和汗水而倍感自豪。

参与管理的项目部人员名单：

张宗早、陈恒江、郝晨钧、宋海丰、盛林峰、余纯、王宝金、杨文华、胡宝有、谷凯、俞晓萌、孙明卿、孙佳剑、陆轶辉、张志明、殷健、姚生官、姜海山、苏银福、赵宗琪、马天骅、叶圣斌、冯翔、蒋宝荣、忻祥仁、杨永泉、贺国棣、孟根兄。

十一、 无锡金城幕墙装饰工程有限公司

无锡金城幕墙装饰工程有限公司为世博轴及地下综合体工程幕墙专业分包单位，承担 2－1 轴以北的地下一层、地下二层及地上一层位置玻璃幕墙、木纹板幕墙、钛锌板幕墙、陶板幕墙、观光电梯点支撑式全玻璃幕墙等工程的深化设计及施工。

从 2009 年 7 月世博轴幕墙工程开工至 2010 年 4 月投入使用，无锡金城幕墙装饰工程有限公司以“安全第一、质量第一、用户第一”的宗旨积极参与工程建设。在公司查佐良董事长、查敏培总经理的关心和支持下，在公司工程部周元红经理的直接领导下，世博轴幕墙工程项目部的全体同仁共同努力，在幕墙设计和施工中攻克了一个个技术和施工难关，高质量地完成了各种形式幕墙施工，为优美造型的世博轴建设尽一份力。

世博轴幕墙工程使用的新型材料有进口的复合木纹板和钛锌复合板、国内生产的节能防火玻璃和陶土板等，设计人员对新型材料的各项技术指标进行深入研究并通过国家权威检测部门将检测的参数和设计参数核对，选择外装饰效果、保温及防火要求等条件都满足要求的材料，施工中严格按设计要求及幕墙工程的相关国家标准执行，做到每完成一道工序经班组、项目部、专业监理工程师验收合格后再进行下一道工序的施工，通过施工人员的精心施工给世界人民展示了一道亮丽的风景线。

参与管理的项目部人员名单：

邹建社、朱红海、房小伟、许可军、叶志锋、胡茂根、洪承尧、张先靖、洪承顺。

十二、 深圳金粤幕墙装饰工程有限公司

深圳金粤幕墙装饰工程有限公司为上海世博轴及地下综合体工程地下2标、上部工程幕墙专业分包单位，承担上海世博轴2-1轴以南所有幕墙工程的深化设计及幕墙施工。主要幕墙形式：玻璃幕墙、钛锌板幕墙及铝合金百页。

细节决定成败。为确保上海世博轴保质按量按期完工，金粤公司组建了强有力的项目管理团队：由全球第一高塔——广州新电视塔总指挥邓建球兼任项目总指挥，国家级施工专家李福敬及国家级幕墙设计专家杨江华担任项目副总指挥，国家一级注册建造师顾风根担任项目经理，并选调了曾经参与奥林匹克国家会议中心及中国进出口商品交易会展馆——广东琶洲展馆的设计团队参与项目设计。

本工程主要解决了如下技术难题：

(1) 钛锌复合板系国内首次应用于幕墙施工。钛锌复合板和玻璃两种材料组成的幕墙拼缝极易因温差变形而导致整个幕墙外观变形，且其变形数据目前还缺乏成熟的参考依据。通过建立设计模型，金粤公司顺利解决了这个技术难题。

(2) 开启扇采用了固定玻璃统一的分割尺寸，每个开启扇近400kg重。如此超大、重量级的开启扇目前国内罕见，如何保证开启扇开启自如、开启后不下坠是本项目的一个难题。通过优化设计结构，合理布置风撑位置，公司科学解决了上述难题。开启扇关闭后，整体的幕墙外立面效果完全达到了设计师的设计理念。

(3) 地下二层作为商用房，防火要求为最高等级的2小时防火。根据建筑设计要求，幕墙既要能防火隔断，同时又必须是隐框效果。通过对幕墙节点的优化设计及幕墙结构的优化，公司合理地解决了上述幕墙功能上两个互相对立的矛盾。

参与管理的项目部人员名单：

顾风根、陈国华、陈振基、张纬宙、徐晓、刘思义、吴光琼、黄世劲、张强、林萍等。

十三、 迅达（中国）电梯有限公司

作为世博园区中最长、最大的建筑单体世博轴及地下综合体工程的重要配套工程，迅达（中国）电梯有限公司承接了该项目的80台自动扶梯，设计承运客流量每天将达20万人次以上。

在接到任务书的同时，公司就成立专家组对产品的选型、配置、工艺等严格把关，精益求精，完全满足世博轴项目的设计要求，并提出了“质量第一，确保世博期间连续无故障运行”的目标。

面对整个世博项目施工作业面广、配合参建单位众多、工期紧等诸多挑战，公司在此时展现了其丰富的大型工程施工经验和大公司的勇于承担的气度，以诚恳务实的态度赢得了各参建单位的信任和赞赏，建立了良好的合作关系。

施工中，公司采取“见缝插针”的方法，紧跟土建的进度，用空间换时间，争取到了最大可能作业空间，在最短的时间内完成了最多的工作量。同时，为做好如此大作业面内的成品保护工作，避免平行施工可能带来的设备损坏，公司投入额外的努力，派了大量专职人员负责成品保护，确保“装一台，好一台，保护一台”，多管齐下，公司仅用短短4个月的时间就安装完成了80台自动扶梯，并以高于行业标准的工艺要求严格把关安装过程，真正体现了世博质量和速度。

同时，为实现“世博期间连续无故障运行”的目标，公司对世博期间的维保工作也高度重视，以迅达中国上海分公司为主体，成立了30人的世博专项队伍，以实现世博轴全天候维保工作。此外，公司为全部重要设备所准备的备品备件比合同中规定的更加全面充足，以确保万无一失。项目经理杨勇同志还专门编制了“世博轴电梯运行管理办法”，对世博轴电梯的运行管理和日常维护做了细致入微的规定。

世博会开幕开始以来，在世博轴运行的所有迅达设备都运行良好，在每天客流量超过设计流量的高强度运行情况下，产品的可靠性可圈可点。在6月举行的电梯应急演练中，迅达维保人员所展现的专业素质和快速反应能力，得到了轴部和园区领导的一致好评。迅达电梯以精益求精的瑞士精神，确保前来参观世博会的数千万观众有一个安全舒适的乘梯体验，体现“城市，让生活更美好”的世博主题，为打造一个规模最大、最成功的世博会作出自己最大的努力。

十四、 上海三菱电梯有限公司

上海三菱电梯有限公司为世博轴及地下综合体工程上部工程升降电梯施工单位。承担世博轴共32台垂直升降电梯施工。自2009年5月开始进场,至2010年4月电梯投入使用,上海三菱电梯有限公司上下高度重视此项目。由于工期紧,公司合理安排劳动力,加强施工班组的人员配置。世博轴为一轴四馆永久性建筑之一,故设计师对每个环节都做到精益求精。公司现场管理人员也按设计的要求配合设计对电梯的装潢部件作出合理的修改。每扇厅门都刻有世博会标志以突出体现世博,这却给现场成品保护出了难题,项目部人员不畏困难想尽办法,最终在电梯交付时把每一扇电梯厅门保护得像新的一样。

上海三菱电梯有限公司非常重视电梯在世博会期间运行的安全和可靠,特地在每台电梯加装了远程监控系统,这一举措耗费了大量的人力和财力,但事实证明这套系统在世博会期间发挥了重要的作用。得到了上海市技监局领导和世博局相关领导的好评。项目部在施工过程中积极配合总包,提供电梯作为垂直运输临时使用,受到总包和土建施工单位的好评,并配合相关施工单位做好电梯安装与弱电,与强电,与土建等工种施工界面的衔接。最终按期,保质,保量完成了这32台电梯的施工任务。

参与管理的项目部人员名单:

孙显东、郑炯、李志刚。

十五、 上海广茂达光艺科技股份有限公司

上海广茂达光艺科技股份有限公司是世博轴及地下综合体工程艺术灯光景观的营造单位，承担整个世博轴艺术灯光景观工程（包括 10m 平台、阳光谷、张拉索膜、南广场、草坡绿地等）系统的艺术灯光景观设计、个性化产品的研发、定制、安装和全生命期维护服务等内容。

自 2008 年 12 月世博轴艺术灯光景观工程开工至 2010 年 5 月份投入使用，上海广茂达光艺科技股份有限公司全力投入艺术灯光的营造。在政府各领导的关心支持下，广茂达 CEO 恽为民博士带领世博轴艺术灯光团队成功解决了包括：复杂建筑曲面实时视频显示技术；近 20 种创新型 LED 灯具研发设计；应用人工智能技术，实现交互式智能灯光；研究将 LED、太阳能、无线技术与大规模控制系统的结合和应用；研究新型总线及控制技术支持复杂灯光群组等技术难题，克服了各种严苛环境的安装施工，高质量地完成了世博轴艺术灯光景观工程的营造。世博轴的艺术灯光景观充分延伸了世博轴这个整体建筑的艺术内涵和美丽城市的精神，更充分体现了绿色低碳环保的世博理念，世博轴的艺术灯光景观让世博轴这个本身已很具艺术感的建筑更加多彩与绚烂，光与颜色的完美结合让世博轴的四季从此美丽无比……

世博轴艺术灯光项目由以王德林/潘洪军带领的世博项目研发团、初醒悟/柏挺带领的灯光效果设计团、唐哲敏/何建兵带领的灯光工程部等共同努力营造出这一创世界里程碑式的精品艺术灯光景观工程。

十六、 金山园林工程有限公司

金山园林工程有限公司所负责的项目是世博轴景观绿化。施工中曾遇两大难题，第一是坡度较大坡型难稳固，第二是地下建筑顶板上的荷载难控制；只有解决这两大困难才能使工程顺利进行。

有人说，人类的思想总是无限量的，只有想不到的没有做不到的。金山园林的技术人员不但想到了办法，而且非常完美地将世博轴景观绿化呈现给世人。利用绿色生态护坡技术、EPS垫块技术和复合排水组合解决了以上两大难题。

绿色生态护坡采用软体材料构筑的柔性系统，它能够抵抗或吸收外部硬力产生的变形，使个系统不会因局部手里发生坍塌和裂缝，是集柔性、安全、稳定于一体的结构系统。

EPS垫块和复合排水组合这种产品具有稳定的排水效果、高排水量、抗压力特强、降低水压、加强防水效果的优点。

由于以上两项技术的应用与施工人员的配合，使宏伟的世博轴景观建设带给人们前所未有的视觉盛宴！

参与管理的项目部人员名单：叶江良、李仕文。

十七、上海先恩标识工程有限公司

上海先恩标识工程有限公司为世博轴及地下综合体工程全部导向标识及LED多媒体信息发布系统承包商。

为确保世博轴总体项目提前优质完工的目标，公司成立了以总经理许勇先生为项目总监、工程部高级项目经理何辛为项目经理的项目组班底，抽调下属视语设计顾问公司最富经验的设计及技术人员组成项目部，对原有概念设计针对加工精度、周期、可靠性、便捷性、可维护性等问题出发，逐项进行技术攻关，最终产品无论是外观、内在、安全性、可维护性等都得到业主、设计师的高度认可。

在制作工艺方面，世博轴标识采用了多项创新技术，80%以上标识采用了高强度铝合金型材无焊接拼接工艺，就此一项缩短生产周期40%，而且组装式结构为现场安装及信息版面安装维护带来最佳条件，在照明节能方面除了运用绿色环保的LED产品，还对灯箱荧光灯管进行了优化工艺，世博轴导向及广告灯箱采用了先恩标识独创的T5灯管丝印工艺，有效解决了窄体双面灯箱在正常布灯情况下光亮不匀的难题，同时在节能方面比传统T8灯管节省30%，寿命提高50%，铝型材喷涂采用了环保油漆，广告画面及导览图采用UV环保油墨，从点滴中体现了上海世博会的低碳环保理念。

十八、 上实物业公司

上实物业公司总经理亲自驻场统筹，公司工程技术总监技术支撑把关、专业工程师适时介入、及时指导和帮助现场解决疑难问题，管理处设施保障部员工积极践行“全身心投入、全方位合作、全过程保障、全为了服务”的承诺，发挥“主动性、及时性和灵活性”，克服建设工程收尾时间紧、调试要求高、整改项目多等困难，“跨前一步”配合总包单位出色完成了施工跟踪、竣工验收、交接查验、创“鲁班奖”等工作，期间开展的安全隐患排查、系统整改、预防维修、设备开闭启方案优化等工作成效显著，还协调解决70多家商业装饰装修、水电气和空调供应等，同时积极开展节能减排工作、仅电能消耗每天节约2352度。对运行相关方案“想得细、抓得早、做得精”，试运行前即编制了《设施设备运行手册》、《设施设备管理制度》和《设施设备运行规程》等，达20多万字，并持续检验、深化和细化运行管理方案、制度和规程，确保了开园以来设施设备长时间、超负荷地平稳运行。世博事务协调局分管副局长丁浩评价说：上实物业做的大量工作，真正体现了“全物业、大管家”的作用。

主要管理人员名单：
巢爱莲、陆建军、黄贤惠、金小纲、康邓、柴昀、吴红燕、邱素珍、王增芳。

中国馆之省市区联合馆“新九州清晏”

上海世博会中国馆之省市区联合馆“新九州清晏”屋顶花园介绍

方案效果图

1. 世博会中国馆之地区馆屋顶花园总面积约27 000m²，主要功能为休闲、集散用地，是主体国家馆的重要景观衬托。

2.“新九州清晏”的景观立意取北方皇家园林圆明园中九州景区之形制，以碧水环绕的九个岛屿象征浩瀚中华之广袤疆土，“九州大地，河清海晏，天下升平，江山永固。”

3. 体现出世博园区“科技、人文、生态”的整体规划原则，在世博会前合理安排施工工序，优化施工方案，保证了世博景观工程按时、保质、保量完成。

4. 保证了景观效果的最大化，是“田、泽、渔、脊、林、甸、壑、漠”九州一州一景，一步一景。

实景照片